Nachhaltige Entwicklung
im Personenverkehr

Umwelt- und Ressourcenökonomie

K. L. Brockmann, J. Hemmelskamp, O. Hohmeyer
Zertifiziertes Tropenholz und Verbraucherverhalten
1996. ISBN 3-7908-0899-7

K. Rennings, K. L. Brockmann, H. Koschel, H. Bergmann, I. Kühn
Nachhaltigkeit, Ordnungspolitik und freiwillige Selbstverpflichtung
1997. ISBN 3-7908-0975-6

H. Koschel, K. L. Brockmann, T. F. N. Schmidt, M. Stronzik, H. Bergmann
Handelbare SO_2-Zertifikate für Europa
1998. ISBN 3-7908-1135-1

T. F. N. Schmidt
Integrierte Bewertung umweltpolitischer Strategien in Europa
1999. ISBN 3-7908-1195-5

F. Pfeiffer, K. Rennings (Hrsg.)
Beschäftigungswirkungen des Übergangs zu integrierter Umwelttechnik
1999. ISBN 3-7908-1181-5

J. Hemmelskamp
Umweltpolitik und technischer Fortschritt
1999. ISBN 3-7908-1222-6

W. Bräuer, O. Kopp, R. Rösch
Ökonomische Aspekte internationaler Klimapolitik
1999. ISBN 3-7908-1206-4

K. L. Brockmann, M. Stronzik, H. Bergmann
Emissionsrechtehandel
1999. ISBN 3-7908-1232-3

S. Vögele
Analyse von Energie- und Umweltpolitiken mit DIOGENES
2001. ISBN 3-7908-1370-2

Sigurd Weinreich

Nachhaltige Entwicklung im Personenverkehr

Eine quantitative Analyse
unter Einbezug externer Kosten

Mit 56 Abbildungen und 38 Tabellen

Springer-Verlag

Berlin Heidelberg GmbH

Forschungsbereich
Umwelt- und
Ressourcenökonomik
Umweltmanagement
des ZEW

Reihenherausgeber
Dr. Christoph Böhringer

Autor
Dr. Sigurd Weinreich
Universität Heidelberg
Forschungsdezernat
Seminarstraße 2
69117 Heidelberg
weinreich@zuv.uni-heidelberg.de

ISBN 978-3-7908-0150-7   ISBN 978-3-7908-2695-1 (eBook)
DOI 10.1007/978-3-7908-2695-1

Zugl.: Diss. der Univ. Flensburg, 2003

Bibliografische Information Der Deutschen Bibliothek
Die Deutsche Bibliothek verzeichnet diese Publikation in der Deutschen Nationalbibliografie; detaillierte bibliografische Daten sind im Internet über <http://dnb.ddb.de> abrufbar.

Dieses Werk ist urheberrechtlich geschützt. Die dadurch begründeten Rechte, insbesondere die der Übersetzung, des Nachdrucks, des Vortrags, der Entnahme von Abbildungen und Tabellen, der Funksendung, der Mikroverfilmung oder der Vervielfältigung auf anderen Wegen und der Speicherung in Datenverarbeitungsanlagen, bleiben, auch bei nur auszugsweiser Verwertung, vorbehalten. Eine Vervielfältigung dieses Werkes oder von Teilen dieses Werkes ist auch im Einzelfall nur in den Grenzen der gesetzlichen Bestimmungen des Urheberrechtsgesetzes der Bundesrepublik Deutschland vom 9. September 1965 in der jeweils geltenden Fassung zulässig. Sie ist grundsätzlich vergütungspflichtig. Zuwiderhandlungen unterliegen den Strafbestimmungen des Urheberrechtsgesetzes.

springer.de
© Springer-Verlag Berlin Heidelberg 2004
Ursprünglich erschienen bei Physica-Verlag Heidelberg 2004

Die Wiedergabe von Gebrauchsnamen, Handelsnamen, Warenbezeichnungen usw. in diesem Werk berechtigt auch ohne besondere Kennzeichnung nicht zu der Annahme, dass solche Namen im Sinne der Warenzeichen- und Markenschutz-Gesetzgebung als frei zu betrachten wären und daher von jedermann benutzt werden dürften.

Umschlaggestaltung: Erich Kirchner, Heidelberg
SPIN 10973974   88/3130-5 4 3 2 1 0 – Gedruckt auf säurefreiem Papier

Für Tim und Marlene!

Inhaltsverzeichnis

Einführung 1
1 Motivation, Zielsetzung und Eingrenzung der Fragestellung 1
2 Vorgehensweise 6
I Anforderungen und Ziele einer nachhaltigen Entwicklung im Personenverkehr 10
3 Konzepte einer nachhaltigen Entwicklung 10
   3.1 Einführung zum Begriff einer nachhaltigen Entwicklung 10
   3.2 Definition von Nachhaltigkeit und nachhaltiger Entwicklung 11
   3.3 Ökologische und ökonomische Nachhaltigkeitskonzepte 15
      3.3.1 Schwache Nachhaltigkeit 16
      3.3.2 Starke Nachhaltigkeit 16
      3.3.3 Handlungsgrundsätze auf der Basis einer starken Nachhaltigkeit 18
      3.3.4 Zielbestimmung einer nachhaltigen Entwicklung 19
   3.4 Drei-Säulen-Modell vs. Zielhierarchie 21
      3.4.1 Das Drei-Säulen-Modell einer nachhaltigen Entwicklung 21
      3.4.2 Ziel-Hierarchie einer starken Nachhaltigkeit 25
   3.5 Konkretisierung des Leitbilds durch Nachhaltigkeitsindikatoren ... 28
      3.5.1 Begriff, Anforderung und Herleitung von Nachhaltigkeitsindikatoren ... 28
      3.5.2 Ausgewählte Nachhaltigkeitsindikatoren-Systeme 30
         3.5.2.1 Nachhaltigkeitsindikatoren von Pearce und Atkinson 31
         3.5.2.2 Hueting's Konzept eines nachhaltigen Einkommens 31
         3.5.2.3 Ökokapazitätsindikatoren 32
         3.5.2.4 Das MIPS-Konzept 33
         3.5.2.5 "Critical Loads" und "Critical Levels" 33
         3.5.2.6 "Pressure-State-Response"-Indikatoren 34
         3.5.2.7 "Driving-Force-State-Response"-Indikatoren 35
   3.6 Auf dem Weg zu einer nationalen Nachhaltigkeitsstrategie 38
4 Umweltgerechter nachhaltiger Verkehr 42
   4.1 Definitionen einer nachhaltigen Entwicklung im Verkehr 42
      4.1.1 Der Zusammenhang zwischen Mobilität und Verkehr 43
      4.1.2 Der Ansatz der OECD 46
         4.1.2.1 Prinzipien der Vancouver Konferenz 1996 46
         4.1.2.2 Umweltgerechter nachhaltiger Verkehr nach der OECD-Definition 48
      4.1.3 Diskussion weiterer Ansätze und Definitionen 49
      4.1.4 Beurteilung im Kontext zielhierarchischer starker Nachhaltigkeit 52
   4.2 Ausgangslage, Probleme und Engpässe auf dem Weg zu einer nachhaltigen Entwicklung im Verkehr 53
      4.2.1 Energieverbrauch 54

4.2.2	Klimaproblematik	56
4.2.3	Luftverschmutzung	65
4.2.4	Gewässer- und Bodenbelastung	70
4.2.5	Ressourcennutzung, Abfall und Entsorgung	71
4.2.6	Unfälle	71
4.2.7	Lärm	72
4.2.8	Natur- und Landschaftsschutz	73
4.2.9	Verkehrsspirale	73
4.2.10	Urbanität	76
4.2.11	Zusammenfassende Übersicht unter Einbeziehung sozialer und ökonomischer Probleme des Verkehrs	77
4.3	Anforderungen und Ziele für eine dauerhaft-umweltgerechte Verkehrsentwicklung	80
4.4	Vorstellungen über ein dauerhaft-umweltgerechtes Verkehrssystem	84

5 Prognose der verkehrsbedingten Luftschadstoffe in Deutschland ... 87

5.1	Vorgehensweise bei der Erstellung des "Business as Usual"-Szenarios	88
5.2	Prognose der Fahr- bzw. Verkehrsleistung	90
5.3	Prognose der Schadstoffemissionskoeffizienten	96
5.4	Entwicklung der verkehrsbedingten Treibhausgase	103
5.4.1	Ergebnisse der CO_2-Prognose im BAU-Szenario	103
5.4.2	Internationaler Vergleich zur Entwicklung der verkehrsbedingten CO_2-Emissionen	107
5.4.3	Entwicklung weiterer verkehrsbedingter Klimagase	108
5.5	Ergebnisse der Luftverschmutzungsprognose	109

6 Nachhaltigkeitsindikatoren für den Personenverkehr ... 112

6.1	Methodik zur Herleitung der Nachhaltigkeitsindikatoren	112
6.2	CO_2-Reduktionsziel für den deutschen Personenverkehr	123
6.2.1	Das Umweltraumkonzept	123
6.2.2	Das Invers-Szenario	124
6.2.3	Der Ansatz der OECD	127
6.2.4	Synthese der Ansätze zur Ermittlung von "scale"	128
6.2.5	Aufteilung des CO_2-Reduktionsziels auf die einzelnen Staaten	131
6.2.6	Ableitung des CO_2-Reduktionsziels für den deutschen Verkehr	136
6.2.7	Quantifizierung des starken Nachhaltigkeitsziels für CO_2 im deutschen Personenverkehr	138
6.3	Nachhaltigkeitsziele für Luftschadstoffe im deutschen Personenverkehr	140
6.3.1	OECD-Nachhaltigkeitsziel für Luftschadstoffe im Verkehr	141
6.3.2	Ziele vom UBA und anderen Studien	143
6.3.3	Synthese der Ansätze	144
6.3.4	Quantifizierung der starken Nachhaltigkeitsziele für die klassischen Luftschadstoffe im Personenverkehr	146
6.4	Bestimmung von starken Nachhaltigkeitsindikatoren für klassische Luftschadstoffe und CO_2 im Personenverkehr	148

II Externe Kosten des Personenverkehrs 154

7 Definition und Abgrenzung von externen Kosten im Personenverkehr 154
- 7.1 Einführung: Externe Kosten und nachhaltige Entwicklung 154
- 7.2 Definition externer Effekte 157
- 7.3 Bewertung externer Effekte 161
  - 7.3.1 Ineffizienz des Verkehrssystems durch das Vorhandensein externer Kosten 162
  - 7.3.2 Marktunfähigkeit von Umweltgütern 164
  - 7.3.3 Konzepte zur Bewertung der externen Effekte des Verkehrs ... 165
    - 7.3.3.1 Der Schadenskostenansatz 165
    - 7.3.3.2 Der Vermeidungskostenansatz 170
    - 7.3.3.3 Bewertung der Ansätze 171
- 7.4 Kategorien der externen Kosten im Personenverkehr 172

8 Externe Luftverschmutzungskosten 177
- 8.1 Die regional unterschiedlichen externen Luftverschmutzungskosten des motorisierten Individualverkehrs in Deutschland 177
  - 8.1.1 Der Wirkungspfadansatz 179
  - 8.1.2 Emissionsberechnung mit dem Computer-Programm "Handbuch für Emissionsfaktoren des Straßenverkehrs" 181
  - 8.1.3 Ausbreitungsrechnung mit EcoSense 184
  - 8.1.4 Ursache-Wirkungs-Beziehungen 189
  - 8.1.5 Ökonomische Bewertung 190
  - 8.1.6 Modell und Zwischenergebnis 192
  - 8.1.7 Ergebnisse für verschiedene Technologien, Verkehrssituationen und Regionen 196
  - 8.1.8 Abschätzung weiterer Luftverschmutzungskostenkomponenten 200
- 8.2 Verkehrsträgerübergreifender Vergleich 203
- 8.3 Die externen Luftverschmutzungskosten bis zum Jahre 2020 208

9 Die externen Klimakosten des deutschen Personenverkehrs und andere externe Kostenkomponenten 211
- 9.1 Schadenskostenschätzungen der letzten zehn Jahre 212
- 9.2 Probleme und Annahmen bei der Bewertung von Klimaschadenskosten ... 216
  - 9.2.1 Intragenerative Gerechtigkeit 217
  - 9.2.2 Intergenerative Gerechtigkeit 220
- 9.3 Wertansatz für die Klimaschadensgrenzkosten 223
- 9.4 Klimaschadenskosten im Personenverkehr bis zum Jahre 2020 225
- 9.5 Andere externe Kostenkomponenten im Personenverkehr 230

10 Nachhaltigkeitsziele gemäß schwacher Nachhaltigkeit 232
- 10.1 Das pareto-optimale Verschmutzungsniveau 232
- 10.2 Das ökonomisch optimale Klimaschutzniveau für den Pkw 236
- 10.3 Schwaches NO_x-Nachhaltigkeitsziel für den Pkw 241
- 10.4 Diskussion der Nachhaltigkeitsziele und -indikatoren 244

Inhaltsverzeichnis

III Szenarien für eine nachhaltige Entwicklung im Personenverkehr 248

11 Verkehrspolitische Maßnahmen und Internalisierungsstrategien in den Bereichen Luftreinhaltung und Klimaschutz 248

  11.1 Verkehrspolitische Maßnahmen und Instrumente 249
    11.1.1 Die Umweltpolitik als Initiator von Nachhaltigkeitsstrategien 249
    11.1.2 Maßnahmenkategorien für einen nachhaltigen Personenverkehr..........252
    11.1.3 Katalog verkehrspolitischer Einzelmaßnahmen 253
    11.1.4 Diskussion ausgewählter verkehrspolitischer Maßnahmen...................256
  11.2 Theoretische Grundlagen zur Internalisierung der externen Kosten 264
  11.3 Ordnungspolitisches Analyse-Raster..271
  11.4 Mineralölsteuer 273
  11.5 Straßenbenutzungsgebühr 280
  11.6 Emissions-Zertifikate 287
    11.6.1 Wirkungsweise und allgemeine Beurteilung...288
    11.6.2 Umsetzungsmöglichkeiten im Personenverkehr 292
    11.6.3 Fazit aller drei betrachteten ökonomischen Instrumente......................297

12 Die Internalisierung der externen Schadenskosten 298

  12.1 Elastizitäten zur Bemessung der Wirkung preislicher Maßnahmen............299
  12.2 Szenario "Mineralölsteuererhöhung" 301
    12.2.1 Szenarioannahmen 304
    12.2.2 Auswirkungen auf die CO_2-Emissionen im Personenverkehr............306
    12.2.3 Auswirkungen auf die NO_x-Emissionen 312
  12.3 Szenario "Straßenbenutzungsgebühren"..315
  12.4 Zusammenfassung und Schlussfolgerungen auf Grundlage der quantitativen Ergebnisse 318

13 Szenarien zur Zielerreichung einer stark nachhaltigen Entwicklung........322

  13.1 Szenario "Erhöhung der Mineralölsteuer gemäß Standard-Preis-Ansatz" ..323
  13.2 Szenario "Zielerreichung durch handelbare CO_2-Emissionszertifikate" 330
    13.2.1 Grenzvermeidungskostenschätzungen für den Vergleich der CO_2-Zertifikate- mit der Mineralölsteuerlösung..331
    13.2.2 Midstream-Ansätze..336
      13.2.2.1 Der Verkehrsdienstleister-bezogene Ansatz 337
      13.2.2.2 Der Fahrzeughersteller-bezogene Ansatz................................339
    13.2.3 Vorschlag für ein upstream CO_2-Zertifikatesystem 342

14 Handlungsempfehlungen für eine nachhaltige Verkehrspolitik 348

15 Fazit 353

Verzeichnis der Abbildungen 358

Verzeichnis der Tabellen 361

Literaturverzeichnis 363

Einführung

1 Motivation, Zielsetzung und Eingrenzung der Fragestellung

Eine nachhaltige Entwicklung im Personenverkehr umzusetzen, ist eine umfassende Aufgabe. Soziale, ökonomische und ökologische Anforderungen gilt es zu berücksichtigen. Das gut ausgebaute Personenverkehrssystem in Deutschland generiert einen beträchtlichen Nutzen für die Verkehrsteilnehmer und die Allgemeinheit. Es ist ein Garant für die weitgehende Befriedigung der individuellen Mobilitätsbedürfnisse der gesamten heutigen Bevölkerung. Die sozialen Anforderungen im engeren Sinn können somit als erfüllt angesehen werden.

Auf der anderen Seite erzeugt der Verkehr, insbesondere der motorisierte Individualverkehr (MIV), eine Vielzahl von Umweltproblemen. Hierzu zählen der hohe Energie- und Ressourcenverbrauch sowie Umwelt- und Gesundheitsschädigungen durch Luftverschmutzung, Lärm, Stress und Unfallfolgen. Der Straßenverkehr ist unter den verschiedenen Verkehrsträgern in fast allen genannten Bereichen der größte Verursacher. Bei den Luftschadstoffen Kohlenmonoxid (CO), Stickoxide (NO_x) und flüchtige organische Kohlenwasserstoffverbindungen (VOC) liegt der Anteil des Straßenpersonenverkehrs an den gesamten Schadstoffemissionen der Bundesrepublik bei über 30 %. Über 7000 Straßenverkehrstote wurden allein im Jahre 2001 in Deutschland gezählt. Während in den Wirtschaftssektoren Industrie und Haushalte der Energieverbrauch und damit die klimaschädlichen Kohlendioxid-Emissionen (CO_2) stagnieren oder zurückgehen, werden im Personenverkehrssektor die technologischen Verbesserungen durch die zunehmende Fahrleistung und höhere Motorisierung überkompensiert, d. h. der Beitrag dieses Sektors zur Klimaproblematik nimmt ständig zu. Der Verkehr in seiner Gesamtheit hat sich in den letzten Jahren zum größten Umweltproblem in Deutschland entwickelt.

Auch wenn in den letzten beiden Jahren (2000 und 2001) die Verkehrsleistung im deutschen Personenverkehr nicht gestiegen ist (vgl. VDA, 2002:99), geht z. B. die Prognose des Verkehrsministeriums von einem Wachstum um über 22 % bis zum Jahre 2015 gegenüber dem Jahr 1997 aus (vgl. BMVBW, 2000:61). Eine Vielzahl weiterer Prognosen bestätigen diesen Trend. Die Umwelt- und Sicherheitseffizienz der Verkehrsmittel verbessert sich zwar auch schrittweise, aber in der Summe werden die umweltbezogenen Auswirkungen des Personenverkehrs eher weiter zunehmen. Entwarnung ist insbesondere bei den CO_2-Emissionen nicht in Sicht.

Die Abwendung der Folgen einer drohenden Klimaveränderung, die sich jetzt schon durch die Zunahme regionaler Unwetter, Dürreperioden und Überschwemmungen sowie durch den durchschnittlichen globalen Temperaturanstieg zeigen, stellt die größte umweltpolitische Herausforderung der kommenden Jahrzehnte dar. Man denke nur an die Menschenlebensverluste und die hohen ökonomischen Folgekosten der Überschwemmung der Elbe im Sommer des Jahres 2002. Der Klimaschutz erfordert eine internationale Vorsorgepolitik, bei der die Treibhausgasemissionen in den Industrieländern drastisch gesenkt werden müssen. Dazu gehört auch, die in der Tendenz weiter zunehmenden CO_2-Emissionen im Personenverkehr deutlich zu reduzieren. Das in Deutschland ratifizierte Kyotoziel kann dabei nur ein bescheidener Anfang sein, weit höhere Reduktionsanforderungen und detaillierte Ziele für alle Wirtschaftssektoren sollten spätestens bis zum Jahre 2005 beschlossen werden.

Der Problembereich der verkehrsbedingten Luftverschmutzung erfordert ebenso ein weiteres politisches Handeln. Auch wenn in den letzten Jahren durch die Verschärfung der Abgasgrenzwerte und die Einführung des Katalysators bei den Straßenfahrzeugen erhebliche Fortschritte in Bezug auf die Emissionsreduktion erreicht worden sind, bedrohen weiterhin große Mengen von verkehrsbedingten Partikel- und Stickoxidemissionen die Gesundheit der Menschen über Atemwegserkrankungen und Krebs, die Pflanzen- und Tierwelt sowie Materialien (Gebäude). Hohe Schäden lassen sich hieraus beziffern.

In der wissenschaftlichen verkehrsbezogenen Nachhaltigkeitsliteratur besteht annähernd Einigkeit darüber, dass das heutige Personenverkehrssystem in Deutschland wie auch in den anderen westlichen Industrienationen nicht als nachhaltig bezeichnet werden kann und dass im Kontext einer nachhaltigen Verkehrsentwicklung die ökologischen Anforderungen im Vordergrund stehen (vgl. beispielsweise UBA, 1997:82ff; OECD, 2000:32ff; Becker, 1998 oder Walter und Spillmann, 1999:93f). Es wird davon ausgegangen, dass in der entwickelten westlichen Welt auf absehbare Zeit die gesellschaftlichen und wirtschaftlichen Ziele ohnehin am Ehesten erfüllt sind, während die ökologischen Ziele den kritischen Pfad bilden. Dabei ist allerdings zu bedenken, dass gerade die wichtigste ökonomische Anforderung, den am Verkehrsgeschehen Beteiligten effiziente und nichtverzerrende Preisimpulse zu vermitteln, bisher nicht verwirklicht ist. Um Kostenwahrheit im Personenverkehr zu erzielen, müssen die Schäden, die Menschen, Pflanzen und Materialien durch den Verkehr erwachsen, quantifiziert, monetär bewertet und über den Benutzungspreis dem einzelnen Verkehrsmittel angelastet werden. Die verursachergerechte Internalisierung der externen Schadenskosten des Personenverkehrs ist so auch eine Forderung, die sich in allen Konzepten einer nachhaltigen Verkehrsentwicklung wiederfindet.

Die aufgeführten ökonomischen und ökologischen Anforderungen einer nachhaltigen Verkehrsentwicklung bilden die Ausgangsbasis für die zentrale Fragestellung dieser Arbeit: Was bringt die Internalisierung der externen Kosten im Hinblick auf eine nachhaltige Entwicklung im Personenverkehr? Ziel der Untersuchung ist es, diese Fragestellung sowohl theoretisch entlang den beiden wichtigsten Konzeptionen einer nachhaltigen Entwicklung (schwach vs. stark) im Personenverkehr zu diskutieren als auch quantitativ auf der Basis von Szenarioberechnungen zu beantworten.

Innerhalb der Nachhaltigkeitsdiskussion existieren zwei unterschiedliche Ansätze. Das Konzept der schwachen Nachhaltigkeit ist ein rein ökonomischer Ansatz, der auf der neoklassischen Wohlfahrtstheorie basiert und die Substitution aller Funktionen des natürlichen Kapitals durch andere Kapitalarten zulässt. Wichtigste Anforderung ist die Internalisierung aller Externalitäten, um eine effiziente Allokation der natürlichen Ressourcen zu garantieren. Ob allerdings die Monetarisierung von Umweltschäden mittels des wohlfahrtstheoretischen Instrumentariums der Kosten-Nutzen-Analyse ein taugliches Instrument zur Bestimmung von Umweltzielen ist, ist auch unter Ökonomen sehr umstritten (vgl. Rennings, 1994:27ff). Hier zeigt sich eine weitere Fragestellung, zu deren Beantwortung diese Arbeit einen qualitativen und quantitativen Forschungsbeitrag im Bezug auf den Personenverkehr leistet.

Das Konzept einer starken Nachhaltigkeit stellt dagegen die Schranken der Nutzbarkeit natürlicher Ressourcen und die Grenzen der Aufnahmekapazität der Erde für Schadstoffe in den Vordergrund. Die Zielbestimmung basiert im Rahmen der ökologischen Ökonomie auf naturwissenschaftlichen Erkenntnissen und polit-ökonomischen Anforderungen. Ökologisch orientierte starke Nachhaltigkeitsziele als Emissionsreduktionsziele für den deutschen Personenverkehr abzuleiten, ist eine wesentliche Aufgabe dieser Arbeit. Hiermit soll eine weitere Forschungslücke gefüllt werden. So wird z. B. im Rahmen der Klimaproblematik zu untersuchen sein, um wie viel Prozent langfristig die CO_2-Emissionen des Personenverkehrs reduziert werden müssen, um auf einen stark nachhaltigen Entwicklungspfad zu gelangen. Darauf aufbauend kann dann die zentrale Fragestellung der Arbeit quantitativ untersucht werden, inwieweit z. B. eine langfristige CO_2-Reduktionsanforderung um über 50 % durch die Internalisierung der externen Schadenskosten zu erreichen ist, oder ob darüber hinaus weitere verkehrs- bzw. umweltpolitische Maßnahme zum Einsatz kommen müssen.

Schon auf der dritten Konferenz über Environmental Externalities im Jahre 1995 mit dem Titel "Social Costs and Sustainability" wird als zentrale Zielsetzung die Verbindung zwischen dem Konzept der Sozialen Kosten und dem mehr ökologisch orientierten Ansatz der nachhaltigen Entwicklung genannt. Im Fazit über die Konferenz schreibt Hohmeyer et al. (1996:8) "Broader thinking about the environment/economy nexus has taken place, and it is now clear that external costs need to be considered in the broader framework of sustainable development. The concept of social costs offers one rationality of coping with environmental problems, but not the only rationality. Problems like climate change and nuclear accidents have to be seen as a challenge for the creation of a new paradigm of Ecological Economics which goes beyond the economic paradigm." Diskutiert wird diese Fragestellung folglich schon seit Längerem, die qualitative und quantitative Überprüfung der Verbindung beider Konzepte sowie die Herleitung einer konsistenten Strategie zur verkehrspolitischen Umsetzung stehen für den deutschen Personenverkehrssektor noch weitgehend aus.

Dies zeigt sich auch in der bisher vorhandenen Literatur. In den letzten Jahren sind eine große Anzahl von Studien zu den externen Kosten des Verkehrs veröffentlicht worden (vgl. beispielsweise Bickel und Friedrich, 1995; IWW/Infras, 1995 und 2000; Maibach et al., 2000; European Commission, 1998b, Weinreich et al., 1998). Teilweise gehen diese auch einen Schritt weiter und quantifizieren die Auswirkungen einer Internalisierung der externen Schadenskosten (z. B. Maibach et al., 2000). Nur wenige Studien sind bekannt, bei denen sich die Szenario-Konstruktion an vorher abgeleiteten Nachhaltigkeitszielen orientiert. (vgl. OECD, 2000; Steen et al., 1998; teilweise UBA, 1997). Forschungsbedarf ist hier weiterhin gegeben.

Die Arbeit beschränkt sich in der Analyse der ökologischen und ökonomischen Anforderungen einer nachhaltigen Verkehrsentwicklung auf die beiden Problembereiche Luftverschmutzung und Klimaveränderung. Unfälle, Lärm und andere Effekte werden nur am Rande betrachtet. Damit stehen die personenverkehrsbedingten Treibhausgasemissionen, insbesondere die CO_2-Emissionen, und die Emissionen der Luftschadstoffe NO_x, VOC und Dieselpartikel im Zentrum der Betrachtung. Die Untersuchung konzentriert sich darüber hinaus auf die landgebundenen Personenverkehrsmittel im Straßen- und Schienenverkehr, der Luftverkehr wird trotz hoher Problemrelevanz nur in Ansätzen mitbetrachtet. Auch wenn gerade der stark wachsende Flugverkehr und die Klimawirksamkeit der in großer Höhe emittierten Emissionen eine besondere Beachtung dieses Verkehrsmittels im Hinblick auf den Klimaschutz erfordern würde, wird aus Komplexitätsgründen auf die Bearbeitung im Rahmen dieser Untersuchung verzichtet. Für die Analyse der Maßnahmen und Szenarien zur Erreichung einer nachhaltigen Entwicklung wird ohnehin der Umstieg vom Pkw-Verkehr auf die öffentlichen Verkehrsmittel Bus und Bahn im Vordergrund stehen. Die Luftverkehr bietet hierfür aus ökologischen Gründen keine Alternative.

Neben der zentralen Fragestellung ergeben sich bei der Beschäftigung mit dem Thema einer nachhaltigen Entwicklung im Personenverkehr unter Berücksichtigung der externen Kosten eine Reihe von weiteren Fragestellungen, die im Rahmen dieser Arbeit beantwortet werden sollen:

- Wie lässt sich das Konzept einer nachhaltigen Entwicklung auf den Verkehrsbereich und insbesondere den Personenverkehr übertragen? Ergeben sich Unterschiede für die Anforderungen und Ziele eine nachhaltigen Entwicklung im schwachen und im starken Sinne?

- Wie sieht die Prognose der Luftschadstoff- und Treibhausgas-Emissionen im deutschen Personenverkehr aus, wenn keine verkehrspolitischen Maßnahmen, über die bereits heute beschlossenen und umgesetzten hinaus, erfolgen. Sind insbesondere im Bereich der personenverkehrsbedingten Luftverschmutzung überhaupt noch steuernde verkehrspolitische Maßnahmen notwendig? Oder werden in Bezug auf die klassischen Pkw-Luftschadstoffe die Nachhaltigkeitsziele nicht schon durch die erfolgten Maßnahmen (Schadstoffgrenzwerte und die Einführung und Weiterentwicklung der Vermeidungstechnologie Katalysator) erreicht?

- Können externe Schadenskosten umfassend und zweifelsfrei ermittelt werden, oder birgt die Quantifizierung und monetäre Bewertung von Schäden hohe Unsicherheiten? Sind insbesondere bei der Berechnung der externen Klimaschadenskosten ethische Werturteile und normative Annahmen notwendig?

- Welche verkehrs- oder umweltpolitischen Maßnahmen sind für die verursachergerechte Internalisierung der externen Luftverschmutzungs- und Klimaschadenskosten geeignet? Die externen Luftverschmutzungskosten des MIV weisen große Unterschiede je nach untersuchter Technologie (Pkw mit oder ohne Katalysator, Diesel), Fahrsituation und Entstehungs-Region auf. Dieses Ergebnis werden die Berechnungen im Rahmen dieser Arbeit zeigen. Inwieweit kann dieses Forschungsergebnis bei der Auswahl und Ausgestaltung der verkehrspolitischen Maßnahmen berücksichtigt werden?

- Und welche Instrumente sind geeignet, bei einer wahrscheinlichen Zielverfehlung im Bereich der Klimaproblematik, über die Internalisierung der externen Klimaschadenskosten hinaus, die CO_2-Emissionen auf den gewünschten Nachhaltigkeitspfad hin zu reduzieren. Wie kann hier eine zielkonforme, kosteneffiziente Lösung aussehen, die auch noch institutionell gut beherrschbar ist?

Die letzten beiden Fragestellungen zeigen auf, dass diese Untersuchung nicht nur dem wissenschaftlichen Erkenntnisgewinn dient, sondern darüber hinaus auch Vorschläge für verkehrspolitische Maßnahmen erarbeitet werden. Dabei wird der Schwerpunkt auf den ökonomischen Instrumenten liegen. Insbesondere soll auch der Einsatz flexibler Instrumente der Klimapolitik im Personenverkehrsbereich diskutiert werden. Bei der Lösung mit handelbaren CO_2-Zertifikaten wird der Verkehrssektor aufgrund seiner im Vergleich zu anderen Wirtschaftssektoren hohen Komplexität bislang zumeist ausgeklammert. Eine wichtige Zielsetzung dieser Arbeit ist es, diese Lücke zu schließen und eine umfassende politische Handlungsempfehlung für eine dauerhaft-umweltgerechte Personenverkehrsentwicklung zu formulieren.

Das heutige Personenverkehrssystem in Deutschland kann nicht als nachhaltig bezeichnet werden. Zu schwerwiegend sind die induzierten Klima-, Umwelt- und Gesundheitswirkungen. Heutzutage ist noch nicht klar, wie ein nachhaltiges Verkehrssystem aussehen soll. Die Festlegung von Umweltschutzzielen stellt nicht das Ende des Weges dar, sondern eher den Beginn einer andauernden Entwicklung. Nachhaltige Entwicklung ist auch als Lernprozess der Menschheit zu verstehen. Dass in die Reflexion über das wirtschaftliche und soziale Handeln auch die Folgen für zukünftige Generationen auf der gesamten Erde miteinbezogen werden, ist ein Novum in der Menschheitsgeschichte. Nach Ansicht einer Studie über Forschung zum Globalen Wandel des Bundesministeriums für Bildung und Forschung (vgl. BMBF, 2001) steht die Menschheit erst am Anfang der Lernkurve, und ein sichtbares Zeichen dafür ist das Leitbild der nachhaltigen Entwicklung, das die internationale Staatengemeinschaft auf dem UN-Gipfel in Rio de Janeiro 1992 entworfen hat. Diese Arbeit möchte, über die Formulierung von ambitionierten Klima- und Umweltschutzzielen hinaus, ökonomisch sinnvolle Maßnahmen und Instrumente zur Umsetzung der Ziele im Personenverkehr testen und vorschlagen und damit einen Anstoß für die Umsetzung einer dauerhaft-umweltgerechten Entwicklung im Personenverkehr geben.

2 Vorgehensweise

Die Untersuchung der vorgestellten zentralen Fragestellung verläuft in drei Schritten. Diese spiegeln sich auch in der Gliederung der Arbeit wider. Im ersten Teil werden die "Anforderungen und Ziele einer nachhaltigen Entwicklung im Personenverkehr" aufgearbeitet. Für den deutschen Personenverkehrssektor werden die Emissionen in einem Referenzszenario prognostiziert und ökologisch orientierte, starke Nachhaltigkeitsziele als Emissionsreduktionsziele für die beiden Bereiche Luftverschmutzung und Klimaveränderung abgeleitet. Der zweite Teil beschäftigt sich mit der Analyse der "Externen Kosten im Personenverkehr". Dabei stehen die externen Luftverschmutzungs- und Klimaschadenskosten im Mittelpunkt. Im dritten Teil wird anhand von "Szenarien für eine nachhaltige Entwicklung im Personenverkehr" untersucht, inwieweit durch die Internalisierung der berechneten externen Luftverschmutzungs- und Klimaschadenskosten die abgeleiteten Emissionsreduktionsziele erfüllt werden und welche Maßnahmen darüber hinaus zur Zielerreichung eingesetzt werden können. Eine verkehrspolitische Handlungsempfehlungen auf Basis der quantitativen Ergebnisse rundet die Untersuchung ab.

Der erste Teil untergliedert sich in vier Kapitel. Im Kapitel "Konzepte einer nachhaltigen Entwicklung" wird der Forschungstand der Nachhaltigkeitsdiskussion aufgezeigt, wobei insbesondere die Kontroverse zwischen schwacher und starker Nachhaltigkeit herausgearbeitet wird. Daraus ergeben sich erste Konsequenzen für die Stellung der externen Kosten im Rahmen der Nachhaltigkeitsdiskussion. Auf dieser Grundlage wird das Konzept der nachhaltigen Entwicklung im 4. Kapitel auf das Verkehrssystem übertragen und mit den bestehenden Ansätzen in der Verkehrsliteratur verglichen. Eine eigene Definition für eine dauerhaft umweltgerechte Verkehrsentwicklung wird abgeleitet. Im Weiteren wird aufgezeigt, welche Umweltbelastungen durch den heutige Verkehr in Deutschland qualitativ und quantitativ hervorgerufen werden und inwieweit diese Belastungen einer nachhaltigen Entwicklung zuwider laufen. Zielvorstellungen und Anforderungen für eine dauerhaft umweltgerechte Verkehrsentwicklung werden diskutiert. Eine Vision eines nachhaltigen Verkehrssystems schließt das Kapitel ab.

In Kapitel 5 wird eine "Prognose der verkehrsbedingten Luftschadstoffe in Deutschland als "Business as Usual"-Szenario (BAU) vorgenommen. Ausgangsdaten sind für die Jahre 1990 bis 1997 die offiziellen UNFCCC-Treibhausgasdaten sowie die deutschen Luftverschmutzungsdaten nach der DIW-Verkehrsstatistik. Prognostiziert werden die klimarelevanten Treibhausgase Kohlendioxid (CO_2), Methan (CH_4) und Lachgas (N_2O) sowie die klassischen Luftschadstoffe Stickoxide (NO_x), Dieselpartikel (PM), Kohlenmonoxid (CO) und flüchtige organische Kohlenwasserstoffverbindungen (VOC) für den deutschen Verkehrssektor bis zum Jahr 2020. In dieses Referenzszenario fließen sowohl die Prognosen der Fahr- bzw. Verkehrsleistung als auch die erwartete technologische Entwicklung der einzelnen Verkehrsträger und Verkehrsmittel ein. Dazu werden Daten aus bestehenden Szenarien in der Verkehrsliteratur analysiert.

Das 6. Kapitel beschäftigt sich mit der Operationalisierung des Nachhaltigkeitskonzeptes für die Schwerpunktbereiche Luftverschmutzung und Klimaänderung im deutschen Personenverkehr. Der erste Abschnitt stellt die Methodik zur Herleitung der starken Nachhaltigkeitsindikatoren dar. Dabei werden die Vor- und Nachteile verschiedener Zielzuteilungsverfahren für die länder- und sektorspezifische Konkretisierung der Nachhaltigkeitsziele auch im Vergleich zu den bestehenden Klimaschutzvereinbarungen theoretisch diskutiert. Im zweiten Abschnitt werden die konkreten CO_2-Reduktionsziele für den deutschen Personenverkehr auf Grundlage einer Literaturanalyse zur Ermittlung weltweit tolerierbarer Treibhausgas-Eintragsraten für den Zielzeitpunkt im Jahre 2020 und die zeitlichen Zwischenschritte abgeleitet. Ein vergleichbares Vorgehen kommt im dritten Abschnitt bei der Ableitung der starken Nachhaltigkeitsziele für die drei wichtigsten Luftschadstoffe NO_x, VOC und Partikel zum Einsatz. Durch die Bildung von Nachhaltigkeitsindikatoren als Abweichung zwischen der prognostizierten Entwicklung der Emissionen (BAU-Szenario) und den kritischen Belastungen (starke Nachhaltigkeitsziele) zeigt sich im letzten Abschnitt, ob ein verkehrspolitisches Eingreifen in einem der beiden Bereichen notwendig ist.

Der zweite Teil liefert in den Kapiteln 7 bis 10 neue eigene sowie in Vorstudien erzielte Berechnungen der externen Kosten des Personenverkehrs. Das Kapitel 7 führt in die Theorie der Externalitäten-Analyse im Personenverkehr ein. Anhand des Wirkungspfadansatzes werden im 8. Kapitel die externen Luftverschmutzungskosten des motorisierten Individualverkehrs für verschiedene Technologien, Fahrsituationen und Regionen in Deutschland berechnet. Kapitel 9 gibt einen Literaturüberblick über die unterschiedlichen Bewertungsansätze für Klimaveränderungen, auf dessen Grundlage ein eigener Grenzschadenskostenwert abgeleitet wird. Damit werden die externen Klimaschadenskosten für verschiedene Verkehrsmittel und Fahrsituationen berechnet. Kapitel 10 stellt die ermittelten Schadens- und Grenzschadenskosten den aus der Literatur ableitbaren Grenzvermeidungskosten im Personenverkehrssektor gegenüber. Die Analyse erfolgt aus Datenverfügbarkeitsgründen nur für die Pkw. Für CO_2- und NO_x-Emissionen werden ökonomisch optimale Verschmutzungsniveaus abgeleitet (schwache Nachhaltigkeitsziele), die sowohl mit der Entwicklung der Emissionen nach dem BAU-Szenario als auch mit den starken Nachhaltigkeitszielen verglichen und diskutiert werden.

Im ersten Kapitel des dritten Teils werden die verkehrspolitischen Maßnahmen, die für die Internalisierung der externen Schadenskosten bzw. für die Emissionsmengenregulierung gemäß der stark nachhaltigen Reduktionsanforderungen in Frage kommen, vorgestellt und hinsichtlich ihrer Zielkonformität, ökonomischen Effizienz und institutionellen Beherrschbarkeit diskutiert. Dabei stehen die ökonomischen Instrumente Mineralölsteuer, Straßenbenutzungsgebühr und Emissionszertifikate im Vordergrund. Des Weiteren werden die theoretischen Grundlagen zur Internalisierung der externen Kosten erörtert.

In Kapitel 12 wird die Internalisierung der externen Luftverschmutzungs- und Klimaschadenskosten des Personenverkehrs in zwei Szenarien simuliert. Dabei werden die Auswirkungen der Abgabenlösungen (Erhöhung der Mineralölsteuer, Einführung einer elektronischen Straßenbenutzungsgebühr) auf die Verkehrsvermeidung (Fahr- bzw. Verkehrsleistungsreduktion), die Erhöhung der Schadstoffeffizienz der Verkehrsmittel und ihrer Nutzung sowie die Verkehrsverlagerung von den motorisierten Individualverkehrsmitteln (MIV) auf den öffentlichen Personenverkehr anhand von Elastizitäten berechnet. Die ermittelten Reaktionen der Verkehrsteilnehmer führen zu einer Reduktion der Emissionen im Personenverkehr. Die Ergebnisse werden sowohl mit der BAU-Prognose als auch mit den starken Nachhaltigkeitszielen verglichen. Somit wird am Ende des 12. Kapitel die zentralen Fragestellung dieser Arbeit (in der Abbildung 1 als ökologische Prüfebene II bezeichnet) quantitativ beantwortet. Die Internalisierung der externen Schadenskosten führt erwartungsgemäß zu einer Zielverfehlung im Bereich der Klimaproblematik, die den Einsatz weiterer Instrumente notwendig macht, während bei der Luftverschmutzungsproblematik durch die weitgehende Erfüllung der starken Nachhaltigkeitsziele keine weiteren verkehrspolitischen Maßnahmen notwendig sind.

Kapitel 13 untersucht, welches umwelt- oder verkehrspolitische Instrument das Geeignetste ist, das stark nachhaltige Klimaschutzziel im deutschen Personenverkehr zu erreichen und die CO_2-Emissionen über die internalisierungsbedingte Reduktion hinaus auf den gewünschten Nachhaltigkeitspfad hin zu verringern. Anhand von zwei Szenarien wird diskutiert, wie diese Lücke geschlossen werden kann. Zum Einen wird eine Erhöhung der Mineralölsteuer gemäß dem Standard-Preis-Ansatz simuliert, und zum Anderen wird eine Lösung mit handelbaren CO_2-Emissionszertifikaten untersucht. Beide Lösungsvorschläge werden im Hinblick auf die ökologische Treffsicherheit (Zielkonformität), die gesamtwirtschaftliche Kostengünstigkeit (ökonomische Effizienz) und die institutionelle Beherrschbarkeit diskutiert.

Das Kapitel 14 formuliert auf Basis der zentralen Ergebnisse der Arbeit und der Szenarioanalysen aus Kapitel 12 und 13 eine verkehrs- bzw. umweltpolitische Handlungsempfehlung für eine dauerhaft-umweltgerechte Entwicklung im deutschen Personenverkehr. Im Mittelpunkt der Empfehlung steht der Einsatz von ökonomischen Instrumenten zur Steuerung bzw. Verminderung der personenverkehrsbedingten Luftverschmutzung und Klimaveränderung. Die Ergebnisse der Untersuchung werden in einem Fazit (Kapitel 15) zusammengefasst.

In Abbildung 1 sind die wesentlichen Elemente des methodischen Vorgehens dieser Arbeit schematisch dargestellt.

Abbildung 1: Schematische Darstellung der angewendeten Methodik

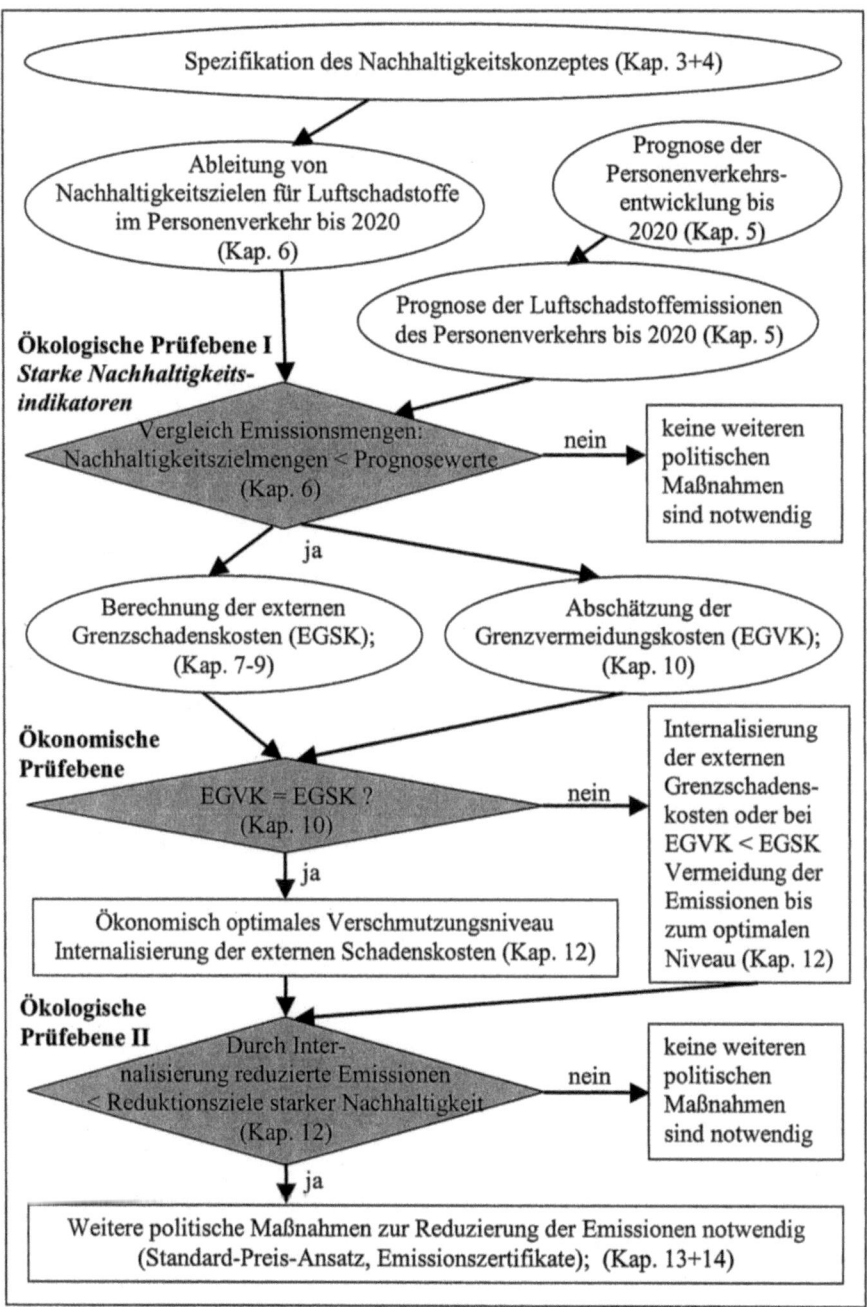

I   Anforderungen und Ziele einer nachhaltigen Entwicklung im Personenverkehr

3   Konzepte einer nachhaltigen Entwicklung

Das erste von vier Kapiteln zur Untersuchung nachhaltiger Entwicklung im Personenverkehr dient der inhaltlichen Begriffsbestimmung und Darstellung der unterschiedlichen Konzepte einer nachhaltigen Entwicklung. Dazu wird der Stand der Forschung in der Literatur zusammengefasst und eine Entscheidung darüber abgeleitet, welchem Nachhaltigkeitskonzept im Rahmen dieser Arbeit die Priorität gegeben wird. Die Konkretisierung des Leitbildes einer nachhaltigen Entwicklung durch Nachhaltigkeitsindikatoren wird theoretisch beleuchtet und die existierenden Konzepte hierzu zusammengefasst.

3.1   Einführung zum Begriff einer nachhaltigen Entwicklung

Die Begriffe "Nachhaltigkeit" und "nachhaltige Entwicklung" werden in den letzten Jahren zunehmend häufiger in der umwelt-, entwicklungs- und wirtschaftspolitischen Debatte verwendet. Viele moderne Unternehmen richten ihre Tätigkeit, zumindest im Bezug auf den Umweltschutz, am Leitbild der Nachhaltigkeit aus. Der Begriff "nachhaltige Entwicklung" scheint, insbesondere in der Politik allem, was gerade dem Zeitgeist entspricht und der Begründung der eigenen politischen Interessen nützlich erscheint, übergestülpt zu werden. Die unscharfe und uneinheitliche Benutzung der Begriffe trägt nicht zur besseren Verständlichkeit bei. Und so weist auch eine neue Studie über das Umweltbewusstsein in Deutschland (Kuckartz, 2000:68f) eine große Unsicherheit der Bürger in Bezug auf das Thema nachhaltige Entwicklung aus. Nicht nur dass über 60 % der Bevölkerung noch nichts vom Begriff der nachhaltigen Entwicklung gehört haben, so ist auch bei den restlichen die Substanz des Begriffes weitgehend unklar.

Es hat sich auch gezeigt, dass die Begriffe Nachhaltigkeit und nachhaltige Entwicklung oft als Synonyme verwendet werden, obwohl sie nicht exakt dasselbe besagen und zumindest unterschiedliche Bezugsebenen aufweisen: Nachhaltigkeit ist die Beschreibung des Wunschzustandes eines Systems, während der Begriff nachhaltige Entwicklung einen Entwicklungsprozess beschreibt, der in die gewünschte Richtung führen soll (vgl. Hediger, 1997:15f). Insofern kann nachhaltige Entwicklung die Funktion eines Leitbildes übernehmen mit dem eine idealtypische Entwicklung beschrieben wird. Im Rahmen der Untersuchung wird dieser Unterscheidung bei der Festlegung von Nachhaltigkeitsindikatoren im Personenverkehr für einen bestimmten Zielhorizont (Kapitel 6) und der Analyse der Entwicklungspfade für eine nachhaltige Verkehrsgestaltung Rechnung getragen.

Welches sind nun die wesentlichen Problemfelder, die zur Entstehung des Leitbildes einer nachhaltigen Entwicklung geführt haben bzw. die Fortentwicklung bis heute motivieren? Hier sind in erster Linie die ökologischen Langfristeffekte heutiger Produktions- und Konsummuster zu nennen (vgl. Hillebrand et al.; 2000:15f):

- die zunehmende Wahrscheinlichkeit einer globalen Klimaveränderung durch die Emission von Treibhausgasen,
- die drohende Erschöpfung vieler natürlicher Ressourcen aufgrund der zunehmenden Bevölkerung und eines scheinbar grenzenlosen wirtschaftlichen Wachstums,
- die Verunreinigung von Luft, Wasser und Boden durch Schadstoffe und Abfall,
- die Erosion von Böden aufgrund von intensiver Bewirtschaftung und Überbeanspruchung von Grenzböden,
- der Verlust von Biodiversität und die Vernichtung von Lebensräumen durch die Versiegelung der Flächen.

Hinzu kommt eine zunehmend ungerechte Verteilung der Zugriffsmöglichkeiten aller Menschen auf die Ressourcen und die Umwelt als Senke für Schadstoffe. Aber auch sozial- und wirtschaftspolitische Problemfelder wie die durch die Globalisierung der Märkte hervorgerufenen Umbrüche der Produktions-, Arbeits- und Gesellschaftssysteme, die Massenarbeitslosigkeit und die zunehmende gesellschaftliche Spaltung werden als nicht nachhaltig beschrieben.

Bei der sozialen Dimension einer nachhaltigen Entwicklung stehen die Forderung nach einem menschenwürdigen Leben und soziale Gerechtigkeit im Vordergrund. Eng damit verbunden ist die Frage nach der Zukunft der Arbeit, als zentrale Quelle für die verschiedenen Dimensionen von Lebensqualität in den westlichen Industrieländern (vgl. Krings, 2000:136f).

Die ökonomische Dimension zielt auf die weltweite Maximierung des Pro-Kopf-Konsums und stellt daher wirtschaftliches Wachstum und technischen Fortschritt in den Mittelpunkt. Je nach Schwerpunktsetzung wird versucht, das Leitbild einer nachhaltigen Entwicklung zu formen und den genannten Problembereichen ein neues Gesellschafts- und Wirtschaftskonzept gegenüber zu stellen.

In den folgenden Abschnitten soll sowohl die Spannweite der Definitionen und Konzeptionen einer nachhaltigen Entwicklung betrachtet als auch die Frage geklärt werden, inwieweit die soziale und die wirtschaftliche Dimension einer nachhaltigen Entwicklung der ökologischen Dimension gleichberechtigt gegenüberstehen, oder ob für diese Untersuchung die Begriffsbestimmung und Konzeption einer nachhaltigen Entwicklung über eine Zielhierarchisierung erfolgen soll.

3.2 Definition von Nachhaltigkeit und nachhaltiger Entwicklung

In der wissenschaftlichen Diskussion besteht seit der sogenannten Brundtland-Kommission und der Konferenz der Vereinten Nationen 1992 in Rio de Janeiro eine einfache Definition für nachhaltige Entwicklung. Im Brundtland-Bericht wird sustainable development beschrieben als eine "Entwicklung, die die Bedürfnisse der Gegenwart befriedigt, ohne zu riskieren, daß künftige Generationen ihre eigenen Bedürfnisse nicht befriedigen können" (Hauff, 1987:46). Diese Definition vertritt eine eindeutig anthropozentrische Position zur nachhaltigen Entwicklung, indem die Bedürfnisse und Geschicke der Menschheit in den Mittelpunkt der Begriffsbestimmung gestellt werden. Sie lässt sich abgrenzen von einer biozentrischen oder religiösen Begründung für Nachhaltigkeit. So schreibt beispielsweise Litman (1999:2): "Some sustainability advocates also challenge the anthropocentric (human centered) assumption that nature only has value if it directly benefits humans, arguing that biological diversity and ecological health have existence value in their own right." Einer biozentrischen oder religiösen Definition von Nachhaltigkeit zu folgen, würde allerdings erhebliche Probleme bei der Konkretisierung eines solchen Konzeptes hervorrufen. Deshalb wird als erste Festlegung im Rahmen dieser Untersuchung nachhaltige Entwicklung im anthropozentrischen Sinne bestimmt.

In der Präambel der Agenda 21 wird nachhaltige Entwicklung im Sinne der Brundtland-Definition als Leitbild der internationalen Umwelt- und Entwicklungspolitik verwendet. Neben vielen anderen Umwelt- und Klimakommissionen wird diese Begriffsbestimmung auch vom deutschen Rat von Sachverständigen für Umweltfragen übernommen (vgl. SRU, 1994:48). Dabei betont der SRU besonders die wichtige Rolle des Gesundheitsschutzes für eine nachhaltige Entwicklung, die sonst meist unerwähnt bleibt. Damit wird die soziale Dimension von Nachhaltigkeit hervorgehoben. Eine leicht verständliche Beschreibung nachhaltiger Entwicklung, die ebenso auf der Brundlandt-Definition aufbaut, liefern Borken und Höpfner (1998:145): "Das Zusammenleben der Menschen lokal wie global, heute und in Zukunft, lebenswert zu gestalten, ohne dabei die natürlichen Grundlagen zu gefährden."

Auch wenn sich die einfache Definition des Brundtland-Berichtes vielerorts durchgesetzt hat, so besteht trotzdem bis heute keine allgemeingültige Definition für die Begriffe Nachhaltigkeit und nachhaltige Entwicklung. Verschiedene Begriffsbestimmungen, die in der Literatur zu finden sind, sollen im Folgenden aufgeführt und diskutiert werden, um die Spannbreite der wissenschaftlichen Diskussion aufzuzeigen.[1]

Die Idee der nachhaltigen Bewirtschaftung natürlicher Ressourcen ist in ihrem Kern ein ressourcenökonomisches Konzept, das ursprünglich in der Forstwirtschaft entwickelt wurde. Nachhaltigkeit bezeichnet in der Forstwirtschaft die Verpflichtung auf eine Waldbewirtschaftung, bei der die Holzernte die Regenerationsfähigkeit des Waldes nicht überschreitet, so dass ein dauerhafter Abbau des Waldbestandes vermieden wird. Dieses Konzept wurde auf erschöpfbare Ressourcen erweitert. Aufgrund des steigenden Problemdrucks wurde im Weiteren die Funktion der Umwelt als Senke für Emissionen und Abfallstoffe in das Konzept einer nachhaltigen Entwicklung integriert (vgl. beispielsweise Rennings und Hohmeyer, 1997:39f). Hier zeigt sich die ökologische

---

[1] Eine ausführliche Übersicht verschiedener Definitionen gibt z. B. Renn und Kastenholz (1996).

Entstehungsgeschichte und Erweiterung des Begriffs, die sich auch in der Definition von Radke (1995) "Nachhaltigkeit als Vermeidung der Umweltkatastrophe" widerspiegeln.

Parallel dazu wurde versucht, sich dem Begriff der Nachhaltigkeit und nachhaltigen Entwicklung aus der rein ökonomischen Perspektive zu nähern. Die Forderung, dass es zukünftigen Generationen nicht schlechter gehen dürfe als der heutigen, wird beispielsweise durch die Leerformel "nachhaltige Entwicklung als positiver gesellschaftlicher Wandel" (Pearce und Turner, 1990:43ff) ausgedrückt. Dieser positive Wandel kann durch Steigerung des Pro-Kopf Einkommens ebenso erreicht werden, wie durch die Verbesserung bzw. Nicht-Verschlechterung der Bildung, der Ausstattung mit Infrastruktur, der Gesundheit oder der Umweltqualität. In dieser Begriffsbestimmung kommt zum Ausdruck, dass das Umweltproblem wie andere Problembereiche als rein ökonomisches Allokationsproblem aufgefasst wird.

Die Brundtland Kommission hat mit ihrer Definition versucht, verschiedene Dimensionen der Nachhaltigkeit in einen umfassenden Kontext zu vereinen. Mit der Forderung, die neben der oben bereits genannten Definition im Brundtland-Bericht zu finden ist, dass einerseits die Armut in den Entwicklungsländern überwunden und andererseits der materielle Wohlstand der Industrieländer mit der Erhaltung der Lebensgrundlagen in Einklang zu bringen sei, werden gleichermaßen ökologische, ökonomische und soziale Aspekte behandelt. Dahinter steht die Erkenntnis, dass Wirtschaft und Umwelt nicht wie früher als getrennte Bereiche betrachtet werden können, sondern als gegenseitig abhängige Teile eines komplexen, dynamischen Systems zu behandeln sind (vgl. Hediger, 1997:20). Diese holistische Sicht ist auch Grundlage für die Ökologische Ökonomie, die das Ziel verfolgt, ökologische und ökonomische Ansätze und Ansichten zu integrieren.

Die Ökologische Ökonomie ist eine junge Forschungsrichtung, die auch als Wissenschaft von der Nachhaltigkeit bezeichnet wird. Die Erkenntnis, dass traditionelle monodisziplinäre Ansätze für die Analyse einer Vielzahl der anstehenden Probleme nicht ausreichen, führt zur Forderung einer integrierten Betrachtungsweise. Die Ökologische Ökonomie sieht sich als offene Forschungsrichtung[2], bei der die Erhaltung der globalen Lebenserhaltungssysteme im Vordergrund steht (vgl. Constanza et al., 1991). Insofern wird eine Ökosystem-Perspektive eingenommen, bei der die Ökonomie als ein Teil des ökologischen Gesamtsystems gesehen wird. Diese Perspektive impliziert unweigerlich die Frage nach der Größe und Ausgewogenheit ("scale") des Wirtschaftssystems und des Ökosystems. Nach Daly (1992), einem der Begründer der Ökologischen Ökonomie, ist Nachhaltigkeit sowohl mit der Bestimmung der "optimalen Größe des Kuchens" ("optimal scale") verbunden, als auch mit dem Erreichen einer

---

[2] Neben der Ökonomie und der Ökologie umfasst die Ökologische Ökonomie auch weitere Wissenschaftsdisziplinen. Naturwissenschaftliche Konzepte, insbesondere der zweite Hauptsatz der Thermodynamik, bilden die Grundlage für die Verflechtung und Abhängigkeit zwischen Wirtschaftssystem und Umwelt. Beide Systeme zusammen stellen ein thermodynamisches System dar, dessen Materialkreislauf geschlossen ist, aber Energie in Form von Sonneneinstrahlung erhält und Wärme nach außen abgibt.

optimalen Allokation der Ressourcen ("allocation") sowie mit der Schaffung von Verteilungsgerechtigkeit ("distribution"). Ein ökologisch-ökonomischer Nachhaltigkeits-Begriff ist also darauf ausgerichtet, diese wesentlichen drei Aspekte zu integrieren.

Aus den hier aufgezeigten Ansätzen für die Begriffsbestimmung scheint deutlich zu werden, dass Kontext, Ausgangspunkt und Intention für die Definition einer nachhaltigen Entwicklung die entscheidende Rolle spielen. Gemeinsamkeiten sind eigentlich erst in den letzten Jahren in der wissenschaftlichen Diskussion zu beobachten. So scheint zumindest weitgehend akzeptiert zu sein, dass nachhaltige Entwicklung neben ökologischen Zielsetzungen auch soziale und ökonomische Anliegen berücksichtigen muss. Außerdem beinhalten alle anthropozentrischen Definitionen eine Ausrichtung auf die Zukunft bzw. zukünftige Generationen. Das Prinzip der Gleichbehandlung von Menschen über die Zeit ist als allgemeine Zielsetzung für Nachhaltigkeit anerkannt. Darüber hinaus benennt Klemmer (1999:99) eine weitgehende Übereinstimmung, dass bei der Konzeption nachhaltiger Entwicklung sowohl positive Feststellungen als auch normative Aussagen getroffen werden. "Erstere beinhalten Hypothesen über Langfristigkeit heutiger Aktivitäten und Regelungen, wobei vor allem jene Hypothesen interessieren, die wohlstandsmindernde Effekte zu Lasten künftiger Generationen betonen; letztere nehmen vor allem auf verteilungspolitische Postulate (Forderung nach inter- und intragenerationeller Gerechtigkeit) Bezug" (Hillebrand et al., 2000:16).

Wie bereits oben angesprochen, ist der Begriff der "Nachhaltigen Entwicklung" der deutschen Bevölkerung nicht sehr vertraut. Die in den obigen Definitionen und Beschreibungen angesprochenen Prinzipien einer nachhaltigen Entwicklung sind - im Gegensatz zu dem Begriff selbst – aber in der Bevölkerung durchaus bekannt und stoßen auf breite Zustimmung. So stimmen 90 % der These voll und ganz oder weitgehend zu, dass Gerechtigkeit zwischen den Generationen bestehen sollte und wir die Umwelt nicht auf Kosten der nachkommenden Generationen ausplündern sollten (Kuckartz, 2000:70). Und über 80 % bejahen, nicht mehr Ressourcen zu verbrauchen als nachwachsen können, während knapp 80 % einen fairen Handel zwischen den reichen Ländern dieser Erde und den Entwicklungsländern wünschen.[3] Basierend auf diesen Befragungsergebnissen resümiert der Autor der Studie über das Umweltbewusstsein in Deutschland 2000: "Das Prinzip Nachhaltige Entwicklung stößt auf breite Resonanz, der Begriff ist allerdings weitgehend unbekannt" (Kuckartz, 2000:70).

Im Gegensatz zu den aufgeführten Gemeinsamkeiten bestehen allerdings hinsichtlich der Interpretation und Operationalisierung des Leitbilds einer nachhaltigen Entwicklung in der wissenschaftlichen Diskussion zwei wesentliche Konfliktfelder. Zum einen lassen sich ökologische und ökonomische Nachhaltigkeitskonzepte an der Möglichkeit der Austauschbarkeit von natürlichem und künstlichem Kapital unterscheiden. Diese Kontroverse spiegelt sich im Wesentlichen in den beiden Konzepten der "schwachen"

---

[3] Bei der letztgenannten These stellt sich allerdings die Frage, ob mit "fairem Handel" allein die Zielsetzung einer intragenerationellen Gerechtigkeit erfüllt werden kann.

und "starken" Nachhaltigkeit ("weak sustainability" und "strong sustainability") wider, die im Kapitel 3.1.3 diskutiert wird. Zum anderen zeigt sich gerade in der neueren Literatur eine verstärkte Ausdifferenzierung des Konzepts hin zu der gleichberechtigten Betrachtung ökologischer, sozialer und wirtschaftspolitischer Belange einer nachhaltigen Entwicklung. In der Literatur wird hier meist von einem Drei-Säulen-Modell gesprochen. Die Vertreter einer ökologisch orientierten Nachhaltigkeitsdefinition lehnen dagegen eine gleichgewichtige Betrachtung der ökologischen, sozialen und ökonomischen Nachhaltigkeitsanforderungen zumeist ab. Diese Kontroverse wird in dem Kapitel 3.1.4 behandelt. In Abbildung 2 sind die Konfliktfelder zusammengefasst.

Abbildung 2: Konfliktfelder bei der Konkretisierung des Nachhaltigkeitskonzepts

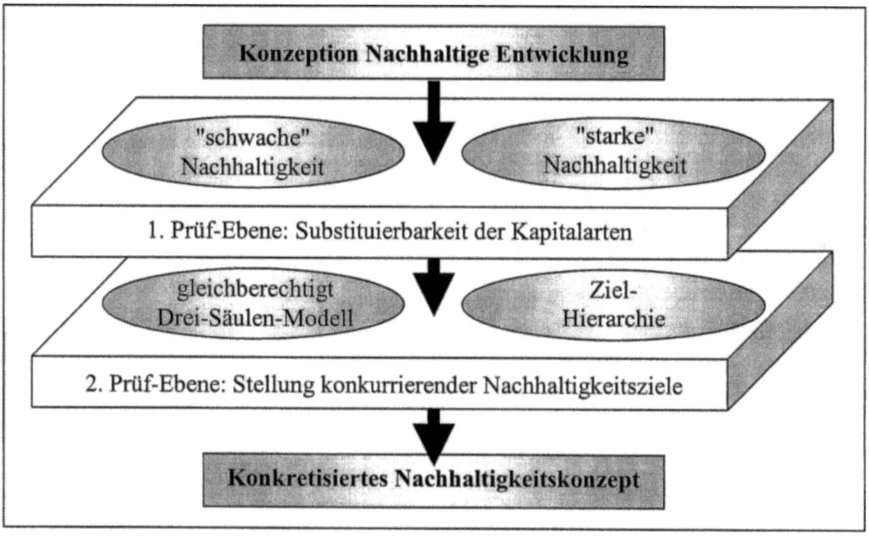

3.3 Ökologische und ökonomische Nachhaltigkeitskonzepte

Wie im letzten Abschnitt bereits beschrieben, wird als limitierender Faktor einer dauerhaft stabilen Entwicklung die Umwelt in den Dimensionen des Verbrauchs der erschöpfbaren Ressourcen, der Degradation der natürlichen Umwelt selbst (Verlust von Biodiversität oder Erosion von Böden) und in der Funktion als Aufnahmemedium für Schadstoffe angesehen. Diese Dimensionen lassen sich als "natürliches Kapital" zusammenfassen, auf dessen Bestand heutige und zukünftige wirtschaftliche Aktivitäten wirken. In den meisten Definitionen einer nachhaltigen Entwicklung wird auf die Konstanz des Kapitalstocks abgehoben, aber je nachdem, ob sich diese Forderung im engeren Sinne auf das Naturkapital bezieht, oder ob im weiteren Sinne lediglich die Konstanz des gesamten volkswirtschaftlichen Kapitalstocks gefordert wird, lassen sich Konzepte schwacher und starker Nachhaltigkeit unterscheiden (vgl. Rennings et al., 1996:12). Als wesentliches Unterscheidungsmerkmal dieser beiden Konzepte gilt also die Annahme hinsichtlich der Substituierbarkeit zwischen dem von Menschen geschaffenen (künstlichen) Kapital und dem natürlichen Kapital.

3.3.1 Schwache Nachhaltigkeit

Das Konzept der schwachen Nachhaltigkeit basiert auf der neoklassischen Wohlfahrtstheorie und lässt prinzipiell die Substitution aller Funktionen des natürlichen Kapitals durch andere Kapitalarten zu. Nach diesem Konzept wird die Konstanz des Kapitalstocks, in der sich die Forderung nach einer intergenerationellen Gerechtigkeit widerspiegelt, durch eine Investitionsregel gewährleistet, die die Aufrechterhaltung der allgemeinen Produktionskapazität einer Volkswirtschaft und damit ein dauerhaft nicht abnehmendes Konsumniveau ermöglicht. "Diese sogenannte 'Hartwick-Regel' besagt, daß unter gewissen Annahmen, wie konstante Bevölkerung und Technologie, eine Gesellschaft die Möglichkeit hat, ein konstantes Konsumniveau pro Kopf aufrechtzuerhalten, wenn sie die gesamte Rente aus der Ausbeutung erschöpfbarer Ressourcen in die Vergrößerung ihres reproduzierbaren Kapitalstocks investiert. Dementsprechend kann die Akkumulation von reproduzierbarem Kapital als Kompensationsleistung an zukünftige Generationen betrachtet werden für die Verminderung des Vorrats an nichterneuerbaren Ressourcen" (Hediger, 1997:24f).

Neben dieser zeitlichen Konstanz des Kapitalstocks beinhaltet das Konzept der schwachen Nachhaltigkeit auch, dass Nutzenverluste aufgrund zunehmender Umweltbeeinträchtigung (z. B. durch verkehrsbedingten Flächenverbrauch oder durch Waldschäden) entweder durch Nutzenzuwächse des künstlichen Kapitals (z. B. Ersparnisse) ausgeglichen oder durch eine Art Schattenprojekte zur Verbesserung der Umweltqualität (z. B. im Naturschutz) kompensiert werden können.[4] Das Konzept erlaubt also prinzipiell sowohl in zeitlicher wie auch in räumlicher Hinsicht die Substitution natürlicher Ressourcen durch künstliches Kapital. Damit ist aus dieser rein ökonomischen Perspektive die Forderung nach intergenerationeller und intragenerationeller Gerechtigkeit erfüllbar.[5]

3.3.2 Starke Nachhaltigkeit

Das Konzept einer starken Nachhaltigkeit stellt dagegen die Schranken der Nutzbarkeit natürlicher Ressourcen und die Grenzen der Aufnahmekapazität der Erde für Schadstoffe in den Vordergrund. Eine vollständige Substituierbarkeit zwischen natürlichem und künstlichem Kapital wird verneint. Kennzeichnend für das Konzept starker Nachhaltigkeit ist der Erhalt des natürlichen Kapitals im Ganzen oder im Extremfall sogar der Erhalt der einzelnen Komponenten (sehr starke oder strikte ökologische Nachhaltigkeit, vgl. Endres und Radke, 1998:18ff). Dahinter steht die

---

[4] Barbier, Markandya und Pearce (1990:1260f) zitiert nach Rennings und Hohmeyer (1997:41f) berücksichtigen dieses Nachhaltigkeitskriterium in Kosten-Nutzen-Analysen indem sie fordern, dass sich die Summe von Umweltschäden durch ein bestimmtes Programm von Investitionsprojekten zu null addieren muss. Wohlfahrttheoretisch kommt es durch die umweltverbessernden Schattenprojekte zu einer tatsächlichen Kompensation der Umweltschäden. Da die Umweltschäden in monetären Größen gemessen werden und eine unbeschränkte Substitution zwischen verschiedenen Formen natürlichen Kapitals erlaubt ist, handelt es sich um einen typischen Fall schwacher Nachhaltigkeit.
[5] Solow (1993) zitiert nach Hillebrand et al. (2000:25f) hebt allerdings hervor, dass die grundsätzliche Substituierbarkeit nicht unbedingt einfach und kostengünstig realisierbar sei und dass insbesondere bei zunehmender Substitution der Aufwand erheblich steigen kann.

Erkenntnis, dass bestimmte Elemente des natürlichen Kapitals für das Bestehen und Funktionieren des Ökosystems unverzichtbar sind und damit nicht durch künstliches Kapital oder andere Elemente des natürlichen Kapitals ersetzt werden können.[6] Als anschauliches Beispiel nennen Pearce und Atkinson die Ozonschicht (vgl. Hillebrand et al., 2000:26), deren schützende Funktion zwar in Teilbereichen durch verändertes Verhalten ersetzt werde kann (Tragen von Sonnenbrillen und entsprechender Kleidung), allerdings in anderen Bereichen wie für das Funktionieren wichtiger Ökosysteme die Merkmale eines essentiellen Produktionsfaktors erfüllt. Nicht nur dass für etliche Ressourcen und Ökosystemfunktionen Nichtsubstituierbarkeit gegeben ist, so liegt vielmehr oft eine komplementäre Beziehung zwischen natürlichem und künstlichem Kapital vor. Beispielsweise kann die Verschlechterung der Luftqualität durch Schadstoffe nicht durch den Bau eines Luftkurortes ersetzt werden, sondern selbiger erhält nur seine Existenzberechtigung durch das Vorhandensein guter Luft.

Herman E. Daly hat in seinen Arbeiten das Konzept der starken Nachhaltigkeit deutlich geprägt und im Rahmen der Ökologischen Ökonomie fortentwickelt (vgl. Daly, 1992 und Daly, 1996). Er hat dem neoklassischen Wertekonzept der schwachen Nachhaltigkeit ein physisches Konzept einer Gleichgewichts-Ökonomie[7] (steady-state economy) gegenübergestellt, das genau wie bei dem Ansatz der Ökologischen Ökonomie auf dem Paradigma basiert, die Ökonomie sei als offenes Teilsystem eines endlichen nicht wachsenden Ökosystems anzusehen. Auf dieser Grundlage wird die Notwendigkeit einer Größenbegrenzung (scale) hergeleitet: Das Skalierungsproblem fordert, dass der Verbrauch natürlicher Ressourcen an die ökologische Tragekapazität angepasst werden muss. Nach Daly lässt sich die Bestimmung der ökologischen Tragekapazität mit der Festlegung von Freibordmarken, welche die absolute Ladegrenze von Frachtschiffen angeben, vergleichen. Skalierung fordert diese Ladegrenzen einzuhalten, damit das Schiff nicht sinkt.

Hohmeyer beschreibt den Grundgedanken der Daly'schen starken Nachhaltigkeit folgendermaßen: "If we accept that economics has to consider that in some instances the global natural resources as well as the assimilative capacity of the global ecological system are extremely scarce and irreplaceable, we have to be aware of the fact that economics also has to take into account boundaries to economic activity derived from the limits of the global ecological system. This is the basic notion of strong sustainability..." (Hohmeyer, 1997:64). Durch diese Beschreibung wird betont, dass die Skalierungsproblematik durchaus den materiellen und energetischen Durchfluss des

---

[6] Vgl. Rennings und Hohmeyer (1997:42). Hillebrand et al. (2000:26) weisen darauf hin, dass auch beim Konzept der starken Nachhaltigkeit eine gewisse Spannbreite auszumachen sei. "Während auf der einen Seite äußerst ökozentrische Sichtweisen zu konstatieren sind, wird auf der anderen Seite überwiegend zugestanden, dass der Erhalt des natürlichen Kapitals letztlich der Sicherung seiner Funktionen diene."
[7] Die Gleichgewichtsökonomie geht von einer konstanten Bevölkerung, einem konstanten Stock an hergestellten Gütern sowie einer tiefstmöglichen Rate an Energie- und Materialdurchfluss aus, um ein ausreichendes Wirtschaften bis in ferne Zukunft zu ermöglichen (vgl. Herdiger, 1997:26).

ökonomischen Systems begrenzen kann. Deshalb wird auch vom ökologischen Rahmen für das Wirtschaften gesprochen (vgl. UBA. 1997:6f).[8]

3.3.3 Handlungsgrundsätze auf der Basis einer starken Nachhaltigkeit

Auf der Grundlage des Konzepts einer starken Nachhaltigkeit wurden schon 1990 drei Handlungsgrundsätze aufgestellt, um die geforderte Konstanz des natürlichen Kapitalstocks zu realisieren. Diese sind:

1. Die Abbaurate bei erneuerbaren Ressourcen darf ihre Regenerationsrate nicht überschreiten.

2. Erschöpfbare Ressourcen dürfen nur dann abgebaut werden, wenn gleichwertige Alternativen geschaffen werden, d.h. wenn sie durch technischen Fortschritt, Realkapital und oder erneuerbare Ressourcen ersetzt werden können.

3. Emissionen dürfen die natürliche Aufnahmekapazität nicht überschreiten.[9]

Auch bei diesen sogenannten Managementregeln steht bereits die anthropozentrische Anforderung im Mittelpunkt, die Funktionen der Umwelt für den Menschen als Quelle für erneuerbare und nicht erneuerbare Ressourcen, als Aufnahmemedium für Abfälle, Abwasser und Emissionen sowie als Lebensgrundlage für heutige und zukünftige Produktion und Konsumtion nicht weiter zu gefährden. Die ersten beiden Handlungsgrundsätze beziehen sich auf die Bereitstellung natürlicher Ressourcen, differenziert nach regenerativen und nicht-regenerativen Ressourcen. Das Ziel der ersten Regel ist die Leistungsfähigkeit der regenerativen natürlichen Ressourcen zu gewährleisten, wobei allerdings ungeklärt bleibt, auf welchem Niveau die Bewirtschaftung stattfinden soll. So bleibt offen, ob eine Ressource, z. B. der Waldbestand oder der Fischbestand, sich nicht bereits zum heutigen Zeitpunkt auf einem zu niedrigen Niveau befindet und nicht zuerst durch Nutzungsverzicht wieder aufgebaut werden muss, da denkbare Nutzungsgleichgewichte unterschiedliche Stabilitätseigenschaften aufweisen können (vgl. hierzu und zum Folgendem Hillebrand et al., 2000:33f).

Die zweite Managementregel zielt auf die Bewahrung des materiellen Handlungsspielraums künftiger Generationen. Grundsätzlich mindert jede Ausbeutung und Nutzung einer nicht-regenerativen Ressource den zukünftig verfügbaren physischen Bestand. Deshalb wird in der Handlungsanweisung eine Substitution gefordert, die die Funktion der Ressource für den Menschen aufrechterhält. Bei der heutigen Dimension der Nutzung, insbesondere bei Erdöl, Erdgas und einigen Erzen, erscheint der Aufbau von hinreichenden Substituten allerdings sehr schwierig.

Die dritte Regel dient dem Erhalt der Assimilationsfähigkeit der Erde. Für die Umsetzung dieser immer wichtiger werdenden Handlungsanweisung wird vorgeschlagen, kritische Eintragungsraten (critical loads) für feste und flüssige Schadstoffe

---

[8] Auf diese Rahmensetzung wird weiter in Kapitel 3.4.2 eingegangen.
[9] Vgl. Daly (1990:2ff) oder Pearce and Turner (1990:43ff) zitiert nach Rennings (1994:17). Siehe auch UBA (1997:11f), Hillebrand et al. (2000:33ff) oder Rennings und Weinreich (2002:243).

festzulegen. Für gasförmige Schadstoffe wie beispielsweise Kohlendioxid (CO_2) sollen entsprechende Schwellenwerte (critical levels) festgelegt werden.

Um den genannten Kritikpunkten zu begegnen und das Konzept zu verfeinern, hat die Enquete Kommission "Schutz des Menschen und der Umwelt" des Deutschen Bundestages eine 4. Managementregel hinzugefügt, die zwar bereits von ihrer inhaltlichen Substanz her in den drei bestehenden Handlungsgrundsätzen enthalten ist, aber insbesondere die zeitliche Dimension einer nachhaltigen Entwicklung betont:

4. Das Zeitmaß anthropogener Eingriffe in die Umwelt muss in einem ausgewogenen Verhältnis zu der Zeit stehen, die die Umwelt zur selbststabilisierenden Reaktion benötigt (UBA, 1997:12).

Alle vier Handlungsgrundsätze zusammen verlangen eine neues Verständnis von Ökonomie und wirtschaftlicher Entwicklung, wobei die umfassende Berücksichtigung der Reaktionsfähigkeit und der Tragekapazität ökologischer Systeme die zentrale Forderung darstellt. Hier setzen auch die Vertreter der Ökologischen Ökonomie an. Die absoluten Belastungsgrenzen der Natur werden akzeptiert, eine grundsätzliche Substituierbarkeit der natürlichen Ressourcen wird bezweifelt, und demnach favorisieren Ökologische Ökonomen Konzepte der starken Nachhaltigkeit. Im Mittelpunkt dieser Forschungsrichtung steht nicht die Frage, wie ein Umweltproblem mit einem möglichst effizienten Instrumentarium zu bewältigen sei (Allokation), sondern die Analyse der Wechselwirkung zwischen Ökologie und Ökonomie und die Festlegung umweltpolitischer Ziele. Hauptzielrichtung ist, das Problemverständnis zu vertiefen, indem neben der naturwissenschaftlichen Beschreibung der ökologischen Zusammenhänge auch ethische Grundfragen und Wertesysteme hinterfragt werden. (vgl. Rennings et al., 1996:8f).

3.3.4 Zielbestimmung einer nachhaltigen Entwicklung

Die Problembeschreibung und die ökologische Zielbestimmung werden in der Ökologischen Ökonomie von der Politik und den Naturwissenschaften dominiert. Deshalb wird beim Konzept der starken Nachhaltigkeit auch von einem physischen Konzept gesprochen. So formuliert auch schon der Rat von Sachverständigen für Umweltfragen, dass sich die Umweltökonomik praktisch weitgehend aus der Diskussion um die Umweltqualitätsziele verabschiedet habe (vgl. SRU, 1994). Die Festlegung und Hinterfragung umweltpolitischer Ziele findet im Sinne der schwachen Nachhaltigkeit allerdings durchaus statt. Insofern ist die Kontroverse zwischen starker und schwacher Nachhaltigkeit substantiell mit der Fragestellung verbunden, ob die Reduktionsziele eher aus einer ökonomischen oder ökologischen Perspektive abgeleitet werden sollen.

Beim Konzept der schwachen Nachhaltigkeit werden die Kosten der Umweltbelastung als Indikatoren für entstandene Wohlfahrtsverluste verwendet. Aus der ökonomischen Perspektive der Neoklassik liegt die Hauptursache von Umweltproblemen in der ineffizienten Nutzung der Ressourcen. Die Identifikation, Quantifikation und

Bewertung von Schäden an der Umwelt und an der menschlichen Gesundheit stehen demnach im Mittelpunkt dieses Konzepts. Diese bewerteten Schäden einer wirtschaftlichen Aktivität werden als externe Kosten bezeichnet, soweit sie zu Lasten Dritter gehen und sich nicht im Marktpreis widerspiegeln. Die Bewertung der externen Effekte erfolgt im Rahmen der sogenannten erweiterten Kosten-Nutzen Analyse.[10] Aus der ökonomischen Perspektive der schwachen Nachhaltigkeit wird die Minimierung der durch die Umweltbelastung hervorgerufenen Kosten gefordert. Diese Forderung bezieht sich entweder auf die externen Kosten (Schadenskosten), oder auf die Kosten einer aktiven Umweltpolitik (Vermeidungskosten). Ökonomen aus dem Lager der schwachen Nachhaltigkeit gehen in jedem Fall davon aus, dass mit einer durchgreifenden Internalisierung der negativen externen Effekte durch eine Abgabenpolitik, die sich am Nutzenverlust orientiert, alle Umweltprobleme zu lösen sind.

Das ökonomisch optimale Ausmaß der Umwelt- bzw. Nachhaltigkeitspolitik im Sinne der schwachen Nachhaltigkeit ist jenes, in dem die Kosten von Umweltschutzmaßnahmen gerade durch den zusätzlich geschaffenen volkswirtschaftlichen Nutzen - also hier die eingesparten externen Kosten - gedeckt werden. Aus der wohlfahrtstheoretischen Logik ist hier das optimale Umweltziel gefunden. Überschreiten die Kosten des Umweltschutzes die durch ihn vermiedenen Kosten, so ist von zusätzlichen Maßnahmen abzuraten (vgl. Rennings und Hohmeyer, 1997:40). Ob allerdings die Monetarisierung von Umweltschäden mittels des wohlfahrtstheoretischen Instrumentariums der Kosten-Nutzen Analyse ein taugliches Instrument zur Bestimmung von Umweltzielen ist, ist auch unter Ökonomen sehr umstritten (vgl. Rennings, 1994:27ff). Zumeist wird eine solche Zielbestimmung als nicht hinreichend abgelehnt. Zu unsicher sind die Ergebnisse. Diese Einschätzung wird durch die Analysen im 2. Teil der Arbeit für den Personenverkehrssektor bestätigt.

Auf Grundlage der vorgebrachten Argumente und der Zielsetzung der Arbeit wird bei der Festlegung der Umwelt- und Nachhaltigkeitsziele in dieser Untersuchung als Ausgangspunkt dem Konzept der starken Nachhaltigkeit gefolgt. Die Ermittlung der externen Kosten des Personenverkehrs stellt allerdings ein entscheidender Beitrag dieser Arbeit dar. Insofern wird beim Vergleich mit den Kosten der Maßnahmen zur Vermeidung von Umweltbeeinträchtigungen die Zielbestimmung gemäß schwacher Nachhaltigkeit implizit miterbracht. Im Rahmen dieser Untersuchung werden demzufolge beide Konzepte, übertragen auf den deutschen Personenverkehr, betrachtet.

---

[10] Auf die klassische Kosten-Nutzen Analyse und deren Erweiterung wird im Kapitel 7 und 10 ausführlicher eingegangen.

3.4 Drei-Säulen-Modell vs. Zielhierarchie

Innerhalb der Zielbestimmung für eine starke nachhaltige Entwicklung haben sich in den letzten Jahren zwei Schulen herausgebildet, die sich durch die Festlegung, Gewichtung und Stellung der verschiedenen Nachhaltigkeitsziele voneinander unterscheiden. Dabei geht es um die Frage, ob ökologische, soziale und ökonomische Nachhaltigkeitsziele gleichberechtigt oder hierarchisch konzipiert werden. Normative Zielsetzungen werden für alle drei Bereiche nachhaltiger Entwicklung vorgenommen,[11] weshalb beide Ansätze eher der Konzeption der starken Nachhaltigkeit zuzuordnen sind. Im Folgenden sollen Vor- und Nachteile beider Konzeptionen diskutiert werden, um auf dieser Grundlage eine weitere Festlegung und Abgrenzung für die gesamte Untersuchung zu treffen (zweite Prüf-Ebene in Abbildung 2).

3.4.1 Das Drei-Säulen-Modell einer nachhaltigen Entwicklung

Betrachtet man die relativ kurze Historie zur Konzeption nachhaltiger Entwicklung, so fällt auf, dass in den siebziger und achtziger Jahren die Umweltproblematik durch einen hohen Grad an Luft- und Wasserverschmutzung sowie durch Umweltkatastrophen wie Seveso und Tschernobyl massiv in das Bewusstsein der breiten Öffentlichkeit gedrungen waren und somit eine ökologische Motivierung für die Entwicklung des Nachhaltigkeitsansatzes im Vordergrund standen. Erst in der Weiterentwicklung der Nachhaltigkeitskonzepte gewannen ökonomische Zielsetzungen wie technischer Fortschritt und wirtschaftliches Wachstum sowie soziale Aspekte, z. B. die Verteilung von Einkommen und Vermögen innerhalb einer Volkswirtschaft oder auch global (intragenerationelle Verteilungsgerechtigkeit), an Bedeutung. So entstanden gerade in den letzten Jahren immer mehr Publikationen, die nachhaltige Entwicklung als Dreigestirn von ökologischer Verträglichkeit, sozialer Gerechtigkeit und wirtschaftlicher Effizienz beschreiben. Gesprochen wird auch vom Drei-Säulen-Modell, bei dem die Festlegung der grundlegenden Zieldimensionen einer nachhaltigen Entwicklung gleichermaßen und soweit wie möglich auch gleichgewichtig ökologische, ökonomische und soziale Aspekte berücksichtigt.

Prominentester Vertreter dieses Ansatzes ist die Enquete-Kommission "Schutz der Menschen und der Umwelt" des 13. Deutschen Bundestages. Zumindest für Deutschland hat diese Kommission als erste ein mehrdimensionales Konzept nachhaltiger Entwicklung erarbeitet und in Form von Regeln konkretisiert (vgl. Enquete-Kommission, 1994).[12] Auch in der Zielsetzung für den Anfang 2001 als Beratungsorgan

---

[11] Dies gilt insbesondere für verteilungspolitische Aspekte, aber auch ökologische Nachhaltigkeitsziele in Form von critical loads oder critical levels sind nicht nur positiv ableitbar, sondern werden auch normativ bestimmt.
[12] Dem Drei-Säulen-Modell folgen auch das 1999 veröffentlichte Verbundvorhaben der Helmholtz-Gemeinschaft Deutscher Forschungszentren "Ein integratives Konzept nachhaltiger Entwicklung" (HGF, 1999) und das von der Hans-Böckler-Stiftung finanzierte Verbundprojekt "Arbeit und Ökologie" (DIW/WI/WZB, 2000). Vgl. auch Kastrup (1995), Walter und Spillman (1999), Hillebrand et al. (2000), Litman (1999b).

für die Bundesregierung geschaffenen "Rat für Nachhaltige Entwicklung" spiegelt sich diese Dreifaltigkeit wider (vgl. Bundesregierung, 2001). Dieser Rat soll konkrete Vorschläge und Beiträge für eine nationale Strategie der Nachhaltigkeit entwickeln. Explizit wird benannt, dass es im Wesentlichen darum geht, eine intelligente Verknüpfung von ökonomischen, ökologischen und sozialen Aspekten einer nachhaltigen Entwicklung zu verwirklichen.

Um zu beurteilen, ob es bei der Menge der Zielsetzungen, die unter dem Dach einer nachhaltigen Entwicklung gemäß des Drei-Säulen-Modells vereint wären, nicht zu Zielkollisionen oder zur Verwässerung des Gesamtkonzeptes kommt, gilt es verschiedene Fragen zu beantworten:

- Was ist konkret unter ökonomischen und sozialen Nachhaltigkeitszielen zu verstehen?
- Können solche Zielsetzungen operationalisiert und möglichst sogar quantifiziert werden?
- Kommt es zu Zielkonflikten mit den ökologischen Zielsetzungen?

Ökonomische Zielsetzungen einer nachhaltigen Entwicklung zielen auf die Maximierung des Pro-Kopf-Konsums ab. Gefordert werden nicht sinkender Konsum über die Zeit, oder nicht sinkende Produktion bzw. nicht sinkender Produktionswert oder nicht sinkender Nutzen bzw. nicht sinkende Wohlfahrt für die Bevölkerung über die Zeit hinweg. In einer stärkeren Formulierung werden sogar positiver, nicht sinkender Grenzkonsum oder Grenzproduktion über die Zeit verlangt, d.h. die Konsummöglichkeiten sollten sich in Zukunft verbessern. Diese Zielsetzungen lassen sich durchaus auch quantitativ konkretisieren und damit in ein Gesamtkalkül zur nachhaltigen Entwicklung integrieren, wie beispielsweise Kastrup (1995:13ff) aufzeigt. Grundlage sind Indikatoren wie das Bruttoinlandsprodukt (BIP), die Bruttowertschöpfung (BSP) oder die Konsumquote.[13] Basierend auf den Grundforderungen werden die Zielsetzungen der ökonomischen Effizienz, des technischen Fortschritts und eines dauerhaften wirtschaftlichen Wachstums für eine nachhaltige Entwicklung abgeleitet. Die Operationalisierbarkeit stellt bei diesen ökonomischen Nachhaltigkeitszielen weniger das Problem dar als die Zielkollision mit den ökologischen Anforderungen.

Insbesondere beim Zusammenspiel aus technischem Fortschritt und Wachstum kann es je nach Ausprägung des technischen Fortschritts zu negativen ökologischen Folgen kommen. Im klassischen Fall eines arbeitssparenden technischen Fortschritts, bei dem die Produktivität des Faktors Arbeit stärker steigt als die Produktivität der Faktoren Sachkapital und natürliches Kapital induziert Wachstum einen höheren Einsatz natürlicher Ressourcen bzw. eine höhere Beanspruchung der Aufnahmekapazität der Umweltmedien. Auf der anderen Seite kann durch technischen Fortschritt auch eine

---

[13] Auf die Anwendung und Integration einzelner dieser Indikatoren in ein ökologisches Nachhaltigkeitskonzept wird in Kapitel 3.5 noch eingegangen.

teilweise Entkopplung von Wachstum und der Nutzung des natürlichen Kapitals erreicht werden, wie das Beispiel der Energienutzung in der deutschen Industrie oder auch die Entwicklung der gesamten CO_2-Emissionen nach der deutschen Wiedervereinigung im Vergleich zum Wachstum des Bruttoinlandproduktes zeigt.[14] Ohne an dieser Stelle weiter ins Detail gehen zu wollen, lässt sich zusammenfassen, dass die Grenzen des wirtschaftlichen Wachstums seit dem Bericht des Club of Rome vor über 30 Jahren immer wieder aufgezeigt wurden und somit der Zielkonflikt zwischen der ökonomischen Wachstums-Forderung und den ökologische Zielsetzungen als durchaus gegeben anzusehen ist.[15]

Eine Reihe von Zielsetzungen sind sowohl der ökologischen Nachhaltigkeit als auch der ökonomischen zuzuordnen. Hier sind insbesondere der Ressourcenverbrauch in Form von Energieintensität der Produktion oder der Anteil der erneuerbaren Energieträger und die Forderung nach Kostenwahrheit, ermöglicht durch die Internalisierung der externen Schadenskosten, zu nennen. Als rein ökonomisches Nachhaltigkeitsziel wird der Schutz einzelner heimischer Branchen im globalisierten Wettbewerb formuliert, wie sich beispielsweise immer wieder im Güterverkehrssektor bei der Diskussion der hohen Abgabenbelastung deutscher Spediteure und Transporteure im Vergleich zu den europäischen Konkurrenten zeigt. Eine solche Forderung zielt darauf ab, möglichst niedrige Preise für diese Produkte und Dienstleistungen anbieten zu können. Hier zeigt sich schon ein Zielkonflikt innerhalb des ökonomischen Aspekts, da auf der anderen Seite Kostenwahrheit und volkswirtschaftlich effiziente Preise gefordert werden.

Im Hinblick auf die dritte Säule, die soziale Zielsetzung einer nachhaltigen Entwicklung, steht die Gleichbehandlung der Menschen über Zeit und Raum, also die inter- und intragenerationelle Gerechtigkeit (Equity), im Mittelpunkt. Fokussiert wird folglich auf Verteilungsfragen. Operationalisieren lassen sich nach Kastrup (1995:16) die sozialen Grundanforderungen durch folgende Teilziele: Die durchschnittlichen individuellen Konsummöglichkeiten und die durchschnittliche individuelle Wohlfahrt sollen über die Zeit nicht sinken, der minimale individuelle Wohlfahrtsstandard soll nicht sinken und die Differenz zwischen der maximalen und der minimalen Wohlfahrt soll über die Zeit nicht größer werden. Beziehen sich diese Zielsetzungen auf die gesamte Menschheit, so wird auch der Forderung nach intragnerationeller Gerechtigkeit Rechnung getragen. Die Quantifizierung solcher Zielsetzungen erscheint sehr aufwendig wenn nicht sogar unmöglich. Neben den ökonomischen und sozialen Nachhaltigkeitszielsetzungen hat Kastrup auch ökologische Anforderungen formuliert, die inhaltlich den im letzten vorangegangenem Abschnitt beschriebenen vier

---

[14] Vgl. hierzu Hillebrand et al. (2000:32f). Verschiedene empirische Befunde aus der Umweltökonomischen Gesamtrechnung des Statistischen Bundesamtes werden zu den Entwicklungen der Produktivitäten von 1991 bis 1997 vorgestellt. Danach stieg die Produktivität der Einsatzfaktoren "Energie" und "Rohstoffe" um 7,5 % bzw. 9 %, die Produktivität für die Natur als Senke für Treibhausgase und Versauerungsgase um rund 10 % bzw. 127 %. Dagegen sind das Bruttoinlandsprodukt im Betrachtungszeitraum nur um knapp 8 %, die Arbeitsproduktivität aber um fast 15 % (bei gut 6 % niedrigerem Arbeitsvolumen). Anderseits fiel die Produktivität des um fast 18 % aufgestockten Kapitalbestandes um 8,5 %.
[15] Vgl. Meadows, et al. (1972) oder beispielsweise Daly (1996) und UBA (1997).

Managementregeln entsprechen. Er zeigt auf, dass die verschiedenen Anforderungen der drei Säulen zu einer Vielzahl von Gesamtzielsetzungen für nachhaltige Entwicklung kombiniert werden können. Als Beispiel nennt Kastrup (1995:18): "Sustainable Economic, Social, and Ecological Development = ecologically acceptable minimum standard of ecosystem health, increasing minimum individual utility, and non-declining aggregate utility over time." Auch wenn eine solche Formulierung einen Fortschritt bei der Integration der Zielsetzungen darstellt und zumindest einen Teilaspekt jeder Säule erfasst, so bleibt doch die Frage der Gewichtung zwischen den drei Forderungen ungeklärt bzw. es wird je nach Modellierung eine Zielsetzung hervorgehoben und optimiert.

Unter dem Label der sozialen Nachhaltigkeit werden abhängig von Fragestellung und Bereich noch eine Vielzahl anderer Aspekte benannt, die sich nicht alle auf die beiden Hauptzielsetzungen intra- und intergenerationelle Gerechtigkeit zurückführen lassen. Diese sind:

- Sicherung der Gesundheit,[16]
- soziale Absicherung im Alter,
- Bildung,
- Gemeinsinn,
- Sicherung der sozialen Stabilität,
- Teilhabe an der Erwerbsarbeit,[17]
- Teilhabe am gesellschaftlichen Leben,
- Partizipation am politischen Entscheidungsprozess,
- Zugänglichkeit (insbesondere auch im Hinblick auf Mobilität),[18] oder
- allgemeiner ein menschenwürdiges Leben.

Einige der genannten sozialen Anforderungen lassen sich nach Ansicht mancher Ökonomen unter dem ökonomischen Bereich subsumieren, weil sie zu den dort formulierten Zielen in einem komplementären Verhältnis stehen. Dieser Sichtweise liegt

---

[16] Der Zielsetzung Sicherung der menschlichen Gesundheit wird eine grundlegende Bedeutung zuerkannt. Die Enquete-Kommission "Schutz des Menschen und der Umwelt" (1994:491ff) und der Rat von Sachverständigen für Umweltfragen (1994:48ff) betonen, dass ein vollständiges physisches, geistiges und soziales Wohlbefinden die Voraussetzung für die Verwirklichung der Ziele einer nachhaltigen Entwicklung sei. Diese übergeordnete Zielsetzung verlangt eine Koordinierung aller drei Nachhaltigkeitsbereiche und zeigt daher im Hinblick auf eine Operationalisierung, dass Trennschärfe zwischen den drei Säulen kein Gebot sein sollte. Vgl hierzu auch Hillebrand et al. (2000:40).

[17] Dem Aspekt der Teilhabe an der Erwerbsarbeit kommt eine herausragende Bedeutung für die soziale Nachhaltigkeit zumindest im Hinblick auf die sozialen Probleme innerhalb einer entwickelten Volkswirtschaft zu. In verschiedenen sozialwissenschaftlichen Studien wird die Verbindung zwischen der Erwerbsarbeit und der Teilhabe am gesellschaftlichen Leben sowie der Sicherung der sozialen Stabilität im Hinblick auf eine dauerhaft nachhaltige Gesellschaftsentwicklung untersucht. Beispielhaft sei hier auf die Studie "Arbeit und Ökologie" verwiesen (DIW/WI/WZB, 2000).

[18] Auf diese und weitere soziale Zielsetzungen für eine nachhaltige Entwicklung im Verkehr wird in Kapitel 4 ausführlicher eingegangen.

die Erkenntnis zu Grunde, dass in Phasen ausgeprägten wirtschaftlichen Wachstums leichter soziale Anliegen wie die Förderung von Bildung oder die soziale Absicherung im Alter durchgesetzt werden konnten und können. Ähnlich wird auch im Hinblick auf ökologische Nachhaltigkeitsziele argumentiert. Diese Sichtweise erscheint aber dem Autor und auch vielen Autoren anderer Studien zu nachhaltiger Entwicklung als zu verengt, da erstens eine Verbesserung der sozialen und ökologischen Lebensbedingungen in Wachstumsphasen erst noch zu belegen wäre und zweitens gerade der Verteilungsaspekt, national, international wie auch intertemporal, damit zu wenig Beachtung findet. Gerade die Vielfältigkeit der weltweiten sozialen und ökologischen Anforderungen stellt eine gewaltige Herausforderung bei der Durchsetzung einer umfassenden nachhaltigen Entwicklung dar. Dass soziale Nachhaltigkeitszielsetzungen in der wissenschaftlichen und politischen Diskussion bisher eher eine untergeordnete Rolle gespielt haben, liegt nicht nur an der Vorherrschaft allokativer Fragen in der orthodoxen ökonomischen Theorie, sondern auch an der vergleichsweise schwierigen empirischen Erfassbarkeit sozialer Indikatoren. Auf diesem Gebiet sind bisher wenig Arbeiten zu finden (vgl. Hillebrand et al., 2000:36ff).

Das vorgestellte Drei-Säulen-Modell hat seine Vorteile in der Möglichkeit potenzielle Handlungsfelder zu strukturieren und aufzuzeigen, inwieweit einzelne Aspekte in konkurrierender oder komplementärer Beziehung zueinander stehen. Die Schwierigkeit liegt eindeutig in der Konkretisierung und Umsetzung der vielen verschiedenartigen Nachhaltigkeitsziele. Konflikte zwischen den Elementen der drei Säulen sind vorprogrammiert und führen zu einer Verwässerung der Gesamtzielsetzung mit dem Resultat, weder der einen noch einer anderen Hauptrichtung gerecht werden zu können. So schreiben selbst Befürworter einer gleichgewichtigen Betrachtung, dass ex ante nicht abzuschätzen sei, ob in allen Fällen die drei Säulen "gleich stark gebaut" seien, oder ob nicht in Teilbereichen einzelne Säulen im Ergebnis eine stärkere Berücksichtigung als andere erfahren (vgl. Hillebrand et al., 2000:41f).

3.4.2 Ziel-Hierarchie einer starken Nachhaltigkeit

Als Alternative zum Drei-Säulen-Modell bietet sich eine Beschränkung bzw. Prioritätensetzung der Nachhaltigkeitsziele an. Dabei sind sowohl die Hervorhebung der ökologischen Ziele wie auch der ökonomischen oder sozialen möglich. Beim Konzept der starken Nachhaltigkeit und der Ökologischen Ökonomie stehen allerdings die Belastungsgrenzen der Natur im Mittelpunkt, so dass die Zielhierarchie meistens am Beispiel der Hervorhebung der ökologischen Zielsetzungen diskutiert wird.

Schon auf dem Erdgipfel in Rio de Janeiro wird die Einsicht im Schlussdokument formuliert, dass alles Wirtschaften und die Wohlfahrt im klassischen Sinn unter dem Vorbehalt der ökologischen Nachhaltigkeit stehen (vgl. hierzu und im Weiteren UBA, 1997:6f). Nur in dem Maße, in dem die Natur als Lebensgrundlage nicht gefährdet wird, ist Entwicklung und damit eine langfristige Wohlfahrt aller Menschen möglich. So gesehen ergibt sich aus der Forderung einer nachhaltigen Entwicklung ein ökologischer Rahmen für die wirtschaftliche Entwicklung und das gesellschaftliche Zusammenleben.

Nach Auffassung der UBA-Autoren stellt die Tragekapazität der Umwelt eine letzte, unüberwindliche Schranke für alle menschlichen Aktivitäten dar. Es kann also nur noch darum gehen, wie die heutige und zukünftige Menschheit den ihr gegebenen Spielraum am besten nutzen kann. Gemäß dieser Sichtweise wird der ökologischen Zielsetzung einer nachhaltigen Entwicklung eine klare Priorität eingeräumt.

Herman Daly hat in seinen Arbeiten das Konzept der Ziel-Hierarchie entwickelt, indem er die drei grundlegenden polit-ökonomischen Aufgaben einer nachhaltigen Entwicklung Skalierung, Allokation und Distribution, die im übrigen mit den drei Hauptzielsetzungen des Drei-Säulen-Modells korrespondieren, in eine Reihenfolge gebracht hat (vgl. Daly, 1992:185ff; Daly, 1996 oder auch Rennings et al., 1996:13). Demnach muss

- zuerst das Skalierungsproblem gelöst werden, d.h. der Verbrauch natürlicher Ressourcen muss an die ökologische Tragekapazität (ecological carrying capacity) angepasst werden.

- An zweiter Stelle gilt es, das Problem der Distribution zu lösen, d.h. die gerechte Verteilung der als zulässig erachteten Umweltnutzung. Hohmeyer (1995:66f) differenziert diesen zweiten Punkt weiter in dem er die zwei Dimensionen der Verteilungsgerechtigkeit trennt:
  - Die intertemporale Gerechtigkeit der Ressourcennutzung und die intertemporale gerechte Verteilung der Nutzung der natürlichen Aufnahmekapazität der Erde müssen sichergestellt werden,
  - Die internationale Verteilungsgerechtigkeit in Bezug auf die Umweltnutzung (Ressourcennutzung und die Nutzung der natürlichen Aufnahmekapazität) müssen gewährleistet werden.

- Erst als letzter Punkt und wenn die anderen drei Prioritäten befriedigt sind, kann und soll der Reallokationsprozess der Umweltnutzungsrechte ermöglicht werden. Dabei ist es ökonomisch rational den Tausch der Rechte auf Märkten zuzulassen. Aus dem Allokationsprozess auf den Märkten ergeben sich relative Preise für die Umweltnutzungsrechte, die als "ökologisch wahre Preise"[19] angesehen werden können. So wird durch den letzten Schritt eine effiziente Allokation gewährleistet.

Das hier angesprochene Skalierungsproblem stellt eine Zusammenfassung der vier aufgestellten Managementregeln einer starken Nachhaltigkeit dar. Hervorgehoben wird insbesondere der dritte Handlungsgrundsatz "Emissionen dürfen die natürliche Aufnahmekapazität nicht überschreiten", da dieser für die ökonomische und gesellschaftliche Entwicklung die schärfste Restriktion bedeutet.

Im Hinblick auf die soziale und ökonomische Komponente der Nachhaltigkeit werden nur die beiden Dimensionen der Verteilungsgerechtigkeit in Bezug auf die Umwelt-

---

[19] Ökologisch wahre Preise beinhalten die externen Kosten. Da externe Effekte nach dem Coase-Theorem (vgl. Coase, 1960) als Folge von nicht bestehenden "Property Rights" (Eigentumsrechten) angesehen werden können, würde eine gerechte Verteilung und ein Handel von "Property Rights" zu einer vollständigen Internalisierung führen (Fritsch et al., 1996:64f.). Auf diese Form der Internalisierung externer Effekte wird auch noch im dritten Teil der Arbeit, Kapitel 11 ausführlicher eingegangen.

nutzung und die effiziente Allokation der Umweltnutzungsrechte beachtet. Andere soziale Nachhaltigkeitszielsetzungen werden ebenso ausgeklammert wie eigenständige ökonomische Zielsetzungen. Es entspricht aber gerade dem Charakter einer Ziel-Hierarchie, dass sich die weiteren Aspekte einer nachhaltigen Entwicklung der obersten Zielsetzung (hier also der ökologischen) unterzuordnen haben. Daraus folgt aber nicht, dass andere Zielsetzungen weniger realisiert werden könnten, weil z. B. die Forderung, den Entwicklungsländern einen Spielraum für eine eigene, nachholende Entwicklung zu verschaffen, durch eine überproportional stärker verminderte Umweltnutzung der Industrienationen ermöglicht werden könnte. Hier zeigt sich, dass eine internationale Verteilungsgerechtigkeit nicht zwingend in Form einer gleichen Pro-Kopf-Verteilung realisiert werden muss.

Zusammenfassend kann für die letzten beiden Abschnitte festgehalten werden, dass zwei unterschiedliche Ansätze für die Ausgestaltung einer Strategie der starken Nachhaltigkeit bestehen: Im Drei-Säulen-Modell werden ökologische, ökonomische und soziale Zielsetzungen als gleichberechtigte Ziele einer nachhaltigen Entwicklung behandelt, während im Falle der Ziel-Hierarchie die ökologische Zielsetzung hervorgehoben wird und soziale und ökonomische Aspekte als Restriktionen wirken. Im Hinblick auf die Operationalisierbarkeit zeigt der zuletzt dargestellte Ansatz einen klaren Weg der Optimierung auf, bei dem für jede ökologische Zielsetzung, sei es nun die Klima- und CO_2-Problematik oder beispielsweise die Flächeninanspruchnahme für Siedlung und Verkehr, das Maß der Umwelt- und Ressourcennutzung über Raum und Zeit festgelegt werden muss, und darauf aufbauend Maßnahmen abgeleitet werden, die die intra- und intergenerationelle Verteilungsgerechtigkeit sicherstellen und die effiziente Allokation der Umweltnutzungsrechte gewährleisten. Im Gegensatz dazu erscheint die Umsetzung der verschiedenartigen Ziele im Drei-Säulen-Modell als schwierig, solange erstens nicht der Zielkatalog durch messbare Größen operationalisiert wird[20] und zweitens eine Gewichtung der einzelnen Zielsetzungen zueinander vorgenommen wird. Es besteht die Gefahr, die politische Durchsetzbarkeit, mit dem Argument es müssten ja alle Zielsetzungen gleichgewichtig betrachtet werden, in den Vordergrund zu stellen und damit den gesamten Nachhaltigkeitsprozess zu gefährden oder zumindest in Bezug auf die Umsetzung der umweltbezogener Erfordernisse zu verlangsamen.

Im Rahmen dieser Arbeit soll eine konsistente Gesamtstrategie für eine dauerhaft umweltgerechte Entwicklung des Personenverkehrs in Deutschland herausgearbeitet werden. Damit liegt ein besonderer Schwerpunkt auf der Ableitung von Maßnahmen für die Umsetzung der Nachhaltigkeitsziele. Aufgrund dieses Arbeitsziels wird aus der kurzen Diskussion der beiden vorgestellten Ansätze gefolgert, das leichter zu operationalisierende Konzept der Zielhierarchie zu verwenden, zumal die ökologischen Zielsetzungen einer nachhaltigen Entwicklung für den Personenverkehr im Zentrum der

---

[20] In verschiedenen Arbeiten werden messbare Größen für alle möglichen Nachhaltigkeitszielsetzungen als Indikatoren entwickelt. So gesehen ist diese Anforderung bereits als erfüllt anzusehen. Beispiele für solche Indikatoren werden im folgenden Abschnitt gegeben.

Analyse stehen werden. Wie später noch gezeigt wird, werden soziale und ökonomische Aspekte dabei nicht ausgeblendet, sondern als Restriktionen behandelt. Es gilt also den Ansatz der Zielhierarchie, wie er hier beschrieben wurde, auf den Verkehrssektor zu übertragen und weiter zu entwickeln.

3.5 Konkretisierung des Leitbilds durch Nachhaltigkeitsindikatoren

Nachdem die wichtigsten Unterschiede bei der Konzeption nachhaltiger Entwicklung theoretisch aufgezeigt und diskutiert wurden, soll im folgenden Abschnitt der Weg für die Konkretisierung des Konzepts über sogenannte Nachhaltigkeitsindikatoren im Allgemeinen aufgezeigt werden, um damit das methodische Fundament für die weitergehende verkehrsspezifische Analyse zu komplettieren.

Indikatoren sind Kenngrößen, die Ist- und Sollzustände eines Systems beschreiben. Umweltindikatoren, die dem zufolge den Qualitätszustand der Umwelt kennzeichnen, werden seit über 20 Jahren definiert und festgelegt. Sie dienen als Hilfsmittel der Umweltpolitik und unterscheiden sich je nach Aufgaben und Bezugsebene. Die Fülle der Aufgaben von Umweltindikatoren reicht von der Beschreibung des Zustands der Umwelt und der bestehenden Umweltbelastungen, über die Zielformulierung für die Umweltqualität und die Prognose von Umweltbelastungen bis zur Erfolgskontrolle von Umweltschutzmaßnahmen (vgl. Rennings, 1994:5ff). Differenziert wird beispielsweise in Belastungs- Umweltzustands- oder Reaktionsindikatoren sowie in Ist- und Soll-Indikatoren oder in Indikatoren gemessen in physischen oder monetären Einheiten. Nicht alle bisher bestehenden Umweltindikatorensysteme erreichen den gleichen Grad an Verdichtung der Informationen. Da gerade im Hinblick auf eine dauerhaft umweltgerechte Entwicklung der Bedarf an Umweltindikatoren gestiegen ist, müssen Nachhaltigkeitsindikatoren, die es im Folgenden zu definieren gilt, weitergehende Anforderungen erfüllen.

3.5.1 Begriff, Anforderung und Herleitung von Nachhaltigkeitsindikatoren

Nachhaltigkeitsindikatoren müssen in der Lage sein, die Dauerhaftigkeit einer Volkswirtschaft anzuzeigen. Solche Indikatoren sollen nicht nur die Umweltsituation und -belastung beschreiben, sondern auch Informationen über die Aufnahmekapazität der Umwelt geben. Damit beinhalten Nachhaltigkeitsindikatoren sowohl deskriptive als auch normative Bestandteile, sind aber ihrem Wesen nach eher den Soll-Indikatoren zuzuordnen (vgl. Rennings, 1994:19). Der normative Charakter lässt sich schon daraus ersehen, dass zur Ableitung der Nachhaltigkeitsindikatoren die Existenz von Umweltqualitätszielen vorausgesetzt wird.

Als Anforderungen an ein System von Indikatoren einer nachhaltigen Entwicklung sind die folgenden Punkte zu nennen (vgl. Hillebrand et al., 2000:43f). Die Indikatoren müssen:
- den aktuellen Umweltzustand widerspiegeln,

- den Entwicklungstrend der verschiedenen Belastungen angeben, deshalb ist die Bildung von Indikatoren für verschiedene zukünftige Zeitpunkte notwendig,
- den politischen Handlungsbedarf signalisieren und
- möglichst so beschaffen sein, dass mit ihnen auch Zielbeiträge politischer Maßnahmen angegeben werden können.

Darüber hinaus sollten die Indikatoren offen und flexibel sein, damit neue Erkenntnisse und Bewertungen entsprechend einfließen können, d.h. die Indikatoren sollten ergänzt oder angepasst werden können. Dies gilt insbesondere für Indikatoren für zukünftige Zeitpunkte, da sich z. B. die Vorstellungen über intra- und intergenerationelle Gerechtigkeit ändern können und außerdem die Indikatorenbildung unter unvollkommenem Wissen erfolgt. Des Weiteren sollten die kausalen und wechselseitigen Abhängigkeiten zwischen verschiedenen Indikatoren bekannt sein, um Doppelerfassungen bestimmter Belastungssituationen zu vermeiden und Synergiepotenziale zwischen verschiedenen Zielsetzungen zu berücksichtigen.

In Anlehnung an Rennings (1994:19) und Opschoor und Reijnder (1991:19) wird für die Bildung der Nachhaltigkeitsindikatoren ein vierstufiges Verfahren vorgeschlagen:

1. Identifikation der wesentlichen Elemente und Kriterien des natürlichen Kapitals und deren wirtschaftlichen Funktionen.
2. Auswahl der wichtigsten und am meisten gefährdeten Elemente und Kriterien zur Generierung einer Indikatorbasis.
3. Das Implementieren von Standards, Zielen und kritischen Werten der im vorigen Schritt ausgewählten Elemente und Kriterien, wobei sich die Standards an den Managementregeln einer starken Nachhaltigkeit orientieren sollten.
4. Konstruktion von Indikatoren, welche die tatsächlichen Entwicklungen der Umweltaspekte (Ist-Werte) anzeigen und diese (wenn Schritt 3 erfolgreich durchgeführt wurde) in Beziehung zu den Nachhaltigkeitsstandards (Soll-Werte) setzen.

Diese Vorgehensweise folgt dem Gedanken, dass ein politisches Interesse weniger an den absoluten Mengen beispielsweise der emittierten Megatonnen CO_2 besteht, sondern vielmehr an der Frage, in welchem Maße diese Emissionen möglicherweise die Aufnahmekapazität der Umwelt überschreiten und in welchem Umfang sie abzubauen sind. Basierend auf dieser Sichtweise hat der Rat von Sachverständigen für Umweltfragen (SRU, 1994) vorgeschlagen, das Leitbild einer dauerhaft-umweltgerechten Entwicklung in mehreren Stufen zu konkretisieren und zu operationalisieren. Dieser, den Prinzipien einer starken Nachhaltigkeit entsprechende, Weg zur Herleitung der Nachhaltigkeitsindikatoren ist in Abbildung 3 zusammengefasst.

Abbildung 3: Leitbildorientierte Entwicklung von Umweltindikatoren

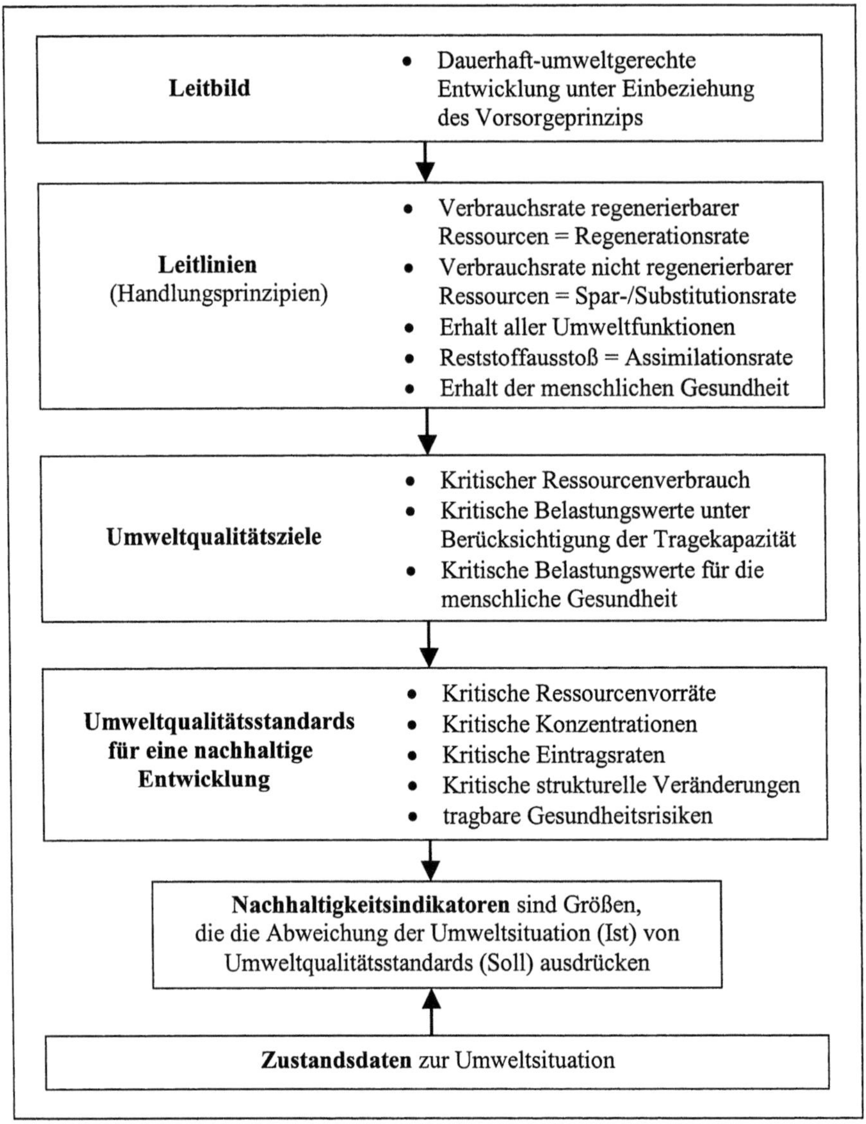

Leitbild	• Dauerhaft-umweltgerechte Entwicklung unter Einbeziehung des Vorsorgeprinzips
Leitlinien (Handlungsprinzipien)	• Verbrauchsrate regenerierbarer Ressourcen = Regenerationsrate • Verbrauchsrate nicht regenerierbarer Ressourcen = Spar-/Substitutionsrate • Erhalt aller Umweltfunktionen • Reststoffausstoß = Assimilationsrate • Erhalt der menschlichen Gesundheit
Umweltqualitätsziele	• Kritischer Ressourcenverbrauch • Kritische Belastungswerte unter Berücksichtigung der Tragekapazität • Kritische Belastungswerte für die menschliche Gesundheit
Umweltqualitätsstandards für eine nachhaltige Entwicklung	• Kritische Ressourcenvorräte • Kritische Konzentrationen • Kritische Eintragsraten • Kritische strukturelle Veränderungen • tragbare Gesundheitsrisiken

Nachhaltigkeitsindikatoren sind Größen, die die Abweichung der Umweltsituation (Ist) von Umweltqualitätsstandards (Soll) ausdrücken

Zustandsdaten zur Umweltsituation

Quelle: In Anlehnung an SRU (1994), Abb. I.6.

3.5.2 Ausgewählte Nachhaltigkeitsindikatoren-Systeme

In der Literatur finden sich zahlreiche Konzepte für Umwelt- und Nachhaltigkeitsindikatoren. Diese basieren entweder auf dem Ansatz der schwachen oder der starken Nachhaltigkeit und lassen sich demzufolge in die zwei zugrundeliegenden Strategien einteilen:

- Die ökonomische Strategie
Die Neoklassik sieht die ineffiziente Nutzung natürlicher Ressourcen als Hauptursache für Umweltprobleme. Die Ineffizienz ist auf Marktversagen aufgrund externer Effekte zurück zu führen. Die ökonomische Strategie zielt auf die Korrektur der Preise durch Internalisierung der externen Kosten ab. Die daraus resultierenden Indikatoren werden in Geldeinheiten gemessen wie beispielsweise "nachhaltiges Einkommen" oder "green GDP". Monetäre Indikatoren können als Indikatoren für schwache Nachhaltigkeit eingestuft werden, weil damit implizit die Möglichkeit zur Substitution von natürlichem Kapital durch künstliches angenommen wird.

- Die ökologische Strategie
Die ökologische Strategie analysiert die Auswirkungen wirtschaftlicher Aktivitäten auf das ökologische System. Sie versucht, das Ökosystem durch Schutz ihrer natürlichen Fähigkeiten wie ökologische Stabilität bzw. Elastizität zu erhalten. Indikatoren der ökologischen Strategie werden in physikalischen Einheiten gemessen. Physikalische Indikatoren quantifizieren Schwellen für kritische ökologische Funktionen (critical level) und können als Indikatoren für starke Nachhaltigkeit bezeichnet werden.

Als Beispiele für schwache Nachhaltigkeitsindikatoren werden im folgenden die Schadenskostenermittlung von Pearce und Atkinson sowie Huetings Konzept für nachhaltiges Einkommen betrachtet.

3.5.2.1 Nachhaltigkeitsindikatoren von Pearce und Atkinson

Pearce und Atkinson (1993:103ff) haben einen Nachhaltigkeitsindikator auf Basis von Schadenskostenkalkulationen entwickelt. Das Nachhaltigkeitskriterium dieses Ansatzes ist, dass eine Wirtschaft mehr sparen soll, als der Wertverlust an natürlichem Kapital (beinhaltet die Umweltschäden) und vom Menschen erwirtschaftetem Kapital zusammen beträgt. Diesbezüglich wurden Schätzungen für Ersparnisse und Wertverluste beider Kapitalarten für 22 Länder durchgeführt. Deutschland und die USA sind nach diesen Schätzungen wegen des ausgeprägten Sparverhaltens in diesen Ländern nachhaltig. Selbst osteuropäische Länder wie Polen oder Ungarn bestehen den Nachhaltigkeitstest. Nur für Entwicklungsländer wie Äthiopien, Burkina Faso oder Nigeria ist die Differenz aus der Sparquote und den Abschreibungen auf künstliches und natürliches Kapital sowie den minus monetarisierten Umweltschäden negativ. Sie gelten daher als nicht nachhaltige Volkswirtschaften. Nach Ansicht von Pearce und Atkinson sollte der Indikator für schwache Nachhaltigkeit durch Methoden der starken Nachhaltigkeit ergänzt werden, um kritische Elemente des natürlichen Kapitals identifizieren zu können.

3.5.2.2 Hueting's Konzept eines nachhaltigen Einkommens

Oft können Schadenskosten wegen unbekannter individueller Präferenzen nicht kalkuliert werden. Auch Informationen über Nutzenverluste verbunden mit umweltbezogener Degradation sind meistens nicht vorhanden. Eine zugrundeliegende Prämisse des Konzepts des nachhaltigen Einkommens nach Hueting ist, dass politisch und gesellschaftlich Übereinstimmung darüber existiert bzw. existieren sollte, Ressourcen auf eine nachhaltige Art und Weise zu verwenden (vgl. Hueting und Bosch, 1991:30ff). D. h. die Funktionen von Wasser, Boden, Wald und Luft sollten intakt bleiben. Auf Basis dieses Konsenses werden Nachhaltigkeitsstandards zur Kalkulation des nachhaltigen Einkommens abgeleitet. Vermeidungskosten, die zur Erreichung bestimmter Standards notwendig sind, werden geschätzt. Ökologische Funktionen an sich werden in diesem Ansatz nicht bewertet. Das Konzept von Hueting ist unter der impliziten Annahme gerechtfertigt, dass der (unbekannte) Nutzen durch Erreichen kritischer Schwellenbereiche der Umweltfunktionen höher ist als die Vermeidungskosten zur Erreichung dieser Niveaus. Jedoch sind hypothetische Vermeidungskosten schwer zu schätzen, weil langfristige technische Veränderungen für diese Kalkulationen vorhergesehen werden müssen. Ohne eine korrekte Erwartung über technischen Fortschritt wird die wahre Last zur Erreichung von Nachhaltigkeit überschätzt. Schätzungen über Vermeidungskosten variieren stark im Hinblick auf ihr aggregiertes Niveau. Z. B. zeigen viele bottom-up Studien enorme "no regret"-Vermeidungspotenziale auf, um eine Veränderung des Klimas zu verhindern bzw. die Treibhausgasemissionen zu reduzieren. Ein Teil dieser Vermeidungsoptionen wird erst dadurch zu einer annähernd kostenfreien Option, weil sie sich unter der Bedingung des Marktversagens ergeben. Die meisten top-down Studien beziehen Marktversagen nicht mit ein und kalkulieren so konsequenterweise mit höheren Kosten. Das Konzept von Hueting führt direkt zu einem Paradigma starker Nachhaltigkeit, weil angenommen wird, dass Schwellenwerte für ökologische Funktionen existieren. Eine wichtige Frage ist allerdings, wie man solche Schwellenwerte erhält. Diese Frage muss mit Hilfe physikalischer Indikatoren beantwortet werden.

3.5.2.3 Ökokapazitätsindikatoren

Starke Nachhaltigkeitsindikatoren werden, wie bereits mehrfach betont, naturwissenschaftlich hergeleitet; insbesondere im Forschungsfeld der Ökologischen Ökonomie. Der Prozess zur Spezifikation und Quantifizierung ökologischer Nachhaltigkeitsziele zeigt einige Probleme auf, allerdings wurden in den letzen Jahren in verschiedenen Ländern und Forschungsgremien erhebliche Fortschritte erzielt.

Der Niederländische Beratungsstab für Natur- und Umweltforschung (RMNO) hat Ökokapazitätsindikatoren entwickelt, welche Nachhaltigkeitsrestriktionen zur Ressourcenverwendung widerspiegeln (vgl. Weterings und Opschoor, 1994:25ff). Das Konzept der Ökokapazitätsindikatoren folgt der normativen Annahme, dass begrenzte Umweltressourcen und Dienstleistungen gleichsam unter den Menschen aufgeteilt werden sollen. Grundlegende Erkenntnis ist, dass mit den erwarteten Umweltauswirkungen globaler, demographischer und wirtschaftlicher Entwicklungen bis zum Jahr 2040 vertretbare nachhaltige Wirkungen verbunden sind. Nachhaltigkeitskriterien werden abgeleitet für Ressourcenerschöpfung, Verschmutzung und Beeinträchtigung, um hierfür Umweltziele zu quantifizieren. Zehn Makro-Indikatoren wurden grob beurteilt. Die Hauptaussage ist, dass die gewünschte Emissionsreduktion und

Ressourcennutzung mit der Anforderung der angenommenen ökologischen Aufnahmekapazität zwischen 20 % (bei Erschöpfung von Kohle) und 99 % (bei Aussterben der Spezies) schwanken. Für CO_2 wird eine gewünschte Reduktion von –80 % bis 2040 ermittelt. Die kalkulierten Reduktionsziele basieren auf dem zentralen Nachhaltigkeitskriterium der inter- und intragenerationellen Gerechtigkeit[21]. Ein passender ökonomischer Ansatz zur Erreichung der Nachhaltigkeitsziele wäre die Verwendung von Kosten-Effektivitäts-Analysen, um die günstigste Handlungsoption zu identifizieren.

3.5.2.4 Das MIPS-Konzept

Das Wuppertal-Institut in Deutschland hat ein Indikatorkonzept zur Messung der Materialintensität von Produkten und Dienstleistungen (MIPS) entwickelt, das die Ökoeffizienz der Produkte widerspiegelt. Im Zähler steht die Materialnutzung von Produkten von der Wiege bis zur Bahre, angegeben in kg oder t. Der Nenner misst die Dienstleistung bzw. den Gewinn aus der Nutzung des Materials (z. B. Reisekilometer). Beispielsweise kann der Indikator die Materialintensität aus Transportdienstleistungen für verschiedene Verkehrsträger vergleichen. Materialnutzung ist jedoch ein Inputmaß für wirtschaftliche Aktivität und kann keine Informationen über verschiedene Umwelteinwirkungen liefern, die aus wirtschaftlichem Handeln resultieren. Dennoch geben diese Indikatoren Aufschluss z. B. über den technischen Fortschritt hin zu einer nachhaltigen Entwicklung. Für das Management des Ökosystems auf Mikroebene sind detailliertere Informationen über Emissionen, strukturelle Veränderungen und Umweltauswirkungen notwendig. Die Entwickler des MIPS-Konzepts behaupten, dass beispielsweise die Nutzung von Material in industrialisierten Ländern um den Faktor 10 reduziert werden muss, um Nachhaltigkeit zu erreichen. Die Verbesserung der Ökoeffizienz ist das grundlegende Nachhaltigkeitskriterium dieses Ansatzes. Aus ökonomischer Sicht wird angenommen, dass Synergien zwischen ökonomischen und ökologischen Zielen bestehen, und deshalb wird in ökonomische Studien, die diesem Ansatz folgen, versucht, win-win-Optionen und no-regret-Potentiale zu identifizieren.

3.5.2.5 "Critical Loads" und "Critical Levels"

Das Problem umweltpolitischer Strategien, die auf Basis der bestverfügbaren Technologien beruhen, besteht darin, spezifische Belastungsgrenzen der Natur zu wenig in der Konzeption zu berücksichtigen. Ähnlich verhält es sich mit politisch festgelegten Reduktionszielen für Emissionen. Das Erkennen von Defiziten emissionsorientierter Strategien hat die Entwicklung eines Konzepts für gefährliche Belastungen und Niveaus seitens der Wirtschaftskommission der UN für Europa hervorgerufen (vgl. Nagel et al., 1994:6ff). Dieses Konzept ist die erste Methode, die Kriterien für die Umweltqualität komplexer Ökosysteme verwendet. Man versucht, kritische Niederschläge, vor allem für Luftverschmutzer, zu bestimmen, welche langfristig signifikant negative Auswirkungen auf Ökosysteme haben können. Laut Definition der UN für Europa sind critical loads und critical levels Schätzungen über Konzentrationen, unterhalb derer

---

[21] Vgl. hierzu auch die tabellarische Übersicht der Nachhaltigkeitskriterien gemäß dem Umweltraumkonzept in Kapitel 6.2.1 (Tabelle 11).

signifikant schädliche Auswirkungen auf Umweltelemente nicht vorkommen. Der Ausdruck der critical load wird für Niederschläge verwendet, der Ausdruck des critical levels für bedenkliche Konzentrationen des Niederschlags.[22] Die kritischen Belastungsgrenzen und Konzentrationsniveaus werden aus Analysen von Ökosystemen und Experimenten gewonnen. Dabei sind als Einflussfaktoren zu beachten, dass

- gewisse Konzentrationen erst mit Zeitverzug zu Schäden führen,
- luftchemische Prozesse zusätzliche Effekte hervorrufen können (z. B. Ozonbildung),
- externe Faktoren wie Temperatur die Resistenz der Rezeptoren verändern.

Verglichen mit der Grobheit anderer Ansätze ist das Konzept der gefährlichen Belastung methodisch gut fundiert. Bestehende Modelle kalkulieren die ökonomisch günstigsten Maßnahmen (least cost option), um die ökologischen Ziele zu erreichen. Folglich werden Kosten-Effektivitäts-Analysen durchgeführt, um die ökonomische Dimension der Nachhaltigkeit auszudrücken. Der Sachverständigenrat für Umweltfragen hat um weitere Forschung auf diesem Gebiet ersucht. Darüber hinaus hat er vorgeschlagen, Indikatoren für kritische Strukturveränderungen, die nicht mit einer gewissen Materialnutzung zusammenhängen, zu entwickeln. Z. B. bemisst ein Indikator die Auswirkungen auf bestimmte Lebensräume, die durch Veränderung der Landnutzung verursacht wurden.

3.5.2.6 "Pressure-State-Response"-Indikatoren

Der "Pressure-State-Response" Ansatz der OECD stammt von dem Kanadischen Belastungsgrenzenansatz. Indikatoren werden in drei Kategorien eingeteilt (vgl. Scherp, 1994:13f):

- Druckindikatoren versuchen Fragen über die Problemursache zu beantworten. Indikatoren in dieser Kategorie beinhalten Emissions- und Abfallmengen.
- Zustandsindikatoren beantworten Fragen über den Umweltzustand. Indikatoren in dieser Kategorie beinhalten Luftqualität in der Stadt, Grundwasserqualität, Temperaturänderungen, Konzentrationen toxischer Substanzen oder die Zahl gefährdeter Spezies.
- Verantwortungsindikatoren versuchen Fragen darüber zu beantworten, was gemacht wird, um das Problem zu lösen. Indikatoren in dieser Kategorie beinhalten internationale Verpflichtungen oder Recyclingraten.

Ein wichtiges Ziel der OECD-Indikatoren besteht darin, internationale Vergleiche der Umweltindikatoren zu erlauben. Nach Ansicht der OECD muss sich der Prozess der Indikatorauswahl auch an der Verfügbarkeit von Daten in allen Mitgliedstaaten

---

[22] Eine Grundregel für starke Nachhaltigkeit erfordert, dass die langfristige Nutzbarkeit des Ökosystems nicht gefährdet werden soll. Diese Anforderung kann operational durch Verwendung gefährlicher Belastungen und Niveaus quantifiziert werden. Sie identifizieren den Grad auf den Emissionen reduziert werden müssen, um die Umwelteinwirkungen auf einem annehmbaren Niveau zu halten. Jedoch sind Umweltstandards oft politische Ziele, die sich nicht an bedenklichen Belastungen und Konzentrationen orientieren, vor allem nicht kurzfristig. Ziel muss hier sein, die gefährlichen Belastungen und critical level langfristig als Grundlage für die politische Zielvorgabe zu nutzen.

orientieren. Dadurch und auch aufgrund methodischer Mängel müssen die Indikatoren als ökologisch nicht gut fundiert eingestuft werden. Die Indikatoren beziehen sich nicht auf Nachhaltigkeitsziele und geben geringe Information über wesentliche Funktionen und Strukturen der Ökosysteme. Trotzdem kann das OECD System als ein erster Schritt betrachtet werden, um verbesserte Indikatorreihen in der Zukunft einzuführen.

3.5.2.7 "Driving-Force-State-Response"-Indikatoren

In einem neuen umfassenden Konzept wird versucht, soziale und ökonomische Komponenten in einem Indikatorensystem zu integrieren. Basierend auf dem OECD-Konzept hat die UN Kommission für Nachhaltigkeitsentwicklung den Driving-Force-State-Response-Ansatz entwickelt (UN Commission on Sustainable Development, CSD). Dieser Ansatz führt zusätzlich die Kategorie institutioneller Indikatoren ein, da institutionelle Veränderung als ein wichtiger Bereich für nachhaltige Entwicklung in der Agenda 21 erkannt wurde. Die Indikatorenliste entspricht einer Matrix, welche aus der Verknüpfung der drei Kategorien

- treibende Kraft (soziale, wirtschaftliche, ökologische Entwicklung),
- Zustand (Zustände, die Nachhaltigkeit betreffen) und
- Reaktion (politische Reaktionen und Möglichkeiten für nachhaltige Entwicklung)

mit nunmehr vier Aspekten nachhaltiger Entwicklung (ökonomisch, sozial, ökologisch und institutionell) entsteht. Das Programm der UN Kommission zur Entwicklung von Nachhaltigkeitsindikatorsystemen betont die Wichtigkeit verbundener Indikatoren, die Verknüpfungen zwischen sozialer, ökonomischer und ökologischer Entwicklung widerspiegeln. Vorrang wird ebenfalls hoch aggregierten Indikatoren gegeben. Das Arbeitsprogramm beinhaltet insgesamt mehr als 130 Indikatoren, die aus dem Verhandlungsprozess der beteiligten Institutionen entstanden sind. Vor diesem Hintergrund kann es kaum verwundern, dass das Indikatorensystem in der ursprünglichen Form nicht den spezifischen Problemlagen und Charakteristika verschiedener Länder gerecht wurde. Deshalb wurde in einer Testphase auch für Deutschland neben 21 anderen Ländern eine Liste von CSD-Indikatoren entwickelt (vgl. BMU, 2000). Diese enthält in verschiedenen Themenbereichen landesspezifische Ergänzungen. Als grundlegende Kritikpunkte und Probleme sind folgende zu benennen:

- Konsistenz des gesamten Systems (z. B. hoch aggregierte Indikatoren wie "der Umwelt angepaßte GDP" sind als Zustands-Indikatoren aufgelistet in der Kategorie "Internationale Kooperation", zusammen mit Indikatoren wie "Exportkonzentrationsraten"),
- in manchen Kapiteln der Agenda 21 sind Indikatorkategorien des Indikatorsystems leer geblieben,
- die Nützlichkeit der institutionellen Indikatoren ist weiterhin unklar.

Die gesamte erweiterte Liste von Indikatoren für Deutschland kann als sehr umfassend aber inhaltlich nicht immer als erfüllend beschrieben werden. Sie ist politisch höchst relevant und die aktuellste Grundlage für weitere Forschungsanstrengungen. Als

Beispiele seien hier zu jedem der vier Bereiche (ökonomisch, sozial, ökologisch und institutionell) einzelne, ausgewählte Antriebs-, Zustands- und Maßnahmenindikatoren in Tabelle 1 aufgelistet.

Die CSD-Indikatoren vermeiden die Verwendung normativer Annahmen. Sie sind offene Konzepte zur Klassifizierung und Beschreibung umweltbezogener, sozialer und wirtschaftlicher Trends und können als Erfüllungsindikatoren bezeichnet werden. Jeder einzelne Indikator kann als ein Kriterium für Nachhaltigkeit angesehen werden, aber es sind keine Zielwerte gegeben und die Indikatoren sind nicht gewichtet. So fassen Rennings und Weinreich (2002:254ff) zusammen, dass die CSD-Indikatoren dem eigentlichen Charakter eines Indikators als quantitative Abweichung zwischen Soll- und Ist-Situation nicht gerecht werden. Um die Anwendung der CSD-Indikatoren weiter zu operationalisieren, sind ökonomische Bewertungsmethoden hinzu zu ziehen, anhand derer eine Gewichtung der Indikatoren über die Multikriterien-Analysen vorgenommen oder die Zahlungsbereitschaft der Menschen für die Erfüllung der Indikatorwerte mit Hilfe der Kosten-Nutzen-Analysen quantifiziert werden kann.

Das weitere Vorgehen in dieser Untersuchung wird auf dem Konzept der Critical loads und critical levels der UN Kommission aufbauen. Einfließen werden allerdings auch Ansätze aus dem Niederländische Umweltraumkonzept. Ein modifizierter Ansatz wird für verschiedenen Nachhaltigkeitsziele im Personenverkehr entwickelt und im Kapitel 6 vorgestellt.

Tabelle 1: CSD-Nachhaltigkeitsindikatoren für Deutschland

Kapitel der Agenda 21	Antriebsindikatoren	Zustandsindikatoren	Maßnahmenindikatoren
Ökonomisch			
Neu: allgemeine ökonomische Entwicklung	• Netto Investitionsanteil am BIP => Bruttoinvestitionsrate • Inflationsrate	• BIP pro Kopf • Arbeitsproduktivität • Existenzgründungen • Arbeitslosenquote	*Stichpunkte, noch keine Indikatoren* *– Information* *– Ökonomische Instrumente*
Kapitel 4: Veränderung der Konsummuster	• Konsumausgaben pro Kopf • Häufigkeit und Entfernung privater Reisen	• Energieverbrauch pro Kopf • Materialverbrauchsintensität • Verbrauch erschöpfbarer Ressourcen	(?)
Sozial			
Kapitel 3: Armutsbekämpfung	(?)	• Gini-Index für Einkommensverteilung • Anteil Sozialhilfeempfänger	• Ausgaben für Sozialhilfe • Beschäftigte in ABM
Kapitel 5: Bevölkerungsdynamik	• Nettoimmigrationsrate • Zusammengefasste Geburtenziffer • Lebenserwartung	• Bevölkerung insges. (männlich / weiblich) • Altersstruktur (Anzahl der unter 20-, über 60- und über 80-jährigen)	(?)
Ökologisch			
Kapitel 9: Schutz der Erdatmosphäre	• Treibhausgasemissionen pro Kopf und pro BIP • Energiemix • Anteil erneuerbarer Energiequellen	(?)	• Erfüllungsgrad nationale Reduktionsziele • Fördermittel für erneuerbare Energieträger
Kapitel 22: Radioaktiver Abfall	• Erzeugung radioaktiver Abfälle	• Angefallene Menge radioaktiver Abfälle	• Geordnete Beseitigung der radioaktiven Abfälle
Institutionen			
Kap. 23-32: Stärkung der Rolle wichtiger Gruppen	(?)	• Organisationsgrad der Bevölkerung in NGOs • Anzahl der lokalen und regionalen Agenda 21-Initiativen	• Förderung der Einbindung von NGOs (auch von Frauenorganisationen)

Quelle: BMU 2000, eigene Auswahl

3.6 Auf dem Weg zu einer nationalen Nachhaltigkeitsstrategie

Bevor im nächsten Kapitel auf die Anforderungen und Abgrenzungen zu einer nachhaltigen Verkehrsentwicklung eingegangen wird, soll in diesem Abschnitt noch ein kurzer Ausblick zu den deutschen Bemühungen auf dem Weg zu einer nachhaltigen Entwicklung aufgezeigt werden. Neben einer Reihe von Kommissionen, Ausschüssen und Arbeitsgruppen in Parlamenten und Ministerien (insbesondere der Enquete-Kommission des deutschen Bundestages) hat sich bisher der Rat von Sachverständigen für Umweltfragen ausführlich mit der Thematik beschäftigt. Darüber hinaus hat die Bundesregierung Mitte 2000 einen "Rat für Nachhaltige Entwicklung" ins Leben gerufen, der für die Ausarbeitung und Umsetzung einer Strategie für eine Nachhaltige Entwicklung verantwortlich ist. Diese Maßnahme begründet sich in der Erkenntnis, dass für eine nachhaltige Entwicklung die Defizite weniger im konzeptionelle Bereich als bei der Umsetzung liegen. Die Ausführungen dieses Exkurses beziehen sich auf das Umweltgutachten 2000 des Rates von Sachverständigen für Umweltfragen (vgl. SRU, 2000:99ff).

Das erste Kapitel des angesprochenen Umweltgutachtens widmet sich explizit den Fortschritten "Auf dem Weg zu einer nationalen Nachhaltigkeitsstrategie". Hier werden die umwelt- und gesundheitspolitischen Anforderungen einer nachhaltigen Entwicklung aufgeführt. Aufgebaut wird auf dem 1996 durch das Bundesumweltministerium vorgelegten umweltpolitischem Schwerpunktprogramm, welches für die sechs Themengebiete

- Schutz des Klimas und der Ozonschicht,
- Schutz des Naturhaushalts,
- Schonung der Ressourcen,
- Schutz der menschlichen Gesundheit,
- Verwirklichung einer umweltschonenden Mobilität und
- Verankerung einer Umweltethik

erste Umweltqualitäts- und -handlungsziele vorschlägt. In den in der Folge gebildeten sechs Arbeitsgruppen wurden die Zielvorstellungen zu quantitativen Qualitäts- und Handlungszielen konkretisiert, die in der Tabelle 2 aufgezeigt werden.

Das aufgelistete umweltpolitische Schwerpunktprogramm stellt für vier Problemfelder und einen Verursacherbereich (Umweltschonende Mobilität) quantitative Ziele vor. Die anderen Verursacherbereiche wie Energieerzeugung, Industrie oder Haushalte werden nicht konkret angesprochen, was in dem Gutachten ebenso kritisiert wird wie das unsystematische Nebeneinander von Umweltqualitätszielen (z. B. Trendwende bei der Gefährdung der wildlebenden heimischen Tier- und Pflanzenarten) und Umwelthandlungszielen (z. B. dauerhafte Absenkung der Lärmbelastung auf Werte von 65 dB (A) oder weniger). Hier mahnt der Rat eine Verbesserung der Systematik an.

Tabelle 2:	Ausgewählte Ziele des umweltpolitischen Schwerpunktprogramms aus dem Jahre 1998 in fünf nationalen Themenschwerpunkten

Schutz der Erdatmosphäre
- Senkung der CO2-Emissionen um 25 % bis 2005
- Senkung der CO2-Emissionen im Gebäudebereich um 25 % bis 2005
- Senkung der CO2-Emissionen im Straßenverkehr um 5 % bis 2005
- Verdoppelung des Anteils erneuerbarer Energien an der Stromerzeugung auf 10 % und am Primärenergieverbrauch auf 4 % bis 2010, langfristig (2050) Erhöhung am Primärenergieverbrauch auf 50 %

Schutz des Naturhaushaltes
- Sicherung von 10 bis 15 % der nicht besiedelten Fläche als ökologische Vorrangflächen zum Aufbau eines Biotopverbundsystems
- Entkopplung der Flächeninanspruchnahme für Siedlung und Verkehr vom Wirtschaftswachstum
- Reduzierung der Zunahme der Siedlungs- und Verkehrsfläche auf 30 ha pro Tag bis 2020
- Trendwende bei der Gefährdung der wildlebenden heimischen Tier- und Pflanzenarten
- Erhöhung des Anteils des ökologischen Landbaus von 1,9 % auf 5 bis 10 % der landwirtschaftlich genutzten Fläche bis 2010
- Verringerung des Stickstoffüberschusses in der Landwirtschaft auf 50 kg je ha und Jahr
- anthropogen weitgehend unbelastetes Grundwasser
- weitere drastische Reduzierung der Emissionen von Schwefeldioxid (um rund 90 %) sowie von Stickstoffoxid und Ammoniak (um jeweils knapp 60 %) bis 2010

Ressourcenschonung
- auf das 2,5-fache bis 2020
- Verdoppelung der Energieproduktivität bis 2020
- Erhöhung der Abfallverwertungsquote von 25 % auf 40 % bis 2010
- Verminderung der aus Siedlungsabfällen stammenden Deponierungsmengen auf 10 % bis 2005
- Verminderung der aus Sonderabfällen stammenden Deponierungsmengen auf 80 % bis 2000

Schutz der menschlichen Gesundheit
- dauerhafte Absenkung der Lärmbelastung auf Werte von 65 dB(A) oder weniger
- Schutz der menschlichen Gesundheit vor hormonartig wirkenden Stoffen
- Reduzierung der Emissionen von kanzerogenen Luftschadstoffen und von Ultrafeinstäuben
- Reduzierung der Emissionen von Ozonvorläufersubstanzen um 70 % bis 80 % bis 2010

Umweltschonende Mobilität
- Entkopplung der Verkehrsentwicklung von der wirtschaftlichen Entwicklung
- Reduzierung der CO2-Emissionen im Straßenverkehr um 5 % bis 2005
- Reduzierung der Emissionen von Ozonvorläufersubstanzen (um 70 bis 80 % bis 2010)
- Reduzierung von kanzerogenen Luftschadstoffen und Ultrafeinstäuben (u. a. Benzol und Rußpartikel um 75 % bis 2010)
- Reduzierung des Durchschnittsverbrauchs von Pkw und Kombi um 25 % bis 2005 bzw. 33 % bis 2010
- Verminderung des Verkehrslärms auf Werte von 65 dB(A) oder weniger
- Reduzierung der verkehrsbedingten Beeinträchtigungen des Naturhaushaltes durch Minimierung der Flächeninanspruchnahme und der Zerschneidungseffekte

Quelle: SRU Umweltgutachten (2000:102)

Der Rat von Sachverständigen für Umweltfragen kritisiert auch, dass die operative Konkretisierung der Umweltziele im umweltpolitischen Schwerpunktprogramm weitestgehend fehlt. Für die Zielbereiche wird zwar die Akteurs- und Maßnahmenebene spezifiziert, allerdings bleibt die Darstellung der Schritte zur Umsetzung unbefriedigend. Das Umweltgutachten selbst leistet hier aber auch keine weitergehenden Fortschritte, sondern beschränkt sich in erster Linie auf das Aufzeigen von inhaltlichen und strukturellen Schwachstellen beim Aufbau einer problem- und zielorientierten deutschen Nachhaltigkeitsstrategie. Insbesondere wird gefordert, den Prozess der Ziel- und Strategiebildung durch detaillierte wissenschaftliche Trendprognosen über die Entwicklung der Umweltqualität zu fundieren (vgl. SRU, 2000:108). Eingefordert werden sachlich, räumlich und zeitlich differenzierte Umweltqualitätsziele und deren Weiterentwicklung zu Nachhaltigkeitsindikatoren.

Die sechs Themenschwerpunkte und die darin aufgeführten quantitativen Zielsetzungen werden im Gutachten ausführlich kommentiert und Empfehlungen zur Ausgestaltung konkreter bestehender und teilweise auch innovativer Maßnahmen gegeben. Für den im Rahmen dieser Arbeit wichtigen Schwerpunkt Schutz der Erdatmosphäre lässt sich feststellen, dass die Reduktionsziele der einzelnen Bereiche in der Summe nur dann das nationale Gesamtziel von –25% bis 2005 erfüllen können, wenn der Kraftwerkssektor weit über dem durchschnittlichen Soll Minderungsbeiträge erzielt. Für diesen Sektor wurde aber gerade kein Reduktionsziel festgelegt (vgl. SRU, 2000:103). Im Gutachten wird überdies gefordert, die Verteilung des Minderungssolls für die einzelnen Bereiche primär nach Effizienzgesichtspunkten, d.h. nach den jeweiligen Vermeidungskosten, vorzunehmen. Dafür wird die Einführung handelbarer Emissionsrechte vorgeschlagen. Ohne weitere innovative politische Maßnahmen schätzt der Umweltrat die Erreichung des nationalen Reduktionsziels als sehr kritisch ein, da die wiedervereinigungsbedingten Reduktionen als abgeschlossen gelten dürften und sich Deutschland in den letzten Jahren eher wieder auf einem CO_2-Wachstumspfad befindet (vgl. SRU, 2000:304ff und 340f).

Eine weitere inhaltliche Auseinandersetzung mit allen Themenschwerpunkten kann hier nicht erfolgen. Die Zielsetzungen für den Schwerpunkt "umweltschonende Mobilität" werden in den folgenden Kapiteln diskutiert. Aus den Ausführungen in diesem gesamten Kapitel und der oben aufgeführten Tabelle 2 lässt sich entnehmen, dass in keinem Problembereich bereits ein nachhaltiger Zustand erreicht ist. Die Bundesregierung weist aber in einer Studie des Bundesministeriums für Bildung und Forschung auch auf die bereits erzielten Erfolge sowohl in Deutschland als auch global hin (vgl. BMBF, 2001:26ff). So habe die Menschheit viele Umweltprobleme in den vergangenen Jahren in den Griff bekommen. Genannt wird die Verbesserung der Luftqualität über den Städten in den Industrienationen, die Abnahme der Verschmutzung von Flüssen und Gewässern, die zumindest teilweise erzielte Entkopplung von Ressourcennutzung und Wirtschaftswachstum und die globale Bekämpfung des Ausstoßes von Gasen, die das stratosphärische Ozon zerstören.

Gewachsen ist die Bereitschaft, Fehlentwicklungen des globalen Wandels in internationalen Kooperationen und Bündnissen zwischen Politikern, Unternehmensverbänden, Umweltorganisationen und Wissenschaftlern gemeinsam zu bekämpfen.[23] Nach Meinung der Bundesregierung ist dies ein Grund zur Zuversicht.

Abschließend ist im Bezug auf das umweltpolitische Schwerpunktprogramm und die Ausführungen des Umweltgutachtens über den Weg zu einer nationalen Nachhaltigkeitsstrategie festzustellen, dass ökonomische und soziale Aspekte einer nachhaltigen Entwicklung weniger Beachtung finden. Diese werden im Verständnis des Rats von Sachverständigen für Umweltfragen wohl eher als Restriktionen zur Erreichung eine dauerhaft-umweltgerechten Entwicklung angesehen und fließen nicht eigenständig in den Zielkatalog mit ein. Damit ist der hier vorgestellte Ansatz konzeptionell in die Kategorie Zielhierarchie einzuordnen.

---

[23] Als Beleg dafür listet die Studie eine ganze Reihe von wichtigen Konventionen der Vereinten Nationen zum Schutz der Umwelt mit deutscher Beteiligung auf (BMBF, 2001:27):
- Übereinkommen über den internationalen Handel mit gefährdeten Arten freilebender Tiere und Pflanzen (Washingtoner Artenschutzabkommen, CITES), verabschiedet 1973, in Kraft getreten 1976,
- Übereinkommen zur Erhaltung der wild lebenden wandernden Tierarten (Bonner Konvention, CMS), verabschiedet 1979, in Kraft getreten 1984,
- Seerechtskonvention der Vereinten Nationen (UNCLOS), verabschiedet 1982, in Kraft getreten 1994, beinhaltet Regelungen zum internationalen Seerecht, zu Hoheitsgebieten, Umweltüberwachung, Meeresforschung, wirtschaftlichen Aktivitäten, Technologietransfer und Streitschlichtung,
- Wiener Konvention zum Schutz der Ozonschicht, verabschiedet 1985, in Kraft getreten 1988, zielt auf den Schutz der Gesundheit des Menschen und der Umwelt gegen negative Effekte durch Abbau der Ozonschicht, Basis für das Montrealer Protokoll, verabschiedet 1987, in Kraft getreten 1989,
- Übereinkommen über die biologische Vielfalt (Biodiversitätskonvention, CBD) mit dem "Cartagena-Protokoll" über biologische Sicherheit, verabschiedet 1992, in Kraft getreten 1993, beinhaltet die gerechte und gleiche Aufteilung der Vorteile aus Nutzung genetischer Ressourcen,
- Rahmenübereinkommen der Vereinten Nationen über Klimaänderungen (Klimarahmenkonvention, UNFCCC), verabschiedet 1992, in Kraft getreten 1994, zielt auf den Schutz des globalen Klimasystems vor schädlichen Eingriffen von Menschen, beinhaltet eine Berichtspflicht über nationale Treibhausgasemissionen sowie die Aufforderung zu Ergreifung von Maßnahmen zur Minderung des Treibhauseffekts, Basis für das Kyoto-Protokoll, verabschiedet 1997, noch nicht in Kraft getreten,
- Konvention zur Bekämpfung der Wüstenbildung und der Dürrefolgen insbesondere in Afrika (Wüstenkonvention, UNCCD), verabschiedet 1994, in Kraft getreten 1996, und
- Stockholmer Übereinkommen über persistente organische Schadstoffe (POPs), verabschiedet 2000, noch nicht in Kraft getreten, beinhaltet das Verbot oder die Einschränkung der Produktion und Anwendung bestimmter schädlicher langlebiger Chemikalien nach dem Vorsorgeprinzip, beschränkt sich vorerst auf die wichtigsten 12 Stoffe (das "dreckige Dutzend").

4 Umweltgerechter nachhaltiger Verkehr

Das zweite Kapitel des ersten Teils dieser Arbeit beschäftigt sich mit Ansätzen für eine dauerhaft umweltgerechte Verkehrsentwicklung. Im ersten Abschnitt wird eine Definition für umweltgerechten nachhaltigen Verkehr abgeleitet, die sich im Einklang mit den Anforderungen einer nachhaltigen Entwicklung im starken Sinne befindet. Der zweite Abschnitt gibt einen Überblick über die heutige Verkehrssituation und die vielfältigen Umweltbelastungen sowie die daraus resultierenden Implikationen für eine nachhaltige Verkehrsentwicklung in Deutschland. Die in der Literatur beschriebenen Anforderungen, Ziele und Kriterien für nachhaltigen Verkehr werden im dritten Abschnitt aufgelistet und durch qualitative und quantitative Zielsetzungen zu deren Verwirklichung ergänzt. Der vierte Abschnitt beschreibt eine Vision eines dauerhaft-umweltgerechten Verkehrsystems und rundet damit das Kapitel ab.

4.1 Definitionen einer nachhaltigen Entwicklung im Verkehr

Mit Auto, Bahn oder Flugzeug ist es heute möglich, in kürzester Zeit beinahe jeden Ort in Deutschland und auf der ganzen Erde zu erreichen. Die bestens ausgebauten Verkehrssysteme verschaffen dem Einzelnen ein Maß an individueller Bewegungsfreiheit, wie es frühere Generationen nicht kannten. Sie sind die Grundlage der wachsenden nationalen und internationalen Arbeitsteilung, des internationalen Handels, des Geschäftsreiseverkehrs sowie der Tourismusindustrie. Der ganz persönliche ebenso wie der volkswirtschaftliche Nutzen gut entwickelter Verkehrssysteme steht somit außer Frage. Mobilität und Verkehr spielen in unserer heutigen Gesellschaft eine weiterhin zunehmend wichtige Rolle.

Auf der anderen Seite entwickelt sich der Verkehr und insbesondere der motorisierte Straßenverkehr in Deutschland, Europa und global mehr und mehr zum herausragenden Umweltproblem. Im Gegensatz zu anderen Wirtschaftsbereichen, in denen wie z. B. in der Energiewirtschaft oder in der Industrie die Umweltbeeinträchtigungen trotz Wachstum verringert werden konnten, zeichnet sich der deutsche Verkehrsbereich durch weiter steigenden Energie- und Ressourcenverbrauch sowie durch hohe Umwelt- und Gesundheitsschädigungen aufgrund von Luftverschmutzung, Lärm und Unfällen aus. Dies liegt insbesondere an der zunehmenden Verlagerung der Personen- und Güterverkehrsleistung hin zum motorisierten Straßenverkehr. Auch wenn in den letzten Jahren aufgrund technologischer Entwicklungen, insbesondere der Einführung des geregelten Katalysators, große Fortschritte bei der Emissionsreduktion von Kraftfahrzeugen erreicht worden sind, stellt die Luftverschmutzung und die dadurch hervorgerufenen Gesundheits- und Umweltschädigungen ein relevantes Problem dar. Im Bereich des vom Menschen verursachten Treibhauseffekts wird ein Erreichen der notwendigen Reduzierung der anthropogenen Treibhausgasemissionen in der Bundesrepublik Deutschland gerade durch die ständig weiter steigenden Emissionen aus dem Verkehrsbereich außerordentlich erschwert. Der Verkehrsbereich ist auf dem besten Wege, zum größten Verursacher von Umweltbelastungen zu werden. In diesem Zusammenhang sind auch die weiterhin hohe Zahl von Unfällen mit gesundheitlicher

Beeinträchtigung, die enorme Lärmbelästigung, die zunehmende Stauhäufigkeit, der immense Flächenverbrauch und der Verlust an Urbanität zu nennen. Die umweltgerechte Gestaltung des Verkehrs ist deshalb ein besonders wichtiger Bestandteil jeder Strategie zur Verwirklichung einer dauerhaft-umweltgerechten Entwicklung.

4.1.1 Der Zusammenhang zwischen Mobilität und Verkehr

Im Folgenden soll der Zusammenhang zwischen Mobilität und Verkehr betrachtet werden, da sich hier ein Ansatzpunkt für die Annäherung zu einer Definition von nachhaltigem Verkehr ergibt. Becker et al. (1999) haben sich in ihrer Studie "Gesellschaftliche Ziele von und für Verkehr" ausführlich mit diesem Zusammenhang beschäftigt, und die folgenden Ausführungen beziehen sich auf diese Arbeit.

Das Bedürfnis des Menschen nach Bewegung und Raumüberwindung sowie der Möglichkeit, Güter, Dienstleistungen und Informationen räumlich zu verändern und zu bewegen, werden als Mobilitätsbedürfnis definiert.[24] Abgesehen von dem individuellen Wunsch des Menschen sich zu bewegen, in Urlaub zu fahren oder Freizeitaktivitäten an unterschiedlichen Orten zu genießen, motiviert sich das Bedürfnis nach Mobilität aus der Möglichkeit zur Befriedigung von Grundbedürfnissen, wie die Erlangung von Nahrung und Kleidung oder der Erreichbarkeit des Arbeitsplatzes.[25] In diesem Zusammenhang wird in der verkehrswissenschaftlichen Forschung auch zwischen "Wunsch-Mobilität" (Freizeit- und Urlaubsverkehr) und "Zwangs-Mobilität" (Ausbildungs-, Berufs-, Geschäfts- und Einkaufsverkehr) differenziert, wobei letztere mit den zunehmend weiträumigen Siedlungs- und Wirtschaftsstrukturen begründet wird (vgl. hierzu Willeke, 1987:1197 oder Aberle, 1997:5f). In unserer heutigen Gesellschaft wird das Mobilitätsbedürfnis weitgehend als Grundrecht angesehen.

Becker et al. unterscheiden zwischen der potentiellen Mobilität (die Möglichkeit zur Beweglichkeit von Personen und Gütern) und der realisierten, umgesetzten Mobilität (echte Bewegung, Durchführung bzw. Erreichen der Aktivitäten), wobei nur letztere messbar ist.[26] Realisierte Mobilität als umgesetztes Mobilitätsbedürfnis braucht zu ihrer

---

[24] Für den Begriff lassen sich eine ganze Reihe von Definitionen finden. Sie reichen von Mobilität "als eine biologische Radikale des Menschen" (SRU, 1994:612), die schlicht "zum Wesen des Menschen" gehört (vgl. Schaufler, 1994:11) bis zur folgenden Definition: "Als Vermögen, im Medium der Zeit Raum zu überwinden, dient sie (Mobilität) wesentlich dazu, sowohl die Überlebensnotwendigkeiten des einzelnen wie einer Gruppe sicherzustellen als auch Lebenschancen zu erweitern und Lebensqualität zu erhöhen" (Feldhaus, 1996:115f).

[25] Feldhaus (1996:116ff) gibt einen sehr detaillierten Überblick über die subjektiven und objektiven oder inneren und äußeren Beweggründe im Mobilitätsverhalten. Bevorzugt wird hier das Begriffspaar "intrinsisch" und "extrinsisch" für Lernmotivation aus der Psychologie. Extrinsische Beweggründe liegen im kulturhistorischen Prozess der Sesshaftwerdung und der damit verbundenen Arbeitsteilung, der technologischen Entwicklung von Verkehrsmitteln, der heutigen Ausgestaltung von Raum- und Siedlungsstrukturen sowie in der Funktion des Verkehrs als Wirtschaftsfaktor. Intrinsische Beweggründe werden weiter unten behandelt.

[26] Diese Definition steht im Einklang mit den Untersuchungen des SRU, die zwischen Mobilität als Beweglichkeit (lat. mobilitas = Beweglichkeit) und Bewegung unterscheiden. Der Begriff Mobilität hat sich aber nach Einschätzung des SRU im Sprachgebrauch mehr in Richtung Bewegung entwickelt (vgl. SRU, 1994).

Durchführung ein Instrument, das unter dem Begriff Verkehr zusammengefasst ist. Somit wird definiert: "Verkehr ist das Instrument, das Mobilität ermöglicht" (Becker et al., 1999:5). Verkehr und Mobilität beschreiben zwei verschiedene Seiten ein und derselben Medaille: Mobilität die Seite der Bedürfnisse und Verkehr die technische Umsetzung. Verkehr kommt also kein Selbstzweck zu. Das Ziel von Verkehr kann nur darin liegen, die Befriedigung aller Mobilitätsbedürfnisse zu ermöglichen.[27] Dieses wird in der Definition zusammengefasst: "Das Ziel von Verkehr ist bedürfnisgerechte Mobilität für alle" (Becker et al., 1999:6).

Da Verkehr nach der obigen Ableitung nur Mittel zum Zweck ist, wird in der Studie weiter gefordert, dass Verkehr sozial verträglich, ökonomisch effizient und ökologisch gestaltet werden sollte. Dieses Ansinnen wird nicht explizit als Anforderung nachhaltigen Verkehrs beschrieben, es deckt aber die drei wesentlichen Aspekte einer nachhaltigen Entwicklung ab und gibt somit einen Ansatz für deren Definition. Die Autoren verstehen unter Sozialverträglichkeit, dass alle Menschen Ihre Mobilitätsbedürfnisse erfüllen können, ohne das dabei einzelne Bevölkerungsgruppen bevorteilt oder diskriminiert werden. Auch wird darunter verstanden, die Auswirkungen des Verkehrs auf Nicht-Nutzer bzw. Dritte minimal zu halten. Ökonomisch effizient sei alles, was ein vorgegebenes Ziel mit geringst möglichem Mitteleinsatz erreicht und ökologisch sei alles, was die Umwelt weniger belastet, was also die Inputs und Outputs minimiert. "Verkehr soll möglichst wenig Zeit und Geld für die Nutzer kosten, er soll möglichst wenig Zeitverluste, Kosten und Belastungen für Dritte mit sich bringen, er soll volkswirtschaftlich das vorgegebene Ziel mit möglichst geringem Mitteleinsatz erreichen und er soll die Umwelt weder bei den Quellen noch bei den Senken strapazieren, also möglichst wenig Energie und Fläche verbrauchen und möglichst wenig Abfall und Abgase erzeugen" (Becker et al., 1999;6).

Die Autoren der Studie schließen daraus, dass alle Kriterien für die Gestaltung des Verkehrssystems darauf zielen, Verkehr möglichst minimal zu halten. Zusammengefasst wird die Forderung aufgestellt, "bedürfnisgerechte Mobilität mit möglichst wenig Verkehr" sicherzustellen. Auch Petersen und Schallaböck haben sich mit dem Zusammenhang von Mobilität und Verkehr beschäftigt und kommen zu der These, dass im Prinzip alle Möglichkeiten der Realisierung von Mobilität durch Kapazitäts-, Umwelt- und Sicherheitsprobleme begrenzt seien. "Die Fähigkeit zur Beweglichkeit kann nur dann aufrechterhalten werden, wenn maßvoll Gebrauch von den Möglichkeiten gemacht wird" (Petersen und Schallaböck, 1995:10).

Die zentrale Forderung, mit möglichst wenig Verkehr die Mobilitätsbedürfnisse aller Menschen zu befriedigen, wird als sehr weitgehende aber stringente Ableitung der Funktion von Verkehr im Hinblick auf das eigentliche Bedürfnis nach Mobilität beurteilt. Intrinsischen Beweggründen für Verkehr, insbesondere für den motorisierten

---

[27] Deshalb schlägt Becker et al. (1999) auch vor, dass das Verkehrsministerium eher Mobilitätsministerium heißen sollte, da die Aufgabe der deutschen Verkehrspolitik darin liege, die Mobilitätsbedürfnisse aller Menschen gut zu erfüllen.

Individualverkehr (MIV) wird eine deutliche Absage erteilt. Feldhaus (1996:121ff) hat als wichtigste intrinsische Beweggründe das genuine Ur- und Grundbedürfnis nach Bewegung, die Bedürfnisse nach Selbstbestimmung, sozialer Geltung und Sicherheit sowie den Gewohnheitseffekt ausgemacht und sehr detailliert diskutiert.[28] Auch wenn der unter Einfluss von Medien und Werbung generierte Selbstzweck des Verkehrs, insbesondere die Freude am vermeintlich selbstgesteuerten Autofahren und der Besitz eines eigenen repräsentativen Pkws, in unserer Gesellschaft eindeutig vorhanden ist, stellt sich trotzdem die Frage, ob dieser Faktor für die Entwicklung einer Nachhaltigkeitsstrategie für den Verkehrssektor von Bedeutung sein kann oder darf. Becker et al. geben dafür eine Lösung in der Form, dass die Politik diejenigen Bereiche definieren müsste, in denen jeder nach seinen Präferenzen und abhängig von den Rahmenbedingungen der Gesellschaft seine Verkehrsentscheidung nutzenmaximierend, frei und selbständig treffen kann. Genau aber diese gesellschaftlichen Rahmenbedingungen müssen determiniert sein durch die Erfordernisse eines nachhaltigen Verkehrsystems. Insofern bleibt die Studie hier offen und erlaubt nur den Rückschluss, dass Verkehr eben sozialverträglich, ökonomisch effizient und ökologisch zu gestalten sei. Die abgeleitete Forderung nach möglichst wenig Verkehr zur Erfüllung einer bedürfnisgerechten Mobilität ist insofern für die Definition von nachhaltigem Verkehr nicht hinreichend, sie stellt eher einen Ansatz für die Definition einer nachhaltigen Mobilität dar. Die Stärke dieser Forderung liegt in erster Linie in dem damit vermittelten Denkansatz, Verkehr den "richtigen" Stellenwert im Verhältnis zum eigentlichen Mobilitätsbedürfnis zuzuordnen.

Ausgehend von dem Untersuchten lassen sich für diese Arbeit die folgenden Aussagen zusammenfassen:

- Verkehr stellt das Mittel zur Erfüllung der Mobilitätsbedürfnisse aller Menschen dar; dies ist das Ziel oder der Zweck von Verkehr.

- Für die Ableitung einer Definition von nachhaltigem Verkehr ist die Forderung nach möglichst wenig Verkehr nicht hinreichend., bietet aber eine Orientierungsrichtung.

- Nachhaltiger Verkehr sollte sozialverträglich, ökonomisch effizient und wenig umweltbelastend sein.

- Bei der Festlegung einer Nachhaltigkeitsdefinition sollten intrinsische Beweggründe für den Verkehr, den Besitz eines Automobils und die individuelle Verkehrsmittelwahlentscheidung nur eine nachgeordnete Rolle spielen.

---

[28] Diese intrinsischen Beweggründe bedürfen einer kurzen Erläuterung: Dem Beweggrund Selbstbestimmung kommen die heutigen Formen des Individualverkehrs am meisten entgegen. "Das Individualverkehrsmittel als individuell gestaltbare und nach außen abgrenzbare Privatsphäre, als Intimkapsel mit Fluchtpotential wird geradezu zum Symbol der Freiheit schlechthin" (Feldhaus, 1995:123). Im Hinblick auf soziale Geltung wird analysiert, dass das gewählte Verkehrsmittel (bevorzugt der Pkw) oder der gewählte Mobilitätsvorgang (insbesondere Fernreisen) von sich aus Prestige schafft und so zu einem dominanten Faktor bei der Zuweisung sozialer Geltung wird. Marke, Größe, Ausstattung, Preis und PS-Stärke aber auch Attribute wie Geländetauglichkeit (in einem wenig Off-Road tauglichen Land) etablieren ganz eigene Prestigeordnungen. Sicherheit (vor Bedrohungen und Übergriffen) und der Gewohnheitseffekt werden als Beweggründe für die Wahl bzw. Beibehaltung des Individualverkehrsmittels eingestuft (vgl. Feldhaus, 1995:123ff).

- Der Focus dieser Untersuchung liegt auf der Verkehrsseite und deren nachhaltige Entwicklung, Mobilität wird "nur" als Triebfeder betrachtet.

Die im Folgenden beschriebenen Studien vernachlässigen in der Regel die explizite Differenzierung zwischen Mobilität und Verkehr. Nachhaltige Entwicklung wird zumeist für das gesamte Verkehrssystem definiert, wobei das zugrundeliegende Mobilitätsbedürfnis zum Teil Erwähnung findet.

4.1.2 Der Ansatz der OECD

Seit Mitte der 90er Jahre beschäftigt sich das Environment Directorate der OECD ausführlich mit dem Themenkomplex "nachhaltige Entwicklung im Verkehr". Ein großangelegtes Forschungsprojekt mit dem Titel "Environmentally Sustainable Transport (EST)" wurde initiiert, welches in vier Phasen das Konzept einer nachhaltigen Verkehrsentwicklung durch die Auswahl und Quantifizierung von Nachhaltigkeitszielen und –kriterien konkretisiert und in Szenarien durchtestet (vgl. OECD, 1999).

4.1.2.1 Prinzipien der Vancouver Konferenz 1996

Der EST-Prozess wird begleitet von einer Reihe von Workshops und Konferenzen. Auf der von der OECD gemeinsam mit der Kanadischen Regierung durchgeführten Vancouver Konferenz im Jahr 1996 wurden neun Prinzipien für einen nachhaltigen Verkehr bzw. eine nachhaltige Mobilität entwickelt. Diese sogenannten neun Vancouver Prinzipien stellen weniger eine Definition von nachhaltigem Verkehr dar oder beschreiben dessen Vision oder möglichen Zustand, als dass sie vielmehr einen Weg aufzeigen, wie die Entwicklung im Verkehrsbereich ausgerichtet werden müsste, um zu einer nachhaltigen Verkehrsentwicklung zu gelangen. Die Prinzipien lauten wie folgt:[29]

1. Zugang
   Jedermann hat ein Anrecht auf einen angemessenen Zugang zu anderen Menschen, Orten, Gütern und Dienstleistungen.

2. Gerechtigkeit
   Bei der Erfüllung der grundsätzlichen Mobilitäts- und Transportbedürfnisse aller Menschen, dies schließt Frauen, Arme, die Landbevölkerung, Behinderte und Kinder mit ein, müssen die für den Verkehr Verantwortlichen darauf achten, dass dabei soziale, überregionale und intergenerative Gerechtigkeit sichergestellt wird. Entwickelte und weniger entwickelte Länder sollen in gemeinsamer Partnerschaft eine nachhaltige Mobilität entwickeln und erproben.

3. Individuelle und gesellschaftliche Verantwortung
   Alle Individuen und gesellschaftliche Gruppen tragen Verantwortung für die Bewahrung der natürlichen Ressourcen und sorgen dafür, dass die Mobilitäts- und Konsumentscheidungen nachhaltigen Prinzipien genügen.

---

[29] Vgl. hierzu Environment Canada (1996). Die Prinzipien werden in leichter Abwandlung und Ergänzung nach Gorissen (1996:108ff) zitiert.

4. Gesundheit und Sicherheit
   Verkehrssysteme sollen so gestaltet und betrieben werden, dass die Gesundheit (physisches, geistiges und soziales Wohlbefinden) und die Sicherheit aller gewahrt wird und gleichzeitig die Lebensqualität in der Gesellschaft steigt.
5. Erziehung und Öffentlichkeitsbeteiligung
   Die Öffentlichkeit und die gesellschaftlichen Gruppen sollen sich bei den notwendigen Entscheidungen hin zu einer nachhaltigen Mobilität engagieren und daran beteiligt werden.
6. Integrierte Planung
   Verkehrsplaner tragen die Verantwortung nach integrierten Planungslösungen zu suchen. Sie haben dabei Partner aus allen relevanten Sektoren zu beteiligen, insbesondere aus den Bereichen Umwelt, Energie, Finanzen und Stadtplanung.
7. Land- und Ressourcennutzung
   Verkehrssysteme müssen den Boden und andere natürliche Ressourcen effizient nutzen und dabei Ökosysteme und Biodiversität schützen.
8. Emissionsminderung
   Mobilitätsbedürfnisse sollen so befriedigt werden, dass die dabei entstehenden Emissionen die Gesundheit der Bevölkerung, das globale Klima, die Artenvielfalt und die Integrität von Ökosystemen nicht gefährden.
9. Wirtschaftliches Wohlergehen
   Finanz- und Wirtschaftspolitik sollen die nachhaltige Mobilität fördern und nicht behindern. Der Marktmechanismus soll unter Einschluss der vollen gegenwärtigen und zukünftigen, sozialen, volkswirtschaftlichen und Umweltkosten wirken, um sicherzustellen, dass die Nutzer einen gerechten Teil der Kosten tragen.

Das erste Prinzip bezieht sich auf die eigentliche Intention jeglichen Transports – den Zugang zur Mobilität zu gewährleisten. Die Prinzipien zwei bis sechs beschreiben im allgemeinen den sozialen Aspekt des Transports. Die Grundsätze sieben und acht beziehen sich direkt auf den ökologischen Aspekt einer nachhaltigen Entwicklung. Das neunte Prinzip formuliert den ökonomischen Ansatz, wie ein nachhaltiges Transportsystem in ein marktwirtschaftliches Gesellschaft- und Wirtschaftssystem integriert werden kann. Hier wird explizit die Internalisierung der externen Kosten des Verkehrs festgeschrieben.

Becker (1998:4) kritisiert in seinem Aufsatz zu Grundlagen einer nachhaltigen Mobilität insbesondere das neunte Prinzip als nicht ausreichend, um einen nachhaltigen Zustand zu erreichen. Er bezweifelt erstens die Möglichkeit genau zu wissen, welchen Wert zukünftige Generationen bestimmten Gütern oder Schäden beimessen werden und wendet sich damit gegen die Ermittlung zukünftiger externer Kosten. Zweitens hält Becker zwar die Berücksichtigung des neunten Prinzips für sinnvoll, soweit es möglich ist, fordert aber, dass wenn die Erfüllung des Gesamtziels einer nachhaltigen Verkehrsentwicklung dadurch nicht sichergestellt werden kann, andere verkehrspolitische Maßnahmen und Instrumente (abgeleitet aus ethischer Sichtweise in Form von Gesetzen oder Auflagen) entwickelt und berücksichtigt werden müssen.

4.1.2.2 Umweltgerechter nachhaltiger Verkehr nach der OECD-Definition

Aufbauend auf den neun Vancouver Prinzipien wird mit besonderem Schwerpunkt auf einer ökologischen Nachhaltigkeit im EST-Projekt eine Definition für umweltgerechten nachhaltigen Verkehr entwickelt. Dazu wird in Phase 1 des Projekts und der dazugehörenden Arbeitsgruppe einleitend festgestellt, dass ein umfassendes Konzept einer nachhaltigen Entwicklung erfordert, in jedem bedeutenden Wirtschaftssektor Nachhaltigkeit zu erreichen. Dies gilt natürlich somit auch für den Verkehrsbereich.

Nach EST sollte ein Verkehrsystem, das als sustainable bezeichnet wird, zumindest nicht das allgemein anerkannte Maß an Umweltqualität gefährden, welches von der World Health Organization (WHO) für die Bereiche Luftverschmutzung und Lärmbelastung definiert wurde. Des Weiteren sollte das Verkehrssystem nicht das Ökosystem in seiner Gesamtheit in Gefahr bringen und nicht zu möglichen nachteiligen globalen Effekten wie dem Klimawandel oder der Verringerung der Ozonschicht beitragen. Diese aufgestellten Erfordernisse führen zur folgenden Definition von umweltgerechtem nachhaltigem Verkehr, die sich im Einklang mit den Handlungsgrundsätzen für den nachhaltigen Umgang mit Stoffen auf der Basis einer starken Nachhaltigkeit befindet:[30]

"Transportation that does not endanger public health or ecosystems and meets needs for access consistent with (a) use of renewable resources at below their rates of regeneration, and (b) use of non-renewable resources at below the rates of development of renewable substitutes" (OECD, 1999:11).

Diese Definition der OECD bezieht sich nur auf die umweltgerechte Ausgestaltung nachhaltigen Verkehrs und lässt soziale und ökonomische Aspekte unberücksichtigt. Im Synthesis Report zu EST wird konstatiert, dass diese Aspekte nicht grundsätzlich vernachlässigt werden sollten, aber dass für deren Integration noch weiterer Forschungsbedarf notwendig sei (vgl. OECD, 2000:33). Kritikpunkt an dieser Definition ist auch, dass sie den dritten wichtigen Handlungsgrundsatz, nämlich dass die Emissionen die natürliche Aufnahmekapazität nicht überschreiten dürfen, nur implizit in der Nichtgefährdung der menschlichen Gesundheit oder des Ökosystems beinhaltet, obwohl dieser insbesondere für den Verkehrsbereich von zentraler Bedeutung ist. Außerdem wird die Erfüllung der verkehrlichen Erfordernisse zukünftiger Generationen nicht explizit in der Definition integriert festgeschrieben. Die Gewährleistung intergenerationeller Gerechtigkeit scheint den Verfassern durch die Einbindung der zwei Handlungsgrundsätze a und b zu genügen.

Trotzdem stellt diese Definition einen deutlichen Fortschritt in der verkehrswissenschaftlichen Diskussion dar, da hier erstmals Aspekte des Konzepts einer starken

---

[30] Vgl. hierzu auch Gorissen (1996:108).

Nachhaltigkeit explizit im Zusammenhang einer umweltgerechten nachhaltigen Verkehrsentwicklung zum Tragen kommen.

4.1.3 Diskussion weiterer Ansätze und Definitionen

In der Agenda 21, dem offiziellen Dokument der Rio de Janeiro-Konferenz im Juni 1992, werden sechs Forderungen für einen nachhaltigen Verkehr bzw. für die Umkehr von der heutigen Verkehrsentwicklung hin zu einem nachhaltigen Pfad gegeben (vgl. UN, 1992: chapter 7, part E, section 7.52). Gefordert wird

- die Verkehrsnachfrage zu reduzieren,
- den öffentlichen Personen- und Güterverkehr zu entwickeln,
- den nicht-motorisierten Verkehr (Fahrrad fahren und laufen) zu fördern,
- alle Aspekte eines Verkehrssystems in der Planung zu integrieren und die öffentliche Infrastruktur aufrecht zu erhalten,
- die verkehrlichen Entwicklungs- und Kommunikationsprozesse zwischen Staaten, Regionen und Gemeinden zu verbessern, und
- die Konsum- und Produktionsmuster in unserer Gesellschaft zu verändern.

Diese schon vor mehreren Jahren aufgestellten Forderungen werden zwar nicht zu einer zusammenhängenden Definition für nachhaltigen Verkehr vereint, sie zeigen aber, von der Art her ähnlich wie die Vancouver Prinzipien, jedoch wesentlich konkreter und weitreichender, Wege auf, wie eine nachhaltige Verkehrsentwicklung angestoßen bzw. gefördert werden kann. Auch hier manifestiert sich wieder der Grundgedanke, weniger eine fertige Vision für ein nachhaltiges Verkehrssystem zu entwickeln, als vielmehr Zielsetzungen und Stoßrichtungen aufzuzeigen, die notwendig sind, um die Verkehrsentwicklung auf einen nachhaltigen Pfad zu bringen. Becker (1998:3) diskutiert diese sechs Forderungen und erkennt darin den deutlichen Hinweis, dass gerade die augenblicklichen Trends im Verkehrsgeschehen[31] alle umgekehrt werden müssten, um einen nachhaltigen Pfad einzuschlagen. Um die Verkehrsnachfrage zu reduzieren, müsste mehr Gebrauch von Füßen, Fahrrad und öffentlichem Verkehr gemacht werden, wodurch sich der Modal Split zu Ungunsten des motorisierten Straßenverkehrs entwickeln sollte. Außerdem schimmert die Forderung nach "Erfüllung der Mobilitätsbedürfnisse mit weniger Verkehr" in den Agenda 21–Leitgedanken hindurch.

Die sechs Forderungen bilden auch die Grundlage für die Definition von "sustainable mobility" in dem Synthese-Papier der Europäischen Kommission zur Verkehrsforschung im vierten Rahmenprogramm: "A transport system and transport patterns that can provide the means and opportunity to meet economic, environmental and social needs efficiently and equitably, while minimising avoidable and unnecessary adverse impacts and their associated costs, over relevant space and time scales" (European

---

[31] Diese Trends und die daraus resultierenden Probleme und Engpässe auf dem Weg zu einer dauerhaft-umweltgerechten Entwicklung im Verkehr werden im nächsten Abschnitt beleuchtet.

Commision, 2000:4). Frei übersetzt wird für eine nachhaltige Entwicklung ein Verkehrssystem gefordert, welches eine solche Ausstattung an Infrastruktur und Verkehrsmitteln bereitstellen sollte, dass damit eine effiziente und gerechte Umsetzung von ökonomischen, ökologischen und sozialen Bedürfnissen ermöglicht wird und gleichzeitig vermeidbare und unnötige negative Auswirkungen und die damit verbundenen Kosten über Raum und Zeit minimiert werden. Diese Definition bleibt in ihrer Konkretisierung im Verhältnis zu den sechs o.g. Forderungen relativ unspezifisch, und es scheint auch kein Nachhaltigkeitskonzept wie bei der OECD-Definition zu Grunde zu liegen. Dafür werden – wie später noch aufgezeigt wird (siehe Kapitel 4.3) – zwölf Zielforderungen formuliert, die den Weg zu einer nachhaltigen Verkehrsentwicklung in Europa konkretisieren.

Kageson gibt in seinem viel zitierten Buch "The Concept of Sustainable Transport" (vgl. Kageson, 1994) keine eigene Definition für nachhaltigen Verkehr, argumentiert aber auf der Basis der Brundtland Kommission und Herman Daly (siehe Kapitel 3.2), dass das Ziel von nachhaltigem Verkehr in der Erfüllung der Grundbedürfnisse nach Mobilität liegen müsse, ohne dabei Natur und Umwelt zu schädigen. Nach seiner Meinung sei eine Verkehrspolitik für eine nachhaltige Entwicklung in der Praxis nicht ohne Beachtung der drei wichtigsten Bereiche – die Befriedigung der heutigen Mobilitätsgrundbedürfnisse, die Umwelt- und Ressourcennutzung in der Zukunft und die heutigen Gesundheitsgefährdungen – möglich. Damit werden die wichtigsten Problembereiche angesprochen, aber keine weitere Zielsetzung oder Festlegung vorgenommen.

Borken und Höpfner (1998:145f) halten sich in ihrer Definition von nachhaltigem Verkehr dicht an der Definition der Brundtland-Kommission: "Nachhaltiger Verkehr ist demnach ein Verkehr, der die Bedürfnisse der heutigen Generation befriedigt, ohne die Möglichkeit künftiger Generationen zu beschneiden, ihre eigenen Bedürfnisse zu befriedigen" (Borken und Höpfner, 1998:149). Die Autoren stellen weiterhin fest, dass das Konzept einer nachhaltigen Entwicklung alle Menschen, Wirtschaftssektoren und Regionen auf der Erde mit einschließt. Damit kann es nachhaltigen Verkehr nur eingebettet in den Kontext des gesamten Prozesses geben. Starke Nachhaltigkeit und die Eingrenzung auf ökologische Kriterien werden präferiert. Allerdings wird eingeschränkt, dass die ökologischen Anforderungen an den Verkehr notwendige aber nicht hinreichende Bedingungen für eine nachhaltige Entwicklung sind. Sie müssten mit sozialen und ökonomischen Anforderungen abgewogen werden, wobei dann sowohl das physische Verkehrssystem als auch seine Funktionen und seine Nutzer zu betrachten seien.

Es ließen sich hier noch eine Vielzahl von Definitionen oder Ansätze für eine Definition von nachhaltigem Verkehr bzw. nachhaltiger Mobilität aufzählen, die sich entweder vorrangig an den ökologischen Zielsetzungen oder aber am Drei-Säulen-Modell, also der umfassenderen Nachhaltigkeitsdefinition mit gleichberechtigter Betrachtung der ökonomischen, ökologischen und sozialen Aspekte, orientieren.[32] Die bisher genannten Definitionen basieren eher auf dem Konzept der starken Nachhaltigkeit und bringen eine gewisse Nichtsubstituierbarkeit von natürlichem Kapital oder absolute Belastungsgrenzen, denen sich auch der Verkehrsbereich zu beugen hat, zum Ausdruck. Einige Autoren stützen ihre Definition aber auch am Konzept der schwachen Nachhaltigkeit. Als ein Vertreter sei hier Schipper zitiert, der nachhaltigen Verkehr definiert als "providing transportation services as long as those using the system pay the full social costs of their access, without leaving the unpaid costs for others (including future generations) to bear." (Schipper et al., 1994 zitiert aus OECD, 1996:49).

Das Umweltbundesamt hat sich in seiner vielbeachteten Studie "Nachhaltiges Deutschland" nicht zu einer separaten Definition von nachhaltigem Verkehr entschieden. Argumentiert wird, dass heute noch nicht absehbar sei, wie Mobilität in einer nachhaltigen Gesellschaft aussehen könnte. Allerdings wird in der Studie generell das Konzept der starken Nachhaltigkeit bevorzugt (vgl. UBA, 1997:6ff und 85f). In der Arbeit des Umweltbundesamtes wird auch der Zusammenhang zwischen nachhaltiger Verkehrsentwicklung und den externen Kosten des Verkehrs thematisiert: "Ein Verkehrsystem kann nicht als nachhaltig bezeichnet werden, sofern und soweit es gesellschaftlich nicht akzeptierte Umweltbelastungen zuläßt und nicht zumindest die von ihm ausgehenden Umweltkosten in ihrer ungefähren Dimension verursachergerecht anlastet. So gesehen kann die Existenz hoher externer Kosten der Mobilität als ein Hinweis auf ein nicht nachhaltiges Verkehrssystem gesehen werden" (UBA, 1997:83).

Weiter wird in der UBA-Studie gefordert, dass nachhaltige Mobilität durch geeignete Maßnahmen externe Kosten vermeiden müsse. Außerdem ließen sich verschiedene Kostenarten nicht vollständig erfassen und quantifizieren und manche Effekte des Verkehrs entzögen sich einer monetären Bewertung, wie z. B. der Arten- und Biotopschwund oder psychosoziale Auswirkungen des Verkehrs. Gefolgert wird, dass die ermittelbaren externen Kosten daher zwangsläufig immer nur einen Teil der insgesamt entstehenden Beeinträchtigung und Schäden wieder geben (vgl. UBA, 1997:83f). Diese Aussagen lassen den Schluss zu, dass eine nachhaltige Verkehrsentwicklung nicht schon durch die Internalisierung der externen Kosten des Verkehrs garantiert wird, sondern das diese eher als eine Art Untergrenze für die Anforderungen einer nachhaltigen Entwicklung anzusehen sind.

---

[32] Im Rahmen der ersten Phase des EST-Projektes wurden neben den nationalen Ansätzen auch eine Vielzahl europäischer Verkehrswissenschaftler und deren Arbeiten zu nachhaltiger Verkehrsentwicklung besprochen (vgl. OECD, 1996:23ff). Insofern gibt der Bericht von Phase 1 auch einen guten und umfassenden Überblick. Litman (1999) nennt einige weitere Definitionen, insbesondere auch aus der angelsächsischen Literatur.

4.1.4 Beurteilung im Kontext zielhierarchischer starker Nachhaltigkeit

In der heutigen Verkehrsliteratur liegen eine Reihe von Ansätzen und Definitionen für eine nachhaltige Entwicklung im Verkehrsbereich vor. Diese unterscheiden sich sowohl in ihrer Ausrichtung auf die Bezugsebene – Mobilität oder Verkehr – als auch in dem zugrundeliegenden Nachhaltigkeitskonzept. Wird als Bezugsebene die Mobilität betrachtet, beziehen die Definitionen eher die Dreifaltigkeit aus ökologischer Verträglichkeit, sozialer Gerechtigkeit und ökonomischer Effizienz mit ein, während Definitionen von nachhaltigem Verkehr zumeist ein Schwergewicht auf die ökologische Nachhaltigkeit legen, wie z. B. die Definition des EST-Projektes. Dies lässt sich schon allein daraus erklären, dass Mobilität den Nutzer in den Vordergrund stellt und damit die Anforderungen der inter- und intragenerationeller Gerechtigkeit den richtigen Adressaten finden.

Je nach zugrundeliegendem Nachhaltigkeitskonzept finden die ökologischen Anforderungen in der Nachhaltigkeitsdefinition Einzug in Form der Internalisierung der externen (Umwelt-) Kosten oder durch critical loads bzw. levels. Die Definitionen und Ansätze mit Prioritätensetzung auf der ökologischen Nachhaltigkeit gehen anscheinend davon aus, dass in der entwickelten westlichen Welt auf absehbare Zeit die gesellschaftlichen und wirtschaftlichen Ziele ohnehin am ehesten erfüllt sind, während die ökologischen Ziele den kritischen Pfad bilden (vgl. Walter und Spillmann, 1999:93f).

Im Rahmen dieser Arbeit wird das Begriffspaar Mobilität und Verkehr in der Weise verstanden, dass Verkehr als Mittel zur Erfüllung der Mobilitätsbedürfnisse aller Menschen heute und in Zukunft angesehen wird. Dieses sollte sich als erstes in einer eigenen Definition widerspiegeln. Wie allerdings Mobilität in Zukunft aussehen wird, ist heute noch schwer abzusehen. Deshalb stellt die eigene Definition das Verkehrssystem, als instrumentelle technische Umsetzung der Mobilitätsbedürfnisse, wie immer sie auch geartet sein mögen, in den Mittelpunkt. In Kapitel 3 wurde das Konzept der starken Nachhaltigkeit im anthropozentrischen Sinne favorisiert. Des Weiteren wurde eine Präferenz für einen zielhierarchischen Ansatz abgeleitet, bei dem zuerst das Skalierungsproblem, also die ökologische Nachhaltigkeitsanforderung, zu lösen sei. Diese Festlegungen münden in der folgenden eigenen Definition für eine nachhaltige Entwicklung im Verkehr:

Ein Verkehrssystem wird als nachhaltig beschrieben, wenn es die Bedürfnisse nach sozialen Kontakten und Kommunikation sowie den Zugang zu Gütern und Dienstleistungen für heutige und zukünftige Generationen in der Weise ermöglicht, dass

- die Gesundheit von Menschen und Ökosystemen nicht gefährdet wird,
- die Verkehrsemissionen als ein angemessener Anteil der gesamten Emissionen nicht die natürliche Aufnahmekapazität der Erde überschreiten,
- die Nutzung von erneuerbaren Ressourcen unter der Rate für deren Regeneration liegt und

- erschöpfbare Ressourcen für den Verkehrsbereich nur in dem Maße abgebaut werden dürfen, wie gleichwertige Alternativen geschaffen werden.

Diese Definition stellt eine Erweiterung der Definition des EST-Projektes dar. In ihr sind die drei Handlungsgrundsätze einer ökologisch orientierten starken Nachhaltigkeit vereint, und die Anforderungen inter- und intragenerationeller Gerechtigkeit gemäß der Brundtland Kommission werden adressiert. Nicht explizit integriert wird die nachgeordnete Forderung, das System ökonomisch effizient auszugestalten und damit das Allokationsproblem zu lösen. Denkbar wäre aber, einen zusätzlichen Satz an die Definition anzuhängen: Ein so definiertes nachhaltiges Verkehrssystem sollte unter diesen Rahmenbedingungen sicherstellen, dass jeder nach seinen Präferenzen und abhängig von ökonomisch effizienten Preisen seine Verkehrsentscheidung nutzenmaximierend, frei und selbständig treffen kann.[33]

Der zweite Punkt der Definition bedarf einer weiteren Konkretisierung. Der ursprüngliche Handlungsgrundsatz, dass die Emissionen nicht die natürliche Aufnahmekapazität der Erde überschreiten dürfen, muss für den Verkehrsbereich spezifiziert werden. Dabei wird es genau darum gehen, den "angemessenen Anteil" der Emissionen, der durch den Verkehr generiert werden darf, zu bestimmen. Diese Aufgabe wird in Kapitel 6 bei der konkreten Ableitung der quantitativen Nachhaltigkeitsziele vorgenommen.

4.2 Ausgangslage, Probleme und Engpässe auf dem Weg zu einer nachhaltigen Entwicklung im Verkehr

Um einen Katalog von Kriterien und Zielen und später konkrete Umweltqualitätsstandards und quantitative Indikatoren für eine nachhaltige Entwicklung im Verkehr zu entwickeln, bedarf es der genaueren Analyse der heutigen und zu erwartenden Probleme im deutschen und internationalen Verkehr. Dazu werden die wichtigsten ökologischen, sozialen und ökonomischen Problemfelder auf dem Weg zu einer nachhaltigen Entwicklung im Verkehr vorgestellt, der Verursachungsanteil des Verkehrs qualifiziert und soweit es geht auch quantifiziert. Das Ziel dieses Abschnittes liegt also darin herauszufinden, inwieweit der Verkehr nicht nachhaltig ist. Neben der grundsätzlichen Problembeschreibung orientiert sich die Analyse an den folgenden drei Fragen:

- Wie lässt sich der heutige Verkehr im Hinblick auf eine nachhaltige Entwicklung beschreiben? oder prägnanter: wie unnachhaltig ist der heutige Verkehr?
- Welches sind bezogen auf eine nachhaltige Entwicklung die Entwicklungsrichtungen im Verkehrs- und Transportwesen?
- Welche Probleme und Engpässe zeichnen sich auf dem Weg zu einem umweltgerechten nachhaltigen Verkehrssystem ab?

---

[33] Vgl. hierzu auch die Ausführungen von Becker et al. (1999:7). Die Autoren gehen in diesem Punkt noch weiter und fordern von der Verkehrspolitik diejenigen räumlichen Mobilitätsbedürfnisse zu definieren, die zur Grundversorgung gehören und diese dem Spiel der Marktkräfte zu entziehen. Als Begründung wird angegeben, dass bezüglich dieser Grundversorgung jeder einzelne, jedes Kind und jeder Arbeitslose einen Anspruch auf ein Mindestniveau hätte.

4.2.1 Energieverbrauch

Im Hinblick auf den Energieverbrauch muss das heutige Verkehrssystem in Deutschland und auch weltweit als nicht nachhaltig eingestuft werden, da in erster Linie nicht erneuerbare Ressourcen wie Öl eingesetzt werden und dafür nicht in ausreichendem Maße erneuerbare Ressourcen als Substitut entwickelt werden. Die weltweiten Erdölreserven werden zwar immer noch auf das über sechzigfache des heutigen jährlichen Verbrauchs (3,6 Mrd. Tonnen) geschätzt (sicher gewinnbare Reserven und zusätzlich geschätzte Ressourcen auf der Basis 1998), aber wenn unsere deutschen Verbrauchsgewohnheiten auf alle Menschen der Erde ausgedehnt würden, wären die Erdölvorräte nach wenigen Jahren verbraucht. Schließlich verbrauchen etwa 20 % der Menschen auf der Erde etwa 80 % des geförderten Erdöls (vgl. BMWi, 2000:45f).

Alle Prognosen stimmen darin überein, dass die weltweite Motorisierung und damit der Verkehr gerade in den Entwicklungs- und Schwellenländern deutlich zunehmen wird und in den entwickelten Ländern noch keine Stagnations- oder gar Abnahmetendenzen zu verzeichnen sind. Das Verkehrswachstum wird allerdings in den Entwicklungs- und Schwellenländern weit höher sein. Weltweit kommt dem Verkehrsträger Straße sowohl im Personen- als auch im Güterverkehr die wichtigste Rolle zu. Dabei wird der Lkw-Verkehr gemessen an der Verkehrsleistung noch stärker wachsen als der Pkw-Verkehr.

Abbildung 4: **Entwicklung des weltweiten Fahrzeugbestandes (1990 bis 2030)**

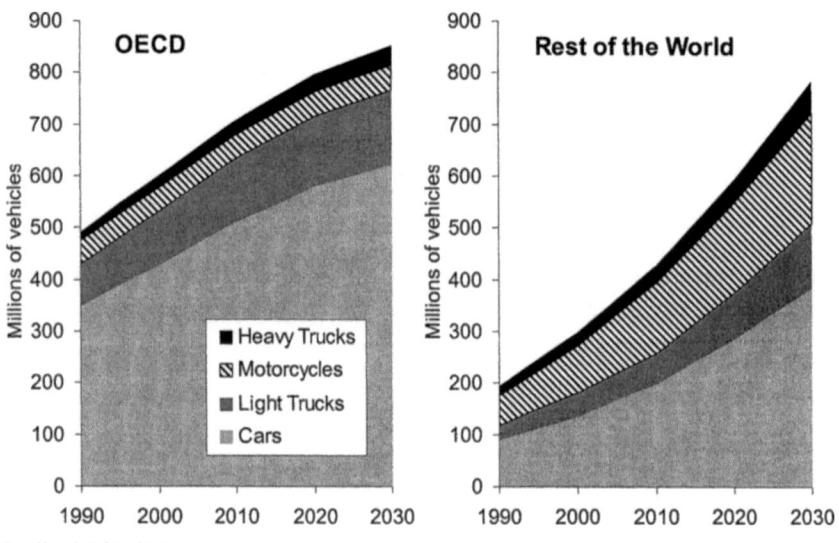

Quelle: OECD 2000:12

Zur Illustration sind hier zwei Grafiken aus dem EST-Report dargestellt, die jeweils für die OECD-Länder[34] und den "Rest der Welt" zum einen die Prognose des Straßenfahrzeugbestandes (Abbildung 4) und zum anderen die Entwicklung des Treibstoffverbrauches (Abbildung 5) bis 2030 angeben (vgl. OECD, 2000:12ff)[35].

Abbildung 5: Entwicklung des weltweiten Treibstoffverbrauchs (1990 bis 2030)

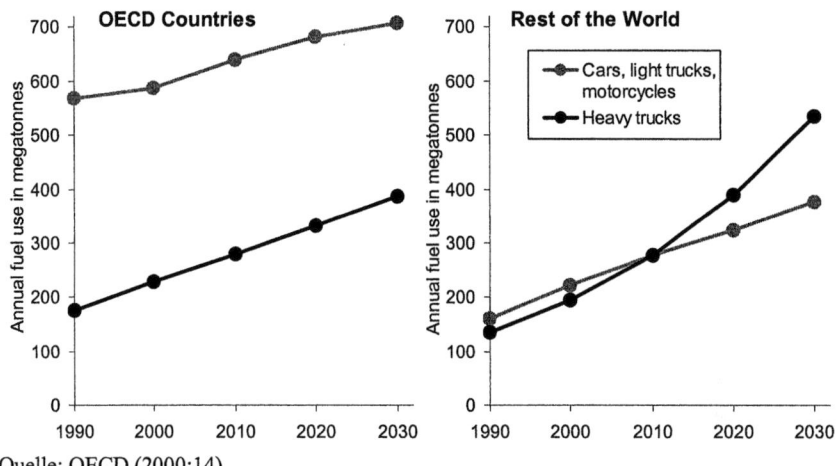

Quelle: OECD (2000:14)

Aus den Grafiken ist implizit ersichtlich, dass sich in Zukunft die Verbrauchsmuster weltweit annähern werden. Als Vergleichsgröße dient allerdings die Überschlagsrechnung, dass, bei weltweitem Anwachsen des Fahrzeugbesitzes auf das Niveau der OECD-Länder, heute (1998) nicht 540 Mio. Pkw sondern knapp 3000 Mio. Pkw auf den Straßen fahren und Energie verbrauchen würden (OECD, 2000:11). Von diesen Dimensionen sind wir auch in 2030 noch weit entfernt. Unter dem Postulat einer intragenerationellen Gerechtigkeit ist die schrittweise Annäherung der Fahrzeugbesitz- und Energieverbrauchsmuster zwar wünschenswert, allerdings findet diese auf einem viel zu hohen und noch dazu steigenden Niveau statt, wodurch das Energieproblem drastisch verschärft wird. Eine detailliertere Betrachtung der weltweiten Entwicklungstrends in Bezug auf alle Verkehrsträger, den Fahrzeugbesitz, die Fahrleistung und die Energieeffizienz soll und kann hier nicht erfolgen[36], allerdings wird in Kapitel 5 eine differenzierte Analyse und Prognose für den deutschen Verkehrssektor vorgenommen. In

---

[34] Zum Zeitpunkt der Studie 1998 hatte die OECD 29 Mitglieder: Australien, Belgien, Dänemark, Deutschland, Finnland, Frankreich, Griechenland, Großbritannien, Irland, Island, Italien, Japan, Kanada, Korea, Luxemburg, Mexiko, Neuseeland, Niederlande, Norwegen, Österreich, Polen, Portugal, Schweden, Schweiz, Spanien, Tschechien, Türkei, Ungarn, USA.
[35] Es gibt eine Vielzahl von internationalen Verkehrs- und Energieprognosen z. B. von der UN, der Weltbank, dem IPCC und der OECD. Da letztere sich ausschließlich auf den Verkehr bezieht und neueren Datums ist, beziehen sich die Ausführungen hier auf diese Studie.
[36] Als langfristiger Trend wird im EST-Projekt ausgesagt, dass weltweit der schienen- und wassergebundene Güterverkehr auch wachsen wird, aber mit wesentlich niedrigeren Raten als der Straßengüterverkehr. Dasselbe gilt für den öffentlichen landgebundenen Personenverkehr im Vergleich zum Pkw-Verkehr. Beim Flugverkehr wird mit einer Versechsfachung der Verkehrsleistung bis 2030 der mit Abstand stärkste Anstieg erwartet (vgl. OECD, 2000:29).

Bezug auf den weltweiten verkehrsinduzierten Energieverbrauch bleibt anzufügen, dass die bereits heute technologisch erzielten und für die Zukunft prognostizierten Energieeffizienzgewinne, die sich z. B. beim Pkw in der Reduktion des durchschnittlichen spezifischen Benzin- oder Dieselverbrauchs je gefahrene 100 Kilometer ausdrücken, durch den starken Anstieg der Verkehrsleistung überkompensiert wurden und werden. Dieser Faktor begründet die in Abbildung 5 dargestellten steigenden Energieverbrauchswerte mit.

Aus dem bisher Beschriebenen wird deutlich, dass der globale verkehrsbedingte Energieverbrauch ein kritischer Faktor für eine nachhaltige Entwicklung im Verkehrsbereich darstellt, für den Deutschland als eines der Pro-Kopf-Hochverbrauchsländer eine deutliche Mitverantwortung trägt. Eine Auswirkung der zu erwartenden Verknappung von Rohöl wird sicher in der mittel- und langfristigen Verteuerung dieses Rohstoffes liegen. Dies hängt aber auch davon ab, wie schnell und wie günstig alternative Antriebsformen und Treibstoffe entwickelt und in den Markt eingeführt werden können. Die deutsche Abhängigkeit von Ölimporten stellt ein zusätzliches ökonomisches Teilproblem dar.

4.2.2 Klimaproblematik

Direkt mit dem Energieverbrauch verbunden ist die Klimaproblematik. Das Klimasystem der Erde ist ein komplexes System lokaler[37] und globaler Zusammenhänge. Für die globale Betrachtung dieses Systems spielt der sogenannte Treibhauseffekt die entscheidende Rolle. Der natürliche Treibhauseffekt sorgt dafür, die lebensnotwendige Durchschnittstemperatur an der Erdoberfläche von circa 15 °C zu stabilisieren. Dieses geschieht vereinfacht ausgedrückt dadurch, dass die in der Atmosphäre vorhandenen Gase – Wasserdampf, Kohlendioxid (CO_2), Methan (CH_4) und andere Spurengase – die einfallende solare Strahlung mehr oder minder ungehindert auf die Erdoberfläche passieren lassen, die von der Erde reflektierte Wärmestrahlung allerdings teilweise absorbiert und zurückwirft. Dadurch kommt es zur Erwärmung der Atmosphäre, ohne die ein menschliches Leben auf der Erde nicht möglich wäre. Ohne das Strahlungsgleichgewicht in der Atmosphäre würde die gesamte eingestrahlte solare Energie direkt wieder in den Weltraum zurückgestrahlt, wodurch die gemittelte globale Oberflächentemperatur um mehr als 20 °C kälter wäre (vgl. Heimann, 1995:19f).

Gegenwärtig stimmen die meisten Wissenschaftler darin überein, dass ein kausaler Zusammenhang zwischen den zusätzlichen von Menschenhand hervorgerufenen Emissionen von Treibhausgasen und der weltweiten Erwärmung besteht. Dabei wird folgende Wirkungskette betrachtet: Anthropogene Emissionen – Anstieg der

---

[37] Die menschliche Beeinflussung des lokalen Klimasystems zeigt sich z. B. beim Stadtklima, welches sich durch eine im Mittel erhöhte Temperatur im Vergleich zum Umland auszeichnet. Durch die Versiegelung der Böden und die dichte Bebauung wird Wärme gespeichert. Weniger Pflanzen und Bäume sowie die kleinräumige Luftverschmutzung wirken ebenso temperaturerhöhend. Einwirkungen auf das lokale Klimasystem sollen hier nicht weiter betrachtet werden, da sie in der Dimension nicht als so gravierend gelten (vgl. Heiman, 1995:15).

Konzentration von Treibhausgasen – Auswirkungen auf das globale Klima mit der wichtigsten Folge der globalen Erwärmung. Im neu erschienenen Third Assessment Report (TAR) der Arbeitsgruppe 1 des IPCC, auf welchen sich der Großteil der folgenden Ausführungen bezieht, wird als wahrscheinlich (66 – 90 % sicher) angesehen, dass die beobachtete Erwärmung in den letzten fünfzig Jahren durch die Erhöhung der Konzentration von Treibhausgasen begründet ist (vgl. IPCC, 2001:10). Und weiter wird als Schlüsselaussage festgestellt, dass die Konzentrationen der Treibhausgase und ihre Klimawirksamkeit aufgrund von menschlichem Handeln und insbesondere aufgrund der anthropogenen Treibhausgasemissionen zugenommen hat und weiterhin zunimmt (vgl. IPCC, 2001:5+7).

Der anthropogene Treibhauseffekt wird hauptsächlich durch Kohlendioxid- und Methanemissionen verursacht, die sich in der Erdatmosphäre ansammeln und dort die Konzentration der Treibhausgase erhöhen. Charakteristisch für diese Gase ist ihre Persistenz. Sie sind von der Natur nur schwer abbaubar, verteilen sich weltweit und entwickeln so in Verbindung mit einem hohen Akkumulationspotential eine globale Klimawirkung. Der quantitativ größte Beitrag zur Klimawirksamkeit geht hierbei mit einem Anteil von über 60 % von CO_2 aus[38], das im Durchschnitt über 100 Jahre in der Atmosphäre verbleibt. Das anthropogene CO_2 wird zu etwa ¾ bei der Verbrennung fossiler und organischer Brennstoffe freigesetzt; der Rest ergibt sich durch Veränderung der Landnutzung, insbesondere der Waldrodung.

Der Verkehr ist für circa 20 % des weltweiten CO_2-Ausstoßes verantwortlich, in den OECD-Ländern sogar zu knapp 30 %. In Deutschland waren 1998 über 21 % der gesamten CO_2-Emissionen auf den Inlandsverkehr zurückzuführen, wovon rund 90 % durch den motorisierten Straßenverkehr emittiert wurden (DIW, 2000:286). Diese Emissionen sind direkt auf die Benutzung der Verkehrsmittel und die dafür stattfindende Verbrennung fossiler Treibstoffe zurückzuführen. Die Höhe der CO_2-Emissionen hängt beim Straßenverkehr proportional vom spezifischen Benzin- bzw. Dieselverbrauch eines jeden Fahrzeugs ab. Rechnet man die indirekten Emissionen durch die Herstellung der Fahrzeuge, die Gewinnung und Verarbeitung des Rohöls, die Erstellung der Infrastruktur sowie die Verschrottung der Fahrzeuge hinzu, steigt der Anteil der verkehrlichen CO_2-Emissionen an den gesamten CO_2-Emissionen um weitere rund 25 % sowohl weltweit als auch in der OECD (vgl. OECD, 2000:17). Von zunehmender Bedeutung sind auch die CO_2-Emissionen durch den Luftverkehr. In der EU emittierte der Luftverkehr circa 13 % der gesamten verkehrlichen CO_2-Emissionen mit stark steigender Tendenz (Eurostat, 2000:27f)[39].

---

[38] Dieser Anteil wird belegt durch die Aussage des Second Assessment Reports (SAR) der IPCC (1996), welcher den Anteil von CO_2 am zusätzlichen Treibhauseffekt mit circa 64 % angibt. Der dritte Analysebericht beziffert eine Klimawirksamkeit von 1,46 Wm^{-2} durch CO_2 im Vergleich 2,43 Wm^{-2} Strahlungsantrieb (radiative forcing) aller Klimagase (vgl. IPCC 2001:7f). Der Strahlungsantrieb ist eine Größe, die angibt, welchen Einfluss ein Faktor auf das Gleichgewicht einfallender und ausstrahlender Energie innerhalb des Systems aus Atmosphäre und Erde ausübt. Außerdem ist es ein Indikator, der die Bedeutung eines Faktors als potenzieller Klimaveränderungsmechanismus anzeigt.
[39] Diese Angaben beinhalten nicht nur den Inlandsflugverkehr sondern auch internationale Flüge aus der EU in Drittländer.

Methan (CH$_4$) wird vornehmlich bei der Gewinnung von Erdgas und Kohle sowie in der Land- und Abfallwirtschaft freigesetzt. Aber auch die Emissionen von Kohlenmonoxid (CO), die hauptsächlich durch den Straßenverkehr emittiert werden, scheinen nach neueren Erkenntnissen als Ursache der wachsenden Methankonzentration in Frage zu kommen. Methan hat eine Verweildauer von ungefähr 10 Jahren in der Atmosphäre und ist bezogen auf eine Einheit um das 21-fache klimawirksamer als CO$_2$ (CO$_2$-Äquivalent 21). Die Klimawirksamkeit wird mit fast 20 % beziffert (IPCC 2001:7). Der Anteil des Verkehrs an den Methanemissionen ist mit 0,7 % in Deutschland (DIW 2000:287) und auch weltweit sehr gering.

Dagegen wird die Entstehung von Ozon (O$_3$) vornehmlich durch Emissionen des Verkehrs hervorgerufen. Dieses klimawirksame Gas entsteht durch fotochemische Sekundärreaktionen aus Stickoxiden (NO$_x$ bestehend aus NO und NO$_2$), flüchtigen organischen Kohlenstoffverbindungen (VOC) und Kohlenmonoxid (CO) und hat eine mittlere Verweildauer von bis zu drei Monaten in der Atmosphäre. Ozon trägt netto zu knapp 15 % zum anthropogenen Treibhauseffekt bei, wobei das stratosphärische Ozon eher zu einer Abkühlung führt, während der quantitativ weit größere Teil des troposphärischen Ozons die Erwärmung bewirkt (vgl. Heimann 1995:20 und IPCC 2001:7f).

Abbildung 6: Entwicklung der globalen atmosphärischen Konzentration von CO$_2$ in den letzten 1000 Jahren

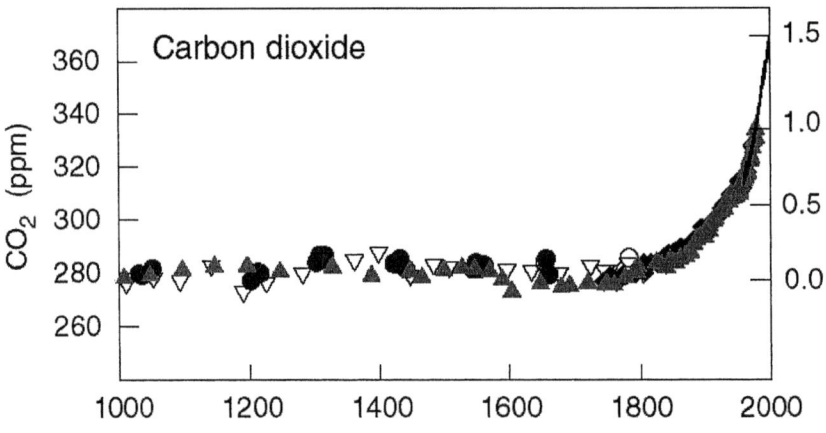

Quelle: IPCC (2001:6)

Als weitere klimawirksame Spurengase sind Distickstoffoxide (Lachgas – N$_2$O) und Aerosole, insbesondere die durch Schwefeldioxidemissionen (SO$_2$) hervorgerufenen Sulfate, zu nennen. Distickoffoxid hat eine sehr hohe Verweildauer von circa 150 Jahren in der Atmosphäre und ist mit einem CO$_2$-Äquivalent von 310 an sich auch sehr klimawirksam. Da es aber erst in sehr kleinen Mengen in der Atmosphäre vorhanden ist auch bisher erst sehr wenig emittiert wird, liegt das Bedrohungspotenzial hauptsächlich in der ferneren Zukunft. Der Verkehr hat einen Anteil von rund 12 % in Deutschland 1998 (DIW, 2000:287). Das verkehrliche N_2O entsteht durch Verbrennungsprozesse und bei der katalytischen Reinigung von Kraftfahrzeugabgasen. Die Wirkung von Sulfaten auf das Klima ist erst wenig erforscht. Sie führen aber unter den meisten Bedingungen zu einer Reflexion der Sonneneinstrahlung und damit zu einer Abkühlung. In Deutschland sind die SO_2-Emissionen durch Filtertechnologien bereits stark rückläufig und der Anteil des Verkehrs an den Gesamtemissionen ist mit unter 3 % sehr niedrig (DIW, 2000:285).

In Abbildung 6 wird die Entwicklung der weltweiten atmosphärischen CO_2-Konzentration für die letzten 1000 Jahre aufgezeigt. Dabei beruht die durchgezogene Linie im Bereich zwischen 1950 und 2000 auf direkten Messungen, während die einzelnen Symbole die atmosphärische Gaszusammensetzung aus Untersuchungen an im Antarktis- und Grönlandeis eingeschlossenen Luftbläschen rekonstruieren. Bis zur industriellen Revolution war die Konzentration mehr oder weniger konstant; erst seitdem ist ein starker Anstieg von 280 part per milion by volume (ppmv) auf derzeit 367 ppmv zu verzeichnen. Auf der rechten Skala der Abbildung 6 ist der durchschnittliche jährliche Strahlungsantrieb auf das Klimasystem eingezeichnet, der sich hier in der Zuwachsrate der CO_2-Konzentration ausdrückt. Diese ist in den letzten Jahrzehnten auf rund 1,5 ppmv angestiegen[40].

Abbildung 7: **Zunahme der Erdoberflächentemperatur in den letzten 140 Jahren (Basis: Durchschnittstemperatur 1961 bis 1990)**

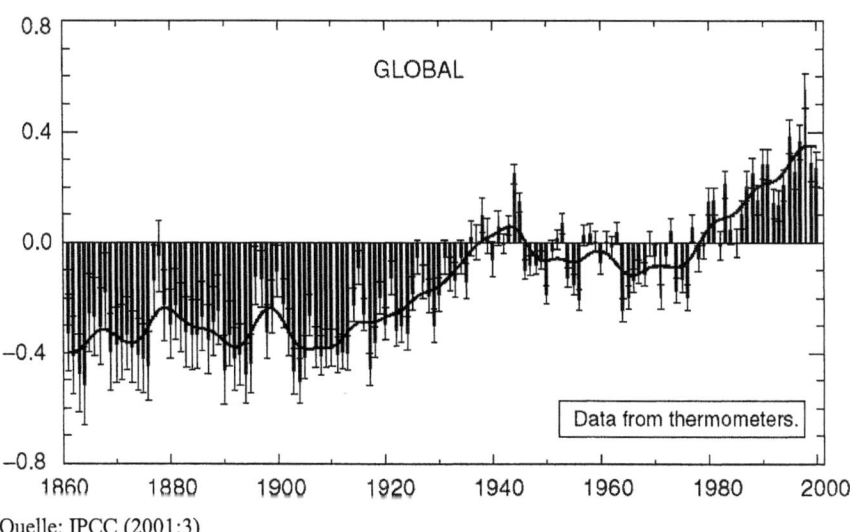

Quelle: IPCC (2001:3)

---

[40] Der Anstieg pro Jahr war in den letzten 20 Jahren nicht konstant, sondern pendelte aufgrund verschiedener Klimaereignisse wie Vulkanausbrüche oder El Nino-Effekte zwischen 0,9 und 2,8 ppmv. Dabei wird vom IPCC festgestellt, dass die gesamte Wirkung dieser Klimaereignisse durch die Bildung von Aerosolen bei Vulkanausbrüchen negativ ist und auch nicht durch die leichte Erhöhung der Solareinstrahlung in den letzten Jahrhunderten überkompensiert wird (IPCC, 2001:9).

Auch die Konzentration der anderen Treibhausgase ist deutlich gestiegen. Die Konzentration von Methan hat seit 1750 um über 150 % zugenommen, wobei die Hälfte auf menschliches Handeln zurückzuführen ist. Über den gleichen Zeitraum hat die Konzentration von N_2O um 17 % und die von O_3 um 36 % zugenommen.

Als wichtigste Folge des anthropogenen Treibhauseffekts wird der Temperaturanstieg angesehen. Wie aus Abbildung 7 zu ersehen ist, stieg die Temperatur innerhalb der letzten 100 Jahre bereits um 0,6 ±0,2 °C, wobei die Zunahme in den nördlichen Breiten im Mittel wesentlich stärker ausfiel. Die 90er Jahre waren die Wärmsten in den letzten 1000 Jahren mit einem absoluten Höhepunkt 1998. Seit 1950 wird eine Zunahme der globalen jährlichen Durchschnittstemperatur an der Erdoberfläche und in den unteren acht Kilometern unserer Atmosphäre von 0,1 °C je Dekade festgestellt. Die Maximumtemperatur tagsüber erhöhte sich um 0,1 °C je Dekade und die Minimumtemperatur nachts um 0,2 °C. Als weitere Folgen des anthropogenen Treibhauseffekts werden vom IPCC als wahrscheinlich (66 – 90 % sicher) bis sehr wahrscheinlich (90 – 99 % sicher) angesehen, dass (vgl. IPCC, 2001:2ff)

- in den letzten 100 Jahren die weltweite durchschnittliche Höhe des Meeresspiegels um 0,1 bis 0,2 Meter gestiegen ist, bei gleichzeitiger Erwärmung der Ozeane, und dass hier ein sehr wahrscheinlicher Zusammenhang zur globalen Erwärmung besteht,
- seit den 60er Jahren die von Schnee bedeckte Fläche um 20 % zurückgegangen ist,
- die Berggletscher am Zurückweichen sind und in den letzten Jahrzehnten die Dicke der Eisschicht in den arktischen Sommern um bis zu 40 % abgenommen hat,
- in den letzten 100 Jahren in der nördlichen Hemisphäre die Niederschläge um jährlich 0,05 – 0,1 % zugenommen haben, während die tropischen Niederschläge im Durchschnitt nur um 0,02 – 0,03 % jährlich zunahmen,
- die Wahrscheinlichkeit für heftige Niederschläge in den letzten 50 Jahren um 2 – 4 % zugenommen hat,
- Wärmeperioden aufgrund des El Nino-Phänomens häufiger, anhaltender und intensiver geworden sind, und
- es in den letzten 100 Jahren weltweit eine zwar geringe aber systematisch beobachtbare Zunahme der Dürren und Überschwemmungen, sowie in manchen Regionen Afrikas und Asiens auch der Intensität von Dürren, gegeben hat.

Andere wichtige klimatische Aspekte, die im zweiten Analysebericht des IPCC noch angenommen wurden, konnten im dritten Report nicht als sicher bestätigt werden. Dazu gehören Temperaturerhöhungen in manchen Regionen der südlichen Hemisphäre, ein Abschmelzen des Antarktiseises und eine systematische Zunahme von Tornados, Gewittertagen und Hagelstürmen. Allerdings besteht aufgrund der unzureichenden Datenlage hier auch noch große Unsicherheit.

4 Umweltgerechter nachhaltiger Verkehr 61

Zu den bereits heute ersichtlichen Klimaveränderungen und -auswirkungen schreibt das Katalyse Umweltlexikon, dass neben den schon spürbaren Temperaturerhöhungen in den letzten Jahren die Zahl der Naturkatastrophen infolge von Wetterinstabilitäten stark angestiegen sei. 1991 starben knapp 160.000 Menschen an den Folgen von Naturkatastrophen, 22,5 Millionen wurden obdachlos. Die angerichteten Sachschäden lagen bei fast 11 Mrd. US-Dollar. Die Werte liegen weit über dem langfristigen Durchschnitt. Andere Anzeichen stellen Veränderungen in Flora und Fauna dar. Eine Reihe von Pflanzen und Tieren beginnen, sich in den wärmer werdenden nördlichen Regionen anzusiedeln, viele andere können sich den neuen Bedingungen nicht schnell genug anpassen; das treibhausbedingte Artensterben hat bereits begonnen. Von großer Bedeutung ist das Zusammenspiel von Treibhauseffekt und Ozonabbau. Die Erwärmung der bodennahen Atmosphäre durch den Treibhauseffekt ist verbunden mit einem Temperaturrückgang in der Stratosphäre, der den Ozonabbau begünstigt. Der Rückgang der stratosphärischen Ozonschicht führt zu einem Anstieg der UV-Strahlung, die insbesondere das Meeres-Plankton bedroht. Absterbendes Plankton wiederum setzt zusätzliches Kohlendioxid frei, das den Treibhauseffekt weiter verstärkt (vgl. Katalyse, 1993).

Abbildung 8:   **Das globale Klima im 21. Jahrhundert**

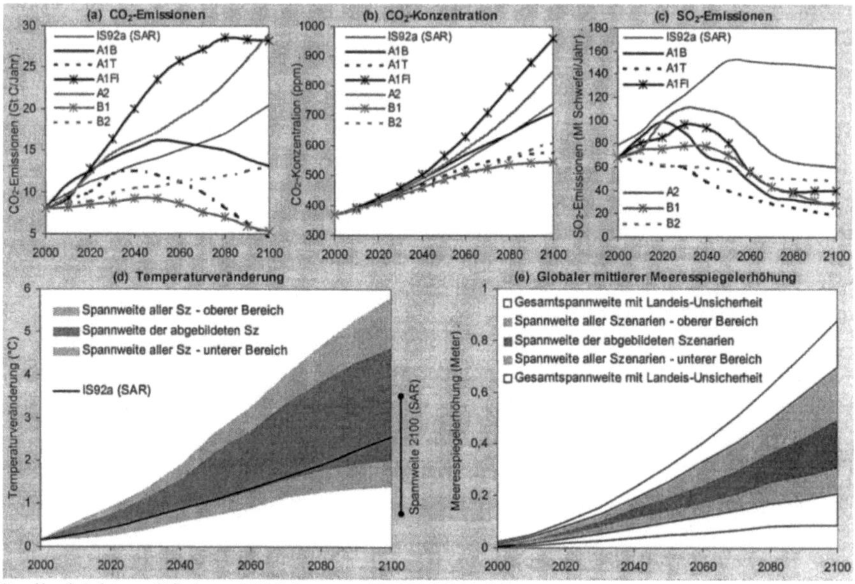

Quelle: leicht modifizierte Abbildung aus IPCC (2001:14)

Auf Grundlage der besser gesicherten Erkenntnisse über den Zusammenhang zwischen menschlichen Aktivitäten und den Klimawirkungen und -auswirkungen im 20. Jahrhundert wird anhand einer Reihe von Szenarien ein Bild des 21. Jahrhunderts entwickelt (vgl. IPCC, 2001:12ff). In Abbildung 8 sind die wichtigsten Indikatoren der Emissions- und Klimaentwicklung in den Schaubildern (a) – (e) für sechs Szenarien des dritten

Analysereports des IPCC (TAR) im Vergleich zu dem Durchschnittsszenario aus dem zweiten Analysereport von 1995 (SAR) dargestellt. Die sechs Szenarien sind jeweils Beispiele aus Szenariengruppen, in denen von verschiedenen ökonomischen, sozialen und kulturellen Entwicklungspfaden auf der Erde ausgegangen wird. Sie unterscheiden sich auch und vor allem in der zugrunde gelegten regionalen Entwicklungsstruktur. Keines der Szenarien enthält Klimaschutzmaßnahmen und alle werden vom IPCC als gleich wahrscheinlich eingestuft. So ergibt sich eine Bandbreite von möglichen Entwicklungen. Die wichtigsten Ergebnisse sollen im Folgenden zusammengefasst werden:

- Die CO_2-Konzentration wird am Ende des 21. Jahrhunderts auf 540 – 970 ppmv in der Atmosphäre anwachsen. Dabei gilt als praktisch sicher (> 99 %), dass die bei der Verbrennung fossiler Brennstoffe entstehenden CO_2-Emissionen den dominanten Einfluss ausüben werden. Die Klimawirksamkeit der CO_2-Konzentration wird von heute über 60 % auf rund 75 % steigen. Bei den anderen Klimagasen ist die Voraussage in Bezug auf die Konzentration in der Atmosphäre weniger klar, aber tendenziell wird es zu einer Steigerung kommen. Die Entwicklung der Aerosole in der Atmosphäre zeigt in der Tendenz eher nach unten, da die SO_2-Emissionen weltweit spätestens ab 2030 absolut abnehmen werden. Auch über das Jahr 2100 hinaus wird die Konzentration von CO_2 in der Atmosphäre aufgrund der Langlebigkeit der Gase auch bei sinkenden Emissionen noch anwachsen.

- Die globale durchschnittliche Erdoberflächentemperatur wird bis zum Jahr 2100 zwischen 1,4 – 5,8 °C steigen[41]. Der Anstieg ist damit weit höher als im 20. Jahrhundert. Es gilt als sehr wahrscheinlich, dass sich die Landflächen, insbesondere in der nördlichen Hemisphäre, schneller erwärmen werden als der globale Durchschnitt. Auch wenn sich im 22. Jahrhundert die Konzentration der Treibhausgase stabilisieren würde, käme es noch für Hunderte von Jahren zum Anstieg der mittleren Erdoberflächentemperatur um einige Zehntelgrade je Jahrhundert.

- Die Niederschlagsmenge wird im Verlauf des 21. Jahrhunderts zunehmen, da wärmere Luft mehr Wasserdampf aufnehmen kann und durch eine höhere Temperatur der Gewässer die Verdunstung zunimmt. Der hydrologische Kreislauf wird verstärkt und die Wasserdampfkonzentration nimmt zu. Dies gilt insbesondere für die nördliche Hemisphäre und die Antarktis im Winter. Bei den Niederschlägen wird eine größere Variation von Jahr zu Jahr als sehr wahrscheinlich angegeben.

- Der globale mittlere Meeresspiegel wird bis 2100 um 0,09 – 0,88 Meter steigen. Dies ist in erster Linie auf die thermische Ausdehnung und auf das Abschmelzen von Gletschern und Eismassen zurückzuführen[42]. Ab 2100 ist mit wesentlich

---
[41] Im zweiten Analysebericht des IPCC wurde noch ein Temperaturanstieg von 1,0 – 3,5 °C angenommen (vgl. IPCC, 1996). Die Begründung für den Anstieg im dritten Report liegt in erster Linie in den weit niedriger projizierten SO_2-Emissionen.
[42] Der Anstieg des Meeresspiegels wurde im zweiten Analysebericht des IPCC in der nahezu selben Größenordnung angegeben. Obwohl im dritten Report ein höherer Temperaturanstieg prognostiziert wird, kommt es aufgrund neuerer Erkenntnisse in den Klimamodellen zu dem moderaten Meeresspiegelanstieg. So wird beispielsweise heute als wahrscheinlich eingeschätzt, dass die Masse der antarktischen Eisdecke

Schlimmerem zu rechnen. Durch die langen Zeiträume, in denen sich die Tiefsee an die Klimaänderungen anpasst und die Reaktionsschwäche der Eismassen ist noch für Tausende von Jahren mit einem Anstieg des Meeresspiegels zu rechnen. Schon eine dauerhafte Erwärmung von +3 °C würde wahrscheinlich zu einem völligen Abschmelzen des Grönlandeises führen, wodurch der Meeresspiegel weltweit um 7 Meter steigen dürfte.

- Als sehr wahrscheinlich wird die Zunahme von extremen Wetterereignissen im 21. Jahrhundert eingestuft. Diese sind z. B. höhere Höchst- und Mindesttemperaturen sowie mehr heiße und weniger kalte Tage/Frosttage über nahezu allen Landflächen, reduzierte Tag- und Nachttemperaturschwankungen sowie die Zunahme intensiverer Niederschläge. Als wahrscheinliche extreme Klimaereignisse werden die Zunahme kontinentaler Sommertrockenheit mit dem damit verbundenen Dürrerisiko, die Erhöhung der Windspitzengeschwindigkeiten tropischer Zyklone, die Zunahme der Variabilität von Sommermonsunniederschlägen in Asien und die Zunahme El Nino-bedingter extremer Trockenheit und schwerer Niederschläge eingeschätzt.

- Die meisten Modelle zeigen eine Schwächung der ozeanischen thermohalinen Zirkulation an, die zu einer Verringerung des Wärmetransportes in die nördlichen Breiten führt (Golfstrom). Ein vollständiges Erliegen wird bis 2100 allerdings nicht erwartet. Nach dem Jahr 2100 kann es jedoch zu einem möglicherweise unumkehrbarem Erliegen der thermohalinen Zirkulation kommen, wenn die Klimagaskonzentration weiter steigt und lange genug anhält.

Das IPCC hat detaillierte wissenschaftliche Untersuchungen über die physikalischen Folgen, die möglichen Auswirkungen und die sozioökonomischen Dimensionen der Klimaänderung unternommen. In regionalen Modellen werden die negativen und positiven Effekte einer Klimaänderung auf die Landwirtschaft, die Gesundheit, den Energieverbrauch, den Wasserhaushalt, die Artenvielfalt und den Küstenschutz betrachtet. Gewisse irreversible Folgen der Klimaveränderung treten teilweise erst mittel- bis langfristig zu Tage und unterliegen in ihrer Abschätzung Unsicherheiten. Als sehr wahrscheinlich muss aber eingeschätzt werden, dass die beschriebenen Klimaveränderungen für die Menschheit und das Leben auf der Erde verheerende Folgen haben können, die alle anderen Umwelteingriffe überschatten (vgl. hierzu und zu den folgenden Punkten IPCC, 2001b oder UBA, 1997:47ff).

Einige Beispiele sollen hier genannt werden: Der Meeresspiegelanstieg wird großflächige Landverluste in Küstenregionen, vor allem in der Dritten Welt, zur Folge haben. Mit Deichbau können sich möglicherweise nur die reicheren Länder helfen. Die zunehmende Erwärmung begünstigt die Ausbreitung der Wüsten, extreme Wetterereignisse werden ganze Regionen verwüsten. Möglicherweise werden Millionen von Menschen insbesondere in den Entwicklungsländern ihrer Lebensgrundlagen beraubt und zu Umweltflüchtlingen. Ein bedrohliches Problem stellt auch die

---

aufgrund stärkerer Niederschläge zunehmen wird, während die Eisdecke von Grönland abnehmen wird, da hier das zunehmende Abschmelzen die steigenden Niederschläge überkompensiert.

Trinkwasserbereitstellung in vielen wasserarmen Regionen, insbesondere in den subtropischen Gebieten, dar. Die Zahl von derzeit 1,7 Mrd. Menschen, die in wasserarmen Regionen wohnen, wird auf über 5 Mrd. in 2025 anwachsen. In den meisten Regionen wird es zur Abnahme der Ernteerträge kommen. Die Ernährungssicherheit wird dadurch eher abnehmen. Krankheiten wie Malaria und Cholera werden zunehmen. Klimatische Veränderungen haben Auswirkungen auf Ökosysteme, die an geographische und klimatische Bedingungen gekoppelt sind. Es kommt zu veränderten Lebensbedingungen für Pflanzen und Tiere, so dass es zu einer Bedrohung für die Artenvielfalt und die Vegetation kommen kann. Und auch der Energiebedarf wird durch die steigende Nachfrage nach Kühlungssystemen steigen. Während die meisten Länder bei den projizierten Klimaauswirkungen auf der Verliererseite stehen, gibt es möglicherweise auch Gewinner. Länder wie Russland (Sibirien) oder Kanada rechnen sich durch das Auftauen von Dauerfrostgebieten Vorteile aus, wie z. B. die Ausdehnung der landwirtschaftlich nutzbaren Flächen. Auch die Wintersterblichkeit könnte durch die Erwärmung in den nördlichen Regionen abnehmen.

Die Klimaproblematik hat sich zum Ende des 20. Jahrhunderts zum herausragenden Umwelt- und Gesellschaftsproblem entwickelt. Praktisch alle Autoren sehen in ihr den größten Engpass auf dem Weg zu einer nachhaltige Entwicklung. Die Problematik ist so brisant, weil die weltweiten Entwicklungstrends in Bezug auf das wichtigste Treibhausgas CO_2 in die falsche Richtung zeigen, die Langlebigkeit der Gase das Problem in Zukunft weiter verstärken wird und die ökologischen, ökonomischen und sozialen Folgen einer Klimaveränderung erst begonnen haben, der gesicherte Kenntnisstand darüber aber immer größer wird. Der Verkehr spielt im Rahmen dieser Problematik eine zunehmend wichtigere Rolle. Alle Trends sagen weltweit einen deutlichen Anstieg der verkehrsbedingten CO_2-Emissionen durch die bereits beim Energieverbrauch beschriebenen Entwicklungen voraus. Für Deutschland ergibt sich aus der detaillierten Prognose in Kapitel 5 auch ein weiterer Anstieg der CO_2-Emissionen zumindest bis zum Jahr 2020.

Auch wenn der Luftverkehr im Rahmen dieser Untersuchung nur eine nachgeordnete Rolle spielen wird, muss im Kontext der Klimaproblematik das besondere Gefährdungspotenzial durch in großer Höhe emittierte Luftschadstoffe genannt werden. Das bei der Verbrennung in Flugzeugturbinen entstehende NO_x reagiert in Flughöhe besonders gut zum klimawirksamen Ozon. Nach der OECD-Studie EST ist der Luftverkehr bereits zu 25 % an der gesamten verkehrlichen Klimawirkung beteiligt, obwohl er nur rund 10 % der Personenverkehrsleistung erbringt. Da dieser Verkehrszweig weltweit mit Abstand am stärksten wächst, wird er schon 2030 eine größere Klimawirkung haben als der ebenso wachsende Straßenpersonen- und Straßengüterverkehr (OECD, 2000:18).

Als Fazit in Bezug auf die verkehrsbedingte Klimaproblematik ergibt sich, dass, durch das starke Verkehrswachstum sowohl im Personenverkehr als auch noch erheblicher im Güterverkehr sowie die nur unzureichenden Verbesserungen bei der Energie- bzw. CO_2-

Effizienz der Verkehrsmittel[43], der Verkehr sowohl national als international nicht als nachhaltig bezeichnet werden kann. Ganz im Gegenteil bewirken die steigenden verkehrsbedingten Emissionen das baldige Erreichen und Überschreiten der Grenzen der Aufnahmefähigkeit der Umwelt insbesondere für CO_2, so dass der Verkehrssektor zu einer entscheidenden Hürde für eine übergreifende Nachhaltigkeitsstrategie geworden ist. Diese Erkenntnis macht die Strategie zur Reduzierung der Klimabelastung durch den Verkehr auch für diese Arbeit zum wichtigsten Untersuchungsgegenstand. Die Ziele für eine dauerhaft-umweltgerechte Verkehrsentwicklung müssen demzufolge in erster Linie aus Klimaschutzzielen abgeleitet werden.

4.2.3 Luftverschmutzung

Der heutige Personen- und Güterverkehr emittiert in einem solchem Maße Luftschadstoffe, dass die natürliche Aufnahmekapazität der Umwelt und die Belastungsgrenzen der Menschen, Pflanzen und Tiere tangiert werden. Die wichtigsten Luftschadstoffe aus dem Verkehrsbereich sind die Massenschadstoffe Kohlenmonoxid (CO), Stickoxide (NO_x bestehend aus NO und NO_2), Schwefeldioxid (SO_2) und flüchtige organische Kohlenstoffverbindungen (VOC), sowie die krebserzeugenden Spurenstoffe Dieselruß (Partikel (PM)), Benzol und eine Reihe weiterer Spurengase[44]. Um die Auswirkungen der Emissionen auf Lebewesen, Organismen und Materialien zu analysieren, wird die folgende Wirkungskette betrachtet: Die Emissionen aus den Auspuffrohren der Pkw, Lkw, Schiffe, Dieselloks und Flugzeugturbinen sowie aus den Kraftwerken zur Bahnelektrizitätsgewinnung führen zu einer Luftschadstoff-Konzentrationsänderung (Immissionen) in der Atmosphäre. Dabei werden sowohl die Immissionen der oben genannten Schadstoffe als auch die Bildung von Sekundärschadstoffen aufgrund luftchemischer Prozesse wie Nitrate oder Ozon (O_3) und deren Immissionen untersucht. Die jeweilige schadstoffbezogene Konzentrationsveränderung wirkt sich negativ auf die Gesundheit von Lebewesen und Organismen aus und gefährdet somit die Unversehrtheit des Ökosystems. Auch Materialien insbesondere Gebäudefassaden sind betroffen.

Im Jahr 1995 war der Straßenverkehr in Deutschland bei der Mehrzahl der Emissionen der wichtigste Emittent, wie aus Tabelle 3 hervorgeht. Bei allen aufgelisteten Schadstoffen zeigen die Trends nach unten. Allein bis 1998 kam es zu einer Reduktion von 22 % bei CO, 8 % bei NO_x, 39 % bei SO_2, 14 % bei VOC und 46 % bei PM. Der Anteil des Verkehrs an den Gesamtemissionen blieb bei den ersten drei Schadstoffen annähernd konstant mit einer leichten Verschiebung vom Straßenverkehr zum übrigen Verkehr. Ausnahmen bilden die VOC, bei denen der Verkehrsanteil von 33,4 % auf 27,1 % sank und die Partikel, bei denen der Anteil des Verkehrs von 11,9 % auf

---

[43] Diese Feststellung wird im Rahmen der Business as Usual-Prognose der deutschen Verkehrsentwicklung im 5. Kapitel ausführlicher belegt.
[44] Im Umweltgutachten 1994 sind 152 Spurenstoffe aufgelistet, die durch den Kfz-Verkehr hervorgerufen werden. Von diesen sind rund 50% krebserzeugend (vgl. Henschler, 1995:34f).

erstaunliche 42,4 % stieg[45]. Ursache für den Rückgang der Emissionen im Verkehr ist die technologische Entwicklung bei den Verkehrsmitteln, insbesondere die Einführung des geregelten Katalysators für Pkw.

Tabelle 3: **Anteile der Emission nach Emittentengruppen in Deutschland im Jahre 1995**

	CO	NO_x	SO_2	$VOC^{1)}$	PM	$Benzol^{3)}$
Straßenverkehr	55,1%	50,7%	2,5%	30,5%	8,1%	*100%*
davon Pkw und Kombi$^{2)}$	*49,3%*	*28,3%*	*1,1%*	*25,0%*	*2,5%*	*85%*
Übriger Verkehr	2,7%	11,3%	0,6%	2,9%	3,8%	
Haushalte	19,4%	4,9%	7,6%	3,3%	11,9%	
Industrie	18,8%	11,3%	22,5%	7,0%	29,0%	
Kraft- und Heizwerke	1,4%	19,6%	62,6%	0,4%	5,4%	
Kleinverbraucher / sonstige	2,6%	2,1%	4,3%	$55,8\%^{4)}$	$41,8\%^{5)}$	
Gesamt (in kt)	6.928	1.932	2.130	1.979	521	29

Quelle: Verkehr in Zahlen 1998 (DIW 1998),
1) ohne Methan,
2) eigene Abschätzung basierend auf Höpfner (1995) und Krey und Weinreich (2000),
3) eigene Abschätzung, basierend auf Knörr und Höpfner (1998:124f), DIW (2000:287)
4) inklusive Lösemittelverwendung, 5) inklusive Stückgutumschlag.

Eine Vielzahl von Studien beschäftigen sich mit der Umwelt- und Gesundheitsgefährdung durch Luftschadstoffemissionen von Kraftfahrzeugen und anderen motorisierten Verkehrsmitteln[46]. Unterschieden wird zumeist zwischen lokal und regionalwirksamen Emissionen.

Mensch und Umwelt werden lokal vor allem durch Stickoxide, Kohlenwasserstoffe und Dieselpartikel aber auch durch Nicht-Methan-Kohlenwasserstoffe (VOC), Schwefeldioxid und Kohlenmonoxid geschädigt. Als krebserregend werden hierunter die Kohlenwasserstoffe Benzol, Benzoapyren, polyzyklische aromatische Kohlenwasserstoffe (PAK), Tetrachlorodibenzodioxine (TCDD), Formaldehyde und Nitroaromate eingestuft (vgl. Henschel, 1995:35ff). Diesen Spurenstoffen wird aufgrund ihrer hohen Schädlichkeit ein großes Schadenspotenzial zugeschrieben, jedoch werden sie nur in geringen Mengen freigesetzt. Benzol als ein Bestandteil des Kraftstoffs ist das wichtigste innerhalb dieser Spurengase. Es tritt als Schadstoff bei unvollständiger

---

[45] Die Angaben zu Partikeln berufen sich auf zwei verschiedene Ausgaben von Verkehr in Zahlen (DIW, 1998 und 2000:287). Anscheinend hat eine Veränderung der Berechnungsverfahren für Staub (Partikel) beim DIW stattgefunden. Die Anteilsverschiebung ergibt sich möglicherweise aus der Einbeziehung anderer Emissionsursachen in die Kategorien Straßenverkehr und übriger Verkehr. So wird z. B. in IWW/Infras (2000:33) festgestellt, dass nur ein Anteil von rund 20 % der Partikel durch das Auspuffrohr emittiert werden, während der Rest aus Straßenabrieb, Kupplungs- und Reifenabrieb sowie Aufwirbelung hervorgeht.

[46] Eine guten Überblick geben beispielsweise Lahmann (1997), Henschler (1995) und SRU (1994). Verschiedene Einzelaspekte werden betrachtet in Ifeu (1998) sowie in Teufel et al. (1999b) (Todesfälle durch Sommersmog) und in Teufel et al. (1999c) (Krebsrisiko durch Benzol und Dieselrußpartikel). Einen Schritt weiter gehen Studien, die die Gesundheits- und Umweltgefährdung aufgrund von Emissionen des Verkehrs nicht nur analysieren sondern auch die damit verbundenen Kosten quantifizieren. Hier sind IWW/Infras (1995 und 2000), IER et. al (1997 und 2000), Weinreich et al. (1998) oder Weinreich (2000) zu nennen. Siehe dazu auch Kapitel 8 und 9.

Verbrennung und durch Verdunstung aus dem Tank sowie beim Betanken des Fahrzeugs aus. Benzol wird als ursächlich für die Entstehung von Leukämie ausgemacht (vgl. Deligiannidu, 1998:233). Dieselrußpartikel werden bei der Verbrennung von Dieselkraftstoff freigesetzt. Der resultierende Schaden bei Dieselpartikeln wird als wesentlich größer eingestuft als bei Benzol. Die Partikel sind zwar etwas weniger giftig als Benzol, werden aber vom Verkehr in erheblichen Mengen emittiert. Das Krebsrisiko liegt insgesamt bei Dieselrußpartikeln, die Tumore hauptsächlich in den Atemwegen hervorrufen können, etwa neunmal höher als bei Benzol (vgl. Lambrecht, 1998:171).

Die beiden Kanzerogene Benzol und Dieselruß machen rund 70 % des durch Luftschadstoffe hervorgerufenen Krebsrisikos aus (vgl. Lambrecht, 1998:171). Die Emissionen erfolgen bodennah, so dass andere Verkehrsteilnehmer wie Fahrradfahrer, Fußgänger – insbesondere Kinder – aber auch Kfz-Fahrer selbst von den Abgasen besonders belastet werden. In Verkehrsballungszentren ("hot spot"-Problematik), insbesondere in Städten, wirken kanzerogene Stoffe aufgrund ihrer erhöhten Konzentration besonders gesundheitsschädlich, da der Abtransport und die Ausbreitung je nach Dichte der Bebauung erschwert ist. Somit werden auch an verkehrsreichen innerstädtischen Straßen mit sehr dichter Bebauung die höchsten Belastungen gemessen (vgl. Deligiannidu, 1998:237f). Darüber hinaus gibt es innerhalb der Innenstädte gemeinhin wenig Grünflächen, die die Schadstoffe binden könnten. In städtischen Gebieten ist auch eine weitere Luftschadstoffwirkung auf Gebäudefassaden zu beobachten. Rußpartikel und Kohlenwasserstoffe verunreinigen Fassaden, NO_x führt zu sogenanntem Steinfraß durch Bakterien und SO_2-Einwirkungen zu "Säurefraß" (vgl. Höpfner, 1995:9). Zusammenfassend ergibt sich, dass die Emissionen in städtischen Gebieten eine längere und konzentriertere Wirkung auf die lokale Umwelt und die menschliche Gesundheit hervorrufen als in dünnbesiedelten Gegenden.

Regional wirksam ist die Versauerung des Regens durch SO_2 und NO_x. Saurer Regen und der Stickstoffeintrag in Böden und Gewässer bewirken Schäden an Gebäuden und Vegetation, Versauerung der Böden und Störung des Gewässerhaushalts (vgl. Höpfner, 1998:139). Daneben gehen SO_2, NO_x und bestimmte Kohlenwasserstoffe luftchemische Prozesse ein, so dass Sekundärschadstoffe wie Nitrate, Sulfate oder Ozon gebildet werden. Hierunter fällt auch die chemische Umwandlung zu Feinstaub-Partikeln wie Amoniumnitrat und –sulfat, wobei sich die Nitratbildung direkt auf NO_x und die Sulfatbildung direkt auf SO_2 zurückführen lässt (vgl. Weinreich, 2000:11). Alle durch den Verkehr hervorgerufenen Partikel (Dieselruß, Sulfate und Nitrate) fallen in die Fraktion der PM2,5. Diese sehr feinen Partikel gelten als wesentlich gesundheitsschädlicher als die größere Gruppe der inhalierbaren Partikel mit der Korngröße 10µg (PM10). Die Gesundheitsgefährdung durch Nitratbildung ist von besonderer Bedeutung, da die Vorläufersubstanz NO_x in großen Mengen vom Verkehrssektor emittiert wird. Wie in Tabelle 3 beschrieben, entstehen über 60 % der gesamten NO_x-Emissionen durch den Verkehr, insbesondere den Straßenverkehr. Die niedergehenden Nitratpartikel führen zu Atemwegserkrankungen bis hin zu erhöhter

Sterblichkeit bei Menschen. Letzteres gilt noch nicht als erwiesener Zusammenhang. Deshalb wird in der neuen ExternE Transport Studie die Toxizität von Nitraten so bewertet, als gehörten sie in die Gruppe der leichter toxischen PM10 (vgl. IER et al., 2000:46f).

Die Bildung von Fotooxidanzien aus CO, NO_x und VOC trägt zur Entstehung von Sommersmog und einem Anstieg der bodennahen Ozonkonzentration bei. Für Kinder und Risikogruppen wie Asthmatiker oder Herz-Kreislauf-Patienten geht von Ozon eine eindeutige gesundheitsschädigende Wirkung aus. Auch eine geringe krebserregende Wirkung ist für Ozon festgestellt worden (vgl. Henschel, 1995:34).

Tabelle 4: Auswirkungen der verkehrlichen Luftschadstoffe auf Rezeptoren

	Entstehung	Schadwirkung auf			
		Mensch	Pflanze	Gewässer	Material
Benzol, Dieselruß, and. VOC	Unvollständige Verbrennung, Verdunstung	Krebserzeugend (z. B. Benzol, PAH, Partikel)	Anreicherung in Böden; Transfer in Pflanzen		Verunreinigung v. Fassaden
Stickoxide NO_x	Oxidation von N_2+N-haltigen Beimengungen	Reizung, Atemwegserkrankungen	Schädigung direkt/ indirekt (Ozon)	Überdüngung, Salzeintrag	Steinfraß durch Bakterien
Schwefeldioxid SO_2	Oxidation einer Beimengung	Atemwegserkrankungen	direkt, Bodenversalzung	Salzeintrag	Säurefraß
Kohlenmonoxid CO	Unvollständige Verbrennung	Leistungsminderung, Sauerstoffmangel			
Blei	Industrieller Zusatz	Nervensystem, krebserzeugend (Dioxine)	Anreicherung in Böden; Transfer in Pflanzen		
Ozon, Fotooxidanzien	Fotooxidation durch NO_x, CO und VOC	Reizung, Atemwegserkrankungen	direkt, erhöhte Anfälligkeit		Zersetzung von Polymeren

Quelle: angelehnt an Höpfner (1995:9)

Die Gesundheit der Menschen, die den lokalen und regionalen Schadstoffwirkungen ausgesetzt sind, wird sowohl akut als auch chronisch geschädigt. Dies zeigt sich in einem erhöhten Krebsrisiko, Herz-Kreislaufproblemen, Zunahme von Augenreizungen, Pseudokrupp, Kopfschmerzen und Atemwegserkrankungen wie etwa chronische Bronchitis, Atemwegssymptome wie Husten und Asthmaanfälle oder einer Abnahme der Lungenfunktion. Die Folgen sind eine geringere Leistungsfähigkeit und Belastbarkeit, mehr Ausfälle durch Krankheitstage, mehr Krankenhausaufenthalte, verstärkter Medikamenteneinsatz, eine geringere Lebensqualität und erhöhte Sterblichkeit (vgl. Weinreich, 2000:15). Auch in Bezug auf die Sterblichkeit wird differenziert zwischen akuten und chronischen Wirkungen. Unter der sogenannten "Chronischen Sterblichkeit" wird die erhöhte Sterbenswahrscheinlichkeit bei dauerhafter Exposition verstanden. In Tabelle 4 sind die Auswirkungen der Luftschadstoffe nicht nur auf den Menschen sondern auch auf andere Rezeptorengruppen zusammengefasst.

Aus dem bisher Beschriebenen wird ersichtlich, dass die verkehrsbedingte Luftverschmutzung und die dadurch hervorgerufenen Gesundheits- und Umweltschädigungen trotz der bereits erzielten Erfolge bei der Emissionsreduktion in Deutschland nicht als nachhaltig bezeichnet werden kann. Quantitative Belege für Deutschland liefert z. B. das Umwelt- und Prognose-Institut (UPI) in Heidelberg. In der Tabelle 5 sind die berechneten Gesundheitsschäden durch Emissionen aus dem Verkehr im Jahr 1995 zusammengefasst. Für Gesamteuropa schätzt die World Health Organization (WHO) jährlich 80.000 verkehrsbedingte Luftverschmutzungssterbefälle in den europäischen Ballungsräumen sowie ein um 50 % erhöhtes Risiko für Atemwegserkrankungen bei Kindern, die an verkehrsreichen Straßen wohnen und ein um 40% erhöhtes Lungenkrebsrisiko für Berufsfahrer durch Dieselabgase (WHO, 1999). Das Problembewusstsein für die Luftverschmutzung scheint trotz der faktisch verbesserten Emissions- und Immissionssituation in Deutschland zu wachsen. So fühlten sich in 2000 19 % der Bevölkerung durch Autoabgase äußerst oder stark belästigt im Vergleich zu 14 % im Jahre 1996 (vgl. Kuckartz, 2000:27).

Tabelle 5: Gesundheitsschäden durch Emissionen aus dem Verkehr in Deutschland im Jahre 1995

Indikator	Mittelwert	Minimum	Maximum	Einheit (pro Jahr)
Gesamtsterblichkeit	25.569	19.154	32.584	Todesfälle
Chronische Bronchitis (Erwachs.)	218.226	125.121	305.935	Krankheitsfälle
Invaliditätsfälle d. Chron. Bronch.	115	66	161	Invaliditätsfälle
Husten/Auswurf (Erwachsene)	92.408.424	30.774.251	160.216.070	Tage
Bronchitis (Kinder)	313.145	167.628	490.259	Krankheitsfälle
Wiederholt Husten (Kinder)	1.440.768	1.083.246	1.831.963	Krankheitsfälle
Hospitalisation (Atemwege)	597	390	813	Hospitalisationen
Hospitalisation (Atemwege)	9.273	6.053	12.624	Pflegetage
Hospitalisation (kardiovaskulär)	587	392	718	Hospitalisationen
Hospitalisation (kardiovaskulär)	8.162	5.439	9.978	Pflegetage
Arbeitsunfähigkeit	24.620.503	22.726.295	26.754.940	Tage
Asthmatiker-Tage mit Attacken	14.122.715	8.241.076	20.300.159	Tage
Asthm.-Tage m. Bronchodilatoren	15.064.228	11.923.753	18.211.802	Tage

Quelle: Teufel et al. (1999:27)

Um zu entscheiden, ob sich die verkehrsbedingte Luftverschmutzung für die Zukunft auf einem nachhaltigen Entwicklungspfad befindet, muss zum einen eine Festlegung der Belastungsgrenzen für jeden Schadstoff als Nachhaltigkeitsziel erfolgen und zum anderen die Entwicklung der Luftemissionen des Verkehrs als Vergleichsgröße prognostiziert werden. Diese Berechnung wird in den Kapiteln 5 und 6 für Deutschland erfolgen. Die Quantifizierung der Umwelt- und Gesundheitsschäden durch die personenverkehrsbedingte Luftverschmutzung in Deutschland erfolgt in Kapitel 8. Die

70   Teil I: Anforderungen und Ziele einer nachhaltigen Entwicklung im Personenverkehr

Notwendigkeit und die Möglichkeiten zur Reduktion der Luftverschmutzungsbelastung im Hinblick auf eine nachhaltige Verkehrsentwicklung stellen den zweiten zentralen Untersuchungsgegenstand in dieser Arbeit dar.

4.2.4   Gewässer- und Bodenbelastung

Wassergefährdende Stoffe durch den Verkehr werden vor allem bei Unfällen von Gefahrguttransporten freigesetzt und führen zur Verseuchung von Oberflächengewässern und des Grundwassers. Aber auch die massive Verschmutzung durch Streusalzeinsatz im Winter, Kraft- und Schmierstoffverluste beim Betrieb von Kraftfahrzeugen und der Pestizideinsatz zur Bekämpfung von Unkraut auf den Bahngleisanlagen im Bereich des Schienenverkehrs führen zu nicht unerheblichen Boden- und Gewässerbelastungen (vgl. Bickel und Friedrich, 1995:81).

Nach einer älteren Studie des UPI blieb das Volumen der nach Unfallstatistikgesetz erfassten, bei Gefahrgutunfällen ausgelaufenen und nicht wiedergewonnenen wassergefährdenden Stoffen zwischen 1982 und 1986 vergleichsweise konstant bei 130 m^3 pro Jahr. Zu über 80 % handelte es sich dabei um Diesel, Heizöl oder Benzin. Das UPI gibt für die resultierende Wasserverunreinigung jährliche Kosten von rund 0,9 Mio. Euro an (vgl. Teufel et al., 1994:24ff).

Als Streumittel für den Winterdienst wird auf Außerortsstraßen überwiegend Natriumchlorid eingesetzt. Das UPI schätzt die Menge des außerhalb von Ortschaften eingebrachten Streusalzes auf 600.000 Tonnen jährlich. Mindestens die Hälfte davon gelangt nach UPI wegen des Nichtvorhandenseins einer Kanalisation in die Umwelt und führt zu einer Versalzung von Böden, Grund- und Oberflächenwasser. Die Kosten der Wasserbelastung wegen Überschreitung der EG-Trinkwasserrichtlinie werden mit mindestens 6,5 Mio. Euro angegeben (vgl. Teufel et al., 1994:27f). Durch den Streumitteleinsatz im Winterdienst kommt es darüber hinaus zur Belastung der Kläranlagen, Schädigung von Pflanzen und zur Korrosion von Fahrzeugen und Gebäuden.

Die wenig Beachtung findende Boden- und Gewässerbelastung durch den Verkehr und insbesondere wieder durch den Straßenverkehr stellt eine weiteres Kriterium für die Nichtnachhaltigkeit des Verkehrssystems dar. Auch wenn Verbesserungen beim Streumitteleinsatz durch den vermehrten Einsatz von abstumpfenden, salzfreien Streumitteln (Granulat, Split, Sand, Kies) auch außerhalb geschlossener Ortschaften in den letzten Jahren erreicht wurden, bleibt noch immer eine nicht unerhebliche Belastung bestehen (vgl. Umweltministerium Bayern, 2001).

4.2.5 Ressourcennutzung, Abfall und Entsorgung

Eine nachhaltige Entwicklung erfordert eine deutliche Reduzierung der Stoffströme in Deutschland. In dem vielbeachteten Buch "Faktor Vier" wird nicht nur eine vervierfachte Energie- und Transportproduktivität gefordert, sondern auch eine vervierfachte Stoffproduktivität (vgl. Weizsäcker et al., 1995)[47]. Der Materialfluss im Verkehr wird durch die Produktion, Unterhaltung und Entsorgung von Fahrzeugen determiniert, unter Außerachtlassung der Bereitstellung der Verkehrsinfrastruktur. Allein der Einsatz nicht erneuerbarer Ressourcen bei der Produktion, Unterhaltung und Entsorgung der deutschen Pkw erfordert jährlich 2,4 Millionen Tonnen Eisen/Stahl, rund 300 Kilotonnen andere Metalle, circa 450 Kilotonnen synthetische Materialien, rund 75 Kilotonnen Glas und 500 Kilotonnen sonstige Materialien (vgl. UBA, 1997:92). Die Lösung für die Verringerung von Abfall und Schonung der Ressourcen liegt in der Verlängerung der Lebensdauer von Fahrzeugen und Fahrzeugteilen sowie der Erhöhung der Wiederverwertungsraten. Damit würde auch die Umweltbelastung durch die Entsorgung der Fahrzeuge reduziert werden können. Das Umweltbundesamt schlägt deshalb eine Steigerung der Wiederverwertung bis zum Jahr 2000 auf 85 % und bis 2005 auf 95 % des Fahrzeuggewichts vor.

4.2.6 Unfälle

Als eindeutig nicht nachhaltig muss auch die hohe Anzahl an Verkehrsunfällen und die damit verbundenen Verletzten und Toten angesehen werden. Schwindel erregend sind die Zahlen weltweit: Jedes Jahr werden rund 250.000 Menschen im oder durch den Straßenverkehr getötet und etwa 10 Millionen verletzt. "Road transport accidents are rapidly becoming the world-wide killer number one, ahead of all transmissible diseases together, or all natural catastrophes" (Kemp et al., 2000:168). Die World Health Organization (WHO) schätzt für Gesamteuropa 120.000 Straßenverkehrstote und nennt dabei einen Anteil von 30 – 35 % Fußgänger und Radfahrer als Opfer (vgl. WHO, 1999). In Deutschland sank zwar die Zahl der Getöteten bei Straßenverkehrsunfällen von über 10.000 Anfang der neunziger Jahre auf knapp unter 8.000 Toten in 1999, allerdings ist die Zahl der Verletzten im selben Zeitraum um rund 2 % auf etwa 520.000 gestiegen. Bei den Schwerverletzten war allerdings auch ein Sinken um rund 17 % auf circa 110.000 in 1999 zu verzeichnen (DIW, 2000:166). Begründet wird dieser Trend durch die verbesserten Sicherheitstechnologien (Airbags) und infrastrukturelle Maßnahmen. Auch wenn die Entwicklung in diesem Problembereich in die richtige Richtung zeigt, kann trotzdem nicht von einer nachhaltigen Entwicklung gesprochen werden, solange andere Personen- und Güterverkehrsmittel ein um Größenordnungen höheres Sicherheitsniveau aufweisen. Das durchschnittliche Todesrisiko je Personenkilometer (pkm) ist für einen Pkw-Insassen dreizehnmal so hoch wie für einen Bahnreisenden, das Verletzungsrisiko ist sogar 40-mal höher (vgl. Ifeu, 1999:44). Beim

---

[47] Einige Autoren gehen sogar von einer möglichen Verbesserung um den Faktor 10 bei den Stoffströmen aus und haben sich zum sogenannten Faktor-10-Club zusammengeschlossen (vgl. Weizsäcker et al., 1995:270ff).

Vergleich zwischen Pkw und ÖPNV gelten vergleichbare Größenordnungen. Fahrradfahrer und Fußgänger haben überhaupt erst durch den hohen städtischen Straßenverkehr ein so beträchtliches Verletzungsrisiko.

4.2.7 Lärm

Verkehrslärm wird für immer mehr Menschen zu einer deutlichen Belastung. Derzeit fühlen sich ungefähr 130 Millionen Menschen in der EU durch einen zu hohen Lärmpegel, der sich aus Straßenlärm, Schienen- und Luftverkehr zusammensetzt, beeinträchtigt. Dabei ist der Straßenlärm mit 90 % Hauptverursacher (vgl. Rennings et al., 1999:1). In Deutschland gaben Anfang der 80er Jahre rund 40 % der Bevölkerung eine Beeinträchtigung ihres Wohlbefindens durch Straßenlärm an. Bis 1994 stieg diese Quote auf 70 %, von denen sich rund 20 % stark belästigt fühlten. Für 2000 fiel die Quote wieder auf 67 % bzw. 17 %. Den Schienenverkehrslärm empfanden 2000 dagegen nur rund 22 % (5 % stark) als störend (vgl. Geßner und Weinreich, 1998:1 und Kuckartz, 2000:26). Auch wenn Lärm von jedem Menschen individuell unterschiedlich empfunden wird, hat die neuere Lärmwirkungsforschung schädliche Effekte bereits bei Pegelbelastungen < 60 dB(A) festgestellt, die von den Betroffenen meist überhaupt nicht als belastend wahrgenommen werden. Geßner und Weinreich (1998:5ff) differenzieren bei der Lärmwirkung auf den Menschen zwischen der physischen und psychischen Komponente. Aus physischer Sicht setzt ab einem Verkehrslärmpegel von circa 60 dB(A) eine Ausschüttung von Stresshormonen ein, die zu Schlafstörungen, Kopfschmerzen und zur Beeinträchtigung der körperlichen und geistigen Leistungsfähigkeit führen. Darüber hinaus steigt der Blutdruck und das Herzinfarktrisiko erhöht sich. Mindestens 2 % aller Herzinfarkte sind in Deutschland dem Verkehrslärm anzulasten. Die gravierendsten psychischen Störungen von Lärm liegen in der verminderten Kommunikationsmöglichkeit und der Störung der Rekreationsfunktion, die sich besonders am Feierabend und Wochenende in einer Flucht in ruhigere "Erholungsgebiete" bemerkbar macht und damit wiederum zu einer Erhöhung des Freizeitverkehrs führt.

Auch das Umweltbundesamt führt an, dass der momentane Lärmpegel eine Gefahr für die Gesundheit darstellt, somit nicht als nachhaltig bezeichnet werden kann und daher auf ein akzeptables Niveau gesenkt werden muss. Dreistufig wird vorgeschlagen, den Lärmpegel bis 2005 auf weniger als 65 dB(A) tagsüber, bis 2010 in Wohngebieten auf 59 dB(A) tagsüber und 49 dB(A) nachts und bis 2030 auf 55 dB(A) tagsüber und 45 dB(A) nachts zu vermindern (vgl. UBA, 1997:89). Für die Zukunft wird zwar aufgrund der technologischen Weiterentwicklung der Fahrzeuge eine leichte Abnahme des Verkehrslärmpegels im Ganzen prognostiziert, allerdings steht gerade durch den starken Anstieg des Luftverkehrs lokal und regional eine Verschärfung der Problematik bevor. Im Gegensatz zum ebenso wachsenden Straßenverkehr sind Lärmschutzmaßnahmen wie Schallschutzwände im Luftverkehr nur eingeschränkt möglich.

4.2.8 Natur- und Landschaftsschutz

In Bezug auf den Natur- und Landschaftsschutz liegt die Nicht-Nachhaltigkeit in der gesamten Ausgestaltung des heutigen Verkehrssystems begründet. Während bei den vorher genannten Punkte die problematische Ausgangslage in erster Linie aus der Benutzung der Verkehrsmittel resultiert, ist für diesen Problembereich vorrangig die immer weiter ausgebaute Verkehrsinfrastruktur verantwortlich. Als Stichworte sind hier der enorme Flächenverbrauch, die Zerschneidung von verkehrsarmen ländlichen Räumen und die fortschreitende Zersiedlung der Landschaft durch Ortsumgehungen, Autobahnen und Eisenbahntrassen zu nennen. Der Anteil der Verkehrsfläche an der Gesamtfläche in Deutschland hat inzwischen rund 5 % erreicht. Im Jahre 1997 wurden täglich etwa 120 ha an Siedlungs- und Verkehrsfläche in Nutzung genommen, wovon rund die Hälfte versiegelt wurde (vgl. UBA, 1998:5). Durch die Versiegelung können die Flächen ihre Funktion als Wasserspeicher und -filter, Lebensgrundlage für Pflanzen, Tiere und Menschen, als lokaler Klimaregulator und als Erholungsort nicht oder nur noch eingeschränkt erfüllen.

Die Zerschneidung funktional zusammenhängender oder sich gegenseitig ergänzender, bebauter oder unbebauter Räume wird als Trennwirkung bezeichnet. Diese Trennwirkung betrifft sowohl den sozialen und ökonomischen Lebensbereich des Menschen als auch die Tier- und Pflanzenwelt. Als ökologische Wirkung sind der zunehmende Artenverlust und die Bedrohung von Biotopen, Naturschutz- und Erholungsgebieten zu nennen (vgl. Bickel und Friedrich, 1995:92f). Hier erscheint zumindest die Bündelung weiterer Verkehrs- und Versorgungsinfrastrukturen als geboten, um eine weitere Zerschneidung zu vermeiden. Des Weiteren führt der Ausbau der überregionalen Verkehrsinfrastruktur zum Verlust an Kulturlandschaft, zur Bedrohung von naturnahen Flusslandschaften und deren ökologischen Funktionen sowie zur Beeinträchtigung des Landschaftsbildes.

4.2.9 Verkehrsspirale

Mit der bereits oben angesprochenen Zersiedlung der Landschaft ist ein weiteres nicht-nachhaltiges Verkehrsphänomen verbunden: die sogenannte "Verkehrsspirale" (vgl. hierzu und zum Folgenden Petersen und Schallaböck, 1995:71ff). Unter dem Begriff Verkehrsspirale versteht man die Massenmotorisierung als selbstbestätigenden und selbstverstärkenden Prozess. Abgehoben wird hier in erster Linie auf den Pkw-Besitz und den Pkw-Verkehr. Durch die wohlstandsbedingte Nachfrage nach mehr Wohnraum[48], das Aufbrechen der Großfamilien mit der Zunahme der Zwei-Personen- und Single-Haushalte, die Auslagerung der Gewerbe-, Handels- und Industriebetriebe und den hohen Flächenbedarf des Verkehrs selbst werden die geschlossenen Siedlungsstrukturen aus Wohnen, Arbeiten, Freizeit und Einkaufen gesprengt. Der Pkw-

---

[48] Standen den Deutschen in der unmittelbaren Nachkriegszeit nur rund 3,5 Quadratmeter an Pro-Kopf-Wohnfläche zur Verfügung, so stieg der Wert auf geschätzte 42 Quadratmeter in den 90er Jahren (vgl. Petersen und Schallaböck, 1995:75). Ebenso stieg der Bedarf, ruhig, von Nachbarn ungestört, mit Garten und möglichst naturnah zu wohnen.

Besitz erhöht die Entfernungstoleranz und die Bereitschaft zu räumlich gestreuten Aktivitätsmustern. Beides zusammen begünstigt die aufgelockerte Siedlungsstruktur[49], die wiederum einhergeht mit einer Zunahme des motorisierten Individualverkehrs. Dadurch muss das Straßennetz weiter ausgebaut werden. Die Spirale wird weiter durch das Einkaufsverhalten und -angebot gedreht. So konnte z. B. in den Neuen Bundesländern beobachtet werden, dass große Einkaufszentren auf der grünen Wiese errichtet wurden, die den kleinen innerörtlichen Einzelhandel verdrängten und nur mit dem Auto erreichbar sind. Auch in Bezug auf den Freizeitverkehr gilt, dass je mehr das Stadtumland mit Einfamilienhäusern bebaut wird, desto weiter muss gefahren werden, um freie Landschaft erleben zu können. Umgekehrt bedeutet dies, dass die immensen Störungen und Umweltbelastungen durch den Autoverkehr eine direkte Folge dieser Stadtrandwanderung sind und gleichermaßen zu neuer "Stadtflucht" führen.

Ist ein Pkw erst einmal angeschafft, wird er auch für mehr und mehr Mobilitätszwecke benutzt. Der Grund kann möglicherweise zuerst die Erreichbarkeit des Arbeitsplatzes sein, in der Folge wird das Auto dann auch zum Einkaufen, für die Freizeitgestaltung oder für das Hin- und Hertransportieren von Kindern benutzt. Der Autobesitz ist der entscheidende Faktor für die Autonutzung. Ist die Autonutzung erst einmal von vielen als notwendig akzeptiert, wird sie auch gesellschaftlich – etwa im Rahmen der Erwerbstätigkeit – erwartet. So wird aus der Freiheit und Freiwilligkeit der Autobenutzung eher ein Motorisierungszwang, der wiederum die Pkw-Zahlen gesamtgesellschaftlich erhöht.

Die Verkehrsspirale im deutschen Personenverkehr wird getrieben durch die Zunahme des Pkw-Besitzes und hat sowohl Ursache als auch Wirkung in der Raum- und Siedlungsstruktur. Dieser Prozess verbunden mit der weiteren Zersiedelung der Landschaft kann weder ökologisch noch ökonomisch und sozial als dauerhaft sinnvoll und verträglich bezeichnet werden. Für die Anforderungen einer nachhaltigen Entwicklung in Deutschland stellt sich die Frage, ob sich die Verkehrsspirale auch in Zukunft weiterdrehen wird?

In den letzten Jahren wurde die Problematik sowohl bei den kommunalen als auch den nationalen Verkehrs- und Raumplanern erkannt. Ein Umsteuern in Richtung Funktionsmischung bei der Siedlungsstruktur, d.h. Wohnen, Arbeiten, Einkaufen und Freizeit wieder räumlich dichter beisammen zu ermöglichen, hat auf planerischer Ebene begonnen. Allerdings wären dichte, funktionsvermischte Raumstrukturen nur ein Angebot, die Autonutzung einzuschränken. Die Attraktivität des Pkw-Besitzes und der Nutzung hängt auch stark von dem Angebot an Verkehrsmittelalternativen ab. Dazu gehören ein funktionstüchtiger und komfortabler ÖPNV ebenso wie bequeme Rad- und Fußgängerwege.

---

[49] Extrem großflächige Siedlungsstrukturen können in den USA oder Australien beobachtet werden, in denen Gewerbebesiedlung, Wohnhäuser und Einkaufsmöglichkeiten, umgeben von großen Gras- und Parkplatzflächen, entlang meist vier- oder mehrspuriger Straßen errichtet worden sind. Die Straße, und damit die Pkw- und Lkw-Nutzung, bildet das Hauptbezugssystem der Siedlungsstruktur.

Die Verkehrsspirale wird ermöglicht und getrieben durch den massiven Wechsel vom nichtmotorisierten Personenverkehr zum MIV. Dieses lässt sich quantitativ durch einige bemerkenswerte Zusammenhänge belegen. Die Zeit, die durchschnittlich für Mobilität in Deutschland aufgewendet wird, ist mit rund einer Stunde pro Tag und Person seit Generationen praktisch konstant. Ebenso konstant ist die Anzahl der Wege pro Person, sie liegt bei etwa drei pro Tag oder 1150 pro Jahr (vgl. Petersen und Schallaböck, 1995:67f). Daraus folgert, dass sich die Mobilität praktisch nicht verändert hat: die gleiche Anzahl von Zielen wird in der gleichen Zeit wie früher erreicht. Geändert hat sich allerdings stark die Länge der Wege. Die jährlich zurückgelegte Entfernung pro Person ist in den letzten 50 Jahren von etwa 2000 bis 2500 Kilometern (das entspricht rund zwei Kilometer je Weg) auf über 12400 Kilometer in 1999 (entspricht rund 10,7 Kilometer je Weg) um mehr als das Fünffache gewachsen[50]. Die deutliche Erhöhung der überwundenen Distanz pro Weg bei praktisch gleichem Zeitaufwand bedingt eine ebenso stark gestiegene Transportgeschwindigkeit, die wiederum nur möglich ist durch den Wechsel der Verkehrsmittel. Der Umstieg von Fußwegen und Fahrradbenutzung zur Pkw-Benutzung spielte dabei die entscheidende Rolle. 1999 wurde 75 % der Verkehrsleistung (gemessen in Personenkilometer) durch den MIV erbracht, 1960, dem ersten Jahr der statistischen Erfassung des MIV, waren es erst rund 55 % (DIW, 2000:216f). Bezüglich der Weglängen und der Geschwindigkeit kommt hinzu, dass die Luftverkehrsleistung seit 1960 um mehr als das 25-fache gestiegen ist.

Ob die Verkehrsspirale weiter deutlich zu einer Erhöhung der Personenverkehrsleistung jenseits des Flugverkehrs führen wird, ist ungewiss. Einerseits könnten eine funktionsmischende Raum- und Siedlungsstrukturplanung, die weitere Verbesserung des öffentlichen Verkehrsangebots und die zunehmende Überfüllung der Straßen das Wachstum der Pkw-Leistung verlangsamen, wie es in den letzten Jahren bereits in Ansätzen zu beobachten ist. Auf der anderen Seite wächst der wichtigste Indikator für die Autonutzung, nämlich der Pkw-Besitz und -Bestand, mit 1,6 % in 1999 und 1,2 % in 2000 bei praktisch konstanter Bevölkerung weiterhin deutlich am wachsen (DIW, 2000:142). Dass beim Kraftfahrzeugbestand die Spitze noch nicht erreicht ist, zeigt auch ein Vergleich mit den USA, wo auf 1000 Einwohner in 1998 fast 800 Straßenfahrzeuge kamen, im Gegensatz zu Deutschland mit knapp über 600 Kfz pro 1000 Einwohner (DIW, 2000:106,142 und OECD, 2000:10). Eine Geschwindigkeitserhöhung im MIV scheint allerdings unrealistisch, da der Straßenaus- und -neubau tendenziell zurückgefahren wurde, die Stauhäufigkeit insbesondere aufgrund des stark wachsenden Straßengüterverkehrs gestiegen ist und Geschwindigkeitsbegrenzungen sowohl in Städten wie auch auf Autobahnen eher zugenommen haben. Der Wechsel zu schnelleren Autos kann also nichts bringen, und ein schnelleres Landverkehrsmittel ist, abgesehen von der Bahn im Personenfernverkehr, nicht in Sicht. Auch bei der Bahn ist eine Zunahme der Entfernungen beobachtbar, da die Anzahl der Reisenden in den letzten Jahren leicht gefallen ist, in 2000 um –1,2 %, während die Verkehrsleistung

---

[50] Für die Werte Anfang der 50er Jahre siehe Petersen und Schallaböck (1995:68). Die 1999-Werte basieren auf eigenen Berechnungen auf der Grundlage von DIW (2000:217,222,223).

(pkm) um 3,8 % in 2000 zugenommen hat (Deutsche Bahn, 2001:15). Hier wirkt anscheinend die erhöhte durchschnittliche Geschwindigkeit im Fernverkehr. Generell könnte natürlich auch die aufgewendete Zeit für Mobilität in letzter Zeit gestiegen sein oder in Zukunft steigen. Die angegebene eine Stunde pro Person am Tag hat nicht den Anspruch, eine Naturkonstante zu sein, allerdings sind hierzu derzeit in Deutschland keine Daten vorhanden[51].

4.2.10 Urbanität

Ein gesonderter Bereich für eine nachhaltige Entwicklung stellt die Verkehrssituation in Orten und Städten dar. Die Entwicklungstendenzen sind mit der Verkehrsspirale beschrieben worden, nicht aber die aus der wenig stadtverträglichen Automobilität resultierenden Wohnumfeld- und Lebensbedingungen für die Menschen. So schreibt das UBA: "Wichtige urbane Flächen werden durch parkende Autos belegt. Die heutigen Verkehrsverhältnisse verschlechtern die Lebensverhältnisse der Menschen in Städten erheblich: Kinder können sich kaum unbegleitet im Straßenraum aufhalten oder spielen, alte Leute werden in Ihrer (Fuß-)Mobilität verunsichert und eingeschränkt, der innerstädtische Straßenraum hat seine Aufenthalts- und Kommunikationsfunktion weitgehend verloren, das subjektive Sicherheitsgefühl (zum Beispiel für Frauen und alte Menschen) nimmt durch die zurückgehenden Passantenzahlen ab" (UBA, 1997:91).

Viel zu deutlich wurde in der Vergangenheit die Raum- und Verkehrsplanung aus Sicht der Autofahrer vorgenommen. Das heutige deutsche Stadtbild wird geprägt durch parkende oder in Kolonnen dahinfahrende Autos – die Vorstellung einer Stadt ohne Pkw würde ein unheimliches Raum- und Platzgefühl hervorrufen. Dabei erscheint beachtlich, dass die Autopolitik insbesondere für das Viertel der berufstätigen Männer zwischen 20 und 60 Jahren gemacht wurde. Die restlichen Dreiviertel der Gesellschaft – Frauen, Kinder, Jugendliche und Rentner – bevorzugten 1997 nach einer Studie des Münchener Verkehrsforschungsinstituts Socialdata die Fuß-, Rad-, Bus- und Bahnmobilität (vgl. Scheub, 2000:15)[52]. Als weitere Indikatoren der Dominanz des Pkws in den Städten wird in "fairkehr Nr.6/2000" genannt, dass z. B. in Berlin-Charlottenburg auf jedes Kind 0,34 Quadratmeter (m^2) Spielfläche aber 26 m^2 Verkehrsfläche kommt und in Hamburg den 270.000 Kindern rund 800.000 angemeldete Kraftfahrzeuge gegenüberstehen. Und auch die Richtlinie, beim Bau eines Hauses 25 m² für ein Auto, 5 m² für einen Hund und 3 m² für ein Kind nachweisen zu müssen, zeugt von der deutlichen Auto-Orientierung unserer Gesellschaft (vgl. Scheub, 2000:16). Auf der anderen Seite stellt letztgenanntes aber auch schon eine Folge der Entwicklung dar und gilt als Maßnahme, um die durch parkende Autos überfüllten

---

[51] Dass es aber beim Mobilitätszeitaufwand regional und kulturell große Unterschied gibt, belegt eine Abschätzung aus den USA, nach der US-Bürger rund zehn Jahre ihres Lebens im Auto verbringen, was bei einer zugrundegelegten Lebenserwartung von 80 Jahren drei Stunden pro Tag ergibt (vgl. Von Bredow, 2001:148).
[52] Scheub schreibt dazu weiter, dass gerade Frauen vielfach einen fahrbaren Lastenträger nötiger hätten als Männer, da ein Großteil der Versorgungsarbeit weiterhin durch sie erledigt werden. "30 Prozent mehr Frauen als Männer schleppen Lasten durch die Gegend. Bis zu 20 Kilogramm sind nicht selten, der Durchschnitt beträgt 2 Kilogramm" (Scheub, 2001:15).

Straßen und Plätze zu entlasten. Durch die weitere Zunahme der Zulassungszahlen für Kraftfahrzeuge wird der Parkdruck in den deutschen Städten eher weiter steigen.

Ein besonderes städtisches Risiko liegt in der Unfallgefährdung und in den immissionsbedingten Gesundheitsgefährdungen. Das Lebenszeitrisiko, im innerörtlichen Straßenverkehr getötet zu werden, liegt bei 1:404, das Risiko schwer verletzt zu werden bei 1:19 (vgl. UBA, 1997: 91). Ein mit Sicherheit nicht nachhaltiger Zustand. In der UBA-Studie wird deshalb eine Verringerung des Risikos auf mindestens 1:2.500 für tödliche Verkehrsunfälle und 1:125 für schwere Verletzungen gefordert. Daraus abgeleitet wird, die Regelgeschwindigkeit im Innerortsverkehr auf 30 km/h zu senken.

In vielen Städten Deutschlands hat ein Umdenken begonnen. Die Einführung und Ausweitung von Fußgängerzonen werden ebenso gefordert wie die Aufteilung der Straßen stärker an den Bedürfnissen des nicht-motorisierten Verkehrs zu orientieren. Nach einer neuen Untersuchung befürwortet die deutsche Stadtbevölkerung eine Ausweitung der Fußgängerwege mit 77 %, der Reservierung von Straßen für den Fahrradverkehr mit 62 % und sogar die weitgehende Sperrung der Innenstädte für den Autoverkehr mit 65 % (vgl. Kuckartz, 2000:57). Insbesondere für die Stadtmobilität wird also eine nachhaltige Verkehrsentwicklung nicht in der Förderung der Pkw-Nutzung gesehen.

4.2.11 Zusammenfassende Übersicht unter Einbeziehung sozialer und ökonomischer Probleme des Verkehrs

Die Problembereiche, die auf die ökologischen Anforderungen zielen, wurden durch die vorangegangenen zehn Punkte beschrieben. Dabei wurden in praktisch allen Problembeschreibungen auch die soziale Dimension und in manchen auch die ökonomische Dimension für einen nachhaltigen Verkehr adressiert. Luftverschmutzung, Lärm, Flächenbedarf und Unfälle sind sowohl aus ökologischer wie aus gesellschaftlich sozialer Sicht von Bedeutung. Die Schlagworte im sozialen Kontext sind Gesundheit, Sicherheit, Lebensqualität, Zugang und Gerechtigkeit, die bereits bei den Vancouver Prinzipien genannt wurden. Der Energie- und Ressourcenverzehr beinhaltet sowohl eine ökonomische als auch eine ökologische Dimension. Die folgende Abbildung 9 gibt einen Überblick über die genannten Problembereiche im Verkehr unter Einbeziehung auch eigenständiger, ökonomischer und sozialer Problembereiche auf dem Weg zu einer nachhaltigen Verkehrsentwicklung[53]. Für die einzelnen Problembereiche werden die wichtigsten Kriterien und Elemente mitangegeben. Die Zuweisung zu den Dimensionen ökologisch, ökonomisch und sozial ist nicht immer eindeutig. So wurde aufgezeigt, dass die Klimaproblematik durchaus eine ökonomische und soziale Dimension hat, allerdings hier vorrangig als ökologische Problemstellung angesehen werden soll.

---

[53] Die Abbildung suggeriert als zugrundeliegende Nachhaltigkeitskonzeption das Drei-Säulen-Modell. Dieser Ansatz wird aber für diese Arbeit nicht verwendet. Im Vordergrund werden im Weiteren nur noch die ökologischen Problembereiche und hier speziell der Klimaschutz und die Luftverschmutzung stehen. Trotzdem werden aufgrund der Vollständigkeit in dieser Übersicht wichtige soziale und ökonomische Anforderungen mit dargestellt.

Abbildung 9: Übersicht ökologischer, sozialer und ökonomischer Problembereiche im Verkehr (mit den wichtigsten Kriterien / Elementen)

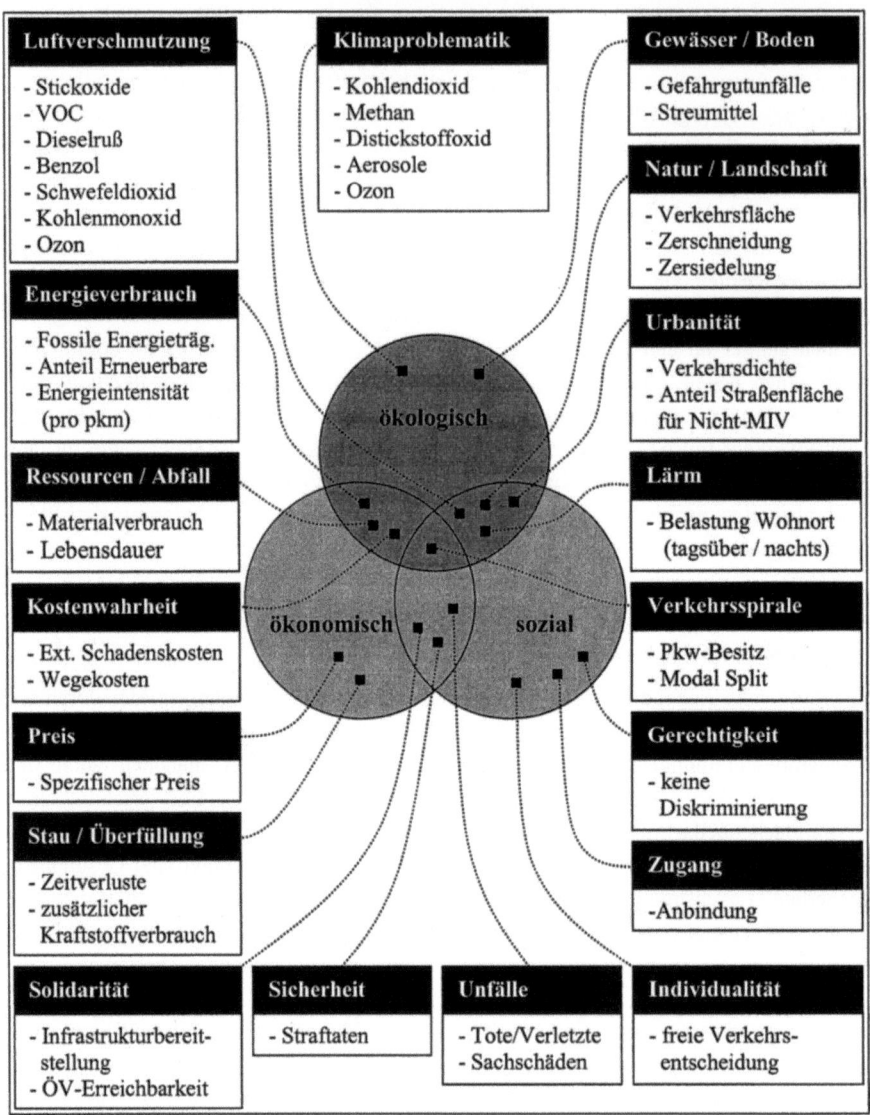

Quelle: eigene Abbildung in Anlehnung an Walter und Spillmann (1999:95)

In der eigenen Definition für eine nachhaltige Verkehrsentwicklung werden die ökologischen Nachhaltigkeitsanforderungen in den Vordergrund gestellt. Die soziale Dimension wird in erster Linie im Sinne der inter- und intragenerationellen Gerechtigkeit gesehen, ökonomisch steht die effiziente Lösung des Allokationsproblems als letzte Stufe des hierarchischen Nachhaltigkeitsprozesses an. Diese Hierarchie lässt sich auf alle ökologischen Problembereiche anwenden. Darüber hinaus gibt es aber auch noch eigenständige soziale und ökonomische Probleme und Anforderungen für den Verkehr, die im Folgenden kurz diskutiert werden sollen.

Unter Vernachlässigung der intragenerationellen Gerechtigkeit und bei ausschließlicher Betrachtung des deutschen Verkehrssystems werden die Kriterien Zugang (oder Partizipation) und Gerechtigkeit aufgrund der infrastrukturellen Erschlossenheit des Landes und der rechtlich fixierten Nichtdiskriminierung als wenig problematisch eingeschätzt. In Bezug auf die Sicherheit muss neben der Unfallproblematik auch die Verbrechenshäufigkeit insbesondere in öffentlichen Verkehrsmitteln genannt werden. Hier besteht ein allgemein anerkannter Problemdruck. In dem schweizerischen Projekt "Nachhaltigkeit: Kriterien im Verkehr" werden Solidarität und Individualität als weitere soziale Dimensionen genannt (vgl. Walter und Spillmann, 1999:95). Solidarität umfasst hier erstens die gemeinwirtschaftlichen Leistungen des Verkehrs, insbesondere die Infrastrukturbereitstellung für öffentliche Aufgaben wie Polizei, Feuerwehr und Krankenwagen, und zweitens die Erreichbarkeit der Regionalzentren mit öffentlichem Verkehr. Für Deutschland besteht in beiden Bereichen wenig Problemdruck, genauso wie bei der Forderung nach Individualität, die auf eine freie und selbständige Verkehrsentscheidung und Verkehrsmittelwahl abzielt.

Für die ökonomische Dimension einer nachhaltigen Verkehrsentwicklung spielt der Preis der Verkehrsleistung die herausragende Rolle. Aus wirtschaftlicher Sicht ist ein möglichst niedriger Preis erstrebenswert. Für eine nachhaltige Verkehrsentwicklung ist aber zumindest Kostenwahrheit zu fordern, d. h. dass die externen Schadenskosten aus Gründen der volkswirtschaftlicher Effizienz und die betriebswirtschaftlichen Kosten inklusive der Wegekosten im Preis beinhaltet sein müssen. Das Preisgefüge an sich stellt kein Problembereich für die nachhaltige Entwicklung im Verkehr dar, sondern ist vielmehr zusammen mit anderen später zu diskutierenden ökonomischen Maßnahmen ein Mittel zur effizienten Allokation der Verkehrsressourcen im Hinblick auf die Erreichung einer dauerhaft-umweltgerechten Verkehrsentwicklung.

Als wichtiges ökonomisches Verkehrsproblem wird häufig die Stauproblematik im Straßenverkehr angesehen. Nach Schätzungen des ADAC steht jeder zweite Autofahrer mindestens einmal wöchentlich im Stau. Und eine Studie der BMW AG schätzt die jährlich verlorengegangene Zeit auf 3 Mrd. Stunden, das sind pro Einwohner über 37 Stunden im Jahr (vgl. VDA, 2000:99). Durch die Staus und stockenden Verkehr werden erhebliche volkswirtschaftliche Kosten in Form von verlorenen Arbeits- und Freizeitstunden sowie durch zusätzlichen Kraftstoffverbrauch hervorgerufen. Nach Ansicht vieler Verkehrsökonomen sollten sich auch diese Kosten im Preis widerspiegeln. Stau kann verschiedene Ursachen haben. Neben Baustellen und Unfällen ist vor allem die Überlastung der Straßeninfrastruktur zu nennen. Da aber für eine nachhaltige Verkehrsentwicklung tendenziell eher die Verringerung des Straßenverkehrs geboten erscheint, würde sich die Stauproblematik auf den Straßen Deutschlands entschärfen und wird deshalb hier nicht als Restriktion angesehen. Für die Schieneninfrastruktur könnte es zu Überlastung kommen, allerdings wird im Rahmen dieser Arbeit die Infrastrukturausstattung der Verkehrsträger aufgrund der langen Betrachtungszeiträume nicht als fix sondern als flexible angesehen. Von daher stellt die Stauproblematik hier kein Nachhaltigkeitskriterium dar.

Der heutige Verkehr generiert, wie gezeigt, eine Vielzahl von ökologischen, sozialen und ökonomischen Problemen. Im Hinblick auf eine nachhaltige Verkehrsentwicklung in Deutschland und Europa bilden die Umweltbeeinträchtigungen und die daraus ableitbaren ökologischen Zielsetzungen den kritischen Pfad. Ein Teil der wirtschaftlichen und soziale Anforderungen sind aufgrund der infrastrukturellen und gesetzlichen Rahmenbedingungen in Deutschland bereits erfüllt. Weitere Problemstellungen werden sich, wie beispielsweise die Stauproblematik im Zuge einer ökologisch orientierten Nachhaltigkeitsstrategie sehr wahrscheinlich automatisch entschärfen. Somit bestätigt sich, die Konzeption einer nachhaltigen Verkehrsentwicklung an der ökologischen Dimension zu orientieren. Innerhalb der ökologischen Probleme des Verkehrs wird in nahezu allen wissenschaftlichen Veröffentlichungen die Klimagefährdung und insbesondere die erwartungsgemäß noch steigenden CO_2-Emissionen als schwerwiegendste Restriktion angesehen (vgl. Gorissen, 1996; UBA, 1997; OECD, 2000 oder Steen et al., 1999).

Der Abschnitt über die schwierige Ausgangslage sowie die Probleme und Engpässe auf dem Weg zu einer nachhaltigen Entwicklung im Verkehr soll beendet werden mit einem Zitat zweier Verkehrsökonomen, welches die Gesamtproblematik in wenigen Sätzen anschaulich zusammenfasst: "Near the end of the 20th century, the belief in the desirability of perpetual growth in mobility and transport has started to fade. In many countries, highway accessibility is so ubiquitous that transport costs has almost disappeared as a location factor for industry. In metropolitan areas, the myth that rising travel demand will ever be satisfied by more motorways has been shattered by reappearing congestion. People have realised that the car has not only brought freedom of movement but also air pollution, traffic noise and accidents. It has become obvious that in the face of finite fossil fuel resources and the need to reduce greenhouse gas emissions the use of petroleum cannot grow forever. There is now broad agreement that present trends in transport are not sustainable, and many conclude that fundamental changes in technology, design, operation, and financing of transport systems are needed" (Greene und Wegener, 1997 zitiert aus OECD, 2000:15).

4.3 Anforderungen und Ziele für eine dauerhaft-umweltgerechte Verkehrsentwicklung

Es ist zum heutigen Zeitpunkt nur sehr schwer möglich, ein detailliertes Bild über die Beschaffenheit eines zukünftigen, nachhaltigen Verkehrssystems zu zeichnen. Zu viele technologische und gesellschaftliche Veränderungen können sich auf dem Weg dorthin ergeben. Sinnvoll und notwendig ist aber die Festlegung von Anforderungen und Zielen, um den Prozess in Richtung einer dauerhaft-umweltgerechten Verkehrsentwicklung an zu stoßen. Die Formulierung von konkreten Umweltschutzzielen stellen nicht das Ende des Weges dar, sondern eher den Beginn einer andauernden Entwicklung.

Im Abschnitt zur Herleitung der Definition und in den Problembeschreibungen sind eine Reihe von Anforderungen und Zielsetzungen für eine nachhaltige Verkehrsentwicklung bereits angesprochen worden. Diese werden im Folgenden in einer zusammenfassenden Übersicht aufgelistet und durch weitere qualitative und quantitative Zielsetzungen ergänzt, die für die Verwirklichung einer dauerhaft-umweltgerechten Verkehrsentwicklung als notwendig erscheinen. Dabei werden insbesondere die Vorschläge der Bundesregierung (vgl. SRU, 2000:99ff und BMU 2000b:59ff), eines Projekts zu environmental aspects of sustainable mobility der EU-Kommission (vgl. European Commission, 2000), der OECD (vgl. OECD, 1996 und 1999) sowie die Studien vom Umweltbundesamt (vgl. UBA, 1997:82ff) und von Becker (vgl. Becker 1998:5ff) ausgewertet. Diese Untersuchungen bilden das Spektrum umfassend ab. Die Studien von Umweltbundesamt, Becker und der OECD orientieren sich am Konzept einer starken Nachhaltigkeit, bei den anderen genannten Quellen ist eine Zuordnung zu einem Nachhaltigkeitsansatz nicht eindeutig. Die Tabelle 6 umfasst die ökologischen Zielsetzungen und die wichtigsten Anforderungen und Ziele für eine nachhaltige Verkehrsentwicklung, die eine Umweltdimension haben. Damit wird der Prioritätssetzung auf die ökologische Nachhaltigkeit, die sich auch schon in der Nachhaltigkeitsdefinition dokumentiert, Rechnung getragen. Rein ökonomische und soziale Zielsetzungen für eine nachhaltige Verkehrsentwicklung im weiteren Sinn, die im letzten Abschnitt angesprochen und diskutiert wurden, werden hier nicht mehr mit aufgelistet.

Die aufgeführten Ziele und Anforderungen unterscheiden sich sowohl nach ihrer Art als auch nach ihrem Zielbezug bzw. in ihrer Zielhierarchie. Quantitative und qualitative Anforderungen werden für jeden Bereich gemeinsam gelistet. Umweltqualitätsziele stehen neben Zielsetzungen, die der Erreichung dieser dienen sowie weiteren, die für bestimmte Elemente und Kriterien konkrete zeitbezogene Reduktionsanforderungen formulieren. So beschränkt sich z. B. die OECD EST-Studie auf die Ableitung und Quantifizierung der Luftschadstoff-, Lärmpegel- und Flächenverbrauchsreduktionsziele. Eigenständige Ziele und Anforderungen für die Bereiche Verkehrsentwicklung, Verkehrsstruktur, Energie- oder Ressourcenverbrauch werden nicht aufgestellt, sondern in diesen Bereichen wird eher der Ansatzpunkt gesehen, Maßnahmen zu konzipieren, um die formulierten umweltbezogenen Zielsetzungen zu erreichen. Ähnlich verhält es sich bei dem Bereich Kostenwahrheit. Dieser wird von der Bundesregierung, dem Umweltbundesamt und der OECD weniger als eine eigenständige Zielsetzung für eine dauerhaft-umweltgerechte Verkehrsentwicklung angesehen, sondern vielmehr dient die verursachergerechte Anlastung aller sozialen Kosten, inklusive der vollständigen externen Schadenskosten und der Infrastrukturkosten, als eine wichtige Anforderung bzw. Maßnahme auf dem Weg dorthin.

Tabelle 6: **Übersicht der Anforderungen und Ziele für eine dauerhaft-umweltgerechte Verkehrsentwicklung aus der Literatur**

Bereich	Verkehrsbezogene Nachhaltigkeitsziele / -anforderungen	Quelle
Verkehrs-entwicklung und Verkehrs-struktur	• Entkopplung von Verkehrs- und Wirtschaftwachstum	SRU
	• Verringerung des Pkw- und Lkw-Verkehrs auf ein nachhaltiges Level (ohne weitere Spezifizierung)	EU
	• Bedürfnisgerechte Mobilität mit möglichst wenig Verkehr; Verkehrsvermeidung	Becker, EU
	• Langsamerer Verkehr und kürzere Wegstrecken; Stadt der kurzen Wege, regionale Wirtschaftsstrukturen	Becker
	• Integrierte Verkehrsplanung[54]	BMU
Modal Split	• Förderung der Wahl und Benutzung von ökologisch, ökonomisch und sozial effizienten Verkehrsmitteln	EU
	• Stärkere Beteiligung von Schiene und Wasserstraße	BMU
	• Ökologisch unfreundliche Verkehrsmittel und -träger müssen unattraktiver werden	Becker
	• Fahrrad-, Fuß- und öffentlicher Verkehr (ÖPNV und Bahn) müssen Schlüsselpositionen einnehmen	Becker, UBA
	• Reduzierung der (vermeintlichen) Abhängigkeit vom Auto	UBA
Energie-verbrauch	• Reduzierung des Durchschnittsverbrauchs von Pkw um 25 % bis 2005 bzw. 33 % bis 2010 (bezogen auf 1990)	SRU
	• Deutliche Erhöhung der Energie- und Ökoeffizienz	Becker
	• Einführung und verstärkte Nutzung alternativer Kraftstoffe	BMU
Ressourcen-nutzung	• Die Nutzung erneuerbarer Ressourcen muss unter der Rate für deren Regeneration liegen	EU
	• Erschöpfbare Ressourcen dürfen für den Verkehrsbereich nur in dem Maße genutzt werden, dass auch eine zukünftige Nutzung ermöglicht ist; Gleichwertige Alternativen müssen geschaffen werden	EU
	• Erhöhung der Lebensdauer von Verkehrsmitteln und der Wiederverwertungsraten	UBA
Klimaschutz	• Reduzierung der CO_2-Emissionen im Straßenverkehr um 5 % bis 2005 (bezogen auf 1990)	SRU
	• Bis 2030: Stabilisierung der CO_2-Konzentration auf dem Niveau von 1990 oder darunter, Reduzierung der verkehr-lichen CO_2-Emissionen um mindestens 80 % (von 1990)	OECD
	• CO_2-Ausstoß des Verkehrs im Jahre 2005 um 10 – 25% unter dem Wert von 1990	UBA
Luftver-schmutzung	• 90 %ige Reduktion der gesamten verkehrlichen NO_x- und VOC-Emissionen bis 2030 (bezogen auf 1990)	OECD
	• 80 %ige Reduktion der gesamten verkehrlichen NO_x- und VOC-Emissionen bis 2005 (bezogen auf 1987)	UBA

---

[54] Gemäß diesem Ziel der Bundesregierung sollen alle Verkehrsmittel, Verkehrszwecke und Planungs-ebenen simultan in den Blick genommen werden. Die integrierte Verkehrsplanung sollte demnach Raumordnung, Regionalplanung, Städtebau, Umweltplanung und Wirtschaftsförderung einbeziehen und ein Gesamtverkehrskonzept entwickeln, indem wirtschafts- und industriepolitische Anliegen, verkehrs- und umweltpolitische Ziele, siedlungs- und regionalpolitische Vorstellungen (verkehrsreduzierende Siedlungsstrukturen) sowie gesellschaftliche Forderungen gegeneinander abgewogen und bei ihrer Umsetzung simultan verwirklicht werden (vgl. BMU, 2000b:66).

Luftver-schmutzung (Fortsetzung)	• Reduzierung der Emissionen von Ozonvorläufersubstanzen um 70 – 80 % bis 2010 (bezogen auf 1990)	SRU
	• Abhängig von lokalen und regionalen Bedingungen Reduktion der Partikel-Emissionen (PM$_{10}$) um 55 – 99 % bis 2030 (bezogen auf 1990)	OECD
	• 90 %ige Reduktion der verkehrlichen Dieselruß-, PAK- und Benzol-Emissionen bis 2005 (bezogen auf 1988), Im 2. Schritt zeitlich unbestimmt um 99 %	UBA
	• Reduzierung von kanzerogenen Luftschadstoffen und Ultrafeinstäuben um 75 % bis 2010 (bezogen auf 1990)	SRU
	• Die Verkehrsinfrastrukturbereitstellung und –nutzung darf nicht die Aufnahmekapazität der Erde für Schadstoffe überschreiten; Einhaltung von critical loads und levels	EU
Natur-, Landschafts- und Bodenschutz	• Minimierung der Flächeninanspruchnahme und der Zerschneidungseffekte	SRU
	• Schutz von kritischem, natürlichen und physischen Kapital	EU
	• Kein weiterer Ausbau der Straßeninfrastruktur	UBA
	• Freihaltung von Naturvorrangflächen und der noch erhaltenen unzerschnittenen verkehrsarmen Räume	UBA
	• Grundsätzliche Bündelung von Verkehrs- u. Versorgungs-infrastruktur zur Vermeidung zusätzlicher Zerschneidung	UBA
	• Niedrigerer Anteil der Verkehrsfläche in 2030 im Vergleich zu 1990	OECD
Menschliche Gesundheit	• Erhöhung der menschlichen Gesundheit und Sicherheit, Verminderung der Unfälle	EU
	• Einhaltung der WHO-Richtlinien zu Luftqualität u. Lärm[55]	OECD
	• Verminderung des Verkehrslärms auf Werte von 65 dB(A) oder weniger	SRU
	• Bis 2010 Reduzierung des verkehrlichen Lärmpegels in Wohngebieten auf 59 dB(A) tagsüber und 49 dB(A) nachts	UBA
	• Bis 2030 Reduzierung des verkehrlichen Lärmpegels in Wohngebieten auf 55 dB(A) tagsüber und 45 dB(A) nachts	OECD, UBA
Urbanität	• Mischung und Verdichtung städtebaulicher Nutzungen	UBA
	• Regelgeschwindigkeit im Innerortsverkehr: 30 km/h	UBA
	• Verringerung des Lebenszeitrisikos im innerörtlichen Straßenverkehr getötet zu werden von 1:404 auf 1:2.500 (von 1:19 auf 1:125 für schwere Verletzung)	UBA
	• Rückgewinnung von Straßen und Plätzen für den nicht-motorisierten Verkehr (mindestens 50 % der Straßenfläche)	UBA
Kosten-wahrheit	• Einbeziehung der gesamten externen Schadenskosten in das Preisgefüge (auch für den Luftverkehr)	UBA, BMU
	• Sicherstellung des Verursacherprinzips; Anlastung der sozialen Kosten und Umweltkosten ohne eine starke Benachteiligung der Wettbewerbsfähigkeit der Industrie und Wenigverdienender in ihrer Mobilität hervor zu rufen	EU
	• Wegfall sämtlicher sozialer, räumlicher und zeitlicher Externalisierung und Subventionierung[56]	Becker

---

[55] Die WHO-Richtlinien werden bei der Quantifizierung der Luftschadstoffziele im Kap. 6 beschrieben.
[56] Becker versteht unter Externalisierung die Verlagerung der Kosten auf Andere. Siehe auch Kapitel 7.

In der Übersicht wird also weder eine klare Trennung zwischen Anforderungen und Zielsetzungen gezogen, noch werden quantitative Umweltqualitätsziele und -standards von qualitativen Zielsetzungen getrennt. Dies ist zum einen darin begründet, dass in mehreren Bereichen die Festlegung von quantifizierbaren Umweltzielen und Mindestqualitätsstandards und damit die Abgrenzung zu eher allgemeinen Anforderungen nicht möglich ist. Zum anderen wird diese Unschärfe hier aber auch bewusst in Kauf genommen, weil das Ziel des gesamten vierten Kapitels eher in einer umfassenden Beschreibung, Definition und Zielfindung eines umweltgerechten nachhaltigen Verkehrs liegt. Eine detaillierte Untersuchung aller Problembereiche und Zielsetzungen, die mit Nachhaltigkeit im Verkehr zusammenhängen, würde den Rahmen dieser Arbeit sprengen. Für die beiden Schwerpunktbereiche Klimaschutz und Luftverschmutzung werden in den folgenden Kapiteln spezifische Ziele, Anforderungen, Umweltqualitätsstandards, Indikatoren und Maßnahmen Schritt für Schritt erarbeitet und somit eine detaillierte Untersuchung erfolgen. Mit Abschluss dieses Kapitels erfolgt damit die bereits in der Einleitung aufgezeigte Eingrenzung der Fragestellung auf die Schwerpunktbereiche Klimagefährdung und Luftverschmutzung, die für eine dauerhaft-umweltgerechte Entwicklung im Verkehr in Deutschland eine herausragende Bedeutung haben.

4.4 Vorstellungen über ein dauerhaft-umweltgerechtes Verkehrssystem

Werden die in der Tabelle genannten Anforderungen und Zielsetzungen, die sich an einer starken Nachhaltigkeit orientieren, erfüllt, wird das zukünftige Verkehrssystem ein anderes Aussehen haben. Als sehr wahrscheinlich gilt, dass ökologisch nachteilige oder minderwertige Verkehrsmittel weniger benutzt werden, weil der Preis für deren Benutzung deutlich gestiegen sein wird. Im Personenverkehr wird die durchschnittliche Geschwindigkeit gesunken sein, und auch die Länge der Wege wird leicht sinken. Öffentlicher Verkehr und Muskelkraft getriebener Verkehr – zu Fuß, mit dem Fahrrad, mit Roller Blades oder mit anderen innovativen nicht- oder nur teilmotorisierten Verkehrsmitteln – werden vermehrt das Bild prägen. Die Energie- und Ökoeffizienz motorisierter Fahrzeuge wird deutlich gestiegen sein, alternative Kraftstoffe werden verstärkt in den Markt eintreten. Innenstädte und Orte werden wieder verstärkt ihre Kommunikations- und Aufenthaltsfunktion zurückgewonnen haben. Im Güterverkehr werden die Effekte einer Umsetzung der Nachhaltigkeitsziele weniger stark sein, da die Preiselastizitäten hier allgemein geringer sind. Trotzdem wird eine Entwicklung zu regionalen Produktions- und Absatzstrukturen Einzug gehalten haben, der sich für viele Wirtschaftsbereiche auch gegen den heutigen Trend zur Globalisierung durchsetzen wird. Dazu werden die Transportkosten eine Höhe erreicht haben, bei der sich die Regionalisierung für die Unternehmen rechnet[57]. Schienen- und wassergebundener

---

[57] Insbesondere Güterverkehrsexzesse, wie das bekannt gewordene Beispiel des Erdbeerjoghurts, der Anfang der 90er Jahre zu seiner Erstellung und Auslieferung inklusive Vorleistungen 8000 km zurücklegen musste, werden nicht mehr ökonomisch effizient sein (vgl. Weizsäcker et al. 1995:150ff). Der gesamte Agrar- und Nahrungsmittelsektor könnte durch die Dezentralisierung und Regionalisierung im Endeffekt sogar Kosten sparen. Man denke hier nur an die beträchtlichen EU-Agrarsubventionen, die, bei deutlich höheren Transportkosten, zu einem Großteil nicht mehr notwendig wären.

Gütertransport wird im Fernverkehr dominieren. Der Flächenverbrauch wird eher gesunken sein, da die Infrastruktur vielerorts gebündelt sein wird, und ein nicht unbedeutender Teil unter der Erde oder als Hochbahnen erbaut worden sein wird. Die Luftverschmutzungs- und Lärmproblematik wird sich weitgehend entschärft haben. Für die Klimaproblematik können solche Vorraussagen allerdings nicht getroffen werden, denn selbst bei drastischer Reduktion der Treibhausgasemissionen ist die Langfristigkeit der bereit jetzt hervorgerufenen Beeinträchtigung in ihren Folgen schwer abschätzbar.

Auch in einem auf ökologische Kriterien ausgerichteten Personenverkehrssystem wird der Pkw auf lange Sicht die größte Verkehrsleistung in Deutschland erbringen. Das Auto ist aus vielen rationalen wie auch emotionalen Gründen nicht aus der modernen Gesellschaft wegzudenken und muss von daher in ein Konzept der nachhaltigen Verkehrsentwicklung integriert sein. Die augenblickliche Tendenz zur Aufrüstung des Automobils hin zu einem Wohn-, Büro- und Freizeitraum bzw. -medium wird sich nicht in dem Maße fortsetzen, da die erhöhten Nutzungspreise den eigentlichen Zweck der Mobilität, nämlich die Überwindung von Raum, wieder in den Vordergrund treten lassen[58]. Auf der anderen Seite wird der öffentliche Verkehr die Lust-, Freizeit- und Komfortkomponente der Fortbewegung stärker in eigene Konzepte integriert haben. Die Deutsche Bahn AG hat in diesen Punkten schon heute Einiges erreicht, während beim ÖPNV noch ein großer Nachholbedarf besteht.

In Bezug auf die Motorenentwicklung ist der Weg bei den Pkw über direkteinspritzende Otto- und Dieselmotoren, hochaufladende Erdgasmotoren bis hin zu einem wasserstoffbasierten Brennstoffzellenantrieb verhältnismäßig sicher vorgezeichnet (vgl. auch Kapitel 10.2). Von einem stark nachhaltigen Individualverkehrssystem kann im Hinblick auf die Luftverschmutzungs- und Klimaproblematik erst gesprochen werden, wenn der Wasserstoff auch solar, d. h. unter Einsatz von erneuerbaren Energien, erzeugt wird. Wasserstoff wird langfristig nicht nur beim motorisierten Individualverkehr der wichtigste Energieträger werden, sondern wegen seiner CO_2-Freiheit auch den öffentlichen Verkehr revolutioniert haben. Möglicherweise werden dann mit Hochleistungsbrennstoffzellen ausgestattete Schienenfahrzeuge auf einem gutausgebauten Schienennetz in Deutschland und Europa verkehren, die ohne das technisch und ökonomisch aufwendige Oberleitungssystem auskommen und durch effiziente Leittechnik nicht als Gesamtzug sondern als flexible Kleineinheiten auf Abruf bzw. Bestellung fahren.

---

[58] Die Entwicklung der Pkw-Ausstattung mit Kühlschrank, Bar, Schlafmöglichkeit, Spielkonsole und allen möglichen Kommunikations- und Navigationssystemen ist die Kompensation für die zunehmende Zeit, die aufgrund der Überfüllung der Infrastruktur im Auto verbracht werden muss. Diese Entwicklung weist den Weg zum allumfassenden Lust-, Freizeit- und Lebensartikel. Dem sind aber durch die Gewichtszunahme und den dadurch vermehrten Energieverbrauch Grenzen gesetzt. Ein erhöhter auf die CO_2-Emissionen ausgerichteter Nutzungspreis wird die Fahrzeughersteller zu einem umweltschonenderen Design anstiften, wobei der wesentliche Zweck, individuell von A nach B zu kommen, wieder an Wichtigkeit gewinnen wird.

Das nachhaltige Verkehrssystem wird auf der Gesellschaftsform der Subsidiarität und Demokratie basieren. Dies ist allerdings mehr eine Vorraussetzung als eine Vorstellung. So urteilt z. B. Becker, dass eine zu weitgehende Planung, Regulierung und Bevormundung für die am Verkehrsgeschehen Beteiligten eher hinderlich und gefährlich wäre. Die Verkehrsentscheidungen für ein dauerhaft-umweltgerechtes Verkehrsystem müssen von den Individuen getroffen werden. Dazu müssen zum einen eine möglichst große Anzahl an Alternativen bereitgestellt werden und auf zum anderen die Preise die richtigen Signale aussenden (vgl. Becker, 1998:7). In der Diversifizierung des Verkehrssystems liegt die Chance, hohe Preise zu vermeiden und die individuell nutzenmaximierende Verkehrsentscheidung zu treffen.

Für das Erreichen einer nachhaltigen Mobilität ist darüber hinaus ein Struktur- und Bewusstseinswandel notwendig (vgl. UBA, 1997:108ff). Die vorherrschende Ansicht, dass wirtschaftliches Wachstum mit einem Verkehrswachstum einhergeht oder sogar erst dadurch ermöglicht wird, muss überwunden werden. Der notwendige Rückgang der Verkehrsleistung erfordert einen tiefgreifenden Wertewandel weg vom "Höher, Schneller, Weiter". Wie das Beispiel des Energieverbrauchs zeigt, ist ein solcher Wandel möglich. In einem dauerhaft-umweltgerechten Verkehrsystem wird die Vorherrschaft der automobilen Mobilität gebrochen sein. Die Verkehrsteilnehmer werden sich daran gewöhnt haben, dass die nicht-motorisierten Verkehrsmittel in Städten und Orten ebenso Vorrang haben, wie der gut ausgebaute ÖPNV. Die Benutzung der individuell steuerbaren motorisierten Verkehrsmittel wird durch Schulung und Bewusstseinsbildung aber auch durch technologische und organisatorische Neuerungen vernünftiger gestaltet werden. Dazu gehört die Mitnahme von Mitfahrern, die flächendeckende Bereitstellung von Car-Sharing oder Mietautos, durch die eine größere Flexibilität bei der Fahrzweck-Verkehrsmittel-Relation[59] ermöglicht wird und eine ökobewusste Fahrweise. Der Besitz eines Automobils wird nicht mehr einen so hohen und prestigeträchtigen Wert haben. Ein solcher Bewusstseins- und Wertewandel wird in vielen Punkten zwar ausgesprochen schwer zu erreichen sein, ist aber langfristig sehr wahrscheinlich eine Notwendigkeit.

Diese Vision bzw. die relativ vagen Vorstellungen über das Aussehen eines dauerhaft-umweltgerechten Verkehrssystems lassen sich in einer Prämisse zusammenfassen: Nicht die Mobilität an sich soll und wird eingeschränkt werden, vielmehr werden Form und Gestaltung der Mobilität andere sein. Der Verkehr als Mittel zur Erfüllung der Mobilitätsbedürfnisse aller Menschen muss dabei so gestaltet werden, dass gesellschaftliche und wirtschaftliche Notwendigkeiten mit den vorrangigen ökologischen Erfordernissen in Einklang sind und alle drei Anforderungen einer nachhaltigen Entwicklung in die selbe Richtung weisen.

---

[59] Unter der Fahrzweck-Verkehrsmittel-Relation wird hier verstanden, dass nicht für jedes Mobilitätsbedürfnis das gleiche fünfsitzige, 1,5 Tonnen schwere und über 200 km/h schnelle Individualverkehrsmittel benutzt werden muss, weil es sich nun mal im Eigentum befindet, sondern, angepasst an den Fahrzweck, das angemessen motorisierte Individualverkehrsmittel ausgewählt werden kann.

5 Prognose der verkehrsbedingten Luftschadstoffe in Deutschland

Wie in den vorangegangenen Kapiteln festgelegt, beschränkt sich die quantitative Analyse dieser Arbeit auf die beiden Problembereiche Klimaschutz und Luftverschmutzung. Die weiterhin zunehmenden verkehrsbedingten Treibhausgasemissionen und die sich daraus ergebenden Konsequenzen für das Weltklima gelten in praktisch allen neueren Publikationen als die wichtigste Herausforderung für eine dauerhaft-umweltgerechte Verkehrsentwicklung im 21. Jahrhundert. Die Gesundheits- und Umweltwirkung durch verkehrsinduzierte Luftschadstoffe wurde zwar vornehmlich in den vergangenen Jahrzehnten als sehr kritisch angesehen, aber auch noch heute und für die nahe Zukunft wird dieser Problembereich neben der Lärm- und Unfallproblematik als wichtige Herausforderung im Verkehr gewertet.

Um Nachhaltigkeitsindikatoren als Abweichung zwischen Ist-Werten (Umweltsituation) und Soll-Werten (Umweltqualitätsstandards) zu ermitteln, bedarf es auf der einen Seite einer Analyse und Prognose der verkehrsbedingten Umweltsituation bzw. genauer der verkehrsbedingten Luftschadstoffe und auf der anderen Seite einer Festlegung der kritischen Eintragsraten für die wichtigsten Treibhausgase und die wichtigsten Luftverschmutzer. Die Nachhaltigkeitsindikatoren sollen nicht nur für einen Zielzeitpunkt festgelegt werden, sondern im Sinne einer nachhaltigen Entwicklung für die einzelnen Zeitschritte auf dem Weg zu diesem Zieljahr bestimmt werden. In Bezug auf die Klimaproblematik wird in den meisten Studien das Jahr 2050 als langfristiger Zielzeitpunkt gewählt, während für die Luftverschmutzung Zieljahre zwischen 2005 und 2030 dominieren. Für diese Arbeit wird aus Gründen der Daten- und Prognosesicherheit der Zielzeitpunkt 2020 festgelegt[60]. Die Analyse der verkehrsbedingten Umweltsituation wird demzufolge für die Jahre 1990 bis 1997 vorgenommen und die Prognose für die Fünfjahresschritte 2000, 2005, 2010, 2015 und 2020 erstellt.

Die Analyse und Prognose der Umweltsituation des Verkehrs wird für die Treibhausgasemissionen CO_2 (Kohlendioxid), CH_4 (Methan) und N_2O (Lachgas) sowie für die klassischen Luftschadstoffe NO_x (Stickoxide), VOC (Nicht-Methan Kohlenwasserstoffe), PM (Dieselrußpartikel) und CO (Kohlenmonoxid) durchgeführt. Die Erstellung der Prognose wird als "Business as Usual"-Szenario (BAU-Szenario) bezeichnet und ist die Aufgabe dieses 5. Kapitels. Wie der Name schon sagt, basiert das BAU-Szenario auf der Grundannahme, dass sich sowohl die Verkehrsleistung als auch die spezifischen Schadstoffemissionskoeffizienten (Ökoeffizienz) in der Weise entwickeln, als wenn alle Rahmenbedingungen so wie bisher, also im Trend, weiterverlaufen. Insbesondere zusätzliche verkehrspolitische Maßnahmen werden nicht mit abgebildet. Berücksichtigung finden aber bereits als freiwillige Selbstverpflichtung zugesagte Maßnahmen, wie z. B. die spezifische Kraftstoffverbrauchsreduktionen für alle neuzugelassenen Pkw

---

[60] Ein erster Literaturüberblick über die quantitativen Nachhaltigkeitsziele in Bezug auf die CO_2-Emissionen und die wichtigsten Luftverschmutzer NO_x, VOC und Partikel (PM) wurde in der Tabelle 6, Kapitel 4.3 gegeben. Die Ableitung und Festlegung der eigenen Soll-Werte als kritische Eintragsraten erfolgen im Kapitel 6 für den Untersuchungszeitraum 2000 bis 2020. Hierbei wird allerdings das Klimaziel für den Personenverkehr im Jahre 2020 über das langfristige Ziel für das Jahr 2050 abgeleitet.

durch die europäischen Automobilindustrie, oder andere bereits beschlossene verkehrs- und strukturpolitische Maßnahmen wie beispielsweise die Ökosteuer und deren Auswirkungen auf die Verkehrsentwicklung.

Der wichtigste Grund für das Vorziehen der Berechnung des Basisszenarios vor die Bestimmung der Umweltqualitätsstandards liegt in der Nützlichkeit für selbige. Für diese Arbeit wird nämlich festgelegt, dass die Aufteilung der Emissionsreduktionsziele sich zumindest zum Teil an der erwarteten Emissionsentwicklung orientieren soll. Es stellt sich hier z. B. die Frage, ob bei der zu erwartenden unterschiedlichen Entwicklung der beiden Bereiche Personen- und Güterverkehr eine gleichmäßige Verteilung der Nachhaltigkeitsziele (also z. B. sowohl im Personen- wie im Güterverkehr eine Reduktion von 50 % der CO_2-Emissionen bis zum Jahr 2020) angebracht erscheint. So werden bei der Entwicklung der Verkehrsleistung im Güterverkehr doch weit höhere Zuwachsraten erwartet als im Personenverkehr. Um dafür die quantitative Grundlage zu schaffen, erfolgt also in einem ersten Schritt die statistische Auswertung und Prognose der Luftschadstoffe im gesamten deutschen Verkehr für den Untersuchungszeitraum.

5.1 Vorgehensweise bei der Erstellung des "Business as Usual"-Szenarios

Das Ziel des BAU-Szenarios ist, die Entwicklung der Luftschadstoff-Emissionen inklusive der Treibhausgase für die Verkehrsmittel und Verkehrsträger im deutschen Personen- und Güterverkehr für die Vergangenheit von 1990 bis 1997 aufzuzeigen und eine mittelfristige Prognose bis zum Jahre 2020 zu geben. Als Prognoseverfahren wird im Prinzip die Trendextrapolation angewendet. Da aber eine Reihe von Annahmen getroffen werden, die sich jeweils auf die Entwicklung der Haupteinflussfaktoren für die Emissionsentwicklung auswirken, spricht man bei der hier angewandten Methodik von der quantitativen Szenariotechnik (vgl. Stiens, 1998).

"Die Szenariotechnik ist eine Verbindung von kontrollierter Phantasie und konkreter Utopie, basierend auf allgemeinen Tendenzen der Entwicklung" (Scholles, 2001:2). Normalerweise wird bei der Anwendung der Szenariotechnik nicht nur ein Entwicklungsstrang aufgezeigt, sondern es werden die Einflussfaktoren für die Zielgröße in verschiedenen Berechnungen variiert. Das herausragende Charakteristikum eines Prognoseszenarios liegt gerade in seiner starken Annahmenfundierung. Die Berechnung verschiedener Szenarien erlaubt somit, unterschiedliche Annahmen oder Politikoptionen zu simulieren. Im Rahmen dieser Arbeit werden verschiedene Szenarien berechnet, wobei das BAU-Szenario als Referenzszenario oder die Basisprognose dient.

Bei Emissionsprognosen des Verkehrs sind insbesondere die Entwicklung der Verkehrsleistung der verschiedenen Verkehrsmittel und -träger und die Entwicklung der Schadstoffproduktivität, also der spezifischen Emissionsfaktoren, von Bedeutung. Die Fahr- und Verkehrsleistungsentwicklung ist abhängig von der Bevölkerungsentwicklung, dem Motorisierungsgrad, der Infrastrukturbereitstellung bzw. -kapazität, soziodemographischen Faktoren wie der Anzahl der Haushalte oder der Frauenmobilitätsgrad sowie von ordnungsrechtlichen und preislichen Rahmenbedingungen.

5 Prognose der verkehrsbedingten Luftschadstoffe in Deutschland

Bei der Schadstoffproduktivität dominiert naturgemäß die technologische Entwicklung der einzelnen Verkehrsmittel und -träger. Aber auch Faktoren wie die Zusammensetzung des Fahrzeugmixes und die durchschnittliche Fahrgeschwindigkeit sind von großer Bedeutung für die spezifische Emissionsentwicklung. Alle diese Faktoren und ihre Entwicklung in der Zukunft unterliegen einer gewissen Unsicherheit. Sie wurden aber bereits in zahlreichen Studien prognostiziert.

Deshalb wird für das eigene BAU-Szenario nicht erneut eine Prognose aller Faktoren erstellt sondern ein anderer Weg gewählt. Nur die zwei wesentlichen Entwicklungsfaktoren Fahr- bzw. Verkehrsleistung und spezifische Emissionsfaktoren werden aus bestehenden Prognosen in der Literatur abgeleitet, in dem ein arithmetisches Mittel für die jeweilige Entwicklung gebildet wird. Diesem Vorgehen liegt die Annahme zu Grunde, dass die Literaturprognosen um einen realistischen Durchschnittswert streuen. Außerdem ist fraglich, ob eine erneute Analyse aller vorgelagerten Einflussfaktoren die Ergebnisse der bereits mehrfach mit hohem Aufwand durchgeführten Untersuchungen verbessern kann. Dies gilt umso mehr, als in dieser Untersuchung die vorrangige Zielsetzung nicht in der Erstellung einer sehr detaillierten Basisprognose liegt, sondern diese nur als Grundlage für weitere Berechnungen benötigt wird. Wichtig erscheint aber, die Spannweite der bestehenden Prognosen sowohl hinsichtlich der Entwicklung der Fahr- und Verkehrsleistung als auch in Bezug auf die Emissionskoeffizienten transparent zu machen. Dies soll in den folgenden Abschnitten geschehen.

Untersucht werden für den inländischen Personenverkehr (PV) die Verkehrsmittel "Pkw-Otto", "Pkw-Diesel", "Motorrad", "Bus u.a.", "Bahn-Personen" und "Luft-national" sowie für den internationalen Verkehr zusätzlich die Kategorie "Luft-international", in der alle Flüge, die von Deutschland aus ins Ausland starten, erfasst werden. Aus Vereinfachungsgründen wird der bisher statistisch relativ unbedeutende Luftgütertransport unter den Luftpersonenverkehrs-Kategorien subsummiert. Unter dem Begriff Pkw werden immer Personenwagen und Kombi verstanden. Die Kategorie Motorrad beinhaltet Mopeds und Krafträder. Die Kategorie Bus u.a. besteht aus Kraftomnibussen und sonstigen Kraftfahrzeugen, die nicht zur Lastenbeförderung zugelassen sind, also Polizei- und Feuerwehrfahrzeuge, Krankenkraftwagen, Müllfahrzeuge und Wohnmobile (vgl. DIW, 1998:157). Hinter dem Aggregat Bahn-Personen verbirgt sich der gesamte schienengebundene Personenverkehr, also der Eisenbahnverkehr inklusive des S-Bahnverkehrs und der schienengebundenen ÖPNV (U-Bahn, Hoch- und Schwebebahn sowie Straßenbahn).

Im Güterverkehr (GV) werden die Verkehrsmittel "leichte Lkw", "schwere Lkw", "Bahn-Güter", "Binnenschifffahrt" sowie für den internationalen Verkehr zusätzlich die "Seeschifffahrt" betrachtet. Rohrleitungen fließen nicht mit in die Untersuchung ein. Die Kategorie "schwere Lkw" enthält alle Nutzfahrzeuge über 3,5 Tonnen zulässiges Gesamtgewicht, also Lastkraftwagen im Solo- und Zugbetrieb sowie die Sattelzüge. Bei den leichten Nutzfahrzeugen müsste eigentlich zwischen Otto- und Dieselbetrieb unterschieden werden. Da aber 1998 rund 90 % der leichten Nutzfahrzeuge mit

Dieselmotoren zugelassen wurden, werden für diese Untersuchung alle leichten Lkw als dieselbetrieben angenommen (vgl. Borken et al. 1999:14).

Bei den Straßenverkehrsmitteln im Personen- und Güterverkehr wird die Fahrleistungsentwicklung, gemessen in Kilometer (km), betrachtet und prognostiziert, da auch die Emissionskoeffizienten hier in der Regel in Gramm pro Kilometer (g/km) angegeben sind. Bei den Bahn-, Schiff- und Luftverkehrskategorien wird die Verkehrsleistung in Personenkilometern (pkm) oder Tonnenkilometern (tkm) zugrundegelegt. Hier werden auch die Emissionskoeffizienten in g/pkm bzw. g/tkm angegeben.

5.2 Prognose der Fahr- bzw. Verkehrsleistung

Die Analyse der Ausgangssituation in Bezug auf die Fahr- und Verkehrsleistung wird anhand der statistischen Zusammenstellungen des DIW "Verkehr in Zahlen 1998 und 2000" für die Jahre 1990 bis 1997 vorgenommen (vgl. DIW, 1998 und 2000). Verkehr in Zahlen unterscheidet nicht in leichte und schwere Lkw; diese Differenzierung erfolgt anhand der Berechnungen des Ifeu-Instituts (vgl. Borken et al., 1999). Für die beiden Luftverkehrskategorien wird als Datenquelle die ICAO-Statistik zu Airport Traffic aus dem Jahre 1995 verwendet, da die dort vorgenommene Abgrenzung des schwierig zu erfassenden Luftverkehrs sinnvoller als die Abgrenzung des DIW erscheint (vgl. IWW/Infras 2000:156ff)[61].

In der klimapolitischen Diskussion, insbesondere im Kyoto-Prozess, werden zur Zeit Emissionsreduktionen im Vergleich zum Basisjahr 1990 diskutiert. Für Deutschland ist dieser Zeitpunkt wiedervereinigungsbedingt problematisch, und auch im Verkehrsbereich sind seitdem enorme Strukturveränderungen zu verzeichnen. Für das Jahr 1990 existieren zumeist nur für die alten Bundesländer gesicherte Daten, und so wird das Basisjahr für diese Untersuchung auf 1995 gesetzt[62]. Insbesondere beim Eisenbahn- und Luftverkehr ist die statistische Erfassung bis 1995 verschiedentlich neu geregelt worden, sodass teilweise von der Basis 1995 auf 1990 zurückgerechnet werden muss.

Für die Prognosen der Fahr- und Verkehrsleistungen im BAU-Szenario werden die in der Tabelle 7 aufgelisteten Prognosen aus der Literatur verwendet. Aus allen Studien werden dabei die Basis- bzw. Business as usual-Szenarien betrachtet. Für jedes Verkehrsmittel bzw. jeden Verkehrsträger unterscheiden sich die Entwicklungsreihen der betrachteten Prognosen in ihrem Verlauf, in der Höhe des Gesamtanstiegs und natürlich auch in den absoluten Zahlenwerten. Für letzteres liegt eine Begründung in den unterschiedlichen Basisjahren der Untersuchungen, wobei allerdings das Basisjahr 1995 dominiert. Die Annahmen und Begründungen für die einzelnen Verläufe werden in den meisten Studien nicht transparent gemacht. Die Entscheidung, nicht einer Fahr-

---

[61] Die ICAO-Statistik rechnet die Verkehrsleistungen aller von deutschen Flughäfen gestarteten Flugzeuge als deutsche Luftverkehrsleistung unabhängig vom nationalen oder internationalen Ziel. Dagegen folgt das DIW einer räumlichen Abgrenzung, bezogen auf den deutschen Luftraum.
[62] Diese Basisjahr wird auch in den Kapiteln 7 bis 10 für die Berechnung der externen Kosten des Personenverkehrs verwendet.

und Verkehrsleistungsprognose aus der Literatur für diese Untersuchung zu folgen, sondern einen Mittelwert aus den existierenden Studien zu bilden, wird durch die Intransparenz bekräftigt.

Tabelle 7: **Zusammenstellung der verwendeten Prognosen der Fahr- und Verkehrsleistung aus der Literatur**[63]

Titel	Quelle	Pkw	Motorrad	Bus u.a.	Lkw	Bahn-Personen	Bahn-Güter	Binnenschifffahrt	Luft-national
External Costs of Transport	IWW/Infras, 2000	X	X	X	X	X		X	X
European Transport Report	Prognos, 2000	X	X		X	X	X		
Fahrleistungsentw. im SV (Ifeu)	Borken et al., 1999	X	X	X					
Klimaschutz in Deutschland	BMU, 1997	X	X	X	X	X	X	X	X
Shell – Neue Ordnung (NO)	Shell, 1999	X							
Shell – Kreative Vielfalt (KV)	Shell, 1999	X							
Verkehrsbericht 2000	BMVBW, 2000	X	X	X	X	X	X	X	X
Nachhaltiges Deutschland	UBA, 1997	X			X				
Nachhaltige Entw. in D (RWI)	Hillebrand et al., 2000	X	X	X	X	X	X	X	X

Für die Erstellung der eigenen "Meta"-Prognose sind die folgenden Schritte notwendig:

1. Bei den einzelnen Prognosen werden nicht die absoluten Veränderungen für jedes Verkehrsmittel betrachtet, sondern die prozentualen Steigerungen für die verschiedenen Untersuchungszeitschritte ermittelt.

2. Diese Wachstumsangaben werden auf das eigene Basisjahr 1995 und die statistischen Daten für dieses Jahr angewendet. So bezieht z. B. der Verkehrsbericht des BMVBV seine Prognose auf das Jahr 1997 und gibt Entwicklungen bis zum Jahre 2015 an. Die prozentualen Steigerungen für den Zeitraum von 18 Jahren werden auf die Fahr- und Verkehrsleistung des Jahres 1995 angewandt. Die Prozedur beseitigt sowohl das Problem der unterschiedlichen Basisjahre als auch das Problem unterschiedlicher Basisdaten für gleiche Jahre.

3. Die so neu ermittelten Prognosen werden, soweit notwendig, mit der Trendextrapolation bis zum Jahre 2020 fortgeschrieben. Werden, wie bei der RWI-Studie, die Prognoseergebnisse in Fünfjahresschritten angegeben, werden die Zwischenjahre mittels linearer Extrapolation ermittelt.

---

[63] Eine weitere recht prominente Untersuchung im Rahmen des EST-Projekts (Phase 2, Case Study Germany) kann aus zwei Gründen nicht für die eigene Prognose verwendet werden: Erstens werden dort nur Einschätzungen für das Zieljahr 2030 gegeben und zweitens unterscheiden sich die Grunddaten für 1990 in ihrer Aufteilung auf die Verkehrsmittel von der Datengrundlage der anderen Untersuchungen. Zu viele unsichere Annahmen wären für eine Übertragung notwendig (vgl. UBA/WI, 1997).

4. Aus den so normierten Einzelprognosen wird für jedes Jahr und Verkehrsmittel der Mittelwert als eigene Prognose der Fahr- und Verkehrsleistungen berechnet. Die Prognose für Luft-international ist analog zu Luft-national. Die Prognose für den internationalen Schiffsverkehr wird gebildet nach der durchschnittlichen Entwicklung im gesamten nationalen Güterverkehr.

Beim Vergleich der resultierenden Entwicklungen aus den Literaturszenarien mit den eigenen Mittelwerten ergeben sich große Unterschiede, wie für die wichtigsten Verkehrsmittel und -träger in Abbildung 10 aufgezeigt wird. Für die Fahrleistungsentwicklung des Pkw werden nicht alle neun Studien grafisch dargestellt, da ansonsten die Übersichtlichkeit nicht mehr gegeben wäre. Die Untersuchungen mit den extremsten Entwicklungen (Shell – Kreative Vielfalt mit der niedrigsten Prognose und RWI mit der höchsten) sind allerdings dargestellt. Zuerst einmal ist auffallend, dass alle Studien für alle Verkehrsmittel und -träger von einem Wachstum der Fahr- oder Verkehrsleistung ausgehen. Die Spannweiten sind beim Luftverkehr und bei der Pkw-Entwicklung am größten. So wird im Jahre 2020 mit 16 bis 30 Mrd. Personenkilometern im innerdeutschen Flugverkehr gerechnet, die eigene auf dem einfachen Durchschnitt basierende Prognose kommt zu einem Wert von rund 23 Mrd. pkm. Für diese Untersuchung ausschlaggebend ist die Entwicklung im Pkw-Verkehr. Für das Jahr 2020 werden 550 bis 720 Mrd. Fahrzeugkilometer erwartet, die eigene Prognose liegt bei rund 652 Mrd. km. Auch der Bahn-Personenverkehr wird wachsen, aber weniger stark als der gesamte Pkw-Verkehr. Die eigene Prognose ergibt eine Wert von rund 104 Mrd. Personenkilometer im Jahr 2020 im Vergleich zu 83,5 Mrd. pkm im Jahr 1995.

Abbildung 10: Fahr- und Verkehrsleistungsentwicklung in Basisszenarien

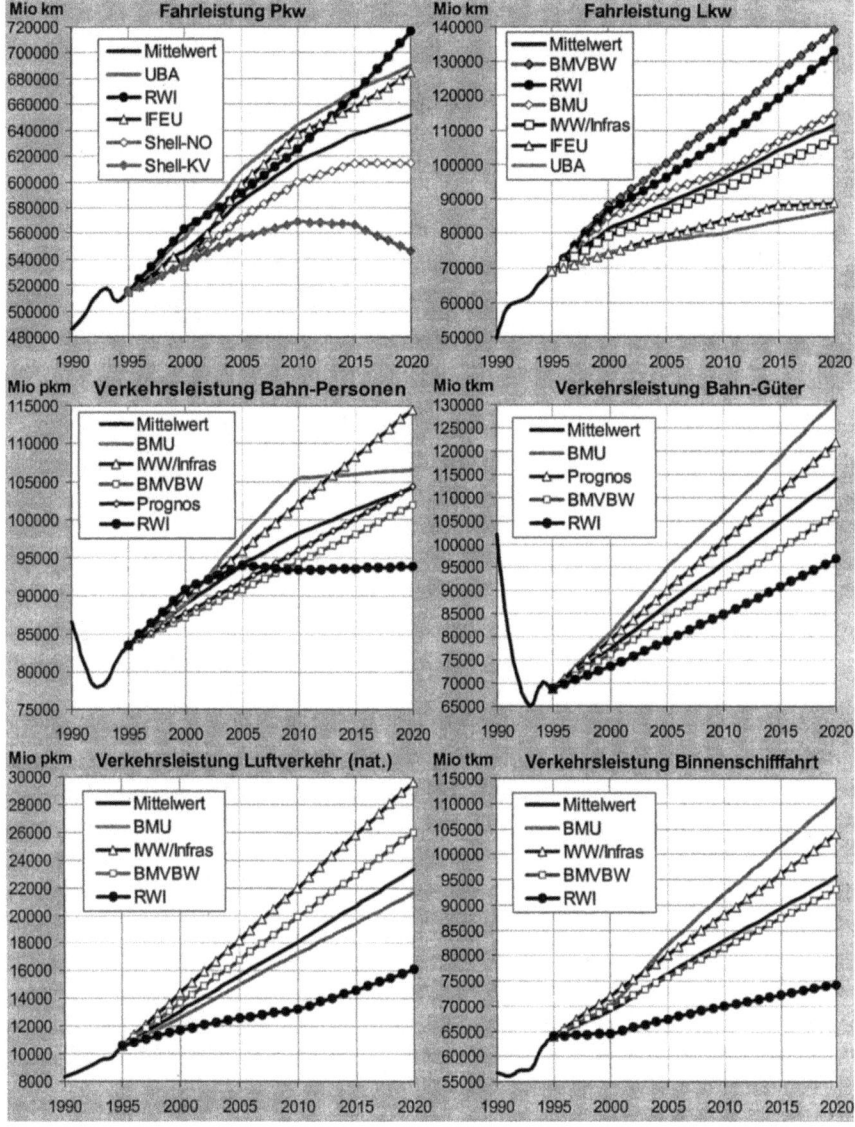

Quellen siehe Tabelle 7

Einen Überblick der Wachstumsraten für die einzelnen Verkehrsmittel und –träger gibt die Abbildung 11. Die mit Abstand höchsten Wachstumsraten weist der Luftverkehr aus. In den betrachteten Studien wird zumeist der Luftverkehr nicht in national und international differenziert. Wenn doch, weisen beide Entwicklungen dieselben Wachstumsraten aus. Diese Nichtdifferenzierung wird als Schwäche angesehen, da der internationale Luftverkehr, nach eigener Ansicht, ein wesentlich größeres Entwicklungspotenzial aufweist. Die gemittelte Prognose im eigenen BAU-Szenario wird als verhältnismäßig niedrig angesehen, da z. B. das EST-Szenario mehr als eine Versechsfachung des Luftverkehrs bis zum Jahre 2030 ausweist (vgl. UBA/WI, 1997:360).

Abbildung 11: **Entwicklung der Fahr- und Verkehrsleistung im BAU-Szenario (normiert auf 1 im Jahre 1995)**

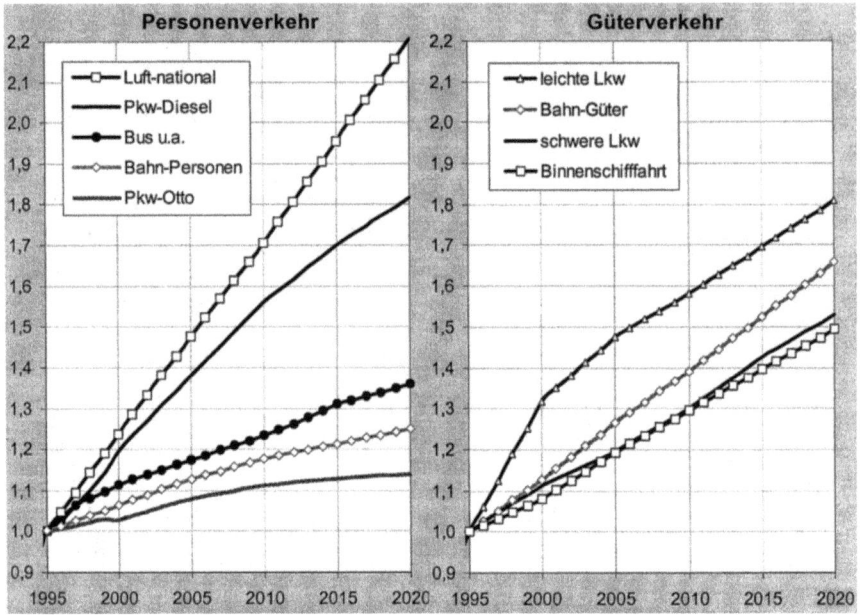

Etwas erstaunt vielleicht das Wachstum der Bahn insbesondere im Güterverkehr. Hier wird anscheinend in den meisten Basisprognosen davon ausgegangen, dass die Rahmenbedingungen auch ohne weitere verkehrspolitische Maßnahmen eine solche Steigerung in der Zukunft zulassen. In diesem Zusammenhang muss bedacht werden, dass sowohl im Personen- als auch im Güterverkehr der Bahn von 1990 bis 1995 ein deutlicher Rückgang der Verkehrsleistung zu verzeichnen war. Die neusten Zahlen der Deutsche Bahn Cargo AG belegen allerdings mit über 80,6 Mrd. tkm im Jahre 2000 die Prognose bzw. zeigen sogar noch eine höhere Steigerung (Deutsche Bahn, 2001:5). Im Ganzen weist der Güterverkehr, wie bereits angedeutet, auch in Deutschland weit höhere Wachstumsraten aus als der Personenverkehr. Besonders Transporte mit kleinen, leichten Lkw werden der Prognose zufolge sehr stark auf fast das Doppelte zunehmen.

Für die CO_2-Emissionsentwicklung am bedeutsamsten ist die Entwicklung der Pkw-Fahrleistung. Nach der eigenen Prognose wird diese in den Jahren von 1995 bis 2020 um 26,5 % ansteigen. Sehr unterschiedlich verläuft die Entwicklung für Pkw-Otto und Pkw-Diesel. Erstere Kategorie wird nur um rund 14 % zulegen (von 420.054 Mio. km im Jahr 1995 auf 479.205 Mio. km im Jahr 2020), während die Fahrleistung der Diesel-Pkw um über 80 % steigen wird (von 94.812 Mio. km im Jahr 1995 auf 172.297 Mio. km im Jahr 2020). Damit wird der Fahrleistungsanteil des Pkw-Diesel an der gesamten

Pkw-Fahrleistung von heute rund 18,4 % (1995) auf über 26,4 % (2020) steigen. Die Aufteilung der Pkw in Otto- und Dieselbetrieb ergibt sich als Durchschnitt aus Daten vom Ifeu und Angaben aus dem EST-Projekt Phase 2, Country Case Study Germany (vgl. Ifeu, 2000 und UBA/WI, 1997:359). Die beiden Studien geben sehr unterschiedliche Entwicklungen des Diesel-Anteils an. Während das Ifeu sogar mit einer leichten Reduktion auf rund 17 % rechnet, beziffern die Autoren der EST Case Studie den Dieselanteil im Jahre 2020 mit über 35 %. Hier offenbart sich ganz offensichtlich ein Konflikt bei der Annahmensetzung der Szenarien. Während das Ifeu anscheinend die luftverschmutzungsbedingte Gefahr des Diesels höher gewichtet und damit einen niedrigeren Anstieg der Zulassungszahlen und Fahrleistung prognostiziert, gewichtet das EST-Szenario die Klimagefährdung der Otto-Pkw höher und prognostiziert somit einen deutlichen Umsteigeeffekt auf den Diesel-Pkw für die Zukunft. Beide Argumentationen sind plausibel. Die Einführung des Dieselpartikelfilters, der in einigen französischen Modellen bereits Standard ist, wird auch in Deutschland den Dieselanteil erhöhen. Allerdings muss mit einer Zeitverzögerung gerechnet werden, sodass auch hier ein Mittelweg für die eigene Prognose bis zum Jahre 2020 als angebracht erscheint.

Um einen Vergleich zwischen den Verkehrsleistungen der einzelnen Verkehrsmittel durchzuführen, bedarf es für die in Fahrleistung bemessenen Straßenverkehrsmittel einer Prognose der Auslastungsgrade. In den untersuchten Studien finden sich zumeist keine expliziten Annahmen, und so wird für den Pkw eine Trendextrapolation basierend auf den Angaben aus Verkehr in Zahlen für die Jahre 1991 bis 1999 vorgenommen (vgl. DIW, 2000). Im Jahr 1995 betrug die durchschnittliche Auslastung 1,42 Personen je Auto, diese fällt kontinuierlich auf 1,36 im Jahr 2020. Dies spiegelt den weitergehenden leichten Trend zur Individualisierung im MIV wider. Für Bus und andere Straßenverkehrsmittel zeigt sich für die Jahre 1991 bis 1999 ein relativ konstanter Auslastungsgrad von 8 bis 9 Personen je Bus. Aufgrund fehlender Annahmen und Entwicklungstendenzen wird der 1999er Wert von 8,3 für die Folgejahre bis zum Jahr 2020 konstant angesetzt. Für die Straßengütertransporte zeigen sich zwei gegenläufige Tendenzen: Zum Einen werden Leerfahrten durch optimierte Logistikverfahren zunehmend vermieden, aber auf der anderen Seite steigt auch der Anteil der Kurzstreckentransporte. Aus den historischen Daten der Jahre 1991 bis 1999 lässt sich kein eindeutiger Gesamttrend ablesen, deshalb wird auch hier der 1999er Wert von durchschnittlich 4,3 Tonnen je Lkw bis zum Jahr 2020 angesetzt. Die sich ergebenden Personen- und Güterverkehrsleistungen sind in der Tabelle 8 zusammengefasst.

Der Anteil des MIV (Pkw und Motorrad) am Modal Split im Personenverkehr wird von 82 % im Jahre 1995 auf 81 % im Jahre 2020 sinken. Dies bedeutet praktisch keine Veränderung. Das gleiche gilt für die öffentlichen Verkehrsmittel Bahn, ÖPNV und Bus. Nur der innerdeutsche Luftverkehr wird von knapp 1,2 % im Jahre 1995 auf über 2 % im Jahre 2020 zulegen. Die relativ deutliche Konstanz des Modal Splits im Personenverkehr zeigt, dass der Trend der letzten Jahrzehnte zu einer immer stärkeren Nutzung des "privaten" Verkehrsmittels Auto schon in der Basisprognose (BAU-Szenario) für Deutschland gebrochen ist. Die größten Veränderungen ergeben sich, wie bereits erläutert, bei den Anteilen von otto- und dieselbetriebenen Pkw. Im Ganzen wird der Personenverkehr, gemessen an der Verkehrsleistung im Jahr 1995, um 23,1 % bis zum Jahr 2020 wachsen.

Tabelle 8: Verkehrsleistung im Personen- und Güterverkehr für die Jahre 1995, 2005 und 2020; prozentuale Anteile am Modal Split

Verkehrsmittel	1995 Mio. pkm	%	2005 Mio. pkm	%	2020 Mio. pkm	%
Motorrad	12.818	1,4	15.002	1,5	17.619	1,6
Bus u.a.	68.500	7,6	72.659	7,2	84.078	7,5
Pkw	**730.082**	**80,6**	**813.545**	**80,5**	**885.392**	**79,4**
Pkw-Otto	*595.638*	*65,8*	*631.547*	*62,5*	*651.240*	*58,4*
Pkw-Diesel	*134.444*	*14,9*	*181.998*	*18,0*	*234.152*	*21,0*
Bahn-Personen	83.470	9,2	94.073	9,3	104.195	9,4
Luft-national	10.585	1,2	15.618	1,5	23.341	2,1
Personenverkehr	**905.455**	**100**	**1.010.898**	**100**	**1.114.626**	**100**
	Mio. tkm	%	Mio. tkm	%	Mio. tkm	%
Lkw	279.700	67,8	380.427	70,0	479.273	69,6
Bahn-Güter	68.800	16,7	86.967	16,0	113.994	16,5
Binnenschifffahrt	64.000	15,5	76.250	14,0	95.567	13,9
Güterverkehr	**412.500**	**100**	**543.644**	**100**	**688.834**	**100**

Der gesamte Güterverkehr wird dagegen im gleichen Zeitraum um rund 67 % zunehmen. Nach der BAU-Prognose wächst der Lkw-Verkehr von 1995 bis 2020 um 71,4 %, der Güterverkehr der Bahn um 65,7 % und der Binnenschifffahrtstransport um 49,3 %. Der Modal Split wird auch im Güterverkehr relativ konstant bleiben mit einem leichten Plus für den Straßentransport und einem leichten Minus für die Wasserstraßen.

5.3 Prognose der Schadstoffemissionskoeffizienten

Für die Entwicklung der Schadstoffemissionskoeffizienten wird ein anderes Vorgehen für die Prognose angewendet als bei den Fahr- und Verkehrsleistungen, da nur wenige Studien explizit Angaben über die Entwicklung der Emissionskoeffizienten machen. Ziel der Analyse der Ausgangssituation ist, nicht nur die Entwicklung der CO_2-Emissionskoeffizienten wie auch der anderen verkehrsbedingten spezifischen Luftschadstofffaktoren für alle Verkehrsmittel von 1990 bis 1997 aufzuzeigen, sondern auch, basierend auf den ermittelten Fahr- und Verkehrsleistungen, einen Abgleich mit den CO_2-Emissionen des Verkehrs nach der UNFCCC [United Nations Framework Convention on Climate Change] - Statistik zu erzielen (vgl. UNFCCC, 2000). Diese statistische Aufarbeitung wurde als Grundlage für die CO_2-Prognose gewählt, da sie in der Klimapolitik das offizielle Datenmaterial darstellt und damit allgemein anerkannt ist. Als Ausgleichsgröße für den Abgleich wird in dieser Untersuchung die Kategorie "CO_2-Emissionsfaktoren für Bus u.a." gewählt, da in diesem Aggregat ohnehin verschiedene inhomogene Straßenverkehrsmittel subsummiert sind. Im Einzelnen wird bei der Analyse und Prognose der Emissionsfaktoren wie folgt vorgegangen:

Für die Kategorie Pkw wird in einem ersten Schritt die Entwicklung des durchschnittlichen Verbrauchs in Litern je 100 km prognostiziert. Dazu wird sowohl die Entwicklung des Durchschnittsverbrauchs der Neuzulassungen als auch des Bestandes an Pkw betrachtet. Die eigene Prognose ergibt sich, wie bei der Fahrleistung, als einfacher Durchschnitt aus vier Literaturprognosen:

- Berechnungen des Ifeu Instituts mit dem Emissionsmodell TREDMOD (vgl. Ifeu, 2000),
- Shell-Studie "Mehr Autos – weniger Emissionen", Szenario "Kreative Vielfalt (KV)" (vgl. Shell, 1999:25ff)
- Shell-Studie "Mehr Autos – weniger Emissionen", Szenario "Neue Ordnung (NO)" (vgl. Shell, 1999:25ff)
- Entwicklung gemäß der "Freiwilligen Vereinbarung" zwischen der Europäischen Union und dem Europäischen Verband der Automobilhersteller (ACEA) (vgl. VDA, 1999:127f)

Abbildung 12: Durchschnittsverbrauchsentwicklung der Neuzulassungen und des Bestandes an Pkw in Deutschland (1990 bis 2020)

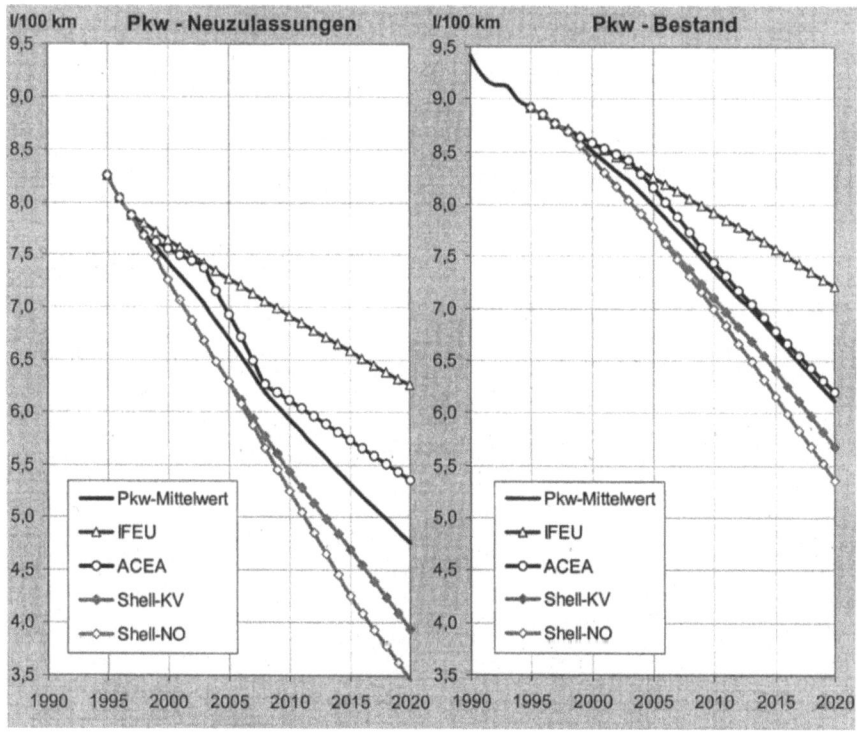

In der Ausgangssituation in den Jahren 1990 bis 1997 stimmen alle Studien mit den statistischen Angaben aus Verkehr in Zahlen 2000 überein (vgl. DIW, 2000:283). Die

Abbildung 12 zeigt, dass der Durchschnittsverbrauch aller Pkw von heute (1995) knapp 9 Litern je 100 km auf rund 6,1 Litern im Jahre 2020 sinken wird.

An dieser Stelle erscheint es relevant erneut darauf hinzuweisen, dass das BAU-Szenario bereits zugesagte Fortschritte, wie die Vereinbarung mit dem ACEA, oder auch gut voraussehbare Entwicklungen, wie die maßvolle Einführung alternativer Antriebsarten bei Personenkraftwagen, die sich in der Shell-Prognose "Neue Ordnung" wiederfinden, enthält. Insofern weicht das eigene BAU-Szenario von einigen Basisszenarien in der Literatur ab. Auf der anderen Seite könnte die eigene Prognose aber gerade im Hinblick auf die Treibstoffeffizienzgewinne beim Pkw zu optimistisch sein, da in den letzten Jahren auch eine Entwicklung hin zur immer materialintensiveren Autos stattfindet. Man denke nur an die Aufrüstung der Pkw zu voll funktionsfähigen Kommunikationszentralen.

In einem zweiten Schritt wird basierend auf der eigenen Prognose für alle Pkw zwischen Otto- und Diesel-Pkw differenziert. Diese Differenzierung stützt sich auf die Daten aus Verkehr in Zahlen für die Jahre 1990 bis 1997 und die Berechnungen des Ifeu-Instituts für die Prognose (vgl. DIW, 2000:283 und Ifeu, 2000). Beim Otto-Pkw kommt es zu einer Reduzierung von 9,2 auf 6,3 Litern je 100 km und beim Diesel von 7,6 auf 5,3 Litern je 100 km für den Zeitraum vom Jahr 1995 bis zum Jahr 2020. Im dritten Schritt werden die so ermittelten Durchschnittsverbrauche mit den spezifischen konstanten Emissionskoeffizienten für Gramm CO_2 je Liter Treibstoff (g CO_2/l) multipliziert. Für Otto-Treibstoffe ist der Koeffizient 2324,1 g CO_2/l und für Diesel 2618,4 g CO_2/l[64]. So ergeben sich die spezifischen jährlichen CO_2-Emissionsfaktoren für die beiden Pkw-Kategorien, die in Tabelle 9 zusammengefasst sind:

Tabelle 9: Prognostizierte CO_2-Emissionsfaktoren für Pkw (in g CO_2/km)

	1990	1995	2000	2005	2010	2015	2020
Pkw-Otto	225,4	214,0	202,9	190,7	175,7	160,4	145,8
Pkw-Diesel	204,2	199,8	193,0	181,4	167,1	152,6	138,7
Pkw (gesamt)	222,0	211,4	200,8	188,6	173,6	158,5	143,9

Für die anderen Straßenverkehrsmittel Motorrad, Bus u.a., leichte Lkw und schwere Lkw wird die Entwicklung der CO_2-Emissionsfaktoren aus dem Handbuch für Emissionsfaktoren des Straßenverkehrs entnommen bzw. angeglichen. Das Handbuch beinhaltet Emissionsfaktoren für alle Straßenverkehrsmittel in verschiedenen Fahrsituationen und Geschwindigkeiten für die Jahre 1985 bis 2010. Diese großangelegte Studie wurde vom Infras-Institut mit Unterstützung des Ifeu-Instituts (für die deutschen Daten) im Auftrag des Umweltbundesamtes und des schweizerischen Bundesamtes für Umwelt, Wald und Landschaft 1995 abgeschlossen (vgl. Infras, 1995). Für motorisierte

---

[64] Die Werte ergeben sich aus den Angaben zu den spezifischen Emissionen g CO_2/g Treibstoff nach UBA/ Infras (1995:9) (3,0885 g CO_2/ g Benzin, 3,1171 g CO_2/ g Diesel) und der spezifischen Dichte der Treibstoffe in g/l nach Aral (1998:8) (752,5 g/l Otto, 840 g/l Diesel).

Zweiräder und "leichter Lkw" werden die ermittelten CO_2-Emissionsfaktoren bis zum Jahre 2010 direkt übernommen[65] und bis zum Jahre 2020 mit einer Trendextrapolation prognostiziert. Für das Jahr 2020 resultiert bei den Motorrädern ein Emissionsfaktor von 95,3 g CO_2/km (118,3 g CO_2/km in 1995). Die Emissionsfaktoren der leichten Lkw reduzieren sich jährlich um 0,7 bis 1,0 % von 312,2 g CO_2/km im Jahre 1995 auf 252,7 g CO_2/km im Jahre 2020.

Etwas schwieriger gestaltet sich die Ermittlung der Durchschnittsverbrauchswerte bzw. der Emissionsfaktoren für das Aggregat "schwere Lkw" (Lastkraftwagen über 3,5 Tonnen im Solo- und Zugbetrieb sowie Sattelzüge). Angelehnt wird die Prognose an den Mix aus Fahrsituationen, der auch bei der Berechnung für die Kategorien Motorrad und leichter Lkw verwendet wird. Im Vergleich zu den CO_2-Emissionsfaktoren aus der Studie von IWW/Infras (2000) sind die ermittelten Werte auf Basis des Handbuchs für Emissionsfaktoren aber sehr hoch. Ab dem Jahr 2000 greift zusätzlich eine Vereinbarung mit dem ACEA, die jährlich eine Emissionskoeffizientenreduktion von 0,36 % im Jahr 2000 bis 0,18 % im Jahr 2020 vorsieht. Nach den Berechnungen des Handbuchs für Emissionsfaktoren wären nur jährliche Absenkungen von 0,1 bis 0,02 % vorgesehen. Aus all diesen Faktoren ergeben sich durchschnittliche CO_2-Emissionsfaktoren für den schweren Lkw von 835,6 g CO_2/km im Jahre 1995 und 792,3 g CO_2/km im Jahre 2020.

Theoretisch verbietet sich die Bestimmung eines gemeinsamen Emissionsfaktors für das Aggregat "Bus u.a.". Die darin eingehenden Verkehrsmittel Busse und sonstige Kraftfahrzeuge zeigen ein völlig inhomogenes Emissionsverhalten je gefahrenen Kilometer. Deshalb wird diese Größe auch als Puffer für die CO_2-Prognose verwendet, um auf die UNFCCC-CO_2-Werte für die Jahre 1990 bis 1997 zu kommen. Die errechneten Werte schwanken zwischen 650 und 1120 g CO_2/km. Inhaltlich sollten die Emissionsfaktoren an die Entwicklung bei den Bussen angenähert sein, die im gleichen Zeitraum nach den Berechnungen mit dem Handbuch für Emissionsfaktoren von 1021 auf 1001 g CO_2/km abnehmen. Würden diese Faktoren angesetzt, käme es in gewissen Jahren zu Abweichungen der gesamten CO_2-Emissionen des deutschen Verkehrs von den UNFCCC Werten von knapp 1 %, was nicht sehr viel ist. Um dies aber zu vermeiden, werden die Schwankungen bei den CO_2-Emissionskoeffizienten in der Kategorie Bus u.a. hingenommen. Ab dem Jahr 1998 werden für die Prognose die Emissionsfaktoren für Busse aus dem Handbuch angesetzt, die sich von 972,4 g CO_2/km in 2000 bis auf 876,8 g CO_2/km in 2020 reduzieren.

---

[65] Dabei werden die Durchschnittskoeffizienten als Mittelwert aus den spezifischen Koeffizienten für fünf Fahrsituationen berechnet. Es fließen ein: Autobahn ohne Tempolimit (AB>120), Durchschnittsgeschwindigkeit: 130 km/h, Autobahn mit Tempolimit 100, Ø: 110 km/h (AB 100), Innerorts-Hauptverkehrsstraße, vorfahrtsberechtigt, mittlere Störung, Ø: 39,1 km/h, (IO HVS3), Innerorts Stop+Go, Ø: 5,3 km/h (IO Stau) und Außerorts-Straße guter Ausbaugrad, gerade, Ø: 76,7 km/h (AO 1). Letztere wird doppelt gewertet. Die Koeffizienten dieser fünf Fahrsituationen werden auch bei der Berechnung für die anderen Straßenverkehrsmittel gemittelt. Zu einer detaillierteren Beschreibung des Emissionsmodells siehe auch Kapitel 8.1.

Für die Verkehrsmittel Bahn, Luft und Schiff werden, basierend auf der Ausgangsentwicklung der Jahre 1990 bis 1997, Annahmen für die jährliche prozentuale Reduktion getroffen. Diese werden aus den Angaben in der Literatur entnommen bzw. an diese angelehnt. Ausgangspunkt sind die Emissionsfaktoren, die sich für die deutschen Nicht-Straßenverkehrsmittel aus der Studie von IWW/Infras für das Jahr 1995 ergeben (vgl. IWW/Infras, 2000:158ff und 207). Für die Kategorien Bahn-Personen und Bahn-Güter wird die Entwicklung des spezifischen Traktionsenergieverbrauchs (gemessen in kWh/pkm+tkm, vgl. Deutsche Bahn, 2001b:18) auf den jeweiligen Emissionsfaktor für das Jahr 1995 angewendet und so die Entwicklung der CO_2-Emissionsfaktoren der Jahre 1990 bis 1998 nachgezeichnet. Für den Personenverkehr (Güterverkehr) ergibt sich so eine Steigerung von 47,2 g CO_2/pkm (52,7 g CO_2/tkm) im Jahre 1990 über 52,2 g CO_2/pkm (58,3 g CO_2/tkm) im Jahre 1995 bis 53,8 g CO_2/pkm (60,1 g CO_2/tkm) im Jahre 1998. Technologische Einsparpotenziale sind bei der Bahn gegeben durch die Rückspeisung der Bremsenergie in das Netz, den Einsatz von Neigezugtechniken sowie eine Verbesserung der Betriebsleit- und Sicherungstechnik (vgl. BMU, 2000b:240f). Die CO_2-Emissionen der Bahn können auch durch eine Veränderung des Fuel-Mixes bzw. eine Modifikation des Kraftwerkparks erreicht werden. So könnte die Bahn durch den verstärkten Einsatz erneuerbarer Energien bei der Bahnstromerzeugung ihre CO_2-Bilanz deutlich verbessern. Deshalb wird für den Bahnpersonenverkehr in der Zukunft jährlich eine Senkung des CO_2-Emissionsfaktors von 0,8 % angenommen, während für den Güterverkehrbereich nur 0,5 % jährlich angesetzt werden. Letzteres wird begründet durch eine wahrscheinliche Steigerung der Geschwindigkeit, welche die Verbrauchsminderung teilweise kompensieren. Im Basisszenario des Verkehrsberichts (sogenanntes "Laisser-faire-Szenario") wird eine Steigerung der Produktivität der gesamten Bahn von 7 % in 18 Jahren (von 1997 bis 2015) erwartet (vgl. BMVBW, 2000:60). Die eigenen Annahmen liegen damit etwas höher. Bis zum Jahre 2020 werden so die CO_2-Emissionsfaktoren auf 45,1 g CO2/pkm und 53,8 g CO2/tkm sinken.

Beim Luftverkehr wurden in den Jahren 1990 bis 1993 sehr starke spezifische Verbrauchsminderungen erreicht, wie aus dem Umweltbericht der Lufthansa AG zu entnehmen ist (vgl. Deutsche Lufthansa, 1997 und 2001:6). Diese gingen allerdings bis zum Jahr 1998 deutlich zurück. Auch wenn das BMU für die Zukunft mit jährlich fast 2 % Verbrauchsreduktion rechnet (vgl. BMU, 2000b:241), wird wegen der Abflachung der Verbrauchsminderung in den letzten Jahren dieser Prognose nicht gefolgt und analog zum Bahn-Personenverkehr eine jährliche Minderung um 0,8 % angenommen. Basierend auf dem CO_2-Emissionsfaktor für Luft-national aus IWW/Infras (2000:159 und 207) werden über die spezifische Flottenverbrauchsentwicklung die Werte für die Jahre 1990 bis 1998 abgeleitet. Für das Jahr 1995 ergibt sich für den nationalen Luftverkehr ein CO_2-Emissionskoeffizient von 160,1 g CO_2/pkm, der aufgrund der eigenen Prognose auf 129,7 g CO_2/pkm bis zum Jahr 2020 sinkt. Die Emissionskoeffizienten für die Kategorie Luft-international werden für die Jahre 1990 bis 1997 aus den eigens statistisch erfassten CO_2-Emissionen der UNFCCC (2000) und der eigenen Prognose der Verkehrsleistung zurückgerechnet. Die Prognose der CO_2-

Emissionskoeffizienten erfolgt analog zu Luft-national und ergibt 138,4 g CO_2/pkm für das Jahr 1995 und 112,1 g CO_2/pkm für das Jahr 2020.

Abbildung 13: **Entwicklung der CO_2-Emissionskoeffizienten für ausgewählte Personen- und Güterverkehrsmittel (normiert auf 1 im Jahre 1990)[66]**

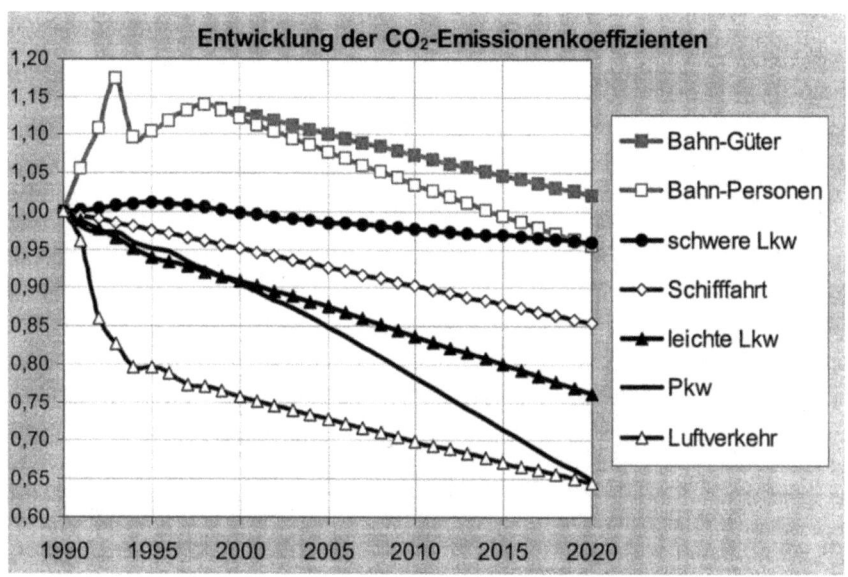

Für die dieselbetriebenen Binnenschiffe werden ebenso große Verbrauchsreduktionspotenziale angenommen. Das BMU spricht von 5 % in 10 Jahren (vgl. BMU, 2000b:242) und der Verkehrsbericht sogar von 25 % in 18 Jahren (vgl. BMVBW, 2000:60). Der niedrigeren Prognose wird hier gefolgt und damit eine jährliche Reduktion um 0,5 % angenommen, die in Analogie zur Entwicklung im Bahn-Güterverkehr steht. Für das Jahr 1995 ergibt sich ein Koeffizient von 31,0 g CO_2/tkm, der auf 27,1 g CO_2/tkm im Jahr 2020 zurückgeht. Vergleichbar zum internationalen Luftverkehr werden auch die Seeschifffahrtsemissionskoeffizienten aus der UNFCCC-Statistik und der eigenen Prognose der Verkehrsleistung für die Jahre 1990 bis 1997 zurückgerechnet. Bei der Seeschifffahrtstechnologie wird die gleiche prozentuale Entwicklung wie bei der Binnenschifffahrt für die Zukunft angenommen. Es ergeben sich 6,8 g CO_2/tkm im Jahre 1995 und 5,9 g CO_2/tkm im Jahre 2020. Die Entwicklung aller betrachteten CO_2-Emissionskoeffizienten ist in Abbildung 13 zusammengefasst.

Alle weiteren spezifischen Emissionsfaktoren für die Luftschadstoffe NO_x, PM, VOC, und CO werden für die untersuchten Straßenverkehrsmittel aus den Berechnungen des

---

[66] Aus Gründen der Übersichtlichkeit wird im Gegensatz zur Fahr- und Verkehrsleistung die Entwicklung der Emissionskoeffizienten schon ab dem Jahr 1990 aufgezeigt. Dadurch werden auch die historischen Verläufe von 1990 bis 1997 im Verhältnis zu der prognostizierten Entwicklung transparent.

Ifeu-Instituts entnommen (vgl. Borken et al., 1999 und Ifeu, 2000). Für die Entwicklung der Emissionsfaktoren beim Pkw ist insbesondere der Technologiewechsel relevant. Darin drückt sich aus, dass immer mehr Fahrzeuge mit neuen Motoren- und Abgastechnologien (z. B. verbesserte Katalysatoren) zum Einsatz kommen. Bedingt wird dieser Wechsel unter anderem durch verschärfte Abgasvorschriften mit der Konsequenz für die Schadstoffnorm der Neuzulassungen. Die Abbildung 14 zeichnet das Bild des Technologiewechsels für die Jahre 1985 bis 2001 nach.

Abbildung 14: Zugelassene Pkw nach Schadstoffklassen in Deutschland für die Jahre 1985, 1990, 1995 und 2001

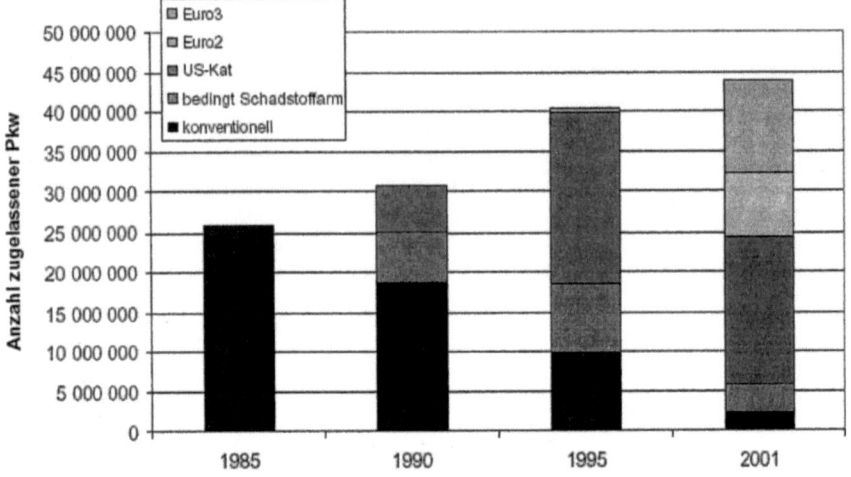

Quelle: ADAC (2001:10)

Für die Nicht-Straßenverkehrsmittel sind keine Abschätzungen der Entwicklung der Luftschadstoffemissionskoeffizienten verfügbar. Nur für das Jahr 1995 bietet die Untersuchung von IWW/Infras Daten zu Verkehrsleistung und Emissionen, anhand derer spezifische Emissionsfaktoren für jedes Nicht-Straßenverkehrsmittel für die Luftschadstoffe NO_x, PM, VOC, und CO zurückgerechnet werden. Für das Gesamtbild der klassischen Luftschadstoffe spielen die Verkehrsträger Schiene, Luft und Wasser eine untergeordnete Rolle. Trotzdem soll hier eine Abschätzung der Entwicklung vorgenommen werden. Deshalb wird basierend auf den Emissionsfaktoren für das Jahr 1995 die Entwicklung der Nicht-Straßenverkehrsmittel analog zu der Entwicklung der Emissionsfaktoren der schweren Lkw vorgenommen (d. h. gleiche prozentuale Änderung). Dies ist eine stark vereinfachenden Annahme, die aufgrund des Dieselantriebs von Binnenschifffahrt und teilweise auch von Bahn-Güter- und Bahn-Personenverkehr vertretbar erscheint. Die Entwicklung der Emissionsfaktoren für NO_x und PM ist in der Abbildung 15 für die Straßenverkehrsmittel dargestellt.

Abbildung 15: Entwicklung der spezifischen Emissionskoeffizienten für die Straßenverkehrsmittel für NO_x und Partikel (PM) (normiert auf 1 im Jahre 1995)

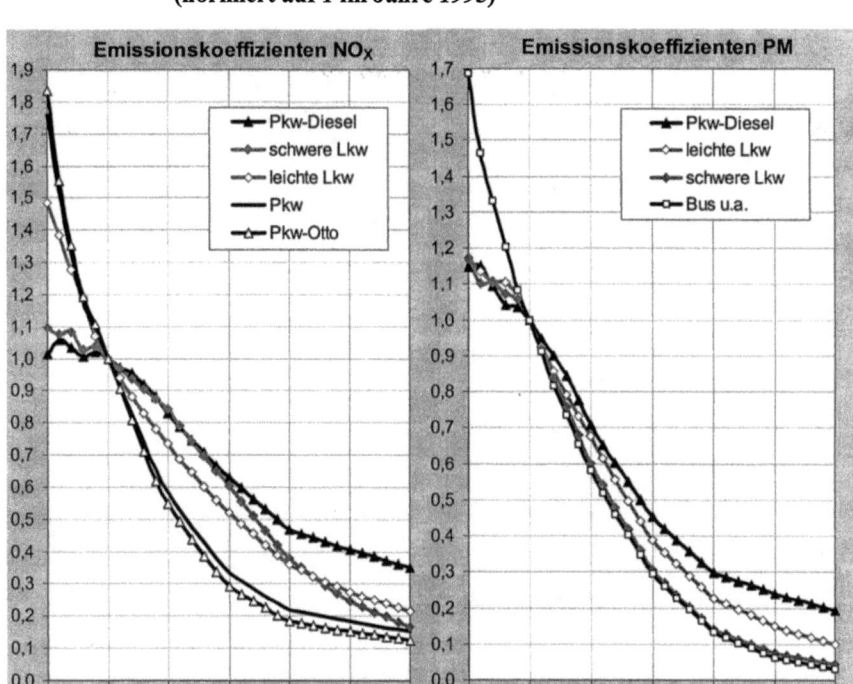

5.4 Entwicklung der verkehrsbedingten Treibhausgase

5.4.1 Ergebnisse der CO_2-Prognose im BAU-Szenario

Nachdem die Fahr- bzw. Verkehrsleistungen und die spezifischen Schadstoffemissionskoeffizienten für alle untersuchten Verkehrsmittel prognostiziert worden sind, erfolgt im letzten Schritt die Berechnung der jährlichen Emissionen für den Untersuchungszeitraum vom Jahre 1990 bis zum Jahr 2020. Begonnen wird mit der Entwicklung der CO_2-Emissionen im BAU-Szenario als Produkt aus Fahr- bzw. Verkehrsleistung und spezifischem CO_2-Emissionskoeffizient. Die BAU-CO_2-Prognose für den gesamten deutschen nationalen und internationalen Verkehr (mit Luft-international und Seeschifffahrt) ist in der Abbildung 16 zusammengefasst. Dabei zeichnen die Werte für die Jahre 1990 bis 1997 genau die deutsche UNFCCC-CO_2-Statistik für den Verkehr nach. Die Emissionen im Verkehrssektor sind im Gegensatz zu allen anderen Wirtschaftsbereichen in diesem Zeitraum weiter angestiegen und zwar um rund 9,5 % (basierend auf dem 1990er Ausgangswert von 162,3 Megatonnen (Mt) CO_2).

Abbildung 16: Entwicklung der CO_2-Emissionen des Verkehrs in Deutschland bis zum Jahre 2020 (Basis: UNFCCC-Werte 1990 bis 1997)

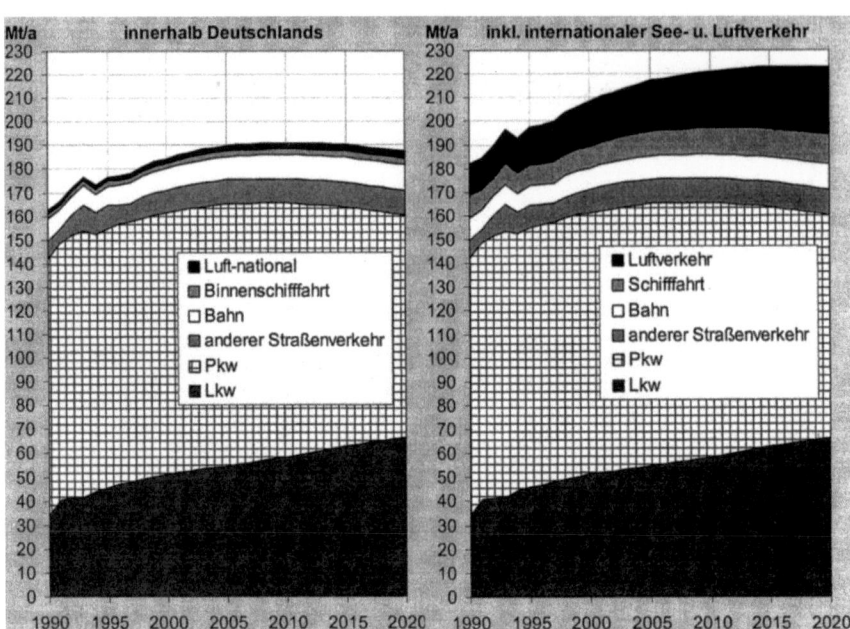

Nach dem eigenen BAU-Szenario wird die Spitze in Bezug auf den nationalen Verkehr (linke Abbildungsseite) im Jahre 2010 mit 190,8 Mt CO_2 erreicht sein, wobei zwischen den Jahren 2005 und 2015 praktisch eine konstante Entwicklung prognostiziert wird. Danach beginnen die CO_2-Emissionen des Verkehrs langsam zu fallen. Für das Jahr 2020 ergibt sich eine Steigerung gegenüber dem Jahr 1990 von 15,3 %, für das Jahr 2010 immerhin um 17,6 %. Im unteren Segment der Abbildung ist die Entwicklung der Emissionen der Lkw abgebildet. Hier sieht man ein ungebrochenes Wachstum, das sich aus der kräftigen, erwarteten Steigerung der Fahrleistung bei gleichzeitig nur schwacher Verbesserung bei der CO_2-Effizienz begründet. Die Emissionen der Verkehrsträger Schiene und Wasser verharren relativ konstant auf niedrigem Niveau, während der CO_2-Ausstoß der Pkw ab dem Spitzenwert im Jahre 2003 trotz steigender Fahr- und Verkehrsleistung bis zum Jahre 2020 fällt.

Wird der internationale Verkehr mit einbezogen, zeigt sich ein leicht modifiziertes Bild (rechte Abbildungsseite): Der höchste Wert ist erst im Jahre 2018 erreicht und die Emissionen verharren auch über das Jahr 2020 hinaus sehr wahrscheinlich konstant auf diesem hohen Niveau, da insbesondere der internationale Luftverkehr stark weiter wachsen wird. Bis zum Jahr 2020 werden die CO_2-Emissionen um rund 22,5 % gegenüber dem Jahr 1990 steigen. Steigend sind die CO_2-Emissionen nicht nur im nationalen und internationalen Luftverkehr (oberstes Segment), sondern auch in der Seeschifffahrt (das zweitoberste Segment kombiniert mit Binnenschifffahrt), denn auch hier übersteigt das prognostizierte Verkehrswachstum die Effizienzgewinne.

Für die weitere Untersuchung wird nur der nationale Verkehr betrachtet. Die Entwicklung der CO_2-Emissionen des Personenverkehrs bedarf einer detaillierteren Analyse. Dazu dient die linke Seite der Abbildung 17. Im Jahre 1990 betrugen die CO_2-Emissionen der deutschen Verkehrsmittel zur Personenbeförderung rund 121 Mt und stiegen bis zum Jahr 1993 auf den Spitzenwert von 129,1 Mt an. Für das Jahr 1995 ergeben sich anhand der Berechnungen 124,8 Mt CO_2. Die Prognose zeigt eine leichte Steigerung bis zum Jahr 2005 auf 127,7 Mt CO_2. Danach werden die CO_2-Emissionen des nationalen Personenverkehrs um 12,3 % gegenüber dem Jahr 2005 und 7,4 % gegenüber dem Jahr 1990 auf rund 112 Mt im Jahre 2020 fallen. Maßgeblich hierfür ist die erwartete Reduktion beim MIV.

Abbildung 17: Entwicklung der CO_2-Emissionen separiert nach Personen- und Güterverkehr (nur innerhalb Deutschlands)

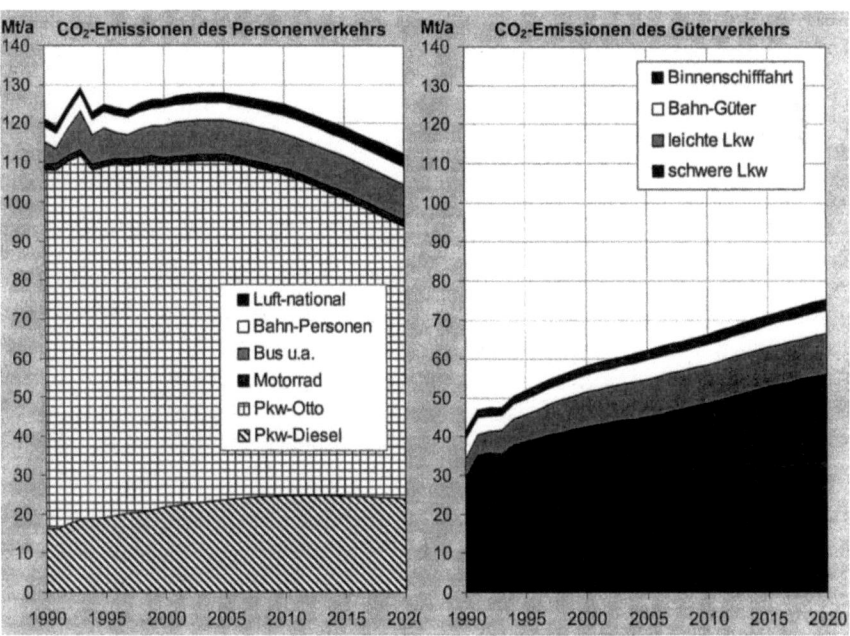

Schon ab dem Jahr 2003 beginnen nach der eigenen BAU-Prognose die CO_2-Emissionen der Pkws zu fallen und zwar von 110,4 Mt auf 93,7 Mt im Jahr 2020. Gegenüber dem Jahr 1990 (107,9 Mt) wird eine Reduktion bis zum Jahr 2020 von 13,1 % berechnet. Allerdings ergibt sich ein differenziertes Bild hinsichtlich der Antriebsarten. Durch das prognostizierte starke Wachstum der Diesel-Pkw kommt es in diesem Segment auch zu einem Anstieg der CO_2-Emissionen, nämlich von rund 16,1 Mt (1990) um 48 % auf 23,9 Mt (2020). Der höchste Wert wird für das Jahr 2011 mit 24,7 Mt berechnet. Demzufolge wird die Reduktion der Pkw-CO_2-Emissionen getragen von der Kategorie Pkw-Otto. In diesem Segment wurden und werden auch in Zukunft die meisten CO_2-Emissionen des Personenverkehrs ausgestoßen. Die

Emissionen sinken von 91,8 Mt im Jahre 1990 (89,9 Mt in 1995) auf 69,8 Mt im Jahre 2020 um 23,9 % (22,3 %). Grund dafür ist das relativ moderate Wachstum der Fahr- und Verkehrsleistung bis zum Jahr 2020 (gegenüber 1990 um 17,7 % und gegenüber 1995 um rund 14,1 %) sowie die starken erwarteten Benzinverbrauchsminderungen bis zum Jahr 2020 (gegenüber 1990 um 35,4 % und gegenüber 1995 um 31,9 %).

Beim Personenschienenverkehr halten sich ab dem Jahr 2000 die Steigerungen der prognostizierten Verkehrsleistung mit der Energie- und CO_2-Effizienz die Waage. Mit rund 4,7 Mt jährlich zwischen den Jahren 2000 bis 2020 ist dieses Verkehrsmittel bei einem Modal Split-Anteil von 9,2 bis 9,4 % vergleichsweise CO_2-sparend. Trotzdem zeigt sich hier schon und in der Verbindung mit der Entwicklung im Schienengüterverkehr, dass beim eigenen Nachhaltigkeitsziel der Deutsche Bahn AG, die CO_2-Emissionen bis zum Jahre 2005 gegenüber dem Jahr 1990 um 25 % zu reduzieren, in den Jahren 1990 bis 1998 kaum eine Annäherung erreicht werden konnte (vgl. BMU, 2000b:240f). Zwar sanken von 1990 bis 1995 die CO_2-Emissionen um rund 11 %, sie sind aber seitdem wieder deutlich am Steigen.

Die anderen Straßenpersonenverkehrsmittel bleiben vom CO_2-Niveau her über den gesamten Untersuchungszeitraum relativ konstant, während beim nationalen Luftverkehr fast eine Verdopplung der Emissionen bis zum Jahr 2020 gegenüber dem Jahr 1990 berechnet wird.

Im Güterverkehr zeigt sich bei allen vier Verkehrsmitteln ein Wachstum der CO_2-Emissionen, wobei allerdings ganz deutlich der Straßengüterverkehr und hier insbesondere die Kategorie schwerer Lkw dominiert. Ursächlich sind die relativ geringen Effizienzgewinne bei starkem Wachstum der Fahrleistung. Aber auch beim Schienengüterverkehr überkompensiert das Verkehrsleistungswachstum leicht die positive Entwicklung der Schadstoffproduktivität. Das gleiche gilt für die Binnenschifffahrt. Im Ganzen steigen die Emissionen des deutschen inländischen Güterverkehrs von 41,2 Mt im Jahre 1990 über 51,7 Mt im Jahre 1995 auf 75,1 Mt im Jahre 2020 und erreichen damit gut 2/3 der CO_2-Emissionen des Personenverkehrs. Die Steigerung gegenüber dem Jahr 1990 beträgt beachtliche 82 % bei einer Verkehrsleistungssteigerung um rund 87 %. Daraus ist aber nicht zu folgern, das es kaum Effizienzverbesserungen geben würde, sondern dass sich der Modal Split massiv zu Gunsten der CO_2-intensiveren Straßengüterverkehrsmittel verschiebt.

Durch die eigene BAU-Prognose bestätigt sich die These, dass die Emissionen des Güterverkehrs deutlich steigen werden und dass es dadurch nicht sinnvoll erscheint, die gleichen Reduktionsanforderungen zu stellen wie beim Personenverkehr, dessen CO_2-Emissionen nur noch wenig ansteigen und dann sogar ohne weitere politische Maßnahmen bereits sinken werden.

5.4.2 Internationaler Vergleich zur Entwicklung der verkehrsbedingten CO_2-Emissionen

In einem früheren Stadium der Untersuchung wurden die CO_2-Emissionen des Verkehrs in Europa bis zum Jahre 2010 prognostiziert. Dabei basiert die Entwicklung der Emissionen wie beim BAU-Szenario auf den UNFCCC-Daten für die Jahre 1990 bis 1997 für alle 15 EU-Länder. Die Verkehrsanteile im Jahre 1995 sind aus der Untersuchung von IWW/Infras (2000) entnommen, und auch die Prognose der einzelnen verkehrsmittelbezogenen Fahr- und Verkehrsleistung basiert zu einem Großteil auf dieser Studie. Eine Ausnahme bilden die Fahr- und Verkehrsleistungen vom Güterverkehr Straße, der Bahn und der Binnenschifffahrt. Diese folgen einer eigenen Abschätzung. Die spezifischen Emissionskoeffizienten basieren auf der Entwicklung des Handbuchs für Emissionsfaktoren bis zum Zieljahr 2010 und sind entsprechend der nationalen gefundenen Werten für das Jahr 1995 angepasst. Damit werden die CO_2-Emissionen für das Jahr 2010 berechnet und für die Jahre 1998 bis 2009 mit einer linearen Extrapolation ermittelt.

Abbildung 18 zeigt diese Prognose der CO_2-Emissionen des Verkehrs für die gesamte Europäische Union und für die wichtigsten Länder Frankreich, Italien, Großbritannien, Spanien und die Niederlande im Vergleich zu Deutschland.

Abbildung 18: Prognose der verkehrsbedingten CO_2-Emissionen in Europa bis zum Jahre 2010 (Basis: UNFCCC-Daten 1990 bis 1997, nur nationale Verkehre)

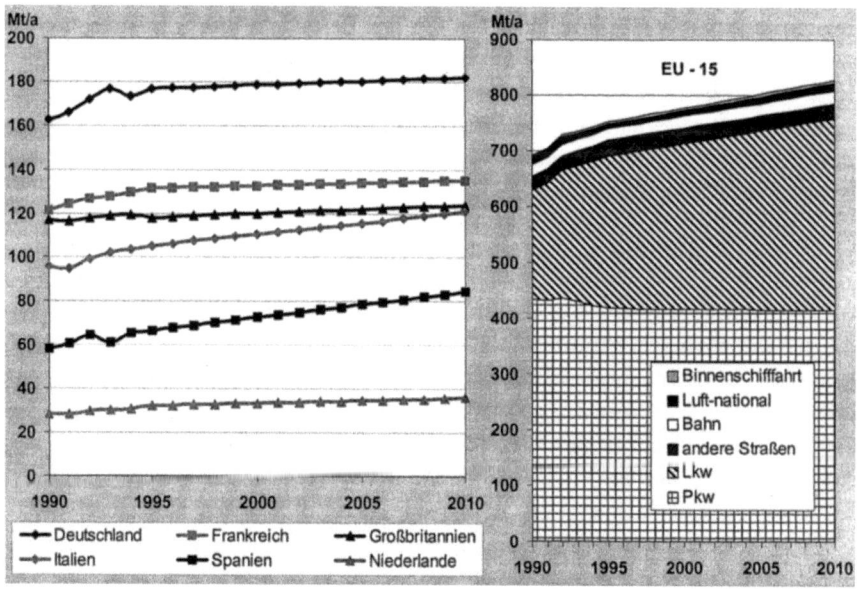

Die CO_2-Emissionen des Verkehrs in der EU-15 wachsen etwas stärker (um 19,4 % zwischen 1990 und 2010) als in Deutschland (17,6 %). Die Struktur zeigt relativ konstante Emissionen bei den Pkw aber wie in Deutschland starke Zuwächse beim Lkw. Bei der Ländereinzelbetrachtung fällt auf, dass Frankreich, Großbritannien, die Niederlande und Deutschland eine sehr ähnliche Entwicklung aufzeigen, während in Italien und Spanien mit stärkerem Wachstum zu rechnen ist.

Um die deutsche Entwicklung der verkehrsbedingten CO_2-Emissionen einschätzen zu können, ist auch ein Blick auf die weltweite Entwicklung hilfreich. Während in Deutschland spätestens ab 2020 mit Stagnation auch der verkehrsbedingten Emissionen zu rechnen ist, wachsen die Klimagase weltweit immer stärker an. Im OECD-EST-Projekt wird von einer Verdoppelung der verkehrsbedingten CO_2-Emissionen zwischen den Jahren 1990 und 2020 auf über 8 Mrd. Tonnen im Jahre 2020 ausgegangen, wobei der Anteil der OECD-Länder von über 75 % in Jahre 1990 auf unter 50 % im Jahre 2020 fallen wird (vgl. OECD, 2000:17). Aber auch innerhalb der OECD-Länder wird es bis zum Jahre 2020 noch zu einem Wachstum kommen.

Eine ebenso dramatische globale Entwicklung zeigt das Umwelt- und Prognose- Institut in seiner Studie "Folgen einer globalen Motorisierung" auf (vgl. Teufel et al., 1995: 17ff). Hier werden unter anderem die CO_2-Emissionen des Betriebs und der Herstellung von Pkw weltweit analysiert. Für das Jahr 1990 werden rund 3 Mrd. Tonnen angegeben, die sich bis zum Jahre 2030 auf über 7,6 Mrd. Tonnen erhöhen. Die dynamischste Entwicklung verzeichnet dabei Asien.

Es wird also deutlich, dass in Deutschland und Europa zumindest eine Stagnation der verkehrsbedingten Klimagefährdung in Sichtweite kommt, während weltweit bei diesem schwerwiegenden Problem bisher nur eine Verschlechterung zu prognostizieren ist. Aber auch in Deutschland bedeutet eine Stagnation, die möglicherweise ab dem Jahre 2010 erreicht wird, unter keinen Umständen, dass man sich deshalb auf einem nachhaltigen Entwicklungspfad befindet, da die Kumulation der langfristig wirksamen Gase zu einer weiteren deutlichen Erhöhung der Konzentration führt. Um diesen Prozess umzukehren, bedarf es einer drastischen Reduktion der CO_2-Emissionen.

5.4.3 *Entwicklung weiterer verkehrsbedingter Klimagase*

Auch wenn im Weiteren für die Klimaproblematik ausschließlich die CO_2-Emissionen als Indikator analysiert werden, sollen hier der Vollständigkeit halber auch zwei weitere Klimagase in ihrer Entwicklung kurz betrachtet werden. Die Prognosen für das verkehrsbedingte Methan und Lachgas basieren auf Verkehr in Zahlen 2000 (vgl. DIW, 2000:287). Abbildung 19 fasst die Entwicklung der beiden Treibhausgase zusammen. Auch wenn CH_4 und N_2O, wie beschrieben, eine hohes Klimawirksamkeitspotenzial haben, so zeigt sich doch, dass bei den niedrigen durch den Verkehr emittierten Mengen eine weitere Betrachtung nicht notwendig erscheint. Im Vergleich zu CO_2 liegt mehr als ein Faktor 1000 vor (beachte kt vs. Mt). Unter Berücksichtigung der Klimawirksamkeit der verschiedenen Treibhausgase ergibt sich, dass die CO_2-Emissionen im Verkehr für mehr als 95 % des verkehrsbedingten Treibhauseffektes verantwortlich sind. Die Prognose der anderen Klimagase muss als verhältnismäßig ungesichert angesehen werden, da schon die statistischen Daten zu den Emissionen der Vergangenheit nicht konsistent sind und damit für die Prognose Fragen offen lassen.

Abbildung 19: **Entwicklung der verkehrsbedingten Methan- und Lachgas-Emissionen in Deutschland bis zum Jahre 2020**

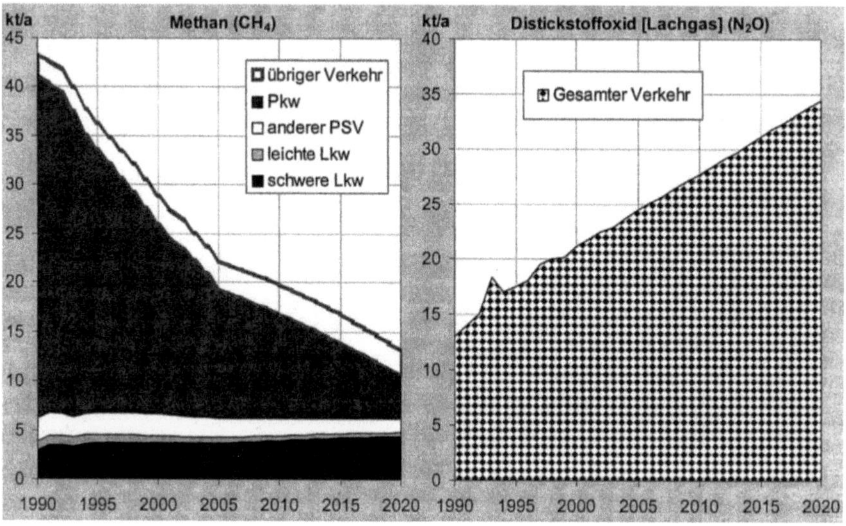

5.5 Ergebnisse der Luftverschmutzungsprognose

Im Vergleich zu den CO_2-Emissionen ist die Entwicklung bei den klassischen Luftschadstoffen deutlich fallend. Diese grundsätzliche Entwicklungsrichtung kann als sehr gesichert angesehen werden: Erstens wird sie in allen Studien bestätigt, und zweitens sind die Technologien, insbesondere die deutlich schadstoffreduzierenden Katalysatoren in Pkw-Bereich, bereits auf dem Markt, und die Verbesserung wird schon allein durch die Marktdurchdringung in der Zukunft erzeugt.

Die Emissionen der Schadstoffe NO_x, PM, CO und VOC werden jährlich durch Multiplikation der Fahr- bzw. Verkehrsleistung mit den jeweiligen Emissionskoeffizienten für jedes Verkehrsmittel berechnet. Wie in Kapitel 5.3 in Abbildung 15 bereits gezeigt wurde, sinken die durchschnittlichen Emissionskoeffizienten für NO_x für die Jahre 1995 bis 2020 um den Faktor 3 bis 8 und für PM um den Faktor 5 bis 24 je nach Straßenverkehrsmittel. Diese enormen Reduktionen überkompensieren deutlich das Wachstum der Fahr- und Verkehrsleistung. Die prognostizierten Emissionen und deren fallende Entwicklung werden in Abbildung 20 dargestellt.

Abbildung 20: Entwicklung der Luftschadstoffemissionen des Straßenverkehrs in Deutschland bis zum Jahre 2020[67]

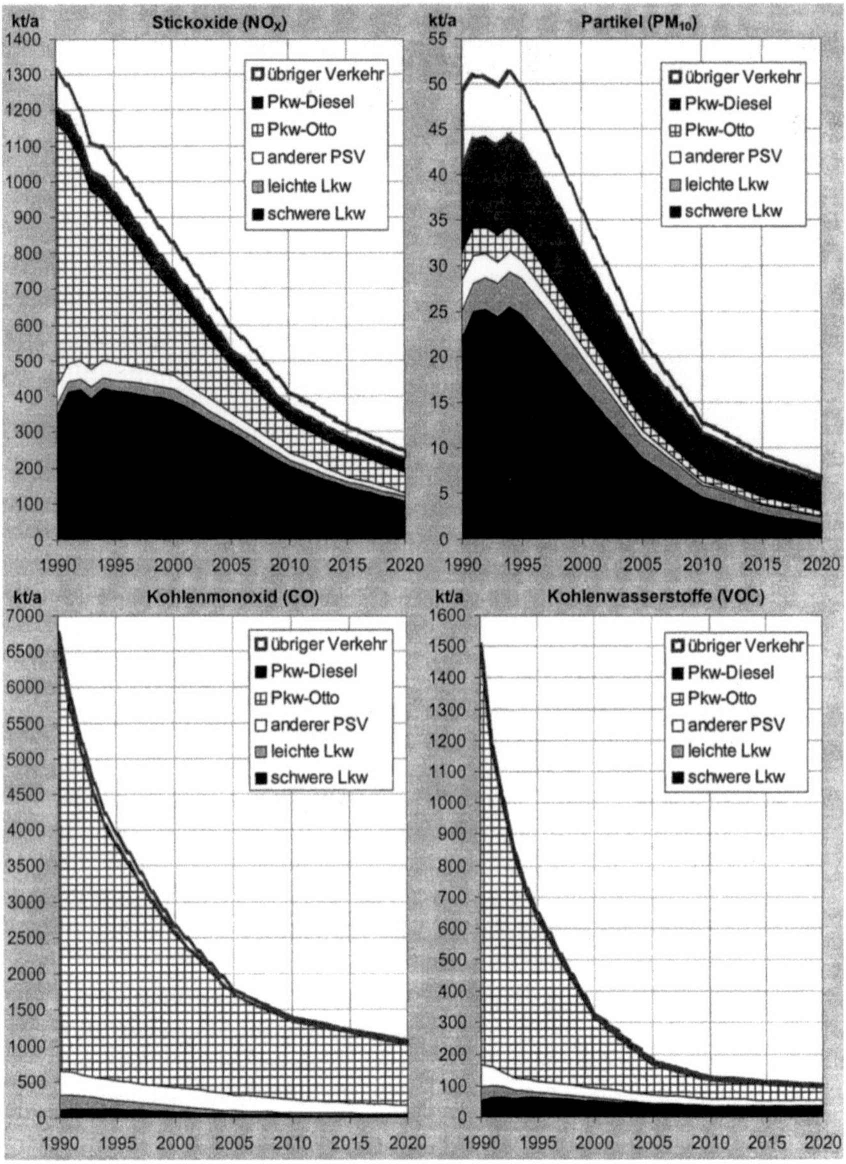

Quelle: eigene Prognose, basierend auf Emissionskoeffizienten aus Borken et al. (1999).

Zuerst einmal fällt auf, dass die NO_x-, CO- und VOC-Emissionen bereits seit dem Jahr 1990 im gesamten Verkehr deutlich am fallen sind, während für Partikel noch bis zum

---

[67] Die Kategorien Motorrad und Bus u.a. sind in der Kategorie "anderer PSV" (Personenstraßenverkehr) zusammengefasst.

Jahr 1995 eine leichte Steigerung aufgrund der schweren Lkw zu verzeichnen ist. Der Technologiewechsel hat in diesem Segment erst später begonnen. Des Weiteren zeigen alle vier Abbildungsteile deutlich, dass die Nicht-Straßenverkehrsmittel bei den klassischen Luftschadstoffen praktisch keine oder nur eine sehr geringe Rolle spielen. Auch wenn die Entwicklung der Emissionskoeffizienten für diese Verkehrmittel nur abgeschätzt wurde, wird dieses Vorgehen durch die Größenordnung der Ergebnisse als valide angesehen.

Die Reduktion der Emissionen wird also in erster Linie durch die Weiterentwicklung der Straßenverkehrsmittel hervorgerufen. Bei den NO_x sind dafür sowohl die Pkw mit Otto und Dieselantrieb als auch die Lkw verantwortlich, wobei die Reduktion der letzteren Kategorie erst später einsetzt. Bei den Partikeln dominieren die dieselgetriebenen Straßenfahrzeuge. Otto-betriebene Verkehrsmittel erzeugen durch die Verbrennung nur sehr wenige Partikel direkt. Der Kategorie der schweren Lkw wird nach der Ifeu-Studie das größte Reduktionspotenzial zugesprochen (vgl. Borken et al., 1999). Allerdings scheint in dieser Studie noch nicht die neue Dieselrußfiltertechnologie für Pkw eingegangen zu sein. Für die Schadstoffe CO und VOC sind in erster Linie die Pkw-Otto verantwortlich, und so liegt auch das höchste Reduktionspotenzial bei dieser Kategorie. Tabelle 10 gibt eine Übersicht der prozentualen Reduktionen.

Tabelle 10: **Prozentuale Entwicklung der verkehrsbedingten NO_x-, PM-, CO- und VOC-Emissionen im Jahre 2020 im Vergleich zum Basisjahr 1990 (in Klammern Werte im Vergleich zum Jahr 1995)**

Verkehrsmittel	NO_x	PM	CO	VOC
Pkw-Otto	-92 % (-86 %)	-80 % (-78 %)	-86 % (-74 %)	-97 % (-92 %)
Pkw-Diesel	-25 % (-36 %)	**-64 % (-65 %)**	-41 % (-44 %)	-65 % (-44 %)
Anderer PSV	-78 % (-76 %)	-98 % (-96 %)	-65 % (-57 %)	-78 % (-58 %)
Leichte Lkw	-59 % (-61 %)	-76 % (-82 %)	-90 % (-82 %)	-97 % (-90 %)
Schwere Lkw	**-70 % (-75 %)**	**-93 % (-94 %)**	-74 % (-76 %)	-35 % (-46 %)
Übriger Verkehr	-78 % (-75 %)	-95 % (-94 %)	-81 % (-76 %)	-53 % (-46 %)
Gesamter Verkehr	**-81 % (-77 %)**	**-86 % (-86 %)**	**-84 % (-73 %)**	**-93 % (-84 %)**

Die quantitativ wichtigsten Reduktionen sind fett gekennzeichnet.

Bei diesen deutlichen Emissionsminderungen stellt sich die Frage, ob ein nachhaltiger Zustand bei den klassischen Luftschadstoffen nicht schon durch die hier aufgezeigte technologische Entwicklung erreicht wird oder ob noch weitere verkehrspolitische Maßnahmen dafür notwendig sind. Diese Frage wird in Kapitel 6 beantwortet.

6 Nachhaltigkeitsindikatoren für den Personenverkehr

Ziel dieses Kapitels ist die konkrete Herleitung von starken Nachhaltigkeitsindikatoren für den Personenverkehr im Hinblick auf die Problembereiche Luftverschmutzung und Klimawandel. Im Speziellen sollen für die Schadstoffe CO_2, NO_x, VOC und Dieselpartikel (PM) Indikatoren als Vergleich zwischen Soll- und Ist-Entwicklung für die Personenverkehrsmittel Pkw, Bus und Bahn ermittelt werden. Parallel wird auch der Güterverkehr weiter als Vergleich betrachtet. Im ersten Abschnitt wird die Methodik zur Herleitung der sektorspezifischen Nachhaltigkeitsindikatoren auf Grundlage des Leitbildes einer starken Nachhaltigkeit vorgestellt. Der zweite Abschnitt widmet sich der Ableitung und Festlegung des quantitativen Nachhaltigkeitsziels zur Reduktion von CO_2-Emissionen im Personenverkehr. Ansätze aus der Literatur werden vorgestellt und eine quantitative Zielsetzung synthetisiert. Im dritten Abschnitt erfolgt die quantitative Zielfestlegung für die wichtigsten klassischen Emissionen im Verkehr. Auch hier bildet die Basis eine Literaturanalyse. Im vierten Abschnitt schließlich werden die konkreten Nachhaltigkeitsindikatoren berechnet. Dazu werden die eigenen Nachhaltigkeitsziele für die Verkehrsmittel im Personenverkehr mit der Prognose der Luftschadstoffemissionen aus Kapitel 5 verglichen. Die quantitativen, verkehrsbezogenen Nachhaltigkeitsziele werden nicht nur als ein Ziellevel an Emissionen für jedes Verkehrsmittel im Jahr 2020 angegeben, sondern es wird ein Entwicklungspfad ausgehend von den Emissionen im Jahre 1990 bis zum Zielwert für das Jahr 2020 erstellt. Diese Entwicklungspfade spiegeln für jedes betrachtete Verkehrsmittel und jeden Schadstoff sozusagen den nachhaltigen Entwicklungspfad wider und erlauben für jedes Jahr den Vergleich mit der prognostizierten Entwicklung.

Damit wird in diesem Kapitel die Beantwortung der ersten Prüf-Frage ermöglicht, inwieweit eine nachhaltige Entwicklung im starken Sinne im deutschen Personenverkehr bereits durch die prognostizierten Emissionen des Business as usual-Szenarios erfüllt wird. Die zu berechnenden Indikatoren müssen so beschaffen sein, dass sie eine leicht verständliche, eindeutige Antwort auf diese Frage geben können.

Bereits hier sei die Hypothese geäußert, dass im Bereich Luftverschmutzung die mittel- bzw. langfristigen Nachhaltigkeitsziele im deutschen Personenverkehr ohne jede weitere verkehrspolitische Maßnahme nicht ganz erreicht werden. Von der Tendenz her werden die Entwicklungslinien für die Soll- und Ist-Entwicklung aber nahe beieinander bleiben, während im Problemfeld Klimaveränderung die Schere zwischen der Zielsetzung und der Ist-Entwicklung gemäß der BAU-Prognose sich immer weiter öffnen wird.

6.1 Methodik zur Herleitung der Nachhaltigkeitsindikatoren

Starke Nachhaltigkeitsindikatoren sollen gegenüber Indikatoren schwacher Nachhaltigkeit, welche die Wohlfahrtseinbußen einer Umweltschädigung als Schätzungen der externen Schadenskosten beziffern, zusätzliche Informationen über die kritischen Elemente des natürlichen Kapitals liefern. Die Spezifizierung und Quantifizierung dieser Elemente und die Ableitung von Schwellenwerten basieren auf naturwissenschaftlichen, ökologischen oder epidemiologischen Erkenntnissen. Für den Bereich der Luftverschmutzung sind aufgrund einer Fülle von Studien erhebliche Fortschritte bei der Entwicklung von Indikatoren erreicht worden, die entweder kritische Belastungsgrenzen für die menschliche Gesundheit oder allgemeiner kritische Werte der Assimilationsfähigkeit von Rezeptoren angeben[68].

Im Fall des Klimaschutzes gibt es dagegen keine gesicherte Grenze, deren Unterschreitung die Vermeidung katastrophaler Schäden garantiert. So gestaltet sich hier die Festlegung eines kritischen Levels an CO_2-Konzentration, der eine nachhaltige Entwicklung erlaubt, als schwieriger. Ökologisch-ökonomische Interdependenzen sollten bei der Festlegung einer Konvention bezüglich tolerierbarer Konzentrationen und globaler Emissionen von Treibhausgasen berücksichtigt werden. Außerdem bedarf es aufwendiger Klima- und Ökosphärenmodelle, um die zulässige globale Emissionsmenge zu bestimmen. Hierzu werden wissenschaftliche Ansätze, z. B. das sogenannte Invers-Szenario, im nächsten Abschnitt vorgestellt, die für das Skalierungsproblem eine Lösung zu generieren versuchen.

Ebenso problematisch, aber quantitativ leichter handhabbar, ist die Berücksichtigung des equity Postulats einer starken Nachhaltigkeit. Gesucht wird eine gerechte Verteilung der als zulässig erachteten Umweltnutzung. In der klimapolitischen Realität zeigt der Kyoto-Prozess die Schwierigkeiten bei der Lösung des Distributionsproblems auf. Im Rahmen dieser Untersuchung stellt sich aber nicht nur die Frage der nationalstaatlichen Verteilung der Reduzierungsanstrengungen für CO_2-Emissionen oder die klassischen Luftschadstoffe, sondern auch welchen Beitrag der Verkehr und die anderen Sektoren und im Weiteren auch welchen Anteil jedes einzelne Verkehrsmittel zu tragen hat und zu welchem Zeitpunkt welche Reduktion erfolgen soll.

Bevor diese beiden methodischen Grundprobleme bei der Bestimmung von Nachhaltigkeitszielen und -indikatoren für den deutschen Personenverkehr im Bereich Luftverschmutzung und Klimaschutz diskutiert werden, wird im direkt Folgenden das stufenweise Vorgehen bei der Herleitung der Indikatoren in einer Übersicht aufgezeigt.

In Kapitel 3.5 wurde bereits das Vorgehen bei der Konkretisierung einer nachhaltigen Entwicklung im starken Sinne durch die Ableitung von Umwelt- und Nachhaltigkeitsindikatoren allgemein beschrieben. Der Weg geht prinzipiell von der Auswahl des Leitbildes und den entsprechenden Leitlinien des Konzepts (hier starke Nachhaltigkeit) über die Festlegung der Umweltqualitätsziele und -standards bis zur Berechnung der quantitativen Indikatoren als Abweichung zwischen der prognostizierten Entwicklung (Ist-Größen nach dem BAU-Szenario) und den spezifischen, kritischen Eintragsraten an Emissionen (Soll-Größen). Abbildung 21 zeichnet diesen Weg nach und spezifiziert die Vorgehensweise für den Personenverkehr. Die Abbildung dient als Schemata für die

---

[68] Siehe hierzu den Literaturüberblick im Kapitel 6.3.

Herleitung der quantitativen Nachhaltigkeitsindikatoren in dieser Untersuchung. Die Schritte (1) bis (10) zeigen dabei die einzelnen Stufen für die Bestimmung der Indikatoren, während Schritt (11) die nachgeordnete Allokation der Ressourcen anspricht.

Abbildung 21: Schemata zur Entwicklung von Umweltindikatoren für den Personenverkehr nach dem Konzept einer starken Nachhaltigkeit

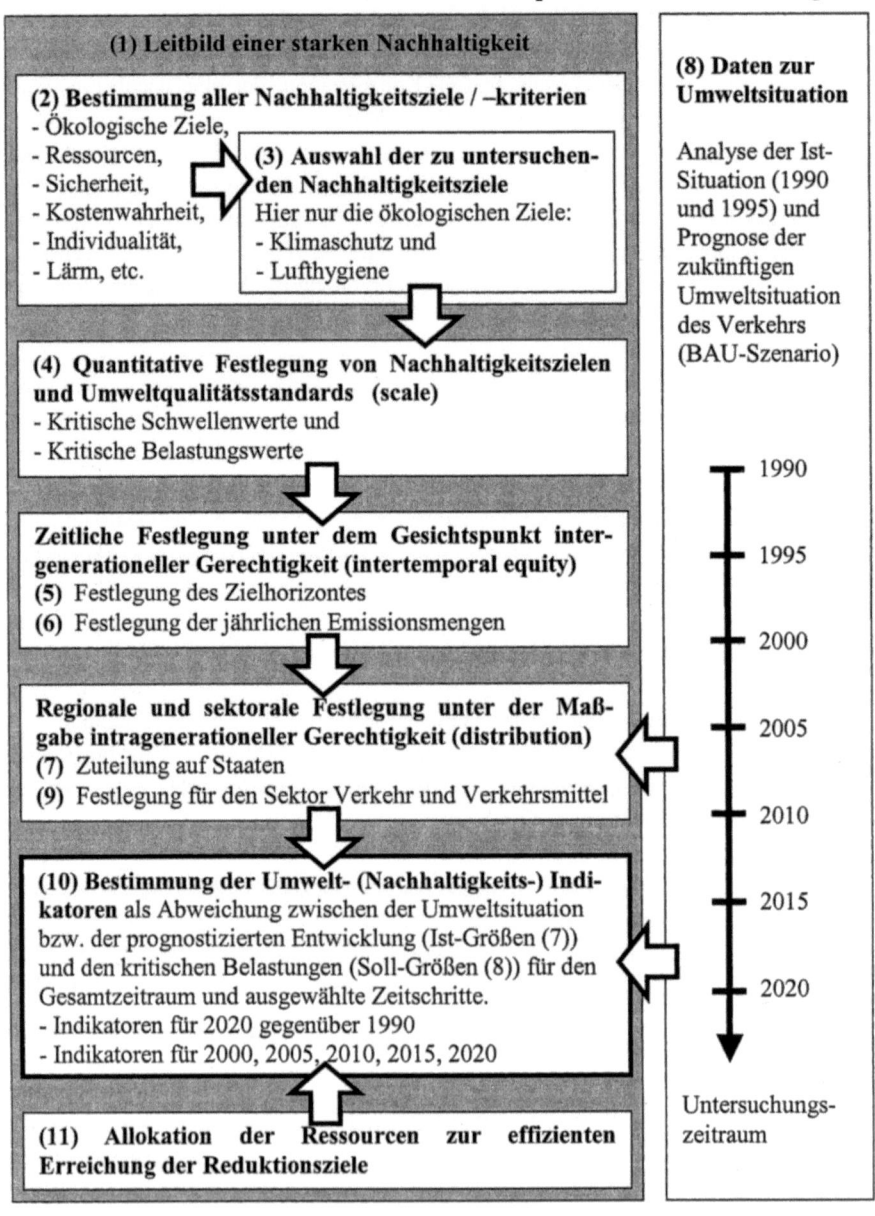

Die Schritte (1) bis (3) wurden bereits in Kapitel 3 und 4 behandelt. In dieser Untersuchung werden zwar Nachhaltigkeitsziele vergleichend auf Basis der beiden konkurrierenden Konzepte der schwachen und starken Nachhaltigkeit bestimmt, allerdings bezieht sich die Basis-Zielfindung und Indikatorberechnung auf das Konzept der starken Nachhaltigkeit in der Daly'schen Ausprägung einer ökologisch orientierten Zielhierarchie. Damit steht das Vorgehen auch im Einklang mit der eigenen Definition einer starken nachhaltigen Entwicklung im Verkehr. Wie in Kapitel 4 aufgezeigt wurde, existieren eine große Anzahl von Problemfeldern auf dem Weg zu einer nachhaltigen Entwicklung im Verkehr, von denen aber quantitativ hier nur die Bereiche Klimaschutz und Luftverschmutzung betrachtet werden.

Der 4. Schritt widmet sich der Festlegung von "scale". Für die Luftschadstoffe NO_X, VOC, PM und CO_2 werden kritische Schwellenwerte als Konzentrationslevel und daraus die globale Emissionsmenge als kritische Eintragsrate bzw. Belastungswerte hergeleitet. Diese Emissionsmenge wird bezogen pro Jahr angegeben und repräsentiert das Nachhaltigkeitsniveau. Der ermittelten zulässigen globalen Gesamtemissionsmenge wird im 5. Schritt ein Zieljahr zugeordnet, zu dem Nachhaltigkeit erreicht sein soll. Der 5. Schritt ist damit der Übergang vom Skalierungsproblem zum Distributionsproblem. Die Analyse der Tragfähigkeit des Ökosystems im Zusammenhang mit Immissionen (und Emissionen) wird erst durch eine zeitliche Konkretisierung handhabbar. Auf der anderen Seite bedeutet die Auswahl des Zeithorizonts die erste Festlegung für die intergenerationelle Gerechtigkeit (intertemporal equity). Zumindest wird ab dem festgelegten Zielzeitpunkt in Verbindung mit einer absoluten Höchstmenge an Emissionen für dieses Jahr und die Folgejahre theoretisch ermöglicht, dass auch die zukünftigen Generationen in dem in Bezug auf die Aufnahmekapazität geschützten Ökosystem leben können.

Für den Bereich Luftverschmutzung wird als Zieljahr 2020 festgelegt. Werden ab 2020 nur noch höchstens die berechnete Menge an Schadstoffen emittiert, ist das Nachhaltigkeitsziel erreicht, da die Luftschadstoffe und die durch luftchemische Prozesse gebildeten Sekundärschadstoffe als Immissionen nur eine kurze Verweildauer von einigen Tagen aufweisen. D. h., dass das Konzentrationsniveau im regionalen Durchschnitt nicht mehr den kritischen Schwellenwert übersteigen wird. Das Jahr 2020 ist eine Festlegung, die im Einklang mit der Vielzahl der aktuellen Studien steht, in denen Zielzeitpunkte zwischen 2005 und 2030 dominieren (vgl. UBA, 1997; OECD, 2000; Gorissen, 1996; Becker, 1998).

Für den Bereich Klimaschutz wird als Zielzeitpunkt das Jahr 2050 festgelegt. Werden ab diesem Jahr und in der Folge nur noch höchstens die berechneten Emissionen weltweit emittiert, kann sich die Konzentration von CO_2 in der Atmosphäre in den folgenden Dekaden bis Jahrhunderten stabilisieren. Die zeitliche Festlegung auf das Jahr 2050 ergibt sich aus den folgenden Gründen:
- Bei der Klimaproblematik handelt es sich um ein globales Problem, das sich zusätzlich durch eine lange Verweildauer der Treibhausgase in der Atmosphäre

auszeichnet. Dadurch ist, wie bereits zu Anfang dieses Abschnittes ausgeführt, die Bestimmung sowohl eines critical levels als auch einer zulässigen Gesamtemissionsmenge nur sehr vage möglich. Ebenso ist der zeitliche Pfad zur Stabilisierung des Klimas nur schwer bestimmbar. Diese Tatsachen rechtfertigen die normative Setzung eines Zielzeitpunktes für eine globale Emissionsreduktionsstrategie.

- Beim Zielzeitpunkt 2050 handelt es sich um eine normative Festlegung, die im Einklang mit den meisten aktuellen wissenschaftlichen Studien steht[69].
- Bei der Festlegung des Zielzeitpunktes für die Klimaproblematik wird die erste Stufe des polit-ökonomischen Prozesses deutlich. Ein Kompromiss zwischen der schnellen Erreichung des nachhaltigen Emissionsniveaus als ökologische Notwendigkeit und dem politisch, wirtschaftlich und sozial Durchsetzbaren wird schon bei dieser Festlegung notwendig.
- Der Zeithorizont bis zum Jahr 2050 wird auch in der politischen Diskussion am häufigsten als langfristiger Zielzeitpunkt genannt.

Der 6. Schritt behandelt das intertemporale Distributionsproblem einer starken Nachhaltigkeit, indem ein Zielerreichungspfad vom heutigen Zeitpunkt (1990) bis zum Zielzeitpunkt in Form von jährlich zulässigen Emissionsmengen berechnet wird. Im Unterschied zu den meisten Studien, die sich mit nachhaltiger Entwicklung quantitativ beschäftigen, wird hier also nicht nur das Zielniveau bestimmt (vgl. z. B. Enquete Kommission, 1994; OECD, 2000 oder UBA/WI, 1997) sondern auch ein Vorschlag für den Pfad dahin gegeben. Dieser Pfad kann sowohl als lineare als auch als exponentielle Entwicklung berechnet werden. Letztere fordert eine stärkere Reduktion in den ersten Jahren mit einer asymptotischen Annäherung an das Zielniveau in den letzten Jahren vor Erreichung des Zielzeitpunktes. Für beide Vorgehensweisen gibt es Gründe, die bei der jeweiligen Berechnung angegeben werden. Die Berechnung der jährlichen Emissionsmengen als Pfad im Sinne einer nachhaltigen Entwicklung erfolgt auf globaler, nationaler und sektoraler Ebene und auch für jedes Verkehrsmittel. Damit kommt das Procedere auch jeweils nach Schritt (7) und (9) erneut zur Anwendung[70].

Die Schritte (7) und (9) liefern eine Lösung für das intragenerationelle Distributionsproblem. Zuerst wird die Aufteilung der Reduktionsanforderung auf die einzelnen Staaten vorgenommen. Das zurzeit prominenteste Beispiel für eine solche Verteilung im Klimabereich liefert das Kyoto-Protokoll. Im Anhang dieses Protokolls wurde eine gesamte, EU-weite Reduktionsvereinbarung für Treibhausgase in Höhe von 8 % für die erste Budgetperiode (2008-2012) im Vergleich zu den Emissionen im Jahre 1990 festgelegt. Diese Zielsetzung entspringt allerdings weniger den Anforderungen

---

[69] Vgl. dazu die Literaturübersicht in Kapitel 6.2.3.
[70] Auch weitere zeitliche Verteilungspfade sind denkbar. So wird z. B. auf der globalen Ebene bei einer linearen Pro-Kopf-Entwicklung für die verschiedenen Weltregionen in der Summe ein nicht linearer Verlauf der Emissionsreduktionsanforderungen resultieren, der stark von der Bevölkerungsentwicklung abhängt. Vgl. dazu Kapitel 6.2.5.

einer nachhaltigen Entwicklung sondern repräsentiert vielmehr das wirtschaftlich und sozial zumutbare Maß, das im politischen Diskurs als erste Klimaschutzverpflichtung einigungsfähig war[71]. Die Aufteilung auf die einzelnen Nationalstaaten erfolgte unter Berücksichtigung verschiedener Kriterien in einem polit-ökonomischen Prozess und wurde als EU-Lastenausgleich ("burden sharing") bezeichnet (vgl. Phylipsen et al., 1998). Es wurden nicht nur Effizienzziele sondern vor allem die nationalen Strukturmerkmale (Bevölkerungsdichte und -entwicklung, Wirtschaftskraft gemessen in Bruttoinlandsprodukt (BIP) pro Kopf, Wirtschaftsstruktur und -entwicklung, klimatische Bedingungen, energiewirtschaftliche Ausgangssituation in Form der Schadstoffproduktivität pro Einwohner und pro Bruttoinlandsprodukt sowie mögliche und bereits geleistete Reduktionsanstrengungen) einzeln und als Kombination gewichtet mit einbezogen. Das Ziel war, eine möglichst "politisch gerechte Aufteilung" zu generieren. Für Deutschland hat die Bundesregierung entschieden, den CO_2-Ausstoß für den Zeitraum von 1990 bis zum Jahre 2005 um insgesamt 25 % zu verringern. Diese Festlegung ist sogar noch strenger als die burden sharing-Verpflichtung im Rahmen des Kyoto-Protokolls, welche eine 21 %ige Reduktion bis 2008 – 2012 vorsieht. Andere EU-Länder haben sich auf niedrigere Reduktionsziele festgelegt. Frankreich z. B. soll sein vergleichsweise niedriges Niveau von rund 7 Tonnen CO_2 pro Kopf (im Vergleich dazu wurden in Deutschland im Jahre 1990 knapp 13 t CO_2/Kopf emittiert) in dem angesprochenen Zeitraum nur halten. Eine Besonderheit des gemeinsamen EU-Ziels erlaubt im Rahmen des Kyoto-Protokolls, dass einzelnen Ländern auch Emissionserhöhungen zugesprochen werden können. Dies ist der Fall für Schweden, Irland, Griechenland, Spanien und Portugal[72]. Andererseits kann auch ein Null-Ziel oder sogar eine Erhöhung angesichts des erwarteten Wachstums im gewissen Wirtschaftsbereichen, insbesondere im Verkehrssektor, verglichen mit der sonst zu erwartenden Trendentwicklung eine Verbesserung der Emissionssituation darstellen.

Nachhaltigkeit in Bezug auf das globale Klimaproblem ist grundsätzlich unteilbar, und so dürfte es zukünftigen Generationen relativ gleichgültig sein, ob sich das Klima infolge von Emissionen des Verkehrs in Deutschland oder der Industrie in Großbritannien verändert hat. Prinzipiell sind eine ganze Reihe von Mechanismen für die Verteilung der global zulässigen Emissionen zwischen den einzelnen Ländern möglich, die im Folgenden aufgelistet und diskutiert werden (vgl. Weterings and Opschoor, 1994:3ff und Phylipsen et al., 1998:931ff):

- Prozentual gleichmäßige Reduktion (flat rate reduction): jedes Land muss den gleichen Anteil seiner Emissionen in Bezug auf ein Ausgangsjahr reduzieren. Diese einfachste Verteilung berücksichtigt nicht die historische Verantwortung der

---

[71] Vor dem Hintergrund naturwissenschaftlicher (ökologischer) Emissionsreduktions-Erfordernisse wurden die Beschlüsse des Kyoto-Protokolls vom IPCC und deren ehemaligem Vorsitzenden Bert Bolin als enttäuschend eingeschätzt, da auch bei Durchführung der Kyoto-Beschlüsse die atmosphärische CO_2-Konzentration bis zum Jahre 2010 weiter um rund 29 ppmv auf 382 ppmv ansteigen würde, mit den entsprechenden Konsequenzen. Die Hoffnung müsse daher darin liegen, dass Kyoto nur ein erster Schritt zu weiteren, schärferen Reduktionsverpflichtungen sei (vgl. Brockmann et al., 1999:12).
[72] Für eine ausführliche Diskussion und Beschreibung des politischen Prozess zur Erzielung des EU-burden sharing siehe Ringius (1998).

entwickelten Staaten für die Treibhausgasemissionen. Sie verneint praktisch die Wachstums- und Entwicklungsbedürfnisse der weniger entwickelten Länder und ist von daher für diese kaum vertretbar.

- Pro-Kopf-Verteilung (population-based approach): Dieser Ansatz wird sehr häufig für die Aufteilung vorgeschlagen. Er steht im Einklang mit dem Basiskonzept einer gerechten Verteilung der starken Nachhaltigkeit und gesteht jedem Individuum das gleiche Recht auf Verschmutzung zu. Ableitbar ist diese Form der Verteilung aus der UN declaration of human rights: "All human beings are born free and equal in dignity and rights" (UN, 1948:Article 1). Unterentwickelten Ländern wird damit in der Praxis bei einer nicht sehr starken Gesamtemissionsreduzierung eine Emissionserhöhung zugesprochen, während die entwickelten Industrienationen überproportional viel reduzieren müssen. Deshalb lehnen viele entwickelte Länder diese Verteilungsform ab.

- Pro-Kopf-Verteilung auf Basis der zukünftigen Bevölkerung: Diese modifizierte Form des vorigen Kriteriums bezieht die Bevölkerungsentwicklung bis zum Zielzeitpunkt mit ein. Dadurch wird allerdings die Schere der Reduktionsanforderungen weiter zu Ungunsten der entwickelten Länder geöffnet, da ein weit höheres Bevölkerungswachstum in der Dritten Welt prognostiziert wird.

- Flächenorientierte Verteilung (land-area-based approach): Dieser Ansatz bezieht die Verteilung der zulässigen Gesamtemissionen auf die Quadratkilometer Landesfläche. Das Kriterium erscheint ungeeignet, da kein hinreichender kausaler Zusammenhang zu der Emissionssituation besteht und auch Gerechtigkeit in diesem Kontext schwer erkennbar ist.

- Bruttoinlandsprodukt-orientierte Verteilung (GDP-based approach): Die gesamten zulässigen Emissionen werden gleichmäßig pro Einheit des BIP verteilt. Diese Aufteilung generiert so eine angeblich "faire" gleichmäßige Verteilung der Wohlfahrtsverluste durch die Emissionsreduktion. Diese Verteilungsform ist nicht akzeptabel, da sie den wirtschaftlichen Entwicklungs-Status Quo zementiert und absolut deutlich höhere Emission für entwickelte Nationen erlaubt.

- Energieverbrauchs-orientierte Verteilung (status-quo approach): Dieser auf die CO_2-Emissionen limitierte Ansatz verteilt die zulässige Gesamtemissionsmenge auf Basis des bisherigen Energieverbrauchs der Nationalstaaten. Damit wird noch direkter als beim GDP-based approach der Status Quo zementiert und den Staaten der Dritten Welt kaum eine Chance auf Entwicklung gelassen.

- Sektoraler Verteilungsansatz (sectoral bottom-up approach): Dieser Ansatz betrachtet auf sektoraler Ebene die Emissionsentwicklung und die Reduktionspotenziale. Die nationalen Ziele werden als Summe der Reduktionsmöglichkeiten der einzelnen Wirtschaftssektoren abgeleitet. Dadurch werden die nationalen Strukturmerkmale transparent und fließen in einfacher Form in die Zielfindung ein. Bisher wurde dieser Ansatz recht wenig verfolgt.

- Grenzvermeidungskosten-Ansatz (equal-abatement-costs-based approach): Häufig gefordert wird, die Reduktionsziele gemäß den nationalen Grenzvermeidungskosten oder Durchschnittvermeidungskosten zu verteilen. D. h. alle Länder reduzieren bis zu einem gleichen Level an Vermeidungskosten. Dieser Ansatz wird als ökonomisch effizient angesehen. Allerdings benachteiligt er insbesondere Schwellenländer, deren Industrialisierung gerade begonnen hat, aber ökologische Produktivitätserfordernisse noch wenig Bedeutung hatten.

- Kostenorientierter Ansatz (Cost-optimisation approach): Gefordert werden weniger die Festlegung nationaler Reduktionsziele als die umfassende Suche nach den global günstigsten Vermeidungsoptionen. Hier besteht erneut die Gefahr, dass die Lasten zu sehr in die Entwicklungsländer transferiert werden, weshalb dieser Ansatz, der von den USA und der Schweiz bevorzugt wird, in der Dritten Welt auf Ablehnung stößt. Wie beim vorigen Ansatz liegt ein Hauptproblem in der großen benötigten Datenmenge.

- Multikriterien-Ansatz (multi-criteria approach): Anhand der Gewichtung verschiedener vorgenannter Kriterien wird die Verteilung berechnet. Dieser Ansatz ist sehr abhängig von der Höhe der Gewichtungsfaktoren und birgt dadurch die Gefahr von Intransparenz und Missverständnissen.

Die meisten der vorgeschlagenen Ansätze leiden darunter, dass sie die historische Verantwortung für bereits emittierte Schadstoffe nicht mit einbeziehen. Dieser Missstand lässt sich durch die Einführung kumulativer Zielsetzungen vermeiden. Bei dieser Erweiterung werden statt jährlichen Reduktionszielen für eine Zeitspanne zulässige Emissionsmengen für jedes Land festgelegt (vgl. Phylipsen et al., 1998:934). Des Weiteren müsste bei der Regionalisierung der Reduktionsziele die Problematik der Importe und Exporte und der darin enthaltenen Emissionen mit einbezogen werden (vgl. Walter und Spillmann, 1999:96). Allerdings erscheint das Argument, dass z. B. energie-(emissions-) intensive Branchen ins Ausland abwandern würden (Stichwort "carbon leakage"), im Falle einer globalen Emissionsreduktionsstrategie im Gegensatz zu beispielsweise nationalen Umweltabgaben als nicht sehr einsichtig.

Aus rein ökonomischer Perspektive, nach Kosten-Nutzen Erwägungen, sollten diejenigen Länder und Sektoren am stärksten verpflichtet werden, bei denen die wirksamsten Maßnahmen und die geringsten Nutzeneinbußen zu erwarten sind. Empfohlen wird ein Minimalkostenansatz, wonach sich die Höhe des Zielbeitrags an den Grenzvermeidungskosten im Verkehrssektor verglichen mit den Kosten anderer Sektoren bestimmt. Aus dieser Perspektive scheidet eine prozentual gleichmäßige Reduktion der Emissionen, sowohl bezogen auf die nationalstaatliche Verteilung als auch auf die Sektoren und einzelnen Verkehrsmittel, aus. Sie stellt zwar einen pragmatischen Weg der Opfersymmetrie dar, ist aber weder ökonomisch effizient noch politisch und pragmatisch einfach durchsetzbar (vgl. Walter und Spillmann, 1999:96).

Für den Problembereich Klimaschutz kann dieser Sichtweise bei der Aufteilung der nationalen Reduktionsanforderungen (Schritt (7)) nicht gefolgt werden, da dabei das Gerechtigkeitspostulat nicht im Sinne einer starken nachhaltigen Entwicklung adressiert ist. Deshalb wird in dieser Untersuchung für die Treibhausgasemissionen der Pro-Kopf-Ansatz auf Basis zukünftiger Bevölkerungsentwicklung gewählt. Dieser Ansatz wird am Ehesten dem langfristigen und globalen Problemcharakter der Treibhausgasemissionen gerecht und steht im Einklang mit den bisherigen Festlegungen der Untersuchung. Notwendig ist die Zugrundelegung einer globalen Bevölkerungsprognose bis zum Jahre 2050.

Für den Bereich Luftverschmutzung wird der gesamte Schritt (7) umgangen. Die Zielsetzungen für Deutschland werden direkt aus der Literatur entnommen. Der wichtigste Grund dafür liegt in der vornehmlich lokalen und regionalen Wirkungsweise der Emissionen und Immissionen. Diese Tatsache reduziert die Notwendigkeit einer globalen oder EU-weiten Betrachtung der Luftverschmutzungsproblematik. Auch wenn im Späteren noch nachgewiesen wird, dass die klassischen Luftschadstoffe durchaus über nationale Grenzen hinweg transportiert werden und von daher ein Reduktionsziel in Deutschland auch einen Einfluss auf die nachhaltige Entwicklung in Polen oder in Österreich hat[73], wird diese Vereinfachung trotzdem vorgenommen mit der Zusatzannahme, dass die europäischen Nachbarländer ähnliche oder genauso hohe Reduktionsziele für die klassischen Luftschadstoffe festlegen.

Wie bereits angesprochen, ergibt sich für diese Untersuchung aber nicht nur die Fragestellung, welchen Beitrag welches Land zur Reduzierung der CO_2-Emissionen oder der klassischen Luftschadstoffe leisten soll, sondern auch welchen Beitrag der Verkehr bzw. die einzelnen Verkehrsmittel zu tragen haben. Diese Festlegung erfolgt in Schritt (9) (vgl. Abbildung 21). Ziel ist es also, für jedes Verkehrsmittel im inländischen Verkehr ein eigenes Nachhaltigkeitsziel festzulegen. Prinzipiell sind wieder alle aufgeführten Ansätze in entsprechender Übertragung für die Aufteilung auf Wirtschaftsektoren und einzelne Akteursgruppen (Verkehrsmittelnutzer) möglich. Eine Pro-Kopf-Verteilung macht allerdings wenig Sinn, weil der Rechenaufwand sehr hoch wäre, da die einzelnen Wirtschaftssubjekte ja in verschiedenen Sektoren gleichzeitig aktiv sind. Außerdem wären Probleme im Hinblick auf die Durchsetzbarkeit vorprogrammiert, da Grundrechte tangiert werden und die Flexibilität in Bezug auf die Zielerfüllung nicht bei allen Individuen in gleicher Weise gegeben ist[74]. Deshalb wird für die Aufteilung der Nachhaltigkeitsziele auf Sektoren und Verkehrsmittel innerhalb Deutschlands ein anderer Ansatz gewählt. Dieser stellt eine Mischung aus der flat rate reduction, bei der jeder Sektor prozentual gleichmäßig seine Emissionen in Bezug auf ein Ausgangsjahr reduzieren muss, und dem sektoralen Ansatz dar. Die Emissionsausgangssituation der einzelnen Wirtschaftssektoren und im Speziellen auch der einzelnen Verkehrsmittel im innerdeutschen Verkehr sowie die prognostizierte Status-quo Emissionsentwicklung werden bei der Festlegung der spezifischen Ziele mit einbezogen. Deshalb ist der Schritt (8), die Berechnung des BAU-Szenarios, vorgelagert[75]. Diese

---

[73] Siehe Kapitel 8 insbesondere 8.1.3.
[74] Vgl. hierzu auch die Diskussionen der verschiedenen Ausgestaltungsmöglichkeiten eines Emissionshandelssystems im Kapitel 13.
[75] Die prognostizierte Entwicklung der Emissionen der verschiedenen deutschen Wirtschaftssektoren wird bei der konkreten quantitativen Ableitung (Kapitel 6.2.6) vorgestellt.

Berechnung wurde bereits in 5. Kapitel dargestellt. Eine rein prozentual gleichmäßige Reduktion dürfte für manche Sektoren, z. B. dem Güterverkehr, relativ schwierig und kostenintensiv sein.

Im Schritt (10) schließlich werden die konkreten Nachhaltigkeitsindikatoren als Abweichung zwischen der Umweltsituation bzw. der prognostizierten Entwicklung (Ist-Größen des BAU-Szenarios) und den kritischen Belastungen (Soll-Größen als spezifische starke Nachhaltigkeitsziele) berechnet. Die Nachhaltigkeitsindikatoren in dieser Untersuchung haben grundsätzlich die folgenden Eigenschaften:

Berechnet werden Indikatoren *Ind* für jeden untersuchten Luftschadstoff *i*, jedes Verkehrsmittel *VM* und jedes Jahr *a* des Untersuchungszeitraums. Die Indikatoren ergeben sich anhand der Formel:

Gl. (1): $Ind_{Sz-NK}(i,VM,a) = 1 - Ist_{Sz}(i,VM,a) / Soll_{NK}(i,VM,a)$

Sz bezeichnet das betrachtete Szenario (bisher nur *BAU*), und *NK* steht für das Nachhaltigkeitskonzept (*StN* für starke und *ScN* für schwache Nachhaltigkeit).

$Ist_{Sz}(i,VM,a)$ gibt je nach Szenario die Menge der Emissionen in Megatonnen (Mt) für CO_2 oder in Kilotonnen (kt) für alle anderen Schadstoffe für ein bestimmtes Verkehrsmittel in einem bestimmten Jahr an.

$Soll_{NK}(i,VM,a)$ gibt die Menge der Emissionen für jeden Luftschadstoff, jedes Verkehrsmittel und jedes Jahr an, die sich aus den Reduktionszielen gemäß starker Nachhaltigkeit errechnet.

Die Indikatoren könne Werte zwischen $-\infty$ und +1 annehmen. Wird z. B. ein Indikator $Ind_{BAU-StN}(CO_2, Pkw, 2015) = -0{,}2$ berechnet, bedeutet dies, dass die CO_2-Emissionen der deutschen Pkw im Jahre 2015 nach der BAU-Prognose um 20 % höher liegen als sie gemäß des starken Nachhaltigkeitsziels für dieses Jahr sein dürften. Ein Indikator von 0 zeigt also gerade die Erreichung des Ziels zu einem bestimmten Zeitpunkt für ein Verkehrsmittel an. Positive Indikatoren zeigen eine Übererfüllung des Ziels an. Eine nachhaltige Entwicklung ist demzufolge gegeben, wenn für ein Kriterium eines Problembereichs (z. B. CO_2 für die Klimaproblematik) für jedes Jahr im Untersuchungszeitraum ein Indikator von ≥ 0 berechnet wird. Aufgrund der Berechnungsform der Indikatoren sind Werte von -2 bis -1 (-200 % bis -100 %) keine Seltenheit und zeigen damit nur an, dass die Emissionen in der spezifischen Situation dreifach bis doppelt so hoch sind, wie sie nach dem Reduktionsziel der starken Nachhaltigkeit sein dürften.

Einige inhaltliche Überlegungen sollen den Abschnitt zur methodischen Herleitung der Nachhaltigkeitsindikatoren abschließen. Mit Ausnahme des 4. Schritts werden alle Berechnungen gemäß eigenen Ansätzen vorgenommen. Die Bestimmung von scale wird für die beiden Bereiche Klimaschutz und Luftverschmutzung auf Basis von Literaturanalysen vorgenommen. Besonders kontrovers ist in der wissenschaftlichen Diskussion die Aufteilung der Reduktionsziele auf Staaten, Sektoren und einzelne Akteursgruppen. Der politische Wunsch, eine möglichst wirtschaftliche und sozialverträgliche Zielaufteilung zu erlangen, die ökonomische Effizienzkriterien erfüllt, ist fragwürdig, da aus der ökologischen Perspektive hierzu keine Notwendigkeit besteht und das Distributionsproblem der starken Nachhaltigkeit in erster Linie eine "gerechte" also gleichverteilte Basislösung fordert. Die Frage der Zielerfüllung dagegen lässt den erwünschten politischen Gestaltungsspielraum bei der Auswahl geeigneter Maßnahmen und Instrumenten. Erst an dieser Stelle sollte gemäß einer starken Nachhaltigkeit das Effizienzkriterium Beachtung finden. Dazu ist in der Abbildung 21 der Schritt (11) eingeführt, in dem die Allokation der Ressourcen (Umweltnutzungsrechte) zur effizienten Erreichung der Reduktionsziele festgelegt wird. Dieses nachgeordnete ökonomische Kriterium einer starken Nachhaltigkeit wird im dritten Teil dieser Untersuchung behandelt. Im Konkreten wird es darum gehen, mit welchem verkehrs- bzw. umweltpolitischen Instrument die Emissionsreduktionsziele ökonomisch effizient, sozial und wirtschaftlich vertretbar erreicht werden können. Die meisten der in der Diskussion befindlichen Maßnahmen setzen direkt in dem jeweiligen Sektor an und versuchen dort eine Reduktion der Emissionen zu erzielen. Eine andere wesentlich flexiblere Lösung bildet der Handel mit Emissionsrechten. Mit diesem Instrument kann die Zielerfüllung, z. B. im Verkehrssektor, auch dadurch erreicht werden, dass Emissionszertifikate, die in anderen Sektoren bei geringeren Vermeidungskosten übrig sind, von den im Verkehrsbereich zuständigen Akteuren erworben werden. Durch diesen Mechanismus, der neben den Instrumenten Joint Implementation (JI) und Clean Development Mechanism (CDM) bereits im Kyoto-Protokoll verankert ist, verliert die auch wirtschaftlich gerechte Aufteilung der Zielmengen an Gewicht, da die ökonomische Effizienz durch die Wahl des Instruments gewährleistet ist.

Trotzdem wird für diese Untersuchung die Lösung für das Allokationsproblem nicht allein auf den Schritt (11) verlagert, sondern schon, wie beschrieben, bei der Aufteilung der Reduktionsziele innerhalb Deutschlands auf die Sektoren und Akteursgruppen (Verkehrsmittel) ein ökonomisch orientierter Ansatz durch die Einbeziehung der Emissionsausgangssituation und Emissionsentwicklung integriert. Der wichtigste Grund dafür liegt in der erhofften Verbesserung der politischen Durchsetzbarkeit und Akzeptanz. So wird zumindest ein Stück weit gewährleistet, dass Sektoren, deren Emissionen ohnehin durch technologische Innovationen oder geringeres Wachstum am Sinken sind, auch prozentual eine höhere Reduktion erbringen müssen, als beispielsweise ein stark wachsender Bereich wie der Güterverkehr, bei dem in kurzer Frist vergleichsweise wenig eigene Reduktionsmöglichkeiten vorhanden sind.

6.2 CO$_2$-Reduktionsziel für den deutschen Personenverkehr

6.2.1 Das Umweltraumkonzept

Der erste umfassende Ansatz für die Festlegung tolerierbarer Emissionen von Treibhausgasen, der hier für die Lösung des globalen Skalierungsproblems im Klimaschutz vorgestellt wird (Schritt (4) der eigenen Vorgehensweise, Abbildung 21), stammt vom Niederländischen Rat für Umweltforschung (RMNO) (vgl. Weterings und Opschoor, 1994 sowie Rennings und Hohmeyer, 1997:58ff). Basis bildet das Konzept des Umweltraums, welches die Existenz physischer ökologischer Grenzen unterstellt, innerhalb derer nachhaltiges Wirtschaften möglich ist. Für die Erde als gesamter Umweltraum werden zuerst globale CO$_2$-Emissionsgrenzwerte geschätzt, die sich auf eine Studie von Krause, Bach und Koomey (1990) (genannt in Rennings und Hohmeyer, 1997:59) stützen. In dieser Studie wird eine tolerierbare relative Änderung von 0,1 °C pro Dekade angenommen, mit der Begründung, damit die Assimilationsfähigkeit der Pflanzen und Tiere auf der Erde nicht zu überstrapazieren. Des Weiteren wird eine maximale absolute Temperaturerhöhung von 2,0 bis 2,5 °C für die nächsten 100 Jahre festgelegt, die den Anstieg des Meeresspiegels auf einen Meter begrenzen soll. Diese Temperaturschwellen werden in Werte für kritische CO$_2$-Konzentrationen und kritische globale Emissionspfade umgerechnet. Ermittelt wird ein Welt-Kohlenstoffbudget von 300 Gigatonnen C oder 1100 Gt CO$_2$ für die Zeitspanne von 1985 bis 2100.

In einem zweiten Schritt werden Varianten einer möglichen Verteilung des Umweltraumes im Bezug auf das Kohlenstoffbudget zwischen den Nationen bzw. Staatengruppen diskutiert. Fünf Berechnungsvarianten werden vom RMNO vorgestellt. Kriterien dieser Aufteilung sind[76]:

- Bruttosozialprodukt (BSP),
- Fläche,
- heutiger Energieverbrauch (Status-Quo-Kriterium),
- gegenwärtige Bevölkerung (Gleichheitskriterium),
- heutige und künftige Bevölkerung (kumuliertes Gleichheitskriterium).

Die Ergebnisse dieser Verteilungsmechanismen werden in der Tabelle 11 dargestellt, um einen Einblick in die Spannweite der Reduktionsziele zu geben, die bei Anwendung der verschiedenen Verteilungskriterien ermittelt werden. Der RMNO kommt zur Schlussfolgerung, dass beim Vergleich mit dem gegenwärtigen OECD-Verbrauch von 2,8 Gt C nach keinem der Verteilungskriterien die OECD oder eines ihrer Mitgliedsländer sich auf einem nachhaltigen Entwicklungspfad befindet. Dies gilt sowohl für die

---

[76] Diese Kriterien bilden lediglich eine Auswahl der im letzten Abschnitt vorgestellten möglichen Kriterien zur Verteilung der globalen Emissionsreduktionsziele auf einzelne Länder. Sie decken allerdings die Spannweite recht gut ab, da Extrempositionen (Verteilung nach Bruttosozialprodukt und Verteilung nach heutiger und künftiger Bevölkerung) vertreten sind.

aktuellen Emissionen als auch für Zukunftsprognosen. Das Ziel wird in den OECD-Ländern mindestens um den Faktor 2, bei gleicher Pro-Kopf-Verteilung sogar um bis zu einem Faktor 10 verfehlt. Deutlich wird durch diese Berechnung, dass die Indikatoren starker Nachhaltigkeit stark von normativen Wertentscheidungen in Bezug auf die Aufteilung der Reduktionszielsetzungen abhängig sind. Das Konzept des Umweltraums macht diese normativen Wertentscheidungen transparent und damit leicht nachvollziehbar (vgl. Rennings und Hohmeyer 1997:60).

Tabelle 11: Nachhaltigkeitskriterien für Kohlenstoff-Emissionen in der OECD gemäß dem Umweltraumkonzept

Kriterium	OECD Budget 1985 – 2100		OECD jährlicher Durchschnitt	
	(Gt C)	(in % des globalen Budgets (300 Gt C))	(Gt C)	(in % gegenwärtiger Emissionen (2,8 Gt C))
BSP	189	63 %	1,64	57 %
Fläche	72	24 %	0,63	22 %
Status Quo Energie	140	47 %	1,17	42 %
Gleichheit pro Kopf	48	16 %	0,42	15 %
Pro Kopf kumuliert	33	11 %	0,29	10 %

Quelle: In Anlehnung an Rennings und Hohmeyer, 1997:60

In den Berechnungen auf der Basis des Umweltraumkonzeptes wird kein Zielzeitpunkt für die OECD-Länder festgelegt, und die intertemporale Aufteilung des jeweiligen Budgets in Emissionsmengen pro Jahr erfolgt nur als einfache Durchschnittsbildung (dritte Spalte der Tabelle 11). Von daher kann nur die Schätzung des globalen scale von 300 Gt C für den Zeitraum bis zum Jahr 2100 als Orientierung für die eigene Berechnung zum Zielzeitpunkt 2050 dienen.

6.2.2 Das Invers-Szenario

Einen anderen Weg geht das Invers-Szenario bei der Herleitung tolerierbarer Emissionen von Treibhausgasen in einer Art Rückwärtsbetrachtung bzw. -berechnung. Entwickelt wurde die Technik vom Wissenschaftlichen Beirat der Bundesregierung Globale Umweltveränderungen (WBGU), und sie wurde zum ersten mal auf der Berliner Klimakonferenz 1995 eingesetzt und veröffentlicht (vgl. WBGU, 1995:3ff und 1995b:111-128). Auch bei diesem Szenario werden keine Prognosen über künftige Klimaänderungen und Schäden entwickelt, da sichere Ergebnisse der Wirkungsforschung nicht abgewartet werden können, um die Klimapolitik zu starten[77]. Stattdessen werden in einem ersten Schritt zulässige Klimabelastungen aufgrund expliziter normativer Annahmen definiert. Die zwei wichtigsten grundlegenden Wertannahmen des WBGU sind die Forderung nach Erhaltung der Schöpfung und die Vermeidung unzumutbarer Kosten. Zulässige Klimabelastungen sind dadurch definiert als tolerierbare Belastungen für Mensch und Natur, welche beide Wertannahmen nicht verletzen.

---

[77] Der WBGU fasst das Klimaproblem als ein Steuerungsproblem auf, das festgelegte zulässige Emissionsprofile für die nächsten Jahrzehnte und Jahrhunderte benötigt.

Die Notwendigkeit von Wertentscheidungen für die Festlegung nachhaltiger Entwicklungspfade werden im Invers-Szenario durch die Voranstellung im Schritt (1) in den Vordergrund gestellt. Es folgen die weiteren fünf Schritte (siehe Abbildung 22) (vgl. Renning und Hohmeyer, 1997:61):

(2) Mit Hilfe von Abschätzungen der Klimawirkungen werden Temperaturänderungen berechnet, die eine Nichtüberschreitung der zulässigen Belastungen sicherstellen.

(3) Anhand von Klimamodellen werden tolerierbare Konzentrationen und

(4) tolerierbare Emissionen von Treibhausgasen (hier nur CO_2) abgeleitet.

(5) Die globalen Reduktionsziele werden auf einzelne Staaten und Staatengemeinschaften heruntergebrochen.

(6) Schließlich sind effiziente Sets von Instrumenten zu entwickeln, mit denen die Reduktionsziele erreicht werden können.

Abbildung 22:   Das "Invers-Szenario" für die Ableitung globaler und nationaler Klimaziele

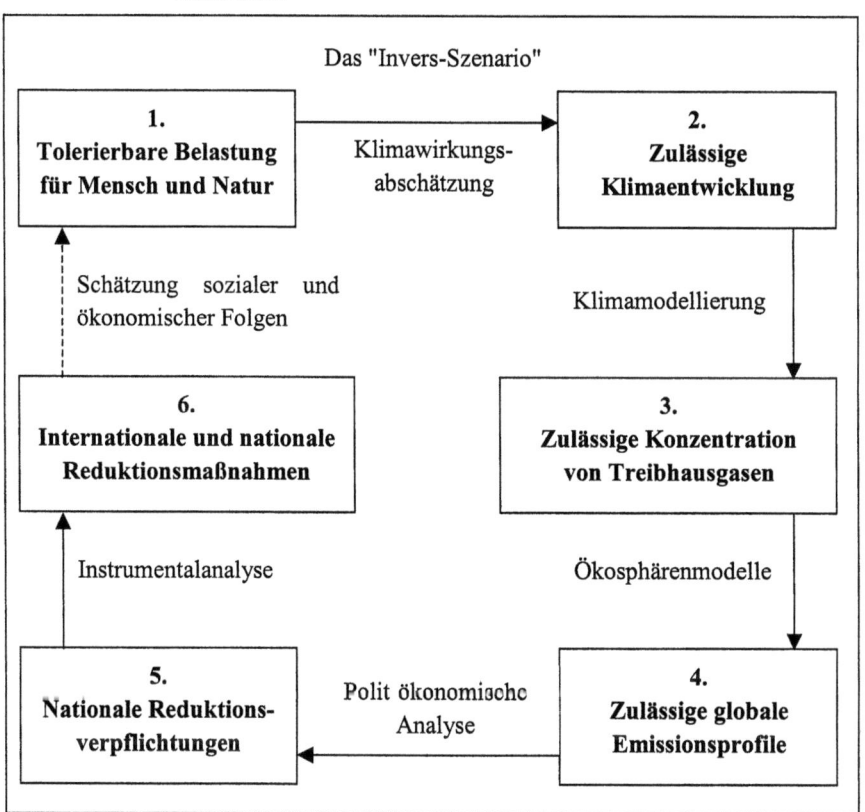

Quelle: WBGU (1995b:111)

Die Forderung nach der Erhaltung der Schöpfung wird durch ein tolerierbares "Temperaturfenster" quantifiziert. Für dieses Fenster werden die extremen Temperaturschwankungen auf der Erde in der Zeitspanne, die unsere heutige Umwelt geprägt hat, als Schwellenwerte angenommen. In der relevanten geologischen Periode, die als jüngeres Quartär bezeichnet wird, bildet die Durchschnittstemperatur von 10,4 °C während der Würm-Eiszeit die Untergrenze und 16,1 °C während der Eem-Warmzeit die Obergrenze. Unter Berücksichtigung eines Toleranzbereichs von 0,5 °C ergibt sich eine Spanne von 9,9 °C bis 16,6 °C als tolerierbares Temperaturfenster. Die heutige globale Durchschnittstemperatur von 15,3 °C erlaubt somit nur eine zulässige Abweichung von 1,3 °C nach oben (vgl. Rennings und Weinreich, 2002:267f).

Das Szenario kommt also aufgrund der ökologischen Wertannahme zu einer zulässigen Temperaturerhöhung von absolut höchstens 1,3 °C, während eine tolerierbare relative Änderung von 0,2 °C pro Dekade wegen der ökonomischen Grundannahme berechnet wird. Dabei wird die Vermeidung unzumutbarer Kosten als tragbarer Verlust des globalen Bruttosozialproduktes definiert. Ein Verlust von bis zu 5 % des Weltsozialproduktes wird als hinnehmbare Störung des ökonomischen Systems gesetzt, auch wenn die Schäden bei unterschiedlicher Verteilung auf einzelne Staaten (z. B. Inselstaaten) durchaus eine empfindliche Störung darstellen können. Schätzungen der Klimakosten ergeben für einen durchschnittlichen Temperaturanstieg von 0,2 °C pro Dekade (zumeist ermittelt für verdoppelte CO_2-Konzentrationen bis zum Jahr 2100) Weltsozialproduktsverluste von 1 bis 2 %, wobei sie nach Ansicht von Rennings und Hohmeyer (1997:63) die Klimaschäden tendenziell unterschätzen, da zahlreiche Schadenskategorien wie beispielsweise extreme Ereignisse unberücksichtigt bleiben. Der WBGU sieht daher gute Gründe anzunehmen, dass "eine Temperaturänderung von 0,2 °C pro Dekade bereits der tragbaren Obergrenze der Anpassungskosten von 5 Prozent des globalen BSP entspricht" (WBGU, 1995b:112).

Für die Ermittlung des zweidimensionalen Temperaturfensters wird sowohl auf die quantifizierte ökologische Wertannahme als auch auf monetäre Schätzungen der Klimaschäden zurückgegriffen[78]. Deshalb sehen Rennings und Hohmeyer im Konzept des Invers-Szenarios auch eine Verbindung zwischen Ansätzen schwacher und starker Nachhaltigkeit. Diese Verbindung manifestiert sich im Übergang von Schritt (6) zu Schritt (1), da, wie beschrieben, die soziale und ökonomische Klimaschadenfolgenforschung mit der Analyse der günstigsten Vermeidungsoptionen Einfluss auf die Zielfindung in Schritt (1) hat.

Das Invers-Szenario bietet somit einen integrierten Lösungsweg für das Skalierungsproblem im Klimaschutz (Schritt (4) der eigenen Methodik). Insbesondere die ersten 4 Schritte sind für die Ableitung von scale im Sinne einer starken Nachhaltigkeit ein hilfreicher Ansatz, da hier ein Weg aufgezeigt wird, wie ohne gesichertes Wissen der

---

[78] Es existieren eine große Anzahl von Kostenschätzungen zu den Klimaschadenfolgekosten. Diese werden zusammen mit den Berechnungen der externen Klimaschadenskosten des deutschen Personenverkehrs in Kapitel 9 dargestellt.

sozialen und ökonomischen Folgen des Klimawandels eine globale Klimastrategie auf Basis normativer Werturteile konzipiert werden kann.

6.2.3 Der Ansatz der OECD

Die OECD hat in ihrem Projekt zu Environmentally Sustainable Transport (EST) sechs Kriterien für einen Pfad für eine nachhaltige Entwicklung im Verkehr definiert, wovon das CO_2-Reduktionsziel aufgrund seiner globalen Dimension und der zu erwartenden Schwierigkeit bei der Einhaltung eine besondere Rolle zukommt. Neben der Klimaschutzzielsetzung werden lokale und regionale Luftverschmutzungsziele, ein Lärmreduktionsziel und eine Zielsetzung zur Reduktion der verkehrlichen Flächeninanspruchnahme gesetzt, die bereits in Tabelle 6, Kapitel 4.3 zusammengefasst sind. Die Ziele sind im Vergleich zur Ausgangssituation im Jahre 1990 für die OECD-Mitgliedsländer definiert. Für verkehrliche CO_2-Emissionen wird bis zum Jahre 2030 eine globale Reduktion um 50 %, für die OECD-Länder sogar um 80 % festgelegt (vgl. hierzu und zu dem Folgenden OECD, 1999:21ff).

Die Quantifizierung des Kohlendioxid-Ziels wird auf die Ausarbeitung des Intergovernmental Panel on Climate Change (IPPC) gestützt, die die notwendigen Schritte zur Zurückführung der Konzentration dieses Gases in der Atmosphäre auf das aktuelle Niveau und deren Stabilisierung zum Gegenstand hat. Zu diesem Zweck hat der erste Zustandsbericht des IPPC für eine sofortige Reduktion der Emissionen, die durch menschliche Aktivitäten hervorgerufen werden, um über 60% plädiert. Der zweite Assessment-Report des IPPC kommt zu der Feststellung, dass die Anzeichen für einen erkennbaren anthropogenen Einfluss auf das Klima deutlicher zu Tage treten, macht aber weniger konkrete Aussagen dazu, welche Vermeidungen der Emissionen angezeigt seien, um solchen Einfluss zurück zu führen. Trotzdem werden in diesem zweiten Bericht eine globale Reduktion von 50 – 70 % und weitere Reduktionen in der Folge für notwendig erachtet, um die atmosphärische CO_2-Konzentration zu stabilisieren (vgl. OECD, 2000:37).

Bei der Festlegung der CO_2-Reduktionsziele argumentieren die Teilnehmer des EST-Projekts, dass die relativen CO_2-Reduktionen, die für die OECD-Staaten notwendig sind, größer sein müssen, um anderen Nicht-OECD-Staaten weiteres wirtschaftliches Wachstum zu ermöglichen. Dementsprechend wird für die OECD-Länder eine Reduktion um 80 % bis zum Jahr 2030 festgelegt, die sowohl gleichverteilt für alle Einzelstaaten als auch für alle Wirtschaftssektoren, und damit auch den Verkehrssektor, gilt. Nur dadurch sei eine nachhaltige Entwicklung weltweit zu gewährleisten, bei dem auch der Verkehr in den OECD-Ländern einen entsprechenden Anteil leisten müsste. Das Ziel wird nur auf CO_2-Emissionen angewendet, die aus der Nutzung fossiler Kraftstoffe entstehen; Emissionen aus der Nutzung anderer Treibstoffe, z. B. Ethanol aus Biomasse, werden nicht mit eingerechnet.

Forderungen nach Verminderungen um 80 % mögen extrem erscheinen, da die CO_2-Emissionen im Verkehr in den OECD-Staaten und anderswo ansteigen. Die damit verbundenen Schwierigkeiten sind den Teilnehmern des EST-Projekts bei der Festlegung durchaus bewusst. In der Begründung wird darauf verwiesen, die drastische Zielsetzung im Zusammenhang mit anderen aktuellen Vorschlägen bezüglich einer Vervierfachung der Effizienz der Energienutzung, einer Verzehnfachung in der Produktivität von Ressourcen und Energie und einem Anstieg der Eco-Effizienz um das Zwanzigfache zu sehen[79]. Als weitere Begründung werden zwei Studien aus Schweden und Deutschland genannt. Die CO_2-Ziele, die in der schwedischen Studie benutzt werden, sind weniger restriktiv als diejenigen des EST-Projekts. Die schwedische Studie nennt Reduktionen von insgesamt 10 % bis zum Jahre 2005, 20 % bis zum Jahre 2020 und 60 % bis zum Jahre 2050. Begründet wird diese Festlegung damit, dass der Wunsch nach einer gleichen Verteilung der weltweiten pro Kopf CO_2-Emissionen erfordert, die Emissionen eines industrialisierten Landes wie Schweden um 50 bis 80 % zu vermindern. Die Studie mutmaßt jedoch weiter, dass massive Widerstände auftreten dürften, wenn Maßnahmen zur Reduktion von CO_2-Emissionen im Verkehrs- und Transportsektor eingeführt und demzufolge gerade in den ersten Jahrzehnten des 21. Jahrhunderts weniger strenge Reduktionsziele für den Verkehr beschlossen werden sollten. Die deutsche Studie analysiert neben dem 80 %-Reduktionsziel alternativ auch eine 30 %ige und eine 50 %ige Reduktion für das Zieljahr 2030 im deutschen Verkehr. Zugrunde liegen die Fragestellungen, ob eine Verschiebung des Zielzeitpunktes nicht ebenso hinreichend für eine nachhaltige Entwicklung im Verkehr sei und ob der Verkehrsbereich denn einen prozentual gleichen Zielbeitrag leisten müsste wie die anderen Wirtschaftssektoren. Erwartungsgemäß sind die technologischen und fahrleistungsbezogenen Veränderungen aufgrund der schwächeren CO_2-Ziele weniger drastisch als beim festgelegten EST-Ziel.

6.2.4 Synthese der Ansätze zur Ermittlung von "scale"

Eine Synthese der bereits vorgestellten Ansätze ist nicht einfach. Für die Lösung des globalen Skalierungsproblems in Bezug auf die Klimaproblematik liefert der RMNO ein Welt-Kohlenstoffbudget von 300 Gt C allerdings für einen Zeitraum von 115 Jahren (1985 – 2100). Das Invers-Szenario beschreibt eine integrierte Vorgehensweise bei der Bestimmung von scale. Hier wird nur ein Temperaturfenster und die damit verbundene absolute und relative Änderungsmöglichkeit vorgestellt. Die OECD benennt eine konkrete Lösung für scale im EST-Zieljahr 2030 in Höhe von -50 % CO_2-Emissionen global auf Basis der Emissionen von 1990 und ist damit am konkretesten. Abgeleitet wird diese Forderung auf Grundlage einer schwedischen Studie und den Untersuchungen des IPCC. Im Folgenden werden kurz weitere, teilweise auch neuere, Untersuchungen vorgestellt, bevor dann die eigene Lösung auf der breiteren Basis aller Abschätzungen abgeleitet wird.

---

[79] Die Umweltminister der OECD-Staaten haben ein spezielles Augenmerk auf den Vorschlag hinsichtlich einer Verzehnfachung des Wirkungsgrades von Ressourcen und Energie gelenkt, der von dem "Factor 10 Club", einer Gruppe aus führenden Köpfen aus Wissenschafts-, Wirtschafts- und Umweltkreisen, unterbreitet wurde. Auf ihrer Konferenz im Mai 1997 haben die Minister das wachsende internationale Interesse am Potenzial des "Factor 10" festgestellt, um damit einen Zielerfüllungsbeitrag zu leisten und dennoch Fortschritt und Wachstum zu gewährleisten.

Die Enquete-Kommission "Schutz des Menschen und der Umwelt" des Deutschen Bundestages basiert ihre Abschätzung der erforderlichen globalen CO_2-Reduktion auch auf den Analysen des IPCC (vgl. Enquete-Kommission, 1994 und UBA, 1997:47ff). Gefordert wird entsprechend der Klimarahmenkonvention eine Stabilisierung der Treibhausgaskonzentration in der Atmosphäre auf einem Niveau, auf dem eine gefährliche anthropogene Störung des Klimasystems vermieden wird. Wie hoch dieses Niveau liegt, wird nicht absolut konkretisiert. Aus den Ausführungen ist allerdings zu entnehmen, dass es nicht weit über dem Wert von 1994 in Höhe von 358 ppmv liegen sollte. Die Modellrechnung der Enquete-Kommission nennt dann aber sehr konkrete Zahlen, nämlich dass die energiebedingten CO_2-Emissionen nach Ablauf einer auf 60 Jahre veranschlagten Übergangszeit, also etwa um das Jahr 2050, weltweit auf höchstens die Hälfte des bislang erreichten Niveaus gesenkt werden müssen, um das Klimaschutzziel zu erfüllen. Insofern wird dieselbe Mengenbeschränkung aber ein anderer Zeitpunkt als beim OECD-Projekt angesetzt. Bei der Verteilung der Reduktionsziele wird zwischen Industrie- und Entwicklungsländern differenziert, wie sich aus der Ergebnistabelle 12 entnehmen lässt. Prinzipiell wird die Aufteilung gemäß dem Mechanismus "Pro-Kopf-Verteilung auf Basis der zukünftigen Bevölkerung" angestrebt, allerdings findet in der Modellrechnung das hohe Ausgangsniveau der Industrieländer und damit die Energieverbrauchs-orientierte Status-Quo-Verteilung über den Zielzeitpunkt 2050 hinaus Beachtung. Für die Industrieländer ergibt sich absolut eine Reduktion der CO_2-Emissionen um rund 78 % und pro Kopf um 82 % im Jahre 2050 gegenüber dem Ausgangsjahr 1990.

Tabelle 12: **Notwendige Entwicklung der globalen CO_2-Emissionen nach Modellrechnungen der Enquete-Kommission**

	Bevölkerung		CO_2-Emissionen			
	Mio.	%	Mt	%	t pro Kopf	1990=100
1990 Industrieländer	1.213	22,1	15.900	72,2	13,1	100
1990 Entw.-Länder	4.271	77,9	6.100	27,8	1,6	100
1990 Welt	**5.484**	**100,0**	**22.000**	**100,0**	**4,0**	**100**
2050 Industrieländer	1.500	15,0	3.500	31,8	2,3	18
2050 Entw.-Länder	8.500	85,0	7.500	68,2	0,9	56
2050 Welt	**10.000**	**100,0**	**11.000**	**100,0**	**1,1**	**27**

Quelle: Enquete-Kommission, 1994 zitiert aus UBA, 1997:52

Das IPCC hat in seinem Third Assessment Report (TAR) der Arbeitsgruppe 3 Emissionsszenarios dargestellt, die die Stabilisierung der atmosphärischen Konzentration von CO_2 auf unterschiedlichem Niveau beschreiben (vgl. IPCC, 2001c:3ff). Jeweils für den Zeitraum 1990 bis 2100 werden in sechs Szenariengruppen Pfade für die Stabilisierung bei 450, 550, 650 und 750 ppmv dargestellt. Eine Zuordnung der Konzentrationsniveaus zu den Anforderungen einer starken Nachhaltigkeit wird nicht gegeben. Selbst bei einer Stabilisierung bei 450 ppmv wird bis zum Jahre 2050 nur eine moderate Reduktion der globalen CO_2-Emissionen um rund 10 % notwendig, da im folgenden Zeitraum bis 2100 die wesentliche Verminderung stattfindet. Insofern werden die im zweiten Zustandsbericht genannten Erfordernisse (globale Reduktion von 50 – 70 %) durch den erweiterten Zeitraum bis zum Jahr 2100 nicht bestätigt. In 2100 erlauben die 450 ppmv - Szenarien dann aber nur noch Emissionen in Höhe von rund 60 % der Emissionen des Jahres 1990.

Das Level von 450 ppmv CO_2 nehmen drei Studien als Zielniveau, das für eine nachhaltige Entwicklung nicht überschritten werden sollte. Hunhammer (1999:3f) sieht darin zumindest eine obere Grenze und diskutiert als untere Schranke ein Null-Emissionen-Szenario, da die großen Unsicherheiten bei der Analyse der Kette "Emissionen, Konzentrationen und Klimawirkungen" keine genauere Bestimmung eines Zielniveaus zulassen. Der Autor kommt zu zulässigen Emissionen von 0,42 t C pro Kopf für das Jahr 2050. Ein weltweites Bevölkerungswachstum auf 10 Mrd. Menschen wird wie bei der Modellrechnung der Enquete-Kommission angenommen. Damit sind im Jahre 2050 noch Emissionen von 4,2 Gt C oder 15,4 Gt CO_2 erlaubt. Angegeben wird auch der mit dieser Stabilisierung verbundene durchschnittliche Temperaturanstieg um 1,1 bis 3,3 °C. Diese Spannweite umfasst sowohl die Zielvorgaben des RMNO als auch den oberen Wert des Temperaturfensters des Invers-Szenarios.

Hohmeyer (1996:79f) setzt als maximale nachhaltige Konzentration ebenso 450 ppmv, betont aber, dass es sich dabei schon um einen politischen Kompromiss handelt. Das Konzentrationsniveau erlaubt ein Volumen von 2300 Gt CO_2 für die nächsten 120 Jahre. Diese werden gleichmäßig über die Zeit und pro Kopf der Weltbevölkerung im Jahre 1995 verteilt. Die Modellrechnung resultiert in 3,4 t CO_2 pro Kopf und Jahr. Angegeben wird kein Emissionspfad, und das zukünftige Bevölkerungswachstum wird nicht mitbetrachtet, sodass die Zahlen nicht direkt für die eigene Abschätzung weiter verwendet werden können. Ebenso berechnet Steen et al. (1999:699ff) auf Basis der 450 ppmv – Stabilisierung eine CO_2-Reduktionsanforderung von 80 % für Schweden bis zum Jahre 2040, die hier auch nur als Orientierung für industrialisierte Länder dient.

Ein niedrigerer Ansatz wird bei Böhringer und Welsch (1999:3f) unter dem Stichwort "Contraction and Convergence" gewählt. Gefordert wird im Zusammenhang mit einer nachhaltigen Klimaentwicklung eine globale 25 %ige Reduktion des anthropogenen Kohlenstoffes bis zum Jahre 2050 im Vergleich zum Jahre 1990 (Contraction).

Auf der anderen Seite wird in zwei neuen Publikationen sowohl von Klemmer (2001:22f) als von Steinmüller (2001:36ff) festgestellt, dass im Klimaschutz unter den Experten inzwischen mehr oder minder Einhelligkeit bestehe, die energiebedingten CO_2-Emissionen bis zum Jahre 2050 mindestens auf 10 Gt bzw. auf 1 t CO_2 pro Jahr und Person zu senken.

Für eine Synthese aller vorgestellten Ansätze bleibt festzustellen, dass erstens keine konkrete Festlegung eines Konzentrationsniveaus aus den Anforderungen einer nachhaltigen Entwicklung im starken Sinne direkt ableitbar ist. Das Invers-Szenario kommt zu einem Temperaturfenster, das unterhalb der Spannweite eines 450 ppmv - Szenarios liegt. Da diese Vorgehensweise für die Ermittlung von scale favorisiert wird, sollte das Nachhaltigkeitsniveau in jedem Fall zwischen 350 ppmv (eine ungefähre Stabilisierung auf dem Niveau von 1990) und 450 ppmv CO_2 liegen. Meyer (1999:309f) gibt in seinem Übersichtsartikel des zweiten IPCC-Prozesses für die Stabilisierung auf dem Niveau 350 ppmv ein Kohlenstoffbudget von 300 bis 430 Gt C (entspricht 1100 bis 1577 Gt CO_2) für 110 Jahre an. Diese Spannweite umfasst den Vorschlag des RMNO, der damit eine Untergrenze für eine starke nachhaltige Entwicklung setzt. Zweitens lassen die Unsicherheiten bei der Klimamodellierung keine exakte Bestimmung zulässiger Emissionsmengen für das Jahr 2050 zu, die den Konzentrationsniveaus von 350 bis 450 ppmv entsprechen würden. Auch diese Aussage wird aufgrund der verschiedenen Ergebnisse der einzelnen Studien bei einer 450 ppmv Stabilisierung belegt. Deshalb wird für diese Untersuchung der Weg gewählt, aus allen betrachteten Studien einen Mittelwert zu bilden.

Für die Bestimmung von scale werden folglich die absoluten Emissionsangaben für das Jahr 2050 der Enquete-Kommission, der Studien von Hunhammer, von Böhringer und Welsch, von Klemmer und von Steinmüller direkt verwendet. Die umfangreichen Analysen des IPCC werden einerseits durch die Reduktionsanforderung des zweiten Zustandsberichts (-50 % bis 2050) repräsentiert, die im OECD-Projekt auf das Jahr 2030 angewendet worden sind. Andererseits wird die Szenariobildung des dritten Assessment Reports, die eine Stabilisierung während der Periode bis zum Jahr 2100 analysiert, auf das Zieljahr 2050 übertragen mit der Annahme, dass ab diesem Zeitpunkt eine konstante Menge an CO_2 weltweit emittiert wird.

Aus den betrachteten Studien ergibt sich ein rechnerischer Mittelwert von 13,3 Gt CO_2 oder 3,6 Gt C als weltweite tolerierbare Emissionsmenge für das Jahr 2050. Im Verhältnis zu den tatsächlich emittierten 22,4 Gt CO_2 im Jahre 1990 (vgl. CDIAC, 2001) bedeutet dies eine moderate Reduktionsanforderung von etwas über 40 %. Diese Anforderung liegt unterhalb der Forderungen des IPCC (zweiter Zustandsbericht) und der Enquete-Kommission und führt je nach Verlauf der globalen Minderung und vor allem je nach Emissionsentwicklung nach dem Jahre 2050 eher zu einer Stabilisierung der CO_2-Konzentrationen im Bereich um 450 ppmv. Für diese Untersuchung wird folglich angenommen, dass eine starke nachhaltige Entwicklung im Klimaschutz durch die berechnete Reduktionsanforderung bis zum Jahre 2050 gewährleistet ist und die Tragekapazität der Erde so nicht überbeansprucht wird. Allerdings nur, wenn es ab dem Jahre 2050 nicht global wieder zu einer Steigerung der Emissionen kommt.

6.2.5 *Aufteilung des CO_2-Reduktionsziels auf die einzelnen Staaten*

Die ermittelte scale-Anforderung gilt es im nächsten Schritt gemäß der Methodik auf die einzelnen Staaten aufzuteilen (Schritt (7) der Methodik gemäß Abbildung 21). Gefolgt wird, wie bereits diskutiert, dem Verteilungsmechanismus "Pro-Kopf-Verteilung auf Basis zukünftiger Bevölkerungsentwicklung", da dieser Ansatz das Gerechtigkeitspostulat einer starken sozialen Nachhaltigkeit am Besten erfüllt. Jedem Erdbewohner wird also im Zieljahr 2050 das gleiche Recht auf CO_2-Emissionen zugesprochen. Für die Berechnung notwendig ist eine Bevölkerungsprognose, die in der Tabelle 13 dargestellt wird. Diese Prognose wird als mittlere Variante basierend auf Daten von 1998 bezeichnet und ist von der UN Population Division erstellt (vgl. UN-Pop, 2001)[80]. Auf Basis der Welt-Bevölkerungsprognose erlaubt der Zielwert von 13,3 Gt CO_2, die im Jahre 2050 höchstens global emittiert werden dürfen, ein Pro-Kopf-Budget von 1,427 t CO_2.

Tabelle 13: Prognostizierte Bevölkerungsentwicklung in Deutschland, Europa und weltweit bis zum Jahre 2050 (in Millionen)

	1990	2000	2015	2025	2050
Deutschland	79,4	82,0	80,7	78,9	70,8
Frankreich	56,7	59,2	61,9	62,8	61,8
Großbritannien	57,6	59,4	60,6	61,2	58,9
Italien	56,7	57,5	55,2	52,4	43,0
Spanien	38,9	39,9	39,0	37,4	31,3
EU 15	364,5	376,5	376,5	371,3	339,3
Welt	**5.282**	**6.056**	**7.207**	**7.937**	**9.322**

Quelle: UN-Pop (2001) "Long Range World Population Projections – medium-variant"

Der Weg bis zum Zieljahr 2050 wird abgefedert, indem von der Pro-Kopf-Emissions-Ist-Situation im Jahre 2000 ausgehend für jede Staatengruppe eine lineare Reduktion bzw. Steigerung bis zum einheitlichen Pro-Kopf-Niveau berechnet wird. Insofern findet die Status-Quo-Verteilung in die Berechnung Einzug. Die jeweiligen Emissionsreduktionspfade, die in Abbildung 23 abgebildet sind, ergeben sich aus der folgenden Formel (vgl. Böhringer und Welsch, 1999:3):

$$\text{Gl. (2): } EpK_{Soll,L,i}(a) = \frac{((Za - Ba) - (a - Ba))^\alpha}{(Za - Ba)^\alpha} * Epk_{Ist,L,i}(Ba) + \frac{(a - Ba)^\alpha}{(Za - Ba)^\alpha} * Epk_{Soll,L,i}(Za)$$

Die zulässigen Emissionen pro Kopf EpK_{Soll} für das Land L und den Luftschadstoff i im Jahr a ergeben sich aus einem Gewichtungsfaktor mal den Ist-Pro-Kopf-Emissionen Epk_{Ist} in diesem Land L für den Luftschadstoff i im Basis- bzw. Bezugsjahr Ba und dem Produkt aus einem zweiten Gewichtungsfaktor und den Soll-Pro-Kopf-Emissionen EpK_{Soll} im Zieljahr Za. Die Gewichtungsfaktoren werden variiert über den Parameter α, der bei $\alpha = 1$ zu einer linearen zeitlichen Glättung führt. Im Zieljahr 2050 liegt das Pro-Kopf-Emissions-Budget $Epk_{Soll,CO2}(2050)$ für alle Länder gleich bei 1,427 t CO_2.

Eine Beispielberechnung, die für die Abbildung 23 durchgeführt wurde, soll die Berechnungsmethodik der Gleichung (2) verdeutlichen: Die zulässigen Pro-Kopf-Emissionen

---

[80] Die Einzelwerte für die Jahre 1998 bis 2020, die für spätere Berechnungen notwendig sind, werden durch lineare Extrapolation gebildet

für das Jahr 2020 in den USA berechnen sich bei einem Ausgangsniveau von rund 19,2 t CO_2 im Jahre 2000 in der Höhe von

$$EpK_{Soll,USA,CO2}(2020) = \frac{((2050-2000)-(2020-2000))^1}{(2050-2000)^1} * 19{,}177 + \frac{(2020-2000)^1}{(2050-2000)^1} * 1{,}427$$
$$= 12{,}077.$$

Bei der globalen Aufteilung der Reduktionsanforderung wird eine lineare Konvergenz (Convergence) der Ziele Pro-Kopf angewendet, da zwar in den meisten Regionen die Pro-Kopf-Emissionen reduziert werden müssen, in einigen Regionen (insbesondere in Indien und in den Ländern Afrikas südlich der Sahara) aber auch eine Erhöhung der Pro-Kopf-Emissionen bis zum Jahr 2050 resultiert.

Abbildung 23: Weltweite Aufteilung der CO_2-Reduktionsziele auf Staaten und Staatengruppen gemäß dem Pro-Kopf-Ansatz (Basis: zukünftige Bevölkerung)

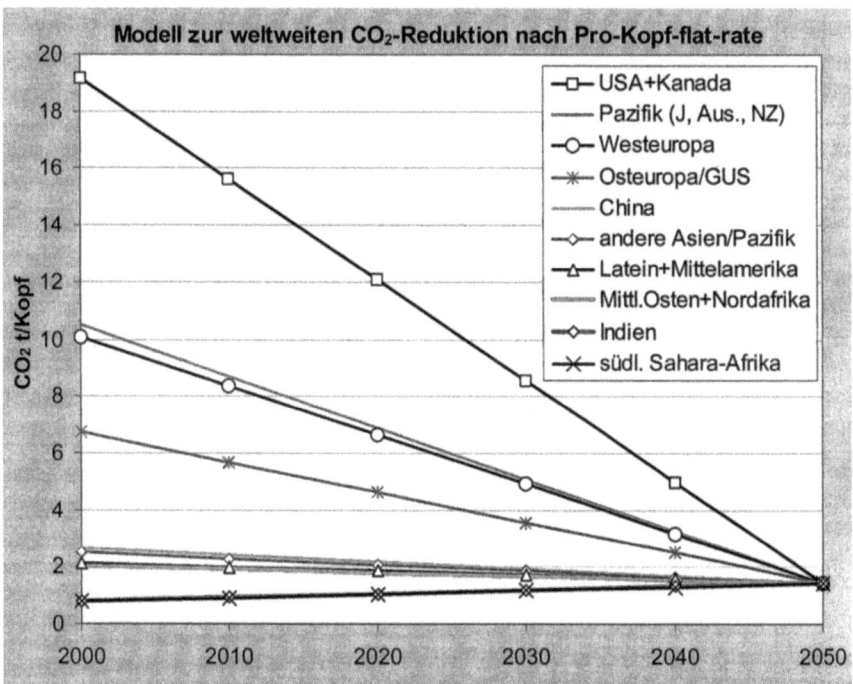

Quelle: eigene Berechnung auf Basis der prognostizierten Pro-Kopf-Emissionen im Jahre 2000 (vgl. Böhringer und Welsch, 1999:8).

Im Gegensatz zur vorgeschlagenen Methodik in Kapitel 6.1 wird hier kein Pfad einer nachhaltigen Entwicklung ab dem Jahr 1990 dargestellt, sondern ab dem Jahr 2000, da hierfür Daten leicht verfügbar waren. Insofern ergibt sich für die intertemporale Distribution gemäß der Abbildung 23 eine Steigerung der weltweiten CO_2-Emissionen im Jahre 2000 um rund 6 % auf 23,8 Gt CO_2 im Vergleich zu 1990 (22,4 Gt CO_2), die der Realität entspricht. Bis zum Jahre 2050 sinken dann die Emissionen gemäß dem eigenen Zielwert auf 13,3 Gt CO_2 um über 40 % im Vergleich zu 1990 und um 44 % gegenüber 2000. Die Anforderungen des Schrittes (6) zur intertemporalen Verteilung der Reduktionsanforderungen ab dem Jahre 1990 werden hier also für die globale Aufteilung nicht erfüllt. Deshalb dient die Berechnung eher der Illustration, wie vom heutigen Emissionsniveau eine nachhaltige globale Entwicklung im Bezug auf den Klimaschutz aussehen kann.

Für die Aufteilung der Reduktionsziele innerhalb Europas wird der Pfad ab dem Jahre 1990 berechnet. Die Ergebnisse sind in der Abbildung 24 zusammengefasst. Erneut kommt die Gleichung (2) dabei zur Anwendung. Allerdings wird dem Parameter α hier ein Wert von größer als 1 (genau $2^{0,5}$) zugewiesen, um einen exponentiellen Minderungsverlauf zu generieren. Dahinter steht die Annahme, dass die EU-Länder und insbesondere Deutschland ihre CO_2-Emissionen schon ab dem Jahr 1990 stärker senken sollten, um ein sanftes Auslaufen der Reduktionsanforderung vor dem Zieljahr 2050 zu ermöglichen. Bei der hier vorgeschlagenen intertemporalen Distribution zeigt sich erneut der normative Charakter der Festlegung und Verteilung der Nachhaltigkeitsziele. Zum Vergleich ist in der Abbildung die lineare Aufteilung für Deutschland eingezeichnet.

Abbildung 24: Aufteilung der CO_2-Reduktionsziele auf die Staaten der EU

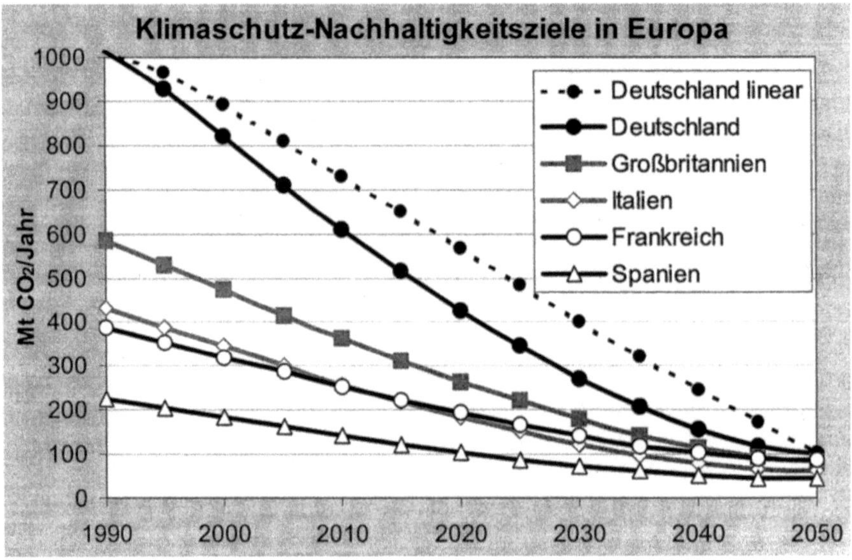

Bei den CO_2-Emissionen ergibt sich Pro-Kopf für Deutschland eine Reduktionsanforderung von knapp 89 %. Im Jahre 1990 wurden in Deutschland 1014,5 Mt CO_2 ohne internationale Bunker- und Flugemissionen emittiert. Zulässig sind im Jahre 2050 nur noch rund 101 Mt CO_2. Damit liegt die absolute Reduktionsanforderung mit knapp über 90 % sogar etwas höher als beim Pro-Kopf-Reduktionsziel wegen der erwarteten Bevölkerungsabnahme. Während im Jahr 1990 die Deutschen pro Kopf rund 12,8 t CO_2 emittierten, war das Niveau in den anderen wichtigen EU-Ländern teilweise erheblich niedriger. Auf Frankreich (6,8 t CO_2 pro Kopf), mit seiner hohen Quote an Kernenergie, kommt aufgrund der "Convergence"-Berechnung nur eine Reduktionsanforderung bis zum Jahr 2050 von knapp 80 % pro Kopf und 77 % absolut zu. Mit Ausnahme von Portugal (niedriges Ausgangsniveau von 4,4 t CO_2) und Irland (starkes prognostiziertes Bevölkerungswachstum von über 50 %) ist dies der niedrigste Wert in der EU.

Das relative moderate globale Umweltqualitätsziel, das den kritischen Belastungswert der Tragekapazität der Erde bei rund 450 ppmv annimmt und deshalb global nur eine Reduzierung der Treibhausgasemissionen auf etwas unter 60 % des Niveaus von 1990 fordert, führt in Verbindung mit dem starken Nachhaltigkeitskriterium einer inter- und intragenerativen Verteilungsgerechtigkeit zu der beachtlichen Reduktionsanforderung für Deutschland und die anderen entwickelten Industrieländer. Am heftigsten dürfte dieser Ansatz die USA treffen, die ihre CO_2-Emissionen um deutlich über 90 % senken müssten. Für die politische Durchsetzbarkeit solch hoher nationaler Reduktionsziele in den Industrieländern muss der vermeintliche Widerspruch "nationales Reduktionsziel vs. Globaler Nutzen" aufgelöst werden. Erstens sollte immer wieder ins Bewusstsein gerufen werden, dass die entwickelten Länder in einem hohen Maße für den sich abzeichnenden Klimawandel verantwortlich sind und deshalb auch einen höheren Beitrag zur ökologischen Stabilisierung der Erde leisten müssen, und zweitens hat sich bei anderen umweltpolitischen Maßnahmen, wie z. B. der Einführung des Katalysators beim Pkw, gezeigt, dass eine Vorreiterrolle, die zwangsläufig aus den starken Minderungserfordernissen resultiert, für die technologische und gesellschaftliche Weiterentwicklung von großem Nutzen ist und in der Folge oft auch international zu einem Standortvorteil führt (vgl. beispielsweise UBA, 1997:14ff).

Im Zusammenhang mit dem abgeleiteten CO_2-Reduktionsziel für Deutschland in Höhe von -90 % bis 2050, das deutlich über der Anforderung der Enquete-Berechnung (-78 % bis 2050, vgl. Enquete-Kommission, 1994) aber schwächer als die OECD-Zielsetzung ist (-80 % bis 2030, vgl. OECD, 1999:21ff), stellt sich die Frage, inwieweit sich die deutsche Bundesregierung mit ihrem 25 %igen Reduktionsziel bis 2005 auf einem Nachhaltigkeitspfad befindet. Für das Jahr 2005 ergibt sich die Reduktionsanforderung von rund 20 % bei linearem Verlauf und von 30 % bei exponentiellem Verlauf. Insofern steht die Zielsetzung der Bundesregierung, die Ende des Jahres 1999 vom deutschen Bundeskanzler Gerhard Schröder erneut bestätigt wurde, im Einklang mit einer nachhaltigen Entwicklung im Klimaschutz im Sinne einer starken Nachhaltigkeit. Entscheidend ist aber, dass, über das Jahr 2005 hinaus, weitere und ebenso deutliche Reduktionsanstrengungen angestrebt und durchgesetzt werden, was aus heutiger Sicht eher unwahrscheinlich erscheint, da ein bedeutender Teil der Reduktion, die von 1990 bis 2005 erfolgt sein wird, auf das Konto des wiedervereinigungsbedingten Strukturwandels in den Neuen Bundesländern geht. Und noch ist auch nicht sicher, ob das Ziel bis 2005 erreicht werden kann.

6.2.6 Ableitung des CO_2-Reduktionsziels für den deutschen Verkehr

Die nächste Aufgabe besteht in der Aufteilung des CO_2-Reduktionsziels auf die einzelnen Sektoren innerhalb Deutschlands. Die einfachste verteilungspolitische Lösung wäre die, dass jeder Sektor das gleiche Reduktionsziel erreichen muss, also -90 % bis zum Jahre 2050. Dieses Reduktionsziel wäre dann auch für den Verkehrssektor relevant. Da ein Gerechtigkeitsansatz bezogen auf einzelne Individuen bei dieser Aufteilung keinen Sinn macht, ergibt sich kein Widerspruch zu den Postulaten einer starken Nachhaltigkeit, andere Kriterien bei der Verteilungsproblematik zu berücksichtigen. Anbieten würde sich durchaus ein ökonomisch orientiertes Kriterium wie der Grenzvermeidungskosten-Ansatz. Da aber nicht für alle Wirtschaftssektoren verlässliche CO_2-Vermeidungskostenkurven bekannt sind und der Arbeitsaufwand zur Ableitung dieser den Umfang und die Zielsetzung dieser Untersuchung bei Weitem überschreiten würde, wird für die Aufteilung ein Modus gewählt, der die Ausgangssituation und vorhersehbare Entwicklung der Emissionen für jeden Sektor mit einbezieht (vgl. Schritt (9) der vorgestellten Methodik in Kapitel 6.1). Darin manifestiert sich zumindest, dass ein emissionsseitig wachsender Sektor nicht der gleichen prozentualen Anforderung gegenüberstehen soll wie ein ohnehin CO_2 reduzierender.

Konkret wird für diese Untersuchung ein Mittelwert aus der prognostizierten CO_2-Emissionsentwicklung und der flat rate Reduktion gewählt. In der Summe wird dabei für jedes Jahr die Reduktionsanforderung in der Weise skaliert, dass genau der im letzten Abschnitt ermittelte CO_2-Reduktionspfad für Deutschland herauskommt. Für das Klimaschutzziel wird diese Vorgehensweise nur bis zum Jahre 2020 durchgeführt, da bereits zu Beginn des fünften Kapitels festgelegt wurde, den Berechnungszeitraum dieser Arbeit nicht über das Jahr 2020 hinaus auszudehnen. Gründe hierfür liegen in der Datenverfügbarkeit und der daraus resultierenden Prognosesicherheit. Dies gilt sowohl für den Verkehrsbereich als auch für die anderen deutschen Wirtschaftssektoren. Der Pfad für das deutsche CO_2-Emissions-Reduktionsziel erlaubt im Jahre 2020 noch 425,4 Mt CO_2/Jahr. Das bedeutet eine Reduktion um 58,1 % im Vergleich zum Emissionsniveau im Jahre 1990, beim angenommenen exponentiellen Verlauf der intertemporalen Verteilung des Ziels innerhalb Deutschlands. Damit ist das starke Nachhaltigkeitsziel im Klimaschutz für den Untersuchungszeitraum festgelegt.

Tabelle 14: Prognose der CO_2-Emissionen nach Sektoren (in Mt/Jahr)

	1990	1995	2000	2005	2010	2015	2020
Energie (inkl. Elektr.)	485,1	420,2	390,6	392,1	383,6	408,6	443,3
Industrie	137,0	101,3	98,7	94,1	87,8	82,9	78,0
Haushalte	88,8	65,7	64,9	60,7	55,8	50,5	49,1
Dienstleistungen u. a.	141,3	139,3	144,3	141,4	139,5	137,9	138,1
Verkehr	162,3	176,5	184,1	189,7	190,8	190,1	187,1
Gesamt D	1014,5	902,9	882,7	878,0	857,5	870,0	895,7

Quelle: eigene Berechnung auf Basis von UNFCCC (2000) und European Commission (1999:199)

In Tabelle 14 ist die Prognose der CO_2-Emissionen für die Sektoren Energie, Industrie, Haushalte, Dienstleistungen und Verkehr in Deutschland bis zum Jahre 2020 dargestellt. Diese basiert auf dem eigenen BAU-Szenario für den Sektor Verkehr (siehe Kapitel 5, Abbildung 16 ohne internationalen See- und Luftverkehr) und der Prognose des European Union Energy Outlook to 2020 (vgl. European Commission, 1999:199) für die anderen Sektoren. Die dort genannten Werte werden hier nicht absolut übernommen, sondern es findet eine Anpassung an die UNFCCC-Werte für die gesamten deutschen CO_2-Emissionen der Jahre 1990 bis 1997 statt (vgl. UNFCCC, 2000), bei der die Relationen zwischen den Sektoren gewahrt bleiben. Während in den Sektoren Industrie und Haushalte nach bereits erfolgten drastischen Reduktionen in den Jahren zwischen 1990 und 1995 eine weitere Verminderung ansteht, wird im Energiesektor ab 2010 mit einer Zunahme der CO_2-Emissionen gerechnet, da erstens der Stromverbrauch nicht weiter zu reduzieren ist sondern eher wieder steigen wird und zweitens fossile Kraftwerke den Wegfall der Kernenergie kompensieren müssen. Die Emissionen des Dienstleistungssektors werden tendenziell auf dem Niveau verharren, während im Verkehrssektor, wie gezeigt, die Emissionen bis zum Jahre 2010 weiter anwachsen werden.

Abbildung 25: Aufteilung der CO_2-Reduktionsanforderung auf die deutschen Wirtschaftssektoren

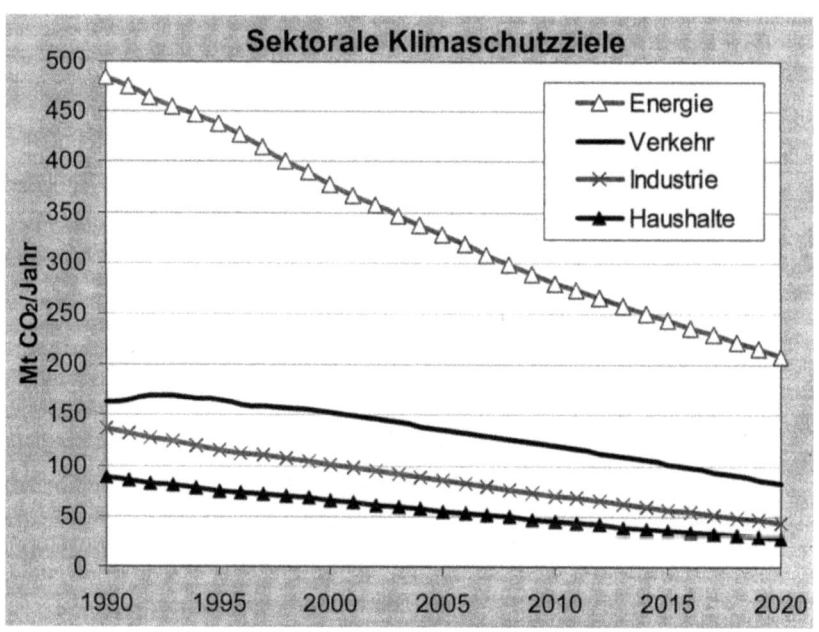

Diese verschiedenen prognostizierten Entwicklungstendenzen fließen in die Zielfindung für die deutschen Wirtschaftssektoren hälftig mit ein. Der andere hälftige Einfluss ergibt sich gemäß prozentual gleichmäßiger Reduktion. Die so ermittelte Aufteilung der CO_2-Reduktionsanforderung ist in der Abbildung 25 dargestellt.

Für den Bereich Energie ergibt sich eine CO_2-Reduktionsanforderung gemäß starker Nachhaltigkeit im Klimaschutz von 57,1 %, für die Industrie von 68,2 %, für die Haushalte von 68,7 %, für die Dienstleistungen von 55,0 % und für den Verkehr schließlich von 49,4 %, jeweils für das Zieljahr 2020 im Vergleich zum Basisjahr 1990. Die Unterschiede zu der flat rate Aufteilung (für alle Sektoren -58,1 %) sind nicht sehr groß, aber trotzdem wird den einzelnen Sektoren durch die Differenzierung ein vernünftiger Anreiz gesetzt, gemäß ihren Möglichkeiten eine Vermeidung anzustreben. Bei der im nächsten Abschnitt diskutierten Aufteilung der Ziele innerhalb des Verkehrssektors, die demselben Verteilungsansatz folgt, werden sich größere Unterschiede ergeben.

Für den deutschen Verkehr ergibt sich als starkes Nachhaltigkeitsziel im Jahre 2020 nur noch ein Emissionsbudget von 82,2 Mt CO_2. Das Ausgangsniveau im Jahre 1990 liegt bei 162,3 Mt CO_2. Durch den modifizierten Aufteilungsmodus errechnet sich für die Jahre 1990 bis 1995 sogar eine leichte Steigerung der zulässigen Emissionsmenge, da gerade in diesem Zeitraum die Ist-Emissionen in allen anderen Sektoren drastisch gefallen sind. Für das Jahr 2005 werden 135,7 Mt CO_2 oder eine Minderung um 16,6 % gegenüber 1990 berechnet. Das UBA hat als Zielspannweite für das Jahr 2005 eine Reduktion der verkehrlichen CO_2-Emissionen um 10 bis 25 % angegeben (vgl. UBA, 1997:86ff). Das eigene Ziel liegt also in diesem Bereich.

6.2.7 Quantifizierung des starken Nachhaltigkeitsziels für CO_2 im deutschen Personenverkehr

Die Zielaufteilung innerhalb des deutschen Verkehrssektors auf die einzelnen Verkehrsmittel erfolgt nach demselben Muster wie auf die Wirtschaftsektoren. Jeweils hälftig wird die BAU-Prognose der CO_2-Emissionen (siehe Kapitel 5, Abbildung 16 und 17) sowie die prozentual gleichverteilte Zielsetzung, in diesem Fall die für den gesamten deutschen Verkehr ermittelte Reduktionsanforderung von -49,4 %, zugrunde gelegt. Erneut werden dabei die Reduktionsanforderungen für die Verkehrsmittel für jedes Jahr in der Weise errechnet, dass in der Summe genau der im letzten Abschnitt ermittelte CO_2-Reduktionspfad für den gesamten deutschen Verkehr herauskommt.

Es ergeben sich die in Abbildung 26 dargestellten Reduktionsziele für den Personen- und Güterverkehr (PV und GV) (linke Seite der Abbildung) und für die Verkehrsmittel Pkw, Bus und Bahn[81] im Personenverkehr (rechte Seite der Abbildung). Zum Vergleich sind in der Abbildung für die Reduktionsziele des Personenverkehrs, des Güterverkehrs

---

[81] In der Kategorie Bus werden alle benzin- und dieselbetriebenen Straßenfahrzeuge subsummiert, die nicht Pkw sind, also neben den Kraftomnibussen auch die Motorräder (Mopeds und Krafträder) und sonstige Kraftfahrzeuge im Personenverkehr (Polizei- und Feuerwehrfahrzeuge, Krankenkraftwagen, Müllfahrzeuge und Wohnmobile). Hinter dem Aggregat Bahn-Personen verbirgt sich der gesamte schienengebundene Personenverkehr. Er beinhaltet den Eisenbahnverkehr, den S-Bahnverkehr und den schienengebundenen ÖPNV, also U-Bahn, Hoch- oder Schwebebahn und Straßenbahn. Zur Aggregation der Verkehrsmittel im PV vergleiche auch Kapitel 5.1.

und der Pkws nicht nur die Pfade gemäß dem Mischaufteilungsverfahren sondern auch die Pfade entsprechend einer reinen flat rate-Verteilung und entsprechend einer vollen Berücksichtigung der BAU-Prognose eingezeichnet.

Abbildung 26: CO_2-Reduktionsziele für den Personen- und Güterverkehr und die wichtigsten Verkehrsmittel im PV

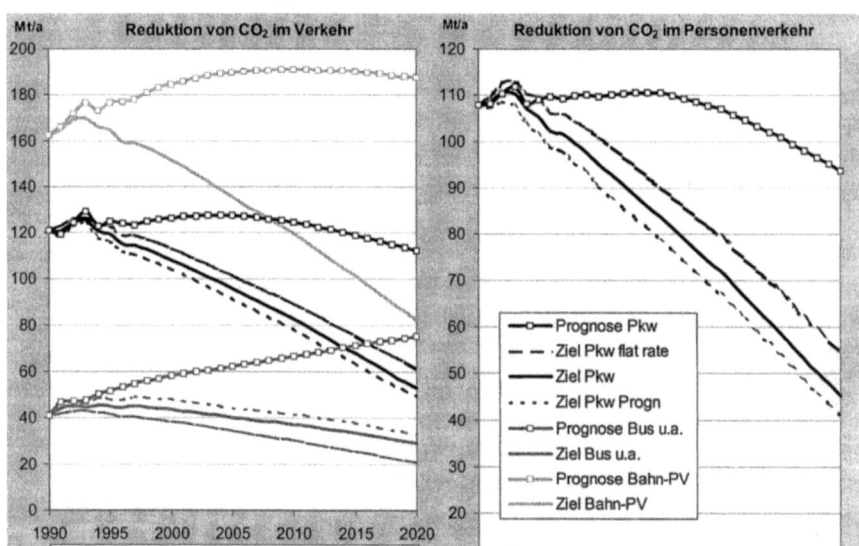

Danach muss der Personenverkehr zur Erreichung einer nachhaltigen Entwicklung im starken Sinne seine CO_2-Emissionen im Jahre 2020 um 56,3 % im Vergleich zum Basisjahr 1990 reduzieren. Erlaubt sind dann nur noch Emissionen in Höhe von 52,9 Mt CO_2. Bei der Ableitung der Zielfunktion unter voller Berücksichtigung der BAU-Prognose ergeben sich für 2020 49,2 Mt CO_2 tolerierbare Emissionen, was eine Reduktion gegenüber 1990 von 59,4 % bedeutet, während gemäß einer reinen flat rate Verteilung definitionsgemäß eine Reduktion um 49,4 % (entspricht 61,3 Mt CO_2) berechnet wird.

Beim Güterverkehr ergibt sich für den eigenen Ansatz immerhin eine Reduktionsanforderung von 29 % (wie immer für das Jahr 2020 im Vergleich zu 1990) und das trotz der prognostizierten hohen Steigerung des Verkehrsaufkommens und der CO_2-Emissionen. Dieses entspricht einem Zielwert von 29,3 Mt CO_2 im Jahre 2020. Im Vergleich zu der 49,4 %igen Anforderung gemäß flat rate ist die eigene Anforderung deutlich abgemildert. Wird nur die BAU-Prognose für die Aufteilung zugrundegelegt, muss immerhin um 20 % reduziert werden. Für die Lkw (nicht in der Abbildung) ergeben sich zulässige Emissionen von 25,5 Mt CO_2 (Reduktion um 25,1 %).

Für das Verkehrsmittel Pkw, dem mit Abstand wichtigsten Segment innerhalb des Personenverkehrs, ergibt sich mit einem Zielwert von -58 % und damit tolerierbaren CO_2-Emissionen von 45,3 Mt, die höchste Reduktionsanforderung bis zum Jahre 2020. Diese errechnet sich aus der Einbeziehung der BAU-Prognosewerte, die bereits ab dem Jahre 2003 zu sinken beginnen. Folgt man bei der Aufteilung nur der Prognose, ergibt sich sogar ein Reduktionsziel von 61,9 %. Auch für die öffentlichen Verkehrsmittel im Personenverkehr Bus und Bahn ergeben sich starke Reduktionsanforderungen von 40,9 bzw. 49,4 %.

Der Luftverkehr, auch der innerdeutsche, wird hier nicht in der Abbildung aufgeführt, da dieses Verkehrsmittel auch im Folgenden nicht weiter betrachtet wird. Trotzdem sei angemerkt, dass gemäß dem Mischaufteilungsmodus für den innerdeutschen Luftverkehr aufgrund der drastischen Steigerungsraten dieses Segments eine relativ schwache Reduktionsanforderung von 29,2 % für das Zieljahr 2020 gegenüber 1990 berechnet wird. Wohl wissend, dass gerade der stark wachsende Flugverkehr und die Klimawirksamkeit der in großer Höhe emittierten Emissionen eine besondere Beachtung dieses Verkehrsmittels im Hinblick auf den Klimaschutz erfordern würde, wird festgelegt, dieses komplexe Thema nicht weiter zu bearbeiten, um die Untersuchung überschaubar zu halten. Für die Analyse der Maßnahmen und Szenarien zur Erreichung einer nachhaltigen Entwicklung wird ohnehin der Umstieg vom Pkw-Verkehr auf die öffentlichen Verkehrsmittel Bus und Bahn im Vordergrund stehen. Der Luftverkehr bietet hierfür aus ökologischen Gründen keine Alternative.

In Abbildung 26 sind neben den Pfaden für die nachhaltige Reduktion der Emissionen auch die Entwicklung der CO_2-Emissionen gemäß der Prognose des BAU-Szenarios dargestellt. Für alle Bereiche im Verkehr zeigt sich, dass die Schere zwischen den erlaubten Emissionen und den prognostizierten im Zeitverlauf immer weiter auseinandergeht. Die bereits am Anfang dieses Kapitels aufgestellte Hypothese wird für die Klimaproblematik im Verkehrsbereich durch die eigenen Berechnungen bestätigt.

Wie bereits in Tabelle 2 (Kapitel 3.6) dargestellt, wird unter dem Stichwort "Umweltschonende Mobilität" im umweltpolitischen Schwerpunktprogramm der Bundesregierung eine 5 %ige Reduktion von CO_2-Emissionen im Straßenverkehr bis 2005 gefordert. Gemäß der eigenen Zielaufteilung ergibt sich eine Reduktionsnotwendigkeit von 16,2 % bis zum Jahre 2005 für die Straßenverkehrsmittel Pkw, Bus und Lkw. Somit kann das Reduktionsziel der Bundesregierung deutlich nicht als eine Zielsetzung im Sinne einer starken Nachhaltigkeit bezeichnet werden.

6.3 Nachhaltigkeitsziele für Luftschadstoffe im deutschen Personenverkehr

Bevor die Nachhaltigkeitsindikatoren für die beiden Bereiche Klimaschutz und Luftverschmutzung vergleichend im letzten Abschnitt dieses Kapitels für die einzelnen Verkehrsmittel im Personenverkehr berechnet werden, dient dieser Abschnitt der Herleitung der Nachhaltigkeitsziele für Luftschadstoffe für den gesamten deutschen

Verkehr sowie für die einzelnen Verkehrsmittel im Personenverkehr. Im Gegensatz zum Klimaproblembereich wird dafür ein wesentlich direkterer Weg gewählt. Die Zielsetzungen für Deutschland werden direkt aus der Literatur angenommen. Eine globale Festlegung und die Zuteilung auf Staaten (Schritt (7) der eigenen Methodik) werden damit umgangen. Bei der Zuteilung der Minderungsziele auf die einzelnen Wirtschaftssektoren und damit auch auf den Verkehrssektor wird aus Vereinfachungsgründen eine prozentual gleichmäßige Verteilung gewählt (Schritt (9)). Nur bei der Aufteilung innerhalb des Verkehrssektors kommt wieder der modifizierte Ansatz aus flate rate und prognostizierter Emissionsentwicklung zur Anwendung.

Bei den klassischen Luftschadstoffen im Verkehrsbereich handelt es sich um Kohlenmonoxid (CO), die Ozonvorläufersubstanzen Stickoxide (NO_x) und flüchtige organische Kohlenstoffverbindungen (VOC), Schwefeldioxid (SO_2) sowie eine große Anzahl von krebserzeugenden Spurenstoffen, darunter Benzol und Dieselruß (Partikel (PM)). Für die Festlegung von Nachhaltigkeitszielen werden die drei wichtigsten Schadstoffe NO_x, VOC und Partikel ausgewählt und analysiert, da diese quantitativ vorrangig durch den Verkehr emittiert werden, besonders starke Auswirkungen auf Menschen, Tiere und Pflanzen hervorrufen und in den meisten Studien als Leitindikatoren Verwendung finden. Wie bei den CO_2-Emissionen werden auch bei diesen drei klassischen Luftschadstoffen nur die direkten Emissionen durch die Benutzung der Verkehrsmittel betrachtet.

Bereits in der Tabelle 6, Kapitel 4.3 wurden eine Reihe von Nachhaltigkeitszielen aus der Literatur für den Bereich Luftverschmutzung aufgeführt. Insbesondere die Studien vom Umweltbundesamt und von der OECD, die sich am Konzept einer starken Nachhaltigkeit orientieren, sind für die Festlegung der eigenen Nachhaltigkeitsziele für das Zieljahr 2020 relevant.

6.3.1 OECD-Nachhaltigkeitsziel für Luftschadstoffe im Verkehr

Auch im EST-Projekt der OECD werden für den Bereich Luftverschmutzung Nachhaltigkeitsziele für die Schadstoffe NO_x, VOC und PM abgeleitet (vgl. zu den folgenden Ausführungen OECD 1999:11ff und 20ff).

Für die Quantifizierung des NO_x-Ziels werden zwei unterschiedliche Herangehensweisen aufgezeigt, die beide eine Lösung für das Skalierungsproblem geben. Das erste Augenmerk liegt auf der aktuellen Richtlinie zur Luftqualität der Weltgesundheitsorganisation (WHO), die es zu erfüllen gilt. Für NO_2 schreibt die Richtlinie einen Wert von 200 Mikrogramm pro Kubikmeter ($\mu g/m^3$) bei stündlicher Beobachtung vor. In größeren Städten wurden stundenweise Höchstwerte von über 600 $\mu g/m^3$ gemessen. Ähnliche oder höhere Überschreitungen werden in Hinsicht auf jährliche Durchschnittswerte festgestellt. In den Stadtzentren wurde an etwa 70 % der Messstationen in Westeuropa bzw. in den USA in 60 % und in Japan in 65 % der Fälle höhere Werte als die von der WHO zur Vermeidung chronischer Atemwegserkrankungen empfohlenen

40 µg/m³ im Jahresdurchschnitt gemessen. Die 40 µg/m³ werden als critical level für scale im Sinne einer starken nachhaltigen Entwicklung angesehen.

Die WHO stellt auch für Ozon, dessen Vorläufersubstanzen NO_x und VOCs sind, einen einstündigen Richtwert in Höhe von 150 bis 200 µg/m³ auf. Mitte der 90iger Jahre wurden stündliche Spitzen von 600 µg/m³ in verschiedenen Gegenden und Anfang der 90iger Jahre sogar Belastungen von bis zu 1200 µg/m³ in manchen Regionen gemessen. Die revidierten WHO-Richtlinien beinhalten nur noch einen Wert von 120 µg/m³ im 8-Stunden-Durchschnitt, der als critical level angesehen wird. Dieser Grenzwert wird in nahezu allen urbanen und ländlichen Messstationen in OECD-Staaten überschritten.

Die zweite Herangehensweise für die Quantifizierung des NO_x-Ziels fokussiert auf die kritische Belastungsgrenze (critical load) dieses Schadstoffes. Bei NO_x sind Übersäuerung und Eutrophierung von besonderer Bedeutung als mögliche Schädigung des Ökosystems. Die Anfälligkeit eines Ökosystems kann durch Messen oder Schätzen ihrer physikalischen oder chemischen Eigenschaften berechnet werden. In vielen Teilen Europas werden die kritischen Belastungsgrenzen für Übersäuerung und Eutrophierung um das zwei- bis vierfache überschritten, was darauf hinweist, dass eine Gefährdung der Ökosysteme gegeben ist und ihre Nachhaltigkeit auf dem Spiel steht. Die europaweite Betrachtung von Schadstoffkonzentrationen an Stickstoff im Vergleich zu kritischen Belastungsgrenzen hat gezeigt, dass für viele Regionen sogar eine Rückführung der NO_x-Emissionen aus dem Verkehr auf Null nicht ausreichen würde, die kritischen Belastungsgrenzen zu erreichen. Kritische Werte für Ozon würden ebenfalls überstiegen.

Die Ergebnisse der beiden Herangehensweisen haben die am EST-Projekt teilnehmenden Experten dazu veranlasst, als Ziel für die verkehrlichen NO_x-Emissionen eine Reduzierung um 90 % für das EST-Zieljahr 2030 in Vergleich zu 1990 festzulegen. Die dann noch zulässigen 10 % NO_x sind nach Ansicht der EST-Teilnehmer konform mit dem Erreichen einer umweltgerechten Nachhaltigkeit im Verkehr.

Bei der Quantifizierung des VOC-Ziels steht die Erkenntnis im Vordergrund, dass es für viele der flüchtigen organischen Verbindungen ihrer krebserregenden Eigenschaften wegen keinen sicheren Grenzwert gibt. Daher sollte die gänzliche Vermeidung das Ziel sein. Ungeachtet dessen haben die Teilnehmer der EST-Studie aus pragmatischen Überlegungen ein Ziel nahe an der völligen Vermeidung festgelegt, das erstens ein akzeptables verbleibendes Gesundheitsrisiko hervorbringt und zweitens mit dem Ziel für NO_x übereinstimmt, um das Ozonminderungserfordernis zu erfüllen. Es folgt also wiederum, dass in 2030 nur 10 % der verkehrsbedingten VOC-Emissionen von 1990 erlaubt sind. Jedoch sind sich die Teilnehmer der Studie einig darüber, dass eine weitere Reduktion nach 2030 im Hinblick auf die kanzerogenen und erbgutschädigenden Eigenschaften der VOCs angezeigt ist.

Partikel erzeugen vorrangig eine lokale Gefährdung für die Gesundheit der Menschen. Die Teilnehmer des EST-Prozesses halten die Festlegung eines starken Nachhaltigkeitsziels für PM aus drei Gründen für dringend erforderlich: Erstens wird aufgrund der niedrigeren Klimagefährdung ein verstärkter Wechsel vom benzingetriebenen zum dieselgetriebenen Pkw erfolgen, zweitens entstehen die direkten PM-Emissionen zu einem viel höheren Anteil bei Dieselfahrzeugen und drittens stellt die Belastung mit Feinstaubpartikeln die gefährlichste Luftverschmutzungsproblematik in den Großstädten weltweit dar. Im Teilprojekt für Deutschland wird daher eine 99 %ige Reduktion der PM aus Dieselverbrennungsmotoren für den urbanen Bereich bis 2030 im Vergleich zu 1990 festgelegt.

Die OECD-Studie hat die Emissionsminderungsanforderungen direkt für den Verkehrsbereich quantifiziert. Allerdings liegt nur bei den Partikeln ein direkter Bezug auf den deutschen Verkehr vor. Ansonsten beziehen sich die Zielsetzungen auf alle OECD-Länder und gelten aber per Annahme auch für jedes einzelne Land.

6.3.2 Ziele vom UBA und anderen Studien

Das UBA hat in seiner Studie "Nachhaltiges Deutschland" für den Bereich Verkehr eine Verminderung der NO_x- und VOC-Emissionen um 80 % bis zum Jahre 2005 auf Basis von 1987 vorgeschlagen (vgl. UBA, 1997:88). Diese Forderung wird wie bei dem OECD-Ansatz mit der Einhaltung der Richtlinien der WHO begründet. Für Dieselrußpartikel (PM), polyzyklische aromatische Kohlenwasserstoffe (PAK) und Benzol, die durch den Verkehr emittiert werden, wird langfristig ein Luftqualitätsniveau für Ballungsgebiete als nachhaltig angesehen, das heute in ländlichen Räumen vorzufinden ist (PM: 0,8 µg/m³, PAK: 0,6 µg/m³, Benzol: 1,3 µg/m³). Zur Erreichung dieser critical level schlägt das UBA ein zweistufiges Verfahren vor: Bis zum Jahre 2005 sollen alle drei Stoffe um 90 % im Vergleich zu 1988 reduziert werden und danach ohne zeitliche Festlegung bis auf -99 %.

In der UBA-Studie wird ausgesagt, dass die Zielsetzungen im Einklang stehen mit den Vorschlägen des Rats von Sachverständigen für Umweltfragen (SRU), der in seinem Umweltgutachten 2000 unter dem Stichwort "Umweltschonende Mobilität" die Reduzierung der Emissionen von Ozonvorläufersubstanzen um 70 bis 80 % und die Reduzierung von kanzerogenen Luftschadstoffen und Ultrafeinstäuben (u. a. Benzol und Rußpartikel) um 75 % bis zum Jahre 2010 angibt (siehe Tabelle 2, Kapitel 3.6 und SRU, 2000:102,).

Auch Gorissen, ein Mitarbeiter des Umweltbundesamtes, nennt in seinem Übersichtsartikel "Konzept für eine nachhaltige Mobilität in Deutschland" aus Umweltqualitätszielen abgeleitete Umwelthandlungsziele für die Schadstoffe NO_x, VOC, Partikel und Benzol, die in der Tabelle 15 zusammengefasst sind (vgl. Gorissen, 1996:113ff). Im Text schlägt Gorissen allerdings vor, die Handlungsziele in ihrer Höhe zu übernehmen, sie aber auf das Jahr 1990 als gemeinsame Basis zu beziehen.

Tabelle 15: UBA-Vorschlag für verkehrsbezogene Umwelthandlungsziele

Schutzgut/-zweck	Umwelthandlungsziel	von	bis	Quelle
Klima: CO_2	–25 % der CO_2-Emissionen	1990	2005	Bundesregierung
Gesundheit: kanzerogene Luftschadstoffe	–90 % der Benzol-, PAK- und Dieselruß-Emissionen	1988	2005	SRU 1994 LAI[a)] 1992
	–99 % der Benzol-, PAK- und Dieselruß-Emissionen		2010	SRU 1994 LAI[a)] 1992
Gesundheit (Sommersmog), Wald-, Boden- und Gewässerschutz	–80 % der NO_x- und VOC-Emissionen	1987	2005	SRU 1994
	–40 % der NO_x- und VOC-Emissionen (Ozonalarm)	sofort		BImSchG §40

a): LAI = Länderausschuss für Immissionsschutz
Quelle: Gorissen (1996:115)

Die ausgearbeiteten und vorgestellten Zielsetzungen des UBA finden auch Anwendung in der weiterführenden Literatur. So wird beispielsweise in dem wichtigen Projekt zur Ableitung eines zielgerichteten nachhaltigen Verkehrssystems ein vergleichbares Set von Reduktionszielen (CO_2: -30 %, NO_x: -80 %, VOC: -70 % und PM: -94 %, alle bis 2010 auf Basis von 1992) angenommen mit dem expliziten Hinweis, diese stammten aus dem UBA (vgl. Schade et al., 1998:99). Becker (1998:6) sowie Walter und Spillmann (1999:99) beziehen sich bei der Ableitung ihrer Zielsetzungen für eine nachhaltige Entwicklung im Verkehr währenddessen direkt auf die Quantifizierungen der OECD im EST-Projekt.

6.3.3 Synthese der Ansätze

Bei genauerer Analyse der im letzten Abschnitt genannten Zielvorschläge fällt auf, dass zwar die Höhe der Reduktionsanforderung in etwa die gleiche ist, aber sowohl die Ziel- als auch die Basisjahre sich je nach Untersuchung unterscheiden. Dies lässt die Schlussfolgerung über eine Art Konsens in der Höhe der Reduktionsanforderungen zu, die critical loads der Menge an tolerierbaren Emissionen im Bereich der Luftverschmutzung repräsentieren. Wann allerdings das erwünschte critical level, als dauerhaftes nicht zu überschreitendes Konzentrationsniveau, erreicht werden soll, wird relativ frei gewählt und auf den gerade betrachteten Untersuchungszeitraum übertragen.

Da in der eigenen Untersuchung das Basisjahr (1990) und das Zieljahr (2020) bereits festgelegt sind, gilt es für diesen Zeitraum eine angemessene Reduktionsanforderung zu finden. Die Berechnung eines Mittelwertes wäre aufgrund der unterschiedlichen Betrachtungszeiträume ungenau, deshalb erfolgt die Auswahl der eigenen Zielanforderung für den deutschen Verkehr auf der Grundlage von Plausibilitätsüberlegungen. Für NO_x und VOC wird das EST-Ziel von -90 % für 2030 auf das eigene Zieljahr 2020 vorgezogen, da sowohl der SRU als auch das UBA schon bis 2005 eine Reduktion von 80 % fordern und diese Zielfestlegung wesentlich stärker ist als die resultierende eigene für 2005, die sich selbst bei einer extrem stark exponentiellen intertemporalen Aufteilung ergeben würde. Im Vergleich zu SRU und UBA ist die Zielfestlegung der OECD in Bezug auf die Ozonvorläufersubstanzen eher als schwach einzustufen.

Die eigene intertemporale Aufteilung der Reduktionsziele für die beiden Schadstoffe NO_x und VOC folgt der Gleichung (2) mit einem Parameterwert von $\alpha = 2^{0,5}$. Die Begründung für die normative Wahl dieser schwach exponentiellen Funktion liegt erneut in dem Wunsch, zu Anfang eine stärkere Reduktionsanforderung zu generieren, die dann kurz vor Erreichen des Zieljahres sanft in das nachhaltige Emissionsniveau übergleitet. Das α, welches die Stärke der Exponentialfunktion bestimmt, darf nicht zu hoch gewählt werden, um ein niedrigeres zulässiges Emissionsniveau z. B. schon im Jahre 2018 zu vermeiden.

Bei den Partikeln wird ein etwas anderer Weg gewählt, indem direkt die OECD-Festlegung für 2030 übernommen wird, da auch das UBA nur in einem zeitlich unbestimmten zweiten Schritt langfristig die Absenkung um 99 % fordert. Unter Anwendung der Gleichung (2) ($\alpha = 2^{0,5}$, wie oben) ergibt sich für das Jahr 2020 eine Reduktionsanforderung von 93,2 % für verkehrliche Partikel im Vergleich zur Ausgangssituation im Jahre 1990.

Wie bereits beschrieben, wird in der eigenen Untersuchung keine Unterscheidung zwischen den Wirtschaftsektoren bei der Zielfestlegung für Luftschadstoffe vorgenommen. Die hier festgelegten Reduktionsanforderungen gelten also gleichwohl für den Verkehrsbereich wie auch für die gesamten Luftschadstoffemissionen in Deutschland. Bei NO_x führt die Absenkung um 90 % national zu zulässigen Emissionen von 270,9 Kilotonnen (kt) und im Verkehrsbereich zu 131,2 kt im Jahre 2020. Das stark nachhaltige Emissionsniveau in 2020 wird weiter bestimmt durch 322,5 kt VOC national und 150,4 kt VOC im Verkehr sowie 3,36 kt Partikel im Verkehr (Ausgangsbasis 1990: 49,3 kt PM). Bei Dieselrußpartikeln ist die Vergleichbarkeit mit anderen Staubpartikeln, insbesondere aus Industrieprozessen, nicht gegeben, deshalb bezieht sich das Ziel für PM ohnehin nur auf den Verkehrsbereich. Die fehlende Differenzierung zwischen den einzelnen Wirtschaftsektoren stellt bei den Stickoxid-Emissionen weniger ein Problem dar, weil die anderen Hauptemittenten, Industriefeuerung sowie Kraft- und Heizwerke, aufgrund technologischer Vergleichbarkeit in ähnlichem Maße wie der Verkehr die NO_x reduzieren können. Bei den organischen Verbindungen aber wird die geforderte 90 %ige Reduktion insbesondere bei der Lösungsmittelverwendung zu einem Problem, das hier aber nicht weiter thematisiert werden soll.

Durch die getroffenen Festlegungen der Reduktionsanforderung für die drei Leitindikatoren im Problembereich verkehrsbedingte Luftverschmutzung sind die Schritte (4) bis (7) und (9) der eigenen Methodik erfüllt. Offen ist noch die Aufteilung der Zielsetzungen auf die einzelnen Verkehrsmittel im Personen- und Güterverkehr.

6.3.4 Quantifizierung der starken Nachhaltigkeitsziele für die klassischen Luftschadstoffe im Personenverkehr

Bei der Aufteilung der starken Nachhaltigkeitsziele für den Verkehr kommt wieder die Prognose der Luftschadstoffe für die einzelnen Verkehrsmittel und Verkehrsbereiche hälftig zur Anwendung. Die andere Einflusshälfte bildet das flat rate Ziel. Die Verwendung des Mischaufteilungsverfahrens erfolgt im Bereich der Luftverschmutzung neben den inhaltlichen Erwägungen, eine möglichst gerechte und angemessene Zielaufteilung zu verwirklichen, auch aus Konsistenzgründen zu der Behandlung der Klimaschutzproblematik innerhalb des Verkehrssektors. Die Ergebnisse der intertemporalen und intersektoralen Verteilung der Ziele auf die Verkehrsbereiche und die wichtigsten Verkehrsmittel im Personenverkehr sind in den Abbildungen 27 bis 29 dargestellt. Parallel dazu wird jeweils die Entwicklung gemäß der BAU-Prognose aus Kapitel 5.5, Abbildung 20 aufgezeigt.

Abbildung 27: NO_x-Reduktionsziele für den Personen- und Güterverkehr und die wichtigsten Verkehrsmittel im PV

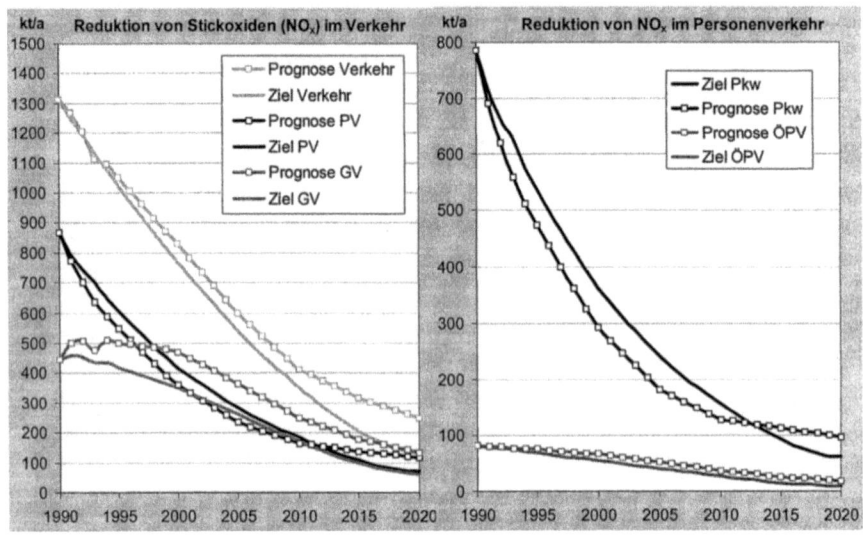

Bei den Stickoxiden muss der Personenverkehr seine Emissionen bis zum Jahr 2020 um 92 % auf rund 70 kt NO_x reduzieren, während sich für den Güterverkehr nur eine Reduktionsanforderung von 86 % auf rund 61 kt NO_x ergibt. Der Löwenanteil der NO_x entsteht bei der Verbrennung im Pkw-Motoren. Deshalb errechnet sich auch hier die überproportionale Reduktionszielsetzung von -92 % im Vergleich zu den Emissionen im Jahre 1990, resultierend in erlaubten NO_x-Emissionen von knapp 61 kt im Jahre 2020. Ein erster Vergleich mit den Ergebnissen der BAU-Prognose zeigt, dass beide Pfade für jedes Verkehrsmittel eine ähnliche Entwicklungsrichtung aufzeigen, obwohl für das Zieljahr 2020 teilweise erhebliche Lücken zwischen Prognose und starken Nachhaltigkeitszielpfad zu erkennen sind.

Abbildung 28: VOC-Reduktionsziele für den Personen- und Güterverkehr und die wichtigsten Verkehrsmittel im PV

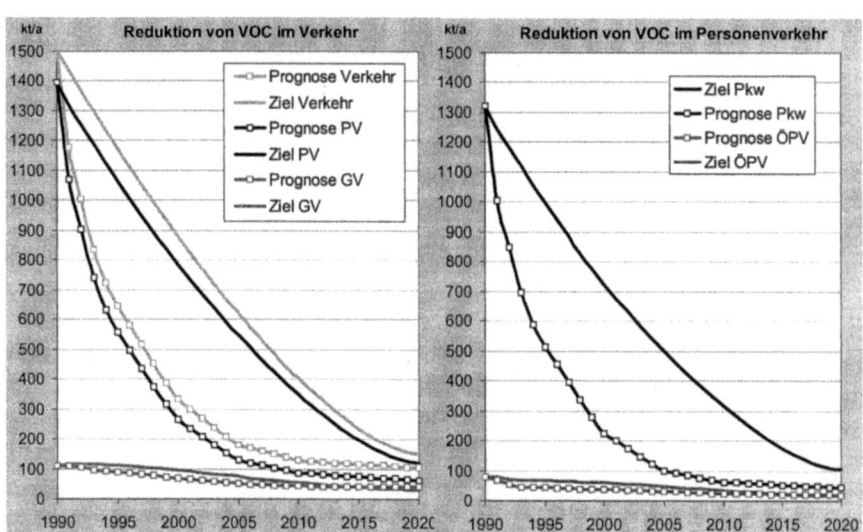

Die VOC des Verkehrsbereichs wurden 1990 zu knapp 90 % durch die Benutzung der Pkw hervorgerufen, 1995 waren es immerhin noch rund 80 %. Bei den Pkw wird auch die größte Reduktion aufgrund der technologischen Entwicklung erwartet. Deshalb resultiert ein Reduktionsziel von -92 %, was in 2020 noch 104 kt VOC erlaubt. Für den gesamten Personenverkehr wird -91 % bis zum Jahr 2020 berechnet, während der Güterverkehr nur um 71 % reduzieren muss (entspricht 119 kt VOC im PV und 31 kt VOC im GV). Auffallend an Abbildung 28 ist, dass sowohl für den gesamten Verkehr als auch für die Verkehrsmittel im Personenverkehr die Pfade für die Reduktionsziele deutlich oberhalb der BAU-Prognose-Entwicklung liegen.

Im Bereich der Partikel-Emissionen des Verkehrs ergibt sich ein anderes Bild. Erstens beträgt die Reduktionsvereinbarung nicht -90 % wie bei NOx und VOC, sondern über 93 %, zweitens wurden im Jahre 1990 mehr Emissionen durch den Güterverkehr emittiert als durch den Personenverkehr und drittens kam es bis zum Jahre 1995 nicht schon zu einer signifikanten Reduktion der gesamten verkehrsbedingten Dieselruß-partikel. Aufgrund des starken prognostizierten Wachstums bei den Diesel-Pkw werden diese laut BAU-Szenario im Jahre 2020 mehr Partikel emittieren als die Lkw. Deshalb resultiert für den Personenverkehr auch nur eine Reduktionsanforderung von 90 % (beim Pkw sogar nur -87 %) während der Güterverkehr schon bis 2020 um 95 % reduzieren muss. Ausgedrückt in Kilotonnen bedeutet dies zulässige Partikel-Emissionen im Jahre 2020 in Höhe von 1,81 kt im Personenverkehr, 1,61 kt bei den Pkw und 1,55 kt im Güterverkehr. Interessant ist, dass sich in Abbildung 29 für alle Verkehrsbereiche die Pfade zwischen Prognose und Zielsetzung bis zum Jahre 2010 annähern, während danach die Schere wieder weiter auseinander driftet.

Abbildung 29: Partikel-Reduktionsziele für den Personen- und Güterverkehr und die wichtigsten Verkehrsmittel im PV

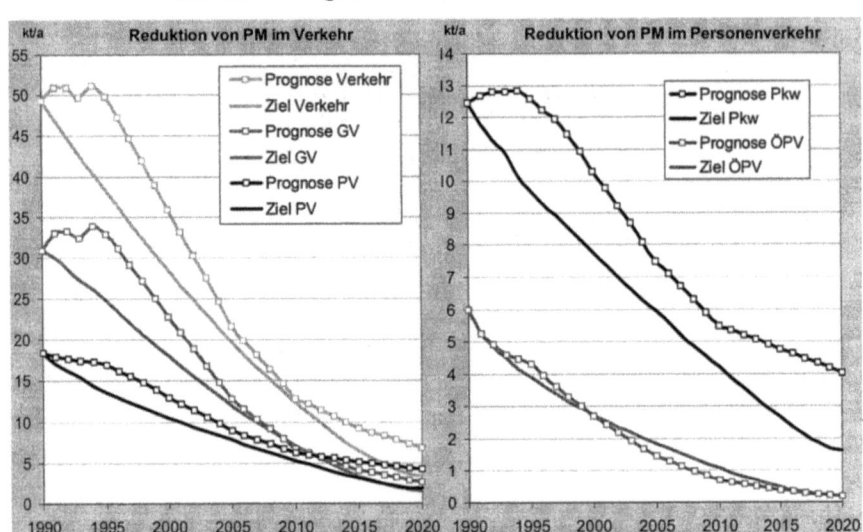

6.4 Bestimmung von starken Nachhaltigkeitsindikatoren für klassische Luftschadstoffe und CO$_2$ im Personenverkehr

Wie bereits in den beiden einleitenden Kapiteln beschrieben[82], werden im Rahmen dieser Untersuchung drei Überprüfungen der Nachhaltigkeit im Verkehr durchgeführt. Die erste Prüfebene, bezeichnet als "Ökologische Prüfebene I", analysiert, inwieweit eine nachhaltige Entwicklung im starken Sinne im deutschen Personenverkehr bereits durch die prognostizierten Emissionen des Business as usual-Szenarios erfüllt wird. Dafür sind mit der Konkretisierung der Ziele und Reduktionspfade für die klassischen Luftschadstoffe und die klimarelevanten CO$_2$-Emissionen alle Voraussetzungen erfüllt. Als Instrument für die Beantwortung der Prüffrage werden Nachhaltigkeitsindikatoren gebildet. Die Indikatoren werden als Abweichung zwischen der Umweltsituation und deren prognostizierter Entwicklung (Ist-Größen des BAU-Szenarios) und den spezifischen starken Nachhaltigkeitszielen (Soll-Größen) für den gesamten Untersuchungszeitraum anhand der Gleichung 1 (siehe Kapitel 6.1) berechnet.

Die Indikatoren sind in der Tabelle 16 aufgelistet. Sie spiegeln praktisch die Ergebnisse der Abbildungen 26 bis 29 wider. Eine Beispielberechnung, deren Ergebnis auch in der Tabelle zu finden ist, verdeutlicht die Formel: Für das Jahr 2005 ergibt sich ein starker Nachhaltigkeitsindikator für CO$_2$ für den gesamten Personenverkehr von

$$\begin{aligned} Ind_{BAU\text{-}StN}(CO_2,PV,2005) &= 1 - Ist_{BAU}(CO_2,PV,2005) \,/\, Soll_{StN}(CO_2,PV,2005) \\ &= 1 - 127{,}7 \text{ Mt } CO_2 \,/\, 95{,}5 \text{ Mt } CO_2 \\ &= -0{,}34. \end{aligned}$$

---

[82] Siehe insbesondere die Übersicht über den gesamten Aufbau der Arbeit in Abbildung 1.

Der Wert von -0,34 gibt an, dass der gesamte Personenverkehr im Jahre 2005 34 % mehr an CO_2-Emissionen ausstößt, als nach einem Pfad starker nachhaltiger Entwicklung tolerierbar wäre.

Tabelle 16: **Starke Nachhaltigkeitsindikatoren im Verkehr**

CO_2	1995	2000	2005	2010	2015	2020
Verkehr gesamt	-0,07	-0,21	-0,40	-0,59	-0,88	-1,28
Personenverkehr	**-0,05**	**-0,17**	**-0,34**	**-0,51**	**-0,76**	**-1,12**
Güterverkehr	*-0,15*	*-0,33*	*-0,54*	*-0,78*	*-1,11*	*-1,56*
Pkw	**-0,03**	**-0,15**	**-0,32**	**-0,49**	**-0,73**	**-1,07**
Bus u.a.	-0,18	-0,29	-0,50	-0,70	-1,00	-1,42
Bahn-PV	-0,06	-0,22	-0,40	-0,59	-0,87	-1,28
Luft	-0,04	-0,24	-0,49	-0,75	-1,10	-1,56
Lkw	*-0,18*	*-0,37*	*-0,58*	*-0,81*	*-1,15*	*-1,60*

NO_x	1995	2000	2005	2010	2015	2020
Verkehr gesamt	-0,03	-0,08	-0,10	-0,18	-0,54	-0,88
Personenverkehr	**0,09**	**0,14**	**0,17**	**0,10**	**-0,28**	**-0,65**
Güterverkehr	*-0,20*	*-0,34*	*-0,40*	*-0,47*	*-0,83*	*-1,15*
Pkw	**0,12**	**0,19**	**0,25**	**0,18**	**-0,21**	**-0,59**
ÖPV	-0,10	-0,21	-0,28	-0,37	-0,70	-1,00

VOC	1995	2000	2005	2010	2015	2020
Verkehr gesamt	0,45	0,62	0,71	0,68	0,51	0,31
Personenverkehr	**0,48**	**0,66**	**0,77**	**0,75**	**0,63**	**0,48**
Güterverkehr	*0,21*	*0,29*	*0,31*	*0,21*	*-0,06*	*-0,34*
Pkw	**0,48**	**0,69**	**0,80**	**0,80**	**0,70**	**0,58**
ÖPV	0,36	0,38	0,38	0,21	0,06	-0,19

PM	1995	2000	2005	2010	2015	2020
Verkehr gesamt	-0,30	-0,26	-0,10	-0,04	-0,42	-1,03
Personenverkehr	**-0,24**	**-0,24**	**-0,15**	**-0,17**	**-0,64**	**-1,34**
Güterverkehr	*-0,33*	*-0,27*	*-0,06*	*0,05*	*-0,21*	*-0,67*
Pkw	**-0,30**	**-0,33**	**-0,26**	**-0,30**	**-0,79**	**-1,50**
ÖPV	-0,10	0,01	0,21	0,35	0,24	0

Betrachtet man zuerst die starken Nachhaltigkeitsindikatoren der klassischen Luftschadstoffe, so fällt auf, dass bei den VOC positive Werte eindeutig dominieren. Die grau unterlegten Felder in der Tabelle kennzeichnen alle positiven Werte und zeigen damit die Verkehrsmittel auf, die sich zu den entsprechenden Zeitpunkten auf einem nachhaltigen Entwicklungspfad befinden. Wie aus Abbildung 28 bereits zu ersehen ist, befindet sich sowohl der gesamte deutsche Verkehr als auch der Personenverkehr ohne weitere politische Intervention bei den VOC-Emissionen auf einem nachhaltigem Entwicklungspfad. Die Emission fallen schneller und stärker als die Zielvorgabe verlangt. Nur für den Güterverkehr schneidet sich die Kurve der prognostizierten Emissionsentwicklung mit der Kurve für die Zielvorgabe im Jahre 2013, und die

Indikatoren werden negativ. Im Jahre 2020 ergibt sich eine Abweichung von -0,34. Die leicht zu hohen VOC-Emissionen des Güterverkehrs werden aber durch die niedrigen Emissionserwartungen im Personenverkehr und insbesondere bei den Pkw überkompensiert. Beim Pkw ist die Abweichung am größten, und im Jahr 2020 werden gemäß der BAU-Prognose 58 % weniger VOC emittiert als das Soll vorgibt. Insofern wird im Bereich der VOC-Emissionen die Eingangshypothese nicht bestätigt: Ohne weitere verkehrspolitische Maßnahmen sind der Personenverkehr und das wichtigste Verkehrsmittel Pkw im starken Sinne nachhaltig. Deshalb braucht dieser Schadstoffgruppe in der weiteren Untersuchung keine Aufmerksamkeit mehr geschenkt zu werden.

Bei den NO_x-Emissionen des Verkehrs zeigt sich ein etwas anderes Bild. Auch hier sind, wie bereits aufgezeigt, starke Reduktionen der Emissionen zu erwarten, so dass der Personenverkehr und insbesondere die Pkw bis zum Jahre 2010, genauer 2012, positive starke Nachhaltigkeitsindikatoren aufweisen. Allerdings reichen bei den Pkw die erwarteten technologischen Verbesserungen nicht aus, um auch im Jahre 2020 das Nachhaltigkeitsniveau zu erfüllen. Die Pkw werden dann 59 % mehr emittieren als zulässig. Dieses Ergebnis ist mit durch das hohe zugeteilte Reduktionsziel von -92 % aufgrund des angewandten Mischaufteilungsverfahrens begründet. Bei einer Zielaufteilung gemäß der flat rate (-90 %) würde der starke Nachhaltigkeitsindikator für Pkw im Jahre 2020 den Wert von -0,23 annehmen, und das wichtigste Verkehrsmittel im Personenverkehr wäre bis zum Jahre 2016 im nachhaltigen Bereich.

Im Güterverkehr ist die Prognose der NO_x-Emissionen aufgrund des starken erwarteten Verkehrswachstums so hoch, dass über den gesamten Zeitraum negative Indikatoren resultieren. Diese haben auch noch eine deutlich steigende Tendenz und führen zu einer Untererfüllung des Sollziels von 115 % im Jahre 2020, d. h. der Güterverkehr emittiert in 2020 gemäß der BAU-Prognose mehr als doppelt so viele NO_x-Emissionen, wie tolerierbar sind. Und das, obwohl durch das Mischaufteilungsverfahren dem Güterverkehr nur eine 86 %ige Reduktion anstatt der vollen 90 % zugerechnet werden. Bei Anwendung des flat rate-Aufteilungsverfahrens würde für den Güterverkehr sogar ein Indikator von -1,96 resultieren. Hier zeigt sich der Sinn des modifizierten eigenem Ansatzes: Die stark unterschiedliche Entwicklung der beiden Verkehrsbereiche mündet nicht in einem endlosen Auseinanderklaffen der Zielerfüllungsmöglichkeit, sondern in einem etwas moderaterem Soll-Ist-Gefüge[83].

In der Summe zeichnet sich der gesamte Verkehr im Bezug auf die NO_x-Emissionen als nicht nachhaltig aus. Bis zum Jahre 2010 hält sich die Abweichung aber mit unter 20 % in Grenzen. Erst ab diesem Zeitpunkt nimmt gemäß der BAU-Prognose die erwartete positive technologische Entwicklung der Schadstoffproduktivität ab, die Emissionen fallen weniger stark, aber die Reduktionsanforderung nimmt noch immer deutlich zu

---

[83] Auf der anderen Seite macht es keinen Sinn, die starken Nachhaltigkeitsziele ausschließlich gemäß der Emissionsprognose zu setzen, weil dann nicht der richtige Anreiz zur Emissionsreduktion gegeben wird. Die Nachhaltigkeitsindikatoren würden für alle Verkehrsmittel den gleichen Wert annehmen und zwar in genau der Höhe wie die Indikatoren für den gesamten Verkehr (siehe Tabelle 16).

und flacht erst kurz vor dem Zieljahr 2020 ab, wie aus Abbildung 27 zu ersehen ist. Die Eingangshypothese wird in Bezug auf die NO_x-Emissionen im Verkehr erfüllt. Zur Erreichung einer starken nachhaltigen Entwicklung bedarf es politischen Eingreifens. Ob die Internalisierung der externen Luftverschmutzungskosten des Verkehrs hier genügt oder weitere Maßnahmen notwendig sind, ist fraglich. Die Indikatoren zeigen in jedem Fall auf, dass im Bereich des Güterverkehrs sofort eine Umsteuerung geboten ist, während im Personenverkehr und bei den Pkw erst ab dem Jahre 2012 Maßnahmen zur weiteren Reduzierung der NO_x-Emissionen notwendig wären. Die Emissionsentwicklung des Öffentlichen Personenverkehrs (ÖPV) stellt allerdings ein Problem dar. Auch wenn die Emissionen absolut auf recht niedrigem Niveau liegen, wird die zugeteilte Reduktionsanforderung bei Weitem nicht erfüllt. Im Jahre 2020 werden Bus und Bahn genau die doppelte Menge an NO_x emittieren als erlaubt. Technologische Verbesserungen bei der Stromgewinnung sowie die Verbesserung der Schadstoffproduktivität bei Dieselbussen sind hier angezeigt. Trotzdem macht es mehr Sinn, die preispolitischen Maßnahmen bei den Pkw und erst recht bei den Lkw anzusetzen, da im Jahre 1990 über 89% und im Jahre 2020 immer noch rund 86 % der NO_x-Emissionen durch diese beiden Verkehrsmittel hervorgerufen werden.

Die Betrachtung der Luftverschmutzungsproblematik wird abgeschlossen durch die Interpretation der starken Nachhaltigkeitsindikatoren bei den Dieselpartikeln. Der ÖPV ist in diesem Bereich nicht das Problem, er ist über den gesamten Untersuchungszeitraum nachhaltig. Wie in der Abbildung 29 schon sichtbar wurde, klafft die Entwicklung der Soll- und Ist-Pfade im Jahr 1995 am deutlichsten auseinander, während sich im Jahr 2010 alle Verkehrsmittel außer dem Pkw auf dem Nachhaltigkeitsniveau befinden. Prognostiziert wird nun aber auch eine starke Zunahme der Diesel-Pkw, die den Anteil der PM-Emissionen an den gesamten verkehrlichen PM-Emissionen von gut 25 % im Jahre 1990 auf knapp 60 % im Jahre 2020 ansteigen lässt. Für diesen starken Anstieg reicht die erwartete technologische Weiterentwicklung im Hinblick auf die Schadstoffproduktivität nicht aus, so dass der Partikel-Indikator für die Pkw, im Jahre 2010 noch bei moderatem -0,3, bis zum Jahr 2020 auf -1,5 hochschnellt. Und das, obwohl durch das Mischaufteilungsverfahren dem Pkw nur eine 87 %ige Reduktion anstatt der über 93 %igen für den gesamten Verkehr zugerechnet wird. Die Ergebnisse der Nachhaltigkeitsindikatorenberechnung und die darin aufgezeigte Entwicklung ab dem Jahre 2010 zeigen erst recht keine Möglichkeit zum Erreichen des eigentlichen Nachhaltigkeitsniveaus von -99 % im Jahr 2030 auf.

Im Bereich Dieselrußpartikel ist allerdings anzumerken, dass die eigene Prognose der Schadstoffe nur in unzureichendem Maße die aktuelle Entwicklung bei den Partikelfiltern, vornehmlich durch die französische Automobilindustrie, berücksichtigt. Die neuen Modelle von Peugeot und Renault reduzieren die PM-Emissionen durch den Einbau eines Filters (Bezeichnung FAP), der die Rußpartikel unabhängig von ihrer Korngröße in regelmäßigen Abständen praktisch vollkommen verbrennt, um mehr als 99 % im Vergleich zum Grenzwert von 0,025 g/km, der erst ab dem Jahre 2005 in der EU gelten wird. Der ADAC hat zusammen mit dem Umweltbundesamt diese Aussage durch Testmessungen bei einem Peugeot 607HDi mit dem Ergebnis von 0,000238 g/km bestätigt (vgl. ADAC, 2000). Es ist zu erwarten, dass sich diese Technologie auch in Deutschland bis zum Jahre 2010 weitestgehend durchgesetzt haben wird. Von daher wird im Gegensatz zu den eigenen Berechnungen von einer deutlichen Übererfüllung des starken Nachhaltigkeitsziels ausgegangen.

In Bezug auf eine nachhaltige Entwicklung im Verkehr stellt der Klimaschutzbereich die wichtigste Komponente dar. Dies zeigt sich erneut auch bei der Analyse der starken Nachhaltigkeitsindikatoren für CO_2 in Tabelle 16. Bei allen Verkehrsmitteln steht zu jedem Zeitpunkt ein Minus vor dem Wert, d. h. dass vom Jahre 1995 bis zum Jahre 2020 in den beiden Verkehrsbereichen und bei allen untersuchten Verkehrsmitteln mehr CO_2 emittiert wird, als nach der Zielvorgabe erlaubt ist. Dieses Ergebnis zeigte sich bereits in der Abbildung 26. Hier sieht man deutlich, dass sich im Zeitverlauf die Schere zwischen Ist und Soll, zwischen der BAU-Prognose und dem Nachhaltigkeitspfad, immer weiter öffnet. Erwartungsgemäß bestätigen die Nachhaltigkeitsindikatoren dieses Ergebnis. Im Jahre 2020 emittieren alle Verkehrsmittel mehr als doppelt soviel, als für eine starke Nachhaltigkeit tolerierbar ist. Der Verkehr weist im Ganzen eine Nachhaltigkeits-Performance von -1,28 auf. Nach der BAU-Prognose werden also 128 % mehr CO_2 emittiert als gemäß der Sollvorgabe von 82,2 Mt erlaubt ist. Und zur Erinnerung sei hier noch einmal verdeutlicht, dass hinter der Sollvorgabe für den gesamten deutschen Verkehr nur eine 49 %ige Reduktion gegenüber 1990 steht[84].

Auch wenn das langfristige Klimaschutzziel, bis zum Jahre 2050 ein Emissionsniveau zu erreichen, das die Stabilisierung der globalen CO_2-Konzentration bei einem Level um 450 ppmv ermöglicht, nicht auf die einzelnen Wirtschaftsektoren heruntergebrochen werden kann, da eine so langfristige Prognose für die Emissionsentwicklung nicht vorhanden ist, resultiert aus dem abgeleiteten Reduktionsziel für Deutschland von knapp über 90 % bestimmt auch für den Verkehrssektor eine Anforderung von 70 bis 80 % CO_2-Reduktion bis zum Jahre 2050 im Vergleich zum Basisjahr 1990. Um dieses starke Nachhaltigkeitsziel zu erfüllen, sind also insbesondere im Verkehrsbereich große Anstrengungen nötig.

Der Personenverkehr schneidet bei der Betrachtung der CO_2-Nachhaltigkeitsindikatoren besser ab als der Güterverkehr. Im einzelnen liegen im Jahr 2020 die Pkw und der gesamte Personenverkehr mit -1,07 bzw. -1,12 sehr dicht beieinander und generieren so noch die kleinste Abweichung von Zielpfad, während der innerdeutsche Personen-Luftverkehr und der Lkw-Verkehr mit 156 % bzw. 160 % Übersteigerung das

---

[84] Auch für die anderen Wirtschaftssektoren werden starke Nachhaltigkeitsindikatoren auf Basis der eigenen abgeleiteten Ziele (siehe Kapitel 6.2.6, Abbildung 25) und der Prognose des European Energy Outlook to 2020 (vgl. Europäische Commission, 1999:199, zusammengefasst in Tabelle 14) berechnet. Auch bei den Nicht-Verkehrs-Sektoren werden für das Jahr 2020 jeweils Minuswerte ermittelt. Während Industrie und Haushalte ihre Zielvorgaben nur um rund 75 bis 80 % überschreiten, resultieren beim Energiesektor 113 % und beim Dienstleistungssektor 117 % Überschreitung. So gesehen schneidet der gesamte deutsche Verkehr am schlechtesten ab. Für die gesamten CO_2-Emissionen in Deutschland errechnet sich ein Indikator von -1,11 gemäß der Prognose des European Energy Outlooks im Jahre 2020.

Schlusslicht bilden. Trotzdem kann beim Personenverkehr, für den zwar ab dem Jahre 2005 eher leicht sinkende CO_2-Emissionen prognostiziert werden und dem auch deshalb eine höhere Reduktionsanforderung von -56 % zugeteilt wird, keineswegs von einer nachhaltigen Entwicklung gesprochen werden, da die starken Nachhaltigkeitsindikatoren im Zeitverlauf immer weiter ins Minus rutschen. Mit dazu bei trägt auch die relativ schlechte Performance der landgebundenen öffentlichen Personenverkehrsmittel (-1,42 für Bus und -1,28 für Bahn in 2020). Allerdings sollte bei der Beurteilung der Indikatoren für diese Verkehrsmittel auch ihr absolutes Niveau an CO_2-Emissionen und die spezifische Energie- bzw. CO_2-Effizienz eine Rolle spielen. Auch im Jahre 2020 wird der ÖPV gemäß der BAU-Prognose nur rund 13,6 % der CO_2-Emissionen hervorrufen, während er 18,5 % der Verkehrsleistung erbringen wird. So gesehen stellt der Umstieg auf diese öffentlichen Verkehrsmittel eine wichtige Option für das Erreichen einer nachhaltigen Entwicklung im Personenverkehr dar, auch wenn sich dadurch bei einer statischen Betrachtungsweise die Indikatoren für den ÖPV eher noch weiter verschlechtern werden.

Die Performance-Differenzen zwischen den beiden Verkehrsbereichen und den einzelnen Verkehrsmitteln werden erwartungsgemäß abgemildert durch das zugrunde liegende Mischaufteilungsverfahren bei der Zielverteilung innerhalb des Verkehrssektors. Bei einer reinen flate rate-Verteilung läge der Indikator für den Pkw im Jahre 2020 bei -0,72 und für den Lkw bei -2,85. Auch bei diesem Vergleich zwischen der flat rate Verteilung und dem eigenen Ansatz zeigt sich, dass das Gebot der intragenerationellen Gerechtigkeit besser erfüllt wird, wenn die einzelnen Verkehrsbereiche auch entsprechend ihren Möglichkeiten zur Emissionsreduktion veranlasst werden, da kaum eine Maßnahme gefunden und politisch durchgesetzt werden könnte, die die CO_2-Emissionen der Lkw in dem kurzen Zeitraum bis zum Jahr 2020 auf fast ein Viertel der prognostizierten Emissionen für dieses Jahr senkt.

Die erste Prüfebene dieser Arbeit ist durch die Ermittlung der starken Nachhaltigkeitsindikatoren abgeschlossen. Es hat sich gezeigt, das der Personenverkehr sowohl im Hinblick auf den Klimaschutz als auch bei der Luftverschmutzungsproblematik nicht voll die Kriterien und Anforderungen einer starken Nachhaltigkeit erfüllt. Die beiden Problembereiche unterscheiden sich allerdings deutlich in ihrer Dimension. Während bei der Luftverschmutzung die Soll- und Ist-Pfade in die selbe Richtung zeigen und nur die Stickoxide ab dem Jahre 2010 eine Nichterfüllung der starken Nachhaltigkeitszielsetzung aufzeigen, driftet die Entwicklung bei den CO_2-Emissionen des Personenverkehrs immer weiter auseinander. Im Bereich des Klimaschutzes ist also auch im Personenverkehr ein politisches Eingreifen dringend geboten, um den Umsteuerungsprozess zu beginnen. Ob die Internalisierung der verkehrsinduzierten externen Schadenskosten des Klimawandels und der Luftverschmutzung eine ausreichende Maßnahme ist und ob nicht gerade für den Bereich des Klimaschutzes weitere Maßnahmen notwendig sind, wird in den folgenden Teilen der Untersuchung analysiert.

II Externe Kosten des Personenverkehrs

7 Definition und Abgrenzung von externen Kosten im Personenverkehr

Das folgende Kapitel dient der Einführung in die Analyse der externen Effekte im Personenverkehr. Negative externe Effekte generieren Kosten für die Gesellschaft, die nicht von den verursachenden Wirtschaftsubjekten getragen werden. Diese sogenannten externen Kosten und deren Internalisierung spielen eine wichtige Rolle für eine nachhaltige Entwicklung im Verkehr. Im ersten Abschnitt wird der Zusammenhang zwischen der Nachhaltigkeitsforschung und der Analyse der externen Kosten im Kontext der Hauptfragestellung dieser Arbeit beleuchtet. Die Abschnitte 2 bis 4 widmen sich der Definition externer Effekte im Allgemeinen, der Methodik zur Bewertung der Effekte und der Abgrenzung der Kategorien von externen Kosten im Personenverkehr. Im Rahmen dieser Untersuchung wird der Schwerpunkt auf den externen Kosten aufgrund von Luftverschmutzungs- und Klimaschäden liegen.

7.1 Einführung: Externe Kosten und nachhaltige Entwicklung

Wie bereits in Kapitel 3.3.4 aufgezeigt, ist theoretisch eine nachhaltige Entwicklung im schwachen Sinne gewährleistet, wenn alle Effekte einer wirtschaftlichen Handlung sich auch im Preis der dadurch erstellten Produkte und Dienstleistungen niederschlagen. Die neoklassische Umwelt- und Ressourcenökonomik setzt ganz auf die regulierenden Kräfte des Marktes und versucht, die Ziele der Nachhaltigkeit durch Vermeidung von Marktversagen und durch marktkonforme Änderung des Preissystems zu gewährleisten (vgl. Renn, 1996:26ff). Zu einem Marktversagen kommt es immer dann, wenn entweder die Eigentums- oder Nutzungsrechte an Gütern nicht existieren oder nicht definiert sind, oder die Nutzung bzw. die Produktion eines handelbaren Gutes Effekte, z. B. auf die Umwelt, hervorrufen, die sich nicht im Preis widerspiegeln bzw. aufgrund der Intransparenz auf dem Markt auch nicht widerspiegeln können. Die Übernutzung eines Umweltgutes ist das klassische Beispiel für das Auftreten von externen Kosten. Auf der Identifizierung, Quantifizierung und Monetarisierung der externen Effekte im Verkehrsbereich liegt deshalb das Hauptaugenmerk bei der Umsetzung einer schwachen Nachhaltigkeitspolitik. Diese zielt darauf, die ermittelten externen Kosten vollständig in die Marktpreise für die Benutzung der Verkehrsmittel zu internalisieren.

Die Internalisierungsforderung wird in praktisch allen Veröffentlichungen zu einer nachhaltigen Entwicklung im Verkehrsbereich erhoben. Auf europäischer Ebene wurde die Notwendigkeit zur Internalisierung der externen Kosten frühzeitig erkannt und in die offizielle Politikstrategie für die Bereiche Energie und Verkehr eingebunden. Das 1995 veröffentlichte Grünbuch der EU Kommission zu fairen und effizienten Preisen im Verkehr hebt die Forderung nach der Internalisierung der sozialen Grenzkosten, bestehend aus internen und externen Grenzkosten, an die erste Stelle (vgl. Europäische Kommission, 1995). Es sorgte damit für erhebliches Aufsehen und erregte viel

7 Definition und Abgrenzung von externen Kosten im Personenverkehr

Widerstand bei der Industrie und den Verbänden. 1998 erschien dann das Weißbuch zur Infrastrukturtarifierung, das schrittweise die Einführung von Gebühren und die Erhöhung von Steuern für die einzelnen Verkehrsmittel auf Basis der jeweiligen externen Kosten vorschlägt (vgl. European Commission, 1998). Auch im neuen Weißbuch für die Europäische Verkehrspolitik bis zum Jahre 2010 wird als wichtige Maßnahme für das Erreichen einer nachhaltigen Entwicklung im Verkehr die Kostenwahrheit für den Benutzer gefordert. Die Kommission stellt fest, "dass eine der Hauptursachen der Unausgewogenheit und der Ineffizienzen darin besteht, dass den Verkehrsbenutzern nicht alle von ihnen verursachten Kosten angelastet werden, und die Nachfrage in dem Maße, wie die Preise nicht die gesellschaftlichen Gesamtkosten des Verkehrs wiedergeben, künstlich erhöht ist. Bei Anwendung einer angemessenen Infrastrukturtarifierung würden diese Ineffizienzen im Laufe der Zeit größtenteils verschwinden" (Europäische Kommission, 2001:81). Auch die Erhöhung der Preise für den Verkehr insgesamt wird von der Kommission akzeptiert und befürwortet.

Der Rat für Nachhaltige Entwicklung in Deutschland empfiehlt, dem Drei-Säulen-Modell folgend, für die effiziente Ausgestaltung des Verkehrswesens die Anrechnung der Kosten und Leistungen, die bei anderen als den Verursachern anfallen (derzeit ungedeckte externe Kosten). Weiter schreibt er in seinem Dialogpapier, dass eine an den Maßstäben der Nachhaltigkeit ausgerichtete Mobilität dauerhaft wirtschaftlich sein muss. Die Beurteilung der Wirtschaftlichkeit müsse nach Internalisierung der ökologischen und sozialen externen Effekte erfolgen (vgl. Rat für Nachhaltige Entwicklung, 2002:27f). Das Bundesverkehrsministerium hat in seinem Verkehrsbericht 2000 Maßnahmen und Instrumente mit dem Ziel entwickelt, ein modernes und gut ausgebautes Verkehrssystem in Deutschland zu schaffen, welches den Erfordernissen der Nachhaltigkeit gerecht wird. Auf der einen Seite wird hier gefordert, die Marktmechanismen für Flächeninanspruchnahme, Mobilität und Transport dadurch funktionsfähiger zu gestalten, indem auch die sogenannten externen Kosten angerechnet werden. Auf der anderen Seite stellt sich das BMVBW aber gleichzeitig gegen die Vorschläge der Europäischen Kommission, da die Methodik zur Internalisierung der externen Kosten noch nicht abgeschlossen und das vorgeschlagene soziale Grenzkostenprinzip nicht akzeptabel seien (vgl. BMVBW, 2000:5,20,39). So wundert es nicht, dass in der bisher umgesetzten deutschen Verkehrspolitik kaum ein Ansatz für die Internalisierung der externen Kosten zu sehen ist, sieht man von der seit 1999 existierenden Öko-Steuer ab, die nicht im Verkehrsministerium erdacht und umgesetzt wurde[85].

---

[85] Die Öko-Steuer, mit einer jährlichen Steigerung der Mineralölsteuer für alle Straßenverkehrsmittel um 6 Pfennig bzw. 0,03 Euro, wurde zwar mit den hohen Umweltbeeinträchtigungen des Pkw- und Lkw-Verkehrs begründet, aber in ihrer Höhe nicht durch quantifizierte externe Kosten belegt. Auch war in der Begründung nichts von der Internalisierung der externen Kosten des Verkehrs zu lesen. Die für 2003 geplante Einführung der streckenbezogenen Autobahnbenutzungsgebühr für schwere Lkw in Deutschland wird auch nicht explizit mit der Existenz von externen Kosten gerechtfertigt, sondern nutzt als Bemessungsgrundlage bisher die ungedeckten Infrastrukturkosten. Allerdings soll eine emissionsbezogene Komponente eingebaut werden (vgl. BMVBW, 2000:39).

In den wissenschaftlichen Veröffentlichungen zu nachhaltiger Entwicklung im Verkehr wird durchweg die Forderung nach verursachergerechter Anlastung der externen Kosten gestellt (vgl. beispielsweise Petersen und Schallaböck, 1995; UBA, 1997:83ff; Gorissen, 1996:110f; Ellwanger, 2000:19f; Becker, 1998:5ff; Walter und Spillmann, 1999:97; Rennings und Weinreich, 2000). Das Umweltbundesamt beurteilt die Internalisierung der ermittelbaren externen Kosten als eine Art Untergrenze für das Erreichen einer nachhaltigen Entwicklung, da nicht alle verschiedenen Kostenarten vollständig erfass- und quantifizierbar sind, manche Effekte des Verkehrs sich einer monetären Bewertung entziehen, wie beispielsweise gewisse psychosoziale Auswirkungen, und von daher die externen Kosten immer nur einen Teil der gesamten Beeinträchtigung und Schäden wiedergeben (vgl. Kapitel 4.1.3 und UBA, 1997:83ff). Gorissen merkt darüber hinaus an, dass die Einhaltung der quantitativen Ziele einer nachhaltigen Entwicklung nicht durch die Internalisierung der externen Kosten garantiert sei. Deshalb hält er es für fraglich, ob allein mit einer Internalisierung der nur näherungsweise bestimmbaren externen Kosten eine dauerhaft umweltgerechte Verkehrsentwicklung gewährleistet werden kann (vgl. Gorissen, 1996:110f). Und Walter und Spillmann sehen in der Forderung nach Kostenwahrheit eine notwendige aber nicht hinreichende Bedingung für Nachhaltigkeit, da durch die Internalisierung weder die gesellschaftlichen und sozialen Anforderungen, insbesondere die Verteilungsgerechtigkeit zwischen den Generationen, noch die ökologischen Ziele voll erfüllt werden. Wie stark die Umwelt verbessert wird, hängt nämlich in erster Linie davon ab, welche Wirkung die Internalisierung auf die Nachfrage nach Verkehrsdienstleistungen hat (vgl. Walter und Spillmann, 1999:97).

Die grundsätzliche Notwendigkeit der Internalisierung der externen Kosten für eine nachhaltige Entwicklung im Verkehr scheint also unbestritten. Sind alle externen Effekte in Bezug auf die Umweltbeeinträchtigung identifizier- und exakt quantifizierbar und werden diese vollständig in den Preis für die Verkehrsdienstleistung internalisiert, ergibt sich theoretisch das ökonomisch optimale Ausmaß der Umweltverschmutzung. Denn auf dem Markt offenbart sich damit auch für die Umweltgüter ein Knappheitspreis. Emissionen werden soweit vermieden, so lange es nicht gesamtwirtschaftlich kostengünstiger ist, die mit der Produktion oder Nutzung einer Verkehrsdienstleistung hervorgerufenen Umweltschädigungen zu bezahlen. Überschreiten aber die Kosten der Emissionsvermeidung die durch diese Umweltschutzmaßnahmen vermiedenen externen Schadenskosten, ist es günstiger die Schäden zu bezahlen. Gegen den Marktpreis werden sich dann keine weiteren Vermeidungsmaßnahmen rechnen.

Die Regel für das ökonomisch optimale Verschmutzungsniveau und den optimalen Preis des Umweltgutes ergibt sich demzufolge aus der Übereinstimmung von Grenzschadenskosten und Grenzvermeidungskosten[86]. Mit dieser Regel wird das schwach nachhaltige Verschmutzungsniveau ermittelt. Damit ist ein weiteres Ziel des zweiten Teils dieser Arbeit angesprochen: Die Quantifizierung der schwachen Nachhaltigkeits-

---

[86] Vgl. hierzu auch die Abbildung 42 in Kapitel 10.

ziele für die beiden Leitindikatoren CO_2 und NO_x im deutschen Personenverkehr, die im Kapitel 10 vorgestellt wird. Diese Ziele werden sowohl mit der prognostizierten Entwicklung nach dem BAU-Szenario (Kapitel 5) als auch mit den starken Nachhaltigkeitszielen (Kapitel 6) verglichen. Die Grenzschadenskosten werden für die einzelnen Verkehrsmittel im Personenverkehr in den Kapiteln 8 und 9 berechnet, wobei der Fokus auf den Pkw liegt. Kapitel 10 liefert dann auch die benötigte Abschätzung der Grenzvermeidungskosten für CO_2 und NO_X im Verkehrsbereich.

Warum ist mit der Internalisierung der externen Kosten im Verkehr das Problem einer nachhaltigen Verkehrsentwicklung nicht vollständig gelöst? Die Antwort auf diese Frage liegt nicht in der theoretischen Unzulänglichkeit der Wohlfahrtstheorie, sondern in den mannigfaltigen Unzulänglichkeiten und Ungenauigkeiten bei der Bemessung der externen Effekte, bei deren Bewertung und bei den Möglichkeiten ihrer Internalisierung. Aber auch wenn alle Externalitäten exakt internalisiert würden und damit eine schwache Nachhaltigkeit gewährleistet wäre, könnten über diesen Mechanismus nicht vorgegebene quantitative Ziele, wie sie im Sinne einer starken Nachhaltigkeit abgeleitet wurden, erfüllt werden[87]. Insofern besteht schon aus konzeptioneller Sicht eine Diskrepanz zwischen der Internalisierung externer Kosten und den Anforderungen einer starken nachhaltigen Entwicklung, die sich auch in der Wahl der Instrumente und Maßnahmen zur Regulierung des Verkehrssystems äußert. Dieser Sachverhalt wird im dritten Teil der Untersuchung beleuchtet.

7.2 Definition externer Effekte

Nachdem die Relevanz externer Effekte und Kosten für die Nachhaltigkeitsdiskussion aufgezeigt worden ist, dient dieser Abschnitt der genaueren Klärung des Begriffs bzw. einer allgemeingültigen Definition[88]. Innerhalb der Wirtschaftstheorie stellt die Theorie der externen Effekte ein klassisches Forschungsfeld dar. Als Begründer des Forschungszweiges gilt Pigou, der bereits im Jahre 1920 in seiner Schrift "The Economics of Welfare" die allokative Relevanz von externen Effekten analysierte (vgl. Pigou, 1920:115f und 149ff). Die seit den 70er Jahren geführte Umweltdebatte hat dazu geführt, dass die externen Effekte des Wirtschaftens eine eigenständige Teildisziplin begründeten: die Umweltökonomie.

Ein externer Effekt liegt nach Verhoef (1994:274) dann vor, wenn die Nutzen- oder Produktionsfunktion eines (betroffenen) Wirtschaftssubjektes eine reale Variable beinhaltet, deren aktueller Wert vom Verhalten eines anderen (verursachenden) Wirtschaftssubjektes abhängt, wobei letzteres diesen Effekt in seiner Entscheidungsbildung nicht berücksichtigt. Dabei können externe Effekte sowohl durch Konsum als auch durch die Produktion von Gütern und Dienstleistungen ausgelöst werden. Je nachdem, ob die Nutzenfunktion eines Konsumenten oder die Produktionsfunktion eines

---
[87] Dieses kann durch Zufall durchaus passieren, wie das Beispiel des Szenarios zur Internalisierung der externen Kosten im Bereich der Luftverschmutzung zeigen wird (vgl. Kapitel 12).
[88] Die Ausarbeitungen zu diesem Abschnitt beruhen zum großen Teil auf Geßner und Weinreich, 1998:22ff.

Unternehmens betroffen ist, lassen sich Konsumexternalitäten und Produktionsexternalitäten unterscheiden. Eine positive Konsumexternalität liegt z. B. vor, wenn jemand in seinem Vorgarten ein Blumenbeet anlegt und die Nachbarn den Anblick genießen können, ohne dass sie sich an den Kosten des Beetes beteiligen. Als ein Beispiel für eine negative Konsumexternalität lässt sich die Gesundheitsbeeinträchtigung von Anwohnern einer stark befahrenen Straße durch Autoabgase nennen. Beeinträchtigen die emittierten Luftschadstoffe dagegen eine Wäscherei in ihrem Produktionsprozess der Reinigung, so ist dies ein Beispiel für eine Produktionsexternalität (vgl. Lesser et al., 1997:110).

Allgemein lassen sich externe Effekte nach Tegner (1996:2) in die vier Kategorien technische, psychologische, pekuniäre Externalitäten und Kollektivgüter einteilen:

- Technische externe Effekte: Wie in der Literatur üblich, fokussiert auch die obige Definition von Verhoef auf technische externe Effekte. Das Attribut "technisch" präzisiert dabei, wie das Austauschverhältnis der Argumente der Nutzen- bzw. Produktionsfunktion des Betroffenen durch die Externalität modifiziert wird, beschreibt also den Prozess der Substitution der einzelnen Nutzen- und Produktionsfaktoren. So kann im Beispiel der durch Luftverschmutzung betroffenen Wäscherei der Einsatz von mehr Waschmittel oder von zusätzlichen Chemikalien (z. B. Bleichmittel) nötig werden, um gleichbleibende Reinigungsresultate zu erzielen. Entscheidend für die begriffliche Abgrenzung zu psychologischen Externalitäten ist dabei, dass die Externalität (Luftverschmutzung) rein technische Auswirkungen auf den Produktionsprozess (mehr Waschpulver) hat. Da sich derartige "erzwungene" technische Veränderungen an einem Markt beobachten lassen (gestiegene Nachfrage nach Waschmittel), werden technische externe Effekte häufig auch als reale oder direkte Externalitäten bezeichnet. Als ein Beispiel für eine technische Konsumexternalität können die durch hohe Lärmbelastung verringerten Erholungsmöglichkeiten z. B. eines Stadtbewohners gelten. Die Externalität geht negativ und unkompensiert in die Nutzenfunktion des betroffenen Individuums ein und führt dazu, dass dieses von seiner ursprünglichen Präferenzordnung abweicht und z. B. Lärmschutzfenster einbaut.

- Psychologische externe Effekte: Eine zweite Kategorie externer Effekte bilden psychologische Externalitäten, die nach Tegner (1996:5) als diejenigen Effekte bezeichnet werden, welche auf die subjektive Wahrnehmung und das innere Empfinden eines Menschen zurückgehen. Im Gegensatz zu den technischen externen Effekten ist die Frage "Wie wird das Austauschverhältnis der Argumente in der Nutzen- bzw. Produktionsfunktion des Betroffenen beeinflusst?" nun aus der psychologischen Perspektive zu beantworten. Ein Beispiel: Ein Kind, das mit seiner Familie an einer verkehrsreichen Straße wohnt, leidet durch die stark belastete Atemluft an Asthma. Nimmt man einen eindeutigen Ursache-Wirkungszusammenhang an, ist dieser negative Effekt als rein technische Externalität zu beurteilen. Zieht man nun aber in Betracht, dass sich das Risiko eines Asthmaanfalls durch die Angst vor selbigem erhöht, so verursacht der Verkehr neben der technischen zudem eine psychologische Externalität. Ebenso ist die Angst der Eltern vor einem möglichen Asthmaanfall ihres Kindes als psychologischer externer Effekt zu betrachten. An diesem Beispiel wird deutlich, dass psychologische Externalitäten auf der einen Seite schwerwiegende Folgen haben können und daher nicht vernachlässigt werden dürfen, auf der anderen Seite jedoch aufgrund ihrer starken Kontextabhängigkeit nur schwer zu erfassen sind.

- Pekuniäre externe Effekte: Das klassische Gegenstück zu den technischen direkten externen Effekten bildet die dritte Externalitäten-Kategorie, die Gruppe der pekuniären externen Effekte. Diese wirken indirekt über den Preis auf Nutzen oder Produktion des Betroffenen. Da pekuniäre externe Effekte jedoch vielmehr das Funktionieren des Preismechanismus als das Versagen eines Marktes signalisieren, werden diese im Folgenden nicht weiter berücksichtigt (vgl. IWW/Infras, 1995:13).

- Kollektivgüter: Eine letzte Kategorie externer Effekte stellen kollektive und öffentliche Güter dar, die im allgemeinen als extreme Ausprägung von technischen externen Effekten interpretiert werden. Hierbei ist zu unterscheiden zwischen überfüllten Kollektivgütern (z. B. Verkehrsstau), die durch mangelhaftes Nutzungsregime hervorgerufen werden und reinen öffentlichen Gütern, bei denen keine Rivalität im Konsum besteht (vgl. Tegner, 1996:6).

Zusammenfassend zeigt sich, dass die vorgestellten einzelnen Kategorien externer Effekte zwar zum Verständnis und zur genauen Abgrenzung des zu behandelnden Externalitätenproblems beitragen, insgesamt gesehen jedoch eine integrierte Sichtweise notwendig erscheint, wie sie unter anderen Fritsch et al. (1996:84f) vorschlagen, nämlich die Sicht externer Effekte als ein Kennzeichen für institutionelles Versagen. So interpretiert ist es nicht der Markt oder der Staat der versagt, sondern vielmehr der herrschende institutionelle Rahmen, dem es nicht gelingt, unbeabsichtigte Wirkungen ökonomischen Handelns, die im Sinne der sozialen Wohlfahrt eigentlich erfasst werden müssten, zu berücksichtigen, geschweige denn zu kompensieren. Durch ein derartiges Begriffsverständnis gelingt es, die Debatte Marktversagen versus Staatsversagen zu umgehen, und "den" externen Effekt in einem neuen Licht zu sehen - als Grenze zwischen der ökonomischen Sphäre und dem "Rest der Welt" (vgl. Greene and Jones, 1997:5). Deshalb wird im Folgenden eine systemorientierte Definition externer Effekte benutzt, die die integrierte Sichtweise berücksichtigt. Schlieper (1988:525) definiert externe Effekte als "Einflüsse, die durch die Aktivität einer Wirtschaftseinheit (Konsument oder Produzent) auf andere Wirtschaftseinheiten ausgeübt werden, ohne dass diese Einflüsse über einen Preismechanismus gesteuert werden."

Becker (1998:5) nimmt die Perspektive des handelnden Individuums auf und unterscheidet drei Arten, Effekte auf andere zu externalisieren: gesellschaftlich, räumlich und zeitlich. Unter gesellschaftlicher Externalisierung versteht er die Möglichkeit, andere Wirtschaftssubjekte für die Wirkungen und Schädigungen der eigenen Handlung zahlen zu lassen, etwa den Staat und die Gemeinden über Steuern und Gebühren, die Versicherungsgesellschaften oder die betroffenen Anwohner einer verkehrlich stark belasteten Straße. Räumliche Externalisierung findet statt durch den Bau hoher Schornsteine, den Export von Müll oder die Verschmutzung von Flüssen, die flussabwärts in anderen Ländern zu Schäden führen, sodass die dortigen Einwohner die Effekte zu bezahlen haben. Die zeitliche Externalisierung schließlich führt dazu, dass zukünftige Generationen für die Wirkungen heutiger Handlungen zahlen müssen. Hier werden als Beispiel die Klimaproblematik, aber auch die Staatsverschuldung oder die Belastung von Ökosystemen, die dann zu einem späteren Zeitpunkt zusammenbrechen, genannt. Der Verkehrsbereich bietet für alle drei Arten der Externalisierung mannigfaltige Beispiele, und so fordert Becker, dass diese indirekte Subventionierung des deutschen Verkehrssystems durch andere Mitglieder der Gesellschaft, Einwohner anderer Länder und zukünftige Generationen beendet werden müsste. Dieses mündet erwartungsgemäß in der Forderung, die externen Effekte des Verkehrs durch ordnungsrechtliche Maßnahmen, insbesondere preispolitische, zu internalisieren.

Für die in dieser Untersuchung relevanten Bereiche Luftverschmutzung und Klimagefährdung durch den Personenverkehr liegt aus ökonomischer Sicht das Grundproblem darin, dass bei der Benutzung der Verkehrsmittel die CO_2- und anderen Luftschadstoffemissionen als schädliches Kuppelprodukt anfallen, die für den Verursacher eine kostenlose Größe darstellen. Die Verkehrsteilnehmer sind nicht gezwungen, die Schäden, die durch diese Schadstoffe entstehen, in ihrem privaten, internen Entscheidungskalkül zu berücksichtigen. Der weitaus größere Teil der Wirkungen entsteht aber nicht beim Verursacher, sondern bei der Gruppe der unbeteiligten Dritten, weshalb diese Effekte in erster Linie einen externen Charakter haben. Die Umweltgüter Klima und Luftqualität werden als öffentliche Güter angesehen, die in unendlicher Menge vorhanden sind. Es existiert kein Markt für sie, und somit findet auch keine korrekte Bepreisung statt (vgl. Bickel und Friedrich, 1995:7f). Die Folge dieser Fehlallokation ist eine übermäßige Inanspruchnahme der Umwelt.

Die Klimagefährdung und Luftverunreinigung sind Beispiele für technische externe Effekte[89], durch deren Vorhandensein es zu einer ineffizienten Allokation von Ressourcen kommt, was als eine Form des Marktversagens aufzufassen ist und schließlich zu gesamtwirtschaftlichen Wohlfahrtsverlusten führt (Fritsch et al., 1996:45f). Werden die externen Klima- und Luftverschmutzungskosten, die bei der Pkw-Nutzung deutlich höher sind als beispielsweise bei einer vergleichbaren Bahnfahrt[90], nicht in den Preis miteinbezogen, kommt es zur fehlerhaften Verkehrsmittelwahlentscheidung zugunsten des Pkws.

---

[89] In beiden Problembereichen ist auch das Auftreten von psychologischen externen Effekten zu erwarten, die allerdings im Rahmen dieser Untersuchung nicht weiter quantifiziert werden. Gerade im Fall von Beeinträchtigung der menschlichen Gesundheit durch Luftverschmutzung beruht die Quantifizierung der externen Effekte auf statistisch ermittelten Ursache-Wirkungsbeziehungen, welche die Nutzenveränderung von Vierten (im Beispiel die Eltern des asthmagefährdetem Kindes) nicht mit einbeziehen.
[90] Dieser empirische Befund wird im Späteren ausführlich belegt.

Die Zielrichtung der Externalitätenanalyse liegt also in der Steigerung der ökonomischen Effizienz des Verkehrssystems, um die soziale Wohlfahrt der Gesellschaft zu maximieren. Dem Wirtschaftsubjekt wird ein Hilfsmittel an die Hand gegeben, mit dem individuelle Entscheidungen über die Wahl des Verkehrsmittels und das Ausmaß der Nutzung der bestehenden Infrastruktur (Zahl der Fahrten) getroffen werden können, die in stärkerem Maße im Einklang mit dem gesamtgesellschaftlichen Nutzen stehen als lediglich auf dem individuellen Maximierungskalkül beruhende Entscheidungen. Aus Sicht eines sozialen Planers dient die Analyse der externen Effekte als Informationsgrundlage im Prozess der politischen Konsensfindung, insbesondere der Aufdeckung von Schwachstellen im institutionellen Gefüge, um letztendlich die gesamtwirtschaftliche Effizienz des Verkehrssystems zu steigern.

Diese Zielrichtung korrespondiert direkt mit der Idee einer schwachen nachhaltigen Entwicklung im Verkehr. Die Fragen nach Fairness oder Gerechtigkeit, insbesondere in Bezug auf die Verteilungsaspekte verschiedener Internalisierungsstrategien sowie nach der Erfüllung ökologischer Kriterien finden zwar auch Beachtung, werden aber hinter die zentrale Forderung der Maximierung der sozialen Wohlfahrt durch Steigerung der Effizienz gestellt. Ökologen kritisieren die reine Ausrichtung auf die ökonomische Effizienz häufig als Primat der Wirtschaftmechanismen, weil die Reaktion der Wirtschaftssubjekte, also die Nachfrageminderung durch die internalisierungsbedingte Erhöhung der Preise, nicht zwingend das gewünschte Ziel der Umweltverbesserung erfüllt (vgl. Walter und Spillmann, 1999:97).

7.3 Bewertung externer Effekte

Werden negative externe Effekte mit Geldeinheiten bewertet (monetarisiert), spricht man von externen Kosten oder sozialen Zusatzkosten. Demgegenüber bezeichnen interne oder private Kosten diejenigen Kosten, die im individuellen Maximierungskalkül der Verkehrsteilnehmer, seien es nun Privatpersonen oder Unternehmen, bereits berücksichtigt werden. Für positive Effekte lassen sich analog die Begriffe externer, interner und sozialer Nutzen ableiten. Im allgemeinen sind die externen Kosten definiert als Differenz zwischen den gesamten gesellschaftlichen Kosten, im Folgenden als soziale Kosten bezeichnet, und den privaten Kosten einer Tätigkeit (vgl. Maibach et al., 1992:5). Die Abbildung 30 verdeutlicht den Zusammenhang von sozialen, externen und privaten (Grenz-) Kosten aus der Perspektive der Verkehrsmittelnutzer.

7.3.1 Ineffizienz des Verkehrssystems durch das Vorhandensein externer Kosten

Um die Wirkung der externen Effekte auf die ökonomische Effizienz des Verkehrssystems zu verdeutlichen, sei zunächst von einem stark vereinfachenden neoklassischen Modell ausgegangen, welches vollkommene Konkurrenz[91] bei der Nutzung der Infrastruktur und der Verkehrsmittel unterstellt (vgl. zu diesem Abschnitt Geßner und Weinreich, 1998:30ff). In diesem Fall wird die aggregierte Angebotskurve durch den Verlauf der privaten Grenzkostenkurven (PGK) und die aggregierte Nachfragekurve der Verkehrsmittelnutzung durch die privaten Grenznutzenkurven (PGN) bestimmt[92].

Abbildung 30: Ineffizienz des Verkehrssystems durch das Vorhandensein externer Kosten

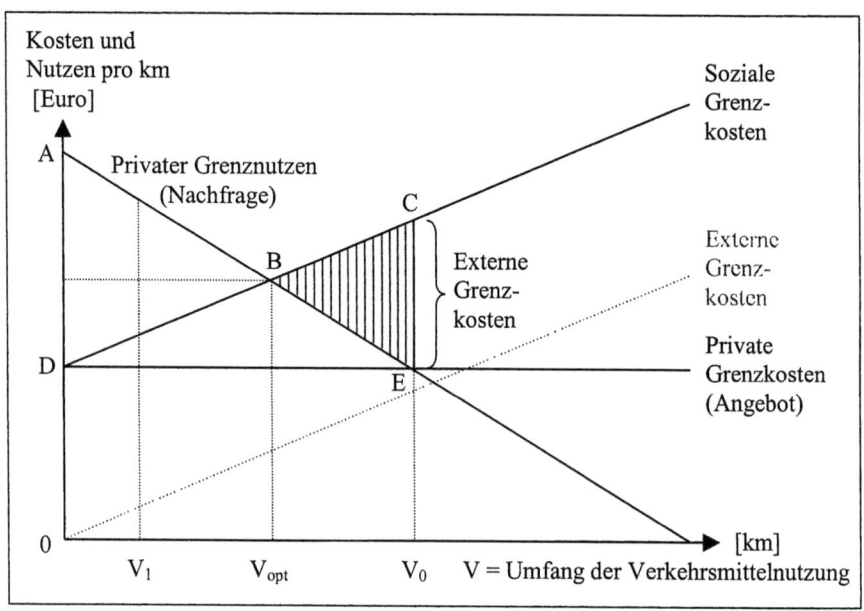

Eine effiziente Allokation der Ressourcen erfordert, dass die soziale Wohlfahrt bzw. die individuelle Wohlfahrt jedes Individuums in der Ökonomie maximiert wird. Als Wohlfahrtsmaße werden üblicherweise die Maße Konsumentenrente (KR) und Produzentenrente (PR) verwendet, welche den Unterschied zwischen dem ökonomischen Nutzen

---

[91] Ein vollkommener Konkurrenzmarkt herrscht im wesentlichen, wenn die Annahmen vollkommener Information aller Marktteilnehmer, gewinnmaximierenden Verhaltens der Unternehmen und vollständiger Nutzenmaximierung der Haushalte unter der Hypothese rationalen Verhaltens erfüllt sind. Alle Anbieter und Nachfrager handeln hier als Mengenanpasser (vgl. Stobbe, 1991:314).
[92] Die aggregierte Angebotskurve wird als konstant angenommen, da bei kurzfristiger Betrachtung die privaten Grenzkostenkurven in der Regel für alle Verkehrsteilnehmer konstant sind. Bei längerfristiger Betrachtung kann es unter Einbeziehung der Abschreibung (z. B. des Pkws) zu abnehmenden Grenzkosten, durch zunehmende Wartungs- und Reparaturaufwendungen aber auch zu steigenden Grenzkosten kommen. Die aggregierte Nachfragekurve ist hier fallend, da im Regelfall die Nachfrage bei steigenden Preisen sinkt.

7 Definition und Abgrenzung von externen Kosten im Personenverkehr 163

einer Aktivität und deren Kosten bezeichnen[93]. Angenommen eine Person unternimmt V_1 Fahrten, so würde eine zusätzliche Fahrt ihren Nutzen steigern. Denn bei V_1 Fahrten (gemessen in km) sind die marginalen Nutzen größer als die marginalen Kosten. Das betrachtete rationale Individuum wird nun solange weitere Fahrten unternehmen und zusätzliche Konsumentenrente realisieren, bis der fallende Grenznutzen (PGN) gleich den privaten Grenzkosten (PGK) ist, also bis zur Menge V_0. Der Markt ist geräumt. An diesem Punkt E wird sowohl die Konsumentenrente des Individuums als auch die soziale Wohlfahrt gleichzeitig maximiert (Dreieck A-E-D-A). Denn verfolgen alle Individuen in der Gesellschaft das genannte Maximierungskalkül (PGN=PGK), so kann auch die soziale Wohlfahrt insgesamt als maximiert gelten. Ein pareto-optimaler Zustand ist erreicht. Dies bedeutet, dass kein Individuum durch eine Neu- oder Umverteilung bessergestellt werden kann, ohne dass ein anderes schlechter gestellt wird.

Durch die Nutzung der Verkehrsmittel werden externe Effekte ausgelöst, so dass die soziale Wohlfahrt in V_0 nicht als maximal angesehen werden kann. Denn die privaten Kosten einer zusätzlichen Fahrt, mit denen das Individuum konfrontiert wird, entsprechen nicht den Kosten für die Allgemeinheit, die durch die soziale Grenzkostenkurve (Summe aus privaten Grenzkosten und externen Grenzkosten) dargestellt sind. Die soziale Wohlfahrt bei Vorliegen der Externalitäten ist maximal bei V_{opt}. Diese Menge an Fahrten ist geringer als jene, die sich aus dem privaten Optimum ergibt (V_0). Die bei V_{opt} resultierende maximale soziale Wohlfahrt entspricht der Fläche A-B-D-A. Diese ist - wie man leicht erkennen kann - größer als die Differenz zwischen (privatem) Wohlfahrtsgewinn A-E-D-A und dem (sozialen) Wohlfahrtsverlust von D-C-E-D. Für jede zusätzliche Fahrt, die über V_{opt} hinaus unternommen wird, sind die Kosten für die Gesellschaft höher als der Nutzen für den Fahrer. Der insgesamt durch das Auseinanderfallen von privaten und sozialen Grenzkosten resultierende Wohlfahrtsverlust entspricht somit der schraffierten Fläche B-C-E-B.

In der Praxis ist die Quantifizierung der Externalitäten, insbesondere die sich anschließende Monetarisierung der externen Effekte, ein schwieriges und von einigen Unsicherheiten geprägtes Vorgehen. Dies gilt sowohl für die Externalitäten des Verkehrs als auch im Allgemeinen. Eine geldmäßige Bewertung der externen Effekte stellt jedoch eine Vorbedingung für eine effiziente Umwelt- und Verkehrspolitik aus ökonomischer Sicht dar. Da die externen Effekte in unterschiedlichen Größeneinheiten auftreten, bedarf es einer gemeinsamen Einheit für die geldmäßige Bewertung. So kann ein luftverschmutzungsbedingter Umweltschaden z. B. an der Anzahl von abgestorbenen Bäumen oder landwirtschaftlichen Ernteeinbußen direkt mit Marktpreisen bemessen werden, während die Erhöhung eines Risikos beispielsweise für Leben und Gesundheit oder auch immaterielle Schäden wie Angst eine Umrechnung und Bewertung erfordern. Die Auswirkungen der externen Effekte können auch zu unterschiedlichen Zeitpunkten auftreten, was die Festlegung eines einheitlichen Basis-

---

[93] Eventuelle Einkommenseffekte aus der Nutzung der Verkehrsmittel bleiben unberücksichtigt.

bzw. Bezugsjahres erfordert, um die einzelnen Schäden und Wirkungen aggregierbar und untereinander vergleichbar zu machen (vgl. Bickel und Friedrich, 1995:2f). Als Einheit wird für diese Untersuchung Euro 1995[94] gewählt.

7.3.2 Marktunfähigkeit von Umweltgütern

Der Großteil der Verkehrsexternalitäten wird nicht auf Märkten bewertet. Gerade der Verbrauch von Umweltgütern, z. B. saubere Luft, ist in besonderem Maße mit dem Auftreten externer Effekte verbunden. Die Umwelt ist zwar ein knappes und damit theoretisch dem Wirtschaftsprozess zugängliches Gut, seine Marktunfähigkeit drückt sich aber in dem Nichtvorhandensein eines Marktpreises aus, wofür die folgenden Faktoren ausschlaggebend sind (vgl. Renn, 1996:28f):

- Die Umwelt ist ein typisches Gemeinschaftsgut und damit nicht exklusiv nutzbar. Jeder Mensch kann die saubere Umwelt genießen, auch wenn er nicht bereit ist dafür zu bezahlen, da die anderen Nachfrager ihn nicht von dem Genuss ausschließen können. Diese Trittbrettfahrerproblematik führt dazu, dass selbst zahlungswillige Nachfrager keinen Preis mehr für eine saubere Umwelt entrichten wollen, obwohl alle davon einen Nutzengewinn hätten.

- Die Schädigung durch Umweltbelastungen tritt meistens bei Dritten auf, die nicht an der Transaktion von Verkehrsleistungen beteiligt sind. Das Problem des Nutzenverlustes bei Dritten kann nur durch staatliches Eingreifen in Form einer künstlichen Preiserhöhung, durch eine vertragliche Vereinbarung mit den Dritten oder durch die Zuteilung der Eigentums- oder Nutzungsrechte an den Umweltgütern gelöst werden.

- Gerade im Bereich der Klimagefährdung tritt der Nutzenverlust durch die Umweltbelastung (Treibhausgase) erst in der Zukunft auf, während der Nutzengewinn durch die Fahrt in der Gegenwart stattfindet. Die Frage ist, ob der zukünftige Nutzenverlust den gegenwärtigen Wirtschaftssubjekten transparent ist und in welcher Höhe er auf die heutige Verkehrsentscheidung Einfluss hat.

- Die Folgen der Nutzung sowie die Wirkungen der Schädigung von Umweltgütern sind oft unsicher. Deshalb spielen Zeithorizont, Risikoeinstellung und das Verantwortungsbewusstsein eine entscheidende Rolle bei der Verkehrsentscheidung.

- "Umweltbelastungen können zu irreversiblen Schäden führen, die den handelnden Subjekten entweder nicht bewußt sind oder die sie aus der dringenden Notwendigkeit nach Erhalt lebenswichtiger Güter in Kauf zu nehmen bereit sind. Gefährliche Stoffe, die mit Sicherheit zu schweren Gesundheitsschäden oder sogar zum Tode führen können, sind aus moralischen Gründen nicht gegen andere Güter einzutauschen. Diese Restriktion ist ethisch geboten. Der Markt setzt auf den Lernprozeß von Versuch und Irrtum. Wenn aber der Irrtum mit unzumutbaren Konsequenzen verbunden ist, dann tritt die Fürsorgepflicht des Staates ein, die dafür Sorge trägt, das Individuum vor einem irreversiblen Irrtum zu schützen. Auch das

---

[94] Auch wenn es den "Euro" 1995 noch nicht offiziell gab, wird aus Lesefreundlichkeit die zu dieser Zeit existierende Umrechnungswährung ECU als Euro bezeichnet. Der Wechselkurs für die DM lag 1995 bei 1 ECU = 1,87375 DM, während seit 1999 der Euro fest einem Wert von 1,95583 DM entspricht.

Umweltrecht in der Bundesrepublik Deutschland betont die Notwendigkeit der Einschränkung individueller Freiheits- und Eigentumsrechte, wenn überragende Gemeinwohlbelange oder die Abwehr von Gefahren auf dem Spiel stehen" (Renn, 1996:29)[95].

7.3.3 Konzepte zur Bewertung der externen Effekte des Verkehrs

Um Umweltgüter, aber auch die menschliche Gesundheit und immaterielle Schädigungen zu bewerten, stehen verschiedene Konzepte zur Verfügung, die auf direktem oder indirektem Weg eine Monetarisierung vornehmen. In Abbildung 31 sind die Bewertungskonzepte aufgeführt. Dabei wird in erster Linie zwischen Methoden gemäß dem Schadenskostenansatz oder dem Vermeidungskostenansatz differenziert.

Abbildung 31: Überblick der Monetarisierungsansätze für externe Effekte

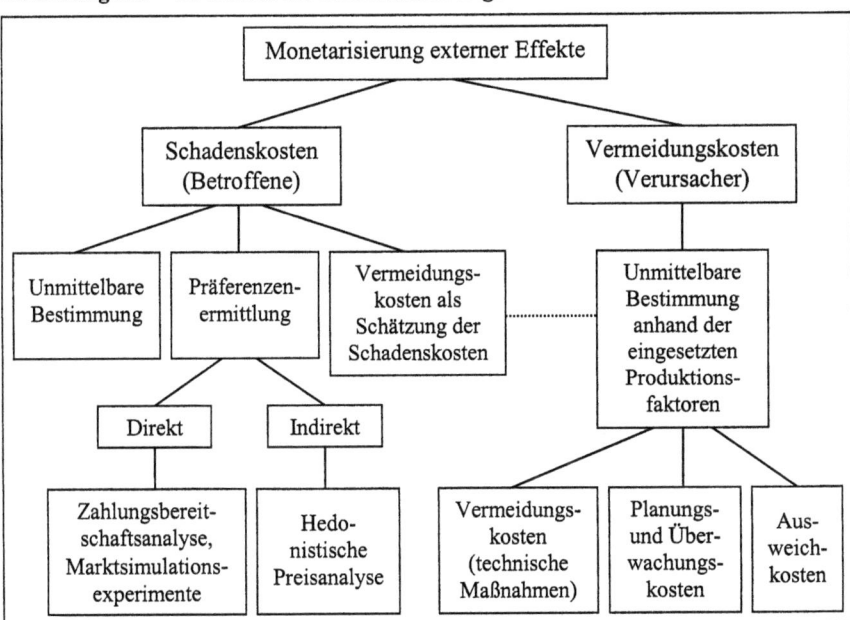

7.3.3.1 Der Schadenskostenansatz

Dem Schadenskostenansatz liegt der Nutzenverlust zugrunde, den ein Betroffener durch einen Umweltschaden erfährt. Damit konzentrieren sich die Methoden zur Bestimmung der Schadenskosten auf die Perspektive der Betroffenen, bzw. die Monetarisierung orientiert sich an den Präferenzen der betroffenen Individuen. Als methodisches

---

[95] Gerade die Substituierbarkeit von natürlichem durch andere Kapitalarten wird beim Konzept der schwachen Nachhaltigkeit erlaubt, weshalb neoklassische Ökonomen eine Verringerung ordnungsrechtlicher Maßnahmen präferieren, um den Marktkräften vollen Entfaltungsspielraum zu gewähren. Hier liegt sicherlich einer der prinzipiellen Konfliktpunkte beim Konzept einer schwachen Nachhaltigkeit, der aber für die Bewertung externer Effekte nur insofern Relevanz hat, als durch das bestehende Rechtssystem zusätzliche Kosten durch die Vermeidung irreversibler Schäden generiert werden.

Grundprinzip wird bei der Bewertung externer Umwelt- und Gesundheitseffekte das neoklassische Konzept der Konsumentensouveränität verwendet, d. h., dass der Wert privater und öffentlicher Güter durch die individuellen Präferenzen der Konsumenten bestimmt und nicht durch eine Institution zentral festgelegt wird (vgl. Cansier, 1993:80).

Beim Schadenskostenansatz wird in der Regel in drei Schritten vorgegangen. Zuerst müssen negative Auswirkungen identifiziert werden. In einem zweiten Schritt werden dann die durch die negative Externalität verursachten Schäden in Form des Mengengerüstes erfasst, um schließlich in einem dritten Schritt die quantifizierten Schäden monetär bewerten zu können (Wertgerüst). Dieses Vorgehen, bei dem der örtliche, zeitliche und logische Weg von der Emission bis zum monetär zu bewertenden Schaden nachgezeichnet wird, nennt man auch den "Wirkungspfadansatz"[96]. Hier soll jetzt jedoch nur der dritte Schritt interessieren.

Im einfachsten Fall der Bewertung von Schäden stehen Marktpreise zur Verfügung. Voraussetzung für diese unmittelbare Bestimmung der Schadenskosten ist jedoch, dass der betrachtete Schaden in seiner Funktionstüchtigkeit reversibel ist und somit davon ausgegangen werden kann, dass der Schaden durch Reparaturmaßnahmen zu beheben ist (vgl. Masuhr et al., 1992:324). Beispiele unmittelbar bewerteter Schäden sind Entschädigungsleistungen oder Krankheitskosten. In Bezug auf die verkehrsbedingte Luftverschmutzung oder Klimagefährdung wäre etwa eine Ermittlung der direkten Schadenskosten über die Abschätzung von Behandlungs- und Ressourcenausfallkosten[97] aufgrund hervorgerufener Erkrankungen bei Menschen denkbar. Sicher kann anhand der unmittelbaren Bestimmung nur ein Ausschnitt der vielfältigen Luftverschmutzungs- und Klimawirkungen bewertet werden. Bei der Schadensbewertung mit Hilfe von Marktpreisen ergibt sich das Problem, dass die Konsumentenrente vernachlässigt wird. Diese drückt nämlich die Differenz zwischen maximaler Zahlungsbereitschaft für ein Gut und dem tatsächlich bezahlten Preis aus, der häufig niedriger ist. Ein Gut stiftet dann mehr Nutzen als es kostet, wenn die Wirtschaftssubjekte bereit sind, einen höheren Preis zu akzeptieren, um in den Genuss des gewünschten Gutes zu kommen. Bewertet man Schäden mit Marktpreisen, wird ein Teil des Nutzenverlustes nicht erfasst, und es kommt folglich zu einer Unterschätzung des Schadens (vgl. Bickel und Friedrich, 1995:16).

Wenn kein Marktpreis für ein Gut existiert, basiert die Schadensbewertung zumeist auf Zahlungsbereitschaftsanalysen. Um für die nicht marktfähigen Güter wie beispielsweise saubere Luft oder Klimastabilität eine Nachfrage abzuschätzen, müssen die Präferenzen

---

[96] Im nächsten Kapitel wird der Wirkungspfadansatz am Beispiel der Berechnung der externen Luftverschmutzungskosten des Pkw-Verkehrs ausführlich behandelt (vgl. Kapitel 8.1.1).
[97] Bei den Ressourcenausfallkosten werden in der Regel die Einkommensverluste als Ressourcenausfall behandelt. Diese Schadensbewertung wird z. B. oft zur Abschätzung der Unfallkosten eingesetzt. Aus ökonomischer Sicht handelt es sich bei diesem Bewertungsansatz jedoch nur um eine "zweitbeste" Lösung, da die Präferenzen der betroffenen Personen nicht vollständig berücksichtigt werden. So enthalten die Einkommen keine immateriellen Schäden (vgl. Maibach et al., 1992:12f).

der betroffenen Individuen ermittelt werden. Indem die Konsumenten ihre Präferenzen für ein Gut offenbaren, wird dessen Wert deutlich. Die Zahlungsbereitschaft für das Gut dient als Maßstab für die Wertschätzung (vgl. Geßner und Weinreich, 1998:43). Betrachtet man den Wert der gefährdeten Umweltgüter genauer, so stellt man fest, dass saubere Luft oder Ruhe (im Falle der relevanten Verkehrsexternalität Lärm) neben dem Wert, den sie durch Ver- oder Gebrauch stiften (use-value), auch Nicht-Gebrauchswerte (non-use values) besitzen. Zunächst ist diesbezüglich der Optionswert zu erwähnen. Dieser beschreibt den Wert, welcher der Möglichkeit einer zukünftigen Nutzung des Gutes beigemessen wird, unabhängig davon, ob das Individuum zum gegenwärtigen Zeitpunkt von der Option Gebrauch macht oder nicht. Des Weiteren ist der Quasi-Optionswert oder Vermächtniswert von Bedeutung, welcher auf die Bewahrung einer intakten (ruhigen, sauberen, klimastabilen) Umwelt als Ganzes abzielt. Als dritte Komponente ist der Existenzwert von Umweltgütern zu nennen, der die Wertschätzung für ein Gut ausdrückt, welches nie benutzt werden wird, aber für dessen Erhalt trotzdem die Individuen bereit sind, Ressourcen ein zu setzen. Als klassisches Beispiel dient hier die Artenvielfalt (vgl. Bickel und Friedrich, 1995:13f).

Betrachtet man den gesamten ökonomischen Wert, der sich als Summe der obigen Komponenten ergibt, so zeigt sich die anthropozentrische Perspektive. Denn der aktuelle gesamte ökonomische Wert definiert sich über die Präferenzen der Individuen und nicht etwa über den Wert des Umweltgutes an sich (vgl. Proops et al., 1994:52). Es bleibt festzuhalten, dass den Umweltgütern durch Erfragung der individuellen Zahlungsbereitschaft ein Preis zugeordnet werden kann, obwohl sie nicht an einem Markt gehandelt werden. Dieser hypothetische Preis, der auch Schattenpreis genannt wird, drückt im Gleichgewicht die Präferenzen der Konsumenten aus (vgl. IWW/Infras, 1995:33).

Um den Schattenpreis korrekt bestimmen zu können, bietet die Kosten-Nutzen-Analyse zwei Kompensationskonzepte zur Nutzenmessung einer Wohlfahrtsänderung, die durch eine institutionelle Maßnahme hervorgerufen wird, an: Die äquivalente Variation (equivalent variation = EV) und die kompensierende Variation (compensating variation = CV)[98]. Während die EV vom Niveau der Wohlfahrt nach der Maßnahme (ex-post) ausgeht, legt die CV das Niveau der Wohlfahrt vor der Maßnahme (ex-ante) zugrunde. Je nachdem, ob die Maßnahme zu einer Steigerung oder zu einem Absinken der Wohlfahrt führt, stellt sich die Frage nach der Willingness to Pay (WTP) oder der Willingness to Accept (WTA). Während die WTP die Zahlungsbereitschaft für eine Verbesserung der Umweltqualität meint, drückt die WTA die Kompensationsforderung eines Individuums für das Inkaufnehmen einer Verschlechterung aus. Beide Kompensationskonzepte sind grundsätzlich gültig, aber üblicher ist die Anwendung der CV, da eine Kosten-Nutzen-Analyse meist vom status quo ausgeht und es im Rahmen der direkten Befragung der Einschätzung von Umweltniveaus leichter fällt, einen bekannten Zustand als Referenz zu betrachten als einen hypothetischen.

---

[98] Eine ausführliche Darstellung und Diskussion der Wohlfahrtsmaße, insbesondere der CV und der EV, findet sich in Ahlheim und Rose (1992:67ff).

Die WTP und WTA können jeweils direkt oder indirekt gemessen werden. Wie aus Abbildung 31 hervorgeht, ermitteln direkte Methoden die WTP/WTA durch Umfragen (Zahlungsbereitschaftsbefragungen = Contingent Valuation Method (CVM)) oder Marktsimulationen, während indirekte Methoden diese anhand von beobachtbaren Marktdaten ableiten und so einen Zusammenhang zwischen privaten Gütern und Umweltveränderungen herstellen (Hedonistische Preisanalyse = Hedonic Pricing Approach (HPA)).

Seit den 70er Jahren zählt die Zahlungsbereitschaftsanalyse zu den am häufigsten angewandten und zugleich am stärksten diskutierten Methoden der Präferenzermittlung. Das Basisprinzip der CVM ist einfach und ermöglicht so die vielseitigen Einsatzmöglichkeiten der Bewertungsmethode. Ziel ist es, die betroffenen Individuen dazu zu bringen, ihre Präferenzen für eine Verbesserung des öffentlichen oder Umweltgüterangebotes in Form von Zahlungsbereitschaften direkt zu offenbaren und somit den Schattenpreis des Umweltgutes zu ermitteln (vgl. Ahlheim 1996:12). Die Individuen werden dabei mit einem genau spezifizierten hypothetischen (contingent) Markt konfrontiert, auf dem sie die Möglichkeit haben, ein in der Realität nicht marktfähiges Gut (z. B. Reduktion der Luftverschmutzung) zu kaufen. Der umgekehrte Fall der Betroffenen als Anbieter ist ebenso denkbar. In diesem Fall fragt der Interviewer nach der WTA, d. h. nach der Bereitschaft der Betroffenen, für eine Verschlechterung der Umweltqualität kompensiert zu werden (vgl. Soguel, 1994:1f). Die Variation der WTP- bzw. WTA-Werte für vorgegebene Umweltqualitätsniveaus bestimmt dann den Verlauf der gesuchten Schadenskostenkurve.

Der Vorteil dieses Bewertungsverfahrens besteht darin, dass durch präzise Beschreibung der Randbedingungen der Befragte seine individuelle Wertschätzung für das Umweltgut zum Ausdruck bringen kann. Umweltbelastungen differieren stark nach Ort, Zeit und der momentanen Aktivität des Betroffenen. Diese Kontextfaktoren können durch die direkte Präferenzermittlung mit der CVM erfasst werden[99]. Kritikpunkt an der Bewertungsmethode ist zum Einen die Schwierigkeit, den Befragten abstrakte Zusammenhänge angemessen zu verdeutlichen, was als Abstraktionsproblem bezeichnet wird. Zum Anderen wird kritisiert, dass die hypothetischen Zahlungsbereitschaften nicht den wirklichen Präferenzäußerungen an realen Märkten entsprechen, da die Befragten keine finanziellen Auswirkungen zu befürchten haben (hypothetical bias). Die Folge sind oft emotionsreiche Antworten. Auch gelten die ermittelten Werte stets nur für die jeweiligen Kontexte und sind so schwierig auf andere Situationen zu übertragen (vgl. Krey und Weinreich, 2000:13 sowie Bickel und Friedrich, 1995:18f).

Um in einer Befragungssituation die Budgetrestriktionen und die damit notwendige Abwägung zwischen verschiedenen privaten und öffentlichen Gütern deutlich zu machen, wurde das Verfahren der Marktsimulation entwickelt. Die Versuchspersonen

---

[99] Vgl. für eine ausführliche Diskussion der Vor- und Nachteile der CVM Geßner und Weinreich, (1998:47ff).

bekommen dabei ein fiktives Budget zugeteilt, welches für einen bestimmten "Warenkorb" ausgegeben werden kann (vgl. Pommerehne und Römer, 1992:196). Zumeist werden die Marktsimulationsexperimente über mehrere Runden durchgeführt, in denen sich die Preise für die zu bewertenden öffentlichen Güter gemäß den geäußerten Zahlungsbereitschaften und Kompensationsforderungen verändern. Der am Ende des Experiments entstehende Referenzpreis für das jeweilige öffentliche Gut soll helfen, die möglicherweise im Rahmen der CVM vorliegende Überschätzung von Zahlungsbereitschaften für den Umweltschutz, die durch die einfache Addition getrennt ermittelter Zahlungsbereitschaften leicht entstehen kann, einzugrenzen und somit die verzerrende Wirkung zu verringern. Marktsimulationsexperimente sind aufgrund ihres hohen Aufwandes und des stark experimentellen Charakters nur stichprobenartig zur besseren Einschätzung von CVM-Resultaten einzusetzen (vgl. Geßner und Weinreich, 1998:54).

Als indirekte Methode zur Ermittlung der Präferenzen der Wirtschaftssubjekte für Umwelt- und andere nicht marktfähige Güter hat sich der hedonistische Preisansatz (HPA) etabliert (vgl. Geßner und Weinreich, 1998:55ff sowie Bickel und Friedrich, 1995:16f). Dem Konzept liegt die Beobachtung zugrunde, dass öffentliche Übel sowie öffentliche Güter, die keine eigenen Marktpreise besitzen, häufig die Marktpreise anderer (privater) Güter beeinflussen. So führt z. B. Lärm dazu, dass nahe am Flughafen gelegene Gebäude meist günstiger zu erwerben sind als vergleichbare Häuser an einem ruhigeren Ort. Ähnlich verhält es sich mit Wohnungen in luftbelasteten Gegenden. Die Beispiele zeigen, dass sich Preisdifferenzen privater Güter oft durch Unterschiede in den vielfältigen nicht-marktfähigen Charakteristika erklären lassen, die diesen Gütern inne wohnen. Denkbare Charakteristika sind Qualität der Nachbarschaft, Höhe der lokalen Steuern, lokales Angebot an öffentlichen Gütern und Dienstleistungen sowie Variablen, die die lokal herrschende Umweltqualität näher beschreiben. Durch statistische Verfahren (z. B. eine multiple Regression) kann nun die Beziehung zwischen den Immobilienpreisen und der herrschenden Umweltqualität abgeschätzt werden, während sämtliche andere Determinanten des Immobilienpreises konstant gehalten werden. Damit lässt sich theoretisch ein impliziter Preis (hedonistischer Preis oder Schattenpreis) für das "versteckte" nicht-marktfähige Charakteristikum Umweltqualität ermitteln. Voraussetzung für die Verlässlichkeit der mit der HPA-Analyse ermittelten Ergebnisse sind ein funktionierender Markt und die Wahlfreiheit bei der Entscheidung für verschiedene Umweltqualitätsniveaus. Der regulierte Wohnungsmarkt (gesetzliche Einschränkung bei der Mietpreisfestsetzung) sowie die Annahme der unbegrenzten Mobilität (beliebiger Wohnungswechsel) limitieren diesen Ansatz. Eine Tendenz zur Unterschätzung der Wohlfahrtsverluste besteht, wie bei der reinen Bewertung mit Marktpreisen, durch die Vernachlässigung der Konsumentenrente und durch die Tatsache, dass die Umweltauswirkungen, die nicht mit dem untersuchten Gut in Zusammenhang stehen (z. B. Luftbelastungen an anderen Orten als der Wohnung), nicht erfasst werden. Auch berücksichtigt der HPA wie alle Verfahren der indirekten Präferenzermittlung keine "non-use values", so dass die abgeleiteten Zahlungsbereitschaften allenfalls als Untergrenze des wahren Schattenpreises des zu bewertenden nicht-marktfähigen Gutes gelten können. Anwendung findet der HPA insbesondere bei lokal stark differierenden Effekten wie Luftverschmutzung und Lärm, die Immobilienpreisdifferenzen nachweislich beeinflussen. Der Ansatz ist zur Bewertung einer globalen Externalität, wie der Klimaproblematik, nur wenig geeignet.

7.3.3.2 Der Vermeidungskostenansatz

Der Vermeidungskostenansatz basiert auf der Vorgabe von Standards und dient dazu, die Kosten der Vermeidung eines Schadens auf den festgelegten Grenzwert zu ermitteln. Gemäß dem ökonomischen Prinzip sollte dabei jeweils die kosteneffektivste Präventivmaßnahme zur Anwendung kommen. Aber je höher der festgelegte Grenzwert ist, und je mehr Schäden bzw. Emissionen zu vermeiden sind, desto teurer wird auch die Vermeidung. Ökonomisch ausgedrückt bedeutet dies, dass die Grenzvermeidungskosten in der Regel nicht konstant sind, sondern immer mehr zunehmen, je größer der Anteil des vermiedenen Schadens ist. Die Vermeidungskosten sind also erst dann eindeutig bestimmbar, wenn das zugehörige Ausmaß der Schadensminderung festgelegt ist.

Die zur Vermeidung eingesetzten Produktionsfaktoren (Kapital, Arbeitskraft) bestimmen dabei das Mengengerüst des Ansatzes. Da für die Produktionsfaktoren am Markt beobachtbare Preise vorliegen (z. B. für Lärmschutzfenster und deren Einbau im Fall der Lärmexternalität), sind die Vermeidungskosten zumindest aus konzeptioneller Sicht einfach zu ermitteln und lassen sich nach Masuhr et al. (1992:314f) in Kosten der konkreten technischen Maßnahme (abatement costs) und Kosten der Erarbeitung und Durchsetzung von Umweltvorschriften (transaction costs) unterscheiden. Die abatement costs stellen den wichtigsten Bestandteil der Vermeidungskosten dar und umfassen all die Aufwendungen, die zur Schadensbegrenzung vorgenommen werden. Im motorisiertem Individualverkehr sind beispielsweise die Mehrkosten eines Autos mit Katalysator gegenüber einem ohne als Vermeidungskosten zur Begrenzung der Umweltschäden durch Luftverschmutzung zu interpretieren. Maibach et al. (1992:12f) führen außer den beiden obigen Kategorien auch noch die Ausweichkosten (avoidance costs) als mögliche Schadensvermeidungskosten[100] auf. Ausweichkosten werden als Kosten definiert, die Wirtschaftssubjekte auf sich nehmen, um negativen externen Effekten auszuweichen. Beispiele dafür sind die Kosten für Ferien- und Wochenendfahrten, die auf Umweltbeeinträchtigungen am Wohnort zurückzuführen sind.

Die Vermeidungskosten werden auch als Abschätzungen für die Schadenskosten benutzt (vgl. Abbildung 31). Dem liegt der Gedanke zugrunde, dass der Umweltschaden aus gesellschaftlicher Sicht mindestens so hoch wertgeschätzt wird, wie die Vermeidungskosten, die zu seiner Verhinderung notwendig gewesen wären (vgl. Glaser, 1992:97f). In den letzten Jahren werden gerade die externen Klimakosten in mehreren namhaften Studien mit Hilfe des Vermeidungskostenansatzes abgeschätzt (CAPRI:

---

[100] Maibach et al. (1992:11) verwenden den etwas irreführenden Begriff der Schadensvermeidungskosten. Allerdings beziehen sich die Vermeidungsaktivitäten zumeist auf die Quelle in Form von Vermeidung der Emissionen, deshalb erscheint die Verwendung des umfassenderen Begriffs "Vermeidungskosten" als sinnvoll.

7 Definition und Abgrenzung von externen Kosten im Personenverkehr 171

Reninngs et al., 1999; RECORDIT: Weinreich et al., 2000; UIC-Externe Effekte des Verkehrs: IWW/Infras, 1995 und IWW/Infras, 2000). Als Begründung dafür wird angegeben, dass die Schadenskostenberechnungen der Treibhausgasemissionen erhebliche Unsicherheiten beinhalten. Diese sind bedingt durch die zugrundeliegenden normativen Wertannahmen der inter- und intragenerationellen Gerechtigkeit, das Vorhandensein von Irreversibilitäten und einer Reihe von Unsicherheiten bei der Vorhersage der Schäden bzw. der Klimaveränderungsfolgen. Deshalb variieren die bestehenden Berechnungen um mehrere Größenordnungen, und es sind angeblich keine verlässlichen Ergebnisse zu erwarten. Diese Feststellung führt bei den angegebenen Studien zu der Schlussfolgerung, dass die Schätzungen der Vermeidungskosten, die durch Strategien zur Verminderung der Klimaveränderung verursacht werden, den angemessenen Ansatz zur Berechnung der externen Klimakosten darstellen (vgl. IWW/Infras 1995:174). Ob diesem Vorgehen in dieser Untersuchung zu folgen ist und ob dieser Ansatz einer ökonomischen Überprüfung Stand hält, gilt es zu klären.

7.3.3.3 Bewertung der Ansätze

Externe Effekte werden im Rahmen dieser Arbeit aus mehreren Gründen ausschließlich mit Hilfe des Schadenskostensansatzes bewertet:

- Externe Kosten sind definitorisch Schadenskosten und nicht Vermeidungskosten, da der jeweilige Bezug zwischen Verursachern und Betroffenen von zentraler Bedeutung ist. Vermeidungskosten entstehen beim Verursacher, während Schadenskosten beim Betroffenen ermittelt werden. Die individuelle Perspektive des Betroffenen wird durch den Vermeidungskostenansatz mit der Notwendigkeit zu staatlich festgelegten Grenzwerten nicht erfüllt. Die Ökonomie bevorzugt die Bewertung der Schadenskosten entweder auf Grundlage von Marktpreisen oder durch individuelle Zahlungsbereitschaften, da diese im direkten Zusammenhang zu den individuellen Präferenzen stehen.

- Die Analyse der externen Kosten dient als Entscheidungsbasis für Internalisierungsmaßnahmen, um den Wirtschaftssubjekten die ökonomisch richtigen Signale und Anreize zu vermitteln. Dafür sollte die Quantifizierung und monetäre Bewertung möglichst genau und kontextbezogen (Zeit, Ort, Ausmaß der Aktivität) sein. Dies kann nur mit dem Schadenskostenansatz erfolgen. Auch wenn die Schätzung der externen Schadenskosten im Fall der Klimakosten aufgrund der Komplexität recht schwierig ist, sagen die Treibhausgasvermeidungskosten doch nichts über die Höhe der zu erwartenden und bereits eingetretenen Schäden aus.

- Die Methodik zur Analyse von Zahlungsbereitschaften als Ausdruck der Präferenzen der Individuen ist gut entwickelt, und es liegen eine Vielzahl von Befragungsergebnissen in verschiedenen Kontexten vor. Dies gilt sowohl für die luftverschmutzungsbedingten Gesundheitskosten als auch für die Schätzungen zum Wert des menschlichen Lebens. Kosten für Gebäude-, Tier- und Pflanzenschäden (Ernteausfälle) werden in der Regel zu Marktpreisen bewertet.

- Vermeidungskosten entsprechen ihrer Höhe nach nur in einem Punkt den Schadenskosten, nämlich im Schnittpunkt der Grenzvermeidungs- und

Grenzschadenskostenkurven. Bei einem höherem bzw. niedrigerem Niveau der Schädigung unterschätzen bzw. überschätzen die Vermeidungskosten die wirklichen externen (Schadens-)kosten (vgl. Kapitel 10).

- Zumeist werden Schätzungen der Vermeidungskosten höchstens als Untergrenze der externen Kosten angesehen, da je nach Ausgestaltung der technischen Vermeidungsmaßnahme nur ein Teil der gesamten Dimension einer Schädigung erfasst wird. Beispielsweise reduzieren Lärmschutzfenster nicht die Lärmwirkung im Außenwohnbereich.

- Der Vermeidungskostenansatz wählt eine völlig andere Perspektive und stellt das gewünschte Umweltziel in den Vordergrund. Dies ist gerade im Hinblick auf den Vergleich der beiden Konzepte der schwachen und der starken Nachhaltigkeit in dieser Arbeit von Relevanz. Die Internalisierung der externen Schadenskosten führt zur Erfüllung der schwachen Nachhaltigkeit, während die gemäß starker Nachhaltigkeit abgeleiteten Ziele möglichst ökonomisch effizient erfüllt werden sollten. Dafür sind die günstigsten Vermeidungsoptionen zu wählen. Der Schadenskostenansatz korrespondiert folglich mit der schwachen Nachhaltigkeit, während der Vermeidungskostenansatz durch die Auswahl geeigneter Maßnahmen und Instrumente für eine effiziente Allokation der Ressourcen im Konzept einer starken nachhaltigen Entwicklung von Bedeutung ist.

- Die Grenzwerte (ökologischen Nachhaltigkeitsziele) wurden für die einzelnen Verkehrsmittel in Kapitel 6 abgeleitet. Würden die externen Kosten auf Grundlage dieser festgelegten Zielsetzungen mit dem Vermeidungskostenansatz bestimmt, wäre kein intermodaler Vergleich der externen Kosten sinnvoll, da die unterschiedlichen Grenzwerte von vornehrein einzelne Verkehrsmittel benachteiligen würde. Bei der Ableitung der Ziele spielte der Schadensbezug keine Rolle. Auch hier zeigen sich die Grenzen des Vermeidungskostenansatzes zur Abschätzung der externen Schadenskosten.

7.4 Kategorien der externen Kosten im Personenverkehr

Bevor die externen Schadenskosten des Klimawandels und der Luftverschmutzung, die auf die Benutzung der Verkehrsmittel im Personenverkehr zurückzuführen sind, in den folgenden Kapiteln ermittelt werden, gibt dieser Abschnitt einen Überblick der Kategorien von Externalitäten, die im Gesamtsystem Verkehr eine Rolle spielen.

Betrachtet man nun das komplexe Gesamtsystem Verkehr, so fällt auf, dass dieses offen, dynamisch und einem ständigen Wechsel unterworfen ist. Um trotzdem eindeutige Aussagen zu den externen Kosten und Nutzen des Verkehrs treffen zu können, ist es notwendig, die Infrastruktur selbst und die Nutzung derselben als zwei unterschiedliche "Güter" strikt voneinander zu trennen. Während die Infrastruktur in der Regel ein öffentliches Gut darstellt, das vom Staat erstellt wird, ist die Verkehrsmenge bzw. die Verkehrsmittelnutzung ein privates Gut, bei dem die Individuen Entscheide fällen, ob sie eine zusätzliche Fahrt unternehmen wollen (vgl. Maibach et al., 1992:20). Vermengt man diese Kategorien oder betrachtet gar den gesamten Verkehrssektor als relevantes System, so lassen sich aufgrund der unpräzisen Herangehensweise pekuniäre externe Nutzen identifizieren, die falsche Allokationssignale aussenden können. Zum einen werden Marshall'sche Konsumentenrenten und Produzentenrenten mit externen Nutzen verwechselt (etwa bei Willeke, 1996:156). Zum anderen werden die strukturellen und technologischen Effekte, die der Verkehrssektor auf andere Sektoren überträgt, als positive externe Effekte angesehen (ebd.). Beispiele sind der verbesserte Anschluss entlegener Regionen, die Steigerung der Produktivität sowie ein verstärktes Wachstum der Wirtschaft, die aus verbesserten Transport- und Verkehrsbedingungen erwachsen. Jedoch zeigt ein kritischer Blick auf diese Nutzen einer gut entwickelten Verkehrsinfrastruktur, dass diese entweder interner Art für die Nutzer sind oder dass sie pekuniäre externe Effekte auslösen. Bei einer solchen Betrachtungsweise hat der Begriff Externalität nichts mehr mit Marktstörungen zu tun und verlangt deshalb nicht nach einem staatlichen Eingriff in Form einer weitergehenden Internalisierung (vgl. IWW/Infras, 1995:10).

Als externe Nutzen der Verkehrsinfrastruktur wird schon eher die Ermöglichung von Leistungen der Rettungsdienste, sowie die Produktion von anderen öffentlichen Leistungen, z. B. die innere und äußere Sicherheit (Polizei, Verteidigung), usw., angesehen, weil diese in den meisten Fällen nicht Auslöser für die Erstellung der Infrastruktur sind. Aber auch hier offenbart sich eher der öffentliche Gut-Charakter. Andererseits können einige externe Kosten der Bereitstellung von Verkehrsinfrastruktur aufgezählt werden (vgl. Rennings et al., 1999:2f):

- Effekte durch die Versiegelung der Böden (Flächenverbrauch),
- Trennwirkung[101], Zerschneiden von nachbarschaftlichen Beziehungen und Verständigung,
- Beschädigung des Landschaftsbildes,
- Auswirkungen auf natürliche Lebensräume und andere negative Auswirkungen wie etwa Wasserverschmutzung.

Um öffentlichen Entscheidungsträgern die Bewertung von verschiedenen Investitionsalternativen bezüglich der Infrastruktur zu ermöglichen, sollten sowohl die externen Kosten als auch die (externen) Nutzen, die durch die Bereitstellung von neuer Infrastruktur entstehen, in die ökonomischen Kosten-Nutzen-Analysen einfließen. Externe Kosten und Nutzen der Verkehrsinfrastruktur sind also für die Investitionsplanung relevant, für eine ökonomisch effiziente Bepreisung der Verkehrsmittelnutzung sollten sie aber keine Rolle spielen.

Externalitäten der Verkehrsmittelnutzung, die aus Luftverschmutzung, Lärm, Unfällen und Stau resultieren, sind offensichtlich negativ. Es stellt sich die Frage, ob es auch externe Nutzen der Verkehrsmittelnutzung gibt, die – wenn sie existieren – die externen

---

[101] Die Trennwirkung der Infrastruktur erzielt einen externen Nutzen als Feuerdämmung (vgl. Maibach et al., 1992:20).

Kosten der Infrastrukturnutzung kompensieren könnten. Um zu entscheiden, ob es überhaupt irgendwelche positiven Externalitäten der Benutzung gibt, könnte man folgende Frage aufwerfen: Welche Vorteile erlange ich durch das Fahren meines Nachbarn? Überhaupt keine, ist die wahrscheinliche Antwort (eine Mitfahrgelegenheit zu haben zählt nicht als Externalität). Soweit Personen- und Güterverkehrsleistungen auf Märkten gehandelt werden, ist anzunehmen, dass ihre Nutzenstiftungen sich in Marktpreisen wiederspiegeln[102]. Somit handelt es sich um pekuniäre Externalitäten, und Marktversagen kann nicht beobachtet werden. Manche Studien zählen als positive Externalitäten das Vergnügen auf, vorbeifahrende Fahrzeuge, z. B. Oldtimer, zu beobachten oder Verkehrsnachrichten, über die Journalisten schreiben können. Der wirtschaftliche Wert von beiden Dingen ist sehr gering. Für den motorisierten Individualverkehr kann festgestellt werden, dass es keine nennenswerten externen Nutzen gibt (vgl. hierzu und zum nächsten Absatz Rennings et al., 1999:3).

Im Falle des öffentlichen Personenverkehrs gibt es als wichtigen externen Effekt den sogenannten Mohring-Effekt. Für Bus, Straßenbahn oder Metro genauso wie für Eisenbahn und Luftverkehr gilt, dass Nutzer durch verkürzte Wartezeiten Kosten einsparen, wenn die Taktfrequenz dieser Dienste erhöht wird. Man kann sich etwa vorstellen, dass die Bedienhäufigkeit einer bestimmten Eisenbahnlinie erhöht wird, wenn die Nachfrage nach diesem Dienst steigt. Wenn jedoch die Kapazitätsgrenze erreicht wird, können möglicherweise Stauungen auftreten, welche die positiven Effekte ganz oder teilweise zunichte machen.

In der Summe sind kaum irgendwelche messbaren externen Nutzen der Verkehrsmittelnutzung festzustellen, die für eine Kompensation der vielfältigen negativen Externalitäten in Frage kommen. Tabelle 17 zeigt die Kategorien der externen Kosten des Verkehrs und macht zudem die Abgrenzung von internen und externen Kosten am Beispiel des betrachteten Systems deutlich.

Die quantitativ wichtigsten Kategorien externer Kosten der Verkehrsmittelnutzung im Personenverkehr sind die Umwelt-, Unfall- und Staukosten. Innerhalb der Umweltkosten sind insbesondere die Luftverschmutzungs-, Lärm- und Klimawandelfolgekosten von Bedeutung. Beim Güterverkehr kommt den ungedeckten Infrastrukturkosten eine bedeutende Rolle zu, wie auch die augenblickliche politische Diskussion zur Einführung einer Autobahnbenutzungsgebühr für schwere Lkw in Deutschland zeigt[103]. Strittig in ihrem Charakter als externe Kosten sind die Staukosten. Hier zeigt sich die Relevanz der Festlegung der Systemgrenzen. In der Literatur haben sich zwei

---

[102] Dass externe Effekte eher negativer denn positiver Art sind, erscheint natürlich: ein wesentlicher externer Nutzen würde möglicherweise internalisiert, wohingegen die Internalisierung von externen Kosten finanziellen Anreizen zuwider laufen würde.
[103] Schwere Lkw verursachen weit höhere Straßeninfrastrukturerhaltungskosten als Pkw. Deshalb ist vorerst auch nur die Erhebung eine Autobahnbenutzungsgebühr für schwere Lkw vorgesehen. Nach einer vielzitierten Studie der Universität Cambridge belastet ein einziger 40-Tonner die Straßeninfrastruktur im Laufe seines Einsatzes ebenso stark wie 160.000 Pkw von einer Tonne Gesamtgewicht (vgl. Kommission Verkehrsinfrastrukturfinanzierung, 2000:39).

7 Definition und Abgrenzung von externen Kosten im Personenverkehr   175

Haupttrichtungen durchgesetzt: Zum Einen die Perspektive der einzelnen Verkehrsteilnehmer und zum Anderen die Perspektive der Verkehrsträger (Straße, Schiene, Wasser und Luft, jeweils differenziert nach Personen- und Güterverkehr). Werden die externen Kosten aller Pkw betrachtet, so sind die Staukosten als interne Kosten anzusehen, da die Zeitverluste nur für Individuen innerhalb des Sektors entstehen. Aus theoretischer Sicht ist grundsätzlich eine Betrachtung der externen Kosten aus Sicht des Verkehrsindividuums sinnvoll, da im Prinzip die Anreize für individuelles Handeln bzw. preisliche Verzerrungen die Zielrichtung der Externalitäten-Analyse sind (vgl. Maibach et al., 1992:8f). Deshalb sollte die Verkehrspolitik auch den individuellen externen Staueffekt berücksichtigen, um beispielsweise in Verkehrsspitzenzeiten durch einen Preisaufschlag die externen Staukosten zu internalisieren, da das Verkehrsaufkommen in der Rush hour größer ist, als dies volkswirtschaftlich sinnvoll wäre.

Tabelle 17:   Die sozialen Kosten des Verkehrs

			Interne Kosten		Externe Kosten
			Für die Individuen	Für den Sektor	
Soziale Kosten	**Umweltkosten**	Klima, Energie	Nutzenverluste der verursachenden Individuen	Nutzenverluste des verursachenden Sektors	Ungedeckte Umweltkosten
		Luftverschmutzung			
		Lärm			
		Wasser, Boden			
		Flora, Fauna			
		Flächenverbrauch, Zerschneidung			
	Staukosten		Zeitverlust des Nutzers (inkl. Anstieg anderer direkter Kosten)	Zeitverluste anderer Nutzer (und andere direkte Kosten)	Kosten von Individuen außerhalb des Verkehrssektors
	Unfallkosten		Eigene Kosten, durch Versicher. gedeckte Kosten	Durch Versicherung gedeckte Kost.	Ungedeckte Unfallkosten[a]
	Kosten der Infrastrukturerhaltung		Gebühren, Kfz- u. Mineralölsteuer	Fehlallokation der Kosten	Ungedeckte Erhaltungskost.
	Private Ausgaben im Verkehr (direkte Kosten)		Kfz- und Treibstoffkosten, Fahrscheine	Fehlallokation der Kosten	Durch andere gedeckte Kosten[b]

a): z. B. Schmerz und Leid am Unfall unbeteiligter Personen
b): z. B. die kostenlose Bereitstellung von Parkplätzen
Quelle: angelehnt an Geßner und Weinreich (1998:28) und Viegas and Fernandes (1997:74).

In der Tabelle 17 nicht explizit aufgeführt sind die Externalitäten, die durch die Herstellung und Entsorgung der Verkehrsmittel hervorgerufen werden. Für das gesamte Verkehrssystem sind diese, seien es nun Luftschadstoffemissionen oder Belastungen durch nicht wiederverwertbare Restabfälle, durchaus von Bedeutung. Nach der neusten ExternE Transport Studie werden bei Pkw neuerer Herstellung ($\leq$ EURO 2) annähernd genauso viele Luftschadstoffemissionen bei der Herstellung hervorgerufen, wie bei der Benutzung dieser Pkw über den gesamten Lebenszyklus (vgl. IER et al., 2000:151ff und 229ff). Allerdings sollten, ähnlich wie bei der Infrastrukturbereitstellung, die externen Kosten der Herstellung bzw. Beseitigung der Verkehrsmittel sich im Verkaufspreis bzw. Verschrottungspreis der Verkehrsmittel wiederfinden. Eine Internalisierung in der Benutzungsphase würde die falschen Anreize setzen, da nicht die Benutzung sondern die Produktion bzw. die Beseitigung des Verkehrsmittels diese Externalitäten hervorruft. Sie ist deshalb abzulehnen[104].

Im Rahmen dieser Untersuchung interessieren besonders die in der Tabelle grau unterlegten ungedeckten Umweltkosten der Luftverschmutzung und der Klimaproblematik, die durch die reine Benutzung der Verkehrsmittel hervorgerufen werden. Für beide Bereiche werden in den beiden folgenden Kapiteln die konkreten Berechnungsverfahren vorgestellt und die externen Schadenskosten für die Verkehrsmittel im deutschen Personenverkehr für die Jahre 1995 bis 2020 ermittelt.

---

[104] Vgl. dazu auch die Strategien zur Internalisierung externer Kosten in Kapitel 11 und die Möglichkeiten zur Berücksichtigung von grauer Energie in ein Zertifikatehandelssystem in Kapitel 13.

8 Externe Luftverschmutzungskosten

In den letzten Jahren sind aufgrund technologischer Veränderungen, insbesondere der Einführung des geregelten Katalysators, große Fortschritte bei der Emissionsreduktion von Kraftfahrzeugen erreicht worden, wie in Kapitel 5 bereits aufgezeigt wurde. Trotzdem stellen die Luftverschmutzung und die dadurch hervorgerufenen Gesundheits- und Umweltschädigungen ein relevantes Problem des heutigen motorisierten Verkehrs dar. Die externen Luftverschmutzungskosten des motorisierten Individualverkehrs (MIV) werden im ersten Abschnitt ermittelt. Eine ausführliche Beschreibung der zugrundegelegten Methodik erfolgt hier ebenso wie die Präsentation der berechneten Ergebnisse. Für die anderen Verkehrsmittel im deutschen Personenverkehr erfolgt in Abschnitt 8.2 die Berechnung der externen Luftverschmutzungskosten unter Zugrundelegung derselben Wertansätze wie für den Pkw. Im letzten Abschnitt 8.3 werden die externen Schadenskosten der personenverkehrsbedingten Luftverschmutzung bis zum Jahre 2020 auf Grundlage der BAU-Prognose aus Kapitel 5 berechnet.

Untersuchungsgegenstand sind die Massenschadstoffe Kohlenmonoxid (CO), Stickoxide (NO_x bestehend aus NO und NO_2), Schwefeldioxid (SO_2), Partikel (PM), und flüchtige organische Kohlenstoffverbindungen (VOC), die bei der Benutzung von Pkw, Kombi und anderen Personenverkehrsmitteln in Deutschland emittiert werden. Diese sind sowohl lokal als auch regional (weiträumig) wirksam. Im Jahr 1995, dem Basisjahr dieser Untersuchung, war der Straßenverkehr bei der Mehrzahl der Emissionen der wichtigste Emittent, wie aus Tabelle 3, Kapitel 4.2.3 hervorgeht. Betrachtet werden sowohl die Luftschadstoff-Konzentrationsänderungen (Immissionen) der oben genannten Schadstoffe als auch die Bildung von Sekundärschadstoffen wie Nitrate oder Ozon aufgrund luftchemischer Prozesse und deren Immissionen. Die Immissionen rufen meist negative Auswirkungen auf das menschliche Wohlbefinden und die Umwelt hervor. Diese werden identifiziert, quantifiziert und bewertet.

8.1 Die regional unterschiedlichen externen Luftverschmutzungskosten des motorisierten Individualverkehrs in Deutschland

Neben dem generellen Ziel des Kapitels 8, die gesamten externen Luftverschmutzungskosten des Personenverkehrs und die Grenzschadenskosten für die einzelnen Verkehrsmittel zu bestimmen, ergibt sich eine Nebenzielsetzung, die sich bei der Beschäftigung mit diesem komplexen Thema in Bezug auf den MIV herauskristallisiert hat. Es zeigt sich nämlich, dass eine Notwendigkeit für eine regionale – also stand- bzw. fahrtortbezogene – Betrachtung der Luftverschmutzung durch den MIV besteht, die hier simultan mit untersucht wird. Die These ist, dass im regionalen Vergleich die durch die Benutzung der Verkehrsmittel generierten externen Luftverschmutzungskosten stark unterschiedlich sind. In anschaulicher Weise ausgedrückt bedeutet dies, dass die Luftverschmutzung und die daraus resultierenden externen Kosten unterschiedlich hoch sein können, wenn ein Pkw gleicher Technologie mit der gleichen Geschwindigkeit auf einer Straße in Norddeutschland oder in Südwestdeutschland fährt. Deshalb ist im Rahmen dieser Untersuchung besonders die Forderung nach einer verursachungsgerechten Internalisierung der externen Luftverschmutzungsgrenzkosten von Bedeutung, sofern sich die obengenannte These verifizieren lässt.

Bei der Analyse der Schädigungen durch Luftschadstoffe wurden bisher meist lokale Effekte, also deren Wirkungen in hochbelasteten Straßenräumen untersucht. Grund dafür gibt die 23. Verordnung zur Durchführung des Bundes-Immissionschutzgesetzes §40 Abs. 2 über die Immissionsbelastung in Straßenräumen.[105] Durch den Einsatz neuer Ausbreitungsmodelle wird aber auch der weiträumige Effekt der verschiedenen Luftschadstoffe deutlich. Die Emissionen von Kraftfahrzeugen führen nicht nur entlang einer Straße und in unmittelbarer Umgebung zu einer Schadstoff-Konzentrationserhöhung, sondern ein gewisser Anteil breitet sich durch die klimatischen Bedingungen im Umkreis von mehreren Hundert Kilometern je nach Windrichtung und geographischen Gegebenheiten aus. So werden in einem großen Umkreis Schädigungen an Gebäuden, Pflanzen, Tieren und der Gesundheit der Menschen hervorgerufen. Bringt man die zusätzlichen Schadstoffkonzentrationen mit den oben genannten Rezeptoren in Verbindung, so können die negativen Auswirkungen der Luftschadstoffe, die bei der Fahrt an einem beliebigen Ort emittiert werden, abgeschätzt werden.

Vergleicht man nun die berechneten Auswirkungen von gleichen Emissionsmengen an verschiedenen Fahrtorten in Deutschland, so ergeben sich regional sehr unterschiedliche Ergebnisse. Ausschlaggebend dafür ist einerseits die weiträumige Ausbreitung der Luftschadstoffe bzw. die chemische Umwandlung zu Feinstaub-Partikeln wie Amoniumnitrat und –sulfat und deren Ausbreitung und andererseits die sehr unterschiedliche Verteilung der Bevölkerung in Deutschland und vor allem auch in den angrenzenden Nachbarstaaten. Es geht hier also nicht nur um Schädigungen, die im Inland hervorgerufen werden. Auch Gesundheitsschädigungen, die in Frankreich oder in Polen durch Emissionen auf deutschen Straßen entstehen, werden mit einberechnet. Für die Größenordnung der Schäden von Bedeutung ist die Tatsache, dass ein Teil der Partikel, die beispielsweise auf einer Strecke in Norddeutschland emittiert werden, auch über Meeresflächen niedergehen. Wenn also die externen Luftverschmutzungskosten nicht nur in Abhängigkeit von der betrachteten Pkw-Technologie und der Fahrsituation unterschiedlich hoch sind, sondern auch in Bezug auf den regionalen Standort in Deutschland deutlich divergieren, so ist auch eine regionale Differenzierung der Preisgestaltung, also eine regional differenzierte Internalisierung der externen Luftverschmutzungskosten, notwendig. Eine solche Differenzierung lohnt allerdings nur, wenn die regionalen externen Luftverschmutzungskosten deutlich divergieren, da sonst Implementierungshemmnisse und mögliche hohe Transaktionskosten den ökonomischen Nutzen des verkehrspolitischen Instrumentariums überkompensieren.

---

[105] Nach der Verordnung können zur Immissionsüberwachung von Straßenzügen mit hoher Verkehrsbelastung neben Messungen auch Modellrechnungen eingesetzt werden. Siehe hierzu z. B. Stern (1997).

8.1.1 Der Wirkungspfadansatz

Die Berechnung der externen Luftverschmutzungs-Grenzkosten wird mit einem bottom-up Ansatz vorgenommen, d.h. die Berechnung startet auf der Mikroebene, also bei den gefahrenen Fahrzeugkilometern. Der bottom-up Ansatz wird in der Literatur auch manchmal als verursacherorientierter Ansatz beschrieben (vgl. Bickel und Friedrich, 1995:20) in Abgrenzung zum schadensorientierten oder top-down Ansatz, bei dem durchschnittliche Schadenswerte für das gesamte Netzwerk eines Landes oder einer Region berechnet werden und dann über einen Verteilungsschlüssel auf einzelne Strecken oder Technologien zugerechnet werden.

Geht man von dem einzelnen Pkw bzw. den gefahrenen Fahrzeugkilometern aus, erscheint es sofort plausibel, dass je nach untersuchter Technologie unterschiedlich hohe externe Luftverschmutzungskosten resultieren. Ein Pkw ohne Katalysator wird viel höhere Kosten generieren, als ein neueres Fahrzeug mit dieser Technologie. Das Emissionsverhalten der untersuchten Technologien wird durch die Schadstoffklassen EURO 1, 2 usw. reglementiert. Es werden vier gebräuchliche Pkw-Technologien mit Otto- und Dieselmotoren sowie eine virtuelle Durchschnittstechnologie betrachtet, wobei die letztere der typischen Verkehrszusammensetzung aus den verschiedenen Pkw- und Kombi Technologien für 1995 in Deutschland entspricht. Des Weiteren wird die Abhängigkeit der externen Luftverschmutzungskosten von der Geschwindigkeit und der Fahrsituation untersucht. Es werden Fahrten auf Autobahn, Außerorts- und Innerorts-Straßen betrachtet. Im Ganzen sind sechs Verkehrs- bzw. Fahrsituationen als repräsentativ ausgewählt. Um der Nebenzielsetzung dieses Kapitels, also der Untersuchung der Abhängigkeit der externen Luftverschmutzungskosten von der Region, in der gefahren und emittiert wird, gerecht zu werden, wird Deutschland mittels eines Rasters in 42 Regionen unterteilt (siehe Kapitel 8.1.3). Für jede dieser 42 Rasterzellen (=Regionen) werden die externen Luftverschmutzungskosten für die fünf Technologien und sechs Verkehrssituationen berechnet und miteinander verglichen.

Beim bottom-up Ansatz wird die gesamte Wirkungskette ausgehend von der Verursachung bis zum bewerteten Schadensereignis betrachtet. Diese Vorgehensweise nennt sich Wirkungspfadansatz oder "Impact-Pathway Approach" und wurde im ExternE Projekt für die Berechnung anlagenspezifischer externer Kosten der Energienutzung entwickelt (vgl. European Commission, 1994). Übertragen auf den Verkehrsbereich verläuft die Berechnung der externen Kosten in vier Schritten. Abbildung 32 veranschaulicht diesen Prozess. Im ersten Schritt werden für eine genauer zu beschreibende Fahrsituation Luftschadstoffemissionen für eine spezielle Pkw-Technologie in einer der 42 Regionen berechnet. In einem zweiten Schritt wird die lokale und regionale (weiträumige) Ausbreitung der Luftschadstoffe modelliert. Dabei wird auch die Bildung von Sekundärschadstoffen und deren Ausbreitung bis weit über die Landesgrenzen hinaus berechnet. Das Ergebnis dieses Schritts sind Schadstoff-Konzentrationsänderungen bezogen auf einen bestimmten Raum (Immissionen). In der dritten Stufe werden über die Anwendung von Ursache-Wirkungs-Beziehungen Gesundheits- und Umweltauswirkungen auf Menschen, Gebäude, Pflanzen und Ökosysteme identifiziert und quantifiziert. Diese Ursache-Wirkungs-Beziehungen beschreiben einen mathematischen Zusammenhang zwischen den Schadstoffkonzentrationsänderungen und der jeweiligen Schädigung für die verschiedenen Rezeptoren. Im letzten Schritt werden die Gesundheits- und Umwelteffekte, die durch Luftverschmutzung hervorgerufen werden, monetär bewertet.[106]

Abbildung 32: Der Wirkungspfadansatz zur Berechnung der externen Luftverschmutzungsgrenzschadenskosten

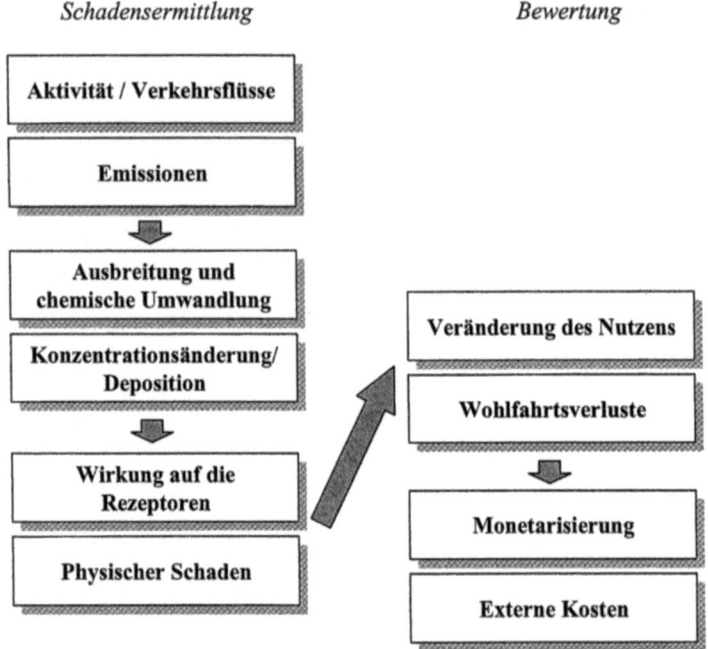

Bei der Anwendung der bottom-up Methodik werden also im Regelfall verschiedene Modell-Typen für die Berechnung der verkehrsbedingten externen Luftverschmutzungskosten miteinander kombiniert:

- ein Emissionsmodell,
- ein lokales Ausbreitungsmodell für die Ausbreitung bis 50 km um die Strecke,
- ein regionales Ausbreitungsmodell für die weiträumige Ausbreitung,
- die Anwendung von Ursache-Wirkungs-Beziehungen für die Quantifizierung der Umwelt- und Gesundheitsschäden,
- und Wertansätze zur Monetarisierung der einzelnen Schäden.

---

[106] Der bottom-up Ansatz kam bereits in mehreren europäischen externe Kosten-Studien zum Einsatz: ExterenE Transport (IER et al., 1997 und IER et al., 2000), QUITS (European Commission, 1998b) und RECORDIT (vgl. Weinreich et al., 2000). Der Wirkungspfadansatz wurde darüber hinaus in Rennings et al. (1999) und im Abschlußbericht der High Level Group of Infrastructure Charging (Friedrich und Ricci, 1999) als präferierte Methodik für die Berechnung der externen Luftverschmutzungskosten empfohlen.

8.1.2 Emissionsberechnung mit dem Computer-Programm "Handbuch für Emissionsfaktoren des Straßenverkehrs"

Das hier verwendete Emissionsmodell "Handbuch für Emissionsfaktoren des Straßenverkehrs" wurde im Auftrag vom Umweltbundesamt und dem schweizerischen Bundesamtes für Umwelt, Wald und Landschaft von Infras (1995) entwickelt. Es beinhaltet Daten zum Emissionsverhalten, zur Fahrleistung und zum Fahrverhalten in Deutschland und der Schweiz aus mehr als zehn Forschungs- und Entwicklungs-Vorhaben innerhalb dieses Themenkomplexes. In erweiterter Form kommt die Datenbasis in den Modellen Mobilev (vgl. Fige, 1998) und TREMOD (vgl. Knörr und Höpfner, 1998) zur Anwendung. Das Programm "Handbuch für Emissionsfaktoren des Straßenverkehrs" erlaubt die Wahl verschiedener Parameter, so dass Emissionsfaktoren in der jeweils benötigten Differenzierung abgefragt und berechnet werden können (vgl. Infras, 1995:3ff):

- Emissionsart: Emissionsfaktoren im warmen Betriebszustand, Kaltstartzuschläge, Verdampfungsemissionen (nach Motorabstellen oder infolge von Tankatmung),
- Fahrzeugkategorie und Fahrzeugtechnologie: Pkw, Lieferwagen, schwere Nutzfahrzeuge, Busse und Motorräder (alle differenziert nach verschiedenen Fahrzeugkonzepten und –schichten),[107]
- Bezugsjahre: 1985 bis 2010,
- Luftschadstoff: Benzol, Methan (CH_4), CO, CO_2, VOC, Nicht-Methan-Kohlenwasserstoffe (NMHC), NO_x, Partikel ($PM_{2.5}$),[108] Blei (Pb) und SO_2,
- Straßenart und Fahrsituation: Autobahn, Außerorts- und Innerorts-Straßen, verschiedene Geschwindigkeiten, Vorfahrtsberechtigung, Fahrzeugdichte, Stau oder Baustelle, und
- Längsneigung der Straße.

Für die Untersuchung des MIV im Rahmen dieser Arbeit werden die folgenden Pkw- und Kombi-Technologien ausgewählt: konventioneller Benzinmotor (konv.), geregelter 3-Wege–Katalysator ab 1991 (Gkat>91), geregelter 3-Wege–Katalysator nach EURO 2-Norm (EURO 2), und Diesel XXIII/FAV1 (Diesel) sowie den straßenart-typischen Fahrzeug-Mix (vh-mix) für das Bezugsjahr 1995. Die vier ausgewählten Technologien sind die gebräuchlichsten in Deutschland 1995.

Unter dem Fahrzeug-Mix (vh-mix) versteht man eine typische Verkehrszusammensetzung aus den verschiedenen Pkw- und Kombi Technologien für ein bestimmtes Jahr.

---

[107] Im Handbuch für Emissionsfaktoren des Straßenverkehrs wird nicht von Technologien sondern von Fahrzeugkonzepten als grobe Einteilung gesprochen. Fahrzeugkonzepte werden unterteilt nach gesetzlicher Vorschrift oder technischem Entwicklungsstand (z. B. konventionell, EURO 2, EURO 3...); bei den Fahrzeugschichten wird weiter differenziert nach Alter und Hubraumgröße der Kraftfahrzeuge.

[108] Bei den Partikeln, die bei Verbrennungsprozessen in Diesel–Fahrzeugen entstehen, handelt es sich fast ausschließlich um Partikelgrößen ≤ 2.5 µm (vgl. Lahmann, 1996:73,126 oder IER et al., 1997:23f). Partikelemissionen durch Autoreifen-Abrieb und Aufwirbelung von Staub werden nicht betrachtet.

Dabei wird unterschieden zwischen der Verkehrszusammensetzung auf Autobahnen (AB), Außerorts-Straßen (AO) und Innerorts-Straßen (IO). Abbildung 33 zeigt den jeweils typischen Fahrzeug-Mix für die alten (ABL) und für die neuen Bundesländer (NBL) im Jahre 1995. Auch wenn die Unterschiede zwischen den typischen Verkehrszusammensetzungen in den NBL und dem typischen Fahrzeug-Mix in den ABL für alle drei Straßentypen recht hoch sind, wird im Folgenden nur der Mix für die ABL zur Berechnung herangezogen, um die Ergebnisse zwischen Ost und West nicht nur für einzelne Fahrzeugtechnologien, sondern auch für eine typische Verkehrszusammensetzung vergleichbar zu machen. Der Fahrzeug-Mix wird sich im Zeitablauf stark ändern, da z. B. neue EURO 3 und 4 - Pkw hinzukommen und der Anteil der älteren Pkw mit konventionellen Benzinmotoren sinkt. Es steht auch zu erwarten, dass sich die Verkehrszusammensetzung in den ABL und NBL in den nächsten 10 – 15 Jahren annähern wird, allerdings soll der Dieselanteil in den NBL weiterhin deutlich niedriger bleiben (vgl. Infras, 1995).

Abbildung 33: Typischer Fahrzeug-Mix auf Autobahnen (AB), Außerorts- (AO) und Innerorts-Straßen (IO) in den Alten und Neuen Bundesländern im Jahre 1995

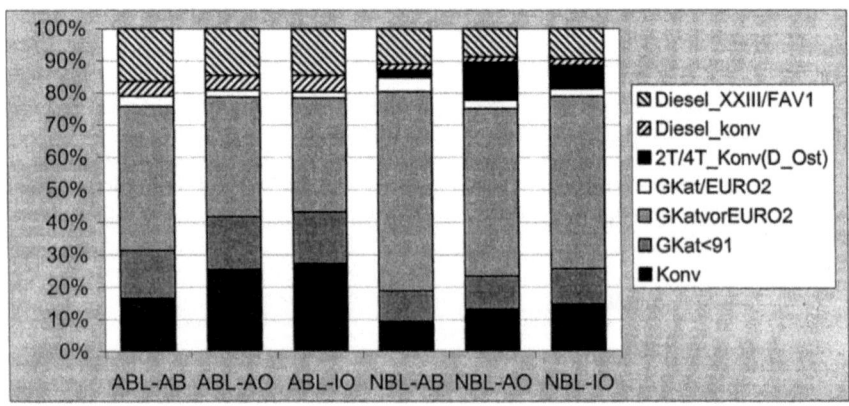

Quelle: Infras, 1995; eigene Berechnung

Es werden nur Emissionsfaktoren im warmen Betriebszustand betrachtet, und außerdem wird die Differenzierung in verschiedene Längsneigungen der Straßen unterlassen, um den ohnehin großen Rechenaufwand im Rahmen zu halten. Es werden sechs Verkehrssituationen des MIV ausgewählt, die erstens möglichst typische Fahrsituationen auf Autobahnen, Außerorts- und Innerorts-Straßen widerspiegeln und sich zweitens stark in der durchschnittlich gefahrenen Geschwindigkeit und den emittierten Schadstoffen unterscheiden. Diese sind:

- Autobahn ohne Tempolimit (AB>120), Durchschnittsgeschwindigkeit : 130 km/h,
- Autobahn mit Tempolimit 100 (AB 100), Ø–Geschwindigkeit: 110 km/h,[109]
- Autobahn im Stop+Go (AB Stau), Ø–Geschwindigkeit: 9,5 km/h,
- Außerorts-Straße guter Ausbaugrad, gerade, (AO 1), Ø–Geschw.: 76,7 km/h,
- Innerorts-Hauptverkehrsstraße, vorfahrtsberechtigt, mittlere Störung, (IO HVS3), Ø–Geschwindigkeit: 39,1 km/h (Innorts-Straßen mit dem größten Verkehrsanteil),
- Innerorts Stop+Go (IO Stau), Ø–Geschwindigkeit: 5,3 km/h.

Für den Innerorts-Verkehr ist es wegen der großen Heterogenität schwierig, repräsentative Verkehrssituationen aus der Fülle der im Handbuch angebotenen auszuwählen. In Tabelle 18 werden die berechneten Emissionsfaktoren für die ausgewählten Fahrzeugtechnologien und Verkehrs- bzw. Fahrsituationen aufgelistet.

Die Betrachtung der Emissionsfaktoren zeigt, wie stark die Differenzen zwischen den einzelnen Technologien und Verkehrssituationen sind. So nehmen z. B. die stark schadensrelevanten spezifischen NO_x-Emissionen des EURO 2-Pkws bei der Autobahnfahrt mit 110 km/h (AB 100) im Vergleich zur Fahrt mit Durchschnittsgeschwindigkeit 130 km/h (AB>120) um über 40 % ab. Ein deutlicher Hinweis, was eine Temporeduktion hier bringen kann.

In dem vielbeachteten EU-Projekt "ExternE Transport", in dem ebenso streckenspezifische externe Luftverschmutzungskosten der Pkw-Nutzung berechnet wurden, wird für die deutsche Fallstudie "Autobahnfahrt Stuttgart – Mannheim" ein durchschnittlicher NO_x-Emissionsfaktor von 0.24 g/km angenommen (vgl. IER et al., 1997:71). Dieser Wert, wie auch die weiteren Emissionsfaktoren für die untersuchten Technologien auf dieser Strecke, sind sehr niedrig und würden nur bei konstanter Fahrt mit 95 km/h erreicht. Der sorgfältigen Auswahl einer repräsentativen Fahrsituation und den daraus resultierenden Emissionsfaktoren kommt im bottom-up Ansatz also große Bedeutung zu.

---

[109] Diese Durchschnittsgeschwindigkeit, die über dem Tempolimit liegt, wird bei den Berechnungen im Handbuch für Emissionsfaktoren verwendet und basiert auf empirischen Untersuchungen (vgl. Infras, 1995).

Tabelle 18: Emissionsfaktoren für verschiedene Pkw-Technologien und Fahrsituationen im Jahre 1995

	g/km	CO	SO_2[1]	NO_x	$PM_{2,5}$[2]	CO_2	CH_4	VOC	NMVOC
konv.	AB>120	16,065	0,033	3,494	0,013	210,1	0,059	0,946	0,887
	AB 100	11,279	0,028	2,897	0,010	175,3	0,052	0,873	0,821
	AB Stau	24,261	0,036	0,814	0,016	303,5	0,186	2,950	2,764
	AO 1	6,129	0,022	2,139	0,005	146,6	0,052	0,842	0,791
	IO HVS3	9,395	0,027	1,604	0,008	182,2	0,089	1,462	1,372
	IO Stau	40,142	0,058	1,048	0,026	520,7	0,293	4,685	4,392
Gkat>91	AB>120	2,874	0,033	0,964	0,006	202,3	0,013	0,088	0,075
	AB 100	1,144	0,028	0,572	0,004	171,3	0,008	0,052	0,044
	AB Stau	4,590	0,036	0,180	0,007	298,0	0,111	0,740	0,629
	AO 1	0,842	0,022	0,357	0,002	142,6	0,009	0,059	0,050
	IO HVS3	0,996	0,027	0,292	0,003	172,2	0,015	0,099	0,084
	IO Stau	9,356	0,058	0,292	0,011	516,3	0,165	1,010	0,935
EURO 2	AB>120	1,373	0,033	0,590	0,006	201,7	0,006	0,042	0,036
	AB 100	0,536	0,028	0,352	0,004	170,9	0,004	0,025	0,021
	AB Stau	1,660	0,036	0,111	0,007	298,0	0,041	0,275	0,234
	AO 1	0,302	0,022	0,216	0,002	141,8	0,003	0,022	0,018
	IO HVS3	0,354	0,027	0,175	0,003	172,6	0,005	0,036	0,030
	IO Stau	3,309	0,058	0,175	0,011	517,6	0,060	0,402	0,342
Diesel	AB>120	0,311	0,033	0,623	0,134	172,7	0,001	0,044	0,043
	AB 100	0,256	0,028	0,608	0,098	148,9	0,001	0,038	0,037
	AB Stau	0,988	0,036	0,688	0,130	152,3	0,004	0,134	0,130
	AO 1	0,253	0,022	0,480	0,046	120,6	0,001	0,041	0,039
	IO HVS3	0,523	0,027	0,581	0,069	138,7	0,002	0,077	0,075
	IO Stau	1,625	0,058	1,108	0,205	243,4	0,007	0,233	0,226
vh-mix	AB>120	4,746	0,033	1,359	0,030	198,2	0,019	0,228	0,209
	AB 100	2,723	0,028	0,993	0,022	168,1	0,014	0,190	0,176
	AB Stau	7,854	0,036	0,403	0,031	269,8	0,120	1,104	0,984
	AO 1	2,222	0,022	0,855	0,010	140,6	0,020	0,266	0,246
	IO HVS3	3,366	0,027	0,726	0,015	169,9	0,035	0,485	0,450
	IO Stau	17,823	0,058	0,679	0,048	467,0	0,199	2,110	1,911

Quelle: Infras, 1995, eigene Berechnungen

1) In der verwendeten Modellversion 1.1 sind für die SO_2-Emissionen nur Werte für den Fahrzeug-Mix angegeben.
2) Die $PM_{2,5}$-Emissionsfaktoren für Pkw mit Benzinmotoren ergeben sich folgendermaßen: Nach SRU (1994:262) oder Henschel (1995) werden Partikel in folgender Größenordnung emittiert: Diesel alt: 335.240 µg/min, Pkw konv.: 25.080 µg/min, Pkw mit Kat: 10.340 µg/min. Nach dem sich daraus ergebenden Verhältnis zueinander werden die PM-Emissionsfaktoren für die verschiedenen Fahrsituationen abgeschätzt.

8.1.3 Ausbreitungsrechnung mit EcoSense

Der zweite Schritt des Wirkungspfadansatzes besteht in der Ausbreitungsrechnung mit dem Resultat der Luftschadstoffkonzentrationsänderung (Immission) in einem bestimmten Raum. Dabei wird in dieser Untersuchung, wie auch in den beiden bottom-up Ansatz gestützten EU-Projekten QUITS (vgl. European Commission, 1998b) und ExternE Transport (vgl. IER et al., 1997), die lokale und die weiträumige (regionale) Ausbreitung der Emissionen unterschieden.

In QUITS wurde für die lokale Ausbreitung das statische Regressionsmodell MLuS (vgl. Forschungsgesellschaft für Straßen- und Verkehrswesen, 1996) verwendet, welches auf der Messung von Luftschadstoffkonzentrationen basiert, die entlang von drei deutschen Autobahnen in verschiedenen Entfernungen bis zu 200 Metern vom Straßenrand durchgeführt wurden. In ExternE Transport wurde das Ausbreitungsmodell ROADPOL für die Berechnung der durchschnittlichen, jährlichen Konzentrationsänderung im Umkreis von 20 Kilometer um die Straße verwendet. Bei diesen beiden einfachen Ausbreitungsmodellen, bei denen die Konzentrationsänderungen anhand umgebungsspezifischer Gauß'scher Normalverteilungsfunktionen berechnet werden, ist weder eine Ermittlung von kurzfristigen Peak-Konzentrationen möglich, die möglicherweise hohe Gesundheitsschädigungen nach sich ziehen würden, noch sind die verschiedenen Einflussfaktoren (Art und Höhe der Bebauung) für die Berechnung der Konzentrationsänderungen in innerstädtischen Verkehrsituationen abgedeckt. Die Bildung von Sekundärschadstoffen wird auch nicht abgebildet. Dafür ist die Ausbreitung krebserregender Schadstoffe wie Benzol, polyzyklische aromatische Kohlenwasserstoffe, Formaldehyde oder Nitroaromate mit beiden Modellen abbildbar.

In der hier vorliegenden Studie wird für die regionale (weiträumige) Ausbreitung der Luftschadstoffe das Diffusionsmodell, das in EcoSense integriert ist, gewählt. EcoSense ist ein integriertes Computermodell, das am Institut für Energiewirtschaft und Rationelle Energieanwendung der Universität Stuttgart entwickelt wurde, um, dem Wirkungspfadansatz folgend, lokale sowie europaweite Schäden aufgrund von Luftschadstoffen, die bei Systemen zur Erzeugung von Energie entstehen, zu quantifizieren und zu bewerten (vgl. IER, 1997). EcoSense selbst beinhaltet zwei komplementäre Ausbreitungsmodelle, die Ursache-Wirkungs-Beziehungen zwischen Immissionen und den Rezeptoren, die ökonomischen Bewertungsansätze sowie Daten über die Hintergrundbelastung (Schwefeldioxid (SO_2), Stickoxide (NO_x), Ammoniak (NH_3)), klimatische Daten (Windgeschwindigkeit, Windrichtung, Niederschläge) und Daten für alle Rezeptoren (Bevölkerung, Wald- und Pflanzengebiete, Gebäude) für ganz Europa. Das lokale Ausbreitungsmodell wurde für die Dispersion von Schadstoffen aus Schornsteinen entwickelt und ist daher für die Berechnung von Linienquellen-Emissionen in niedriger Höhe, wie beim Kfz, nicht geeignet. Folglich kommt hier nur das regionale weiträumige Ausbreitungsmodell zur Anwendung, das sogenannte Windrose Trajectory Model (WTM), anhand dessen die Ausbreitung der Emissionen über große Entfernungen bis maximal 2600 km simuliert wird. Berechnet werden die durchschnittlichen, jährlichen Konzentrationsänderungen der Luftschadstoffe sowie die trockenen und nassen Niederschläge schädlicher Partikel für jede Zelle eines 100 x 100 km Rasters über ganz Europa. Für jede Zelle werden 24 Flugbahnen in Abhängigkeit von Windrichtung und Windgeschwindigkeit analysiert. Die Rasterung in 100 x 100 km ist nicht sehr genau, teilt aber das gesamte Bundesgebiet in eine überschaubare Anzahl von 42 Regionen ein (siehe Abbildungen 34 und 35 sowie Tabelle 20). Ein besonderer Schwerpunkt des weiträumigen Ausbreitungsmodells liegt in der Integration von luftchemischen Reaktionsgleichungen, anhand derer die Bildung von Sekundärschadstoffen, von Nitraten und Sulfaten aufgezeigt und berechnet wird.[110] Bei der Anwendung des Modells für den Verkehrsbereich kommt implizit die Annahme zum Tragen, dass die Luftschadstoffe aus den Pkw-Auspuffen stark aufgewirbelt werden, um dann fortgetragen zu werden.

Zur Veranschaulichung sind in den Abbildungen 34 und 35 die Ausbreitung der Emissionen und die daraus resultierenden Immissionsänderungen für Partikel und Nitrate, letztere hervorgerufen durch Stickoxid-Emissionen (NO_x), dargestellt. Abbildung 34 zeigt die Konzentrationsänderungen, die durch den Partikelausstoß aller Pkw-Fahrten eines Jahres hervorgerufen werden. Für das Beispiel wird ein durchschnittlicher täglicher Verkehr (DTV) von 60.000 Fahrzeugen auf einem 1 km langen Autobahnabschnitt der A3 bei Hilden zugrunde gelegt. Wie deutlich zu erkennen ist, sind die jährlichen, durchschnittlichen Konzentrationsänderungen am höchsten in der 100 x 100 km Zelle des Emissionsentstehungsortes (dunkelgrau markiert). Die Wolke bereitet sich hauptsächlich nach Nordosten aus, was sich mit der vorherrschenden Windrichtung Südwest in Deutschland erklären lässt.

In Abbildung 35 werden die Schadstoffkonzentrationsänderungen für Nitrat-Feinstäube aufgezeigt, die durch NO_x-Emissionen in der südwestlichsten Region Deutschlands auf einem Autobahnkilometer der A5 bei Freiburg hervorgerufen werden (gleiche jährliche Fahrleistung und Verkehrssituation wie in Abbildung 34). Auch hier findet die Ausbreitung hauptsächlich in Richtung Nordosten statt, allerdings kommt es nicht zu einer so hohen Konzentrationsänderung in der Emissionsentstehungs-Region wie bei den Partikeln, da die Bildung von Nitraten längere Zeit in Anspruch nimmt. So werden die Feinstaubpartikel in der Luft schon weitertransportiert bevor sie als trockene oder nasse Disposition niedergehen.

Mit dem WTM in EcoSense wird die weiträumige Ausbreitung der Massenschadstoffe CO, NO_x, SO_2 und PM modelliert. Dabei lassen sich die Nitratbildung direkt auf NO_x und die Sulfatbildung direkt auf SO_2 zurückführen. Zusammenfassend lässt sich festhalten, dass auf die Berechnung der lokalen Ausbreitung mit einem der oben genannten Modelle verzichtet wird und nur die weiträumige Ausbreitung der Schadstoffe und die Bildung von Sekundärschadstoffen anhand des EcoSense Modells untersucht wird. Dafür gibt es folgenden Gründe:

- Es werden nur sechs Verkehrssituationen untersucht, die sich in erster Linie durch das Fahrverhalten und die Geschwindigkeit unterscheiden. Insbesondere für die beiden Innerorts-Situationen wäre die Bebauung um die untersuchte Strecke für die Ausbreitung der Schadstoffe von großer Bedeutung. Hier ist eine repräsentative durchschnittliche Berechnung nicht möglich, weil in der Realität jede Bebauungssituation ihre eigenen Ergebnisse hervorrufen würde. Auf eine solch detaillierte

---

[110] Für eine genaue Beschreibung der luftchemischen Reaktionsgleichungen zur Bildung der Sekundärschadstoffe siehe IER (1999).

Berechnung sind die beiden vorgestellten Modelle MLuS und ROADPOL nicht ausgerichtet.

Abbildung 34: **Schadstoffkonzentrationsänderung für Partikel (PM$_{2.5}$), hervorgerufen durch Pkw-Fahrten auf einem Autobahn-km auf der A3 bei Hilden (Region 19), (DTV: 60 000, vh-mix, AB>120, 1995)**

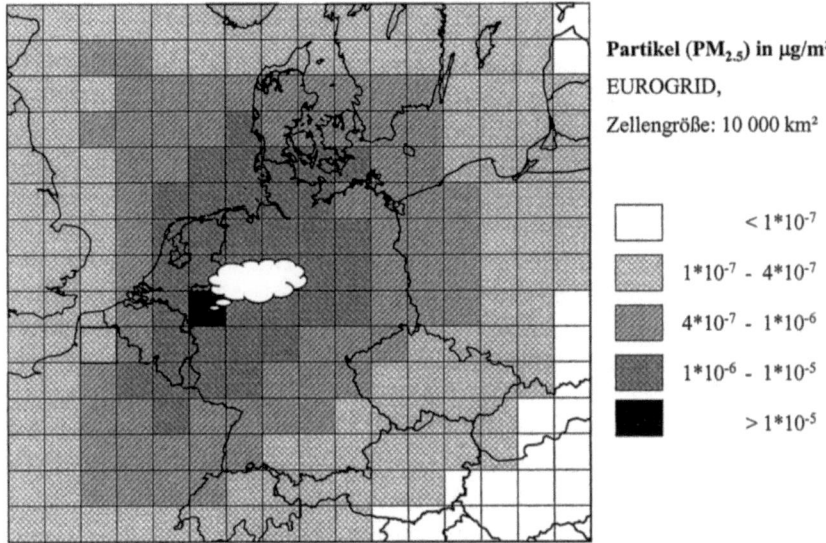

Abbildung 35: **Schadstoffkonzentrationsänderung für Nitrat-Feinstäube, hervorgerufen durch Pkw-Fahrten auf einem Autobahn-km auf der A5 bei Freiburg (Region 39), (DTV: 60 000, vh-mix, AB>120, 1995)**

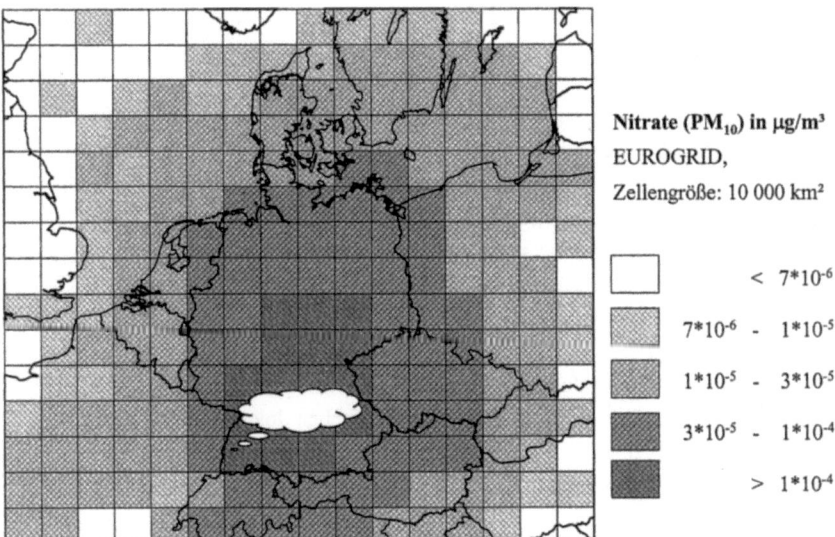

- Die weiträumige Ausbreitungsrechnung ermittelt auch Werte für die innere Rasterzelle von 100 x 100 km um das betrachtete Straßensegment (in Abbildung 35 ist das die Zelle in der Freiburg liegt). Insofern würde die lokale und sehr ortsspezifische Ausbreitungsrechnung nur eine zusätzliche Konzentrationserhöhung angeben.

- Sowohl in QUITS als auch in ExternE Transport hat sich gezeigt, dass im Ausserorts- und im Autobahnverkehr die weiträumigen Schäden dominieren und zumindest für Otto-Motoren die zusätzlichen lokalen Schäden sehr klein sind.

- In ExternE Transport und in einer Untersuchung von Henschel (1995) wird die Bedeutung der krebserregenden Schadstoffe für die gesamten Gesundheitsschädigungen als niedrig eingestuft. "Krebserregende Stoffe (z. B. Benzol, Benzoapyren), denen aufgrund ihrer hohen Schädlichkeit ein hohes Schadenspotenzial zugeschrieben wird, erwiesen sich als von vergleichsweise untergeordneter Bedeutung. Sie werden in so geringen Mengen freigesetzt, dass der resultierende Schaden im Vergleich zu den Schäden durch Partikel klein ist, die zwar weniger giftig sind, aber vom Verkehr in erheblichen Mengen emittiert werden" (IER, 2000). Davon ausgenommen sind Dieselpartikel, deren Ausbreitung auch im Rahmen dieser Untersuchung betrachtet wird.

Bei den weiträumigen Ausbreitungsrechnungen, die für die Verkehrsemissionen von verschiedenen Straßen- oder Autobahnabschnitten in Deutschland durchgeführt werden, ergeben sich bei der Bildung des Sekundärschadstoffes Sulfat teilweise negative Ergebnisse, d. h. es kommt zu einer Konzentrationsabnahme im Vergleich zur Schadstoffbelastung ohne die zusätzlichen Verkehrsemissionen. Die Begründung hierfür liegt in der großen Mengendifferenz zwischen SO_2 und NO_x-Emissionen, die bei Kfz-Verbrennungsmotoren entstehen. Je nach Hintergrundbelastung kann es dann in den 100 x 100 km - Zellen zu chemischen Reaktionen kommen, bei denen weniger Sulfate gebildet werden als im Referenzfall. Dieses Ergebnis der Ausbreitungsrechnung ist in der Realität durchaus nachweisbar und daher plausibel (vgl. Groscurth und Kühn, 1997). Für die Fragestellung dieser Untersuchung erscheint diese Tatsache aber als vernachlässigbar. Der Hauptgrund liegt darin, dass die SO_2-Emissionen im Verkehr eine sehr untergeordnete Rolle spielen (siehe auch Tabelle 3, Kapitel 4.2.3). Hauptemittenten von SO_2 sind Industrie und Haushalte. Es ergibt sich ein nichtlinearer Zusammenhang zwischen der emittierten Menge an SO_2 und den Immissionen von Sulfaten in jeder einzelnen Rasterzelle, der sich nicht formal für die verschiedenen Technologien und Verkehrssituationen in einem Modell abbilden lässt. Aus beiden genannten Gründen wird im Folgenden auf die Bewertung von Schäden durch SO_2 verzichtet.[111]

Es sei an dieser Stelle festgehalten, dass die Vernachlässigung der zusätzlichen lokalen Schäden aufgrund der nicht berechneten spezifischen lokalen Ausbreitung und die Ausklammerung aller Schäden durch SO_2 eine Beschränkung dieser Untersuchung darstellen. Die Vorgehensweise wurde sowohl aus Vereinfachungsgründen als auch

---

[111] Ecoplan (1996), WHO (1999b) sowie IWW/Infras (2000) verzichten auch auf die Berechnung von Schäden durch verkehrliche SO_2-Emissionen aufgrund der vernachlässigbaren Größenordnung.

wegen der geringen Bedeutsamkeit beider Effekte für die Fragestellung dieser Untersuchung gewählt.

8.1.4 Ursache-Wirkungs-Beziehungen

Der dritte Schritt des Wirkungspfadansatzes liegt in der Identifizierung und Quantifizierung von Umwelt- und Gesundheitsschäden mit Hilfe von Ursache-Wirkungs-Beziehungen. Diese geben einen mathematischen Zusammenhang zwischen Mortalität und Morbidität (Anzahl der Fälle pro Jahr und Einwohner) bzw. der Schädigung von Umweltgütern (Pflanzen, Wald und Gebäude) und der durchschnittlichen Konzentrationserhöhung verschiedener Schadstoffe in der Umgebungsluft an. In EcoSense sind bereits eine große Anzahl von Ursache-Wirkungs-Beziehungen implementiert, die auch in ExternE Transport und QUITS zur Anwendung kamen. Dies sind Funktionen für Partikel, Kohlenmonoxid, Schwefeldioxid und Stickoxide, Feinstäube in Form von Nitraten und Sulfaten in den Korngrößen 10 und 2,5 µg (PM_{10} und $PM_{2.5}$) sowie auch für eine Reihe von krebserregenden Spurenstoffen. Der Ursache-Wirkungs-Zusammenhang wird durch eine Funktion beschrieben, die eine Prozentveränderung der Schädigung pro Menge des Schadstoffes gemessen in $\mu g/m^3$ angibt. Diese Ursache-Wirkungs-Funktionen stammen zumeist aus amerikanischen epidemiologischen Studien. Allerdings wurden die Zusammenhänge gemäß einer neueren EU-Studie APHEA, basierend auf 12 Fallstudien in europäischen Städten, modifiziert.[112]

Da im Rahmen dieser Untersuchung lokale Zusatzschäden nicht explizit betrachtet werden und, wie im vorigen Abschnitt begründet, Schäden aufgrund von SO_2-Emissionen ausgeschlossen sind, fallen sowohl die als unsicher eingestuften Ursache-Wirkungs-Beziehungen für krebserregende Spurenstoffe als auch alle SO_2- und Sulfatbasierten Relationen weg. EcoSense bildet lediglich eine Abhängigkeit der Pflanzen-, Wald- und Gebäudeschäden von SO_2-Emissionen ab, somit werden hier nur Schäden an der menschlichen Gesundheit, hervorgerufen durch Partikel, Kohlenmonoxide, Stickoxide und Nitrat-Feinstäube, betrachtet. Sowohl QUITS als auch ExternE Transport zeigen auf, dass die Umweltschäden aufgrund der Pflanzen-, Wald- und Gebäudebeeinträchtigung sehr klein sind und weniger als 2 % der gesamten externen Luftverschmutzungskosten ausmachen (vgl. IER et al., 1997: 99f).

Innerhalb dieser Untersuchung werden Ursache-Wirkungs-Beziehungen für die folgenden Auswirkungsbereiche verwendet: chronische Bronchitis bei Erwachsenen und Kindern, Atemwegssymptome wie Husten, chronische Atemwegserkrankungen, Asthmaanfälle, Medikamenteneinsatz insbesondere Bronchodilatatoren, Tage mit

---

[112] Für eine genaue Auflistung aller Ursache-Wirkungs-Beziehungen, die in ExternE Transport und QUITS zur Anwendung kamen, siehe IER et al. (1997). Eine wichtige Modifikation liegt in der Anpassung der Korngrößen bei Partikeln auf den feineren Bereich von 2,5 µg, da im Verkehrsbereich, mit Ausnahme der Bildung der gröberen Nitrate (PM_{10}), hauptsächlich feine Partikel emittiert werden. Die epidemiologischen Studien sind meistens für PM_{10} erstellt.

eingeschränkter Aktivität, Hospitalisationen aufgrund von Atemwegserkrankungen und Herz-Kreislaufproblemen und chronische Sterblichkeit.[113]

Alle hier verwendeten Ursache-Wirkungs-Beziehungen für Gesundheitsschäden sind linear und ohne Schwellenwert, was für die spätere Ermittlung der externen Grenzkosten von Bedeutung ist. Die Linearität aller Ursache-Wirkungs-Beziehungen ist eine starke Modellannahme. Bei der Anwendung der Funktionen ist darauf hinzuweisen, dass in der EcoSense-Datenbank die hier verwendeten Rezeptor-Daten, also die Anteile der Gesamtbevölkerung an verschiedenen Bevölkerungsgruppen (Erwachsene, Kinder, Personen mit bestimmten Krankheiten, Asthmatiker) als fixe Anteile für alle europäischen Länder basierend auf der deutschen Aufeilung ermittelt werden.

8.1.5 Ökonomische Bewertung

Die Methodik der monetären Bewertung der Gesundheitsschäden wird aus der Wohlfahrtsökonomik übernommen. Während bei den Schädigungen von Umweltgütern in einigen Fällen auf Marktpreise zurückgegriffen werden kann, werden Gesundheitsschäden in der Regel über Zahlungsbereitschaftsanalysen bewertet. Hierfür hat die Umweltökonomie direkte und indirekte Befragungs- und Bewertungsverfahren entwickelt, die im letzten Kapitel diskutiert wurden. Bei manchen Erkrankungen kann die Bewertung auch über Krankenhauskosten, Kosten der Notfallbehandlung oder Ressourcenausfallkosten erfolgen.

Besondere Bedeutung für die Bewertung der Mortalität kommt dem sogenannten "Wert des menschlichen Lebens" (VSL=Value of statistical life) zu, der den monetären Wert einer Erhöhung des Risikos angibt, einen tödlichen Unfall oder den Tod durch Krankheit zu erleiden. In ExternE wird der durchschnittliche Wert aus einer Vielzahl von Studien, zumeist CVM-Anaylsen, für 1995 auf 3,1 Millionen Euro berechnet (vgl. IER et al., 1997:54). Diese Zahl repräsentiert beispielsweise die Zahlungsbereitschaft pro Person von 310 Euro, welche die Gesellschaft in technische Verbesserungen, etwa an Flugzeugen oder Pkws, zu investieren bereit ist, um die Eintrittswahrscheinlichkeit eines Unfalltodes um 1/10.000 zu reduzieren (vgl. Friedrich und Krewitt, 1998:790).

---

[113] Genau diese Auswirkungsbereiche werden auch in der neuen Studie der World Health Organisation zu den Gesundheitskosten durch Luftverschmutzung des Straßenverkehrs in Frankreich, Österreich und der Schweiz untersucht und finden in der neusten Abschätzung zu den gesamten externen Kosten des Verkehrs von IWW/Infras (2000) Anwendung. Die in diesen Studien aufgeführten Ursache-Wirkungs-Zusammenhänge beinhalten die neusten epidemiologischen Erkenntnisse und beziehen aber auch ältere Forschungsergebnisse durch die Bildung eines "meta-analytic average" mit ein. Leider konnten sie für die Berechnungen in dieser Untersuchung nicht zur Anwendung kommen, da die Ergebnisse zum Zeitpunkt der eigenen EcoSense-Berechnungen noch nicht veröffentlicht waren.
In einer weiteren, neuen Studie vom Umwelt- und Prognose-Institut e.V. (vgl. Teufel et al., 1999) werden, basierend auf einer schweizerischen Untersuchung (vgl. Ecoplan, 1996), über die oben genannten Gesundheitsschädigungen hinaus die folgenden kurz- und langfristigen Auswirkungsbereiche genannt: Abnahme von Lungenfunktion und Leistungsfähigkeit, Zunahme von Augenreizung, Pseudokrupp, Kopfschmerzen, Schulabsenzen und Absenzen vom Arbeitsplatz sowie Krebshäufigkeit und tägliche Sterblichkeit.

Der Bewertungsansatz über VSL wird aber als problematisch angesehen, sobald die Bewertung einer Verringerung der Lebenserwartung durch eine über einen langen Zeitraum erfolgende Schadstoffbelastung, z. B. durch Feinstaub, notwendig wird. Im Fall eines zusätzlichen Anstiegs der Partikelkonzentration wird die chronische Mortalität erhöht, aber nicht unbedingt für alle, sondern das Risiko wird insbesondere für die Personengruppe erhöht, deren Lebenserwartung schon vorher durch die Feinstaubgrundbelastung reduziert ist. Eine mögliche Lösung dieses Bewertungsproblems ergibt sich, wenn statt des VSL der Wert eines verlorenen Lebensjahres (VLYL=value of life year lost) angesetzt wird. Dem VLYL-Ansatz, der in ExternE Transport und QUITS zur Anwendung kommt, wird auch hier gefolgt, auch wenn er durchaus kontrovers diskutiert wird. So schreiben Friedrich und Krewitt (1998:790): "Das Problem dieses Ansatzes ist jedoch, dass ihm bisher eine empirische Basis fehlt. Der Ansatz bedeutet nämlich, dass zur Abwendung der Gefahr, am Ende des Lebens zwei Lebensjahre zu verlieren, doppelt soviel aufgewendet wird, wie zur Vermeidung des Verlustes eines Lebensjahres. Inwieweit dies zutrifft, wurde bisher nicht ermittelt. Bekannt ist jedoch, dass die Aufwendungen zur Vermeidung eines akuten Todesfalles mit fortschreitenden Alter zwar etwas abnehmen, jedoch nicht proportional zur noch verbleibenden Lebenserwartung sind." Der VLYL, der auch in dieser Untersuchung zur Anwendung kommt, wird aus dem VSL von 3,1 Millionen Euro unter Hinzuziehung der Diskontrate (3 %) und der maximalen sowie durchschnittlichen Lebenserwartung abgeleitet (vgl. IER et al., 1997:51ff).[114]

Tabelle 19: Wertansätze für Gesundheitsschäden aufgrund von Luftschadstoffen

Gesundheitsschäden	Wert (Euro 1995)
Mortalität:	
Chronische Mortalität (VLYL) für jedes Jahr (Diskontrate: 3 %)	84.330
Morbidität:	
Asthma, chronische Bronchitis bei Kindern	105.000
Genereller Wert für Krankenhaus-Aufnahme	7.870
Genereller Wert für ambulante Notfallbehandlung	223
Tage mit eingeschränkter Aktivität	75
Chronischer Husten, akute Bronchitis	225
Tage mit Atemwegssymptomen bei Asthmatikern	7,5

Die Wertansätze für die Krankheitskosten, die in der neuen Studie der WHO (1999b) angegeben werden, divergieren kaum oder gar nicht von denen in ExternE Transport

---

[114] In einigen neueren Studien wird dem VLYL-Ansatz unter anderem aus den genannten Gründen nicht gefolgt und ein VSL von 1,4 bzw. 1,5 Millionen Euro angesetzt. (Siehe hierzu WHO (1999b) und IWW/Infras (2000)). In der Studie der WHO wird argumentiert, dass der VLYL-Ansatz nicht zu einem Ausgleich zwischen der eigentlich höher liegenden Zahlungsbereitschaft für Vermeidung eines sich abzeichnenden Todes im Verhältnis zum Unfalltod und der abnehmenden Zahlungsbereitschaft im höheren Lebensalter führt. Andererseits wurden die 1,4 Millionen Euro auch gewählt, weil sie ein Kompromiss zwischen einer ganzen Anzahl von Bewertungsstudien der letzten Jahre darstellen. Klarheit herrscht unter Ökonomen derzeit nur, dass ein Zahlungsbereitschafts-Ansatz, basierend auf dem Konzept der Wohlfahrtsökonomie, gegenüber dem Produktions-/Konsumverlust-Ansatz vorzuziehen ist.

und können von daher als empirisch gesichert angesehen werden. Alle Wertansätze, die im Rahmen dieser Untersuchung zur Anwendung kommen, sind in Tabelle 19 dargestellt.

8.1.6 Modell und Zwischenergebnis

Nachdem alle Schritte des Wirkungspfadansatzes für diese Untersuchung dargestellt und diskutiert worden sind, soll ein einfaches Modell zur Berechnung der technologie-, verkehrssituations- und regionenabhängigen externen Luftverschmutzungskosten des MIV in Deutschland vorgestellt werden. In den eckigen Klammern sind die jeweiligen Berechnungseinheiten aufgeführt.

Gl. (3): $\quad TKLuft^{T,VS,Reg} = \sum_i Ek_i^{T,VS} * DTV^{T,VS,Reg} * RK_i^{Reg}$ \hfill Einheit: [Euro]

Gl. (4): $\quad RK_i^{Reg} = \dfrac{\sum_k \sum_l M_l * K_l * \Delta C_{ki}^{Reg} * P_k}{DTV^{T,VS,Reg} * Ek_i^{T,VS} * 365{,}25} \cong \text{konstant}$ \hfill [Euro/t]

Gl. (5): $\quad \Delta C_{ki}^{Reg} = \gamma_k * DTV^{T,VS,Reg} * Ek_i^{T,VS} * 365{,}25$ \hfill [µg/m³]

Gl. (6): $\quad GKLuft^{T,VS,Reg} = \dfrac{\partial\, TKLuft^{T,VS,Reg}}{\partial\, DTV^{T,VS,Reg}} = DKLuft^{T,VS,Reg}$ \hfill [Cent/km]

mit:

i = Luftschadstoff (bzw. Luftschadstoffgruppe): CO, NO$_x$ (bzw. NO$_x$/Nitrate), Partikel, (SO$_2$ werden betrachtet, fließen aber nicht in die Berechnung ein)
k = Rasterzelle über ganz Europa
l = Schadenskategorie und die entsprechende Ursache-Wirkungs-Beziehung
T = Technologie (konv., Gkat>91, EURO 2, Diesel, vh-mix)
VS = Verkehrsituation (AB>120, AB 100, AB Stau, AO 1, IO HVS3, IO Stau)
Reg = Region (Flensburg (Nr. 1) bis Felden (Nr. 42), siehe Tabelle 20)

$TKLuft$ [Euro] = Gesamtkosten der Luftverschmutzung pro Tag für eine bestimmte Technologie, Verkehrssituation und Region
$DKLuft$ [Cent/km] = Durchschnittskosten der Luftverschmutzung
$GKLuft$ [Cent/km] = Grenzkosten der Luftverschmutzung
$Ek_i^{T,VS}$ [g/km] = Emissionskoeffizient für den Schadstoff i für eine bestimmte Technologie und Verkehrssituation
$DTV^{T,VS,Reg}$ [km][115] = Durchschnittlicher täglicher Verkehr für eine bestimmte Technologie, Verkehrssituation in einer betrachteten Region
RK_i^{Reg} [Euro/t] = Regionalkoeffizient für den Schadstoff i in der Region Reg

---

[115] Der DTV ist eigentlich eine dimensionslose Größe, da aber im Rahmen dieser Untersuchung immer ein 1 km langer Straßen- bzw. Autobahnabschnitt betrachtet wird, gibt die Anzahl DTV auch gleichzeitig die Fahrleistung in Fahrzeugkilometern (km) an.

M_l [Euro(1995)] = Monetärer Wert des Schadens l
P_k = Einwohner in Rasterzelle k
K_l [1/(μg/m³)] = konstante Steigung in der Ursache-Wirkungs-Beziehung für den Schaden l
ΔC_{ki}^{Reg} [μg/m³] = Konzentrationsänderung des Schadstoffes i in der Rasterzelle k, hervorgerufen durch die Emissionen in der Region Reg
γ_k [1/m³][116] = konstanter Parameter für jede Rasterzelle k.

Nach Gleichung (3) setzen sich die täglichen, gesamten externen Luftverschmutzungskosten aller Fahrten einer bestimmten Fahrzeug-Technologie auf einem 1 km langen Streckenabschnitt für eine bestimmte Verkehrssituation in der betrachteten Region als Summe der entsprechenden schadstoffspezifischen externen Luftverschmutzungskosten zusammen. Diese errechnen sich jeweils aus dem Emissionskoeffizienten für den Schadstoff (abhängig von der bestimmten Technologie und Verkehrssituation) multipliziert mit dem durchschnittlichen täglichen Verkehr der Technologie auf dem Streckenabschnitt und einem Regionalkoeffizient für den Schadstoff.

Die eigentliche Besonderheit dieser Untersuchung liegt in der Bestimmung der Regionalkoeffizienten, die für einen Schadstoff in einer betrachteten Region annähernd konstant sind. Dieses Ergebnis ergibt sich aus den Berechnungen mit EcoSense. Die darin verwendeten Modelle und Funktionen können als Stand der Forschung angesehen werden. Von daher wird im Weiteren davon ausgegangen, dass diese Zusammenhänge die Realität recht gut abbilden. Damit wird die Entwicklung und Verwendung der Bestimmungsgleichung für die Regionalkoeffizienten gerechtfertigt (Gleichung (4)).

Die ermittelten Regionalkoeffizienten sind in Tabelle 20[117] aufgelistet. Betrachtet man beispielsweise den Regionalkoeffizient für die Schadstoffgruppe NO_x/Nitrate in der Region um Mannheim (Nr. 31 in Tabelle 20), so setzt sich dieser zusammen aus allen bewerteten Schäden durch Stickoxide- und Nitrat-Konzentrationsänderungen in ganz Europa für ein Jahr, die sich durch die jährlichen NO_x-Emissionen der Fahrten auf einem 1 km langen Straßen- bzw. Autobahnabschnitt in oder um Mannheim ergeben, dividiert durch eben jene Menge an jährlichen NO_x-Emissionen aus den Fahrten auf dem 1 km langen Straßen- oder Autobahnabschnitt in oder um Mannheim. Der Regionalkoeffizient errechnet sich immer wieder in gleicher Höhe [Euro/t NO_x], unabhängig davon ob ein EURO 2-Pkw, ein Diesel-Pkw oder der deutsche Fahrzeug-Mix (vh-mix) betrachtet werden und auch unabhängig davon, ob die Pkws durchschnittlich 100 km/h oder 130 km/h fahren. Dass dies so ist, dafür sind zwei Gründe ausschlaggebend:

1. Die Konzentrationsänderungen ΔC_{ki} erweisen sich für jeden Schadstoff als annähernd proportional mit dem jeweiligen regionen-, technologie- und verkehrssituationsspezifischen Produkt aus Emissionskoeffizient multipliziert mit

---

[116] γ_k beinhaltet die Ausbreitungsformel bzw. die Formel für die Bildung von Sekundärschadstoffen.
[117] In Tabelle 20 zeigt sich auch das bereits diskutierte Ergebnis, dass die regionalen Resultate für die Schadstoffgruppe SO_2/Sulfate in ihrer Größenordnung und Unterschiedlichkeit nicht plausibel sind.

dem DTV (Gleichung (5)). Das heißt, dass sich bei einer Verdopplung der jährlichen Emissionsmenge an einem Ort, z. B. durch einen doppelten DTV, auch die Konzentrationsänderung in jeder Zelle des 100 x 100 km Rasters annähernd verdoppelt. Diese Proportionalität gilt zumindest für die Summe aller Konzentrationsänderungen, d.h. in einzelnen Rasterzellen kann es aufgrund von besonderer Hintergrundbelastung durchaus zu größeren Abweichungen insbesondere bei der Bildung von Sekundärschadstoffen kommen.

2. Alle in EcoSense 2.0 für ExternE Transport verwendeten Ursache-Wirkungs-Beziehungen für Gesundheit, Wald, Pflanzen und Gebäude sind per Annahme linear.

Bei der Aggregation der Ergebnisse, also der Summenbildung im Zähler der Gleichung (4), kommen zwei Prinzipien zur Anwendung:

- Inlandsprinzip: der Ort der Ursache für die Entstehung der Externalitäten ist entscheidend, nicht die Nationalität des Verursachers; d.h. beispielsweise, dass französische Autofahrer, die auf der untersuchten Strecke in Deutschland fahren, genauso mit einberechnet werden.

- Verursacherprinzip: Externalitäten, die in einem Land "B" hervorgerufen werden, obwohl deren Ursache (Emissionen) im Land "A" (Deutschland) entstanden ist, werden voll für das Land A berechnet und angelastet. Grenzen spielen für die Schadstoffausbreitung keine Rolle.

Es lässt sich als Zwischenergebnis zusammenfassen, dass ein linearer Zusammenhang zwischen NO_x-, CO-, und Partikel-Emissionen und den jeweiligen externen Kosten besteht. Verdoppeln sich die Emissionen eines Schadstoffes, verdoppeln sich auch annähernd die externen Luftverschmutzungskosten bezogen auf diesen Schadstoff. Die emissionsspezifischen Ergebnisse [Euro je Tonne Schadstoffemissionen] sind also für jede Region so gut wie konstant. Für CO- und Partikel-Emissionen gilt dies für jede Emissionsmenge, für NO_x erst ab einem durchschnittlichen täglichen Verkehr (DTV) von circa 10.000 Fahrzeugen. Bei niedrigeren Emissionsmengen (niedrigeren DTV) werden die Abweichungen vom ermittelten Regionalkoeffizient Euro/t (NO_x) größer als 5 %. Bei sehr hohen Emissionsmengen ergeben sich keine Probleme. Praktisch jede Innerorts- oder Außerorts-Straße sowie jede Autobahn weist einen höheren DTV auf. Außerdem ist zu beachten, dass bei einer Streckenuntersuchung nicht nur die Emissionen eines 1 km langen Streckenabschnitts in einem 100 x 100 km Raster betrachtet werden sollten, sondern die Emissionen des gesamten Streckennetzes in diesem Gebiet, die dann um ein Vielfaches höher sind.

8 Externe Luftverschmutzungskosten 195

Tabelle 20: Regionalkoeffizienten RK_i^{Reg} = Emissionsspezifische externe Luftverschmutzungskosten für alle untersuchten Regionen in Deutschland im Jahre 1995 (weiträumige Schäden, ohne lokale Zusatzschäden, ohne Ozonschäden)

Nr.	Orts-beschreibung	Auto-bahn	Bundesland	CO	NO_x/Nit.	Partikel
				\[Euro (1995) / Tonne Schadstoff\]		
1	Flensburg	A7	Schleswig-Holstein	0,58	5918	12504
2	Wilhelmshaven	A29	Niedersachsen	0,68	6533	16143
3	Elmshorn	A23	Schleswig-Holstein	0,74	7143	19740
4	Ratekau	A1	Schleswig-Holstein	0,66	6758	15198
5	Güstrow	A19	Meckl.-Vorpommern	0,62	6314	13731
6	Greifswald	A20	Meckl.-Vorpommern	0,62	6311	13731
7	Lathen	A31	Niedersachsen	0,80	6926	21583
8	Hatten	A28	Niedersachsen	0,84	8286	22881
9	Egestorf	A7	Niedersachsen	0,81	8456	21905
10	Dannenberg	B191	Niedersachsen	0,77	8011	19621
11	Berlin (nördl.)	A24	Berlin/Brandenburg	0,79	7483	22095
12	Joachimstal	A11	Brandenburg	0,72	7217	18227
13	Heek	A31	Nordrhein-Westfalen	1,03	9061	32263
14	Osnabrück	A30	Niedersachsen	1,01	10385	30838
15	Garbsen	A2	Niedersachsen	0,92	10016	26758
16	Helmstedt	A2	Niedersachsen	0,90	9481	25634
17	Lehnin	A2	Brandenburg	0,87	8071	23747
18	Frankfurt/Oder	A12	Brandenburg	0,81	6884	21187
19	Hilden	A3	Nordrhein-Westfalen	1,31	12029	**46150**
20	Arnsberg	A46	Nordrhein-Westfalen	1,09	12837	33034
21	Kassel	A7	Hessen	1,03	11924	29895
22	Berga	A38	Sachsen-Anhalt	1,01	10346	29287
23	Leipzig	A14	Sachsen	0,98	7850	28945
24	Pulsnitz	A4	Sachsen	0,92	6121	25442
25	Mendig	A61	Rheinland-Pfalz	1,22	15191	37173
26	Bad Homburg	A5	Hessen	1,20	14446	37355
27	Fulda	A7	Hessen	1,08	12932	31218
28	Eisfeld	A73	Thüringen	1,08	11305	30826
29	Hof-Töpen	A72	Sachsen	1,05	7936	29674
30	St. Ingbert	A6	Saarland	1,26	17480	35982
31	Mannheim	A6	Baden-Württemberg	1,27	16417	38627
32	Crailsheim	A6	Baden-Württemberg	1,17	14781	32689
33	Neuendettelsau	A6	Bayern	1,14	13216	31673
34	Schwarzenfeld	A93	Bayern	1,08	11185	28314
35	Bühl	A5	Baden-Württemberg	1,31	18173	36605
36	Kirchh.-Teck	A8	Baden-Württemberg	1,29	17019	36138
37	Augsburg	A8	Bayern	1,18	14828	30119
38	Landshut	A92	Bayern	1,10	13429	26152
39	Freiburg	A5	Baden-Württemberg	**1,37**	**20082**	34843
40	Wangen	A96	Baden-Württemberg	1,27	17459	30644
41	Landsberg	A96	Bayern	1,20	15223	27352
42	Felden	A8	Bayern	1,11	13928	23030
	Einfacher Durchschnitt		**BR Deutschland**	**1,00**	**11081**	**27356**

Quelle: eigene Berechnung. Niedrigster und höchster Wert sind jeweils fett angegeben.

Im regionalen Vergleich sind die Ergebnisse je Tonne Schadstoffemission deutlich unterschiedlich, wie Tabelle 20 zeigt. Um zu analysieren, welches die entscheidenden Faktoren für die regional so unterschiedlichen Ergebnisse sind, dient ein erneuter Blick auf das Gleichungssystem (Gl (3) – (6)): Die Menge der emittierten Schadstoffe ist bei gleicher Technologie, gleicher Verkehrssituation und gleichem DTV für jede Region dieselbe. Die regionalen Unterschiede der externen Gesamt-, Grenz- und Durchschnittskosten resultieren also nur aus dem unterschiedlichen Regionalkoeffizienten für jeden Schadstoff und jede Region. In die Regionalkoeffizienten gehen die Summen aller Gesundheitsschäden über alle Regionen in Europa ein. Die Höhe in jeder einzelnen Rasterzelle ist dabei natürlich nicht nur abhängig von der jeweiligen Konzentrationsänderung, sondern ganz zentral auch von der Bevölkerungsdichte in jeder Rasterzelle. Bei einer Fahrt in der Region/Rasterzelle um Flensburg und einer Ausbreitung der Emissionen in Richtung Nordost aufgrund der vorherrschenden Südwestwinde gehen eine große Menge der Schadstoffe über der Ostsee nieder, wo keine Menschen betroffen sind, oder im vergleichsweise niedrig bevölkerten Skandinavien. Bezüglich der NO_x-Emissionen ergibt sich der höchste Regionalkoeffizient für die Region um Freiburg (siehe Tabelle 20), da eine Fahrt hier hohe Konzentrationsänderungen über dem gesamten, dichtbevölkerten Deutschland hervorruft (vergleiche auch Abbildung 35).

Durch die linearen Ursache-Wirkungs-Beziehungen im Bereich der Gesundheitsschädigungen ergibt sich zwischen Durchschnitts- und Grenzkosten bei Betrachtung einer einzelnen Technologie in einer bestimmten Fahrsituation an einem bestimmten Ort kein Unterschied (Gleichung (6)). Berechnet werden die externen Gesundheitskosten für einen zusätzlichen Pkw bzw. Pkw-km (km) einer ganz bestimmten Technologie und Verkehrssituation. So lassen sich beispielsweise die externen Luftverschmutzungs-Grenzkosten bestimmen für einen Pkw der Technologie EURO 2 auf der Autobahn A6 bei Mannheim ohne Geschwindigkeitsbegrenzung (d. h. Durchschnittsgeschwindigkeit 130 km/h). So gesehen handelt es sich durchaus um bottom-up ermittelte Grenzkosten, die deutlich von den Durchschnittskosten über alle Pkw-Technologien in allen Fahrsituationen in einem Land abzugrenzen sind.

8.1.7 Ergebnisse für verschiedene Technologien, Verkehrssituationen und Regionen

Die emissionsspezifischen externen Luftverschmutzungskosten erweisen sich für die einzelnen Regionen als stark unterschiedlich, wie sich aus Tabelle 20 heraus lesen lässt. Dabei ergeben sich für alle einzeln betrachteten Schadstoffe bzw. Schadstoffgruppen Differenzen von bis zu einem Faktor 3,5. Aus den Gleichungen (3) und (6) wird ersichtlich, dass sich folglich auch die technologie- und verkehrssituationsspezifischen externen Kosten für jede Region in einem ähnlich hohen Maße unterscheiden müssen, da zu deren Berechnung nur über die verschiedenen Schadstoffkosten summiert wird. Abbildung 36 zeigt die Ergebnisse für vier ausgewählte Regionen und den einfachen Durchschnitt aller deutschen Regionen für alle untersuchten Technologien bei der Verkehrsituation AB>120. Die ausgewählten Regionen beinhalten sowohl den höchsten

Wert (bei Freiburg) als auch den niedrigsten Wert (bei Flensburg) aller untersuchten Regionen sowie zum Vergleich externe Luftverschmutzungskosten für Fahrten in zwei deutschen Ballungsräumen.

Abbildung 36: Technologiespezifische externe Luftverschmutzungskosten in vier ausgewählten Regionen und dem deutschen Durchschnitt (Verkehrssituation: AB>120 – ohne Tempolimit, 1995)

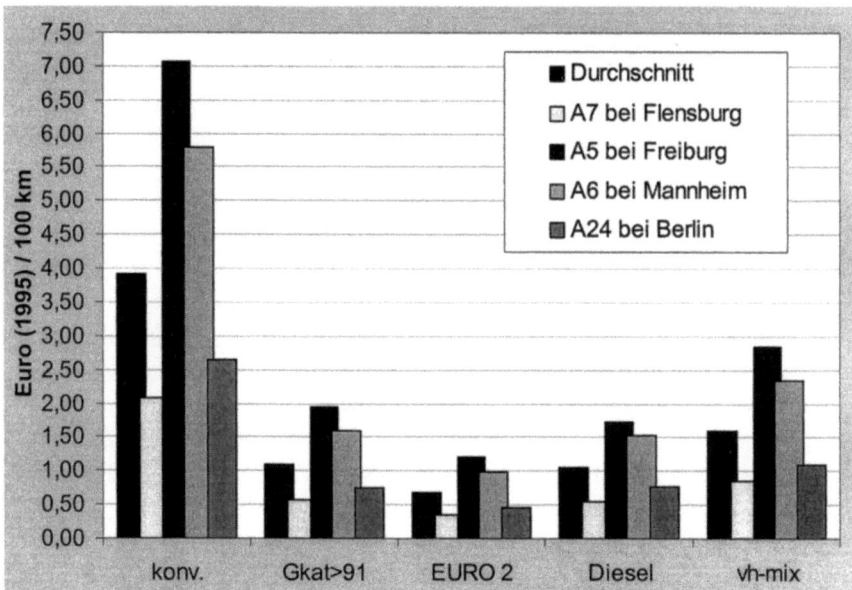

Beispielhaft betrachte man eine Fahrt mit einem alten Otto-Motor-Pkw ohne Katalysator (Technologie konv.) auf Deutschlands Autobahnen ohne Tempolimit. Fährt dieses Auto einen Kilometer bei Flensburg auf der A7, so ergeben sich aus den dadurch hervorgerufenen Emissionen externe Luftverschmutzungskosten in Höhe von etwas über 2 Cent, oder knapp 4 Pfennig beim Umrechnungskurs 1,875 DM/Euro in 1995. Fährt der gleiche Pkw auf der A5 bei Freiburg, so sind es rund 7 Cent. Der Unterschied ist größer als ein Faktor 3 und damit erheblich.

Zur Verdeutlichung der Größenordnung der Ergebnisse soll das folgende Rechenbeispiel dienen: Bei 100 km Fahrt mit der eben betrachteten Technologie und einem angenommenen Verbrauch von 9 Litern je 100 Kilometer (siehe Abbildung 12, Kapitel 5.3) ergäbe sich ein Aufschlag von knapp 79 Cent je Liter Treibstoff in der Region um Freiburg und rund 23 Cent in der Region um Flensburg. Für die sauberste hier berechnete Technologie (EURO 2), ergibt sich demgegenüber nur ein Aufschlag von rund 13 Cent pro Liter für die Fahrt in der Region um Freiburg und 4 Cent pro Liter in der Region um Flensburg. Betrachtet man den bundesdeutschen Fahrzeug-Mix (vh-mix) auf einer Autobahn ohne Kilometerbeschränkung (AB>120) im Durchschnitt über alle

Regionen, so ergeben sich rund 1,6 Euro/100 km, das entspricht einem Aufschlag von rund 18 Cent je Liter Treibstoff.

Bei allen Otto-Motoren entstehen die externen Luftverschmutzungskosten zu über 95 % aus Schäden durch NO_x bzw. Nitrate. Direkte Partikel-Emissionen sind hier vergleichsweise niedrig, und auch Kohlenmonoxid fällt bei hohen Geschwindigkeiten auf Autobahnen kaum ins Gewicht. Im Vergleich dazu haben bei der hier untersuchten (für 1995 modernen) Dieseltechnologie die Dieselruß-Partikel einen Anteil am Gesamtschaden von 25 – 40 % je nach Region. Im Ganzen liegen die externen Luftverschmutzungskosten des Diesels zwischen den Ergebnissen der Gkat>91 und der EURO 2 Technologie. Bei allen Technologien ist der Zusammenhang zwischen Feinstaub - direkte Partikel-Emissionen und sekundär gebildeten Amoniumnitraten - und chronischer Mortalität für die Höhe der externen Luftverschmutzungskosten von besonderer Bedeutung. Dieser Zusammenhang wurde in Studien als statistisch signifikant nachgewiesen (vgl. Friedrich und Krewitt 1998:791). Über 80 % der Schadenskosten gehen zu Lasten dieser Schadenskategorie.

In Abbildung 37 sind die Ergebnisse differenziert nach den verschiedenen Verkehrssituationen dargestellt. Angegeben werden hier nur externe Luftverschmutzungskosten für den deutschen Fahrzeug-Mix (vh-mix). Innerhalb einer Verkehrssituation zeigen sich erneut die starken regionalen Unterschiede der Ergebnisse. Wie bereits mehrfach thematisiert, sind die Innerorts-Ergebnisse mit Vorsicht zu betrachten, da die Ausbreitungseigenschaften durch die Bebauung recht verzerrt sein können.

Interessant ist, dass bei Autobahnstaus bzw. Stop and Go-Verkehr die externen Luftverschmutzungskosten pro gefahrenem Kilometer am niedrigsten sind. Die Begründung liegt darin, dass beim Fahrzeug-Mix mit knapp 80 % Otto-Motoren die NO_x/Nitrat-Schäden weiterhin dominieren, die NO_x-Emissionen bei dieser langsamen Fahrt durch den Stau (9,5 km/h) aber laut Handbuch für Emissionsfaktoren sehr niedrig sind (Infras, 1995).

Wie bereits in Abschnitt 8.1.4 dargestellt, dominieren die Schäden durch die Beeinträchtigung der menschlichen Gesundheit im Vergleich zu den anderen Umweltschäden an Pflanzen, Wald und Gebäuden (unter 2 % der gesamten Schäden), die hier wegen des Ausschlusses von SO_2 nicht berechnet werden. Auf der anderen Seite werden in IWW/Infras (2000:107f) Pflanzen- und Gebäudeschäden von 10 – 20 % der Gesundheitskosten genannt. Diese basieren auf schweizerischen Untersuchungen. Da im Rahmen dieser Untersuchung solche Umweltschäden vernachlässigt werden und auch im Bereich der Gesundheitsschäden ein niedriger Ansatz im Hinblick auf die Bewertung (VLYL-Ansatz) benutzt wurde, geben die hier berechneten externen Luftverschmutzungskosten eher eine untere Grenze der tatsächlichen Schäden an.

Abbildung 37: Verkehrssituationsspezifische externe Luftverschmutzungskosten in vier ausgewählten Regionen und dem deutschen Durchschnitt (Technologie: vh-mix – Fahrzeug-Mix D-West, 1995)

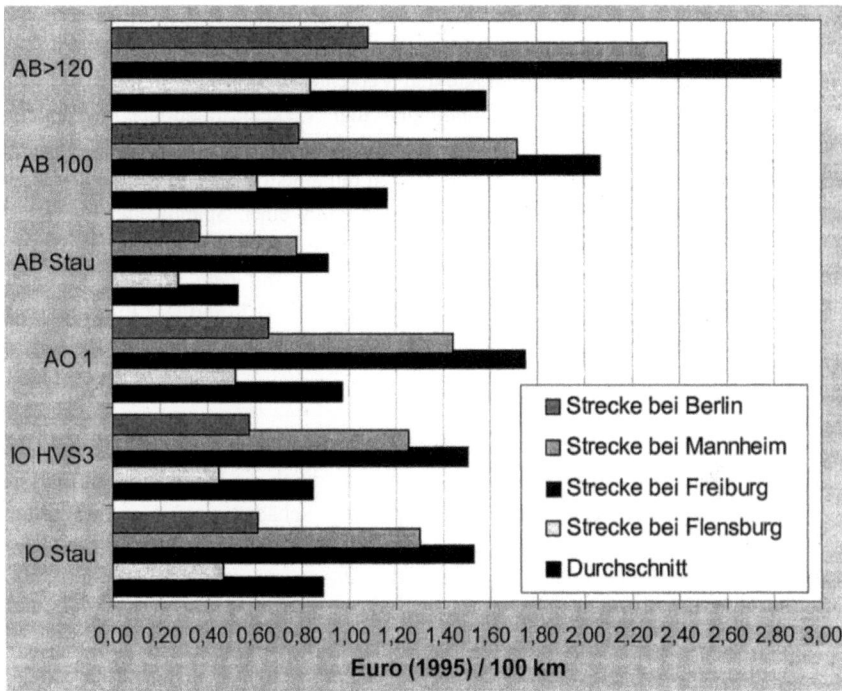

Abschließend lässt sich feststellen, dass die Eingangsthese dieses Kapitels, bezüglich der Notwendigkeit einer regionalen Betrachtung der Luftverschmutzung durch den MIV, eindeutig positiv beantwortet werden muss, da die regionalen Unterschiede der resultierenden externen Kosten signifikant sind. Die wichtigsten Faktoren für die regional unterschiedlich hohen externen Luftverschmutzungskosten sind die Bevölkerungsdichte in der Fläche über ganz Europa, der vorherrschende Südwestwind in Deutschland und die mehr oder minder starre Ausbreitungsformel. Aus letzterer resultiert der lineare Zusammenhang zwischen den Emissionen und den Konzentrationsänderungen in jeder Zelle bzw. der Summe der Konzentrationsänderungen aller Zellen. Modelltechnisch ergibt sich dieser Zusammenhang aus der Annahme in EcoSense, dass alle Emissionen im Untersuchungsraum (d. h. über ganz Europa) niedergehen. Für die Konstanz der Regionalkoeffizienten sind insbesondere die linearen Ursache-Wirkungs-Beziehungen und die nicht vorhandene regionalspezifische Differenzierung der Bevölkerungsgruppen bedeutsam.

Durch die hier vorgestellte Analyse und die erzielten Ergebnisse zeigt sich auch deutlich der eigentliche Vorteil der bottom–up Methodik und der Anwendung des Wirkungspfadansatzes: Nur diese Methode ermöglicht die orts-, technologie- und verkehrssituationsspezifische Analyse der externen Kosten des Verkehrs.

8.1.8 Abschätzung weiterer Luftverschmutzungskostenkomponenten

Um das Bild der externen Luftverschmutzungskosten abzurunden, werden im Folgenden die lokalen Zusatzschäden abgeschätzt und die Kosten der Ozonschäden mit einem einfachen Ansatz berechnet. Für diese beiden weiteren Komponenten der externen Luftverschmutzungskosten erfolgt keine regionale Differenzierung, wohl aber eine Unterscheidung je nach Technologie und Verkehrssituation. In Abbildung 38 sind die Ergebnisse für ausgewählte Technologien und Verkehrssituationen zusammengefasst. Bei der Darstellung liegt der Schwerpunkt nicht auf den unterschiedlich hohen regionalen Luftverschmutzungskosten; sie werden mit einem Sockelbetrag (weißes Feld für die Region mit den niedrigsten Kosten) und mit einer Spannweite angegeben (hellgraues Feld an der Spitze jeder Säule). So liegen beispielsweise die gesamten externen Luftverschmutzungskosten für 100 km Fahren mit dem vh-mix auf innerstädtischen Hauptverkehrsstraßen (IO HVS3) zwischen 0,7 und 1,7 Euro je nach betrachteter Region. Jeweils rund 10 Cent gehen dabei zu Lasten der Ozonschäden und der lokalen Zusatzeffekte.

Die lokalen Zusatzschäden umfassen Schäden, die direkt bei den Anwohnern an der Straße, insbesondere in Straßenschluchten der Städte, durch die Emission von Partikeln und flüchtigen Kohlenwasserstoffen entstehen. Diese Schäden werden auf Grundlage der neuen ExternE Transport Studie abgeschätzt. Dabei werden die Ergebnisse für das Land Baden-Württemberg, die auf Streckenfallstudien basieren, als Berechnungsbasis für einen Innerorts- und Außerorts-Wertansatz zugrundegelegt. Die ExternE Studie gibt 76,63 Millionen Euro (1995) lokale externe Luftverschmutzungskosten aufgrund von $PM_{2,5}$-Emissionen für innerstädtische Straßen und 71,87 Mio. Euro für außerörtliche Straßen (Autobahnen, außerörtliche Bundes-, Land- und Kreisstraßen) an (IER et al., 2000:258). Bezieht man diese Werte auf die Partikel-Emissionen der Straßenverkehrsmittel in Baden-Württemberg (1,1 kt innerorts, 2,4 kt außerorts, siehe IER et al., 2000:254), so ergeben sich Wertansätze, welche die durchschnittlichen Schadenskosten je emittierte Einheit für städtischen und nicht-städtischen Verkehr ausdrücken (Euro/t PM). Mit einem Gewichtungsfaktor, der sich aus der Straßenfahrleistung (km) im Verhältnis zur Einwohnerzahl in Baden-Württemberg und demselben Quotient für Gesamtdeutschland ergibt[118], errechnen sich 27.655 Euro/t $PM_{2,5}$ als außerorts- und 64.334 Euro/t $PM_{2,5}$ als innerorts-emissionsspezifische Schadenskosten für die lokalen Zusatzschäden in Deutschland. Diese top-down ermittelten Wertansätze spiegeln natürlich nur die durchschnittlichen lokalen Schadenskosten im deutschen Innerorts- und Außerortsverkehr wider. In einer fallspezifischen Betrachtung spielt gerade die Größe eines Ballungsraums eine entscheidende Rolle, und so kommt das IER für das Beispiel Stuttgart auf einen Wert von 192.965 Euro/t $PM_{2,5}$ (IER et al., 2000:219).

---

[118] Der Faktor wird eingeführt, um die Ergebnisse aus dem fahrleistungsintensiveren Baden-Württemberg auf das bundesdeutsche Niveau zu setzen (BW: 87.796 Mio. km/10.272.000 Einwohner; D: 643.608 km/81.539.000 Einwohner). Das Verhältnis Fahrleistung zur Einwohnerzahl ist für die lokalen Luftverschmutzungseffekte wegen der in erster Linie hervorgerufenen Gesundheitsschäden von herausragender Bedeutung.

Anhand der Wertansätze werden die technologie- und verkehrssituationsabhängigen lokalen externen Luftverschmutzungskosten des MIV, die in der Abbildung 38 als schwarze Säulen aufgeführt sind, berechnet. Damit ergeben sich die Grenzschadenskosten der lokalen Luftverschmutzung für die betrachteten Technologien und Verkehrssituationen als nicht bottom-up ermittelte bundesdeutsche Durchschnittberechnung. In den lokalen Zusatzschäden enthalten sind auch die Schäden durch die lokal wirksamen flüchtigen organischen Kohlenstoffverbindungen (VOC ohne Methan = NMVOC, siehe Tabelle 18), soweit sie mit Ursache-Wirkungsbeziehungen in ExternE Transport analysiert werden konnten. Das Vorgehen für die Emissionen Benzol, Butadiene, Ethene und Formaldehyde ist hierbei analog zu den lokalen Effekten der $PM_{2,5}$-Emissionen. Die resultierenden lokalen externen Luftverschmutzungsschadenskosten aufgrund dieser Emissionen sind mit unter 2 % an den gesamten lokalen Zusatzschäden sehr gering.

Abbildung 38: Gesamte externe Grenzschadenskosten der Luftverschmutzung für ausgewählte Technologien und Verkehrssituationen des MIV in Deutschland im Jahre 1995

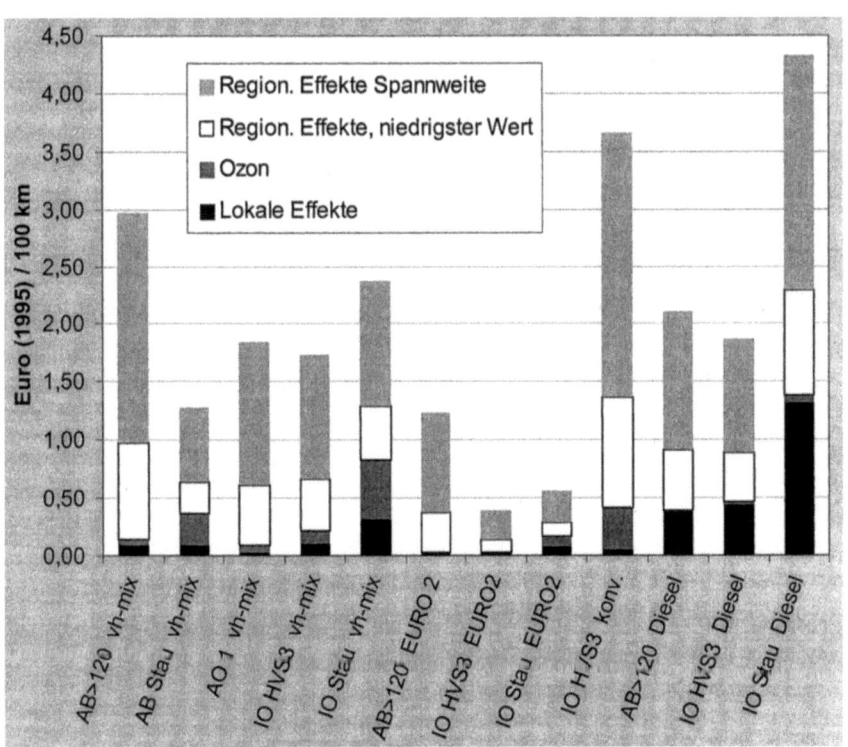

Auffallend ist, dass im Innerorts-Verkehr für alle Technologien diese Effekte erwartungsgemäß am höchsten sind, aber erst im Fall der Diesel-Technologie die lokalen Zusatzeffekte sehr stark mit annähernd 50% (je nach Region) zu Buche schlagen. Ausschlaggebend sind hier die hohen Dieselruß-Partikel, die sich, wie in Abbildung 34 schon angedeutet, weniger stark weiträumig ausbreiten.

Eine weitere Komponente der externen Luftverschmutzungskosten stellen die Ozonschäden dar. Ozon entsteht durch photochemische Prozesse aus Stickoxiden (NO_x) und Kohlenwasserstoffen (VOC) unter Einfluss von Sonnenlicht. Ozon hat eine Lebensdauer im Bereich von Tagen bis Monaten, wodurch sich räumlich und zeitlich stark schwankende Konzentrationen ergeben. In der neuen ExternE Studie werden für Deutschland in der im Jahr 1995 gegebenen Gesamtemissionssituation negative Grenzkosten, d. h. Grenznutzen für Ozonschäden durch die NO_x-Emissionen angegeben[119]. Dieses Ergebnis steht im Kontrast zu verschiedenen früheren Studien, in denen Ozonschadenskosten für NO_x berechnet wurden (vgl. beispielsweise Rabl und Eyre, 1997: 1500 Euro/t NO_x). Deshalb und wegen der Zweifelhaftigkeit der Generalisierbarkeit dieser spezifischen ExternE Ergebnisse wird für diese Untersuchung festgelegt, keine externen Luftverschmutzungskosten aufgrund von NOx für die Ozonproblematik anzusetzen. Wohl aber werden in allen Untersuchungen Grenzkosten für VOC-Emissionen in Bezug auf Ozon berechnet. Dem wird auch hier gefolgt. Verwendet wird als Abschätzung für Ozonschäden an Gesundheit und Pflanzen der Wertansatz von 1.651 Euro/t VOC aus der ExternE Studie (IER et al., 2000:219). Zu beachten ist, dass damit nur regionale Schäden erfasst werden, während für lokale und globale Ozoneffekte keine angemessenen Quantifizierungsansätze vorliegen.

Im Bezug auf die gesamten externen Luftverschmutzungskosten des MIV zeigt sich, dass die Ozonschäden eher eine untergeordnete Rolle spielen. Bei sehr langsamen Verkehren und im Fall des Staus schnellen die NMVOC-Emissionen zumindest der ottomotorgetriebenen Pkw in die Höhe und der Anteil gewinnt deutlich an Bedeutung. Bei Fahrzeugen ohne Katalysator (konv.) sind die Ozonschadenskosten in jeder Verkehrssituation höher als die lokalen Zusatzkosten, da diese Fahrzeuge sehr hohe VOC-Emissionen aufweisen. Dieselmotoren dagegen emittieren bei der Verbrennung nur sehr wenig VOC-Schadstoffe.

Zum Abschluss der Berechnungen externer Luftverschmutzungskosten des MIV wird tabellarisch ein Vergleich zu den Ergebnissen anderer Studien vorgenommen. In Tabelle 21 sind die Kosten für die wichtigsten vier Technologien differenziert nach Innerorts- und Außerortsfahrten (zumeist auf Autobahnen) aufgelistet. Es zeigt sich,

---

[119] Nach der ExternE Transport Studie führt eine zusätzliche Einheit NO_x durch die Verkehrsaktivität zu einer Reduzierung des Ozon und zur Verminderung der Ozonschäden. Begründet wird dies folgendermaßen: "Due to the complex and non-linear ozone formation processes, for certain NO_x/NMVOC ratios an increase of NO_x emissions at first lead to increasing ozone concentrations and after passing a "hill" to decreasing ozone concentrations. Therefore for the effect of NO_x changes it is crucial, on which side of the hill one is starting. For the countries mentioned above (incl. Germany), the start lies beyond the hill, therefore an increase of NO_x leads to benefits. It is desirable, to reach a situation "before the hill", but that requires massive changes in NO_x and NMVOC emissions, which is not the subject of the marginal analysis carried out here" (IER et al., 2000:218). In naher Zukunft ist allerdings dieser massive Rückgang der NOx- und VOC-Emissionen zu erwarten (vgl. Kapitel 5), und das Bild könnte sich deshalb sehr schnell verändern.

dass die eigenen berechneten Kosten in der Spannweite der Ergebnisse anderer Studien liegen, allerdings eher an der unteren Grenze. Die eigene Abschätzung der externen Luftverschmutzungskosten des MIV muss also als niedrig eingeschätzt werden.

Tabelle 21: Vergleich verschiedener Studien zu den externen Grenzschadenskosten der Luftverschmutzung in Deutschland im Jahre 1995 (in Euro (1995)/100 km)

	Vh-mix	konv.	EURO 2	Diesel
Berechnungen dieser Arbeit (regionaler ⌀)				
Autobahn (AB>120)	1,84	4,45	0,74	1,51
Innerorts (Mittel: IO HVS3, IO Stau)	1,45	2,49	0,33	2,32
IWW/Infras (2000)				
Außerorts (Autobahn) (max values)	3,05	3,93	$0,72^{1)}$	2,26
Innerorts (max values)		4,55	$1,13^{1)}$	3,13
ExternE Transport (IER et al., 1997)				
Außerorts (Autobahn Mannheim-Stuttgart)	-	4,05	0,52	2,24
Innerorts (Region Stuttgart)	-	3,45	0,70	4,69
ExternE Transport (IER et al., 2000)				
Außerorts (Landstr. Heimsheim – Karlsbad)	-	$2,42^{2)}$	0,26	$0,79^{3)}$
Innerorts (Region Stuttgart)	-	$2,30^{2)}$	0,41	$1,32^{3)}$
QUITS (Weinreich et al., 1998)				
Außerorts (Autobahn Frankfurt – Basel)	2,68	8,60	$1,65^{4)}$	2,36

Quellen: eigene Berechnung; siehe erste Spalte   1) Durchschnitt aus EURO 1 und EURO 3, 2) Technologie ECE 15/04,   3) Diesel EURO 2,   4) Mix aus EURO 1 und EURO 2

8.2 Verkehrsträgerübergreifender Vergleich

Um einen Vergleich zwischen den Verkehrsmitteln und Verkehrsträgern im Personenverkehr vornehmen zu können, müssen die externen Luftverschmutzungskosten auch für Motorrad, Bus, Bahn und Flugzeuge ermittelt werden. Die in Kapitel 5 gewählte Aggregation der Verkehrsmittel gilt auch hier. So sind z. B. unter der Kategorie Bahn-Personen alle schienengebundenen Personenverkehrsmittel zusammengefasst. Damit wird eine technologiespezifische Betrachtung hier nicht erfolgen, es handelt sich also nicht um eine bottom-up Analyse gemäß des Wirkungspfadansatzes. Und auch die Verkehrssituation findet keine Beachtung. Vielmehr wird top-down die gesamte Emissionsmenge des Jahres 1995 für jedes Verkehrsmittel mit einem konstanten Wertansatz (Euro/t Schadstoff) multipliziert und für die spezifische Analyse auf die entsprechende Fahr- bzw. Verkehrsleistung bezogen. Es resultieren Durchschnittskosten, die hier wegen der angenommenen Konstanz der Wertansätze gleich den Grenzkosten sind. Die verkehrsmittelspezifischen Emissionen wurden für die Jahre 1995 bis 2020 in Kapitel 5 berechnet und finden hier Anwendung.

Eine bottom-up und damit ortsspezifische Berechnung der externen Luftverschmutzungskosten macht für die schienengebundenen Verkehrsmittel nur bedingt Sinn. Die Verkehrsmittel im Personenverkehr werden zum überwiegenden Teil mit Strom betrieben, der aus dem bahneigenen oder bundesdeutschen Elektrizitätsnetz entnommen wird. Damit ist der Ort der Elektrizitätserzeugung im Kraftwerk, wo die Emissionen der Bahn entstehen, nicht genau oder nur sehr schwer bestimmbar. Deshalb wurde in Kapitel 5 bei der Emissionsberechnung für die schienengebundenen Verkehrsmittel der nationale bzw. bahneigene Fuel- oder Kraftwerks-Mix angenommen. Somit macht auch die Verwendung von durchschnittlichen emissionsabhängigen Grenzschadenskosten für Deutschland beim Aggregat Bahn-Personen Sinn. Allerdings könnte eine technologie-spezifische und geschwindigkeitsabhängige (verkehrssituations-spezifische) Berechnung der externen Luftverschmutzungskosten unter Verwendung des durchschnittlichen deutschen Wertansatz durchaus erfolgen. In den Projekten QUITS (vgl. European Commission, 1998b), IWW/Infras (1995 und 2000) und ExternE Transport (IER et al., 2000) werden anhand eines vergleichbaren Vorgehens Ergebnisse für verschiedene Technologien (ICE, Regionalbahn, S-Bahn und Straßenbahn) berechnet.

Für lokale externe Luftverschmutzungseffekte ($PM_{2,5}$ und NMVOC) und für Ozonschäden (VOC) existieren bereits orts- und regionenunabhängige Schadenskostenansätze. Bei den lokalen Zusatzschäden erfolgt allerdings eine Differenzierung in Innerorts- und Außerortsverkehre für alle Straßenverkehrsmittel, da hier separate Wertansätze vorliegen und Sinn machen, wie im Kapitel 8.1.8 gezeigt wurde. Um jetzt aggregierte Werte für den deutschen Durchschnitt zu berechnen, werden die Anteile der Fahrleistung innerorts und außerorts für die Straßenverkehrsmittel benötigt. Diese sind entnommen aus Wickert (2001)[120]. Für die Verkehrsmittel "Bahn-Personen" und "Luft national" werden keine lokalen Zusatzschäden der Luftverschmutzung ermittelt, da die Kraftwerke bzw. Flughäfen nicht in unmittelbarer Nachbarschaft einer Ortschaft liegen, bzw. hohe Schornsteine eine lokale Schädigung, wie sie durch Straßenverkehrsmittel zusätzlich auftreten, verhindern[121].

Für den weit wichtigeren Teil der weiträumigen Schäden durch Luftverschmutzung müssen allerdings noch schadstoffspezifische Grenzkosten für die drei Emissionsgruppen CO, NO_x/Nitrate und Partikel (PM) abgeleitet werden, die den deutschen Durchschnitt repräsentieren. Dazu werden die Regionalkoeffizienten, die in Tabelle 20 für die 42 Regionen angegeben sind, gewichtet aggregiert. Die Regionalkoeffizienten stellen für jede Region und für die drei Schadstoffgruppen regionale Grenzkosten in Euro pro Tonne emittierter Schadstoff dar. Diese Wertansätze fassen die Gesundheitsschäden der Betroffenen durch die Erhöhung der Konzentrationen des jeweiligen Schadstoffes bzw. seiner Sekundärprodukte in ganz Europa zusammen, die auf die

---

[120] Angegeben werden bei Wickert (2001) für Motorrad 33,3 %, für Bus 30,5 % und für Pkw 30,3 % Innerorts-Verkehre für 1995 in Deutschland. Für leichte Lkw beläuft sich der Anteil auf 31,5 %, während bei schweren Lkw nur 17,9 % der Fahrten innerhalb von Ortschaften und Städten erfolgen.
[121] Die Partikel (PM) Emissionen, die als Ursache für die lokalen Zusatzschäden dominieren, werden für alle Verkehrsmittel auch in ihrer weiträumigen Schadenswirkung erfasst. Für das Aggregat Bahn-Personen wurden die PM-Emissionen aber eher sehr hoch in Kapitel 5 berechnet, da für den schienengebundenen ÖPNV der gleich PM-Emissionsfaktor wie für die Eisenbahn angesetzt wurde, wobei allerdings im ÖPNV eigentlich kein Dieselantrieb vorkommt, der bei der Deutschen Bahn im Personenverkehr zu Buche schlägt. Deshalb fallen auch die weiträumigen Schadenskosten aufgrund von PM für Bahn-Personen sehr hoch aus, was eine Vernachlässigung eventuell möglicher lokaler Zusatzschäden für die Gesamtabschätzung hier zusätzlich rechtfertigt.

Emissionen des MIV in der betrachteten Region zurückzuführen sind. Um einen gewichteten Durchschnitt für ganz Deutschland zu berechnen, werden die einzelnen Regionalkoeffizienten mit der Fahrleistung der Pkw in dieser Region gewichtet. Da aber für die regionale Abgrenzung (100 x 100 km - Zelle) keine statistischen Daten über die Fahrleistung der Pkw im Jahre 1995 vorhanden sind, werden die 42 Regionen den deutschen Bundesländern zugeordnet und dann die Gewichtung anhand der Länderfahrleistungsdaten (vgl. Statistisches Bundesamt / Statistische Landesämter) vorgenommen. Es resultieren 1,06 Euro(1995)/t CO, 11.826 Euro/t NOx und 30.293 Euro/t PM als deutsche Durchschnitts- bzw. Grenzkosten. Beim Vergleich zum einfachen Durchschnitt (siehe Tabelle 20, unterste Zeile) ergibt sich, dass die gewichteten Durchschnittswerte um 6 bis 10 % höher liegen. Dies begründet sich aus den im Vergleich zum bundesdeutschen Schnitt höheren Fahrleistungen in Süd- und Westdeutschland, welche zugleich höhere Schäden nach sich ziehen.

Tabelle 22: **Externe absolute Schadenskosten und Grenzschadenskosten der verkehrsbedingten Luftverschmutzung im Jahre 1995**

Mio. Euro (1995)	CO[1]/ VOC- Ozonschäden	NOx/Nitrat weiträumig	PM weiträumig	PM$_{2,5}$/VOC lokal	Gesamt
Motorrad	50	67	0	0	118
Bus u.a.	12	498	65	84	658
Pkw	**851**	**5.601**	**381**	**487**	**7.320**
Pkw-Otto	*842*	*4.896*	*81*	*104*	*5.923*
Pkw-Diesel	*9*	*705*	*300*	*384*	*1.397*
Bahn-Personen	6	243	62	-	311
Luft-national	2	84	3	-	89
Personenverkehr	**922**	**6.493**	**511**	**571**	**8.496**
Lkw	*129*	*5.263*	*863*	*994*	*7.249*
Bahn-Güter	*6*	*224*	*57*	-	*287*
Binnenschifffahrt	*11*	*447*	*76*	-	*534*
Güterverkehr	**146**	**5.933**	**996**	**994**	**8.070**
Euro / 100 pkm					
Motorrad	0,39	0,52	0,00	0,00	0,92
Bus u.a.	0,02	0,73	0,10	0,12	0,96
Pkw	**0,12**	**0,77**	**0,05**	**0,07**	**1,00**
Pkw-Otto	*0,14*	*0,82*	*0,01*	*0,02*	*0,99*
Pkw-Diesel	*0,01*	*0,52*	*0,22*	*0,29*	*1,04*
Bahn-Personen	0,01	0,29	0,07	-	0,37
Luft-national	0,02	0,79	0,03	-	0,81
Personenverkehr	**0,10**	**0,72**	**0,06**	**0,06**	**0,94**

1) Die CO-Schäden machen weniger als 0,5 % der in der ersten Spalte aufgeführten externen Ozon- und CO-Schadenskosten aus. Für den PV summieren sie sich auf 3,8 Mio. Euro.

Anhand der schadstoffspezifischen Wertansätze (schadstoffspezifische Grenzkosten) und der für das Jahr 1995 gegebenen nationalen Emissionen aus Kapitel 5 lassen sich die absoluten externen Luftverschmutzungsschadenskosten und die Grenzschadenskosten pro gefahrenen Kilometer (km) oder Personenkilometer (pkm) für jedes Verkehrsmittel berechnen. Tabelle 22 gibt eine Übersicht der Ergebnisse[122].

Die externen Luftverschmutzungskosten addieren sich auf rund 16,5 Mrd. Euro, das entspricht knapp 0,9 % vom nationalen Bruttoinlandsprodukt in Höhe von 1.845 Mrd. Euro in Deutschland im Jahre 1995. Über 90 % davon sind auf die Benutzung der Pkw und Lkw zurückzuführen. Die Verkehrsmittel der Kategorie Bahn-Personen haben einen Anteil von 9,2 % an der Verkehrsleistung im Personenverkehr (vgl. Tabelle 8, Kapitel 5.2), generieren aber nur 311 Mio. Euro externe Luftverschmutzungskosten und sind damit in der Benutzung eindeutig ökologisch am Besten zu beurteilen. Dies zeigt sich natürlich auch in den spezifischen Werten pro Personenkilometer (externe Luftverschmutzungsgrenz- bzw. -durchschnittskosten). Zwischen den Hauptkonkurrenten Pkw und Bahn liegt ungefähr ein Faktor 3. Diesel-Pkw und Otto-Pkw liegen etwa gleichauf, bei leichten Nachteilen für den Diesel. Entscheidend für die Grenzkostenbetrachtung ist der zugrunde liegende Auslastungsfaktor der einzelnen Verkehrsmittel (vgl. Kapitel 5.2). Beim Pkw lag dieser im Jahre 1995 bei 1,42 Personen je Pkw. Damit ergeben sich je Fahrzeugkilometer im bundesdeutschen Durchschnitt über alle Technologien, Verkehrssituationen und Regionen externe Luftverschmutzungsgrenzkosten von 1,42 Cent/km oder knapp 16 Cent je Liter Treibstoff (angenommener Verbrauch wieder 9 Liter/100 km).

Wie entscheidend der Auslastungsgrad der Verkehrsmittel ist, zeigt sich besonders beim Vergleich der eigenen durchschnittlichen Resultate mit spezifischen Ergebnissen anderer Studien im öffentlichen Personenverkehr. Für die Kategorie "Bus u.a." werden in Tabelle 22 Grenzschadenskosten der Luftverschmutzung in ähnlicher Höhe wie für die Pkw angegeben. Dieses Ergebnis ist deutlich höher als in vielen anderen Studien. Es basiert auf dem sehr niedrigen durchschnittlichen Auslastungsgrad von 8,3 Personen je Bus, der sich wiederum aus einem statistischen Effekt durch die Aggregation verschiedener Verkehrsmittel in der Kategorie "Bus u.a." ergibt. Auch im schienengebundenen Personenverkehr zeigt sich die Relevanz der zugrundegelegten Auslastungsgrade: Die ExternE-Studie ermittelt auf Grundlage vergleichbarer Schadenskosten je Schadstoff für den ICE in Deutschland 0,054 Euro/100 pkm, also nur rund ein Siebtel der Kosten für das Aggregat "Bahn-Personen" (vgl. IER et al., 2000:233). Der angegebene Besetzungsgrad von 313 Personen/Zug mag für den ICE auf den Hauptstrecken gelten, er ist aber genauso wenig repräsentativ wie die ICE-Emissionsfaktoren für den gesamten schienengebundenen Verkehr. Auch für andere Zugkategorien und Straßenbahnen werden in ExternE sehr niedrige externe Luftverschmutzungskosten berechnet: Regionalbahn: 0,072 Euro/100 pkm, S-Bahn: 0,055 Euro/100 pkm und Straßenbahnen in Stuttgart: 0,015 Euro/100 pkm[123]. Die top-down ermittelten Emissionen für den

---

[122] Die in Tabelle 21 aufgeführten Ergebnisse für verschiedene Technologien und Verkehrssituationen im MIV wurden auch schon mit dem gewichteten Durchschnittswertansatz für die weiträumigen Schäden berechnet.
[123] Für die Elektrizitätserzeugung in der Region Stuttgart (Straßenbahn) wird ein Fuel-Mix mit 88 % Atomkraft zugrundegelegt, der zu weit niedrigeren spezifischen Emissionen führt (vgl. IER et al., 2000:198).

gesamten schienengebundenen Verkehr zeigen also in Bezug auf die erbrachte Verkehrsleistung mit den durchschnittlichen Auslastungsfaktoren ein wesentlich schlechteres Bild als die technologie-, strecken-, auslastungs- und teilweise auch regionalspezifische Betrachtung in ExternE. Dies bestätigt auch die externe Kosten Studie im Auftrag der europäischen Eisenbahnunion, die eher vergleichbare Durchschnittskosten der Luftverschmutzung von 0,57 Euro/100 pkm für den deutschen schienengebundenen Verkehr angibt (vgl. IWW/Infras, 2000:81). Aber auch die streckenbezogene Analyse im QUITS-Projekt kommt für das Jahr 1995 zu externen Luftverschmutzungskosten der Bahn (ICE, IC/EC, IR, Regionalexpress) von 0,295 Euro/100 pkm auf der Strecke Frankfurt-Basel (vgl. Weinreich et al., 1998:17).

Für den ÖPNV-Bereich hat Schnabel (1999:28ff) die gesamtwirtschaftlichen internen und externen Kosten am Beispiel des Verkehrs in München für das Jahr 1993 berechnet. Allerdings sind die dort verwendeten emissionsspezifischen Schadenskosten nicht vergleichbar mit den eigenen Wertansätzen. Deshalb werden hier für eine eigene weitere Abschätzung nur die in der Schnabel-Studie analysierten Emissionen und Verkehrsleistungen für die Verkehrsmittel des ÖPNV verwendet. Für Straßenbahnen, S-Bahn und U-Bahn ergeben sich externe Luftverschmutzungskosten von 0,19 Euro / 100 pkm, während für den städtischen Busverkehr rund 0,75 Euro/100 pkm für das Jahr 1995 resultieren. Die eigene Abschätzung für das Aggregat Bahn-Personen liegt demzufolge mit 0,37 Euro/100 pkm zwischen den Ergebnissen der anderen Studien.

Für die Abschätzung der externen Luftverschmutzungskosten der landgebundenen Verkehrsmittel (beim Güterverkehr auch für die Binnenschifffahrt) können die gewichteten Durchschnittswertansätze pro emittierter Tonne Schadstoff, die für den MIV ermittelt wurden, verwendet werden, da für alle Verkehrsmittel die weiträumigen Schäden dominieren, für welche die Bedingungen der Emissionsentstehung (Auspuff bei Straßenfahrzeugen in niedriger Höhe und Schornsteine der Kraftwerke für die elektrischen schienengebundenen Verkehrsmittel) nicht von sehr großer Bedeutung sind. Für lokale Schädigungen beeinflusst der Ort und die Höhe der Emissionsentstehung die Ausbreitung der Schadstoffe allerdings durchaus. Es stellt sich nun die Frage, inwieweit die emissionsspezifischen Grenzschadenskosten auch für den Luftverkehr anzuwenden sind. Für die Berechnung der Ergebnisse in Tabelle 22 wurden diese Wertansätze verwendet. Für Luftverkehrsemissionen in großer Höhe dürften aber eher höhere Grenzschadenskosten relevant sein, da die NO_x-Emissionen zur Verminderung des stratosphärischen Ozonschildes beitragen und der Wasserstoffgehalt oberhalb der Troposphäre durch den Wasserdampfausstoß der Flugzeuge ansteigt. Zu den Auswirkungen dieser Emissionen durch den Luftverkehr bestehen in der Wissenschaft kontroverse Ansichten, wenn überhaupt werden die Effekte bei der Klimaveränderung bilanziert[124] (vgl. IWW/Infras, 1995:177). Für diese Untersuchung

---

[124] Die Studie von IWW/Infras (1995:159, 175ff) ermittelt rund 1 ECU/100 pkm Luftverschmutzungskosten (vergleichbar mit der eigenen Schätzung) und 1,08 ECU/100 pkm Klimakosten für das Jahr 1991. Durch die Einbeziehung der Klimawirkung der Emissionen in großer Höhe würden die Klimakosten auf über 16 ECU/100 pkm steigen.

208   Teil II: Externe Kosten des Personenverkehrs

wird der Luftverkehr keine weitere Rolle spielen, von daher erfolgt auch keine weitere explizite Berechnung der externen Luftverschmutzungs- und Klimaschadenskosten.

8.3 Die externen Luftverschmutzungskosten bis zum Jahre 2020

Für die spätere Internalisierung der externen Luftverschmutzungskosten ist die Berechnung der Schadenskostenentwicklung in Deutschland für den Untersuchungszeitraum bis zum Jahr 2020 notwendig. Dazu dient dieser letzte Abschnitt des Kapitels 8. Zurückgegriffen wird erneut auf die "Business as Usual"-Emissionsprognose (BAU-Szenario) aus Kapitel 5. Angenommen wird, dass die emissionsspezifischen Grenzschadenskosten über den Zeitverlauf real konstant bleiben, d. h. dass sich die Kostensätze je Tonne Schadstoff in Preisen von 1995 nicht ändern. Dahinter verbirgt sich die Annahme, dass auch die Zahlungsbereitschaften für die Umweltgüter und insbesondere für die menschliche Gesundheit real konstant bleiben. Ob der Wert des menschlichen Lebens, der zur Bewertung der wichtigsten Schäden herangezogen wird (chronische Mortalität) auch in zwanzig Jahren noch genauso hoch oder höher eingeschätzt wird, ist ungewiss. Um diese Bemessungsproblematik zu umgehen, wird die Konstanz der Grenzschadenskosten als Ansatz gewählt. Abbildung 39 zeigt den Verlauf der absoluten externen Luftverschmutzungskosten des Personenverkehrs in Deutschland.

Abbildung 39: Entwicklung der absoluten Luftverschmutzungsschadenskosten des Personenverkehrs in Deutschland für die Jahre 1995 bis 2020

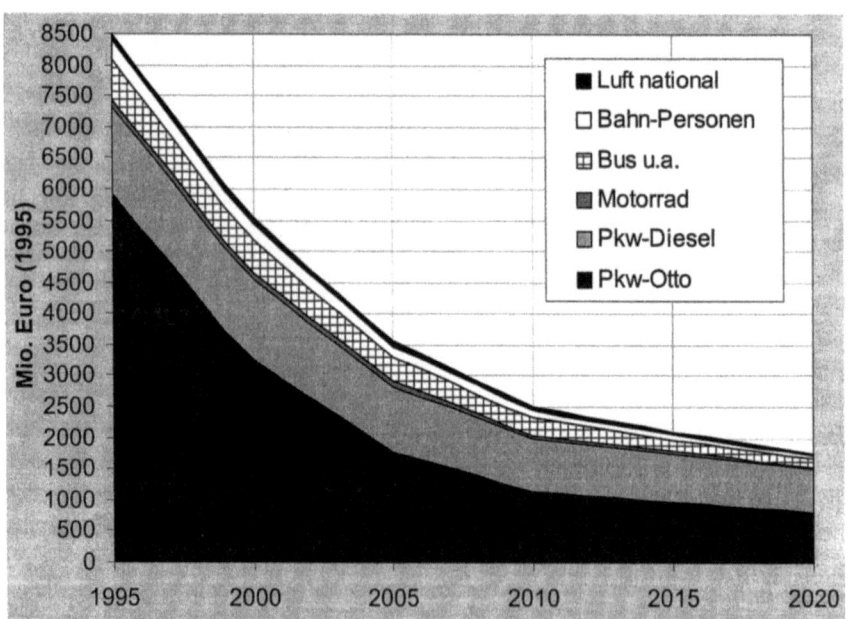

Die Kernaussage ist, dass die externen Luftverschmutzungskosten trotz steigender Verkehrsleistung im Personenverkehr (zwischen 1995 und 2020 um 23 %) extrem fallen werden, nämlich um knapp 80 %. Diese Entwicklung läuft analog zu der Entwicklung der klassischen Luftschadstoffe, wie sie im BAU-Szenario berechnet wurde. Die gesamten externen Luftverschmutzungskosten des Verkehrs werden im Jahr 2020 mit etwas über 3,5 Mrd. Euro sehr wahrscheinlich weniger als 0,1 % des Bruttoinlandproduktes ausmachen; als absolute Zahl nicht wenig, von der Dimension her aber eher vernachlässigbar. Auf den Personenverkehr entfallen davon rund 1,75 Mrd. Euro, im Gegensatz zum Jahre 1995 etwas weniger als die Hälfte. Bei der Betrachtung der einzelnen Verkehrsmittel sind einige Verschiebungen bemerkenswert: Der Pkw mit Ottomotor wird im Jahre 2020 im Durchschnitt sehr sauber werden und bei einem Anteil von über 58 % an der Verkehrsleistung nur noch knapp 46 % der externen Luftverschmutzungskosten erzeugen. In dieser Kategorie wird es bei Weitem zur stärksten Reduktion der Emissionen und damit auch der Luftverschmutzungsschadenskosten kommen (über 86 % von 1995 bis 2020). Dafür wird der Diesel-Pkw bei einem Verkehrsleistungsanteil von 21 % immerhin 39 % der Kosten generieren. Verantwortlich hierfür sind die im Vergleich zum Otto-Pkw weniger gesunkenen NO_x-Emissionen und die Dieselrußpartikel, auch wenn letztere durch die neuen Filtertechnologien sehr wahrscheinlich weit stärker reduziert werden, als in der BAU-Prognose angenommen. Die günstigste Schadstoffproduktivität wird weiterhin die Bahn aufweisen mit einem Personenverkehrsleistungsanteil von 9,4 % und einem Anteil an den externen Luftverschmutzungskosten des Personenverkehrs von 3,2 %.

Tabelle 23: **Entwicklung der Grenzschadenskosten der Luftverschmutzung im deutschen Personenverkehr für die Jahre 1995 bis 2020**

	Euro (1995) / 100 km				Euro (1995) / 100 pkm			
	1995	2000	2010	2020	1995	2000	2010	2020
Motorrad	0,92	0,72	0,39	0,21	0,92	0,72	0,39	0,21
Bus u.a.	8,83	6,33	2,93	1,29	0,96	0,76	0,35	0,16
Pkw	**1,42**	**0,83**	**0,32**	**0,23**	**1,00**	**0,59**	**0,23**	**0,17**
Pkw-Otto	1,41	0,75	0,25	0,17	0,99	0,54	0,18	0,12
Pkw-Diesel	1,47	1,13	0,57	0,40	1,04	0,81	0,41	0,30
Bahn-Personen	-	-	-	-	0,37	0,30	0,12	0,05
Luft-national	-	-	-	-	0,84	0,70	0,31	0,14
Personenverkehr	-	-	-	-	**0,94**	**0,58**	**0,24**	**0,16**

Die einzelnen Entwicklungslinien zeigen sich auch in den Grenzschadenskosten, die in Tabelle 23 aufgelistet sind. Die Divergenz zwischen Pkw-Otto und Pkw-Diesel – im Jahre 1995 noch kaum vorhanden – wird im Jahre 2020 deutlich: Sowohl bezogen auf die Fahrzeugkilometer (km) als auch auf die Personenkilometer (pkm) wird der Diesel mehr als doppelt so hohe externe Luftverschmutzungskosten erzeugen wie der Otto-Pkw[125]. Errechnen sich für das Jahr 1995 im regionalen, technologie- und fahrsituations-spezifischen Durchschnitt noch knapp 16 Cent je Liter Treibstoff (angenommener Verbrauch 9 Liter/100 km) für den Otto-Pkw, so sind es im Jahre 2020 nur noch rund

---

[125] Die Auslastungsgrade sind für Motorrad und Bus u.a. als konstant angenommen. Beim Pkw kommt es zu einer leichten Verringerung von 1,41 auf 1,36 Personen/Pkw von 1995 bis 2020. Vgl. Kapitel 5.2.

3 Cent je Liter Benzin oder Super (beim für 2020 angenommenen Durchschnittsverbrauch von rund 6 Litern, siehe Abbildung 12, Kapitel 5.3).

Der Faktor zwischen der Bahn und dem Pkw wird in Bezug auf die Grenzluftverschmutzungskosten etwa gleich bei drei bleiben. Der Otto-Pkw wird Boden gut machen, während beim Diesel im Jahr 2020 ein Faktor sechs zu verzeichnen ist. Und die Fahrt mit dem Bus wird je Personenkilometer annähernd genauso viele Luftverschmutzungsexternalitäten hervorrufen wie der durchschnittliche Pkw. Am Schlechtesten schneidet im Jahr 2020 das Motorrad ab.

Es zeigt sich, dass das Problem der klassischen Luftschadstoffe durch den MIV und damit verbunden der externen Luftverschmutzungskosten des gesamten Personenverkehrs weitgehend auf technologischem Wege gelindert werden wird. Schon heute fahren einige Pkw mit Otto-Motoren der Abgasnorm EURO 4 auf Deutschlands Straßen, und auch Dieselmotoren der EURO 4-Norm mit speziellen Rußfiltern sind unterwegs. Es zeichnet sich ab, dass in den nächsten 20 Jahren die Technologien EURO 3 und EURO 4 umfassend eingeführt werden. Kommen dazu bis 2020 gar noch sauberere Technologien wie Elektrofahrzeuge oder Kfz mit Brennstoffzellenantrieb in größerem Umfang auf den Markt, so reduzieren sich die Gesundheits- und Umweltschäden durch Emissionen auf ein praktisch vernachlässigbares Maß. Allerdings ist nach Auskunft von Entwicklern bei großen deutschen Automobilherstellern eine massive Einführung von zukünftigen Antriebstechnologien wie Brennstoffzellen mit Wasserstoff bis 2020 noch nicht zu erwarten. In der weiteren Zukunft bis 2050 werden sich sicherlich emissionsarme bzw. emissionsfreie Antriebssysteme durchsetzen.

Die Berechnung der externen Luftverschmutzungsschadenskosten wurde für den Bereich Pkw und Kombi sehr differenziert durchgeführt. Für 1995 ergaben sich starke Unterschiede je nach betrachteter Technologie, Fahr- bzw. Verkehrssituation und Region. In der absoluten Höhe sind die berechneten Kosten nicht vernachlässigbar, sondern würden bei einer Internalisierung zu einer deutlichen Verteuerung des Pkw-Verkehrs führen. Der Vergleich mit den anderen Verkehrsmitteln im Personenverkehr auf aggregiertem Niveau erbrachte das erwartete positive Ergebnis für die schienengebundenen Verkehrsmittel in Bezug auf die Luftverschmutzung. Bei der Prognose bis zum Jahr 2020 zeigte sich eine drastische Reduktion der externen Schadens- und Grenzschadenskosten für alle Verkehrsmittel im Personenverkehr. Auch wenn die genannten Durchschnittswerte für das Jahr 2020 sehr niedrig klingen, so scheint doch eine effiziente Internalisierung der heutigen externen Luftverschmutzungskosten des Personenverkehrs geboten und notwendig, um den Wirtschaftsubjekten die richtigen Anreize zu vermitteln. Dies gilt insbesondere für die externen Kosten des Pkw, die sich stark nach Region, Fahrsituation und Technologie unterscheiden. Bei diesem Verkehrsmittel ermöglicht die individuelle Verkehrsentscheidung auch das größte Maß der Beeinflussung der erzeugten Externalitäten. Wie aus ökologischer und ökonomischer Sicht die Anlastung der externen Schadenskosten sinnvoll erfolgen sollte, wird im dritten Teil der Arbeit diskutiert werden.

9 Die externen Klimakosten des deutschen Personenverkehrs und andere externe Kostenkomponenten

Für die Durchsetzung einer Nachhaltigen Entwicklung im Verkehrsbereich wird in praktisch allen neuen Studien betont, dass das vorrangige Problem in der Reduktion des CO_2-Ausstoßes liegt (vgl. UBA, 1997; OECD, 2000; Hohmeyer, 1996; Petersen und Schallaböck, 1995; Gorissen, 1996; Steen et al., 1999, Rat für Nachhaltige Entwicklung, 2002 oder Rennings und Weinreich, 2002). Denn die Emissionen von CO_2 sind vorrangig verantwortlich für eine mögliche globale Klimaveränderung. Die weltweit wie auch national weiter steigenden verkehrsbedingten Treibhausgasemissionen stellen dabei eine entscheidenden Hürde für eine übergreifende Nachhaltigkeitsstrategie in Bezug auf den Klimaschutz dar. Als gesichert gilt, dass die Emissionen von CO_2 und anderen Treibhausgasen, die in Deutschland emittiert werden, Auswirkungen und Schäden auf der ganzen Welt hervorrufen. Die Folgen der heutigen Emissionen wirken sich im Laufe der Zeit auf mehrere Generationen sowie auf einen Großteil der Ressourcen und menschlichen Aktivitäten aus. Der Klimawandel ist also ein globales Problem mit starkem Zukunftsbezug. Somit kommen hier Fragestellungen der inter- und intragenerationellen Gerechtigkeit voll zum Tragen.

Die quantitativen und qualitativen Zusammenhänge der Klimaproblematik sowie der Beitrag des deutschen Personenverkehrs zu dieser Problematik wurden bereits in Kapitel 4.2.2 beschrieben. Dabei wird in erster Linie Bezug genommen auf den neusten Sachstandsbericht des IPCC, den Third Assessment Report (TAR). In den drei ausführlichen Teilen dieses Reports wird allerdings auf eine Quantifizierung von Schäden und deren Monetarisierung verzichtet; es erfolgt also keine Berechnung der externen Kosten des Klimawandels. Im Second Assessment Report (SAR) werden dagegen noch eine Bandbreite der Schätzungen Grenzschäden der Klimaänderung von 5 bis 125 $ pro Tonne Kohlenstoff (C) angegeben. Dass der dritte Report auf die Berechnung bzw. Schätzung externer Klimagrenzkosten verzicht, darf nicht als Hinweis gewertet werden, die prinzipielle Existenz des anthropogenen Klimawandels und dessen schwere Folgen zu verneinen. Vielmehr resultiert dieser Verzicht aus den mannigfaltigen Unsicherheiten bei der verlässlichen Bestimmung der Schäden für die betroffenen Ökosysteme und Ressourcen sowie Human- und Kapitalgüter. Außerdem konnte anscheinend kein Konsens zur Bewertung der Umweltgüter und des menschlichen Lebens erreicht werden. Trotzdem stellen die Klimaschäden eine der bedeutendsten Kategorien von Schäden durch die Nutzung fossiler Brennstoffe dar.

Im Rahmen dieser Untersuchung werden Schätzung der marginalen externen Klimaschadenskosten vorgenommen bzw. die existierenden Berechnungen der ExternE Transport Studie modifiziert und an neue Erkenntnisse aus der Klimaforschung gemäß IPCC (TAR) angepasst. Dazu dient der dritte Abschnitt dieses Kapitels. Im vierten Abschnitt werden die Grenzschadenskosten der Klimaveränderung für die einzelnen Verkehrsmittel im deutschen Personenverkehr für 1995 und bis zum Jahr 2020 berechnet. Wie bereits in Kapitel 7.3 aufgezeigt wurde, können aufgrund methodischer

Überlegungen externe Kosten nur mit Hilfe von Schadenskostenbewertungen bestimmt werden. Auch aus Konsistenzgründen ist dies im Vergleich zu den Luftverschmutzungs-schadenskosten aus Kapitel 8 geboten, und zwar zu Preisen in Euro 1995. Begonnen wird diese Kapitel mit einer knappen Literaturübersicht zu Klimaschadenskosten-schätzungen (Abschnitt 1) sowie zu den spezifischen methodischen Besonderheiten und Problemen bei der Ermittlung der Schadenskosten der Klimaveränderung (Abschnitt 2). Im dritten Abschnitt wird ein eigener Grenzschadenskostenwert abgeleitet. Der vierte Abschnitt quantifiziert die externen Klimaschadenskosten des deutschen Personen-verkehrs bis zum Jahre 2020. Im letzten Abschnitt werden zur Abrundung des Gesamt-bildes Berechnungen der anderen externen Kosten-Komponenten (Lärm, Unfälle und Stau), die aus der Benutzung der Verkehrsmittel resultieren, aus der Literatur aufgelistet.

Die Vermeidungskostenschätzungen für Klimagase im Verkehrsbereich wie auch die Schätzungen für die gesamtwirtschaftlichen und internationalen Vermeidungskosten werden in den Kapiteln 10 und 13 vorgestellt und zur Ableitung des ökonomisch optimalen Verschmutzungsniveaus verwendet. Insofern finden die in den letzten Jahren des Öfteren verwendeten Vermeidungskosten als Schätzungen der externen Schadens-kosten der Klimaveränderung (vgl. CAPRI: Reninngs et al., 1999; RECORDIT: Weinreich et al., 2000; UIC-Externe Effekte des Verkehrs: IWW/Infras, 1995 und IWW/Infras, 2000) Einzug in diese Untersuchung. Eine kritische Würdigung dieser Ergebnisse erfolgt in Kapitel 10.

9.1 Schadenskostenschätzungen der letzten zehn Jahre

In den letzten zehn Jahren sind eine ganze Reihe von Schätzungen der externen Klimaschadenskosten vorgenommen worden, deren Ergebnisse in der Tabelle 24 (übernächste Seite) dargestellt sind. Die Anwendung des Schadenskostenansatzes für die Berechnung der externen Grenzkosten des Klimawandels verläuft in mehreren Schritten: Startpunkt ist die Ermittlung der Emissionen für den Untersuchungszeitraum und -gegenstand. In Ökosphärenmodellen wird die resultierende Konzentrations-veränderung der Treibhausgase in der Atmosphäre geschätzt. Im dritten Schritt werden anhand von Klimamodellierungen die Auswirkungen des Treibhauseffektes auf die Klimaparameter berechnet. Die wichtigsten Effekte wurden bereits in Kapitel 4.1.2 dargestellt. Es handelt sich im Wesentlichen um den fortschreitenden globalen Tem-peraturanstieg, den Anstieg des durchschnittlichen Meeresspiegels, eine Veränderung in der räumlichen und quantitativen Niederschlagstätigkeit, verstärkte Verdunstung, Veränderung der Anzahl und Längen von Dürreperioden sowie eine Zunahme extremer Wetterereignisse, wie Stürme (vgl. IPCC, 2001:12ff, UBA, 1997:47ff und Hohmeyer, 1996:67f). Diese Effekte treten regional und lokal in stark unterschiedlicher Aus-prägung auf.

Im vierten Schritt erfolgt die Abschätzung der Klimaveränderungsfolgeschäden. Hohmeyer (1996:68ff) unterscheidet sechs Kategorien von Schäden:

- Ökosysteme werden durch die schnelle Verschiebung der Klimazonen, die Änderung der Niederschläge sowie die anderen oben genannten Effekte geschädigt. Dabei wird es zu einem Verlust von hochwertigen Ökosysteme, wie Wäldern, kommen, die durch minderwertige Systeme wie Prärien oder Savannen ersetzt werden. Die Folgen sind Pflanzenrückgang und Artenverlust. Außerdem sind Ökosysteme der Küstenregionen direkt durch den Anstieg des Meeresspiegels betroffen.

- Die Landwirtschaft und damit verbunden die Welternährungssituation werden durch alle aufgeführten Klimaeffekte negativ beeinflusst.

- Schäden an der Ressource Frischwasser bzw. Nutzwasser ergeben sich durch die Verunreinigung des Grundwassers in Küstenregionen, eine regional und saisonal unterschiedliche Abnahme der Frischwasserreserven, die abnehmende Verfügbarkeit von Wasser zur Bewässerung und durch eine Verminderung der Möglichkeiten zur Nutzung der Wasserkraft.

- Die vierte Kategorie umfasst die Schäden an der Infrastruktur und anderen Sach- bzw. Kapitalgütern.

- Schäden für die menschliche Gesundheit und das Leben werden in Form von Überhitzung (Verbrennungen) aber auch durch Unterkühlung (Erfrierungen) in verschiedenen Weltregionen zunehmen. Des Weiteren wird eine Zunahme bestimmter Krankheiten wie Malaria prognostiziert.

- Als letzte Kategorie werden die direkten Auswirkungen des Meeresspiegelanstiegs bzw. der Überschwemmungen für das menschliche Leben genannt.

Im letzten Schritt des Schadenskostenansatzes erfolgt die Bewertung der Schäden inklusive der Diskontierung bei zukünftigen Schäden. Die monetarisierten Schäden entsprechen in ihrer Gesamtheit den externen Klimaschadenskosten, ein Anteil interner Kosten wird aufgrund des globalen Charakters der Schäden nicht ausgewiesen. Außerdem wird auch, abweichend von der Berechnung der externen Grenzschadenskosten der Luftverschmutzung, bei der mit Hilfe des inzwischen verbreiteten bottom-up Ansatzes technologie-, orts- und situationsspezifische Grenzschadenskosten für die Personenverkehrsmittel berechnet werden, bei der Klimaveränderung die Schätzung der Grenzschadenskosten als globale Durchschnittskosten empfohlen. Angesichts der Unsicherheit über langfristige Klimaschäden sollte von der Schätzung anlagen- oder verkehrsmittelspezifischer Grenzschäden Abstand genommen und stattdessen eher Durchschnittswerte verwendet werden (vgl. Rennings und Hohmeyer, 1997:50f).

In der Studie von Hohmeyer und Gärtner (1992) gehen rund 99 % der Schäden zu Lasten der veränderten globalen Niederschlagstätigkeit. Im wesentlichen sind davon die Landwirtschaftsproduktion sowie die Verfügbarkeit von Frisch- und Nutzwasser betroffen. In vielen Regionen der Welt, insbesondere in der südlichen Hemisphäre, werden agrarwirtschaftliche Nutzflächen aufgrund von Ausbreitung der Wüsten, längeren Dürreperioden und abnehmender Verfügbarkeit von ausreichend Wasser zur Bewässerung abnehmen, sodass die Ernährungssituation in diesen stark bevölkerten

Weltregionen erheblich negativ beeinflusst wird. Aber auch für die wichtigen Getreideexportländer USA, Kanada und Frankreich wird ein klimaänderungsbedingter Rückgang der Agrarproduktion prognostiziert (vgl. Parry, 1990:89 zitiert nach Hohmeyer, 1996:69), wodurch sich der Weltmarktpreis für diese Landwirtschaftserzeugnisse drastisch erhöhen wird. Neben den Einkommensverlusten für die Landwirte in den Industrieländern führt dieser Preisanstieg dazu, dass die ärmsten Entwicklungsländer ihre notwendigen Getreideimporte nicht mehr bezahlen können, zumal in diesen Ländern zumeist das stärkste Bevölkerungswachstum zu erwarten ist. Als Folge wird das Verhungern von mehreren Hundert Millionen Menschen in den Entwicklungsländern bei Hohmeyer und Gärtner (1992) geschätzt. Auch wenn diese Studie schon verhältnismäßig alt ist, markiert sie doch einen Meilenstein bei der Berechnung der externen Klimaschadenskosten und hat in den folgenden Veröffentlichungen sehr viel Beachtung gefunden. Eine der wichtigsten Aussagen der Studie ist die Feststellung, dass der anthropogene Treibhauseffekt in erster Linie durch die industrialisierten Staaten des Nordens hervorgerufen wird, aber die großen Verlierer des "man-made climate change" die Entwicklungsländer im Süden sind. In der Summe berechnen die beiden Autoren 907.000 Mio. US$ anthropogen verursachte Klimakosten. Diese Schätzung stellt eine Obergrenze für alle folgenden Abschätzungen dar.

Tabelle 24: Literaturübersicht der Ergebnisse externer Grenzschadenskostenschätzungen der Klimaveränderung

Studie / Quelle	Originalangaben [$ (1990) / t C]	Grenzschadenskosten [Euro (1995) / t CO_2[1)]]
Nordhaus (1991)	0,3 – 65,9	0,1 – 16,6
Fankhauser (1995)	9,2 – 64,2	2,3 – 16,1
Maddison (1994)	14,7 – 15,2	3,7 – 3,8
Hohmeyer und Gärtner (1992)	800	201,1
IPCC (SAR) (1996)	5 – 125	1,3 – 31,4
ExternE, Phase III (Eyre et al., 1997)[3)]	-	18,0 – 46,0
ExternE T. (IER et al., 2000) (FUND 1,6)	0,8 – 454,3[2)]	0,2 – 125,6
ExternE T. (IER et al., 2000) (FUND 2.0)	-6,8 – 96,3[2)]	-1,9 – 26,6
ExternE T. (IER et al., 2000) (FUND 2.0)[4)]	-	0,1 – 16,4

1) CO_2-Äquivalente; 2) Werte in $ (2000) / t C (Basis: VSL = value of statistical life);
3) Empfohlene Grenzschadenskosten in ExternE, Phase III (Illustrative restricted range);
4) Empfohlene Grenzschadensk. in ExternE Transport (Basis: VLYL = value of life year lost).

Eine Untergrenze bilden die Berechnungen von Nordhaus. Er empfiehlt Grenzschadenskosten von 7,3 $ (1990)/t C oder 1,8 Euro (1995)/t CO_2. Die untere Grenze der Schätzungen des IPCC (SAR) von 5 bis 125 $ (1990)/t C stammt aus den Arbeiten von Nordhaus.

Die Betrachtung der Werte in Tabelle 24 zeigt eine große Spannweite sowohl innerhalb einzelner Untersuchungen als auch im Vergleich der Studien. Schon allein hieraus erschließt sich, dass die aufgeführten Grenzschadenskosten nicht den Anspruch einer exakten Berechnung erfüllen können und dass das Wissen über die klimatologischen Wirkungszusammenhänge, die induzierten Schäden in der Gegenwart und erst recht in der Zukunft sowie die auftretenden Wohlfahrtsverluste als relativ gering angesehen werden muss. Dies wird auch in allen Studien sowie in der Sekundärliteratur, die auf diesen Schätzungen aufbaut, betont. In jedem Schritt der aufgeführten Berechnungsmethodik liegt eine erhebliche Anzahl von Unsicherheiten begründet. Und für die Bewertung der Schäden sind darüber hinaus eine Reihe von ethischen Annahmen als normative Setzung notwendig, die im nächsten Abschnitt behandelt werden. So schreiben z. B. die Autoren von Infras, Econcept und Prognos (1996:103), dass die Grenzschadenskosten der Klimaveränderung als grobe Schätzung angesehen werden müssen, da die Kosten der Klimaveränderungen noch weniger prognostizierbar sind als die Auswirkungen der Treibhausgase auf den Klimawandel.

Nicht alle Ergebnisse und Annahmen der in Tabelle 24 aufgelisteten Studien können und sollen hier diskutiert werden. Die in der neusten Untersuchung "ExternE Transport" gegebenen Berechnungen auf Grundlage der Modelle FUND 1.6 und FUND 2.0 dienen als Ausgangsbasis für die Herleitung eines eigenen Wertansatzes (vgl. zum Folgenden IER, 2000:133ff)[126]. Deshalb wird die Methodik dieser beiden Versionen des Modells "Climate Framework for Uncertainty, Negotiation and Distribution" (FUND) hier kurz skizziert.

FUND 1.6 umfasst das Wirkungsgefüge zwischen Bevölkerung, Wirtschaft, Technologie, Treibhausgasemissionen, atmosphärische Konzentration, Klimaveränderung, Klimafolgewirkung und Emissionsvermeidung. Es wurde entwickelt, um die Auswirkungen der Klimaveränderung mit den Effekten der Vermeidung von Treibhausgasen zu vergleichen. Das für die Berechnung der externen Grenzschadenskosten vorgesehene Modul, dem hier unser Interesse gilt, wird beschrieben in Tol (1996). Das Modell erlaubt Berechnungen unter Unsicherheit (Erwartungswerte) für jährliche Zeitschritte von 1950 bis 2200, neun Regionen der Erde und verschiedene Wirtschaftsakteure bzw. -sektoren. Der Anstieg der durchschnittlichen Oberflächentemperatur der Erde wird aus dem Strahlungsantrieb der Konzentrationsveränderung der Treibhausgase CO_2, Methan und Lachgas berechnet. Dabei kommen die unterschiedlichen Lebensdauern der einzelnen Emissionen in der Atmosphäre zum Tragen[127]. Der Temperaturanstieg determiniert den durchschnittlichen Anstieg des Meeresspiegels. Die Schäden der Klimaveränderung L_a zum Zeitpunkt a ergeben sich entweder aus

Gl. (7): $\qquad L_a - \alpha_u * W_u + \beta_a * W_a^2 \qquad$ oder

---

[126] In diesem ExternE Bericht werden neben den Modellen FUND 1.6 und 2.0 auch die Ergebnisse des "Open Framework for Economic Valuation of Climate Change" (OF) aufgezeigt und diskutiert. Da das OF-Modell aber auch schon in der Untersuchungen der ExternE Phase III Verwendung fand und die Ergebnisse zwischen denen von FUND 1.6 und FUND 2.0 liegen, werden hier nur diese beiden neueren Modelle als Grundlage für die eigene Berechnung herangezogen.
[127] Angenommen wird, dass der Einfluss der Klimagase Methan und Lachgas auf die atmosphärische Konzentration gemäß einer geometrischen Folge über die Verweildauer abnimmt.

Gl. (8): $\qquad L_a = \alpha_a * \Delta W_a + \beta_a * \Delta W_a^2 + \rho * L_{a-1}$.

W kann je nach Schadenskategorie die globale durchschnittliche Lufttemperatur an der Erdoberfläche oder der durchschnittliche globale Meeresspiegel sein. α, β und ρ sind Parameter, die je nach Schadenskategorie unterschiedliche Werte annehmen. Sie sind abhängig von der landwirtschaftlichen Produktion, dem Pro-Kopf-Einkommen und dem Anteil der Stadtbevölkerung in den unterschiedlichen Weltregionen. Der Schaden L wird entweder in Prozent des Bruttoinlandsprodukts oder in Prozent der Bevölkerung angegeben, wobei im letzteren Fall die durch Klimaveränderung induzierte Mortalität mit dem 200fachem Pro-Kopf-Einkommen in der jeweiligen Region zum jeweiligen Zeitpunkt bewertet wird.

Das Modell FUND 1.6 reflektiert die Erkenntnisse über die Klimawandelfolgewirkungen der ersten Hälfte der 90er Jahre, wie sie im IPCC (SAR) (1996) analysiert wurden. Der Wissensstand hat sich seitdem aber deutlich erweitert und führte zu einer völligen Überarbeitung des Modells in Form von FUND 2.0 (vgl. Tol, 1999). Neben den negativen Effekten sind auch einige positive Aspekte des Klimawandels, z. B. bei der Energienutzung und für die Landwirtschaft in manchen Regionen der Erde, hinzugekommen. FUND 2.0 betrachtet mehr Wirtschaftssektoren und Länder im Detail, und die Integration der ökologischen Adaptionsfähigkeit wurde ebenso verbessert wie die gesamte Wirkungsdynamik. Trotzdem werden in ExternE Transport nicht nur die Ergebnisse von FUND 2.0 präsentiert, sondern auch noch die mit Hilfe von FUND 1.6 ermittelten Grenzschadenskosten daneben aufgelistet, da bei den Autoren die Überzeugung besteht, dass die FUND 1.6 Ergebnisse zu pessimistisch, aber die FUND 2.0 auch zu optimistisch sind (vgl. IER et al., 2000:135). In der empfohlenen Spannweite für die Grenzschadenskosten des Klimawandels finden dann allerdings nur die Berechnungen mit FUND 2.0 Einzug, was ein Widerspruch zu der vorherigen Aussage darstellt bzw. das Ergebnis einer politischen Konsensfindung ist.

9.2 Probleme und Annahmen bei der Bewertung von Klimaschadenskosten

Wie bereits mehrfach angesprochen, sind die Schätzungen der Klimaschadenskosten mit einer Reihe von Unsicherheiten behaftet. Die Quellen für diese Unsicherheiten beruhen im Wesentlichen auf den folgenden Faktoren (vgl. IWW/Infras, 1995:174 sowie Rennings und Hohmeyer, 1997:50f):

- Die Entwicklung der Klimaveränderung ist schwer vorherzusagen, da insbesondere die Auswirkungen einzelner Ereignisse (z. B. die Veränderung des Golfstroms) schwer kalkulierbar sind.
- Regionale Auswirkungen des Klimawandels sind bisher nicht genau prognostizierbar, auch wenn das Wissen über die regionalen wie globalen Wirkungszusammenhänge in den letzten Jahren erheblich zugenommen hat. Die Folgeabschätzungen des IPCC wie auch die Einschätzung zur Störanfälligkeit und zur Anpassungsfähigkeit betroffener regionaler (Öko-) Systeme sind bisher zumeist nur qualitativer Natur (vgl. IPCC, 2001b). Als gesichert gilt allerdings, dass die Schäden regional sehr

unterschiedlich hoch sein werden, mit einem Schwerpunkt in den Entwicklungsländern und den kleinen Inselstaaten.

- Die Kostenschätzungen basieren auf Schadensszenarien, die zum Einen stark abhängig sind von den zugrundeliegenden Annahmen und zum Anderen nicht vollständig alle möglichen Schadensarten abdecken. Einen wichtigen Parameter stellt z. B. die prognostizierte Bevölkerungsentwicklung in den verschiedenen Weltregionen dar.

- Schwierigkeiten bereitet die Bewertung von Folgen extremer Wetterereignisse, die mit sehr ungewissen Wahrscheinlichkeiten auftreten.

- Der globale Charakter der Klimaproblematik ruft Bewertungsprobleme intragenerativer Gerechtigkeit hervor. Hierbei stellt sich besonders das Problem der Bewertung von Gesundheitsrisiken bzw. der Festlegung eines monetären Wertes für ein statistisches Menschenleben für die Länder des Nordens und des Südens.

- Die langen Zeithorizonte bei der Schätzung von Klimaschäden betrifft das Problem intergenerativer Gerechtigkeit. Die Langfristigkeit der Klimaproblematik ergibt sich sowohl durch die lange Verweildauer der Treibhausgase mit der dadurch hervorgerufenen Zeitverzögerung zwischen Emission und Wirkung, als auch durch die Irreversibilität mancher Schädigungen. Irreversible Schädigungen an Ökosystemen sind beispielsweise bei Gletschern, Korallenriffen und tropischen Wäldern zu erwarten. Die Frage der Diskontierung von zukünftigen Schäden tritt in den Vordergrund. Die Bedürfnisse zukünftiger Generationen werden durch den heute induzierten Klimawandel tangiert.

Insbesondere die letzten beiden Punkte zielen auf die Festlegung ethischer Werturteile, die sich durch normative Annahmen in den Szenarien für die Schätzung der Klimakosten ausdrücken. Im Folgenden werden die normativen Werturteile bezüglich der intra- und intergenerativen Verteilungsgerechtigkeit aus ökonomischen Überlegungen sowie nach den Kriterien einer globalen nachhaltigen Entwicklung abgeleitet und für diese Untersuchung transparent gemacht. Dies war bisher leider nicht bei allen Studien hinreichend der Fall, auch wenn die Höhe der marginalen externen Klimaschadenskosten ganz entscheidend von der Wahl der Parameter abhängt. Hohmeyer (1996:77) hat dargelegt, dass die Klimaschadenskosten bei identischen physischen Schäden aufgrund unterschiedlicher Annahmen bezüglich der intra- und intergenerativen Gerechtigkeit leicht um den Faktor 1.000.000 variieren können.

9.2.1 Intragenerative Gerechtigkeit

Kosten-Nutzen-Analysen im Klimaschutz versuchen die Zahlungsbereitschaft von Individuen zur Reduzierung von Klimarisiken zu ermitteln. Da die Zahlungsbereitschaften stark einkommensabhängig sind, kommt der Bevölkerung in reichen Staaten bei der Schadensbewertung ein höheres Gewicht zu als der Bevölkerung in Entwicklungsländern. Dies wird besonders deutlich bei der Bemessung des Wertes statistischer Menschenleben (value of statistical life = VSL). Es ist aber aus ethischen Gesichtspunkten sehr umstritten, den VSL in Entwicklungsländern deutlich niedriger anzusetzen als in Industrieländern (vgl. Rennings und Weinreich, 2002:259). Für die Fragestellung einer intragenerativen Gerechtigkeit muss also eine grundlegende Wertentscheidung getroffen werden.

In den Beiträgen von Fankhauser, Tol und Pearce (1996) sowie Azar und Sterner (1996) wird intragenerative Gerechtigkeit erstmals explizit berücksichtigt, indem eine Einkommensgewichtung (equity weighting) vorgenommen wird. "Auf der Basis der nach herkömmlichen Verfahren ermittelten Klimaschäden werden die Zahlungsbereitschaften im Aggregationsprozeß mit dem Einkommen gewichtet. Während also die Schäden für einzelne Länder oder Weltregionen zu einem globalen Wert aggregiert werden, erhalten sie einen Gewichtungsfaktor invers zum Einkommen. Dies wertet die Schäden reicher Länder ab und die Schäden armer Länder auf. Die Vergleichbarkeit wird erhöht, da die Schäden nun als relative Größe bezogen auf ein gleiches Einkommen (durchschnittliches jährliches Pro-Kopf-Welteinkommen) sichtbar werden. Ökonomisch läßt sich die Einkommensgewichtung mit dem sinkenden Grenznutzen des Einkommens begründen" (Rennings und Hohmeyer, 1997:52)[128]. Durch die Einkommensgewichtung wird sichergestellt, dass Schäden und Todesfälle in entwickelten Ländern nicht mehr zählen als in Entwicklungsländern.

Prinzipiell ist die Einkommensgewichtung ein sinnvoller Ansatz, dem Anliegen der intragenerativen Gerechtigkeit bei der Bewertung globaler Schäden gerecht zu werden. Allerdings stellt sich die Frage, inwieweit der gefundene globale Durchschnittswert der Höhe nach ein adäquater Ansatz zur Bewertung von Schäden oder dem Verlust an Menschenleben ist, die durch deutsche Emissionen im Personenverkehr hervorgerufen werden. Hohmeyer (1996:75) argumentiert in seinem Papier zu den "Social Costs of Climate Change" für eine global einheitliche Bewertung eines statistischen Menschenlebens in Höhe der Zahlungsbereitschaften, die für industrialisierte Länder ermittelt wurde. Er gibt damit der Frage der Verursachung der Klimaschäden ein besonderes Gewicht. Nicht die einkommensabhängige Zahlungsfähigkeit für die Schadensverminderung in den Entwicklungsländern, wo die meisten Klimaschäden entstehen, sondern die Bewertung auf Basis der Willingness to Accept (WTA) aus Sicht der Verursacher sollten im Vordergrund stehen. Damit würde die monetäre Bewertung durch die notwendige Kompensation für mögliche Klimaschäden, die in Korrelation zu dem Einkommen in den industrialisierten Ländern steht, determiniert. Die notwendigen Kompensationsleistungen dürften in derselben Größenordnung sein wie die Zahlungsbereitschaft zur Vermeidung eines zusätzlichen Todes in den Industrieländern, die, wie beschrieben, mit rund 3,1 Millionen Euro für 1995 angesetzt wird (vgl. Kapitel 8.1.5). In einem Dritte-Welt-Land fällt diese Zahlungsbereitschaft bemessen an der dortigen Einkommenssituation um gut einen Faktor hundert niedriger aus[129].

---

[128] Der sinkende Grenznutzen des Einkommens sagt hier aus, dass ein Geldbetrag, den eine arme Person in einem Entwicklungsland verliert, einen höheren Wohlfahrtsverlust darstellt als der gleiche Geldbetrag für einen OECD-Bürger.
[129] Hohmeyer (1996:75) nennt das Beispiel Niger, für das sich ein VSL von 33.000 $ proportional zum Pro-Kopf-Einkommen ergibt, im Vergleich zu 3.300.000$ für ein verlorenes Menschenleben in den USA.

In der ExternE Transport Studie werden die Annahmen zur Bewertung der Klimaschäden durch die tabellarische Auflistung der Ergebnisse von vier Bewertungsalternativen transparent gemacht (vgl IER et al., 2000:137ff). Als erste Alternative werden nur die Schäden und Effekte in der EU betrachtet ("EU only"). Dies wird als der Realpolitik am Nächsten kommend eingeschätzt. Die Alternativen 2 bis 4 bewerten zusätzlich auch Schäden in den anderen außereuropäischen Regionen. Bei Option 2 geschieht dies auf der Basis der Zahlungsbereitschaften vor Ort ("regional values"). Diese Option wird aber wegen der methodischen und ethischen Inkonsistenz unterschiedlicher einkommensabhängiger Bewertung auch schon in der ExternE Studie abgelehnt. Alternative 3 nimmt eine Bewertung aus der Perspektive eines gutmeinenden Weltherrschers mit einem globalen Durchschnittswert vor ("world average"), während Alternative 4 die EU-Zahlungsbereitschaft als Bewertungsgrundlage für alle Klimaschäden und den VSL ansetzt ("EU values"). Letztere wird als "moralische" Perspektive eines europäischen Entscheidungsträgers bezeichnet. Erwartungsgemäß steigen die Grenzschadenskosten von Alternative 1 bis 4 erheblich an, wie aus den Ergebnissen in der Tabelle 25 zu ersehen ist. In der Studie wird eine Empfehlung für die Bewertung der Klimaschäden mit einem globalen Durchschnittswert ausgesprochen (IER et al., 2000:138).

Tabelle 25: **The marginal costs of carbon dioxide emissions (in $/tC)[a)]**

	EU only	regional values	world average	EU values
FUND 1.6				
0 % PRTP	2,2	38,9	109,5	454,3
1 % PRTP	1,7	26,1	73,8	302,7
3 % PRTP	0,8	12,3	37,0	150,3
FUND 2.0				
0 % PRTP	7,2	19,7	27,5	96,3
1 % PRTP	3,1	3,5	12,5	45,5
3 % PRTP	0,0	-6,8	1,5	6,7

a) Emissions are in the period 2000-2009. Costs are discounted to 2000. Time horizon is 2100. Scenario is IS92a. Morbidity risks are valued based on the value of a statistical life.
Quelle: IER et al., 2000:138.   PRTP = pure rate of time preference.

Der eigene Bewertungsansatz baut auf den Ergebnissen der Modelle FUND 1.6 und 2.0 aus der ExternE Transport Studie auf. Im Gegensatz zu der dort gegebenen Empfehlung wird nicht die Alternative 3 ("world average") benutzt, sondern den Überlegungen von Hohmeyer (1996) gefolgt, was die Verwendung der EU-Zahlungsbereitschaftswerte für alle Schäden weltweit impliziert. Damit wird das Verursacher- bzw. Verantwortungsprinzip in den Vordergrund gestellt. Der soziale Aspekt einer nachhaltigen Entwicklung fordert unabhängig davon, ob dem Konzept der starken oder der schwachen Nachhaltigkeit gefolgt wird, dass weltweit soziale Gerechtigkeit zu erlangen sei. Dies bezieht sich auch auf eine langfristige Angleichung der Einkommen eher auf dem Niveau der industrialisierten Welt als auf dem der Entwicklungsländer oder einem heutigen globalen Durchschnitt. Deshalb sollte aber auch die Schadensbewertung für Klimafolgen, die zumeist ohnehin in der langfristigen Zukunft zu erwarten sind, auf dem dann angestrebten Niveau der Industrieländer erfolgen.

9.2.2 Intergenerative Gerechtigkeit

Aus Tabelle 25 wird ersichtlich, dass die Ergebnisse der Klimaschadenskostenberechnung nicht nur durch die Wahl der intragenerativen Bewertung divergieren, sondern auch durch die Wahl einer Diskontrate[130]. Hinter der Frage der Diskontierung von Schäden steht die ethische Entscheidung, ob und wie Schäden, die in der Zukunft auftreten, heute bewertet werden sollen. Verteilungsfragen stellen sich also nicht nur zwischen den Ländern des Nordens und des Südens, sondern auch zwischen der heutigen und zukünftigen Generation. Außerdem ist für die Höhe der heutigen Klimakosten entscheidend, für wie weit in der Zukunft Schäden betrachtet und prognostiziert werden. Es zeigt sich also, dass für die Ermittlung der externen Grenzschadenskosten der Klimaveränderung auch in Bezug auf die zweite Gerechtigkeitsbetrachtung, die intergenerative Gerechtigkeit, eine Reihe von normativen Werturteilen und Annahmen erforderlich sind.

Die Diskontierung gibt einen Anreiz, Schäden zeitlich in die Zukunft zu verlagern, da mit steigender Diskontrate der Gegenwartswert künftiger Schäden abnimmt. Bei sehr niedrigen Diskontraten oder einer Rate von 0 % wird die Langfristigkeit des Klimaschutzes besonders betont, da damit künftige Schäden oder künftiger Konsum gleich gewichtet wird wie heutiger. Auf der anderen Seite führt eine pauschal verringerte Diskontrate zu erhöhten ökonomischen Aktivitäten (Investitionen) und damit zu höheren Treibhausgasemissionen in der Gegenwart. Für dieses Dilemma bedarf es einer Lösung, die in Form der zeitvarianten oder zeitabhängigen Diskontierung resultiert.

In der Kosten-Nutzen-Analyse werden gewöhnliche Zinssätze von 0 bis 10 % verwendet, wobei zumeist 3 % als Standarddiskontrate für kurzzeitige Effekte zu Anwendung kommt. Diese Diskontrate von 3 % lässt sich von dem Konzept der sozialen Zeitpräferenzrate (*STP*) ableiten, die ein Maß für den sinkenden Nutzen des Konsums im Zeitverlauf darstellt. Die soziale Zeitpräferenz hängt von der reinen individuellen Zeitpräferenz (*ITP*[131]), von der realen Wachstumsrate des Konsums pro Kopf (*Kons*) und von der Elastizität des Grenznutzens des Konsums (η) ab. Die Gleichung lautet:

Gl. (9): $\qquad STP = ITP + \eta * Kons$

---

[130] Die Ausführungen zu diesem Abschnitt beziehen sich in erster Linie auf die ausführlichere Betrachtung der Diskontierungsproblematik in Rennings und Hohmeyer (1997:53ff) oder in Rennings und Weinreich (2002:260ff).
[131] In der Tabelle 25, die der ExternE Transport Studie entnommen ist, wird für die individuelle Zeitpräferenz der englische Term "pure rate of time preference (PRTP)" verwendet. Die ITP drückt Faktoren wie Ungeduld oder Unsicherheit bezüglich der individuellen Lebenserwartung aus. Einfach ausgedrückt bedeutet dies, dass Menschen heutigen Konsum gegenüber zukünftigem Konsum vorziehen.

Für Europa wird eine Wachstumsrate des Konsums pro Kopf von 1 bis 2 % angenommen, die mit dem Postulat einer nachhaltigen Entwicklung im Einklang steht und zumindest zum Teil auch ökologische Grenzen des Wachstums berücksichtigt. Die Elastizität des Grenznutzens des Konsums wird wie üblich gleich 1 gesetzt. In den ExternE Studien (vgl. IER et al., 1997 und 2000:136) wird für Europa eine *ITP* von 1 % als Durchschnitt ermittelt und zugrundegelegt. Addiert man $\eta*Kons$ ergibt sich eine *STP* von 2 bis 4 %. Fraglich ist, ob die individuellen Präferenzen, die der zentrale Wertmaßstab in der Kosten-Nutzen-Analyse und damit auch bei der Bewertung von Externalitäten sind, für die langfristige Klimaproblematik als Bewertungsmaßstab Verwendung finden sollten. Kritisiert wird, dass die Gesellschaft im Ganzen weder ungeduldig noch sterblich sei und deshalb für Fragen des Klimaschutzes die *ITP* wohlbegründet ausgeklammert werden könnte.

Rabl (1996) sowie Azar und Sterner (1996) haben sich dieser Argumentation angeschlossen und für die Bewertung von Schäden aufgrund von Klimaveränderung eine zeitabhängige Diskontierung vorgeschlagen und eingeführt. Rabl argumentiert, dass für intergenerative Wirkungen die Diskontrate aus der Perspektive zukünftiger Generationen festgelegt werden müsse. Marktzinssätze seien aus heutiger Sicht nur für einen Zeithorizont von maximal 30 bis 40 Jahren relevant, in denen Märkte auch funktionieren. Deshalb sei es keineswegs inkonsistent, die Diskontrate für über diesen Horizont hinausreichende Schäden zu senken und die *STP* ohne den Faktor *ITP* zu berechnen. Es wird also ein zeitabhängiger Split der Diskontrate zur Bewertung von kurzfristigen Effekten (< 30 bis 40 Jahre) und langfristigen Effekten (> 30 bis 40 Jahre) vorgeschlagen.

Auch für die radikale Position, mit dem Zinssatz von 0 % zu arbeiten, also auf eine Abzinsung zu verzichten, gibt es einige Argumente: Gerade im Bereich der Klimaschäden wird der Wert natürlicher Ressourcen tangiert, für die in Zukunft eine mit dem Einkommen steigende Nachfrage zu erwarten ist. Ein wichtiges Beispiel ist die Nachfrage nach Sicherheit, die sich u. a. im statistischen Wert eines Menschenlebens ausdrückt. Nach Erfahrungen in der Vergangenheit ist davon auszugehen, dass Gesundheit eine superiores Gut ist, d. h. dass die Zahlungsbereitschaft zur Verringerung von Gesundheitsrisiken mindestens mit der Wachstumsrate des realen Pro-Kopf-Einkommens ansteigt. Aus dieser Überlegung lässt sich für den VSL eine Diskontrate von 0 % begründen.

Basierend auf den vorangegangenen Argumenten und den Vorschlägen für eine zeitabhängige Diskontierung schlagen Rennings und Hohmeyer (1997:57) die folgenden Diskontraten für eine effiziente Allokation der Ressourcen im Zusammenhang mit der Bewertung der Klimaschäden vor:

- 0 % für langfristige Effekte, deren Wert mit dem Realeinkommen steigt,
- 1 % als Rate der *STP* ohne Berücksichtigung der *ITP* für andere langfristige Effekte (> 30 bis 40 Jahre),

- 3 % als Rate für *STP* unter Berücksichtigung von *ITP* (Standarddiskontrate für kurzfristige Effekte < 30 bis 40 Jahre),
- höhere Diskontraten (z. B. 6 %) zur Abbildung von Marktzinssätzen (soziale Opportunitätskostenrate).

Der eigene Ansatz schließt sich inhaltlich diesem Vorschlag an. Für die Bewertung der Klimaschäden, die ohnehin in erster Linie langfristig auftreten, werden die Modellergebnisse des ExternE Transport Projektes (FUND 1.6 und 2.0) mit einer PRTP = ITP = 0 % verwendet (IER et al., 2000:138, siehe Tabelle 25). Diese ExternE-Ergebnisse beinhalten Wachstumsraten des Konsums pro Kopf (*Kons*) von 1,2 bis 2,9 % je nach untersuchter Weltregion (1,2 % für die EU). Demzufolge wird beim eigenen Ansatz nicht davon ausgegangen, dass alle langfristigen Effekte Umweltgüter betreffen, deren Wert mit dem Einkommen steigt, auch wenn sicherlich die Schäden aufgrund von Verlusten an Menschenleben eine entscheidende Rolle spielen werden, für die eine Nicht-Diskontierung angemessen wäre.

Abschließend gilt es festzuhalten, dass sich bei der Behandlung der intra- und intergenerativen Verteilungsgerechtigkeit im Rahmen der Klimaproblematik die Notwendigkeit ethischer Werturteile zeigt, da ohne solche normativen Annahmen keine externen Klimaschadenskosten berechenbar sind. Durch die Wahl der Bewertungsperspektive (EU value vs. Einkommensgewichtung vs. regional value) und der Diskontraten kann die große Spannweite der Ergebnisse der Schadenskostenschätzungen zum Klimawandel (Tabelle 24 und 25) erklärt werden[132]. Die Ableitung der normativen Annahmen sollte sich an den Prinzipien einer nachhaltigen Entwicklung auf der Erde orientieren. Im Sinne der schwachen Nachhaltigkeit steht immer die effiziente Allokation der Ressourcen im Vordergrund, aber es zeigt sich, dass für die notwendige Bestimmung und Internalisierung der gesamten externen Kosten, und dazu zählen auch die der Klimaveränderung, Annahmen über die Verteilungsgerechtigkeit sowohl innerhalb einer Generation als zwischen den Generationen notwendig sind. Es bleibt allerdings fraglich, ob eine Änderung der Diskontrate oder der Bewertungsperspektive starken Einfluss auf heutige Konsum- oder Investitionsentscheidungen und damit auf die Lösung von Distributionsfragen hat. Für die Klimaproblematik erscheint es viel angemessener, die Verteilungsfrage im politökonomischen Prozess zu lösen und erst dann eine effiziente Allokation und damit den Tausch der Ressourcen nach deren Verteilung zu regeln. Dies würde allerdings bedeuten, dass man sich nicht mehr im Konzept einer schwachen Nachhaltigkeit bewegt, sondern vielmehr dem Konzept der starken Nachhaltigkeit mit Zielhierarchie im Daly'schen Sinne folgt.

---

[132] Ganz im Gegenteil verwundert es, dass einzelne Studien nur eine sehr kleine Spannweite angeben.

9.3 Wertansatz für die Klimaschadensgrenzkosten

Nachdem die Annahmen zur intra- und intergenerativen Gerechtigkeit für diese Untersuchung diskutiert und festgelegt worden sind, ergibt sich, dass als Basis für die eigene Berechnung der Grenzschadenskosten der Klimaveränderung die Werte 454 $/tC (FUND 1.6, 0 % ITP, EU value) und 96 $/tC (FUND 2.0, 0 % ITP, EU value) verwendet werden (siehe Tabelle 25). Drei weitere Annahmen bzw. Festlegungen sind für die Ermittlung der Grenzschadenskosten notwendig:

1. In ExternE Transport (IER: 2000) werden die Ergebnisse von FUND 1.6 als zu pessimistisch und die von FUND 2.0 als zu optimistisch eingeschätzt. Deshalb wird hier ein Mittelwert gebildet (275 $/tC).

2. Die zitierten FUND-Ergebnisse bewerten das Todesfallrisiko mit dem statistschen Wert eines Menschenlebens (VSL). Empfohlen wird in ExternE dann aber ein Grenzschadenskostenwert auf der Basis des "value of life year lost (VLYL)". Als Begründung wird angegeben, dass mit diesem Ansatz die spezifischen Todesfallrisiken auch für die einzelnen Weltregionen besser erfasst werden können. Dieser Sichtweise wird hier gefolgt. So sind in den Industrieländern in erster Linie Lebensverluste aufgrund von Herz- und Atemwegserkrankungen zu erwarten, während in den Entwicklungsländern Infektions-, Seuchen- und Übertragungskrankheiten (vector-borne diseases) dominieren, die einen höheren Verlust an Lebensjahren nach sich ziehen. Die Verwendung des VLYL-Ansatzes ist außerdem konsistent zur Bewertung der Schäden bei den klassischen Luftschadstoffen (vgl. Kapitel 8.1.5)[133]. In ExternE wird als Ergebnis des FUND 2.0-Modells unter Berücksichtigung des VLYL 60 $/tC (0 % ITP, EU value) genannt (siehe IER et al., 2000:140). Überträgt man den Quotient aus VLYL-Wert / VSL-Wert auf den unter 1. gebildeten Mittelwert, ergibt sich 172 $/tC.

3. Die Ergebnisse der FUND-Modelle basieren auf den Klimaveränderungsfolgen, die für den Second Assessment Report (SAR) vom IPCC ermittelt wurden. Die darin angegebenen Temperaturanstiege sind im neusten IPCC-Report (Third Assessment Report (TAR)) modifiziert bzw. erhöht worden. Die globale durchschnittliche Erdoberflächentemperatur wird nach TAR bis zum Jahr 2100 zwischen 1,4 – 5,8 °C steigen, während in SAR noch ein Temperaturanstieg von 1,0 – 3,5 °C angeben wurde (vgl. Kapitel 4.2.2). In TAR wird festgestellt, dass die negativen Effekte des Klimawandels umso stärker ausfallen, je höher der Temperaturanstieg ist. Dies gilt zumindest mit einer mittleren Sicherheit (33 bis 67 % Wahrscheinlichkeit) für die Schäden in Entwicklungsländern (vgl. IPCC, 2001b:11)[134]. Da die FUND-Modelle

---

[133] Der VLYL wird unter Verwendung einer 3 %gen Diskontrate aus dem VSL ermittelt. Man könnte argumentieren, dass diese Diskontrate nicht im Einklang steht mit der vorherigen Festlegung zur Diskontierung bei der Klimaproblematik. Allerdings beziehen sich die 3 % bei der Umwandlung von VSL in VLYL auf ein durchschnittliches individuelles Leben und sind von daher gerechtfertigt.

[134] Der IPCC-TAR gibt an, dass für die Industrienationen eine Erhöhung der weltweiten mittleren Temperatur bis zu einigen Grad Celsius eine Mischung aus Gewinnen und Verlusten bedeutet (niedrige Sicherheit: 5 bis 33 % Wahrscheinlichkeit). Bei höheren Temperaturen überwiegen die Verluste (mittlere Sicherheit: 33 bis 67 % Wahrscheinlichkeit). Die vorhergesagte Verteilung der ökonomischen

als wichtigste Einflussgröße den globalen mittleren Temperaturanstieg verwenden (vgl. Gleichungen 7 und 8), werden die Ergebnisse aus ExternE um den Faktor 1,6 ((1,4+5,8)/(1,0+3,5)) erhöht, um den neuen Erkenntnissen des IPCC-TAR gerecht zu werden. Es resultieren Grenzschadenskosten in Höhe von 275 $/tC.

Ausgedrückt in Euro pro CO_2-Äquivalente und bezogen auf das Jahr 1995 ergeben sich Grenzschadenskosten der Klimaveränderung in Höhe von 76 Euro (1995)/t CO_2. Damit ist der zentrale Wert für die Schätzung der externen Klimakosten des deutschen Personenverkehrs ermittelt. Die getroffenen Annahmen und Festlegungen beeinflussen die Höhe der Grenzschadenskosten in ähnlich deutlicher Weise, wie die Annahmen zur intra- und intergenerativen Gerechtigkeit. Den Autor hat hier die Erkenntnis geleitet, dass eine Modifikation der Ergebnisse auf Basis des Erforschten besser ist, als gar keine externen Klimaschadenskosten zu berechnen, wie es für den Third Assessment Report des IPCC entschieden wurde[135].

Für die Auswahl einer angemessenen Spannweite werden zwei der getroffenen Annahmen modifiziert. Erstens wird bei der Bewertung der möglichen Schäden der world average aus dem ExternE Projekt als Untergrenze genommen. Dieser Bewertungsansatz kommt der Einkommensgewichtung, wie sie Fankhauser, Tol und Pearce (1996) sowie Azar und Sterner (1996) vorschlagen, sehr nahe. Damit wird die intragenerative Verteilungsgerechtigkeit nicht tangiert (es kommt zu keiner Verschiebung zwischen Industrie- und Entwicklungsländern), sondern nur der absolute Bewertungsmaßstab variiert. Es resultieren Grenzschadenskosten in Höhe von knapp 17 Euro (1995)/t CO_2 (weiterhin basierend auf VLYL und einer Diskontrate ohne ITP).

Als Obergrenze der Spannweite wird die Annahme über den zeitlichen Untersuchungsrahmen der Klimaveränderungsfolgen variiert. Die in Tabelle 25 enthaltenen Ergebnisse der FUND-Modellierung haben als Zeithorizont das Jahr 2100. Im Rahmen der ExternE-Sensitivitätsanalyse werden aber auch Ergebnisse für eine Simulation von Schäden bis zum Jahre 2200, ermittelt mit FUND 2.0, angegeben (vgl. IER et al., 2000:144). Auch wenn die Unsicherheit solcher Schätzungen im Vergleich zu den Berechnungen bis 2100 erheblich zunimmt (man denke nur an die Annahmen zur

---

Auswirkungen wäre derart, dass das Wohlstandsungleichgewicht sich zu Gunsten der Industrienationen gegenüber den Entwicklungsländern verschieben würde – je höher die Temperatur, desto größer das Ungleichgewicht (mittlere Sicherheit). Die vergleichsweise größeren Schäden, die für die Entwicklungsländer geschätzt werden, spiegeln in Teilen deren geringere Anpassungsfähigkeit an die Klimaveränderung (im Vergleich zu den entwickelten Ländern) wider. Außerdem wird prognostiziert, dass, je höher der Temperaturanstieg ausfällt, die Nettoverluste beim Weltbruttoinlandsprodukt um so größer resultieren (vgl. IPCC, 2001b:11).

[135] Aus der Nicht-Bewertung der Schadenskosten im IPCC-TAR lässt sich in erster Linie folgern, dass die Unsicherheiten bei der Quantifizierung der Schäden und deren Monetarisierung als zu hoch angesehen werden und dass für die Annahmen bzw. ethischen Werturteile, die zu treffen zwingend notwendig sind, kein Konsens bestand. Im Report wird allerdings ausgesagt, dass die Klimaveränderungsfolgen stärker sein werden, als dies im SAR prognostiziert wurde. Daraus folgert, dass die Kosten des globalen Klimawandels höher ausfallen dürften, als die Spannweite 5 bis 125 $/tC, die im SAR genannt wurde. Um die Angabe politisch problematischer hoher Grenzschadenskosten zu vermeiden, beschäftigt sich die Working Group 3 des TAR vorrangig mit den Vermeidungsmöglichkeiten und -kosten.

Bevölkerungsentwicklung oder zur globalen Nahrungsmittelproduktion), so gibt es doch inhaltlich keine Begründung, warum eine Betrachtung nur für das laufende Jahrhundert stattfinden sollte. Zukünftige Generationen werden (hoffentlich) auch noch weit länger die Erde bevölkern. Wird der zentrale Schätzwert der ExternE-2200-Simulation auf die eigenen Annahmen und Festlegungen übertragen, resultieren Grenzschadenskosten in Höhe von rund 310 Euro (1995)/t CO_2 (basierend auf VLYL mit EU value und einer Diskontrate ohne ITP).

Als eigene Schätzung der Grenzschadenskosten der Klimaveränderung ergibt sich eine Spannweite von 17 – 310 Euro/t CO_2 mit dem zentralen Schätzwert von 76 Euro/t CO_2. Diese Schätzung basiert inhaltlich auf der Erkenntnis, dass Klimaschäden hauptsächlich in der Zukunft auftreten und deshalb eine Diskontierung aus der Perspektive zukünftiger Generationen erfolgt. Die Bewertung der Schäden wird aus der Perspektive der verursachenden Industrieländer, mit dem für deren Bevölkerung akzeptablen Wertansatz (willingness to accept), vorgenommen. Als Spannweite dient einerseits ein global durchschnittlicher Wertansatz und andererseits eine Erweiterung des Betrachtungszeitraum von 100 auf 200 Jahren. Zu beachten ist, dass die zugrunde gelegten Berechnungen mit den ExternE-FUND-Modellen keine klimatischen Extrem-Ereignisse und auch keine Bewertung der Klima-Unbeständigkeit vornehmen. Von daher stellt auch die eigene Abschätzung der Grenzschadenskosten der Klimaveränderung nicht das obere Ende der Messlatte dar.

Im Verlauf dieses Kapitels ist deutlich geworden, dass eine verlässliche Berechnung der Klimaschadenskosten nur sehr schwer möglich ist und dass die Ergebnisse je nach den zugrundegelegten Annahmen um mehrere Größenordnungen variieren. In der Extremposition könnten auch unendlich hohe Grenzschadenskosten berechnet werden, wenn der Betrachtungszeithorizont in die unbestimmte Zukunft ausgedehnt wird und keine Diskontierung der möglichen Schäden vorgenommen wird. Hier zeigen sich eindeutig die Grenzen der Quantifizierung externer Kosten. In Kapitel 10 werden die Grenzen der Quantifizierung im Zusammenhang mit der Ableitung eines ökonomisch optimalen Verschmutzungsniveaus sowie schwacher Nachhaltigkeitsindikatoren weiter beleuchtet.

9.4 Klimaschadenskosten im Personenverkehr bis zum Jahre 2020

Dieser Abschnitt dient der Berechnung der absoluten externen Klimaschadenskosten und der Grenzschadenskosten der Klimaveränderung für die einzelnen Verkehrsmittel im deutschen Personenverkehr von 1995 bis zum Jahr 2020. Als Basis dienen die CO_2-Emissionen, die im Rahmen der "Business as Usual" Emissionsprognose (BAU Szenario) für die einzelnen Verkehrsmittel bzw. Verkehrsmittelgruppen im Personenverkehr für die Jahre 1995 bis 2020 berechnet wurden. Methan- und Lachgasemissionen werden hier nicht weiter betrachtet, da die Prognose dieser Klimagase im Verkehrssektor als verhältnismäßig ungesichert angesehen wird, aber die Größenordnung der Abschätzung in Kapitel 5 gezeigt hat, dass, unter Berücksichtigung der Klimawirksamkeit der verschiedenen Treibhausgase, die CO_2-Emissionen im Verkehr für mehr als 95 % des verkehrsbedingten Treibhauseffektes verantwortlich und daher die anderen Klimagase von untergeordneter Bedeutung sind. In Bezug auf CO_2 erfolgte in Kapitel 5 keine technologie- oder verkehrssituationsbezogene Analyse der Emissionen, insbesondere auch nicht für die unterschiedlichen Pkw-Technologien und Fahrsituationen (bottom-up Analyse). Vielmehr wurden die Emissionen top-down für die Verkehrsmittel-Aggregate Pkw-Otto, Pkw-Diesel, Motorrad, Bus u.a., Bahn-Personen und Luft-national ermittelt. Diese top-down Berechnung der CO_2-Emissionen korrespondiert mit den top-down abgeleiteten Grenzschadenskosten der Klimaveränderung. Für die Berechnung der absoluten externen Klimaschadenskosten werden beide Größen miteinander multipliziert und für die spezifische Analyse auf die entsprechende Fahr- bzw. Verkehrsleistung bezogen. Es resultieren Durchschnittskosten, die gleich den verkehrsmittelspezifischen Grenzkosten sind.

Für die spätere Internalisierung der externen Klimakosten ist die Berechnung der Schadenskostenentwicklung in Deutschland für den Untersuchungszeitraum bis zum Jahr 2020 notwendig. Angenommen wird, dass die CO_2-spezifischen Grenzschadenskosten über den Zeitverlauf real konstant bleiben, d. h. dass sich der Kostensatz je Tonne CO_2 in Preisen von 1995 nicht ändert. Dahinter verbirgt sich die Annahme, dass auch die Zahlungsbereitschaften für die Umweltgüter und insbesondere für die menschliche Gesundheit real im Zeitraum bis zum Jahr 2020 konstant bleiben. Dies steht in einem gewissen Widerspruch zu der vorgenommenen leichten Diskontierung der Schäden gemäß der realen Wachstumsrate des Konsums pro Kopf (1,2 % für Deutschland, vgl. Kapitel 9.2) bei der Ermittlung der CO_2-spezifischen Grenzschadenskosten. Trotzdem wird hier für den verhältnismäßig kurzen Zeitraum bis zum Jahr 2020 die Konstanz der Grenzschadenskosten postuliert, um dem Charakter des superioren Gutes Gesundheit (0 % Diskontierung für langfristige Effekte, deren Wert mit dem Realeinkommen steigt, vgl. erneut Kapitel 9.2) gerecht zu werden und die Berechnung einfach und transparent zu halten. Die Ergebnisse sind in der Tabelle 26 zusammengefasst.

Tabelle 26: **Entwicklung der absoluten Klimaschadenskosten und der Klimaschadensgrenzkosten im deutschen Personenverkehr für die Jahre 1995 bis 2020 (Wertansatz: 76 Euro (1995)/t CO_2)**

	Mio. Euro (1995)				Euro (1995) / 100 pkm			
	1995	2000	2010	2020	1995	2000	2010	2020
Motorrad	115	125	125	128	0,90	0,88	0,79	0,72
Bus u.a.	636	614	664	675	0,93	0,89	0,87	0,80
Pkw	**8.276**	**8.333**	**8.129**	**7.127**	**1,13**	**1,09**	**0,96**	**0,81**
Pkw-Otto	6.836	6.669	6.250	5.311	1,15	1,10	0,97	0,82
Pkw-Diesel	1.440	1.664	1.879	1.817	1,07	1,05	0,92	0,78
Bahn-Personen	331	358	365	357	0,40	0,40	0,37	0,34
Luft-national	*129*	*152*	*193*	*230*	*1,22*	*1,16*	*1,07*	*0,99*
Personenverkehr	**9.487**	**9.581**	**9.476**	**8.518**	**1,05**	**1,01**	**0,90**	**0,76**

Die externen Klimaschadenskosten addieren sich für das Basisjahr 1995 auf rund 13,4 Mrd. Euro, wovon rund 9,5 Mrd. Euro aus den CO_2-Emissionen resultieren, die bei der Benutzung der Personenverkehrsmittel entstehen, während rund 3,9 Mrd. Euro zu Lasten des Güterverkehrs gehen. In der Gesamtheit entsprechen die externen Klimaschadenskosten damit über 0,7 % des deutschen Bruttoinlandsprodukts in Höhe von 1.845 Mrd. Euro. Von den 9,5 Mrd. Euro im PV sind rund 87 % auf die Benutzung der Pkw zurückzuführen. Die Verkehrsmittel der Kategorie Bahn-Personen haben einen Anteil von 9,2 % an der Verkehrsleistung im Personenverkehr (vgl. Tabelle 8, Kapitel 5.2), generieren aber nur 331 Mio. Euro Klimaschadenskosten und weisen damit in der Benutzung die höchste ökologische Effizienz auf.

Dies zeigt sich natürlich auch in den spezifischen Werten pro Personenkilometer (verkehrsmittelbezogene Grenzschadenskosten der Klimaveränderung). Zwischen den Hauptkonkurrenten Pkw und Bahn liegt annähernd ein Faktor 3. Der Diesel-Pkw hat Vorteile von rund 7 % im Vergleich zum Otto-Pkw. Betrachtet man die Motorisierung für einzelne Typen, z. B. den VW Golf, resultieren größere Unterschiede zwischen den Versionen mit Diesel- und Ottomotor. In der Aggregation wirkt sich allerdings der Tatbestand aus, dass mehr großvolumige Diesel-Pkw mit höheren spezifischen CO_2-Emissionen auf Deutschlands Straßen fahren. Beim Bus ist ein signifikanter aber nicht entscheidender Vorteil gegenüber dem Pkw fest zu stellen[136]. Für die Klimaschadenskosten pro Personenkilometer sind natürlich die Auslastungsfaktoren sehr wichtig, wie bei der Diskussion der Ergebnisse der externen Luftverschmutzungskosten bereits aufgezeigt wurde. Im Jahre 1995 lag der durchschnittliche Besetzungsgrad bei den Pkw bei 1,41 Personen/Pkw. Dies führt zu Grenzschadenskosten der Klimaveränderung je Fahrzeugkilometer von 1,61 Euro/100 km oder knapp 18 Cent je Liter Treibstoff (angenommener Verbrauch 9 Liter/100 km).

Die Entwicklung der Klimaschadenskosten bis zum Jahre 2020 verläuft analog zu der in Kapitel 5 ausführlich aufgezeigten Entwicklung der CO_2-Emissionen, da ein konstanter Grenzschadenskostensatz zur Anwendung kommt. Im Gegensatz zu den externen Luftverschmutzungskosten, die im Zeitverlauf um knapp 80 % im Personenverkehr sinken, kommt es bei den Klimaschadenskosten nur zu einer Reduktion von rund 10 %. Die höchsten externen Klimaschadenskosten sind im Personenverkehr im Jahre 2005 zu erwarten. Bei der spezifischen Betrachtung verändert sich im Zeitverlauf kaum etwas entscheidend. Der Pkw holt von 1995 bis 2020 im Vergleich zu den Verkehrsmitteln Bus und Bahn ein wenig auf, erreicht aber nicht das Ziel, nur doppelt so hohe spezifische Grenzklimaschadenskosten wie die schienengebundenen Verkehrsmittel auf zu weisen. Für das Jahr 2020 resultieren Grenzschadenskosten der Klimaveränderung je Pkw-Kilometer von 1,09 Euro (1995)/100 km oder etwas über 18 Cent je Liter Treibstoff (beim für 2020 angenommenen Durchschnittsverbrauch von rund 6 Litern, siehe Abbildung 12, Kapitel 5.3). Umgerechnet auf den Treibstoffverbrauch bleiben die externen Klimakosten beim durchschnittlichen Pkw also gleich.

---

[136] Die in der Tabelle 26 aufgeführten Ergebnisse zum Luftverkehr werden hier nicht weiter kommentiert, da die Klimakosten um ein Vielfaches höher ausfallen, wenn die klimawirksamen Effekte der Luftverschmutzung in großer Höhe berücksichtigt werden (vgl. die Diskussion hierzu in Kapitel 8.2).

Abbildung 40: Die Entwicklung der absoluten externen Luftverschmutzungs- und Klimaschadenskosten im Personen- und Güterverkehr in Deutschland für die Jahre 1995 bis 2020

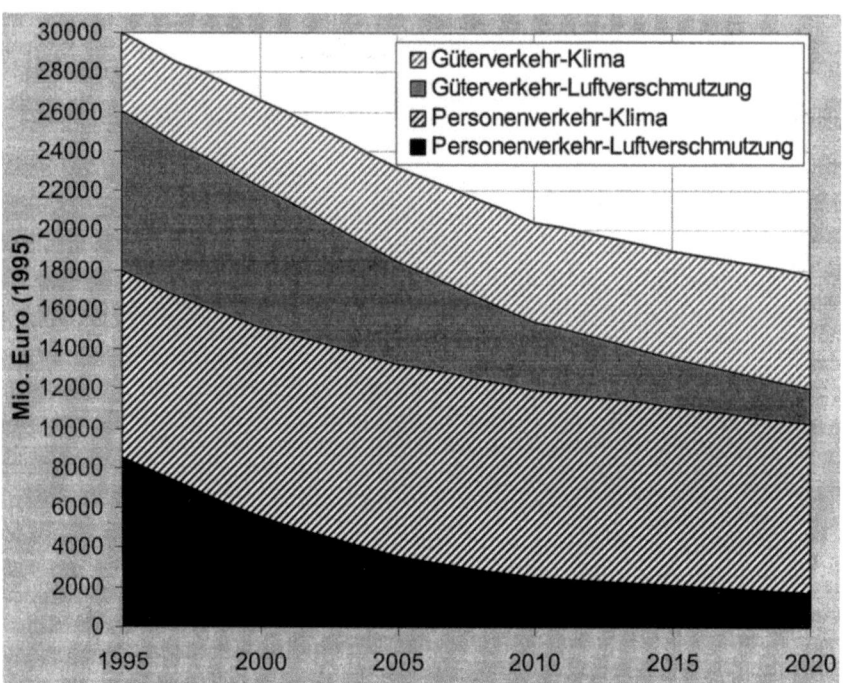

In Abbildung 40 ist die Entwicklung der absoluten Klimaschadenskosten und der absoluten Luftverschmutzungskosten zusammen für den Personen- und Güterverkehr dargestellt. Anhand dieser Abbildung wird die Verschiebung der Relevanz zwischen den beiden untersuchten Komponenten externer Kosten deutlich. Waren im Jahre 1995 nur rund 45 % der gesamten Schadenskosten in Höhe von rund 30 Mrd. Euro auf die Klimaveränderungsfolgekosten zurückzuführen, so ist dieser Anteil im Jahre 2020 auf 80 % gestiegen bei Gesamtkosten von 17,8 Mrd. Euro. Bei reiner Betrachtung des Personenverkehrs zeigt sich eine vergleichbare Relation: knapp 53 % der 18 Mrd. Euro waren im Jahre 1995 Klimaschadenskosten im Verhältnis zu 83 % im Jahre 2020 (Gesamtkosten von 10,3 Mrd. Euro). Die Klimaproblematik gewinnt also auch innerhalb der externen Kosten-Analyse deutlich an Gewicht.

Auch bei Anwendung der Untergrenze der CO_2-spezifischen Grenzschadenskosten (17 Euro/t CO_2) resultieren für das Jahr 2020 noch Klimakosten des deutschen Personenverkehrs in Höhe von 1.865 Mio. Euro oder 52 % der gesamten externen Klima- und Luftverschmutzungsschadenskosten. Wird die obere Grenze (310 Euro/t CO_2) angewendet, ergeben sich Klimaschadenskosten des PV von 38,6 Mrd. Euro für das Jahr 1995 und 34,7 Mrd. Euro für das Jahr 2020. In spezifischen Werten je Pkw-Kilometer würden so 6,55 Euro/km (in 1995) bzw. 4,46 Euro/km (in 2020) resultieren, was ausgedrückt im Treibstoffpreis einen Aufschlag von 73 bis 74 Cent je Liter für beide Jahre bedeuten würde. Das ist, zum Vergleich, weit mehr als die heutige Mineralölsteuer plus Öko-Steuer (im Jahre 2002 rund 62 Cent je Liter Vergaserkraftstoff).

In Abbildung 41 sind die spezifischen Ergebnisse der Luftverschmutzung und der Klimaveränderung (zentraler Bewertungsansatz: 76 Euro (1995)/t CO_2) für die beiden Jahre 1995 und 2020 zusammengefasst. Auch hier zeigt sich sofort, dass im Jahre 2020 die Grenzschadenskosten der Klimaveränderung dominieren. Absolut sind die Werte für jedes Verkehrsmittel im Zeitraum von 1995 bis 2020 ungefähr um die Hälfte gesunken. Der Otto-Pkw schneidet aufgrund seiner deutlichen Verbesserungen bei den Luftverschmutzungskosten im Jahre 2020 besser ab als der Diesel-Pkw. Sowohl die Bahn als insbesondere der Bus leiden unter ihrer schlechten durchschnittlichen Auslastung. Ein Bus ist mit 8 bis 9 Personen deutlich unterbesetzt (vgl. Kapitel 5.2). Ansonsten könnten diese Verkehrsmittel im Hinblick auf ihre ökologische Performance noch weit besser dastehen. Das Potenzial dazu ist in jedem Fall vorhanden.

Abbildung 41: Grenzschadenskosten der Luftverschmutzung und der Klimaveränderung für die Personenverkehrsmittel 1995 und 2020

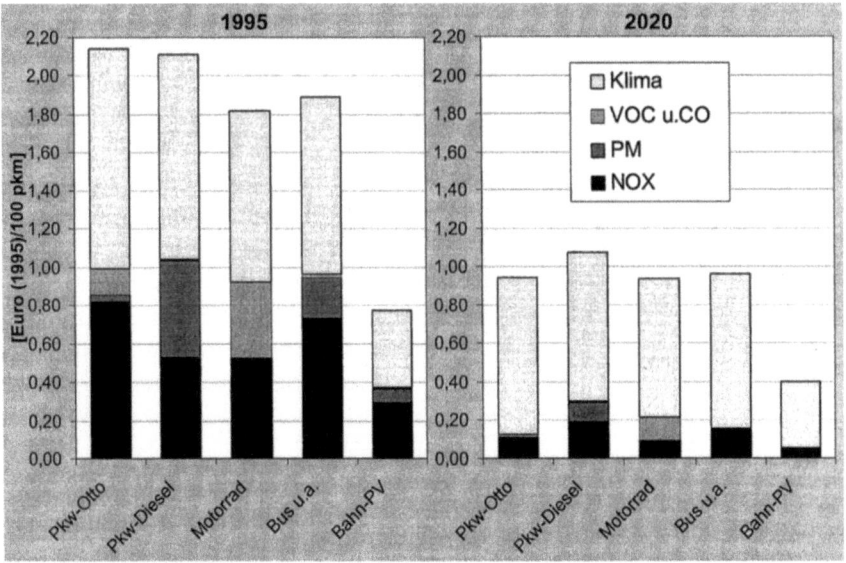

Ein weiteres Resultat des zweiten Teils dieser Untersuchung ist, dass nicht nur der motorisierte Individualverkehr (MIV) erhebliche externe Kosten aufgrund von Luftverschmutzung und Klimaveränderung hervorruft, sondern auch der öffentliche Verkehr (ÖV). Bei den schienengebundenen Personenverkehrsmitteln sind die Grenzschadenskosten je Personenkilometer allerdings um 55 bis 70 % niedriger als im MIV.

Die dynamische Betrachtung der externen Kosten bis zum Jahre 2020 zeigt eine deutliche Veränderung sowohl bei den absoluten Schadenskosten als auch bei den spezifischen Grenzkosten. Sind im Jahr 1995 noch rund die Hälfte der gesamten hier analysierten externen Kosten auf die Luftverschmutzung zurückzuführen, wird der Anteil bis zum Jahre 2020 je nach betrachtetem Verkehrsmittel auf 15 bis 25 % gesunken sein. Auch in der weiteren Zukunft wird die Bedeutung der Klimaschäden im Vergleich zu den Gesundheits- und Umweltschäden aufgrund von klassischen Luftschadstoffen bei allen Personenverkehrsmitteln weiter zunehmen, da für die CO_2-Emissionen keine Filtertechnologie (wie der Katalysator) existiert. Eine Reduktion der verkehrsbedingten Treibhausgase kann nur durch spezifische Energieverbrauchsminderung am Fahrzeug, neue Antriebstechnologien, Modal Split-Veränderungen oder durch Verkehrsvermeidung erreicht werden.

9.5 Andere externe Kostenkomponenten im Personenverkehr

Um den Untersuchungsgegenstand der externen Kosten des deutschen Personenverkehrs abzurunden, werden in diesem Abschnitt Größenordnungen der weiteren externen Kosten-Komponenten genannt. Als wichtigste sind die Unfall-, Lärm- und Staukosten zu nennen (vgl. Kapitel 7.4). Die mit diesen Externalitäten verbundenen Kosten werden im Rahmen dieser Untersuchung nicht mit einem eigenen Ansatz ermittelt, sondern direkt aus der Literatur zitiert. Bei Betrachtung der vorliegenden Studien erscheint die neue umfassende Untersuchung der externen Kosten des Verkehrs von IWW/Infras (2000) als geeignet, da diese Studie methodisch vergleichbaren Herangehensweisen folgt, sich auch auf das Basisjahr 1995 stützt und bei den Luftverschmutzungskosten ähnliche Ergebnisse präsentiert (vgl. Tabelle 21, Kapitel 8.1.8)[137].

Die Ergebnisse der absoluten sowie der spezifischen externen Unfall-, Lärm- und Staukosten des deutschen Personenverkehrs sind in Tabelle 27 aufgelistet. Zum Vergleich sind die absoluten und spezifischen externen Luftverschmutzungs- und Klimaschadenskosten der eigenen Berechnung auch noch mal in der Tabelle angegeben (hellgrau unterlegt). Die gesamten externen Kosten des Personenverkehrs belaufen sich auf rund 70 Mrd. Euro, das entspricht etwa 3,8 % des deutschen Bruttoinlandsproduktes im Jahre 1995. Der größte Anteil geht zu Lasten der Pkw. Bei den Verkehrsmitteln des MIV dominieren die Kosten der Unfälle, während bei der Bahn der höchste Einzelposten die externen Lärmkosten sind. Die ungedeckten Unfallkosten machen über 56 % der gesamten externen Kosten des Personenverkehrs aus, die Luftver-

---

[137] Für die Berechnung der externen Klimakosten wird allerdings bei IWW/Infras (2000:82ff) der Vermeidungskostenansatz gewählt mit einem Wertansatz von 135 Euro (1995)/t CO_2. Vergleiche hierzu auch die Ausführungen in Kapitel 10. Die IWW/Infras-Studie nennt als weitere externe Kosten-Komponenten den Natur- und Landschaftsverbrauch, urbane Zusatzeffekte und up-stream Effekte (Externalitäten die durch die Herstellung und Entsorgung der Verkehrsmittel oder der Treibstoffe hervorgerufen werden). Diese sind aber entweder schon zum Teil in den eigenen externen Luftverschmutzungskosten enthalten (urbane Zusatzeffekte) oder sie werfen methodische Probleme bezüglich der Zuordnung auf die Externalitäten der Verkehrsmittelnutzung auf, um die es in dieser Untersuchung nur geht (vgl. Kapitel 7.4). Außerdem gibt die IWW/Infras-Studie nur eine Abschätzung der zukünftigen externen Kosten bis 2010, die hier aber nicht aufgezeigt wird.

schmutzungs- und Klimakosten nur 12 bzw. 13 %. Bei Verwendung des oberen Wertansatzes für die Klimagrenzschadenskosten würde die Höhe der externen Klimaschadenskosten allerdings etwa gleich den Unfallkosten sein.

Tabelle 27: Externe Unfall-, Lärm- und Staukosten im deutschen Personenverkehr im Jahre 1995 (absolut und durchschnittlich)

	Absolute externe Kosten [Mio. Euro (1995)]					
	Unfall	Lärm	Stau	Luftvers.	Klima	Gesamt
Pkw	35.359	5.691	5.348	7.320	8.276	61.994
Motorrad	3.900	265	60	118	115	4.458
Bus[1]	268	112	302	658	636	1.976
Bahn[1]	58	403	-	311	331	1.103
Luft[2]	*80*	*553*	*-*	*89*	*129*	*851*
Personenverkehr	39.665	7.024	5.710	8.496	9.487	70.382
	Durchschnittliche externe Kosten [Euro (1995) / 100 pkm]					
	Unfall	Lärm	Stau	Luftvers.	Klima	Gesamt
Pkw	4,80	0,80	0,73	1,00	1,13	8,46
Motorrad	30,50	2,10	0,47	0,92	0,90	34,89
Bus[1]	0,32	0,13	0,36	0,96	0,93	2,70
Bahn[1]	0,08	0,59	-	0,37	0,40	1,44
Luft[2]	*0,07*	*0,49*	*-*	*0,81*	*1,22*	*2,59*
Personenverkehr	4,38	0,78	0,69	0,94	1,05	7,84

1) Die Kategorien Bus und Bahn beziehen sich in der Studie von IWW/Infras nur auf diese beiden Verkehrsmittel. Damit ist die vollständige Kompatibilität zu den eigenen Kategorien Bus u.a. bzw. Bahn-Personen (alle schienengebundenen Verkehrsmittel) nicht gegeben.
2) Die Kategorie Luft aus der Studie IWW/Infras hat eine andere räumliche Abgrenzung als die eigene Kategorie Luft-national. Die Ergebnisse sind nicht kompatibel.
Quelle: IWW/Infras (2000:273), eigene Berechnung siehe Tabelle 22 und Tabelle 26

Die durchschnittlichen externen Kosten zeigen an, dass jeder Kilometer, den ein Deutscher mit einem motorisierten Verkehrsmittel fährt, im Durchschnitt gesellschaftliche Zusatzkosten von knapp 8 Cent generiert. Bei Benutzung des Pkw liegt dieser Wert mit rund 8,5 Cent/pkm etwas höher, während bei der Benutzung der Bahn nur externe Kosten von knapp 1,5 Cent/pkm resultieren. Die Schere zwischen den beiden Hauptkonkurrenten Pkw und Bahn ist durch die Einbeziehung der Unfall-, Lärm- und Staukosten größer geworden, als bei reiner Betrachtung der Luftverschmutzungs- und Klimaschadenskosten. Auch der Bus schneidet bei der Gesamtbetrachtung deutlich besser ab. Legt man die gesamten externen Kosten des Pkws wieder auf den Treibstoffpreis um, so resultiert ein Aufschlag von knapp 67 Cent je Liter Treibstoff (für das Jahr 1995 wird wieder der Durchschnittsverbrauch von 9 Litern je 100 km für die Umrechnung zugrunde gelegt).

10 Nachhaltigkeitsziele gemäß schwacher Nachhaltigkeit

Der zweite Teil dieser Untersuchung hat zwei grundlegende Zielsetzungen, die aufeinander aufbauen. Die erste Zielsetzung umfasst die Identifizierung, Quantifizierung und Bewertung der Externalitäten des Personenverkehrs mit Schwerpunkt auf den beiden Untersuchungsgegenständen Luftreinhaltung und Klimaschutz. Diese Aufgabe wurde in den vorangegangenen Kapiteln 7 bis 9 erfüllt. Als Resultate liegen die absoluten externen Luftverschmutzungs- und Klimaschadenskosten je Verkehrsmittel, die Grenzschadenskosten je Personenkilometer für die betrachteten Verkehrsmittel sowie die emissionsspezifischen Grenzschadenskosten je Tonne Kohlendioxid (CO_2) und je Tonne Stickoxide (NO_x) für den Untersuchungszeitraum 1995 bis 2020 vor. Damit ist die Grundlage für eine effiziente Internalisierung der externen Schadenskosten für die angesprochenen beiden Problembereiche des deutschen Personenverkehrs ermittelt. Die Internalisierung der externen Kosten wird in den Kapiteln 11 und 12 diskutiert.

Die zweite Zielsetzung umfasst die Ableitung von Nachhaltigkeitsindikatoren gemäß dem Konzept der schwachen Nachhaltigkeit, die in diesem Kapitel erfolgt. Grundlage dafür sind die emissionsspezifischen Grenzschadenskosten je Tonne CO_2 und je Tonne NO_x im Bereich des Personenverkehrs. Aus dem Vergleich zu den noch zu ermittelnden Grenzvermeidungskosten ergibt sich das ökonomisch optimale Verschmutzungsniveau, welches das schwache Nachhaltigkeitsziel repräsentiert. Diese Sollmenge von Emissionen wird zur Berechnung der Indikatoren ins Verhältnis zu den Ist-Emissionen gesetzt. Der erste Abschnitt beschreibt die Methodik zur Ableitung der schwachen Nachhaltigkeitsziele und -indikatoren anhand einer Abbildung und diskutiert die Sinnhaltigkeit dieses Vorgehens. Die Abschnitte 2 und 3 wenden die Methodik jeweils auf die Problembereiche Klimaveränderung und Luftverschmutzung im deutschen Personenverkehr an. Im letzten Abschnitt werden die schwachen Nachhaltigkeitsindikatoren für die Bereiche Luftverschmutzung und Klimaveränderung mit den dementsprechenden starken Nachhaltigkeitsindikatoren aus Kapitel 6 verglichen und die Ergebnisse im Ganzen diskutiert.

10.1 Das pareto-optimale Verschmutzungsniveau

Wie bereits in Kapitel 3.3.4 und Kapitel 7.1 angesprochen, resultiert das ökonomisch optimale Verschmutzungsniveau bzw. das ökonomisch optimale Ausmaß des Klimaschutzes oder der Luftreinhaltung aus dem Kalkül Grenzschadenskosten gleich Grenzvermeidungskosten. Die Begründung hierfür liefert die paretianische Wohlfahrtstheorie, die eine Minimierung der durch die Klimaänderung bzw. die Luftverschmutzung verursachten gesamtwirtschaftlichen Kosten fordert. Derartige Kosten können entweder durch eine aktive Klimapolitik bzw. Luftreinhaltepolitik entstehen (Vermeidungskosten) oder durch das Unterlassen genau dieser Umweltpolitik hervortreten (Kosten der Anpassung an die Klimaänderung bzw. Luftverschmutzung, Schadenskosten). Optimal ist das Ausmaß des Klimaschutzes bzw. der Luftreinhaltung genau dann, wenn die Kosten der damit verbundenen umweltpolitischen Maßnahmen gerade dem Nutzen entsprechen. (vgl. Rennings und Hohmeyer, 1997:40). Der Nutzen ist dabei der vermiedene Klima- bzw. Luftverschmutzungsschaden. Diese Kosten-Nutzen-Betrachtung, die im Falle der Klimaproblematik im Vergleich zu der klassischen Kosten-Nutzen-Analyse um die Fragen der intra- und intergenerativen Verteilungsgerechtigkeit erweitert worden ist, stellt das Vehikel zur Ableitung eines ökonomisch optimalen Ausmaßes der Klimaschutz- bzw. Luftreinhaltepolitik dar.

Schätzungen der externen Schadenskosten werden oftmals direkt als Indikatoren schwacher Nachhaltigkeit aufgefasst. Sie geben die gesellschaftlichen Wohlfahrtseinbußen aufgrund der Klimaveränderung und der Luftverschmutzung an. Im Rahmen dieser Untersuchung werden die Nachhaltigkeitsindikatoren aber als Vergleich zwischen Ist- und Soll-Mengen von Emissionen definiert (vgl. Kapitel 6.1). Die Soll-Emissionen einer schwachen Nachhaltigkeit ergeben sich aus dem ökonomisch optimalen Ausmaß der Klimaschutz- bzw. Luftreinhaltepolitik, für dessen Ermittlung die externen Grenzschadenskosten wie auch die Grenzvermeidungskosten notwendig sind.

Die Zusammenhänge von Schadenskosten, Vermeidungskosten und gesamtwirtschaftlichen Kosten sind in der Abbildung 42 dargestellt (vgl. zu der Abbildung und deren Erklärung Bickel und Friedrich, 1995:11ff). Auf der Abszisse sind die Emissionen als Umweltbelastung aufgetragen. Der obere Teil der Abbildung zeigt die Kostenfunktionen, während der untere Teil die dazugehörigen Grenzkosten darstellt. Typischerweise steigen die Schadenskosten mit zunehmenden Emissionen an, allerdings wird hier im Gegensatz zu den meisten Abhandlungen ein konstanter und nicht exponentieller Zusammenhang abgebildet[138], da sowohl bei der Luftverschmutzungs- als auch bei der Klimaproblematik im Rahmen dieser Untersuchung konstante Grenzschadenskosten je Tonne Schadstoff ermittelt wurden (vgl. Kapitel 8.1 und 9.3). Demzufolge ist der Verlauf der Grenzschadenskostenkurve eine Gerade parallel zur Abszisse. Die Vermeidungskosten hingegen nehmen mit sinkenden Emissionen überproportional zu. Dieser Zusammenhang zeigt sich beispielsweise bei der Gebäudetechnologie: Mit relativ einfachen, wenig kostenintensiven Maßnahmen konnten und können große Dämmerfolge und damit Energieeinsparungen sowie CO_2-Emissions-Minderungen erzielt werden. Ist aber ein gewisses Niveau der Dämmung erreicht, wird es wesentlich aufwendiger und teurer, weitere CO_2-Emissionen zu vermeiden. Die Grenzvermeidungskostenkurven zeigen auch in den beiden untersuchten Problembereichen im Personenverkehr bzw. bei den Pkw einen fallenden Verlauf, wie in den nächsten Abschnitten hergeleitet werden wird. Die Grenzvermeidungskurve gibt somit an, wie viel es mehr kostet, die Emissionen (entweder CO_2 oder NO_x) um eine weitere Einheit zu vermindern.

---

[138] Vgl. hierzu beispielsweise die Studien von IWW/Infras, 1995:46ff, Maibach et al., 1992:14ff oder Bickel und Friedrich, 1995:11ff. Alle diese Studien gehen von der durchaus realistischen Annahme aus, dass mit steigenden Emissionen oder mit einer steigenden Umweltbelastung die Schäden überproportional zunehmen. In diesem Fall folgern auch ansteigende Grenzschadenskosten, die angeben, um wie viel sich die Schadenskosten erhöhen, wenn die Umweltbelastung (Emissionen) um eine Einheit wächst.

Abbildung 42: **Das pareto-optimale Luftreinhaltungsniveau im Personenverkehr**

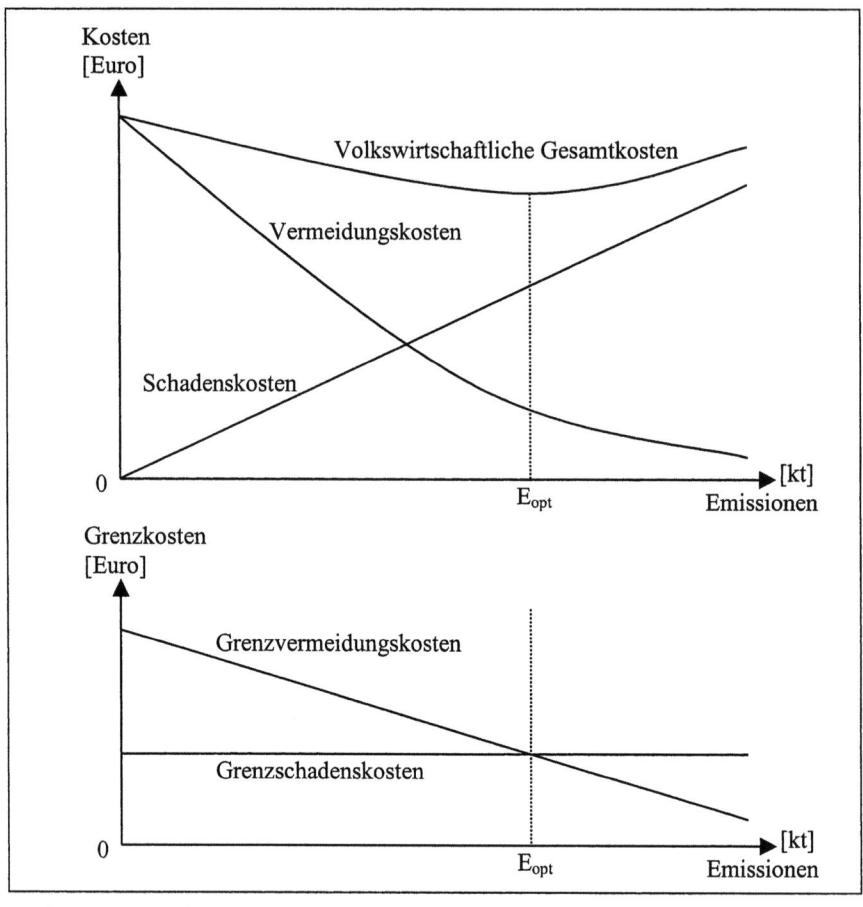

Quelle: eigene Abbildung in Anlehnung an Bickel und Friedrich (1995:12)

Aus ökonomischer Sicht stellt der Schnittpunkt aus Grenzvermeidungs- und Grenzschadenskostenkurve ein Optimum dar, da an dieser Stelle E_{opt} die volkswirtschaftlichen Gesamtkosten minimal sind. Ist das Emissionsniveau höher als E_{opt}, so ist es billiger, Schadensvermeidung zu betreiben als die Schäden in Kauf zu nehmen und die höhere Kompensationsleistung zu erbringen. Ist das Emissionsniveau niedriger als im Schnittpunkt der beiden Grenzkostenkurven, so überschreiten die Kosten der Emissionsvermeidung die der verursachten Schäden. In dem Fall ist es günstiger, die Schäden zu bezahlen, die Belastung zu zulassen und keine weiteren Vermeidungsanstrengungen vorzunehmen.

Anhand der Abbildung lässt sich außerdem begründen, warum der Vermeidungskostenansatz zur Schätzung der externen Grenzschadenskosten relativ ungeeignet ist (vgl. Kapitel 7.3). Befindet man sich rechts von E_{opt} so werden die externen Kosten unterschätzt. Bei Emissionsniveaus links von E_{opt} sind die Grenzvermeidungskosten höher als die Grenzschadenskosten, es kommt zu einer Überschätzung. Als Schätzwert eignen sich die Grenzvermeidungskosten nur in der direkten Umgebung von E_{opt}. "Allerdings müßte in diesem Fall bekannt sein, daß man sich in der Nähe des Schnittpunktes befindet, d. h. man müßte die Größenordnung der externen (Schadens-)kosten kennen, weshalb die Vermeidungskostenschätzung überflüssig wäre" (Bickel und Friedrich, 1995:11). Diese Argumentation zeigt, dass die zahlreichen Studien der letzten Jahre, in denen die externen Kosten der Klimaveränderung über den Vermeidungskostenansatz abgeschätzt wurden, methodisch damit nicht wirklich externe Kosten zu ermitteln versuchen. Vielmehr liegt das Ziel darin, einen Anhaltspunkt für die Festlegung einer Steuer oder Abgabe zu finden, mit der ein politisch festgelegtes Umweltschutzziel erreicht werden kann. Diesen Anhaltspunkt liefern die Grenzvermeidungskosten. Wird eine Steuer dementsprechend festgelegt, so wird zumindest auf vollkommenen Märkten im Sinne der ökonomischen Theorie das Umweltziel gerade erreicht. In der Tabelle 28 und in Abbildung 44 sowie 45 (siehe nächster Abschnitt) werden einige Schätzungen zu den CO_2-Grenzvermeidungskosten dargestellt. Die Höhe der Grenzvermeidungskosten je Tonne CO_2 hängt ganz entscheidend von dem angenommenen Vermeidungsziel ab. Dieses bestätigt den angenommenen Verlauf der Grenzvermeidungskostenkurve in der Abbildung 42. Aus den Zusammenhängen wird deutlich, dass sich bei reiner Betrachtung der Kosten der Emissionsvermeidung nur durch Zufall eine Gleichheit der Grenzvermeidungs- und Grenzschadenskosten ergeben kann.

Unter der Annahme, die (Grenz-)Vermeidungskosten verlässlich für heute und für die Zukunft abschätzen zu können, könnte das ökonomisch optimale Emissionsniveau und damit das schwache Nachhaltigkeitsziel aus dem Vergleich mit den Grenzschadenskosten ermittelt werden. Nun hat aber die Analyse im Kapitel 9 ergeben, dass zumindest bei der Klimaproblematik nicht von einer gesicherten Schätzung der externen Grenzschadenskosten ausgegangen werden kann. Und es wurde auch deutlich, dass die Ergebnisse der Grenzschadenskostenberechnung um mehrere Größenordnungen mit den getroffenen Annahmen zur intra- und intergenerativen Gerechtigkeit variieren. Deshalb warnt z. B. Hohmeyer eindringlich vor der Ableitung von Umweltschutzzielen über diesen ökonomischen Mechanismus indem er schreibt: "Every attempt to calculate 'optimal level of emissions' for different greenhouse gases, relying on marginal damage costs to compare them to marginal abatement or control costs, has to fail as we are far from knowing one exact monetary figure for the future damages we are causing. Any conclusion drawn from such cost benefit analyses on the 'best' and most efficient strategy to deal with man-made global climate change is arbitrary. Depending on the assumptions any result can be produced" (Hohmeyer, 1996:77f). Vielmehr sollten Umwelt- und Nachhaltigkeitsziele aus ökologischer und/oder sozialer Notwendigkeit abgeleitet werden, wie es beim Konzept der starken Nachhaltigkeit postuliert wird.

Auch wenn diese Einwände sehr berechtigt erscheinen, werden in den folgenden Abschnitten trotzdem solche schwachen Nachhaltigkeitsziele hergeleitet, da der Vergleich der schwachen Nachhaltigkeitsziele mit der prognostizierten Ist-Entwicklung sowie mit den starken Nachhaltigkeitszielen einige interessante Einblicke und Rückschlüsse auf die spezifische Situation im deutschen Personenverkehr im Hinblick auf die Luftverschmutzungs- und der Klimaproblematik zulassen.

10.2 Das ökonomisch optimale Klimaschutzniveau für den Pkw

Vermeidungskosten werden durch ein Umweltziel bestimmt. Für den Bereich des Klimaschutzes kann davon ausgegangen werden, dass die Kosten der Vermeidung um so höher anfallen, je höher das Niveau der zu vermeidenden CO_2-Emissionen ist. Der Verlauf der Grenzvermeidungskostenkurve kann jedoch je nach Land oder Wirtschaftsbereich unterschiedlich aussehen. So ist es z. B. möglich, dass die Grenzvermeidungskosten in der spanischen Industrie niedriger liegen als in der deutschen, da dort noch nicht so viele kostengünstige Energiesparpotenziale genutzt wurden wie bei uns. Ebenso ist es wahrscheinlich, dass der deutsche Haushaltssektor CO_2-Emissionen in großem Umfang billiger vermeiden kann (z. B. durch verbesserte Gebäudedämmung), als dies im Bereich des Personenverkehrs möglich ist.

Es stellt sich also die Frage, welche CO_2-Vermeidungskosten für die Ableitung des ökonomisch optimalen CO_2-Emissionsniveaus im Personenverkehr zur Anwendung kommen sollten. Bei den Grenzschadenskosten wurde in Kapitel 9.3 ein einheitlicher Satz für Deutschland und die EU ermittelt. Begründet wurde dies mit dem globalen und intergenerativen Charakter der Klimaproblematik. Ebenso könnte argumentiert werden, dass die Vermeidungsanstrengungen ja auch nicht in jedem Sektor oder Land separat vorgenommen werden sollten, sondern in dem Bereich oder Staat, in dem die günstigsten Optionen vorhanden sind. Logisch wäre demnach die Ableitung einer europaweiten oder sogar weltweit gültigen Grenzvermeidungskostenkurve. Diese an sich richtige Argumentation zielt allerdings auf die Ausgestaltung der Allokationsmechanismen und erfordert als Instrument zumindest, die Emissionsrechte handeln zu können[139]. Die Aufgabe bei der Ermittlung von Umweltschutz- oder Nachhaltigkeitszielen besteht aber im Gegensatz dazu in der Ableitung einer solchen Nachhaltigkeitszielsetzung spezifisch für den Personenverkehr. Anhand dieser theoretische Zielgröße werden dann erst im nächsten Schritt Maßnahmen zur Erreichung der festgelegten Emissionsobergrenze im Personenverkehr bestimmt, die durchaus eine sektor- oder nationenübergreifende Flexibilität beinhalten dürfen. Um also das ökonomisch optimale

---

[139] In den neueren Studien zu den externen Kosten des Verkehrs, in denen CO_2-Vermeidungskosten als Schätzungen der externen Klimakosten verwendet werden, wird von vornherein eine Vermeidung der Emissionen über die Sektoren- und Ländergrenzen hinweg vorausgesetzt (dies bedingt die Erlaubnis zum Handel von Emissionsrechten auf europäischer Ebene). Deshalb gehen diese Studien von einer europaweiten Grenzvermeidungskostenfunktion aus. Diese gesamtwirtschaftlichen Vermeidungskosten orientieren sich an den politischen Vorgaben der Gegenwart: So werden z. B. für das Kyoto-Klimaschutzziel (für die EU eine Reduktion um 8 % für die erste Budjetperiode (2008-2012)) Vermeidungskosten in Höhe von 37 Euro/t CO_2 geschätzt, die für das langfristige, vom IPCC aufgestellte Reduktionsziel für den europäischen Verkehrssektor (minus 50 % bis 2030) auf 135 Euro/t CO_2 ansteigen. Letztere finden in IWW/Infras (2000) Verwendung (vgl. CAPRI: Reninngs et al., 1999; RECORDIT: Weinreich et al., 2000; UIC-Externe Effekte des Verkehrs: IWW/Infras, 2000). Weitere Studien zur Abschätzung gesamtwirtschaftlicher, internationaler CO_2-Vermeidungskosten werden in Kapitel 13 untersucht.

CO_2-Emissionsniveau für den deutschen Personenverkehr zu bestimmen, bedarf es spezieller Schätzungen der Grenzvermeidungskosten für diesen Bereich. Für den Personenverkehr sind solche Schätzungen schwer erhältlich, wohl aber für den gesamten Verkehr oder das Verkehrsmittel Pkw.

In der Tabelle 28 sind die Schätzungen der Grenzvermeidungskosten für den gesamten Verkehrssektor, wie sie in IWW/Infras (1995:170ff) angegeben und diskutiert werden, aufgelistet. Die Vermeidungskosten wurden, bezogen auf die angenommenen Reduktionsziele von 20 %, 40 % und 60 % bis zum Jahr 2025, mit Hilfe des bottom-up und des top-down Ansatzes geschätzt.

Tabelle 28: Relative Vermeidungskosten der verkehrsbedingten CO_2-Emissionen für verschiedene Reduktionsszenarien

Reduktionsziel (für 2025 auf Basis 1990)	Grenzvermeidungskosten [Euro (1995) / t CO_2]	
	top-down	bottom-up
- 20 %	37	< 37
- 40 %	88	~37
- 60 %	197	73

Quelle: IWW/Infras, 1995:171, Originalwerte in SFr. (1990), eigene Umrechnung in Euro (1995)

Beim top-down Ansatz ergeben sich die Vermeidungskosten aus der hypothetischen Besteuerung des Kraftstoffs mit einem Steuersatz, der so gewählt ist, dass ein vorgegebenes Reduktionsziel, z. B. eine 25%-ige CO_2-Reduktion, erreicht wird. Die Kosten leiten sich dabei aus den resultierenden Wohlfahrtsverlusten ab, die bei der Veränderung der Nachfrage nach Kraftstoff durch den neuen Steuersatz entstehen. Der bottom-up Ansatz basiert auf der Berechnung der Kosten, die durch eine konsequente Verwendung von heute erhältlichen treibstoffsparenden Technologien und Verhaltensänderungen im Verkehr entstehen, um ein vorgegebenes Reduktionsziel zu erreichen. Die Kostendifferenz der beiden Verfahren ergibt sich aus der Tatsache, dass bei dem top-down Ansatz ein Nutzenverlust, z. B. durch Einschränkung der Nutzung der Fahrzeuge, eine veränderte Fahrweise oder der Umstieg auf ein öffentliches Verkehrsmittel gegeben ist, während der bottom-up Ansatz lediglich die effektiven technischen Vermeidungskosten berücksichtigt. Ausgehend von obigen tabellarischen Daten schätzt die Studie von IWW/Infras, für ein durchschnittliches Reduktionsszenario von 40 % der verkehrsbedingten CO_2-Emissionen bis zum Jahre 2025 auf Basis des Jahres 1990, Vermeidungskosten in Höhe von 30 – 70 Euro/t CO_2 (IWW/Infras, 1995:172).

Die in der Tabelle genannten Werte beziehen sich auf den gesamten Verkehrssektor, sie sind von daher nicht einfach auf den Personenverkehrsbereich übertragbar, geben aber immerhin eine Orientierung. Die Ableitung von schwachen Nachhaltigkeitszielen und -indikatoren kann hier nicht für alle Verkehrsmittel im Personenverkehr erfolgen, da keine ausreichenden Angaben über die spezifischen Vermeidungsoptionen insbesondere im öffentlichen Verkehr zur Verfügung stehen. Deshalb erfolgt hier eine Beschränkung auf das wichtigste Verkehrsmittel, den Pkw.

Pischinger (1999:14f) hat in seiner Studie zur Zukunft des Verbrennungsmotors Schätzungen über die Kosten der Energie- und CO_2-Effizienz verschiedener Antriebskonzepte angegeben. Aus der Studie ist die Abbildung 43 übernommen, die die Ergebnisse der Schätzungen zusammenfasst. Es zeigt sich, dass sowohl zukünftige Otto- als auch Dieselmotorkonzepte ähnliche Kosten-Nutzenverhältnisse aufweisen. Die Konzepte basieren auf Direkteinspritzungstechnologie sowie auf Hochaufladung und variablen Ventiltrieb. Der Brennstoffzellenantrieb weist ein schlechteres Kosten-Nutzenverhältnis auf, woraus höhere zukünftige Vermeidungskosten resultieren, während der hochaufladende Erdgasmotor mit sehr niedrigen CO_2-Emissionen das beste Kosten-Nutzenverhältnis hat[140].

Abbildung 43: CO_2-Emissions-Kosten-Schere für zukünftige Pkw-Antriebe

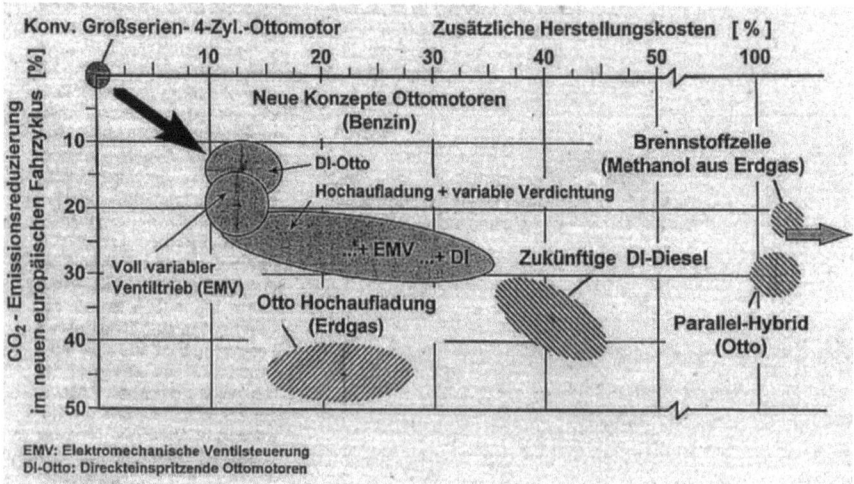

Quelle: Pischinger, 1999:14

Unter der Annahme der 1995er Herstellungskosten für Otto- und Diesel-Pkw (rund 18.000 Euro für den Durchschnitts-Pkw (vgl. European Commission, 1999b)), des deutschen Bestands an Pkw von rund 40 Millionen Fahrzeugen und der jährlichen CO_2-Emissionen der Pkw in Höhe von 108,9 Mt für 1995 (siehe Kapitel 5) können aus den Angaben der Abbildung 43 Vermeidungskosten und Grenzvermeidungskosten als Punktschätzungen für die angegebenen Vermeidungsniveaus ermittelt werden. Das gleiche Vorgehen wird mit den Angaben von drei weiteren Studien durchgeführt.

---

[140] Allerdings sind die Erdgasverteilungs- und Speicherungskosten hier nicht berücksichtigt. Bisher besteht in Deutschland kein flächendeckendes Erdgastankstellennetz, bzw. es befindet sich erst im Aufbau. Die Erdgasverteilungs- und Speicherkosten stellen einen Schwelleneffekt dar, der nur in einer langfristigen Grenzkostenbetrachtung miteinfließen kann. Ein Erdgasfahrzeug vergleichbarer Leistung und Größe emittiert heute 120 g CO_2/km im Vergleich zu über 180 g CO_2/km beim heutigen Diesel-Pkw.

Der Rat von Sachverständigen für Umweltfragen (SRU, 1996:590ff) schätzt für 1987 Vermeidungskosten für Pkw. Bei einer 30 %igen Reduktion der CO_2-Emissionen pro Pkw fallen Zusatzkosten von 1000 DM/Pkw an. Für eine Reduktion um 40 %, 50 %, 60 %, 70 % und 80 % werden Zusatzkosten von 2000, 4000, 8000, 16000 und 32.000 DM je Pkw angegeben. Diese Daten werden auf das Jahr 1995 und in Euro übertragen und auf die gesamten CO_2-Emissionen der deutschen Pkw angewendet.

Als dritte und vierte Quelle für die eigene Schätzung einer Grenzvermeidungskostenkurve für CO_2-Emissionen der deutschen Pkw fließen Schätzungen einer amerikanischen Studie (Davis, 1995) und einer europäischen Studie (DRI und McGraw-Hill, 1995) ein. In einer Synthese dieser beiden Studien werden für die zum heutigen Zeitpunkt verfügbaren und die zukünftigen Technologien Grenzvermeidungskostenkurven mit dem typischen exponentiellen Verlauf angegeben. Dabei liegen die Schätzungen für die Grenzvermeidungskosten zukünftiger Technologien deutlich niedriger als die der zum heutigen Zeitpunkt verfügbaren Technologien. Die Angaben für die zukünftigen Technologien werden wieder übertragen auf die deutsche Situation bei den Pkws.

Abbildung 44: Grenzvermeidungskosten für den Pkw in Deutschland (geschätzt auf der Basis von 3 Studien zu den Kosten möglicher, zukünftiger CO_2-Effizienzerhöhung beim Pkw)

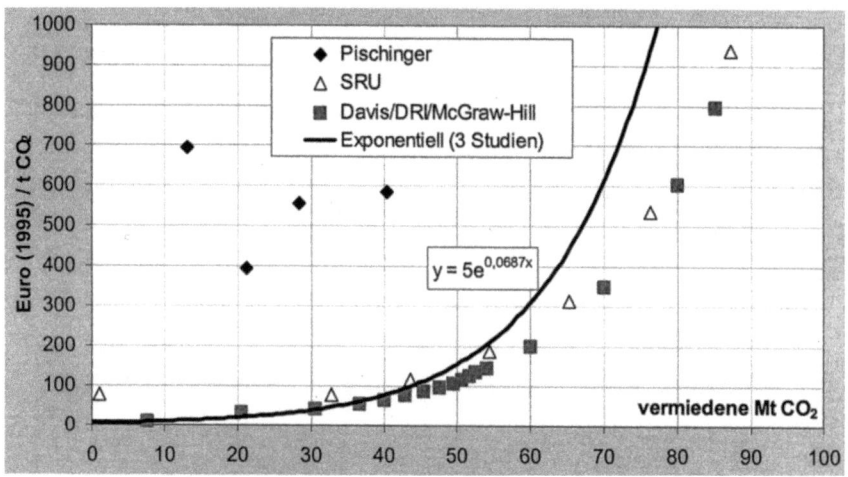

Die Punktschätzungen für die Grenzvermeidungskosten der drei Studien von Pischinger, von Davis, DRI und McGraw-Hill und vom SRU sind in der Abbildung 44 eingetragen. Aus allen Angaben wird eine exponentielle Schätzfunktion ermittelt, welche die Ergebnisse in einer gemeinsamen CO_2-Grenzvermeidungskostenkurve für das Verkehrsmittel Pkw in Deutschland auf der Basis 1995 zusammenfasst. Für die Schätzungen zu den Kosten der CO_2-Effizienzverbesserungen wird in keiner Studie ein konkreter Zeitbezug ausgewiesen, es handelt sich aber bei allen drei Studien um Kostenschätzungen zukünftiger Technologien. Deshalb erfolgt hier die Annahme, dass die studienübergreifende exponentielle Grenzvermeidungskostenkurve, bei aller Unsicherheit, bis zum Jahr 2020 gültig ist.

Für das Jahr 1995 belaufen sich die CO_2-Emissionen der deutschen Pkw auf 108,9 Mt. Aus Abbildung 44 wird ersichtlich, dass zu Kosten von bis zu 1000 Euro/t CO_2 höchsten 75 Mt (also knapp 70 %) vermieden werden können. Die Pkw-spezifischen Grenzvermeidungskosten für das Reduktionsziel von -40 % (entspricht 43,6 Mt CO_2), welches bei der Studie von IWW/Infras zugrundegelegt wurde, belaufen sich auf rund 100 Euro/t CO_2. Die Differenz zu den angegebenen 30 bis 70 Euro Grenzvermeidungskosten für den gesamten Verkehrssektor erklärt sich aus der reinen Betrachtung der technologischen Vermeidungsoptionen beim Pkw. Verhaltensänderungen, Umstieg auf öffentliche Verkehrsmittel und auch die möglicherweise günstigeren Vermeidungsoptionen im Güterverkehr sind in der Schätzung aus Abbildung 44 nicht enthalten.

Abbildung 45: Vergleich von Grenzschadenskosten (GSK) und Grenzvermeidungskosten (GVK) für CO_2-Emissionen beim Pkw

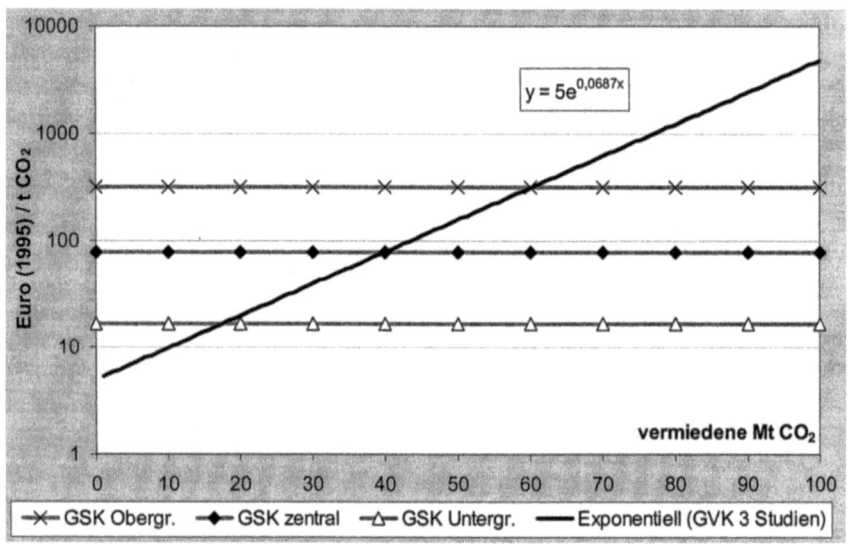

In Abbildung 45 schließlich wird die ermittelte CO_2-Grenzvermeidungskostenkurve mit den Grenzschadenskostenschätzungen der Klimaveränderung aus Kapitel 9 verglichen. Der Schnittpunkt mit dem zentralen Schätzwert von 76 Euro/t CO_2 liegt bei ungefähr 40 Mt zu vermeidende CO_2-Emissionen im Bereich der deutschen Pkw. Damit ist das ökonomisch optimale Verschmutzungsniveau und das schwache Nachhaltigkeitsziel für den Pkw bestimmt. Die Emissionen müssten im Vergleich zum Jahre 1990, dem Basisjahr für die Festlegung von Nachhaltigkeitszielen, von 107,9 Mt auf rund 68 Mt reduziert werden. Dies entspricht einer Reduktionsanforderung von rund 37 %. Wird die Untergrenze der Grenzschadenskostenschätzung angewandt, ergibt sich eine ökonomisch optimale Reduktionsanforderung für den Pkw von rund 18 Mt, während bei der Anwendung der Obergrenze immerhin rund 60 Mt CO_2 zu reduzieren wären[141].

10.3 Schwaches NO_x-Nachhaltigkeitsziel für den Pkw

Analog zu der Analyse des ökonomisch optimalen Klimaschutzniveaus im letzten Abschnitt erfolgt auch für den Bereich Luftverschmutzung im Personenverkehr eine Beschränkung auf das Verkehrsmittel Pkw für die exemplarische Ableitung des ökonomisch optimalen Luftverschmutzungsniveaus. In Kapitel 6 wurde bereits aufgezeigt, dass der Engpassfaktor im Bereich der Luftverschmutzung bei den Stickoxid-Emissionen (NO_x) liegt. Hergeleitet wird in diesem Abschnitt folglich ein schwaches NO_x-Nachhaltigkeitsziel für das Verkehrsmittel Pkw.

Betrachtet werden wieder nur die Grenzvermeidungskosten aufgrund von technologischen Maßnahmen bei den Pkw in Deutschland (bottom-up Analyse). Ausgangspunkt für die Abschätzung der NO_x-Grenzvermeidungskostenkurve sind die Angaben zu den Kosten von technischen Maßnahmen beim Pkw, die aus der schweizerischen Studie "Kosten-Wirksamkeit von Umweltschutzmaßnahmen im Verkehrsbereich" (Maibach et al., 2000b:89ff) entnommen werden. Im Bezug auf die klassischen Luftschadstoffe (NO_x und weitere) steht die Einführung und Weiterentwicklung der Katalysator-Technologie im Mittelpunkt. Die Studie analysiert die zusätzlichen Investitions- sowie Wartungs- und Instandhaltungskosten der technischen Maßnahmen beim Übergang von der EURO 2- auf die EURO 3- und beim Übergang von der EURO 3- auf die EURO 4-Technologie für Otto- und Diesel-Pkw[142]. Diese Kostenschätzungen sind in der Tabelle 29 aufgelistet.

Die Grenzvermeidungskosten (in der Tabelle: Kosten-Wirksamkeit) beim Übergang von EURO 3 auf EURO 4 werden als verhältnismäßig unsicher eingeschätzt, sie liegen aber in der gleichen Größenordnung wie beim Übergang von EURO 2 auf EURO 3. Als Ausgangswert für die eigene Abschätzung einer NO_x-Grenzvermeidungskostenkurve wird der gesichertere Wert EURO 2 auf EURO 3 mit den deutschen Fahrleistungs- und Emissionsanteilen von Otto- und Diesel-Pkw gewichtet. Für die entsprechende Reduktion um rund 30 % NO_x (Ausgangswert 1995, alle Pkw: 473,6 kt NOx, siehe Kapitel 5) ergeben sich Grenzvermeidungskosten in Höhe von rund 16.150 Euro (1995) / t NO_x (Umrechnungskurs 1 Euro (1995) = 1,55 SFr. (1995)).

---

[141] Für die Diskussion der Ergebnisse siehe den übernächsten Abschnitt 10.4.
[142] Als technische Maßnahmen bei Otto-Pkw nennen Maibach et al. (2000b:90f) in Bezug auf die neue Katalysator-Technologie die bessere Kontrolle der Betriebstemperatur, eine vergrößerte Katalysatorbeladung, das duale O_2-Sensoren-System, das Vorheizen des Katalysators beim Kaltstart, die Niedertemperatur Lambda-Sonden und weitere kleinere Maßnahmen. In Bezug auf innermotorische Maßnahmen werden die elektronische Motorsteuerung, die selektive Kraftstoffeinspritzung sowie die luftunterstützte Kraftstoffeinspritzung aufgelistet, und auch beim Abgassystem kann durch Abgasrückführung und durch doppelwandige Abgasrohre eine schnellere Erwärmung des Katalysators erreicht werden. Beim Diesel-Pkw werden als Maßnahmen zum Übergang von EURO 2 zu EURO 3 und EURO 4 die elektronische Motorsteuerung inkl. der vollelektronischen Einspritzung, die Hochdruck-Treibstoffeinspritzung, die elektronisch überwachte Abgasrückführung, eine Verbesserung am Oxidationskatalysator sowie für EURO 4 ein zusätzlicher $deNO_x$-Katalysator genannt (vgl. Maibach et al., 2000b:92).

Tabelle 29: Kosten-Wirksamkeit für die Stickoxidreduktion der Pkw beim Übergang der EURO-Normen 2, 3 und 4 in der Schweiz

Pkw	Techno-logie	NO_x Grenzwert [g / Fzkm]	Übergang	Reduktion pro Jahr [g / a]	Kosten pro Jahr [SFr. / a]	Kosten-Wirksamkeit [SFr. / kg NO_x]
	EURO 2	0,25				
Otto	EURO 3	0,15	EURO 2 => 3	1.450	75	52
	EURO 4	0,08	EURO 3 => 4	990	50	51
	EURO 2	0,81				
Diesel	EURO 3	0,50	EURO 2 => 3	4.400	110	25
	EURO 4	0,25	EURO 3 => 4	3.550	50	14

Quelle: Maibach et al., 2000b:94

Die Studie von Maibach et al. kommt für eine weitere Reduzierung der Emissionen nicht zu steigenden Grenzvermeidungskosten, sondern eher zu konstanten bzw. leicht fallenden. In anderen Studien wird aber auch bei der Vermeidung der klassischen Luftschadstoffe der Pkw regelmäßig von steigenden Kosten ausgegangen. So analysiert z. B. die Studie von IWW/Infras (1995:141ff) auf der Basis der Auswertung mehrerer Schätzungen eine Steigerung der Grenzvermeidungskosten um rund 40 % beim Vergleich zwischen einen Reduktionsziel von -30 % und -50 %. Sollen sogar 60 % der NO_x-Emissionen bei den Pkw vermieden werden, so erhöhen sich die Grenzkosten noch mal um rund 15 % im Vergleich zum 50 %-Ziel. Die Steigerung der Grenzvermeidungskosten erscheint plausibel, da mit einer zusätzlichen Reduktion die technischen Maßnahmen immer ausgefeilter, zumeist auch anfälliger und damit kostenintensiver werden. Deshalb werden hier die zitierten Steigerungsraten der Grenzvermeidungskosten für den 50 %- und 60 %-Wert auf den Ausgangswert (Reduktion der NO_x um 30 %) angewendet. Für die Ableitung der Grenzvermeidungskostenkurve wird aus den drei gefundenen Punktschätzungen wieder eine exponentielle Funktion geschätzt, die in Abbildung 46 eingetragen ist.

In Abbildung 46 sind die Grenz-Luftverschmutzungs-Schadenskosten für NO_x des Pkws als gewichteter Durchschnitt und für vier Regionen in Deutschland eingetragen. In Kapitel 8.1 wurde ermittelt, dass die Grenzschadenskosten für die relevanten Bereiche von emittierten Mengen an NO_x beim Pkw konstant sind. Beim Vergleich mit der Grenzvermeidungskostenkurve ergibt sich ein Schnittpunkt mit der Durchschnitts-Grenzschadenskostenkurve bei knapp 50 kt zu vermeidende NO_x. Das ökonomisch optimale Luftverschmutzungsniveau liegt demnach in Höhe von rund 425 kt NO_x für das Verkehrsmittel Pkw im deutschen Personenverkehr, auf der Basis der Ist-Emissionen der Pkw aus dem Jahre 1995 (473,6 kt NO_x). Die Aussagekraft dieses schwachen Nachhaltigkeitsziels wird als relativ gering beurteilt. Erstens ist die Menge zu vermeidender NO_x-Emissionen sehr niedrig und wird von der Realität im Jahre 2000 schon weit überholt und zweitens ist das Ziel nur auf das Jahr 1995 anwendbar, die Gültigkeit für zukünftige Technologien bis zum Jahr 2020 ist in der Grenzvermeidungskostenschätzung nicht gegeben. Außerdem ist wieder zu beachten, dass die Kurve der

Vermeidungskosten bei Einschluss anderer Vermeidungsoptionen als nur der technischen deutlich niedriger läge. Demzufolge würden eine höhere optimale zu vermeidende Verschmutzungsmenge und ein niedrigeres optimales Verschmutzungsniveau resultieren.

Abbildung 46: Vergleich von Grenzschadenskosten (GSK) und Grenzvermeidungskosten (GVK) für NO_x-Emissionen beim Pkw

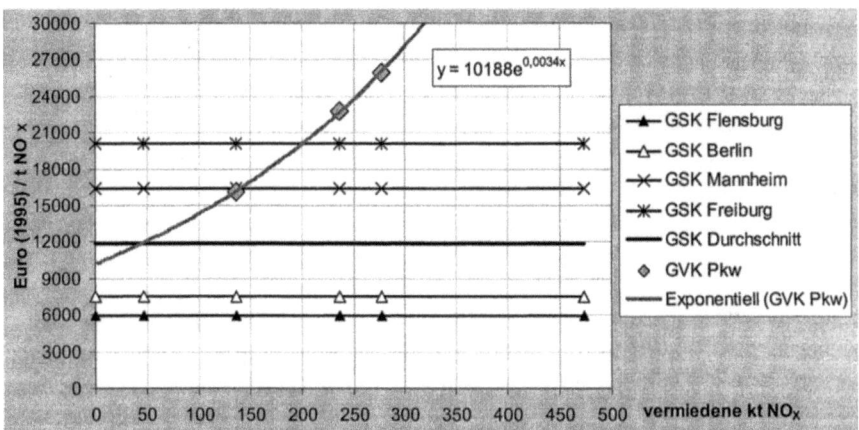

Trotzdem lassen sich bei genauerer Betrachtung einige ökonomische Aussagen auf Grundlage der gefundenen Ergebnisse ableiten: Die Punktschätzung für die 30 %ige Reduktion der NO_x (unterste graue Raute bei 140 kt zu vermeidende NO_x in Abbildung 46) liegt mit über 16.000 Euro/t NO_x deutlich über den durchschnittlichen Grenzschadenskosten in Höhe von knapp 12.000 Euro/t NO_x. Das zeigt eigentlich, dass es ökonomisch sinnvoller ist, keine weiteren Vermeidungsanstrengungen vorzunehmen und dafür die Schäden zu kompensieren. Dies gilt insbesondere auch für Fahrten in den Regionen um Flensburg und für große Teile der nordöstlichen Regionen in Deutschland, bei denen sich niedrigere Grenzschadenskosten ergeben als der Durchschnitt. Auf der anderen Seite macht eine Vermeidung von NO_x-Emissionen beim Pkw in der Region um Freiburg ökonomisch durchaus Sinn, weil hier die hervorgerufenen Schäden pro Tonne NO_x weit höher sind als die technologischen Vermeidungskosten[143].

Das deutsche Ordnungsrecht gibt die EU-weit gültigen Abgasgrenzwerte für neuzugelassene Pkw, wie sie in der Tabelle 29 aufgelistet sind, vor. EURO 4-Norm Pkw sind bereits entwickelt und stehen zum Verkauf zur Verfügung. Die fortschreitende Durchdringung des Pkw-Marktes mit diesen neuen Katalysatortechnologien wird die Emissionen von NO_x und VOC weit drastischer reduzieren, als dies entsprechend der rein ökonomischen Theorie angemessen gewesen wäre. Für die Einführung und Umsetzung der Abgasvorschriften gibt es gemäß dem Vorsorgeprinzip aber auch

---

[143] Es wäre falsch, aus der Abbildung 46 herauszulesen, dass in der Region Freiburg ein optimales Vermeidungsziel von 200 kt NO_x resultiert, da die Bezugsmenge in der Abbildung die gesamten NO_x-Emissionen der deutschen Pkw sind, und nicht nur die in Freiburg.

deutschlandweit gute Gründe. Eine rein regionale Umsetzung wäre politisch nicht durchsetzbar. Außerdem muss beachtet werden, dass durch die Katalysatoren auch weitere Schadstoffe gefiltert werden, deren Schäden in diesem groben Kosten-Nutzen-Vergleich nicht bilanziert werden.

10.4 Diskussion der Nachhaltigkeitsziele und -indikatoren

Die kurze Diskussion der Ergebnisse in den letzten beiden Abschnitten deutet bereits an, dass die Ableitung eines ökonomisch optimalen Verschmutzungsniveaus sowohl für den Bereich Klimaschutz als auch bei der Luftverschmutzung durch die Verkehrsmittel im deutschen Personenverkehr eher einen akademischen Nutzen hervorbringt, für die Festlegung einer konkreten Nachhaltigkeitsstrategie jedoch wenig belastbare Daten liefert. In diesem Abschnitt erfolgt die abschließende Diskussion der Möglichkeiten zur Ableitung schwacher Nachhaltigkeitsziele aus Kosten-Nutzen-Überlegungen im Vergleich zu den Ergebnissen der starken Nachhaltigkeitsanalyse im deutschen Personenverkehr.

Tabelle 30: **Vergleich der schwachen und starken Nachhaltigkeitsziele und –indikatoren für die Bereiche Klimaveränderung (CO_2) und Luftverschmutzung (NO_x) in Bezug auf die Pkw-Nutzung**

			CO_2 [Mt]		NO_x [kt]	
			absolut	Reduktion zu 1990	absolut	Reduktion zu 1990
Ist-Entwicklung nach BAU-Szenario		1990	108	0 %	786	0 %
		1995	109	-1 %	474	31 %
		2000	110	-2 %	293	58 %
		2010	107	1 %	127	82 %
		2020	94	13 %	97	86 %
Starkes Nachhaltigkeitsziel		2020	45	58 %	61	92 %
Starker Nachhaltigkeitsindikator		2020	-1,07		-0,59	
Schwache Nachhaltigkeitsziele	- Untergrenze	2020	90	17 %	-	-
	- zentraler Wert	2020	68	37 %	$425^{1)}$	$10\%^{1)}$
	- Obergrenze	2020	48	56 %	-	-
Schwache Nachhaltigkeitsindikatoren	- Untergrenze	2020	-0,04		-	
	- zentraler Wert	2020	-0,38		$-0,12^{1)}$	
	- Obergrenze	2020	-0,96		-	

1) Die schwachen Nachhaltigkeitsziele für NO_x gelten nur für das Jahr 1995.

In Tabelle 30 sind die Nachhaltigkeitsziele, die BAU-Entwicklung und die Indikatoren der schwachen und starken Nachhaltigkeit in Bezug auf den Pkw zusammengefasst. Die schwachen Nachhaltigkeitsindikatoren für CO_2 werden dabei wie folgt gebildet: Die in Kapitel 10.2 ermittelten ökonomisch optimalen Vermeidungsziele (zentraler Schätzwert, Unter- und Obergrenze), ausgedrückt in vermiedene Mt CO_2, werden von den Emissionen im Basisjahr 1990 abgezogen. Es resultieren Untergrenze, zentraler Wert und Obergrenze des schwachen Nachhaltigkeitsziels für das Jahr 2020 unter der Annahme, dass die abgeleitete Grenzvermeidungskostenfunktion bis zu diesem Zeitpunkt Gültigkeit hat. Die Indikatoren werden dann, wie bei den starken Nachhaltigkeitsindikatoren, gemäß der Gleichung (1) (siehe Kapitel 6.1) ermittelt (als Beispiel dient hier der zentrale Schätzwert):

$$Ind_{BAU-ScN}(CO_2,Pkw,2020) = 1 - Ist_{BAU}(CO_2,Pkw,2020) / Soll_{ScN}(CO_2,Pkw,2020)$$
$$= 1 - 94 \text{ Mt } CO_2 / 68 \text{ Mt } CO_2$$
$$= -0{,}38.$$

Der Wert von -0,38 gibt an, dass die deutschen Pkw im Jahr 2020 38 % mehr an CO_2-Emissionen ausstoßen, als nach einem Pfad schwacher nachhaltiger Entwicklung tolerierbar wäre. Beim Vergleich dieses schwachen Nachhaltigkeitsindikators mit dem starken Nachhaltigkeitsindikator für das Jahr 2020 ergibt sich, dass die schwache Reduktionsanforderung für CO_2 bei den Pkw um rund 2/3 niedriger ausfällt als die starke. Bezieht man Unter- und Obergrenze mit in die Betrachtung ein, so zeigt sich auf einen Blick, dass im Klimaschutzbereich die prognostizierte Entwicklung der CO_2-Emissionen bei den Pkw nicht den Anforderungen einer schwachen Nachhaltigkeit entspricht, da alle drei Indikatoren negativ sind. Kommt die Untergrenze (niedrige Grenzschadenskostenschätzung) zur Anwendung, ist der Abstand der BAU-Entwicklung von der schwachen Nachhaltigkeitsanforderung sehr gering, während die Obergrenze einen Indikator vergleichbar zum starken Nachhaltigkeitsindikator produziert.

Die große Spannweite der Ergebnisse zeigt, dass die Ableitung der schwachen Nachhaltigkeitsziele zu willkürlichen Resultaten führt. Praktisch jeder Wert kann erzeugt werden, wenn man die Annahmen bei der Grenzschadenskostenschätzung variiert. Die Vermeidungskosten stellen nur eine grobe Schätzung dar, die sich noch dazu nur auf technologische Vermeidungsoptionen stützt. Auch aus dieser Perspektive erscheint das Ergebnis sehr variabel. Aus den ermittelten schwachen Nachhaltigkeitsindikatoren für CO_2 kann keine konkrete Handlungsanweisung für eine Nachhaltigkeitsstrategie abgeleitet werden, da die Ergebnisse einerseits praktisch bereits einen nachhaltigen Entwicklungspfad aufzeigen, auf der anderen Seite aber fast eine Halbierung der Emissionen anmahnen. Die Spannweite der Grenzschadenskostenschätzungen im Bereich der Klimaveränderungen ist einfach zu groß. Trotzdem könnten theoretisch gerade im Bereich des Klimaschutzes ökonomische und ökologische Nachhaltigkeitsziele den gleichen Wert annehmen, wenn die normativen Festlegungen zur intra- und intergenerativen Verteilungsgerechtigkeit bei beiden Berechnungen kompatibel wären und die Zahlungsbereitschaften eine Widerspiegelung der ökologischen Notwendigkeit (scale) liefern würde. Für diesen Fall erscheint aber die direkte Ableitung des starken Nachhaltigkeitsziels wesentlich eindeutiger und transparenter. Gerade die explizite Offenlegung aller getroffenen, normativen Annahmen erlaubt eine zielgenaue Ausgestaltung der verkehrspolitischen Maßnahmen und Instrumente zur effizienten Allokation für die gesamte Nachhaltigkeitsstrategie.

Im Bereich des Klimaschutzes hat die Analyse für den Pkw ergeben, dass es durchaus Vermeidungsoptionen gibt, die billiger sind als die Untergrenze der Grenzschadenskosten. Für eine effiziente Nachhaltigkeitsstrategie sollten diese auch genutzt werden. Deshalb kann bei der Klimaproblematik die Internalisierung der externen Schadenskosten nicht die einzige aber trotzdem in jedem Fall eine sinnvolle Option sein.

Auf der Grundlage der hier zur Verfügung stehenden Daten ist die Ableitung eines ökonomisch optimalen Luftverschmutzungsniveaus praktisch nicht möglich. Die NO_x-Grenzvermeidungs- und Grenzschadenskostenkurven haben wenn überhaupt nur einen Schnittpunkt bei einem sehr hohen Emissionsniveau bzw. einer sehr niedrigen Menge zu vermeidender NO_x-Emissionen. Es hat sich vielmehr gezeigt, dass die aktuellen Grenzvermeidungskosten oberhalb der Schadenskosten liegen. Somit ist aufgrund des ökonomischen Kalküls eine Kompensation der externen Schadenskosten geboten, weitere Vermeidungsmaßnahmen sind zu teuer. Die Internalisierung der externen Schadenskosten ist im Bereich der Luftverschmutzung in jedem Fall schon aufgrund der allokativen Wirkung gerechtfertigt. Nur dadurch können sich die regionalen, technologischen und verkehrssituationsspezifischen Unterschiede auch in den Preisen manifestieren und auswirken. Außerdem wird durch die Internalisierung der externen Schadenskosten die Ineffizienz bei der Verkehrsmittelwahl zwischen öffentlichen und privaten Verkehrsmitteln ausgeglichen.

Das in Tabelle 30 angegebene schwache Nachhaltigkeitsziel für NO_x gilt nur für das Jahr 1995, es hat keine Gültigkeit bis zum Jahre 2020. Ohnehin wird bei den klassischen Luftschadstoffen die Emissionsreduktion im Personenverkehr aufgrund der bestehenden ordnungsrechtlichen Regelungen dominiert. Durch die Marktdurchdringung neuer sauberer Pkw-Technologien hat die Ist-Entwicklung der NO_x-Emissionen das Soll-Ziel gemäß schwacher Nachhaltigkeit schon im Jahre 2000 bei Weitem unterschritten.

Theoretisch sollte durch die Internalisierung der externen Schadenskosten genau das schwache Nachhaltigkeitsziel erfüllt werden. Ob diese Aussage auch empirisch für die beiden Bereiche Klimaschutz und Luftverschmutzung im Personenverkehr verifiziert werden kann, wird im dritten Teil der Untersuchung anhand von Szenarien überprüft. Aus den Betrachtungen in diesem Kapitel resultiert, dass die schwachen Nachhaltigkeitsziele unterhalb der starken liegen. Es ist also nicht zu erwarten, dass die Internalisierung der externen Kosten die jeweiligen starken Nachhaltigkeitsziele erfüllt. Diese Vermutung wird allerdings durch die Vorgehensweise in diesem Kapitel eingeschränkt, nur die Grenzvermeidungskosten aufgrund von technologischen Maßnahmen bei den Pkw zu betrachten und damit verhältnismäßig höhere Grenzvermeidungskosten und ein niedrigeres optimales Verschmutzungsniveau zu generieren. Bei der Analyse stand nicht der Konsument (Nachfrager) im Mittelpunkt der Betrachtung, sondern der Produzent (Anbieter) der Verkehrsdienstleistungen. Der Pkw-Nutzer hat als Vermeidungsoptionen neben dem Erwerb bzw. Umstieg auf eine verbesserte Technologie auch die Möglichkeit zur Modifikation seines Fahrverhaltens, zur Erhöhung der

Auslastung durch Mitnahme weiterer Mitfahrer, zum Umsteigen auf öffentliche Verkehrsmittel oder zur absoluten Reduktion seiner Verkehrs- und Fahrleistung. Für eine umfassende Analyse aller Vermeidungsoptionen und deren Kosten sind aber kaum gesicherte Daten verfügbar. Notwendig wäre eine partialanalytische Gleichgewichtsanalyse des Personverkehrsmarktes. Eine Annäherung an eine solche Analyse erfolgt im dritten Teil bei der Simulation des Verkehrsgeschehens in Szenarien unter Einbeziehung von Preis-Nachfrage- und Kreuzpreiselastizitäten.

III Szenarien für eine nachhaltige Entwicklung im Personenverkehr

Der dritte Teil dieser Arbeit umfasst zwei Aufgabenstellungen: Zum Einen soll untersucht werden, inwieweit die Internalisierung der externen Schadenskosten der personenverkehrsbedingten Luftverschmutzung und Klimaveränderung eine nachhaltige Entwicklung anstößt bzw. möglicherweise die Anforderungen und Ziele einer starken Nachhaltigkeit im Personenverkehr bereits erfüllt. Zum anderen soll bei der erwarteten Nichterfüllung im Bereich des Klimaschutzes ein effizientes Instrumentarium zur Erreichung der starken Nachhaltigkeitsziele abgeleitet und getestet werden. Das erste Kapitel liefert eine theoretische Einführung der verkehrspolitischen Maßnahmen und ordnungsrechtlichen Instrumente, die zur Bearbeitung der beiden Aufgabenstellungen in Frage kommen. Quantitativ werden die beiden Zielsetzungen des dritten Teils anhand von Szenarien für den deutschen Personenverkehr in Kapitel 12 (Internalisierung der externen Schadenskosten) und Kapitel 13 (Ökonomische Maßnahmen-Szenarien für eine starke nachhaltige Entwicklung) untersucht. Die Analyse beschränkt sich auf die Instrumente Mineralölsteuererhöhung, Straßenbenutzungsgebühr und CO_2-Emissionszertifikatehandel. Die Wirkungen dieser verkehrspolitischen Maßnahmen werden in einfachen Simulationsmodellen unter Einbeziehung von Preis-Nachfrage- und Kreuzpreiselastizitäten analysiert und diskutiert.

11 Verkehrspolitische Maßnahmen und Internalisierungsstrategien in den Bereichen Luftreinhaltung und Klimaschutz

Der erste Abschnitt des 11. Kapitels gibt einen Überblick über die Vielzahl an verkehrspolitischen Maßnahmen und Instrumenten, mit denen eine dauerhaft umweltgerechte Entwicklung im Personenverkehr angestoßen bzw. verwirklicht werden kann. Die Klimaschutzproblematik steht im Vordergrund der Betrachtung, deshalb werden Schätzungen zu dem CO_2-Minderungspotenzial ausgewählter verkehrspolitischer Maßnahmen in einer Übersicht mit angegeben. Der zweite Abschnitt führt in die Theorie zur Internalisierung externer Kosten im Verkehr ein. Im dritten Abschnitt wird ein Bewertungsschema abgeleitet, dass eine differenzierte Beurteilung der ausgewählten ökonomischen Instrumente Mineralölsteuererhöhung, Straßenbenutzungsgebühr und CO_2-Emissionszertifikatehandel erlaubt. Die qualitative Diskussion dieser drei Instrumente im Hinblick auf ihre ökologische Treffsicherheit, Systemkonformität, ökonomische Effizienz und institutionelle Beherrschbarkeit runden das Kapitel ab. Dabei werden die Instrumente bezogen auf die beiden Problembereiche Luftverschmutzung und Klimaveränderung differenziert betrachtet und beurteilt (Abschnitt 4 bis 6).

11.1 Verkehrspolitische Maßnahmen und Instrumente

11.1.1 Die Umweltpolitik als Initiator von Nachhaltigkeitsstrategien

Die Umweltpolitik kann durch ihre staatlichen Eingriffsmechanismen als Initiator für die Umsetzung einer Nachhaltigkeitsstrategie im Personenverkehr dienen. Adressiert werden können die gesamte Palette umweltbezogener Nachhaltigkeitsziele, insbesondere auch die in dieser Arbeit relevanten Bereiche Luftverschmutzung und CO_2-Problematik. Um quantitative Umweltqualitätsziele zu erfüllen oder externe Kosten zu internalisieren, stehen der Umweltpolitik verschiedene Instrumente zur Verfügung. Die neoklassische Wohlfahrtstheorie bietet Anhaltspunkte für eine effiziente, ordnungskonforme Ausgestaltung der Umweltpolitik. Es sollten insbesondere Instrumente zur Anwendung kommen, die die Informations-, Allokations- und Selektionsfunktion des Marktmechanismus nutzen und die kosteneffiziente Realisierung politisch vorgegebener Umweltziele ermöglichen (vgl. Hansmeyer und Schneider, 1990).

In den folgenden Abschnitten wird zu klären sein, welche Art von Instrumenten bzw. welche Ausprägung der mit den einzelnen Instrumenten verbundenen Maßnahmen eher der effizienten Erfüllung von Emissionsminderungszielen (Mengenziel) einer starken nachhaltigen Entwicklung im Personenverkehr dienen können und welche für die Internalisierung der externen Schadenskosten in Frage kommen. Eine solche Differenzierung ist leider in der Literatur nicht immer befriedigend erfolgt.

Rennings et al. (1996:80) gliedern die umweltpolitischen Instrumente in ordnungsrechtliche, ökonomische sowie informatorische, organisatorische und freiwillige Instrumente, wie aus Tabelle 31 zu entnehmen ist. Eine solche Einteilung hat auch schon die Enquete Kommission (1994) vorgeschlagen. Ökonomische oder ordnungsrechtliche Instrumente werden als "harte" Instrumente eingestuft, da sie die Freiheit der Wirtschaftssubjekte einschränken, während durch die "weichen" Instrumente die persönliche Entscheidungsfreiheit der Individuen nicht tangiert wird und keine Beschränkung der individuellen Aktivitäten durch den Staat erfolgt.

Tabelle 31: Instrumente der Umweltpolitik

Ordnungsrechtliche Maßnahmen	Ökonomische Instrumente	Informatorische, organisatorische und 'freiwillige' Instrumente
• Umweltauflage • Unterlassungsauflagen (Verbote) • Verwendungsauflagen (Gebote)	• Umweltabgaben (Steuern, Benutzungsgebühren) • Umweltzertifikate • Umweltsubventionen • Umwelthaftungsrecht	• Umweltmanagement / -Audit • Kooperationslösungen • Freiwillige Einhaltung von freiwilligen Umweltstandards • Aufklärung und Schulung • Appelle (sozialer Druck) zu Verhaltensänderungen

Quelle: in Anlehnung an Rennings et al., 1996:80

Ordnungsrechtliche Instrumente repräsentieren den klassischen und in der Umweltpolitik weit verbreiteten Ansatz zur Gefahrenabwehr. Dabei werden von staatlicher Seite Auflagen in Form von Ge- und Verboten implementiert, denen die Wirtschaftsakteure Folge zu leisten haben. Ihre Nichteinhaltung führt zu Zahlungen an die Öffentliche Hand (vgl. Rennings et al., 1997:81). Unter Geboten versteht man Verwendungsauflagen, wie z. B. das Gebot zum Einsatz eines Katalysators einer bestimmten Norm, um die Emissionen der Benutzung der Kraftfahrzeuge zu begrenzen. Verbote und Unterlassungsauflagen reglementieren beispielsweise die Geschwindigkeit auf Straßen. Ein wichtiger ordnungspolitischer Auflagenkatalog ist das Bundes-Immissionsschutzgesetz (BImSchG). Durch die darin enthaltenen Durchführungsverordnungen, Techniknormen und Emissionsstandards konnten erhebliche Erfolge im Bereich der Begrenzung der Schadstoffbelastung von Gewässern und bei der Luftreinhaltung erreicht werden. Auflagen eignen sich besonders zu einer schnellen Bekämpfung von unerwünschten Verhaltensweisen oder der Erzwingung von erwünschten Verhaltensweisen (Fritsch et al., 1996:72).

Die ökonomischen Instrumente zielen darauf ab, die Preise bzw. Mengen in einer Volkswirtschaft zu verändern und damit die Kosten und Nutzen zu beeinflussen, die mit den Handlungsoptionen zur Vermeidung von Umweltbelastungen verbunden sind. Mit Hilfe der Umweltabgabe soll die Nutzung oder die Verschmutzung von Umweltgütern verteuert werden. Ziel der Umweltabgabe ist es, die Knappheit des Gutes "Umwelt" zu signalisieren, um somit eine umweltentlastende Allokation der Güter durch die Abgabenpflichtigen herbeizuführen (vgl. Michaelis, 1996:26ff). Unterschieden wird zwischen Umweltabgaben mit Lenkungsfunktion, die nach dem Standard-Preis-Ansatz konzipiert sind und einen staatlich vorgegebenen Umweltstandard zu realisieren trachten, und Umweltabgaben mit Internalisierungsfunktion, die auf der Theorie der pigouschen Steuerlösung basieren. Bei letzteren steht das finanzpolitische Ziel der Allokationseffizienz im Vordergrund und es wird nicht explizit ein quantifiziertes umweltpolitisches Ziel angestrebt.

Umweltabgaben werden als Preisregulierung bezeichnet, da die Preise der Verschmutzung über die Steuern festgelegt sind, aber das Ausmaß der Umweltnutzung den Wirtschaftsakteuren freigestellt ist (Rennings et al., 1997:81f). Dagegen zielt das ökonomische Instrument der Umweltzertifikate auf eine Mengenregulierung. Der Staat legt den Umfang der Umweltbeanspruchung, z. B. das CO_2-Minderungsziel, fest. Es werden mittels des Staates an die Verursacher der Emissionen oder anderer Umweltbelastungen limitierte Verschmutzungsrechte verteilt, die zwischen den Akteuren frei gehandelt werden können und deren Preise sich durch die höchsten Zahlungsbereitschaften am Markt ergeben (Brockmann et al., 1999:55f).

Nicht unproblematisch erscheint die Einordnung von gemeinlastorientierten Umweltsubventionen ins ökonomische Instrumentarium. Typische Formen im Verkehrsbereich sind Finanzhilfen, um Forschung und Entwicklung umweltfreundlicher Technologien zu fördern, die internationale Wettbewerbsfähigkeit z. B. des Speditionsgewerbes zu sichern, Anpassungsfriktionen abzufedern oder einkommensschwache Verursacher von Umweltbelastungen aus verteilungspolitischen Gründen zu unterstützen (z. B. verbilligte ÖPNV-Tickets für Schüler und Auszubildende). Zwar können nach der wohlfahrtsökonomischen Theorie mittels Emissionsminderungssubventionen externe Kosten um denselben Betrag reduziert werden wie durch eine Steuerlösung, jedoch sind in der Praxis erhebliche Informationsdefizite vorhanden, und es kommt längerfristig zu einer Verzerrung der Preis- und Marktsignale. Des Weiteren führen Umweltsubventionen in der Praxis vermehrt zu Mitnahmeeffekten, da umweltfreundliche Investitionsentscheidungen aus Gründen der Kostensenkung auch ohne Subventionen durchgeführt werden können (vgl. Rennings et al., 1997:83 und 88).

Bezüglich des Umwelthaftungsrechts gilt ebenso, dass im idealtypischen Fall durch die Verpflichtung des Verursachers zum Schadensersatz eine optimale Schadensvermeidung herbeigeführt werden kann und so das Haftungsrecht als Internalisierungsstrategie angesehen wird (vgl. Hemmelskamp und Neuser, 1993). Aber weder für die Internalisierung der externen Luftverschmutzungs- und Klimakosten noch für die Erreichung von Emissionsminderungszielen ist das Instrumentarium in der Praxis besonders geeignet, da aufgrund der hohen Anzahl der Emittenten im Personenverkehrsbereich der Einzelne nicht für seine Schäden haftbar gemacht werden kann. Der entscheidende Hinderungsgrund liegt also in Informationsdefiziten über die spezifische Handlungsweise der Vielzahl von Marktteilnehmer (vgl. Brockmann et al., 1999:33).

Von den ökonomischen Instrumenten werden Abgaben und Zertifikate als verkehrspolitische Maßnahmen ausführlicher in ihrer Ausgestaltung und Wirkungsweise in den folgenden Abschnitten und Kapiteln diskutiert, während die Instrumente Umweltsubventionen und -haftungsrecht im Kontext des Personenverkehrs nicht weiter betrachtet werden.

Der dritte Bereich umfasst die informatorischen, organisatorischen und freiwilligen Instrumente. Dazu zählen Information und Aufklärung sowie die freiwillige Selbstverpflichtung, die im Rahmen von Kooperationslösungen vereinbart werden. Beide Methoden basieren auf der Idee, staatliche Maßnahmen zu vermeiden und den Individuen und Unternehmen soziale Verantwortung zuzusprechen, damit diese freiwillig Umweltschutz betreiben. Das Instrument der Information und Aufklärung zielt darauf ab, den Individuen hinsichtlich des Einflusses ökonomischer Aktivitäten auf die Umwelt das Bewusstsein zu schärfen und an die Moral der Menschen zu appellieren (vgl. IWW/Infras, 1995:223). Tatsächlich würde die vollkommene Moral das Problem externer Effekte nicht entstehen lassen. Per Definition ist ein Mensch dann moralisch, wenn in seiner Nutzenfunktion auch der Nutzen anderer berücksichtigt wird (vgl. Feess, 1998:47f). In der Praxis verhindert unter anderem der sogenannte "free-rider"-Effekt, der das Vertrauen bzw. Warten auf die Initiative anderer bei einer Kollektivmaßnahme umschreibt, dass die externen Effekte durch moralisches Handeln reduziert werden (vgl. IWW/Infras, 1995:224). Daher eignen sich Informationen und Aufklärung nur als Flankierung der ordnungsrechtlichen und ökonomischen Instrumente, weil sie das öffentliche Bewusstsein und die gesellschaftliche Akzeptanz für die Umweltpolitik erhöhen.

Eine Alternative zu ordnungsrechtlichen und fiskalischen Lösungen stellt die freiwillige Selbstverpflichtung dar, die in der deutschen Politik häufig Anwendung findet. Sie basiert auf einer freiwilligen einseitigen Erklärungen der Branchenverbände, die dem Staat ein umweltfreundliches Verhalten zusagen, um damit den Erlass von Auflagen oder Abgaben zu verhindern. Zu nennen ist hier beispielsweise die ACEA-Vereinbarung zur Reduktion der CO_2-Emissionen neu zugelassener Pkw bis 2008/2012 (vgl. Kapitel 5). Allerdings weisen freiwillige Selbstverpflichtungen ein Anreiz- und Kontrollproblem auf. Das Anreizproblem resultiert aus der Freiwilligkeit der Zusage zu Reduktionsanstrengungen. Das Kontrollproblem besteht, weil dem Staat direkte Sanktionsmechanismen bei einer Nichteinhaltung der vereinbarten Ziele fehlen (vgl. Krey und Weinreich, 2000:37f).

11.1.2 Maßnahmenkategorien für einen nachhaltigen Personenverkehr

Die Literatur zu verkehrspolitischen Maßnahmen und Instrumenten, mit deren Hilfe die Umweltbelastungen durch den Personenverkehr reduziert und/oder eine nachhaltige Entwicklung im Personenverkehr induziert und realisiert werden können, ist sehr umfangreich. Die Maßnahmen orientieren sich an den Grundsätzen "Vermeiden – Verlagern – Verträglich bewältigen". Diese verkehrbezogenen Grundsätze stellen eine Art Konsens in der verkehrspolitischen Nachhaltigkeitsdiskussion dar (vgl. Gorissen, 1996:118ff; Walter und Spillmann, 1999:98ff; Becker, 1999:9f; UBA, 1997:108ff, Halbritter und Fleischer, 2000:17ff; Litman, 1999b:13ff oder Lutter und Pütz, 1998:385ff). Halbritter und Fleischer (2000:17) unterscheiden Maßnahmen im Sinne einer Effizienzstrategie, in deren Mittelpunkt die Entwicklung und der Einsatz neuer umweltgerechterer Techniken steht, und solche zur Förderung einer Suffizienzstrategie, welche die Entwicklung eines nachhaltigen Lebensstils durch Verhaltensänderungen (Verzicht) erwirken soll.

Basierend auf den Vancouver-Prinzipien (vgl. Kapitel 4.1.2.1) und den Arbeiten für das schweizerische Umweltministerium zu einer nachhaltigen Mobilität (vgl. Delisle, 1998) werden 10 Wege zu einer nachhaltigen Personenverkehrsentwicklung bzw. einer nachhaltigen Entwicklung der Mobilität abgeleitet und im Folgenden aufgezeigt. Diese Wege konkretisieren die drei Grundsätze "Vermeiden, Verlagern und Verträglich abwickeln" und geben einen Ausgangspunkt für die Auswahl und Ausgestaltung von verkehrspolitischen Maßnahmen und Instrumenten.

1. Internalisierung der externen Schadenskosten: Die verursachergerechte Anlastung der vollen gegenwärtigen und zukünftigen sozialen Kosten des Personenverkehrs soll sicherstellen, dass die Nutzer effiziente Allokationssignale erhalten und den gerechten Anteil der Kosten tragen.

2. Technische Optimierung (Effizienzsteigerung): Verkehrsmittel und Treibstoff sollten technisch nach ökologischen Gesichtspunkten optimiert werden.

3. Erhöhung der Kapazitätseffizienz: Die Auslastung der Verkehrsmittel sollte erhöht und die Infrastruktur effizienter genutzt werden.

4. Verlagerung: Der Anteil umwelteffizienter Verkehrsmittel an der gesamten Personenverkehrsleistung sollte gesteigert werden.

5. Vermeidung: Der bestehende Zugang zu Gütern, Dienstleistungen und sozialen Aktivitäten sollte mit weniger motorisiertem Verkehr mindestens erhalten und möglichst verbessert werden.

6. Verlangsamung: Die Geschwindigkeit aller Verkehrsmittel sollte durch Geschwindigkeitsbeschränkungen reduziert oder zumindest auf ein jeweiliges, ökologisch sinnvolles Niveau beschränkt werden, um den Energieverbrauch bzw. die Emissionen zu verringern und die Sicherheit zu erhöhen.

7. Zusammenarbeit/Integration: Die nachhaltige Entwicklung der Mobilität sollten durch eine Koordination der verschiedenen Akteure gefördert werden.

8. Internationale Zusammenarbeit: Die Zusammenarbeit auf internationaler Ebene und besonders auf EU Ebene sollte intensiviert werden.

9. Information/Aufklärung: Informationen über die Folgen des heutigen Verkehrs und über den Nutzen einer nachhaltigen Entwicklung der Mobilität sollten vermittelt werden.

10. Forschung/Entwicklung: Durch Förderung der Forschung sowie der Pilotprojekte von Verwaltung, Unternehmen und privaten Organisationen sollten die nachhaltigen Formen der Mobilität erprobt werden.

Die zehn Punkte stellen jeweils keine eigenständigen Wege oder Patentlösungen zur Erlangung einer nachhaltigen Entwicklung im Personenverkehr dar. Vielmehr scheint es geboten ein Maßnahmenbündel zu schnüren, das aus allen Bereichen die effektivsten und effizientesten Teilmaßnahmen kombiniert und das die ökologischen, sozialen und ökonomischen Erfordernisse einer nachhaltigen Entwicklung optimiert. Dabei gilt es im Auge zu behalten, dass bei einer Nachhaltigkeitspolitik, im Gegensatz zu früheren umweltpolitischen Maßnahmen im Verkehr, eine Orientierung an langfristigen und globalen Zielen im Mittelpunkt steht, die auch weitreichende Maßnahmen erforderlich macht (vgl. Walter und Spillmann, 1999:98).

11.1.3 Katalog verkehrspolitischer Einzelmaßnahmen

Die Tabelle 32 liefert eine Übersicht der verkehrspolitischen Maßnahmen im landgebundenen Personenverkehr. Die Maßnahmen beschränken sich in erster Linie auf die Bereiche Klimaschutz und Lufthygiene. Einige Maßnahmen erzielen dabei aber auch einen Nutzen für andere Anliegen einer nachhaltigen Verkehrsentwicklung wie Lärmminderung, Verkehrssicherheit, Verkehrsflächenreduzierung oder Engpassbeseitigung (Stauproblematik). Die Einzelmaßnahmen werden quer zu der Eingruppierung in die drei Strategien "Vermeiden – Verlagern – Verträglich bewältigen" nach den folgenden Politikbereichen gegliedert:

- Ordnungsrecht (A),
- Ökonomische Maßnahmen und Instrumente (B),
- Investitionspolitik (Infrastruktur und Raumordnung) (C),
- informatorische, verkehrsablauforganisatorische und freiwillige Maßnahmen (D).

Im Vergleich zur Gliederung der Tabelle 31 kommen die Maßnahmen der Investitionspolitik im Bereich der Infrastruktur und planerische Maßnahmen der Raumordnung hinzu, die im Verkehrssektor einen eigenen Politikbereich umschreiben, für die Benutzung der Verkehrsmittel aber wie organisatorische Maßnahmen wirken.

Tabelle 32: **Verkehrspolitische Einzelmaßnahmen für eine dauerhaft umweltgerechte Entwicklung im landgebundenen Personenverkehr (inkl. CO_2-Reduktionswirkung bis 2005 gegenüber 1990)**

Nr.	Maßnahmen	Beschreibung bzw. Ausprägung	Wirkung
A1	Kraftstoffverbrauchsgrenzwerte	Senkung des Durchschnittsverbrauchs aller neu zugelassenen Pkw um jeweils 5 % pro Jahr[2)3)]	11,3 Mt CO_2[2)3)]
A2	Technische Grenzwerte	Umsetzung EURO 3 und EURO 4 beim MIV	Ziel: Lufthygiene
A3	Leichtlaufreifen und -öle	Als Verwendungsauflage für den MIV (Gebot)[1)]	3,0-5,5 Mt CO_2[1)]
A4	Zufahrtsbeschränkung bzw. Innenstadtsperrung	Lokale, temporäre und zweckbezogene Zufahrtsbeschränkungen für den MIV (Innenstädte)	Nicht quantifiziert
A5	Geschwindigkeitsbeschränkung	Bundesautobahnen Tempolimit: - 130 km/h (kombiniert mit Außerortsstraße Tempolimit: 80 km/h) - 120 km/h - 100 km/h[2)3)] Innerortsstraße Tempolimit: 30 km/h	6,0 Mt CO_2[2)3)] 8,0 Mt CO_2[2)3)] 12,5 Mt CO_2[2)3)] Nicht quantifiziert
A6	Geschwindigkeitskontrolle	Mehr Kontrollen, Verschärfung des Strafmaßes[3)]	5,3 Mt CO_2[3)]
B7	Ökologische Steuerreform	Bis zum Jahr 2003 beschlossene Erhöhung der Mineralölsteuer (ausgenommen Steuerpräferenz für öffentliche Verkehrsmittel)[1)]	6,0-8,0 Mt CO_2[1)]
B8	Mineralölsteuer	Erhöhung der Kraftstoffpreise auf 2 DM/Liter für Vergaserkraftstoff (VK) und Diesel (DK) (aus Sicht 1995) und EU Harmonisierung[2)] Anhebung auf 3 DM/Liter für VK und DK[2)] Der Mineralölsteuersatz wird zwischen 1990 und 2005 (nominell) um 300 % erhöht[3)]	5,0 Mt CO_2[2)] 23,0 Mt CO_2[2)] 30,0 Mt CO_2[3)]
B9	Kfz-Steuer	Emissionsbezogene Kfz-Steuer[2)] Förderung kraftstoffsparender Kfz durch Kfz-Steuer, Begünstigung von 3 und 5-Liter-Pkw[1)]	Ziel: Lufthygiene, CO_2 eher negativ[2)] 1,0 Mt CO_2[1)]
B10	Straßenbenutzungsgebühr (Emissionsabhängige Verkehrsabgabe)	Kilometerbezogene Verkehrsabgabe im MIV und Straßenschwerverkehrsabgabe im Güterverkehr (Verdopplung der Kilometerkosten)[3)] Erhöhung der Kilometerkosten des Pkw um rund 0,05 Euro/km für alle Straßenkategorien[2)3]	23,0 Mt CO_2[3)] 15,0 Mt CO_2[2)3]
B11	CO_2-Emissionszertifikate	*Bisher ist keine Zertifikatelösung in den drei Studien 1)-3) für den Verkehr vorgesehen*	Absolute Zielerreichung
B12	Tarifmaßnahmen Bahn (Personenfernverkehr)	Rückgewinnung von rund 2 %-Punkten Modal Split (Verkehrsleistung) durch Preissenkung[3)]	0,8 Mt CO_2[3)]
B13	Tarifmaßnahmen ÖPNV (und Schienennahverkehr)	Rückgewinnung von rund 1,5 %-Punkten Modal Split (Verkehrsleistung) durch Preissenkung[3)]	0,9 Mt CO_2[3)]
B14	Parkraumbewirtschaftung	Verdopplung der Parkgebühren[3)]	0,8 Mt CO_2[3)]
B15	Entfernungspauschale	Umwandlung Kilometerpauschale in verkehrsmitteltunabhängige Entfernungspauschale[1)]	Nicht quantifiziert

11 Verkehrspolitische Maßnahmen und Internalisierungsstrategien   255

Tabelle 32: (Fortsetzung)

Nr.	Maßnahmen	Beschreibung bzw. Ausprägung	Wirkung
C16	Verkehrswegeplan 1992	u.a. Straßennetzerweiterungen[1)2)]	Kontraproduktiv[2)]
C17	Überarbeitung des Bundesverkehrswegeplans	Angleichung der Investitionsmittel für Schiene und Straße[1)]	Nicht quantifiziert
C18	Anti-Stauprogr. 2003-2007	Bereitstellung von Kapazitäten zur Verflüssigung des Verkehrs[1)]	0,5 Mt CO_2[1)]
C19	Ausbau Schieneninfrastruktur (Nah- und Fernverkehr)	Rückgewinnung von rund 1,6 %-Punkten Modal Split (Verkehrsleistung) im Personenverkehr und rund 6 %-Punkte im Güterverkehr[3)]	5,7 Mt CO_2[3)]
C20	Reduzierung innerstädtischer Parkflächen	Vollständige Aufhebung aller Parkstände auf öffentlichen Straßen u. Plätzen in Innenstädten[3)]	0,9 Mt CO_2[3)] (Umstieg ÖPNV)
C21	Ausbau Park&Ride-Anlagen	So starker Ausbau, dass 1/3 der MIV-Nutzer bei dem Fahrtzweck Beruf auf den ÖPNV umsteigt[3)]	0,8 Mt CO_2[3)]
C22	Ausbau von Rad- und Fußgängerwegen	Ausbau der Radwegesysteme in allen Städten und Gemeinden auf das Niveau heutiger, fahrradfreundlicher Städte, dadurch Verdopplung des Modal Split Anteils im Nahverkehr[3)]	3,0 Mt CO_2[3)]
C23	Siedlungs- und Landschaftsplanung, Raumordnung	Integrierte Verkehrsplanung: Einbeziehung von Raumordnung, Regionalplanung, Städtebau, Umweltplanung und Wirtschaftsförderung	Nicht quantifiziert
C24	Verkehrsauswirkungsprüfung	Für alle Politikbereiche: Verkehrsvermehrende Wirkungen von Entscheidungen / Investitionsmaßnahmen erkennen und berücksichtigen[2)]	Geringe Verkehrsvermeidung[2)]
D25	Freiwillige Selbstverpflichtung	Freiwillige Vereinbarung der europäischen Automobilhersteller (ACEA) die mittlere CO_2-Emission neu zugelassener Pkw von 187 g/km in 1995 auf 140 g/km im Jahr 2008 zu reduzieren[1)]	4,0-7,0 Mt CO_2[1)]
D26	Car Sharing	Förderung und Vernetzung deutscher Car Sharing-Anbieter	Nicht quantifiziert
D27	Besetzungsgrad- bzw. Auslastungsgraderhöhung	Flottenmanagementsysteme (in erste Linie Güterverkehr)[1)-3)]	2,0-8,0 Mt CO_2[1)-3)]
D28	Verkehrsflusssteuerung	Telematik für Straßenverkehrsbeeinflussung und Vernetzung der Verkehrsmittel und -träger[1)2)]	1,0 Mt CO_2[1)2)]
D29	Schulung / Verhaltensänderung	Schulung zu kraftstoffsparender Fahrweise (beschleunigungsarm, langsamer, frühzeitiges Schalten, Reifenwahl, Gepäckreduktion, u.a.)[1)-3)]	5,0-11,0 Mt CO_2[1)-3)]
D30	Steigerung der Attraktivität des ÖPNV	Priorisierung des ÖPNV gegenüber anderen Verkehren, Verdichtung der Taktfolge, Ausdehnung des Betriebs in Tagesrandzeiten, attraktivere Haltestellen, bessere Information[2)3)]	0,9-3,4 Mt CO_2[2)3)]
D31	Strukturreform der Bahn	Umsetzung der Bahnreform + mehr Güterverkehrszentren, => höherer Verkehrsanteil[2)]	Bis 2,0 Mt CO_2[2)]
D32	Alternative Kraftstoffe / Antriebe	Der Anteil alternativer Fahrzeuge (Erdgas, Wasserstoff, Methanol) beträgt in 2005 4,3 % des Gesamtbestandes an Pkw[3)]	0,9 Mt CO_2[3)]
D33	Verkehrsforschung	Ressortübergreifende FuE-Maßnahmen in allen Verkehrssystemen, Demonstrationsvorhaben[1)2)]	Nicht quantifiziert

Quellen:
1) Nationales Klimaschutzprogramm 2000 (vgl. BMU, 2000b:59ff), Basisjahr 1990,
2) Politikszenarien für den Klimaschutz (vgl. DIW et al., 1997:78ff), Basisjahr 1990,
3) Wirksamkeit verschiedener Maßnahmen zur Reduktion verkehrlicher CO_2-Emissionen bis zum Jahr 2005 (vgl. Rommerskirchen, 1992:62ff), nur Alte Bundesländer, Basisjahr 1987.

Die erste Spalte der Tabelle bezeichnet die Einzelmaßnahmen, zusammengesetzt aus dem Kürzel für die obengenannten Politikbereiche und einer fortlaufenden Nummer. Die zweite Spalte benennt die Maßnahme und die dritte gibt die spezifische Ausprägung an, wie sie in den zitierten Literaturquellen angenommen wurde, oder gibt eine weitergehende Beschreibung der Maßnahme. In der vierten Spalte wird die Wirkung der Maßnahme angegeben. Sofern es sich um eine Maßnahme zur Reduzierung der verkehrlichen CO_2-Emissionen handelt, wird die Abschätzung der quantitativen Wirkung in Megatonnen (Mt) für den gesamten deutschen Verkehrssektor unter Angabe der jeweiligen Literaturquelle angezeigt.

In allen drei Studien werden Wirkungen jeweils im Vergleich zu einem Trendszenario ohne Maßnahmen vorgestellt. Die Einzelschätzungen der Studien sind untereinander nur bedingt vergleichbar, da zwar alle drei Untersuchungen Wirkungsanalysen bis zum Jahre 2005 für den Personen- und Güterverkehr vornehmen, aber die Prognos-Studie (Quelle 3, vgl. Rommerskirchen, 1992:57ff) schon aus den Jahren 1990/91 stammt und so auf der verkehrlichen Ausgangssituation der Alten Bundesländer im Jahre 1987 basiert, während sich die beiden anderen Untersuchungen auf Gesamtdeutschland mit dem Basisjahr 1990 beziehen.

In den drei zitierten Studien wird darauf hingewiesen, dass die Schätzungen der Minderungspotenziale bestimmter Einzelmaßnahmen mit großer Unsicherheit behaftet sind. Erst recht erscheint die Abschätzung eines Gesamteffektes als sehr schwierig. Aufgrund vielfältiger Wechselbeziehungen können die Minderungseffekte einzelner Maßnahmen nicht einfach additiv zu einem Gesamteffekt zusammen geführt werden. "Verschiedene Einzelmaßnahmen im Verkehrsbereich stehen immer auch in Wechselwirkung zueinander; die Wirkungen können sich ergänzen und verstärken oder auch neutralisieren" (DIW et al., 1997:78). Deshalb wird in Szenarien, die eine Kombination einzelner Maßnahmen darstellen, ein Gesamteffekt abgeschätzt. Die Bundesregierung erwartet bis zum Jahre 2005 einen Gesamteffekt des zum Teil schon umgesetzten Maßnahmenbündels aus dem nationalen Klimaschutzprogramm des Jahres 2000 von 15 – 20 Mt CO_2-Reduktion im gesamten Verkehrssektor (Quelle 1, vgl. BMU, 2000b:76). Die Berechnungen des DIW auf dem Stand von 1997 ergeben eine Minderung der CO_2-Emissionen bereits ergriffener Maßnahmen von 9 – 15 Mt CO_2 und möglicher weiterer (drastischerer) Maßnahmen in Höhe von 35 – 45 Mt CO_2 bis zum Jahre 2005 (Quelle 2, vgl. DIW et al., 1997:92 und 116). In jedem Fall zeigen die aufgeführten Maßnahmen und die abgeschätzten Wirkungspotenziale, dass auch im Verkehrsbereich beträchtliche CO_2-Minderungen zu erreichen sind. Zu welchen gesamtwirtschaftlichen Kosten die Maßnahmen realisiert werden können und welche Konsequenzen dabei für das deutsche Verkehrssystem entstehen, wird allerdings nicht bzw. nur sehr rudimentär betrachtet.

11.1.4 Diskussion ausgewählter verkehrspolitischer Maßnahmen

Die ordnungspolitischen Maßnahmen A1 – A3, A5 und A6, die Infrastrukturmaßnahme C18 sowie die freiwilligen und organisatorischen Maßnahmen D25 – D29 und D32 aus Tabelle 32 sind in erster Linie dem Strategiebereich "Verkehr verträglich abwickeln" zuzuordnen. Die Maßnahmen zielen auf das Verkehrsverhalten im engeren Sinn (Fahrweise) und auf die Verbesserung der Fahrzeugtechnik[144].

Die CO_2-Minderungspotenziale von Kraftstoffverbrauchsgrenzwerten oder auch CO_2-Grenzwerten bei Straßenverkehrsmitteln sind erwartungsgemäß sehr hoch. Als Ausgestaltungsvarianten sind sowohl prozentuale als auch absolute Reduktionsvorgaben denkbar, die darüber hinaus nach Hubraum oder Fahrzeuggrößenklasse differenziert werden können. Ebenso können CO_2-Grenzwerte auch für Schienen- und Luftverkehrsmittel festgesetzt werden. Korrespondierend zu einer solchen ordnungsrechtlichen Maßnahme wird die freiwillige Selbstverpflichtung der europäischen Automobilindustrie (D25) gesehen. Allerdings sind die darin festgelegten Reduktionsverpflichtungen deutlich niedriger, und die Einhaltung dieser freiwilligen Maßnahme erscheint ohne Druckmittel als höchst unsicher[145].

Im Zusammenhang mit CO_2-Grenzwerten spielen alternative Antriebs- und Kraftstofftechnologien (D32) eine wichtige Rolle, insbesondere auf lange Sicht. Die hier bis 2005 geschätzten CO_2-Minderungspotenziale sind sehr gering. Ein Technologiewechsel auf Erdgas- und in der Folge auf Wasserstofffahrzeuge benötigt in der Forschungs- und Entwicklungsphase und erst recht in der Umsetzungs- und Marktdurchdringungsphase sehr viel Zeit. Deshalb liegen die Potenziale für eine drastischere CO_2-Minderung hier in der ferneren Zukunft (vgl. auch Kapitel 5, 6 und 10).

Beachtlich sind die Wirkungen von Geschwindigkeitsbeschränkungen und verstärkten Kontrollen (A5 und A6). Die Kraftstoff- und CO_2-Ersparnis resultiert dabei nicht nur aus der absoluten Reduktion der Höchstgeschwindigkeiten, sondern auch aus der

---

[144] Im Zusammenhang mit der Luftverschmutzungsproblematik sind in den Kapiteln 5, 6 und 10 schon einige konkrete Maßnahmen bezüglich der Fahrzeugtechnik insbesondere der Katalysatoren bei den Pkw aufgelistet und besprochen. Die erzielten Erfolge bei der Emissionsreduktion und die prognostizierte Entwicklung der klassischen Luftschadstoffe aufgrund bereits beschlossener Maßnahmen, insbesondere der Emissionsgrenzwert-Normen EURO 3 und EURO 4, sind, wie gezeigt, beachtlich. Praktisch alle weiteren Maßnahmen für eine umweltverträgliche Abwicklung des Personenverkehrs wirken auch emissionsreduzierend bei NOx, VOC und Partikeln. Ebenso reduzieren auch die meisten anderen in Tabelle 32 aufgelisteten Maßnahmen die klassischen Emissionen durch ihre Verkehrsvermeidungs- und Verkehrsverlagerungswirkung. Deshalb erfolgt die Diskussion der Maßnahmen in diesem Abschnitt nur in Bezug auf den problematischen Bereich der CO_2-Emissionen.

[145] Es ist davon auszugehen, dass die Automobilindustrie nur solche Umwelt- bzw. CO_2-Reduktionsziele freiwillig zusagt, bzw. in der ACEA-Vereinbarung zugesagt hat, die ohne größeren Friktionen erreicht werden können (vgl. Krey und Weinreich, 2000:44f). Die Automobilindustrie kann auf erhebliche Verbrauchssenkungspotenziale zurückgreifen. Der SRU (1996:371) hat in seinem Umweltgutachten 1996 die folgenden technischen Reduktionspotenziale des Kraftstoffverbrauchs von Neufahrzeugen (Pkw) auf der Basis vom Stand der Technik im Jahre 1987 bis zum Jahre 2005 aufgelistet: Gewicht: 6 %, Fahrtwiderstand (Roll- und Luftwiderstand): 23 %, Motorenwirkungsgrad: 32 %, Nebenaggregate: 3 %, Kraftstoffe: 4 %, Leistungsminderung der Motoren um 30 %: Otto: 13 – 19 % und Diesel: 5 – 15 %. Bis zum Jahr 2002 ist ein gewisser Anteil dieser technologischen CO_2-Minderungspotenziale bereits von der Automobilindustrie umgesetzt bzw. ausgeschöpft worden. Von daher dienen diese älteren Abschätzungen eher als Orientierungsgrößen. Dass trotzdem der Kraftstoffverbrauch und damit die CO_2-Emissionen bei Neufahrzeugen im Durchschnitt nicht drastischer reduziert wurden, liegt z. B. daran, dass eine Gewichtsreduktion oder eine Verringerung und Optimierung der Nebenaggregate nicht stattgefunden hat, und stattdessen die Pkw im Schnitt immer schwerer und ausstattungsintensiver wurden (vgl. auch Kapitel 4, 5 und 10).

Verstetigung des Verkehrsflusses. Außerdem wird der MIV in seiner Attraktivität gegenüber den öffentlichen Verkehrsmitteln geschwächt, was eine Verlagerungswirkung nach sich ziehen kann. Allerdings schlagen Petersen und Schallaböck (1995:259f und 341ff) auch eine Begrenzung der Höchstgeschwindigkeit bei der Bahn vor (im Fernverkehr 200 km/h), da durch eine solche Maßnahme schon in der Konstruktionsweise der Züge und Gleise erheblich Energie eingespart werden könnte und die durchschnittliche Reisegeschwindigkeit statt dessen besser durch andere Maßnahmen wie den Abbau von Engpässen, Erhöhung der Anschlusssicherheit und häufigere Verbindungen erhöht werden könnte.

Ein wichtiger Vorteil von ordnungsrechtlichen Maßnahmen wie CO_2-Grenzwerte, Gebote zur Verwendung von Leichtlaufreifen und -ölen oder Geschwindigkeitsbeschränkungen liegt in den niedrigen Transaktionskosten der Umsetzung dieser Maßnahmen. Außerdem sind sie sofort umsetzbar und wirken auch sofort. Als Nachteil gilt, dass eine Reduktion des CO_2-Austoßes pro zurückgelegtem Kilometer beim Pkw kein Garant für den Rückgang der gesamten CO_2-Emissionen im Pkw-Verkehr ist. Vielmehr können die Einspareffekte durch einen Anstieg in der Nutzung von Pkw leicht überkompensiert werden.

Die infrastrukturellen Ausbau- und Engpassbeseitigungsmaßnahmen des Anti-Stau Programms (C18) sowie Teile des Maßnahmenbündels zur Verkehrsflusssteuerung via Telematik (D28) haben als Zielrichtung die Verstetigung des Verkehrsflusses. In der verkehrspolitischen Debatte wird gerade dem Einsatz von neuen Informations- und Kommunikationstechniken eine wichtige Rolle zur Erreichung nachhaltiger Verkehrsziele zugesprochen. Angesprochen sind sowohl verkehrssteuernde Infrastrukturmaßnahmen an den Straßen und Autobahnen (z. B. Parkleitsysteme) als auch in den Fahrzeugen (Navigationssysteme). Die CO_2-Reduktionswirkung dieser Verkehrsbeeinflussungssysteme wird aber hier und auch in anderen Studien als nur sehr gering eingeschätzt (vgl. beispielsweise Fraunhofer-Gesellschaft, 1995 oder Halbritter und Fleischer, 2000:19ff)[146].

Darüber hinaus sollte bei der Beurteilung der beiden Maßnahmeprogramme (C18 und D28) beachtet werden, dass zu ihrer Realisierung erhebliche Bundesmittel in Anspruch genommen werden müssen und dass die möglicherweise erzielten CO_2-Reduktionen durch die verkehrsinduzierenden Effekte zunichte gemacht oder sogar überkompensiert werden. Ein Ausbau der Infrastruktur zieht zumeist mehr Verkehr nach sich, und die informationstechnologische Aufrüstung des Pkws und der Straße macht dieses

---

[146] Trotzdem sollte hier nicht unerwähnt bleiben, dass die Palette der Telematikanwendungen im und für den Verkehrsbereich sehr vielfältig ist und daher ein höheres Wirkungspotenzial erschlossen werden könnte. Die Vernetzung der einzelnen Verkehrsmittel untereinander ist sowohl im Personen- als auch im Güterverkehr bisher nicht ausreichend ausgeschöpft. Die Attraktivität und Organisation von Car Sharing-Systemen (D26) kann durch IuK-Technologien verbessert werden. Des Weiteren sind Berufsverkehrsvermeidung aufgrund Telearbeitsplätzen sowie eine effiziente Warendistribution zum Endkunden (Verringerung des Einkaufverkehrs) als Beispiele zu nennen. Für die genannten Telematikanwendungen liegen keine Abschätzungen der Wirkungspotenziale vor.

Verkehrsmittel attraktiver. Petersen und Schallaböck (1995) sprechen in diesem Zusammenhang von der "Konjunktur falscher Rezepte".

Eine klassische Maßnahme zur Steuerung des Verkehrs- und Fahrverhaltens besteht in der Schulung und Information zu kraftstoffsparendem Fahren (D29). Die drei zitierten Untersuchungen schätzen hohe Potenziale der Energie- und CO_2-Einsparung durch die vielfältigen Möglichkeiten zu einer energiesparenden Fahrweise beim Pkw. Neben den in der Tabelle 32 bereits genannten individuellen Verhaltensweisen einer langsamen und gleichmäßig verstetigten Fahrweise, der schnellstmöglichen Ganghochschaltung, der richtigen Reifen(druck)wahl zur Verringerung des Rollwiderstandes und der Gepäck- bzw. Gewichtsreduzierung durch "Entmüllung" des Kofferraums (z. B. das Mitführen von Schneeketten im Sommer) nennt der ADAC (2001) als weitere Maßnahmen den Abbau von nicht mehr benötigten, mitgeführten Dachaufbauten zur Reduzierung des Luftwiderstandes, die Motorabschaltung bei längeren Stops, das Warmfahren des Motors (nicht warmlaufen lassen) sowie eine allgemein vorausschauende Fahrweise, durch die die Bewegungsenergie des Fahrzeugs optimal genutzt wird und Bremsvorgänge verringert werden. Als direkte Umsetzung sollten solche Verhaltensweisen nicht nur in der Fahrschulausbildung eingehend unterrichtet sondern auch in obligatorischen Nachschulungen regelmäßig vermittelt werden.

Die Maßnahmen A4, B12 – B15, C17, C19 – C22, D30 und D31 haben als vorrangiges Ziel, die Marktposition der umweltverträglicheren Verkehrsmittel zu fördern und eine Verkehrsverlagerung zu diesen Verkehrsmitteln zu forcieren. Durch die Verkehrsverlagerung als zweitem Strategiebereich werden Umweltentlastungen und eine Reduktion der CO_2-Emissionen des Verkehrs erwartet. Allerdings geht aus der Tabelle 32 hervor, dass das Wirkungspotenzial dieser Maßnahmen in der Einzelbetrachtung als eher gering eingeschätzt wird. Erst durch die Kombination verschiedener Maßnahmen im Rahmen einer "push and pull-Strategie" kann eine deutliche Verlagerung vom Pkw auf den ÖPNV, die Bahn und die nichtmotorisierten Verkehrsmittel erreicht und damit eine umfangreiche CO_2-Reduktion erzielt werden (vgl. Gorissen, 1996:125). Zum einen müssen beschränkende Maßnahmen (push) gegen den Pkw erlassen werden. Dazu zählen Zufahrtsbeschränkungen (A4) und eine verschärfte Parkraumbewirtschaftung (B14) bzw. eine Reduzierung der Parkplatzstellflächen (C20). Im Rahmen einer "push"-Strategie wirken natürlich auch einige der bereits diskutierten ordnungsrechtlichen Maßnahmen wie Geschwindigkeitsbeschränkungen oder die ökonomischen Instrumente, die zum großen Teil auf die Verteuerung der Pkw-Nutzung zielen.

Für den "pull"-Bereich stehen ökonomische, infrastrukturelle und organisatorische Maßnahmen zur Verfügung, um die Angebote von ÖPNV und Bahn konkurrenzfähiger und attraktiver zu machen. In der Studie der Prognos AG wird das größte Wirkungspotenzial dem Ausbau der Schieneninfrastruktur (C19) zu gesprochen. Allerdings wird in der Quelle nicht thematisiert, inwieweit die Infrastruktur erweitert werden müsste und welche verkehrinduzierenden Effekte dadurch hervorgerufen würden (vgl. Rommerskirchen, 1992:66). Die tarifpolitischen Förderungen von ÖPNV und Bahn (B12 und B13) scheinen einen niedrigeren Umwelt- (CO_2-Reduktions-) Nutzen hervorzubringen als ein Bündel von organisatorischen Maßnahmen zur Steigerung der Attraktivität des ÖPNV (D30). Hier zeigt sich, dass der Preis gerade bei den öffentlichen Verkehrsmitteln nicht die einzig wichtige Determinante bei der Verkehrsmittelwahl ist (vgl. Brüderle und Preisendörfer, 1995 oder Keuchel, 1994). Die Bevorrechtigung des ÖPNV gegenüber dem MIV an Signalanlagen oder allgemein bei der städtischen Infrastrukturgestaltung dient der wichtigen Determinante "Fahrtzeit" ebenso wie die Erhöhung der Taktfrequenz und ist damit eine geeignete Teilmaßnahme einer push and pull-Strategie.

Der Förderung des nichtmotorisierten Verkehrs durch den Ausbau von Rad- und Fußgängerwegen (C22) oder auch durch organisatorische Maßnahmen der Attraktivitätssteigerung (Beschilderung, Ampelphasen, Öffnung von Einbahnstraßen) kommt eine besondere Bedeutung für ein nachhaltiges Personenverkehrssystem zu. Dadurch wird eine Verlagerung auf in der Nutzung vollkommen emissionsfreie Verkehrsmittel induziert und gleichzeitig die Möglichkeit zur Verbesserung der Gesundheit der Bevölkerung geschaffen. Die zu erwartenden CO_2-Reduktionen aufgrund dieser Maßnahmen werden allerdings nicht sehr hoch eingeschätzt, da es weniger zu Substitutionswirkungen als vielmehr zu einem zusätzlichen Freizeitangebot kommt.

Nur zwei Maßnahmen der Tabelle 32 sind in erster Linie dem Strategiebereich der Verkehrsvermeidung zuzuordnen. Wie bereits am Ende des Kapitels 4.2 beschrieben wurde, liegt ein zentraler Faktor für die Entstehung von Verkehr in der Flächennutzung und Raumordnung (C23: Siedlungs- und Landschaftsplanung, Raumordnung). Die Entfernung und Erschließung von Standorten für die verschiedenen Aktivitäten von Menschen (Wohnen, Arbeiten, Ausbildung, Einkaufen und Freizeit) bestimmen maßgeblich die Verkehrsmittelwahl und das Verkehrsvolumen, also die zurückgelegte Entfernung (vgl. hierzu und zum Folgenden Gorissen, 1996:121f). Für eine Verkehrsvermeidungsstrategie im Rahmen des Siedlungsflächenverbrauchs sollten neben einer integrierten Verkehrsplanung[147] konkret eine höhere bauliche Dichte realisiert, die funktionsmischende Raum- und Siedlungsstruktur durchgesetzt, die Organisationsstrukturen zum Vollzug des planungsrechtlichen Instrumentariums effizienter gestaltet (Regionalplanung bekommt Durchsetzungskraft gegenüber kommunaler Bauleitplanung), die Förderung der Wiedernutzung von Brachflächen sowie flächensparender Gewerbeansiedlungen angestoßen bzw. verbessert und eine allgemeine Bodenversiegelungsabgabe als einmalige Abgabe bei der Baugenehmigung eingeführt werden.

Ein Quantifizierung der CO_2-Wirkung von Maßnahmen zu verkehrsarmen Siedlungsstrukturen wird in den zitierten Quellen genauso wenig vorgenommen wie für die Einführung einer Verkehrsauswirkungsprüfung (C24). Das DIW bilanziert aber, dass die Ergebnisse einer Verkehrsauswirkungsprüfung positiv für eine Verkehrsver-

---

[147] Das Lippenbekenntnis zu einer integrierten Verkehrsplanung unter Einbeziehung von Raumordnung, Regionalplanung, Städtebau, Umweltplanung und Wirtschaftsförderung findet sich seit Jahren in jedem verkehrspolitischen Programm ohne dass konkrete Maßnahmen folgten.

11 Verkehrspolitische Maßnahmen und Internalisierungsstrategien

meidungsstrategie im Planungsprozess eingesetzt werden könnten, da durch eine solche Prüfung verkehrsvermehrende Entscheidungen in allen Politikbereichen in einem sehr frühen Stadium erkannt und berücksichtigt werden können (vgl. DIW et al., 1997:102).

Noch nicht diskutiert wurden die ökonomischen Instrumente B7 – B11. Diese nehmen im Rahmen einer Strategie für eine nachhaltige Personenverkehrsentwicklung eine herausragende Stellung ein, da sie sowohl verkehrsvermeidend als auch verkehrsverlagernd oder auf eine umweltverträgliche Abwicklung fördernd wirken können (vgl. Gorissen, 1996:118ff). Außerdem befinden sie sich permanent in der öffentlichen Diskussion. Mineralölsteuererhöhungen (B7 und B8) und die Einführung einer Straßenbenutzungsgebühr (B10) wirken direkt auf den Preis der Verkehrsmittelnutzung, während die Kraftfahrzeugsteuer (B9) preislich auf den Besitz eines Pkws unabhängig von seiner Nutzung wirkt. Die Maßnahmen B7 – B10 werden als direkte Preisregulierung angesehen, während sich bei einem CO_2-Zertifikatesystem (B11) durch die Mengenregulierung erst indirekt eine preisliche Auswirkung ergibt. Der Preis für die CO_2-Nutzung bildet sich hierbei auf dem Markt, auf dem die Zertifikate zwischen den Emittenten frei gehandelt werden dürfen. Voraussetzung dafür ist, dass die Menge erlaubter CO_2-Emissionen durch den Staat für den Personenverkehrssektor und einen bestimmten Zeitraum festgelegt, in handelbaren Emissionsrechten verbrieft und an die Emittenten verteilt wurde.[148]

Die in der Tabelle 32 vorgestellte Maßnahme B9 bezieht sich auf die Neugestaltung der Kraftfahrzeugsteuer im Jahr 1999, bei der eine Spreizung der Kfz-Steuer für Pkw nach Normverbrauchs- und Abgaswerten vorgenommen wurde (vgl. BMF, 1999b). Sie hat die Steigerung der Attraktivität von verbrauchsreduzierten und emissionsärmeren Pkw zum Ziel. Zum einen sind Pkw mit einem Verbrauch von 3 l/100km (rund 70 g CO_2/km) und 5 l/km (rund 120 g CO_2/km) befristet steuerbefreit. Zum zweiten orientieren sich die jährlichen Steuern pro 100 ccm Hubraum nach Verbrauchs- oder Abgaswerten (NOx, VOC, etc.). Diese neue Kfz-Steuertarifierung schafft langfristig einen Anreiz zum Kauf eines emissionsärmeren Fahrzeugs, allerdings besteht keinerlei Anreiz, die Fahrtleistung zu vermindern, oder umweltschädigendes Fahrverhalten zu verändern. Deshalb wird hier auch nur ein verhältnismäßig geringes CO_2-Wirkungspotential geschätzt.

Die jährlich seit 1999 durchgeführte Erhöhung der Mineralölsteuer um rund 3 Cent im Rahmen der ökologischen Steuerreform (B7) soll dagegen bis 2005 eine Einsparung von 6 – 8 Mt CO_2-Emissionen im gesamten deutschen Verkehrssektor erbringen. Für eine weitere Erhöhung dieser Steuer (B8) wird genauso wie für die Einführung einer Straßenbenutzungsgebühr (B10) das mit Abstand höchste Wirkungspotenzial aller verkehrspolitischen Maßnahmen der Tabelle 32 geschätzt. Die aufgelisteten

---

[148] Eine detaillierte Beschreibung, Wirkungsanalyse und Bewertung der ökonomischen Instrumente Mineralölsteuererhöhung, Einführung einer Straßenbenutzungsgebühr und CO_2-Emissionszertifikate erfolgen in den Kapiteln 11.4, 11.5 und 11.6 bzw. in den Kapiteln 12 und 13.

Ausgestaltungsvarianten der drei zitierten Literaturquellen stellen allerdings auch deutliche Erhöhungen dar[149].

Die preislichen Instrumente inklusive der mengenregulierenden Zertifikatelösung aktivieren die Palette der CO_2-Reduktionsmöglichkeiten am breitesten, da der Adressat (Pkw-Nutzer oder Nachfrager nach öffentlichen Personenverkehrsdienstleistungen) selbst entscheiden kann, welche Vermeidungsoption er in welchem Umfang vornimmt. Aus individueller Sicht kann die Umweltbelastung durch eine Vielzahl von Wahlentscheidungen über die mit dem Personenverkehr verbundenen Aktivitäten vermindert werden. Die Kette von Ansatzpunkten für die Wahlentscheidungen wird durch folgende Tautologie, ausgehend von den Emissionen E (Luftschadstoffe oder CO_2), beschrieben (vgl. SRU, 1994:761ff):

Gl. (10): $\quad E: = (E/Fkm) * (Fkm/pkm) * (pkm/A) * (A/N) * N$

Fkm gibt die Fahrzeugleistung in Fahrzeugkilometern an (bisher abgekürzt mit *km*, vgl. Kapitel 5). Die Personenkilometer *pkm* quantifizieren die Verkehrsleistung, die durch eine Aktivität *A* (z. B. die Arbeit in einem bestimmten Betrieb, der Einkauf in einem bestimmten Geschäft oder das Treffen in einem bestimmten Lokal) mit dem Nutzen N hervorgerufen wird. Die vier Quotienten der Gleichung 10 stellen jeweils die Ansatzpunkte für einen Typ emissionsreduzierender Maßnahmen des Individuums dar, nämlich (vgl. Ewers, 1996:221ff):

- die Emissionsintensität *E/Fkm* des benutzten Verkehrsmittels/Fahrzeugs,
- die Fahrleistungsintensität *Fkm/pkm* des benutzten Verkehrsmittels/Fahrzeugs (der Kehrwert dieses Quotienten gibt die Auslastungseffizienz des Verkehrsmittels an),
- die Verkehrsintensität *pkm/A* der gewählten Aktivität und schließlich
- die Aktivitätsintensität *A/N* des vom Individuum erreichten Nutzenniveaus.

Wird eine preissteuernde Maßnahme zu Lasten der verkehrlichen Emissionen eingeführt bzw. erhöht, können individuelle Wahlentscheidungen zu jeder der vier genannten Komponenten eine Reduktion der Emissionen und damit die Verringerung der Kosten bewirken. So kann z. B. bei einer emissionsabhängigen Straßenbenutzungsgebühr der Adressat (Pkw-Fahrer) selbst entscheiden, "ob er sich ein Auto mit geringerer Emissionsintensität kauft, Fahrten auf Bus oder Bahn verlagert, seinen Standort wechselt oder auf besonders verkehrsintensive Verbrauchsgewohnheiten verzichtet" (Ewers, 1996:222). Auch eine Erhöhung der Mineralölsteuer, die durch die Äquivalenz des Treibstoffverbrauchs mit den CO_2-Emissionen vergleichbar mit einer CO_2-Steuer ist, wirkt verkehrsvermeidend (Verringerung der Verkehrsintensität und der Aktivitätsintensität: nicht notwendige Fahrten werden eingespart), verkehrsverlagernd

---

[149] Inwieweit noch drastischere Erhöhungen der Mineralölsteuer oder eine noch höher bemessene Einführung einer emissionsbezogenen Straßenbenutzungsgebühr zur Internalisierung der externen Kosten und zur Erreichung einer starken Nachhaltigkeit geboten sind, ist Untersuchungsgegenstand der Kapitel 12 und 13.

11 Verkehrspolitische Maßnahmen und Internalisierungsstrategien

(umweltfreundliche Verkehrsmittel werden für den Nutzer relativ billiger, wodurch ein Anreiz zum Umsteigen auf Verkehrsmittel mit einer niedrigeren Fahrleistungsintensität geschaffen wird) und fördert eine umweltfreundliche Abwicklung des Verkehrs (verbrauchsärmere Fahrweise macht sich bezahlt) (vgl. Gorissen, 1996:118).

Die Senkung der Fahrleistungsintensität kann nicht nur durch eine Verkehrsverlagerung erreicht werden, sondern auch durch die Erhöhung des Auslastungsgrades bei den Personenverkehrsmittel und Fahrzeugen selbst. Verkehrspolitische Maßnahmen zur Erhöhung des Besetzungs- bzw. Auslastungsgrades (D27), seien es nun die Förderung von Mitfahrgelegenheiten (rechtliche Absicherungen, Steuerregelungen) oder auch Informationsangebote, führen zu einer umweltverträglicheren Abwicklung des Verkehrs. Für eine verbesserte Auslastung des individuellen Verkehrsmittels Pkw spielt der Wille und die Bereitschaft der Bevölkerung zur Unterstützung solcher Mobilitätskonzepte eine entscheidende Rolle (vgl. Widder, 1995).

Viele der diskutierten ordnungsrechtlichen, infrastrukturellen und organisatorischen Einzelmaßnahmen können und sollten die verkehrsvermeidenden, verkehrsverlagernden und emissionsintensitätsverringernden Anreize der ökonomischen Instrumente flankieren. Diese Einschätzung teilen auch die meisten Studien zu einer nachhaltigen Entwicklung im Verkehr bzw. Personenverkehr. Es wird betont, nicht eine einzelne Maßnahme für eine angestrebte Zielerfüllung einzusetzen, sondern vielmehr eine ausgewogene Abstimmung der verschiedenen verkehrspolitischen Maßnahmen vorzunehmen. Als Begründung wird angegeben, dass eine Einzelmaßnahme sehr stark dosiert werden müsste und möglicherweise unerwünschte Nebenwirkungen generieren würde. Als Beispiel dient häufig eine Kraftstoffverteuerung (Mineralölsteuer), die für viele Bevölkerungsgruppen zu sozialpolitischen Härten führen würde.

Um der zentralen Fragestellung dieser Arbeit gerecht zu werden, interessiert im Weiteren eher die Grobsteuerung des Personenverkehrssystems als die detaillierte Ausgestaltung eines umfassenden Maßnahmenprogramms. Im Gegensatz zu der in der verkehrspolitischen Praxis sinnvollen Implementierung eines ausgewogenen Maßnahmenbündels soll im Rahmen dieser Arbeit gerade gezeigt werden, inwieweit durch den Einsatz der drei wichtigsten ökonomischen Instrumente Mineralölsteuererhöhung, Straßenbenutzungsgebühr und CO_2-Emissionsrechtehandel der Prozess zu einer dauerhaft-umweltgerechten Personenverkehrsentwicklung angestoßen und umgesetzt werden kann.

Nicht alle der in Tabelle 32 aufgelisteten Maßnahmen konnten hier im Detail diskutiert werden.[150] Dies gilt erst recht für die Vielzahl weiterer Maßnahmen, die für die

---

[150] Einen erwähnenswerten Ansatz zur Beurteilung von verkehrspolitischen Maßnahmen bietet Becker (1998b). Er stellt Leitfragen auf, um zu prüfen, ob eine Maßnahme "die Unnachhaltigkeit des Verkehrssystems" fördert:
- Erhöht die Maßnahme die gesamten Fahr- bzw. Verkehrsleistungen im Untersuchungsraum?
- Erhöht die Maßnahme die mittleren spezifischen (technischen) Verbrauche oder Emissionen?

Umsetzung einer umfassenden nachhaltigen Personenverkehrsentwicklung gemäß den Zielsetzungen und -vorstellungen des Kapitels 4 notwendig wären. Eine solch breite Diskussion verkehrspolitischer Maßnahmen und Instrumente würde den Umfang der Arbeit erheblich erhöhen. Eine sehr gute, praxisnahe und teilweise auch provokative Diskussion verkehrspolitischer Maßnahmen und Strategien für eine nachhaltige Mobilität geben Petersen und Schallaböck (1995) in ihrem umfassenden Buch "Mobilität für Morgen". Gelungene Übersichten geben aber auch das UBA (1997), die OECD (2000) oder der Verkehrsbericht des BMVBW (2000).[151].

11.2 Theoretische Grundlagen zur Internalisierung der externen Kosten

Die Fehlallokation von nicht auf Märkten gehandelten Umweltgütern führt, wie im zweiten Teil der Arbeit erläutert, zu externen Kosten für die Gesellschaft, wenn die Verursacher der Externalitäten diese nicht in ihr privates Kostenkalkül einbeziehen. Deshalb müssen die externen Kosten beim Verursacher internalisiert werden. Zum Einen wird dadurch eine optimale Allokation der Umweltgüter sichergestellt und zum Anderen ist eine Internalisierung externer Effekte zur Schaffung fairer Konkurrenzbedingungen im Verkehrsmarkt erforderlich.

Internalisierung wird hier ausschließlich als die Anlastung der externen Kosten an die Verursacher über die Preise definiert (vgl. Neuenschwander et al., 1992:20). Unter Verursachern werden aus der mikroökonomischen Sichtweise der Externe Kosten-Analyse die Verkehrsteilnehmer bzw. Verkehrsmittelnutzer verstanden. Die Internalisierung externer Kosten heißt nichts anderes als das Verursacherprinzip durchzusetzen: Die externen Kosten müssen in die private Kostenrechnung der Verkehrsmittelnutzer einfließen und damit deren Entscheidungen, z. B. ihr Verkehrsverhalten, beeinflussen. Nur ökonomische Maßnahmen erfüllen diesen allokativen Zweck optimal. Für eine Internalisierungsstrategie eignen sich am Besten preispolitischen Maßnahmen, da der Preis der Verkehrsmittelnutzung flexibel dosiert werden kann und eine Erhöhung

---

- Macht die Maßnahme Verkehr für den Nutzer dadurch billiger, attraktiver oder schneller, dass Teile der entstehenden Kosten auf andere verlagert werden? Und
- Schreibt die Maßnahme bestimmte unnachhaltige Verhaltensweisen auf viele Jahre fest (und verbaut damit künftigen Generationen Optionen)?

In der verkehrspolitischen Nachhaltigkeitsdiskussion sollten solche oder vergleichbare Fragen bei der Festlegung von Maßnahmen Beachtung finden.

[151] Nicht alle Programme für eine nachhaltige Entwicklung nennen eine solche Fülle von verkehrspolitischen Maßnahmen und Instrumenten, wie sie in der Tabelle 32 aufgelistet sind. Z. B. werden im Konzept der CSD- Nachhaltigkeitsindikatoren (UN Commission on Sustainable Development, vgl. Kapitel 3.5.2.7) für die Förderung einer nachhaltigen, umweltverträglichen Verkehrsentwicklung nur drei Maßnahmenindikatoren präsentiert: erstens die Investitionen für Bahn, ÖPNV, Straße, Schiff, Luftfahrt, zweitens die Förderung emissionsarmer Kfz und drittens die Bürgerbeteiligung bei der Verkehrsplanung (vgl. BMU, 2000:31). Allerdings wird in der deutschen Erweiterung der CSD-Nachhaltigkeitsindikatoren auf die folgenden ergänzenden Maßnahmen(-indikatoren) hingewiesen: Einführung fahrleistungsabhängiger Straßenbenutzungsgebühren für Lkw, Abbau steuerlicher Begünstigungen des Luftverkehrs, Förderung von umweltorientierter Verkehrserziehung, Einsatz der Telematik, Ausbau von Hochgeschwindigkeitsverbindungen (wie ICE und Transrapid), Erhöhung der Attraktivität des nicht-motorisierten Verkehrs (z. B. Wegeausbau für Fahrräder und Fußgänger), Anreize für einen Umstieg auf den öffentlichen Personenverkehr sowie die Nutzung neuer Mobilitätsdienstleistungen (Car-Sharing und Pooling) (vgl. BMU, 2000:104).

der Kosten, wie im Kapitel 11.1.4 gezeigt, bei den Adressaten eine Vielfalt von Ausweichreaktionen auslösen, die zu einer Reduktion externer Effekte führen. Ordnungsrechtliche Maßnahmen, wie Verbrauchsgrenzwerte oder Geschwindigkeitsbeschränkungen, aber auch organisatorische, freiwillige oder informatorische Maßnahmen können nach der obengenannten engen Definition nicht als Internalisierungsstrategien angesehen werden, weil dadurch den Verkehrsmittelnutzern nicht die adäquaten Allokationssignale vermittelt werden und diese Maßnahmen keine oder kaum Rücksicht auf die unterschiedlichen Vermeidungskosten verschiedener Verursacher nehmen. Dadurch besteht die Gefahr, dass eine Umweltwirkung wegen Umgehung des Marktmechanismusses nicht zu minimalen Kosten erreicht wird.

Eine theoretisch optimale vollständige Internalisierung ist dann erreicht, wenn die externen Grenzkosten beim optimalen Niveau der Umweltbelastungen den Verursachern angelastet werden. Bei der Internalisierung der externen Kosten im Verkehrsbereich sind die Prinzipien einer ökonomisch optimalen Allokation zu beachten. Da in dieser Studie auf die Personenverkehrsmittelnutzung bei gegebener Infrastruktur-Kapazität fokussiert wird, interessieren für eine optimale Preisbildung nur die kurzfristigen sozialen Grenzkosten, also die Kosten für einen zusätzlichen Pkw-, Bahn- oder ÖPNV-Kilometer. Infrastruktur-Anpassungen und deren Finanzierung über die Preise der Verkehrsmittelnutzung[152] werden hier nicht betrachtet, auch wenn bei der Länge des Untersuchungszeitraums bis 2020 sicherlich infrastrukturelle Maßnahmen zur Gestaltung eines nachhaltigen Personenverkehrssystems vorgenommen werden müssen. Per Annahme beschränkte sich die Analyse der externen Kosten im zweiten Teil der Arbeit auf die Grenzkosten der Verkehrsmittelnutzung, und auch nur diese sollen innerhalb des Untersuchungszeitraums internalisiert werden.

Als theoretisch optimale Internalisierung stehen zwei Strategien zur Verfügung: die Vergabe von Eigentumsrechten und die Pigou-Steuerlösung (vgl. dazu Krey und Weinreich, 2000:20ff). Da externe Effekte nach dem Coase-Theorem als Folge von nicht bestehenden "Property Rights" (Eigentumsrechten) angesehen werden können, würde eine gerechte Verteilung und die Möglichkeit zum Handel der Eigentumsrechte zu einer vollständigen Internalisierung führen (vgl. Fritsch et al., 1996:64f.). Dieser Gedankengang lässt sich leicht durch folgendes Beispiel illustrieren. Wenn Anwohner einer Straße ein handelbares Recht auf Ruhe erhielten, so könnte dort kein Auto mehr vorbeifahren, es sei denn, dass die Autofahrer den Anwohnern ihr Recht auf Ruhe abkauften (vgl. Button, 1994:14). Es entstünde ein Markt für das Gut Ruhe, und der externe Kostenfaktor Lärm wäre nach dem Verursacherprinzip internalisiert, da die Preise für die "Property Rights" neben den betriebswirtschaftlichen auch die Umwelt-

---

[152] Im Falle einer langfristigen Betrachtung müssten normalerweise auch die Kosten der Infrastrukturanpassung mit einfließen. Den Preisen kommt nämlich nicht nur eine Lenkungsfunktion sondern auch eine Finanzierungsfunktion zu. Die Finanzierung der Verkehrswege kann durch Vollkostentarife, mehrstufige Tarife (das sogenannte "two part pricing" mit den zwei Komponenten Grenzkostentarif und nachfrageunabhängige Grundgebühr) oder Ramsey-Preise, als eine Art pragmatischer Umsetzung der Preisdifferenzierung, gesichert werden. Für eine ausführliche Diskussion der Bepreisungsregeln im Verkehr siehe Maibach et al. (2000:41ff), Calthrop und Proost (1998) oder Verhoef (1997).

kosten widerspiegelten. In der Praxis ist diese theoretisch einfachste Form der Internalisierung nicht durchsetzbar, da eine vollständige Verteilung von Eigentumsrechten an Umweltgütern eine unlösbare Aufgabe darstellt. Das Coase-Theorem beruht nämlich auf der Annahme, dass auf dem Markt vollständige Information über die Schadensfolgen, die Geschädigten und die Verursacher besteht, was in der Realität nicht der Fall ist.[153]

Der zweite theoretisch ideale Ansatz zur Internalisierung der externen Kosten basiert auf der Steuerlösung nach Pigou (1920). Pigou analysiert erstmals, dass die externen Kosten die Erhebung einer gleich hohen Steuer rechtfertigen, wobei die Steuereinnahmen die Kosten ihrer Erhebung übersteigen müssen. Der Grundgedanke besteht darin, die Verursacher externer Kosten so zu besteuern, dass sie ihre Ausbringungsmenge bzw. das Ausmaß der Verkehrstätigkeit auf jenes Mengenniveau verringern, bei dem die sozialen (Grenz-) Kosten den privaten (Grenz-) Kosten entsprechen (vgl. Feess, 1998:113ff oder Fritsch et al., 1996:74f.). Die Pigou-Abgabe muss nicht als Steuer ausgestaltet werden, sie kann auch in Form einer Gebühr erhoben werden. Nach Neuenschwander et al., (1992:23) könnte die preiszielorientierte Internalisierung mit Hilfe einer Pigou-Abgabe in der juristischen Terminologie als Kausalabgabe bezeichnet werden. Den Funktionsmechanismus dieser Abgabenlösung verdeutlicht die Abbildung 47.

Ziehen die Wirtschaftssubjekte, wie bereits in Abbildung 30 (Kapitel 7) dargestellt, nur ihre privaten Grenzkosten in ihr wirtschaftliches Kalkül, so entstehen Dritten externe Kosten (Fläche A-B-D-A, im oberen Teil der Abbildung). Eine nach der Internalisierungsbedingung notwendige Übereinstimmung von privaten und sozialen Grenzkosten ergibt sich durch die Einführung der Pigou-Abgabe in Höhe von t_{opt} (t_{opt}=AC), die den sozialen Zusatzkosten bei der Menge V_{opt} entspricht und dazu führt, dass die Wirtschaftsakteure das Ausmaß ihrer Tätigkeit (den Umfang der Verkehrsmittelnutzung) von V_0 auf V_{opt} reduzieren, weil sich durch die steuerbedingte Verschiebung der privaten Grenzkosten ein neuer Schnittpunkt von Angebot und Nachfrage in A ergibt.

Im unteren Teil der Abbildung 47 ist der Zusammenhang zwischen dem Umfang der Verkehrsmittelnutzung (abgetragen auf der Abszisse als Ausmaß der Tätigkeit V) und der Umweltqualität (Emissionen E) durch die Emissionsfunktion E(V) dargestellt. Dadurch wird die direkte Abhängigkeit der Grenzschäden von den Emissionen des Personenverkehrs dokumentiert, denn mit zunehmenden Emissionen steigen auch die externen Grenzschadenskosten. Durch die Einführung der Pigou-Abgabe reduzieren sich die Emissionen auf E_{opt}. Bezieht man den Wirkungsmechanismus z. B. auf die CO_2-Emisionen des deutschen Personenverkehrs, so wird deutlich, dass die Internalisierung durch die Abgabe t_{opt}^{CO2} nicht bedeutet, die Belastung der Umwelt

---

[153] Aufgrund der praktischen Unzulänglichkeiten der Coase-Lösung wird diese Form der Internalisierung nicht weiter betrachtet.

vollständig zu reduzieren. Vielmehr repräsentiert das Ausmaß V_{opt}^{CO2} bzw. E_{opt}^{CO2} das Klimaschutzniveau, welches als gesellschaftlich optimal erscheint (vgl. Kapitel 10).

Abbildung 47: Internalisierung mit Hilfe der Pigou-Abgabe

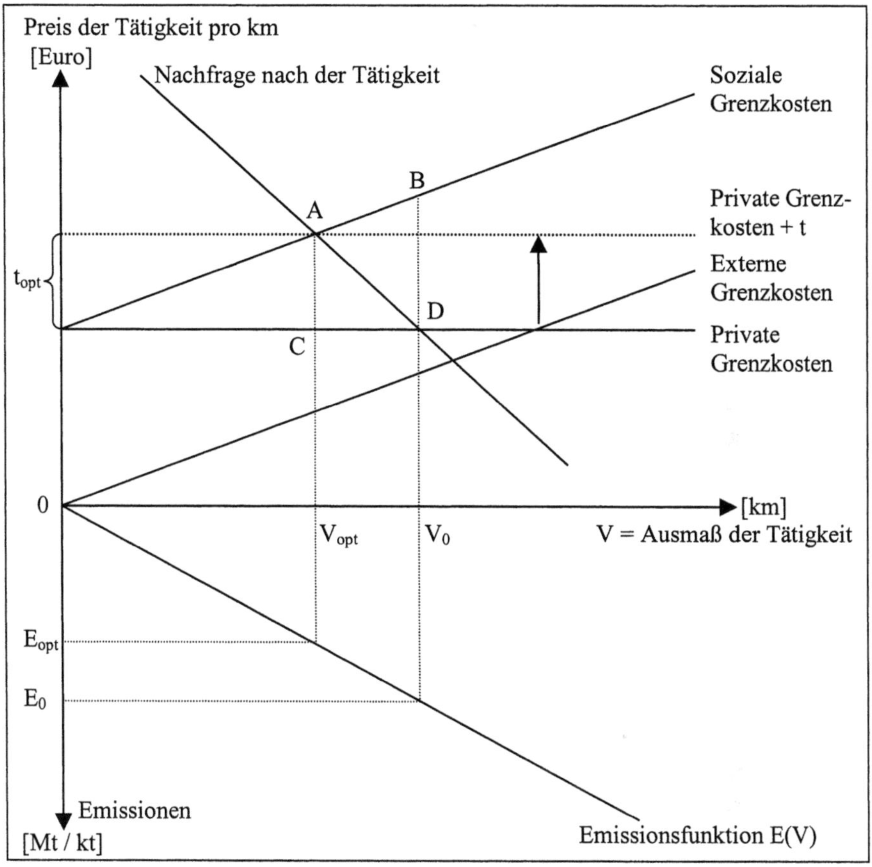

```
Preis der Tätigkeit pro km
[Euro]
        Nachfrage nach der Tätigkeit          Soziale
                                              Grenzkosten
                         B
                  A                           Private Grenz-
                                              kosten + t
t_opt                        D                Externe
              C                               Grenzkosten
                                              Private
                                              Grenzkosten

0                                         [km]
           V_opt  V_0        V = Ausmaß der Tätigkeit

E_opt
E_0

  Emissionen                    Emissionsfunktion E(V)
  [Mt / kt]
```

Quelle: Eigene Abbildung in Anlehnung an Neuenschwander et al. (1992:24) sowie Krey und Weinreich (2000:21)

Die beiden vorgestellten Internalisierungsinstrumente, die Pigou-Abgabe und die Verhandlungslösung nach Coase, werden in der volkswirtschaftswissenschaftlichen Lehre der Neoklassik als sogenannte "first-best" Lösungen zur Internalisierung bezeichnet und bilden den theoretischen Hintergrund der Internalisierungsthematik (vgl. Wegner, 1994.5).

Aus den folgenden Gründen ist in der praktischen Anwendung die first-best Optimalität der Pigou-Abgabe nicht gegeben. Deshalb dient sie in erster Linie als Denkmodell oder idealtypische Form einer Internalisierungsstrategie und weniger als konkretes Umweltinstrument (vgl. Neuenschwander et al., 1992:24ff):

- Wie im zweiten Teil der Arbeit gezeigt wurde, ist der Verlauf der Grenzschadenskostenkurve aufgrund von Informationsdefiziten und der Notwendigkeit normativer Annahmen schon für die beiden Bereiche Luftverschmutzung und Klimaveränderung nur mit großer Unsicherheit bestimmbar. Für den Personenverkehrsbereich verschärft sich die Problematik, da sich die gesamten externen Grenzschadenskosten aus verschiedenen Kostenbereichen (Luftverschmutzung, Klima, Lärm, Unfälle, etc.) zusammensetzen[154].

- Der Verlauf der gesamtwirtschaftlichen Personenverkehrsnachfragefunktion (Nachfrage nach der Tätigkeit) ist ebenso nicht genau bekannt. Preiselastizitäten können zwar herangezogen werden, allerdings ist die Aggregation der verschiedenen Wirkungsmechanismen (Reaktion auf den Treibstoffkonsum, auf die Routenwahl, auf den Fahrzeugbestand, auf den Modal Split und weitere (siehe Kapitel 12)) zu einer Nachfragefunktion schon theoretisch schwierig. In der Praxis ist eine solche Schätzung mit großen Unsicherheiten belastet.[155]

- Eine Pigou-Abgabe ist als Internalisierungsstrategie nur kurzfristig theoretisch optimal. Wird eine solche Abgabe erhoben, entsteht der vielfach besprochene Anreiz bei den Verkehrsmittelnutzern die Emissionen zu reduzieren, z. B. durch den Kauf eines emissionsärmeren Pkws. Dadurch verändert sich in der Folge die Grenzschadenskostenkurve, und es ergibt sich eine neue niedrigere Pigou-Abgabe. Die Abgabe müsste demzufolge permanent angepasst werden.

Die genannten Kritikpunkte einer Pigou-Abgabe führen nicht dazu, den preiszielorientierten Ansatz grundsätzlich abzulehnen. Es zeigt sich nur, dass die Verbesserung der Umweltqualität im Sinne einer nachhaltigen Entwicklung nicht garantiert werden kann und dass die Erfüllung von langfristigen ökologischen Zielsetzungen, wie sie nach dem Konzept einer starken Nachhaltigkeit festgelegt werden sollten, nicht garantiert ist. Um dieses zu gewährleisten, sind mengenzielorientierte Ansätze die adäquate Wahl. Bei mengenzielorientierten Strategien steht nicht die direkte Anlastung der externen Kosten im Vordergrund, sondern die Einhaltung eines politisch vorgegebenen Umweltstandards. Dafür stehen die beiden marktwirtschaftlichen Instrumente Standard-Preis-Ansatz und Zertifikatelösung zur Verfügung.

Der "Standard-Preis-Ansatz" basiert auf der Idee von Baumol und Oates (1979), ein Mengenziel mit einer Abgabenlösung zu erreichen. Im Gegensatz zur Pigou-Abgabe, bei der von einer Kausalabgabe gesprochen werden kann, entspricht der Standard-Preis-Ansatz einer Lenkungsabgabe. Die Wirkungsweise des Standard-Preis-Ansatzes lässt sich anhand der zweiteiligen Abbildung 48 erläutern.

---

[154] Wegen der notwendigen Aggregation verschiedener externer Kostenarten ist in Abbildung 47 der in der Literatur zumeist beschriebene ansteigende Verlauf der gesamten Grenzschadenskosten des Personenverkehrs gewählt worden, obwohl für die beiden Bereiche Luftverschmutzung und Klimaveränderung in den Kapiteln 8 und 9 jeweils konstante Grenzschadenskosten ermittelt wurden.

[155] Zu beachten ist, dass der Verlauf der Verkehrsnachfragefunktion auch von der augenblicklichen Verkehrsregulierung abhängt. Neuenschwander et al. (1992:25) merken in diesem Zusammenhang an, dass z. B. die Verschärfung der Geschwindigkeitsbeschränkungen im MIV die Nachfragekurve nach innen verschieben würde, was zu einer Reduktion der Pigou-Abgabe führen würde.

Abbildung 48: Mengenregulierung mit Hilfe der Standard-Preis-Abgabe

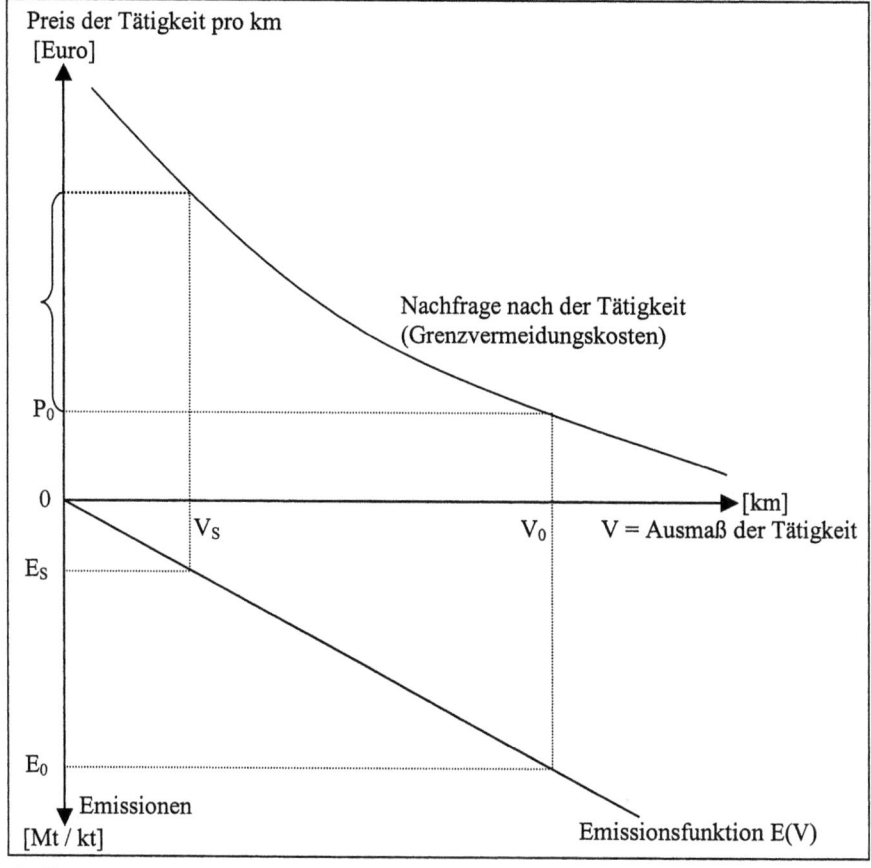

Quelle: Eigene Abbildung in Anlehnung an Fritsch et al. (1996:78)

Basis für obigen Ansatz bildet die politische Verständigung auf einen gewünschten Umweltqualitätsstandard (S). Dieser könnte z. B. durch ein bestimmtes Emissionsniveau E_S erfüllt werden. Das gewünschte Ziel zur Reduzierung der Emissionen auf E_S korrespondiert im Modell mit dem Umfang der Verkehrsmittelnutzung im Punkt V_S. Die im oberen Teil der Abbildung 48 gegebene Verkehrsnachfragefunktion beschreibt ceteris paribus, also bei gegebener Technologie und Infrastruktur sowie bestehenden Verkehrsregulierungen, die gesamtwirtschaftliche Grenzvermeidungskostenfunktion im Personenverkehr in Bezug auf die Emissionen. Unter der Bedingung der vollständigen Kenntnis dieser Grenzvermeidungskostenkurve der Verursacher ergibt sich die Standard-Preis-Abgabe t_S, die auf den Ausgangspreis P_0 (Private Grenzkosten bei der Ausgangssituation E_0 / V_0) aufgeschlagen werden muss.

In der praktischen Umsetzung ist der Verlauf der Grenzvermeidungskostenkurve bzw. der Verkehrsnachfragefunktion nicht hinreichend bekannt, deshalb muss zur Bestimmung der Abgabehöhe das sogenannte "trial and error"-Verfahren angewendet werden. Hierzu setzen die politischen Behörden zunächst einen niedrigen Abgabesatz fest, welcher anschließend sukzessive erhöht wird, bis das Emissionsziel E_S erreicht ist (vgl. Neuenschwander et al., 1992:27). Der Vorteil der Standard-Preis-Abgabe liegt für die umsetzende Behörde darin, dass auf die Ermittlung der externen Grenzschäden verzichtet werden kann. Dies gilt auch für die Zertifikatelösung, die im Gegensatz zum Preis-Standard-Ansatz, bei dem das Mengenziel über eine Preismaßnahme erreicht wird, eine Mengenmaßnahme mit Mengenziel darstellt. Ausgestaltungsvarianten, Wirkungsweise und Beurteilung des Zertifikateansatzes erfolgen in einem separaten Abschnitt (siehe Kapitel 11.6).

Ist erst einmal die passende Höhe der Standard-Preis-Abgabe ermittelt, erfüllt die festgesetzte Steuer oder Gebühr das erwünschte Emissionsziel der Theorie nach auch mehr oder minder genau. Eine weitere Verminderung der Emissionen über E_S hinaus findet nicht statt, da die Grenzvermeidungskosten die Abgabehöhe übersteigen würden. Eine Verletzung des Umweltqualitätsstandards S bzw. eine Erhöhung der Emissionen (wieder in Richtung E_0) werden ebenfalls nicht erfolgen, weil dann die Abgabe zu entrichten wäre, die in der Höhe über den Grenzvermeidungskosten liegt und deshalb die Vermeidung günstiger wäre.

In der umweltökonomischen Literatur werden die beiden mengenzielorientierten Ansätze als "second-best" Lösungen zur Internalisierung bezeichnet, da bei ihrer Implementierung die optimalen Umweltstandards exogen, durch einen politischen Entscheidungsprozess, gegeben sind und nicht wie im Fall der "first-best" Lösungen sich aus wohlfahrtsökonomischen Modellen ergeben (vgl. Fritsch et al., 1996:36ff). Weiter wird behauptet, dass aufgrund der praktischen Umsetzungsprobleme der Pigou-Abgabe für die Ausgestaltung einer politisch umsetzbaren Internalisierungsstrategie "die abstrakte Auseinandersetzung [...] heute der Suche nach politiknahen Lösungskonzepten gewichen ist" (Wegner, 1994:5). Unter solche "politiknahen Lösungskonzepte" fallen die beiden "second-best" Lösungen Standard-Preis-Ansatz und Zertifikatelösung. Sie entsprechen dem Verursacherprinzip, sind marktkonform und setzen die "richtigen" Preissignale. Damit erfüllen sie die wichtigsten Kriterien für eine ökonomisch effiziente Internalisierungsstrategie. Da aber zum Einsatz beider Instrumente kein Wissen über die Höhe der externen Schadenskosten notwendig ist, sondern nur die Grenzvermeidungskosten für das hervorgerufene Preissignal eine Rolle spielen, werden diese mengenzielorientierten Instrumente hier nicht als Internalisierungsmaßnahmen für externe Schadenskosten angesehen.[156]

---

[156] In der verkehrspolitischen Diskussion werden oft nicht nur diese "second-best" Lösungen als Ansätze zur Internalisierung der externen Kosten angesehen, sondern auch die gesamte Palette der verkehrspolitischen Maßnahmen, wie sie in Kapitel 11.1.1 vorgestellt wurden (vgl. beispielsweise IWW/Infras, 1995 oder Rothengatter, 1997). Hier wird dann auch von Internalisierung im weiteren Sinn gesprochen. Unbestritten ist, dass gerade zur akuten Gefahrenabwehr Auflagen und Verbote das richtige Instrumentarium darstellen. Auch die weitgehende Wirkung von Emissionsgrenzwerten beim Pkw wurde für die Luftverschmutzungsproblematik schon hervorgehoben. Für eine optimale Ausgestaltung einer Internalisierungsstrategie im Hinblick auf allokative Wirkungen und den Lenkungseffekt sind ordnungsrechtliche, infrastrukturelle, organisatorische und freiwillige Maßnahmen aber weniger geeignet.

Für diese Arbeit wir die Schlussfolgerung gezogen, dass die Internalisierung der externen Schadenskosten im einem engen Sinne nur über eine preiszielorientierte Abgabenlösung erfolgen kann. Im personenverkehrspolitischen Kontext bieten sich eine Erhöhung der Mineralölsteuer sowie ein emissionsabhängiges Road Pricing als Instrumente zur Internalisierung der externen Klimaschadens- und Luftverschmutzungskosten an. Beide Abgabenlösungen sollten sich möglichst direkt an der Höhe der ermittelten externen Grenzschadenskosten der Luftverschmutzung und des Klimawandels orientieren. Die Anforderungen einer schwachen nachhaltigen Entwicklung im Personenverkehr können durch preisbeeinflussende Abgabelösungen zur Internalisierung der externen Schadenskosten effizient erfüllt werden. Welches der beiden Instrumente in welcher Ausgestaltung für die Internalisierung der externen Luftverschmutzungs- und Klimakosten am Besten geeignet ist, wird im Folgenden zu klären sein.

Im Konzept einer hierarchischen, starken nachhaltigen Personenverkehrsentwicklung ist, nachdem das Skalierungs- und Distributionsproblem gelöst und damit Umweltqualitätsstandards in Form von Emissionsreduktionszielen festgelegt worden sind (siehe Kapitel 6), als letzter Schritt die effiziente Allokation der Umweltnutzungsrechte zu erfüllen. Dafür sind die mengenzielorientierten Instrumente 'Abgabe in Höhe des Standard-Preis-Ansatzes' und 'handelbare Emissionszertifikate' die geeigneten ökonomischen Instrumente, da sie das Verursacherprinzip verwirklichen und jeder Verkehrsteilnehmer nach seinen Präferenzen und abhängig vom Preis, der sich durch die Einführung des jeweiligen Instruments ergibt, seine Verkehrsentscheidung nutzenmaximierend, frei und selbständig treffen kann. Auch hier gilt es im Folgenden zu untersuchen, welches der beiden Instrumente in welcher Ausgestaltung am geeignetesten erscheint, die CO_2- bzw. NO_x-Emissionen des Personenverkehrs auf das abgeleitete starke Nachhaltigkeitsniveau zu senken.

Die mengenzielorientierten Ansätze werden im Rahmen dieser Untersuchung im Gegensatz zu der gängigen Literatur nicht als Internalisierungsmaßnahmen angesehen. Der Begriff Internalisierung würde durch die Nichtdifferenzierung überfrachtet und verwässert. Gerade für diese Arbeit, in der die Unterschiede und Zusammenhänge zwischen den beiden Konzepten einer nachhaltigen Entwicklung transparent gemacht werden sollen, bietet sich eher das Begriffspaar an:

- Internalisierung der externen Schadenskosten über preiszielorientierte Abgabenlösung für eine schwache nachhaltige Personenverkehrsentwicklung und
- Mengenzielorientierte Steuerung für eine dauerhaft umweltgerechte Personenverkehrsentwicklung (starke Nachhaltigkeit).

11.3 Ordnungspolitisches Analyse-Raster

Die Entscheidung für die Implementierung eines umweltpolitischen Instrumentariums zur Internalisierung der externen Kosten oder zur Mengensteuerung im Sinne einer starken nachhaltigen Personenverkehrsentwicklung setzt Kriterien voraus, die eine Bewertung verschiedener Maßnahmen erlauben. Im Folgenden werden die vier wichtigsten Beurteilungskriterien vorgestellt. Sie sind entnommen aus dem allgemeinen Prüfschema zur ordnungspolitischen Bewertung wirtschaftspolitischer Maßnahmen nach Grossekettler (1991:114f). Vergleichbare Kriterienkataloge kamen bereits mehrfach bei der Auswahl effizienter umweltpolitischer Instrumente in umweltökonomischen und verkehrswissenschaftlichen Publikationen zur Anwendung (vgl. Cansier, 1993; Rennings et al., 1996:22ff; Maibach et al., 2000:134ff; Krey und Weinreich, 2000:27f; Bräuer, 2002:61ff oder Diaz-Bone et al., 2001:8ff). Die vier Beurteilungskriterien lassen sich wie folgt skizzieren (vgl. Brockmann et al., 1999:31ff):

- **Zielkonformität:** Mit diesem Kriterium wird überprüft, inwieweit eine Maßnahme zur Umsetzung gegebener Umweltziele grundsätzlich geeignet ist. Dabei wird analysiert, ob das Instrument in die richtige Richtung, in der erforderlichen Stärke und mit der notwendigen Geschwindigkeit wirkt. Als Synonym für das Kriterium Zielkonformität wird auch häufig von ökologischer Treffsicherheit gesprochen (vgl. Fritsch et al. 1993:66f).

- **Systemkonformität:** Dieses Kriterium prüft, ob das Instrument mit den Prinzipien der sozialen Marktwirtschaft und den gesetzlichen Rahmenbedingungen vereinbar ist. Als wichtigster Aspekt ist in diesem Zusammenhang die Marktkonformität des Instruments zu nennen. Die Maßnahmengestaltung sollte möglichst wenig in die Entscheidungskompetenzen der Marktteilnehmer eingreifen, die Schaffung funktionsfähiger Märkte fördern und nicht dazu führen, die Funktionsfähigkeit bestehender Märkte einzuschränken. Außerdem sollte die Einführung bzw. Ausgestaltung einer Maßnahme nicht mit gegebenen stabilitäts- und verteilungspolitischen Zielen (z. B. Vollbeschäftigung) kollidieren.

- **Ökonomische Effizienz:** Dieses Kriterium analysiert, inwieweit das angestrebte Umweltziel zu gesamtwirtschaftlich minimalen Kosten erreicht wird und ob es einen dynamischen Anreiz ausübt, in Zukunft die umweltbelastende Tätigkeit zu reduzieren. Es erfolgt also eine Differenzierung in statische und dynamische Effizienz. Ein Instrument ist statisch effizient (kosteneffizient), wenn es zur Minimierung der Vermeidungskosten führt und die Kosten der Umsetzung der Maßnahmen und deren Überwachung (sog. Transaktionskosten) geringer sind als die auf gesamtwirtschaftlicher Ebene eingesparten Vermeidungskosten (vgl. Michaelis, 1996:47). "Dynamisch effizient (innovationseffizient) ist ein Instrument, wenn es Anreize zur Weiterentwicklung bekannter und zur Erfindung neuer kostengünstigerer Reduktionstechniken setzt" (Brockmann et al., 1999:31).

- **Institutionelle Beherrschbarkeit:** Mit diesem Kriterium wird getestet, ob sich das Instrument in die Praxis umsetzen lässt. Bedroht ist die institutionelle Beherrschbarkeit vor allem durch Widerstände in der Gesellschaft und zu hohe Transaktionskosten (Kosten der Implementierung und Durchführung).

Anhand dieser vier Beurteilungskriterien werden in der Folge die verkehrpolitischen Instrumente Erhöhung der Mineralölsteuer, Einführung einer emissionsabhängigen

Straßenbenutzungsgebühr und handelbare Emissionszertifikate im Hinblick auf die Reduktion von personenverkehrsbedingten CO_2- und klassischen Emissionen (wieder beispielhaft nur NO_x) qualitativ untersucht und bewertet.

11.4 Mineralölsteuer

Die Mineralölsteuer ist ein seit langem in der Bundesrepublik eingeführtes Instrument zur Besteuerung des Kraftstoffverbrauchs von Personen- und Güterverkehrsmitteln. Im Jahre 2002 hat die Mineralölsteuer in Deutschland ein Niveau von 0,62 Euro je Liter Otto-Treibstoff und 0,44 Euro je Liter Diesel (eigene Be- bzw. Umrechnung auf Basis von DIW, 2000:274) erreicht. Darin enthalten sind die jährlichen Erhöhungen der Mineralölsteuer um 6 Pfennig (rund 3 Cent) seit 1999 im Rahmen der ökologischen Steuerreform[157].

Die ideale Abgabe zur Internalisierung der externen Klimakosten stellt eine CO_2-Emissionssteuer dar, deren Höhe auf der Basis der Pigou'schen Steuerlösung ermittelt wird. Angesichts der technisch sehr aufwendigen Messtechniken zur direkten Quantifizierung der CO_2-Emissionen von Pkw und anderen Personenverkehrsmitteln besteht die Alternative, die Abgabe an der Inputgröße Kraftstoff anzusetzen, da "im Fall CO_2 eine indirekte Besteuerung der Emissionen über den Input praktisch äquivalent zu einer direkten Besteuerung" (Koschel und Weinreich, 1995:14) ist. Begründet wird dies durch den konstanten Zusammenhang zwischen dem Kohlenstoffgehalt eines fossilen Brennstoffs und den bei seiner Verbrennung freigesetzten CO_2-Emissionen. Dieser konstante Zusammenhang kann nicht durch ökonomisch sinnvolle Rückhalte- oder Vermeidungstechniken für CO_2-Emissionen an den Fahrzeugen selbst verändert werden. Eine Filtertechnologie als technische end-of-the-pipe Maßnahme, wie bei den klassischen Schadstoffen durch den Katalysator, existiert nicht. Eine Mineralölbesteuerung kann demzufolge als eine geeignete und adäquate Abgabenlösung zur Internalisierung der externen Schadenskosten des Klimawandels angesehen werden, wenn die Steuer gemäß dem CO_2-spezifischen Grenzschadenskosten bemessen wird.

---

[157] Die Bundesregierung hat mit der Einführung der Öko-Steuer das Ziel verfolgt, allgemein die Umweltnutzung zu verteuern und durch das steuerliche Aufkommen im Gegenzug den Faktor Arbeit "günstiger" zu gestalten. Das Steueraufkommen fließt daher den Rentenversicherungskassen zu. Die erste Erhöhung der Mineralölsteuer im Rahmen der ökologischen Steuerreform erfolgte zum 1.4.1999 um 6 Pfennig je Liter Kraftstoff. Bis zum Jahre 2003 einschließlich ist die jährliche Erhöhung um rund 3 Cent beschlossen. Durch die ökologische Steuerreform wird der Faktor Energie schrittweise verteuert. Ziel ist es, die marktwirtschaftlichen Anreize zur Ausschöpfung von Energieeinsparpotenzialen zu verstärken. Das dynamische Konzept einer stufenweisen, für die Steuerpflichtigen transparenten, langfristigen Verteuerung der Energiepreise soll dabei befürchtete gesamtwirtschaftliche Störungen des ökonomischen Gesamtsystems mit sozialen und politischen Unruhen vermeiden helfen. Die Öko-Steuer stellt per Definition keine eigene Steuer dar, sondern bedient sich in erster Linie bereits bestehender Steuern. Neben der Erhöhung der Mineralölsteuer für Straßenverkehrsmittel umfasst sie die Anhebung der Mineralölsteuer für leichtes Heizöl (rund 2 Cent/Liter) und Gas (0,16 Cent/Kilowattstunde (kWh)). Eine Stromsteuer in Höhe von rund 1 Cent/kWh wurde 1999 eingeführt, die bis zum Jahre 2003 jährlich um 0,25 Cent/kWh erhöht wird. Für den elektrifizierten Schienenverkehr gilt ein ermäßigter Satz von 50 %. Ebenso gilt für den ÖPNV und die Bahn ein 50 % reduzierter Mineralölsteuersatz im Rahmen der ökologischen Steuerreform. Völlige Befreiung von der Mineralölsteuer genießen alle Bio-Kraftstoffe; eine Steuerermäßigung (nur circa 40 % der Regelsätze) erhalten Erd- und Flüssiggas zum Betreiben von Pkw bis zum 31.12.2009 (vgl. BMVBW, 2000:38 und BMF, 1999).

Die externen Klimagrenzschadenskosten je Personenkilometer differieren je nach Verkehrsmittel, Technologie und Verkehrssituation (Fahrweise) deutlich, wie im Kapitel 9 nachgewiesen wurde. Eine Erhebung bzw. Erhöhung der Mineralölsteuer gemäß dem CO_2-spezifischen Grenzschadenskosten wird dieser Differenzierung gerecht, da sich das individuelle Verkehrsverhalten (z. B. schnelles oder langsames Fahren, Benutzung der öffentlichen Verkehrsmittel) im Treibstoffverbrauch und damit in den CO_2-Emissionen der jeweiligen Verkehrsmittel widerspiegelt. Eine räumliche Differenzierung der Steuerhöhe ist aufgrund der angenommenen globalen Klimawirkung der CO_2-Emissionen nicht notwendig. Das Kriterium der Zielkonformität, verstanden als Ziel, eine verursachergerechte Internalisierung der externen Grenzschadenskosten zu erfüllen, wird durch eine Mineralölsteuererhöhung also erfüllt.

Anders gestaltet sich die Situation im Hinblick auf den zweiten Untersuchungsgegenstand, die klassischen Luftschadstoffe. Hier besteht kein konstanter Zusammenhang zwischen dem Treibstoffverbrauch und den hervorgerufenen NO_x, VOC oder Partikel-Emissionen. Deshalb ist eine Erhöhung der Mineralölsteuer für die Internalisierung der externen Luftverschmutzungskosten nur bedingt geeignet. Das Ziel einer verursachergerechten Anlastung wird nicht erreicht. Hinzu kommt, dass die Luftverschmutzungskosten auch regional stark unterschiedlich sind. Deshalb ist bei deren Internalisierung eine Differenzierung nach Ort, Technologie und Verkehrssituation (Fahrweise) geboten. Durch die Verteuerung des Fahrens im Zuge einer Mineralölsteuererhöhung würden die klassischen Luftschadstoffe zwar aufgrund der hervorgerufenen Verhaltensänderungen der Verkehrsteilnehmer reduziert, aber in einem völlig unbestimmten Umfang. Es käme zu einer Reduktion der externen Luftverschmutzungskosten, aber nicht in dem Ausmaß, wie es gemäß der Preisregel Preis = Grenzschadenskosten je emittierte Einheit Emission (NO_x, VOC oder PM) bei einer Pigou first-best Internalisierung geboten wäre. Das Kriterium der Zielkonformität in Bezug auf die Internalisierung der externen Luftverschmutzungskosten wird durch eine Erhöhung der Mineralölsteuer folglich nicht erfüllt.

Wird das Kriterium der ökologischen Treffsicherheit im Sinne der Beschreibung des Kapitels 11.3 verstanden, stellt sich die Frage, inwieweit ein quantitatives Emissionsminderungsziel mit einer Mineralölsteuererhöhung erreicht werden kann. Kurzfristig erfüllen weder die Pigou-Abgabe noch der Standard-Preis-Ansatz das Kriterium der Zielkonformität. In beiden Fällen besteht das Problem einer zieladäquaten Festlegung des Steuersatzes. Während bei der Pigou-Lösung, wie beschrieben, das Ziel in der verursachergerechten Anlastung der externen Kosten und nicht in der mengenzielorientierten Steuerung liegt, wird beim Standard-Preis-Ansatz die zielkonforme Abgabenhöhe in der Praxis durch das "trial and error"-Verfahren ermittelt, wodurch erst mit gewonnener Erfahrung der gewünschte Umweltstandard erreicht werden kann. Somit macht die Anwendung der Mineralölsteuererhöhung als eine Abgabenlösung nur bei langfristigen Summations- und Akkumulationsschäden, wie z. B. dem Treibhauseffekt, Sinn (vgl. Rennings et al., 1997:86f).[158]

Die Erreichung eines gesetzten umweltpolitischen CO_2-Reduktionsziels im Personenverkehr durch eine Erhöhung der Mineralölsteuer hängt im Wesentlichen von folgenden drei Faktoren ab (vgl. Meyer-Renschhausen und Hagen, 1998:221):

- der Höhe des Steuersatzes,
- der Reaktion der Personenverkehrsmittelbenutzer (gemessen anhand der Preiselastizität der Kraftstoffnachfrage und der Kreuzpreiselastizitäten in Bezug auf die Verkehrsmittelwahlentscheidung) sowie
- der künftigen Nachfrageentwicklung (insbesondere des zukünftigen Pkw-Aufkommens).

Ist die Höhe einer Anhebung der Mineralölsteuer vorgegeben, haben die Verbraucher die Möglichkeit, auf diese Preiserhöhung zu reagieren. Dabei werden kurzfristige und langfristige Reaktionen unterschieden (vgl. zu diesem und den folgenden Abschnitten Krey und Weinreich, 2000:54ff). Unter langfristigen Reaktionen lassen sich, bezogen auf die wichtigste Zielgruppe der Pkw- und Motorradfahrer, Veränderungen des Kapitalstocks zusammenfassen. So kann ein deutlicher Preisanstieg über die Erhöhung der Mineralölsteuer zu Neu- oder Ersatzinvestitionen mit dem Ziel der Effizienzsteigerung von Pkw-Technologien, z. B. geringerer Verbrauch, auf Seiten der Betroffenen führen. Angesichts der durchschnittlichen Lebensdauer eines Pkw kann dieser Prozess in der gesamten Pkw-Flotte längere Zeit in Anspruch nehmen. Es ist daher davon auszugehen, dass die langfristigen Reaktionen im Schnitt in einem Zeitraum von bis zu fünf Jahren hervorgerufen werden. Die CO_2-Wirkung der Maßnahme kommt somit erst verspätet zum Tragen.

Unter kurzfristigen Reaktionen werden solche verstanden, die der Personenverkehrsmittelnutzer ohne Investitionen realisiert. Darunter fallen die letzten drei Komponenten der in Gleichung 10 (vgl. Kapitel 11.1.4) aufgeführten Verhaltensänderungen und Verkehrsentscheidungen: Die Erhöhung der Mineralölsteuer kann verkehrsvermeidend wirken, indem die Verkehrsintensität oder die Aktivitätsintensität beispielsweise durch die Einsparung nicht notwendiger Fahrten verringert wird. Für den einzelnen motorisierten Individualverkehrsmittelnutzer wird ein Anreiz gegeben, treibstoffsparender zu fahren, da sich verbrauchsärmere Fahrweise direkt bezahlt macht. Und nicht zuletzt kommt es zu einer Verkehrsverlagerungswirkung, da CO_2-effizientere Verkehrsmittel (gemessen pro Personenkilometer) für den Nutzer relativ billiger werden. Das Ausmaß der Vermeidung gefahrener Pkw-Kilometer bzw. der Verringerung des Treibstoffkonsums hängt vorrangig von den ökonomischen

---

[158] Prinzipiell sei im Hinblick auf die Zielkonformität einer Abgabenlösung wie der Mineralölsteuererhöhung anzumerken, dass sich Abgaben im Gegensatz zu Auflagen nicht zur Abwehr von akuten Gefahren eignen. Zu der verkehrspolitischen Zielsetzung "Abwehr akuter Gefahren bzw. Vermeidung irreversibler Schäden " siehe auch Kapitel 7.3.2.

Rahmenbedingungen der Personenverkehrsmittelnutzer, wie Einkommen, Freizeit und Motorisierungsgrad ab. Die kurzfristigen Reaktionen auf eine Mineralölsteuererhöhung sind zumeist nicht konstant, sondern sie nehmen im Zeitverlauf wieder leicht ab, wenn sich die Nutzer an das neue Preisgefüge "gewöhnt" haben. Sowohl die kurz- als auch die langfristigen Reaktionen der Verkehrsmittelnutzer werden durch Preiselastizitäten und Kreuzpreiselastizitäten ausgedrückt, die im Kapitel 12 für die Szenarioberechnung aufgelistet und diskutiert werden.

Schon an dieser Stelle sei allerdings festgestellt, dass die Preiselastizitäten grobe Abschätzungen des Wirkungsverhaltens der Verkehrsmittelnutzer darstellen und dass von daher nur über den angesprochenen "trial and error"-Prozess eine zielkonforme Abgabe gemäß dem Standard-Preis-Ansatz ermittelt werden kann. Diesem Prozess förderlich ist eine langfristige Festlegung der jährlichen Steuererhöhung, damit die Verkehrsmittelnutzer (insbesondere die Pkw-Fahrer) Planungssicherheit bekommen und so auch die langfristigen Investitionsentscheidungen für CO_2-effizientere Fahrzeuge wirkungsvoll angestoßen werden. Bei diesem Vorgehen wäre der Zielerreichungszeitpunkt unsicher. Damit wäre zwar die Zielerreichungsgeschwindigkeit nicht festgelegt aber das erwünschte Umwelt- bzw. CO_2-Reduktionsziel könnte (irgendwann) erreicht werden.

Ein Problem im Hinblick auf die Zielkonformität einer Mineralölsteuererhöhung stellt die immer noch bestehende steuerliche Vergünstigung von Dieselkraftstoff in Deutschland dar. Diese Vorzugsbesteuerung könnte zwar durch den relativ günstigeren Kraftstoffverbrauch von Dieselmotoren (in Litern/100 km) gerechtfertigt erscheinen, ist aber der Höhe nach nicht akzeptabel, da der Kohlenstoffgehalt pro Liter Diesel leicht höher liegt als bei Otto-Kraftstoffen und so nur leichte Vorteile bei den CO_2-Emissionen je Fahrzeugkilometer für Diesel-Pkw resultieren (knapp 5 % weniger spezifische CO_2-Emissionen, vgl. Kapitel 5, Tabelle 9). Die Bemessungsgrundlage der Mineralölsteuer sollte der durchschnittliche spezifische CO_2-Emissionswert je Liter Kraftstoff für alle verwendeten Treibstoffe sein, wodurch sich die Steuersätze je gefahrenen Kilometer genau den technologiespezifischen Vor- bzw. Nachteilen entsprechend anpassen würden.

Die Zielkonformität einer Mineralölsteuererhöhung ist darüber hinaus durch den Umstand bedroht, dass es in grenznahen Gebieten zum sogenannten "Tanktourismus" kommen kann, wenn die Erhöhung der Mineralölsteuer nicht europaweit gleichzeitig und der Höhe nach äquivalent umgesetzt wird (vgl. Bleijenberg, 1994:104f).

Das Kriterium der Systemkonformität ist bei einer Mineralölsteuererhöhung als erfüllt anzusehen. Abgaben sind ganz allgemein als systemkonforme Internalisierungsinstrumente anzusehen, da sie die Entscheidung zur Vermeidung oder zur Entrichtung einer Abgabe bei den Umweltnutzern belassen und die preislichen Signale die Knappheit des Gutes Umwelt widerspiegeln. Somit ist auch die Mineralölsteuer ein systemkonformes Instrument zur Internalisierung der externen Kosten des

Personenverkehrs. Die Kosten zur Absenkung der Emissionen werden dem Emittenten anlastet. Der Pkw-Nutzer, als wichtigster Steuerpflichtiger, behält bei einer Anhebung der Mineralölsteuer die volle Entscheidungsfreiheit, eine Anpassungsreaktion vor zu nehmen (oder nicht), mit dem Kraftstoff effizient zu haushalten oder gänzlich auf Fahrten mit dem Pkw zu verzichten, da ihm auch andere Beförderungsmittel zur Auswahl stehen. Die mögliche Gefährdung der Systemkonformität durch verteilungspolitische Probleme, insbesondere regressive Verteilungswirkung im Bereich der personellen Einkommensverteilung, ist bei einer massiven Erhöhung der Mineralölsteuer zu erwarten. Dieser Sachverhalt sollte vor allem beim Vergleich mit dem alternativen Instrument des Emissionshandels Beachtung finden. Auf der anderen Seite ist die Forderung an ein Instrument, simultan umwelt-, fiskal- und verteilungspolitische Ziele gleichermaßen zu erfüllen, nicht gerechtfertigt, da sonst der erwünschte Lenkungseffekt, z. B. der Mineralölsteuer, erheblich gemindert würde. Zur Milderung negativer Verteilungswirkungen sollten daher eher flankierend andere steuer- und wirtschaftspolitische Instrumente herangezogen werden (vgl. Koschel und Weinreich, 1995:29f).

Bezüglich der ökonomischen Effizienz gilt im Allgemeinen, dass Abgaben und handelbare Emissionszertifikate dieses Kriterium besser erfüllen als ordnungsrechtliche Maßnahmen wie Geschwindigkeits- oder Fahrbeschränkungen (Ge- und Verbote) oder weiche Instrumente wie Information, Aufklärung und freiwillige Selbstverpflichtungen, da mit Hilfe der ökonomischen Instrumente das definierte Umweltziel zu niedrigeren Vermeidungskosten seitens der Verursacher erreicht wird (vgl. Michaelis, 1996:44). Der statische Effizienzvorteil von Abgaben gegenüber Auflagen wird durch die Abbildung 49 verdeutlicht:

Abbildung 49: Statische Effizienzeigenschaften von Auflagen und Abgaben

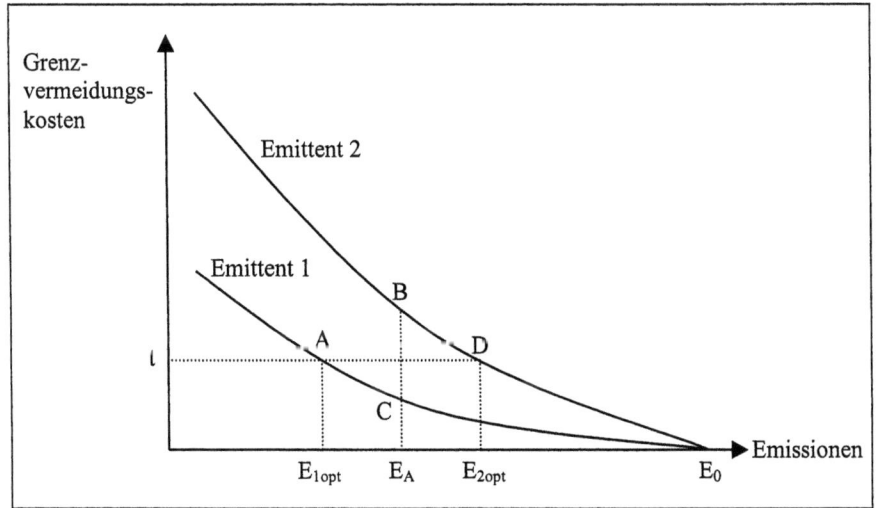

In der Abbildung sind die Grenzvermeidungskostenkurven zweier Emittenten in Abhängigkeit von der Emissionsminderung dargestellt. Ohne eine Reglementierung emittieren beide Verkehrsmittelnutzer eine Schadstoffmenge in der Höhe von E_0. Mittels einer Auflage können beide Emittenten dazu gezwungen werden, ihre Emissionen auf einen Wert von E_A zu reduzieren. Dieses Reduktionsziel kann allerdings auch durch eine Emissionsabgabe in Höhe von t erreicht werden. Die Emittenten wägen ihre Emissionsentscheidung anhand ihrer Grenzvermeidungskostenkurve ab, d. h. Emittent 1 reduziert seine Emissionen auf E_{1opt} und Emittent 2 entsprechend auf E_{2opt}. In der Summe ergibt sich das gleiche Emissionsniveau, wie wenn beide auf E_A hätten reduzieren müssen. Im Fall der Abgabe wird das Niveau allerdings zu geringeren Vermeidungskosten (Fläche: D-E_{2opt}-E_0 + Fläche: A-E_{1opt}-E_0) erreicht als bei der Auflagenlösung (Fläche: B-E_A-E_0 + Fläche: C-E_A-E_0).

Die Mineralölsteuer löst das Problem der Internalisierung der externen Klimakosten bzw. die Erfüllung eines CO_2-Reduktionsziels im Personenverkehr kosteneffizient, da diejenigen Verkehrsmittelnutzer mit den geringsten Vermeidungskosten CO_2-Emissionen vermeiden. Beispielsweise wird ein Pkw-Nutzer mit einer niedrigeren Zahlungsbereitschaft für schnelles Fahren (ein Faktor der zu einem niedrigen Verlauf der Grenzvermeidungskostenkurve für CO_2-Emissionen beiträgt) eher bei einer Erhöhung der Mineralölsteuer auf eine langsame und kraftstoffsparende Fahrweise umsteigen, als derjenige mit hohen Zeitkosten und einer ausgeprägten Präferenz für schnelles Fahren. Die Kostenminimalität wird bei einer Mineralölsteuererhöhung dadurch gewährleistet, dass die Abgabe nah am erwünschten Tatbestand (den CO_2-Emissionen) ansetzt und dadurch ökologische und ökonomische Effizienzverluste vermieden werden. Auch die dynamische Effizienz ist bei einer langfristig von der Politik angekündigten Anhebung der Mineralölsteuer gegeben, weil die Pkw-Nutzer einen ständigen Anreiz zur Reduzierung ihrer CO_2-Emissionen bekommen und somit die angesprochenen Investitionsentscheidungen in effizientere Fahrzeugtechnologien forciert oder die Pkw-Nutzer zu anderen langfristigen Anpassungsreaktionen veranlasst werden. Die Verkehrsmittelnutzer müssen allerdings flankierend durch Information und Aufklärung über ihre Handlungs- bzw. CO_2-Vermeidungsoptionen informiert werden. Einbußen bezüglich der ökonomischen Effizienz sind bei der Mineralölsteuer aufgrund der Unkenntnis über die Grenzvermeidungskostenkurve der Pkw-Fahrer seitens des Staates und der daraus resultierenden Probleme bei der zielgenauen Bestimmung des optimalen Mineralölsteuerniveaus nicht zu vermeiden.

Im Hinblick auf die klassischen Luftverschmutzungskosten kann die Mineralölsteuer nicht zu einer kostenminimalen Lösung führen, da der Zusammenhang zwischen dem Kraftstoffverbrauch und den jeweiligen Emissionen nicht proportional ist und somit kein entsprechendes Preissignal an die Verkehrsmittelnutzer gegeben wird, entsprechend ihrer individuellen Grenzvermeidungskosten kosteneffizient die NO_x-, VOC- oder Partikel-Emissionen zu reduzieren.

11 Verkehrspolitische Maßnahmen und Internalisierungsstrategien   279

Das Kriterium der institutionellen Beherrschbarkeit wird bei einer Erhöhung der Mineralölsteuer als gut erfüllt eingestuft. Bei ausreichender politischer Durchsetzungskraft dürfte eine Internalisierung der externen Klima- und Luftverschmutzungskosten über die Mineralölsteuer relativ leicht im Vergleich zu anderen Maßnahmen implementierbar sein, da die erforderlichen Institutionen auf Seiten des Bundesfinanzministeriums und der Mineralölunternehmen bereits vorhanden sind. Außerdem ist mit den geringsten Transaktionskosten zu rechnen. Kommt es währenddessen zu einer drastischen Erhöhung, z. B. um ein starkes Nachhaltigkeitsziel für verkehrsbedingte CO_2-Emissionen zu erfüllen, ist mit erheblichen Widerständen seitens der Abgabenpflichtigen und der beteiligten Verbände zu rechnen.

Die Ausgestaltung der Mineralölsteuererhöhung im Rahmen der "ökologischen Steuerreform" kann nicht als Umsetzung einer Internalisierungsstrategie im Verkehrsbereich beurteilt werden[159]. In der Begründung für die Steuerreform wurde eine verursachergerechte Internalisierung nicht einmal als Ziel angegeben. Es zeigt sich im politischen Prozess immer wieder, dass durch Widerstände von Interessengruppen und der Bevölkerung die anzustrebenden Preissignale im Verkehrsbereich verwässert werden. Dies gilt insbesondere, wenn es um die Verteuerung des Pkw-Verkehrs geht[160]. Angesichts solcher Widerstände scheint die institutionelle Beherrschbarkeit bedroht.

Abschließend gilt es festzuhalten, dass eine Erhöhung der Mineralölsteuer ein geeignetes Instrument darstellt, um die externen Klimakosten zu internalisieren und mit leichten Abstrichen auch ein gewünschtes CO_2-Reduktionsziel zu erreichen. Voraussetzung ist, dass die Bemessungsgrundlage der Mineralölsteuer dem Kohlenstoffgehalt je Liter Treibstoffe entspricht, d. h. dass eine dementsprechende Differenzierung zwischen den Kraftstoffen Super, Benzin, Diesel und Erdgas vorgenommen wird. Im Abschnitt 11.1.4 wurde bereits aufgezeigt, dass der Mineralölsteuer je nach Ausmaß der Erhöhung im Hinblick auf den Klimaschutz ein sehr hohes Wirkungspotenzial zugesprochen wird. Fraglich bleibt allerdings, ob die Erhöhung der Steuer auf ein Niveau, durch das auch starke ökologische Nachhaltigkeitsziele erfüllt werden, nicht untragbare gesamtgesellschaftliche Kosten hervorbringt und damit zu deutlichen politischen Widerständen führt. Für die Internalisierung der Luftverschmutzungskosten oder für die Erfüllung stark nachhaltiger Reduktionsziele bei den klassischen Luftschadstoffen des Verkehrs ist die Erhöhung der Mineralölsteuer nicht oder nur sehr bedingt geeignet, da die pauschal erhöhten Treibstoffpreise keine zielgenaue Lenkungswirkung wie bei der Klimaproblematik hervorrufen und damit keine verursachergerechte Anlastung möglich ist.

---

[159] Auch in der gesamtwirtschaftlichen Betrachtung weist die aufkommensneutrale ökologische Steuerreform in ihrer umgesetzten Form sowohl ökologische als auch ökonomische Effizienzdefizite auf. Zur effizienten Erreichung des von der Bundesregierung gesetzten CO_2-Reduktionsziels wäre eine am Kohlenstoffgehalt der fossilen Energieträger orientierte Energiesteuer geeigneter gewesen. Die Vielzahl von Ausnahmetatbeständen und reduzierten Steuersätzen für die Industrie vermindern deutlich die Effizienz der Reform.
[160] Zu lesen ist dann vom Autofahrer als "Melkkuh der Nation", und der ADAC merkt immer wieder an, dass in Bezug auf die finanzielle Belastung der Autofahrer "das Maß jetzt voll" sei.

11.5 Straßenbenutzungsgebühr

Straßenbenutzungsgebühren gab es bereits in der Antike und sie waren bis ins späte Mittelalter weit verbreitet. Gegenwärtig werden in einigen europäischen Ländern, z. B. in der Schweiz, in Norwegen, in Italien oder in Frankreich, Benutzungsgebühren für Autobahnen, Stadteinfahrten, die Benutzung von Tunneln, Brücken oder Gebirgspässen erhoben. In Italien sind Straßenbenutzungsgebühren bereits seit 1925 üblich.

Im allgemeinen dient die Straßenbenutzungsgebühr zur Finanzierung von Straßenanlagen. Ihre Aufgabe ist es, die staatlichen Kosten für Bau, Betrieb und Instandhaltung der Infrastruktur, sogenannte Wegekosten, zu decken. Darüber hinaus erwägen viele Staaten der EU die Einführung von Straßenbenutzungsabgaben zur Steuerung der Verkehrsnachfrage, Verringerung der negativen Auswirkungen des Verkehrs (Umweltbelastungen und Unfälle) und bestmöglichen Nutzung der vorhandenen Kapazitäten (Vermeidung von Staus) (vgl. Europäische Kommission, 1998:1).

In Deutschland ist die Einführung einer streckenbezogenen Schwerlastabgabe auf Autobahnen ab dem Jahre 2003 per Gesetz beschlossen (vgl. BMVBW, 2001:1f). Diese Straßenbenutzungsgebühr gilt (vorerst) nur für Lkw und Fahrzugkombinationen ab zwölf Tonnen zulässigem Gesamtgewicht und löst die seit 1995 geltende, zeitbezogene Autobahnbenutzungsgebühr, die sogenannte "Eurovignette"[161], ab. Die Erhebung der künftigen Lkw-Maut wird ausschließlich auf Autobahnen und ohne Eingriff in den freien Verkehrsfluss, vollautomatisch und satellitengestützt, erfolgen. Dazu wird in die Fahrzeuge ein elektronisches Gerät (On Board Unit (OBU)) eingebaut, das automatisch die gefahrenen Kilometer erfasst. Die OBU werden gratis bereitgestellt, den Einbau muss der Fuhrunternehmer zahlen (vgl. Mannheimer Morgen, 2002:7). Die Lkw-Maut wird mit der Deckung der Wegekosten begründet, da schwere Nutzfahrzeuge in besonderem Maße Kosten für den Bau, die Erhaltung und den Betrieb der Straßeninfrastruktur verursachen[162]. Außerdem erfolgt durch Einführung der Maut eine Harmonisierung der europäischen Wettbewerbsbedingungen, da auch ausländische Unternehmer die Benutzungsgebühr entrichten müssen. Die Höhe der Maut soll sich nach der zurückgelegten Strecke, der Anzahl der Achsen des Fahrzeugs sowie dessen Emissionsklasse richten und zwischen 14 und 19 Cent je Fahrzeugkilometer liegen. Das

---

[161] Die Eurovignette ist eine zeitbezogene Gebühr für Lkw über zwölf Tonnen zulässigem Gesamtgewicht. Die Gebühr ist bei Benutzung der Autobahnen der teilnehmenden Staaten Belgien, Niederlande, Luxemburg, Dänemark, Schweden und Deutschland zu entrichten. Die Höhe richtet sich nach Anzahl der Achsen und seit Anfang 2001 auch nach der Schadstoffklasse der Lkw. Die jährliche Gebühr für einen mindestens vierachsigen Fahrzeug variiert von 1.250 Euro für die Schadstoffklasse EURO 2 bis zu 1.550 Euro für die Schadstoffklasse EURO 0. Tages- Wochen oder Monats-Vignetten stehen außerdem zum Kauf zur Verfügung (vgl. BAG, 2002).

[162] Bei der Aufteilung der Infrastrukturkosten auf die einzelnen Straßenverkehrsmittel werden die laufenden Kosten, gemäß der deutschen Wegekostenrechnung, nach den sogenannten AASHO-Faktoren und den Fahrzeugkilometern verteilt. Die AASHO-Faktoren sind aus Studien der US Highway Administration abgeleitet und geben den Zusammenhang zwischen Achslast und Straßenabnutzung (4. Potenz) an. Dieser quantitative Zusammenhang wurde inzwischen durch deutsche Studien bestätigt. Die Kapitalkosten werden über geschwindigkeits- und flächenverbrauchsabhängige Äquivalenzziffern sowie die gefahrenen Kilometer aufgeteilt. Für einen 40 Tonnen Lkw ergeben sich dadurch mindestens zehnfach so hohe Wegekosten pro Fahrzeugkilometer wie für einen Pkw (vgl. Link et al., 1999).

UBA hat einen erweiterten Vorschlag für die Mauthöhe unterbreitet, bei dem, unter Einbeziehung der externen Kosten des Lkw-Verkehrs, Gebühren zwischen 17,5 und 24,5 Cent/km je nach Emissionsklassen resultieren (vgl. Huckestein, 2000:9ff).

In der Fachliteratur werden eine große Anzahl verschiedener Systeme von Straßenbenutzungsabgaben diskutiert (vgl. beispielsweise Clement and Monsigny, 1999, Europäische Kommission, 1998 oder Rapp und Häberli, 1999). Die meisten dieser Systeme sind bereits in der Praxis realisiert oder befinden sich in der Konzeptions- bzw. Einführungsphase. Als Sammelbegriff für die unterschiedlichen Methoden zur Erhebung von Straßenbenutzungsgebühren hat sich auch im deutschsprachigen Raum der Begriff "Road Pricing" durchgesetzt. Road Pricing-Systeme lassen sich in vier Gruppen kategorisieren:

- Mautgebühren für Brücken, Tunnel, Autobahnen oder spezielle z. B. privat finanzierte Einzelstraßen: Diese Mautgebühren werden zumeist nach Fahrzeugklassen differenziert. Bei Autobahnen wird die Benutzungsgebühr für die Durchfahrt in Abhängigkeit von der Distanz zwischen zwei aufeinanderfolgenden Zahlstellen erhoben. Prominente Beispiele sind die Autobahnbenutzungsgebühren in Italien oder in Frankreich, bei denen die Bezahlung entweder manuell gegen Rechnung, durch Münzautomaten oder durch automatische Bezahlung mit Magnet- oder Chipkarten erfolgt.

- Gebietsgebühren: Hierzu zählen Vignettenlösungen für alle Straßen innerhalb eines Stadtgebiets, die Autobahnbenutzungsgebühr für ein ganzes Land, wie die jahresgültige Autobahnvignette in der Schweiz oder auch das sogenannte Kordon Pricing, bei dem Gebühren für die Zufahrt in einen Gürtel um ein Gebiet erhoben werden. Letzteres kommt in mehreren Städten Norwegens zum Einsatz.

- Opto-elektronisch erhobene Straßenbenutzungsgebühren mit Registrier-Sensoren innerhalb und außerhalb der Fahrzeuge (Dedicated Short Range Communication (DSRC)): Bei diesen Systemen wird die Gebühr über eine Zweiweg-Nahbereichskommunikation zwischen Fahrzeugen (OBU) und straßenseitiger Ausrüstung (Baken) mittels Infrarot oder Mikrowellen erhoben.

- Autonome elektronische Straßenbenutzungsgebühren: Autonome Systeme benötigen keine straßenseitige Ausrüstung. Sie greifen zurück auf Satellitennavigationssysteme (Global Positioning System (GPS), Global Navigation Satellite System (GNSS)) und Mobiltelefone (Global System of Mobile Communication (GSM)). Das GNSS hat die Fähigkeit, mit einer Bordeinrichtung (OBU) im Fahrzeug zu kommunizieren und Daten über die zurückgelegte Strecke oder die augenblickliche Position zu übermitteln. Je nach Ausgestaltung der OBU können diese Daten mit dem dazugehörigen Treibstoffverbrauch oder Emissionsdaten der Fahrzeuge kombiniert werden. Über GSM können die gesamten Informationen an die Gebührenerhebungszentrale weitergeleitet werden, um die Abbuchung von Fahrzeughaltern zu ermöglichen (vgl. Rapp und Häberli, 1999:16ff). Möglich ist auch die Abbuchung der Gebühr von einer Pre-Pay-Card in der OBU.

Die in Deutschland beschlossene Lkw-Autobahn-Maut ist der letzten Kategorie zuzuordnen. Deutschland strebt durch die Einführung dieses technologisch aufwendigen Straßenbenutzungsgebührensystems eine Vorreiterrolle in Europa und weltweit an. Prinzipiell ist ein solches Gebührensystem auch flächendeckend, also für alle Straßenkategorien implementierbar. Ebenso ließe es sich auf den motorisierten Individualverkehr (MIV) ausdehnen. Welche Anforderungen sich hierfür aus den bisherigen Ergebnissen dieser Arbeit ergeben, wird im Folgenden diskutiert.

Die wichtigste Anforderung besteht darin, den politischen Entschluss zu fassen, nicht nur die Wegekosten durch die Einführung einer Straßenbenutzungsgebühr gerecht und effizient den Verkehrsmittelnutzern anzulasten, sondern mit Erhebung der Abgabe auch die externen Luftverschmutzungs- oder Klimakosten zu internalisieren. Während für den Schadstoff CO_2 eine Internalisierung der externen Schadenskosten über eine Erhöhung der Mineralölsteuer, als Besteuerung des annähernd proportionalen Inputfaktors Kraftstoff, geeignet ist, kommt für die Anlastung der externen Schadenskosten der Luftverschmutzung aufgrund der komplexen Strukturen und der Nicht-Proportionalität zwischen Treibstoffverbrauch und den Emissionsmengen von NO_x, VOC, Partikeln u. a. am Ehesten ein Road Pricing-System in Betracht. In Kapitel 8 wurde aufgezeigt, dass die externen Luftverschmutzungskosten aufgrund klassischer Emissionen des MIV sowohl in Abhängigkeit von der Technologie und der Fahrsituation als auch in Abhängigkeit der befahrenen Region stark divergieren. Wichtig ist in diesem Zusammenhang, dass die gewählte Form der Abgabe eine verursachergerechte Anlastung der Kosten ermöglicht. Dies ergibt sich aus den Kriterien der Zielkonformität und der ökonomischen Effizienz.

Von den genannten vier Kategorien von Straßenbenutzungsgebühren eignet sich am ehesten ein autonomes elektronisches Road Pricing-System, da es in Bezug auf die Gebührengestaltung das höchste Maß an Flexibilität aufweist. Klassische Mautgebühren und Gebietsgebühren scheiden aus, da sie das Kriterium der Zielkonformität nur sehr bedingt erfüllen können. Elektronische Gebührensysteme mit Nahbereichskommunikation zwischen Fahrzeugen und Baken sind für den deutschen Straßenpersonenverkehr nicht praktikabel, da für ein flächendeckendes Road Pricing-System der Investitionsaufwand sehr hoch würde. An jeder Straßenkreuzung und jeder Aus- und Zufahrt wäre eine Zählstelle notwendig, um alle Fahrzeuge und deren gefahrene Kilometer zu erfassen.

Mit der Einführung eines satellitengesteuerten, deutschlandweiten Abgabensystems, das für jede Fahrsituation und jeden Fahrzeugtyp in Abhängigkeit vom Fahrtort einen eigenen Preis bzw. eine eigene Abgabe bestimmt, ließe sich eine hinreichend verursachungsgerechte Internalisierung erreichen. Denn aufgrund der vorgestellten Ergebnisse ist zu fordern, dass eine Fahrt mit einem ganz bestimmten Pkw auf einer Autobahn mit Tempo 130 km/h bei Freiburg dreifach soviel kosten muss, wie wenn eine vergleichbare Fahrt auf einer Autobahn bei Flensburg durchgeführt wird. Fährt der Pkw-Fahrer bei Freiburg oder bei Flensburg nur durchschnittlich 110 km/h, reduzieren sich seine externen Luftverschmutzungsschadenskosten um rund 27 %. Demzufolge müsste auch der emissionsbezogene Teil der Straßenbenutzungsgebühr um 27 % niedriger ausfallen. Am deutlichsten sind die Differenzen der externen Luftverschmutzungskosten in Bezug auf die verwendete Pkw-Technologie. Zwischen den Kosten pro Kilometer für ein Fahrzeug ohne Katalysator und denen für ein EURO 2-Pkw liegt annähernd ein Faktor sechs, der sich auch in der Abgabe widerspiegeln sollte (vgl. für die quantitativen Ergebnisse Kapitel 8.1.7).

Um ein solches Straßenbenutzungsgebührensystem umzusetzen, muss einerseits das notwendige Satellitensystem installiert sein und andererseits in jedes deutsche Fahrzeug und ebenso in ausländische Fahrzeuge, deren Fahrer deutsche Straßen benutzen wollen, eine aufwendige OBU eingebaut werden. Diese Bordeinrichtung müsste über die folgenden Funktionen, Daten und Fähigkeiten verfügen:

- Die aktuellen fahrsituations-, geschwindigkeits-, auslastungs- und belastungsabhängigen Emissionen aller schadensrelevanten Luftschadstoffe müssten im Fahrzeug erfasst, an die OBU übertragen und pro Kilometer berechnet werden.

- Alternativ dazu könnten die fahrzeugspezifischen Emissionskoeffizienten (durchschnittliche Emissionen pro Fahrzeugkilometer) für alle schadensrelevanten Luftschadstoffe in Abhängigkeit von Fahrsituation- und Geschwindigkeitsklassen (Clusterbildung) als Daten gespeichert sein. Diese technologiespezifischen Daten sollten vom Hersteller bereitgestellt, unabhängig überprüft und manipulierungssicher in der OBU gespeichert werden.

- Die OBU-Datenbank müsste die emissionsspezifischen externen Luftverschmutzungsgrenzkosten für alle untersuchten Regionen in Deutschland in Euro je Tonne Schadstoff (siehe Tabelle 20, Kapitel 8.1.6) sowie die Aufschläge für lokale Zusatzschäden in Euro je Tonne PM (siehe Kapitel 8.1.8) enthalten.

- Die OBU sollte die per Satellit erfassten Daten über die zurückgelegte Distanz, die augenblicklich befahrene Region (z. B. 42er Regionen-Raster, siehe Kapitel 8.1.3, oder eine feinere Rasterung) und die Straßenkategorie (Autobahn, außerorts und innerorts Straßen) empfangen können.

- Ein Computermodell sollte integriert sein, mit dem die jeweiligen externen Kosten der Luftverschmutzung auf Basis der gespeicherten Daten und der übermittelten Satelliteninformationen pro gefahrenen Kilometer berechnet werden können.

- Die Übermittlung der Informationen an die Gebührenerhebungszentrale sollte über Mobilfunk möglich sein. Alternativ wäre auch eine direkte Abbuchung der berechneten externen Luftverschmutzungskosten von einer aufladbaren Geldkarte (Smart Card oder Pre-Pay-Card) in der OBU denk- und umsetzbar.

- Darüber hinaus sollte Interoperabilität sichergestellt werden. D.h., dass die Benutzer innerhalb der EU lediglich ein Gerät in Ihrem Fahrzeug benötigen, welches sie in allen Gebieten, in denen es Systeme zur elektronischen Gebührenerhebung gibt, benutzen können, und nicht auf manuelle Zahlung zurück greifen müssen.

Dieser Anforderungskatalog klingt sehr ambitioniert, und eine der wichtigsten Hürden für die Einführung eines so komplexen Systems wird neben technischen und vertraglichen Problemen in den hohen Implementierungskosten liegen[163].

Basierend auf einem so implementierbarem System ließen sich nicht nur die verkehrsbedingten Luftverschmutzungskosten sondern auch die externen Klimakosten des MIV relativ einfach internalisieren. Damit die Gebühr einer CO_2-Emissionssteuer im Sinne der Pigouschen-Steuerlösung vergleichbar wäre, müsste sie für jedes Kraftfahrzeug individuell nach seinem Treibstoffverbrauch und seinen CO_2-Emissionen pro verbrauchten Liter Kraftstoff für eine bestimmte Wegstrecke berechnet werden. Dazu müssten in der OBU die fahrzeugspezifischen CO_2-Emissionskoeffizienten in Abhängigkeit von der Fahrsituation und der gefahrenen Geschwindigkeit, vergleichbar zu den klassischen Emissionskoeffizienten, gespeichert sein. Ebenso müsste die Datenbank der OBU den emissionsspezifischen externen Grenzschadenskostensatz der Klimaveränderung (hier 76 Euro (1995)/t CO_2 siehe Kapitel 9.4) enthalten, bzw. es müsste die Möglichkeit bestehen, diesen von der Gebührenerhebungszentrale an die OBU zu übermitteln. In Verbindung mit den über Satellit erfassten gefahrenen Kilometern ließe sich so der fahrzeug- und fahrsituationsspezifische Gebührensatz ermitteln. Für das Kriterium der Zielkonformität ergäben sich durch eine Road Pricing basierte Internalisierung der externen Klimakosten keine Vorteile gegenüber einer Mineralölsteuererhöhung.

Ein satelliten-gesteuertes Road Pricing-System erfüllt die Anforderung der Zielkonformität in Bezug auf die Internalisierung der externen Luftverschmutzungskosten insofern, als die Höhe der Abgabe individuell auf das Fahrzeug, die Emissionsmenge (abhängig von Verkehrssituation und Geschwindigkeit) und die spezielle Wegstrecke (Region) zugeschnitten werden kann (vgl. zu diesem und den folgenden Abschnitten Weinreich, 2000:31ff). Damit ist es möglich, das Ziel einer gewünschten Nachfrageveränderung bzw. Emissionsreduktion zu erreichen. Anpassungsreaktionen darauf wären, weniger zu fahren, langsamer zu fahren oder an einem anderen Ort bzw. in einer anderen Region zu fahren. Letzteres klingt sicherlich unrealistisch, wenn ein Verkehrsteilnehmer beispielsweise im Umland von Freiburg wohnt und in der Stadt arbeitet. Dieser Pkw-Nutzer kann seine Berufsfahrt nicht durch eine Fahrt in Norddeutschland substituieren. Andererseits wird aber in der teureren Region Freiburg verstärkt der Anreiz gesetzt, ein technologisch fortschrittlicheres Fahrzeug zu erwerben, mit seinem Pkw langsamer zu fahren oder auf ein öffentliches Verkehrsmittel oder das Fahrrad umzusteigen.

Eine elektronische Straßenbenutzungsgebühr erfüllt das Kriterium der ökonomischen Effizienz, da der Verkehrsteilnehmer mit den geringsten Grenzvermeidungskosten

---

[163] Dieses Kapitel erhebt nicht den Anspruch, die technische Ausgestaltung eines solchen Road Pricing-Systems umfassend darzustellen, geschweige denn alle technologischen und juristischen Hürden detailliert zu beschreiben. Vielmehr stellt sich die Aufgabe, die ökonomisch optimale und dem Kriterium der ökologischen Treffsicherheit entsprechende Ausgestaltung einer elektronischen gebühr zur Internalisierung der externen Luftverschmutzungskosten zu beschreiben.

zuerst seine Emissionen und damit die externen Luftverschmutzungskosten reduziert. Ein Fahrer, der durch die Benutzung einer veralteten Technologie mit hohen Abgaben konfrontiert ist, wird eher bereit sein auf eine emissionseffizientere Technologie umzusteigen, da seine Grenzvermeidungskosten niedriger sind. Ebenso wird ein Pkw-Nutzer, der beispielsweise keine hohe Zahlungsbereitschaft für schnelles Fahren hat, bei einer entsprechenden Abgabe als einer der Ersten seine Geschwindigkeit reduzieren.

Auch die Systemkonformität erscheint erfüllt, da dem Verursacher ein eindeutiges Preissignal vermittelt wird und ihm verschiedene Reaktionsmöglichkeiten zur Vermeidung der Emissionen verbleiben. Im Hinblick auf die institutionelle Beherrschbarkeit müssen allerdings datenschutzrechtliche Bedenken – Bewegungsprofile könnten ermittelt werden, die mit dem Schutz der Persönlichkeit unvereinbar sind – ernst genommen werden und technisch beispielsweise durch eine Pre-Pay-Bezahlfunktion im Pkw umgangen werden. Daneben besteht in verschiedenen juristischen Detailfragen, wie der Regelung des Einbauverfahrens der OBU, der Erfassung von Mautsündern oder der Halterhaftung, dringender Bedarf, die elektronischen Systeme rechtlich unanfechtbar auszugestalten (vgl. Roßnagel und Pordesch, 1995:112ff).

Ein wichtiger Vorteil eines elektronischen Road Pricing-Systems liegt in der einfachen Internalisierung weiterer externer Kosten, insbesondere auch der externen Staukosten. Bei dieser Form der Externalität müsste vor allem eine zeitliche Differenzierung der Straßenbenutzungsabgabe (peak – off peak) erfolgen. Bei einem bereits bestehenden elektronischen Road Pricing-System wäre die Implementierung eines nutzungsabhängigen, örtlich und zeitlich differenzierenden Preissystems unproblematisch.

Nachteilig gegenüber einer Internalisierung mittels einer Mineralölsteuererhöhung sind beim Road Pricing die hohen Transaktionskosten. Schon allein bei einer technologisch unaufwendigen Einführung, analog zum bestehenden System in Singapur[164], müssten Kartenlesegeräte für einen Preis von 65,- Euro je Fahrzeug bei rund 50 Mio. Kraftfahrzeugen in Deutschland eingebaut werden (vgl. Weinreich, 2000:33). Die hier beschriebene On Board Unit dürfte deutlich teurer ausfallen. Allerdings ist zu bedenken, dass die Internalisierung der externen Luftverschmutzungs- oder Klimakosten im Straßenpersonenverkehr mittels des elektronischen Road Pricing zeitgleich oder nach der Anlastung der Wegekosten und anderer externer Effekte (z. B. der Staukosten) auf Basis dieses Systems erfolgt. Von daher dürfen nicht alle Implementierungskosten der Erweiterung des Systems um die ökologische Internalisierungkomponente zugerechnet werden (vgl. Rothengatter 1994:129).

---

[164] In Singapur existiert seit Anfang 1998 ein elektronisches Road Pricing-System, das auf der Kommunikation zwischen Durchfahrtsgerüsten (Baken) und einer im Kfz befindlichen OBU basiert. Durch die Bepreisung der Verkehrswege im Stadtkern wird versucht, die Verkehrsnachfrage auf den beschränkten Verkehrsflächen der Stadt zu regulieren. Die Höhe der Benutzungsgebühr orientiert sich daher an der verkehrlichen Auslastung der Straßen. So werden zu Spitzenbelastungszeiten die höchsten Gebühren erhoben, um eine Überlastung der Straßenkapazität zu unterbinden und Verkehrsstaus zu verhindern. Singapur gilt mit der Einführung dieses Systems als Pionier des elektronischen Road Pricing (vgl. Winter, 1998:18ff).

Die Akzeptanz einer wirtschafts- oder verkehrspolitischen Maßnahme hängt immer auch von der Transparenz für den betroffenen Nutzer ab. Im Falle der elektronischen Straßenbenutzungsgebühr wäre es sinnvoll, im Pkw auf einem Display ständig die aktuelle Gebührenhöhe während der Fahrt anzuzeigen, die zeitgleich aufgrund der individuellen Fahreigenschaften (Emissionsmenge) und der durchquerten Region berechnet und abgebucht wird. Dadurch würde erstens beim Verkehrsteilnehmer ein größeres Kostenbewusstsein im Hinblick auf Umweltschädigungen erzeugt, zweitens zu jeder Zeit ein Anreiz gegeben, emissionssparender zu fahren, und drittens möglicherweise die Akzeptanz für eine solche Maßnahme durch die hohe Transparenz der Kosten und Gebühren auf Dauer generiert.

Im Hinblick auf die Akzeptanz ist allerdings auch an zu merken, dass sich die europäischen Fahrzeughersteller derzeit weigern, die CO_2-Emissionsklassen ihrer Fahrzeuge im Verkaufssalon anzugeben. So ist auch mit Widerständen zu rechnen, wenn alle emissionsspezifischen Daten vom Hersteller in die OBU eingespeichert werden müssten und so der Fahrer ständig Zugriff und Transparenz über diesen fahrzeugspezifischen Sachverhalt hätte.

Für den schienengebundenen Verkehr müsste aufgrund der theoretischen Anforderung der Internalisierung aller externen Kosten des Personenverkehrs ein äquivalentes Abgabensystem eingeführt werden. Die Gebührenhöhe sollte sich nach den externen Luftverschmutzungskosten pro Zugkilometer richten, die allerdings im Rahmen dieser Untersuchung nicht berechnet wurden[165]. Die hier berechneten auslastungsbezogenen externen Luftverschmutzungskosten (Euro pro Personenkilometer) sind für die Internalisierung bei allen öffentlichen Verkehrsmitteln nicht sinnvoll, da die Auslastung ein nicht individuell zu steuernder Parameter ist (vgl. Kapitel 8.2). Deshalb sollte sich die Internalisierung an den Kosten pro Zugkilometer ausrichten, die dann von den Betreibern über den Fahrpreis an die Verkehrsmittelnutzer und damit an die Verursacher weitergegeben werden können.

Zusammenfassend ist festzuhalten, dass Straßenbenutzungsgebühren in erster Linie zur verursachergerechten Anlastung der Infrastrukturkosten und zur Verkehrssteuerung konzipiert wurden und hier bereits mehrfach Anwendung finden. Ein elektronisches Road Pricing ist darüber hinaus wegen seiner hohen Flexibilität in Bezug auf die Gebührenerhebung geeignet, externe Kosten zu internalisieren. Dies gilt insbesondere für die externen Luftverschmutzungskosten und für Staukosten, da hier Mineralölsteuererhöhungen kein zielkonformes und ökonomisch effizientes Instrument darstellen. Sollen nur die externen Klimakosten internalisiert werden, ist eine Mineralölsteuererhöhung vorzuziehen, da der technologische Aufwand und die Implementierungskosten beim elektronischen Road Pricing sehr hoch sind.

---

[165] IWW/infras, 2000 und IER et al., 2000 geben Abschätzungen der externen Luftverschmutzungs- und Klimakosten pro Zugkilometer an.

In dieser Untersuchung hat sich gezeigt, dass eine möglichst exakte verkehrsmittelspezifische Berechnung der externen Luftverschmutzungskosten und deren verursachergerechte Internalisierung einen wichtigen Schritt in Richtung "Kostenwahrheit im Verkehr" darstellt. Die verkehrsbedingten klassischen Luftschadstoffe verursachen bislang erheblich externe Kosten; in der Zukunft wird der Luftverschmutzungskostenanteil im Vergleich zu den Klimakosten und anderen externen Kosten-Kategorien allerdings aufgrund der technologischen Weiterentwicklungen bei der Schadstoffreduktion im Fahrzeug an Bedeutung verlieren. Bei der Internalisierung der externen Luftverschmutzungskosten ist eine regionale Differenzierung aufgrund der hohen Unterschiede der Kosten innerhalb Deutschlands geboten. Um diese Differenzierung zu ermöglichen, bedarf es eines Instrumentariums, das die Implementierung eines technologieabhängigen, nutzungsabhängigen sowie örtlich und zeitlich differenzierenden Preissystems erlaubt. Diese Anforderungen erfüllt ein satellitengestütztes elektronisches Straßenbenutzungsgebührensystem, allerdings bei nachteilig hohen Transaktionskosten. Auf der anderen Seite ergibt sich durch eine frühe Einführung eines solchen Systems auch eine technologische Vorreiterrolle, die volkswirtschaftlichen Nutzen erzielen kann. Der wichtigste Vorteil eines differenzierten Road Pricing-Systems liegt in der hohen ökonomischen Effizienz eines solchen Systems. Jedem Verkehrsteilnehmer wird der zielkonforme Anreiz in Form der differenzierten Gebührenhöhe übermittelt, und dem verursachenden Verkehrsteilnehmer bleibt die Entscheidungsfreiheit, ob und in welchem Maße bzw. auf welche Art er Emissionen vermeidet. In Tabelle 32 (Kapitel 11.1.3) wurde bereits aufgezeigt, dass der zu erwartende Lenkungseffekt erzielt wird.

11.6 Emissions-Zertifikate

Zur Erreichung vorgegebener Emissionsreduktionsziele wird seit einiger Zeit vermehrt das Konzept handelbarer Emissionsrechte diskutiert, angestoßen durch die Verabschiedung des Kyoto-Protokolls 1997 im Rahmen der internationalen Klimaverhandlungen[166]. Das Vertragswerk sieht neben einer verbindlichen Zusage der wichtigsten Industriestaaten, ihre Emissionen in einem bestimmten Zeitraum auf einen bestimmten Level zu beschränken, auch die Möglichkeit der räumlichen Flexibilisierung der Zielerreichung über handelbare Emissionsrechte vor, indem die Vermeidungsleistungen nicht allein durch heimische Maßnahmen zu erfüllen sind, sondern auch durch den Erwerb von Emissionsrechten (Zertifikate) nachgewiesen werden können. Im Kyoto-Protokoll wird der Handel mit Emissionsrechten (Emissions Trading) als wichtigstes der flexiblen Instrumente der Klimapolitik in Art. 17 verankert[167]. Der Zertifikatehandel erlaubt den Industrieländern, die verbindlich

---

[166] Vgl. zum gesamten Kapitel 11.6. die Ausführungen von Krey und Weinreich, 2000:34ff und 61ff, Stronzik und Weinreich, 2001:29f sowie Diaz-Bone et al., 2001:4 und 11ff.
[167] Als weitere flexible Instrumente erlaubt das Kyoto-Protokoll die Umsetzung von Projekten zur Reduktion von Treibhausgas-Emissionen gemeinsam mit anderen Industrieländern (Joint Implementation (JI)) bzw. mit Entwicklungsländern (Clean Development Mechanism (CDM)). Die durch die Projekte erzielten Emissionsreduktionseinheiten können zu einem gewissen Teil zwischen den beteiligten Parteien transferiert werden. Im Rahmen dieser Untersuchung wird nur der Handel mit Emissionsrechten als Zertifikatelösung weiter untersucht, da im nationalen und EU-weiten politischen Prozess diesem Instrument die höchste Bedeutung zukommt.

festgelegten nationalen Emissionsbudgets zu übersteigen und zusätzlich benötigte Emissionsrechte auf dem internationalen Lizenzmarkt zu erwerben bzw. das Emissionsbudget zu unterschreiten, um überschüssige Emissionsrechte zu verkaufen. Auf diese Weise können Differenzen bei den Emissionsvermeidungskosten zwischen den einzelnen Ländern und zwischen den einzelnen Wirtschaftssektoren ausgenutzt werden, um das globale Emissionsminderungsziel möglichst kostengünstig zu erreichen (vgl. SRU, 2000:Tz.29).

Der Verkehrssektor gilt nicht als das Paradebeispiel für die Einführung eines Emissionshandelssystems. Im Zusammenhang mit der Betrachtung von Kyoto-Mechanismen wie auch in nationalen Initiativen für eine CO_2-Zertifikatelösung wird der Verkehr bisher zumeist ausgeklammert. Als Gründe hierfür werden die besondere Komplexität, die Vielzahl mobiler Quellen und damit verbunden der hohe Kontrollaufwand genannt, der die ökonomischen Vorteile eines solchen Systems zunichte zu machen droht. Aus ökologischer Sicht ist aber gerade die Integration des Verkehrssektors in ein Emissionshandelssystem wünschenswert, da dieser Sektor zusammen mit den privaten Haushalten in Deutschland steigende CO_2-Emissionen aufweist. Und die EU Kommission begründet auch ökonomisch die Notwendigkeit einer Einbeziehung des Verkehrs: "The initial allocation does not imply that every company will have to deliver an 8 % reduction in its emissions during the period 2008 to 2012, reflecting the Kyoto Protocol's overall 8 % reduction commitment for the EU as a whole, nor the respective percentages fixed for each Member State under the 'burden sharing' agreement. There are clearly some sectors (e. g. transport) where an 8 % reduction would be an extremely costly target to meet. Other sectors may find such a target relatively inexpensive to meet. It will be less costly for the economy as a whole for sectors where the costs are lowest to make the greatest contribution." (…) "Emission trading among all sectors in the EU further reduces compliance costs" (European Commission, 2000b:17 und 28). Trotzdem ist die Eignung von Zertifikaten als klimapolitisches Instrument im Verkehr fraglich.

Eine Zertifikatelösung ist theoretisch nicht nur für Treibhausgase möglich sondern auch für alle anderen Emissionen. Im Bereich der Luftverschmutzungsproblematik im Personenverkehr wären separate Emissionshandelssysteme zumindest für NOx, VOC und Partikel notwendig. Inwieweit eine Zertifikatelösung für die klassischen Luftschadstoffe zur Erreichung der starken Nachhaltigkeitsziele im deutschen Personenverkehr sinnvoll erscheint, wird am Ende dieses Teilkapitels diskutiert. Im Folgenden wird die CO_2-Problematik weiter als Beispiel zur Erläuterung der Wirkungsweise sowie der Vor- und Nachteile eines Emissionshandels dienen.

11.6.1 Wirkungsweise und allgemeine Beurteilung

Der Grundgedanke des Zertifikatehandels besteht darin, "marktfähige Rechte für die Inanspruchnahme der Umwelt, welche zur Emission einer bestimmten Menge beispielsweise an CO_2 innerhalb bestimmter räumlicher und zeitlicher Grenzen berechtigen" (Brockmann et al. 1999:57), zu definieren. Dafür legt der Staat bzw. die internationale

Staatengemeinschaft regional eine zulässige Gesamtemissionsmenge eines bestimmten Schadstoffes für einen ausgewählten Kreis von Emittenten für einen gewissen Zeitraum fest. Die Emittenten erhalten Teilrechte dieser Gesamtemission in Form verbriefter Emissionszertifikate. Diese Rechte dürfen nach der Ausgabe zwischen den Emittenten frei gehandelt werden. Jedes einzelne Zertifikat genehmigt zur Emission von beispielsweise 1000 Tonnen CO_2 pro Jahr. Verfügt der Emittent nicht über diese Zertifikate, so ist es ihm nicht erlaubt, den Schadstoff auszustoßen (vgl. Bartmann, 1996:149f).

Im Implementierungsstadium sollten Zertifikate an die Emittenten in der Höhe der Ist-Emissionen bereitgestellt werden, die in einem festgelegten Zeitrahmen abgewertet werden, um einen erforderlichen Anpassungsprozess zu gewährleisten (vgl. Michaelis, 1996:31). So könnte z. B. ein Emissionszertifikat bei der Erstausgabe zur Emission von 1000 Tonnen CO_2 berechtigen und jedes Jahr um 5 % abgewertet werden. Dies würde bedeuten, dass im zweiten Jahr das Zertifikat nur noch zum Ausstoß von 950 Tonnen CO_2 berechtigt, im dritten Jahr zur Emission von 902,5 Tonnen CO_2 und so weiter.

Hinsichtlich der Anfangsausstattung mit Zertifikaten durch den Staat an die Emittenten existieren zwei umsetzbare Möglichkeiten, die kostenlose Verteilung von Emissionsrechten (Grandfathering) an die bisherigen Emittenten und die Versteigerung der Emissionsrechte (vgl. Brockmann et al, 1999:58f). Beide Zuteilungsverfahren weisen Probleme auf: Beim Grandfathering werden durch die kostenlose Zuteilung die Altemittenten im Gegensatz zu Neueinsteigern bevorzugt, da die Neuemittenten Zertifikate am Markt erwerben müssen. Außerdem werden Wirtschaftssubjekte benachteiligt, die bereits große Reduktionsanstrengungen im Vorfeld des Zertifikatehandels getätigt haben. Der Vorteil des Grandfathering besteht darin, dass eine größere Akzeptanz des Instruments von Seiten der Emittenten zu erwarten ist, da Besitzstände weitestgehend unangetastet bleiben. Bei öffentlichen Auktionen werden Zertifikate meistbietend versteigert. Dadurch, dass die Wirtschaftssubjekte mit ihrem gesamten Emissions- und Zertifikatebedarf am Markt auftreten, ergibt sich das größtmögliche Handelsvolumen, und die Preissignale bilden sich eindeutig. Auf der anderen Seite droht die Verletzung des verfassungsrechtlich garantierten Eigentums- und Bestandsschutzes. Die unterschiedliche Finanzkraft der Emittenten kann zu Verdrängungsmechanismen gegenüber finanzschwachen Wirtschaftssubjekten (Kleinbetriebe oder auch Individuen) führen. Ungeklärt ist die Verwendung der Ressourcen, die der öffentliche Sektor von den Privaten durch die Auktionserlöse einnimmt. Die kurze Diskussion zeigt, dass wahrscheinlich ein Kompromiss zwischen den beiden Zuteilungsverfahren anzustreben ist. In der EU-Richtlinie zum Emissionshandel wird kein Erstzuteilungsverfahren vorgeschrieben (vgl. European Commission, 2000b:20ff). Allerdings zeigt auch die Diskussion der EU-Vorschläge im Grünbuch zum Emissionshandel, dass Mischsysteme die Vorteile beider Systeme am Besten zum tragen bringen, und von daher werden sich diese wohl in der Praxis durchsetzen (vgl. Brockmann et al., 2001:11ff).

Da beim Zertifikatehandel die zulässige Umweltbelastung durch eine staatliche Behörde festgelegt wird, handelt es sich im Gegensatz zur Abgabenlösung um eine Mengenregulierung. Der (theoretische) Vorteil von Zertifikaten liegt so auch in der punktgenauen Einhaltung einer Mengenvorgabe (ökologische Treffsicherheit) und dies zu minimalen Kosten (Kosteneffizienz). Der Preis für die Umweltnutzung bildet sich bei der Zertifikatelösung erst auf dem Markt, auf dem die Zertifikate zwischen den Emittenten gehandelt werden dürfen. Daher steht jeder beteiligte Emittent vor der Entscheidung, den Ausstoß des Schadstoffes zu vermeiden oder Zertifikate zu kaufen (vgl. Feess 1997:119). Den Preisbildungsmechanismus auf einem Zertifikatemarkt erläutert Abbildung 50.

Abbildung 50: Preisbildung auf dem Zertifikatemarkt

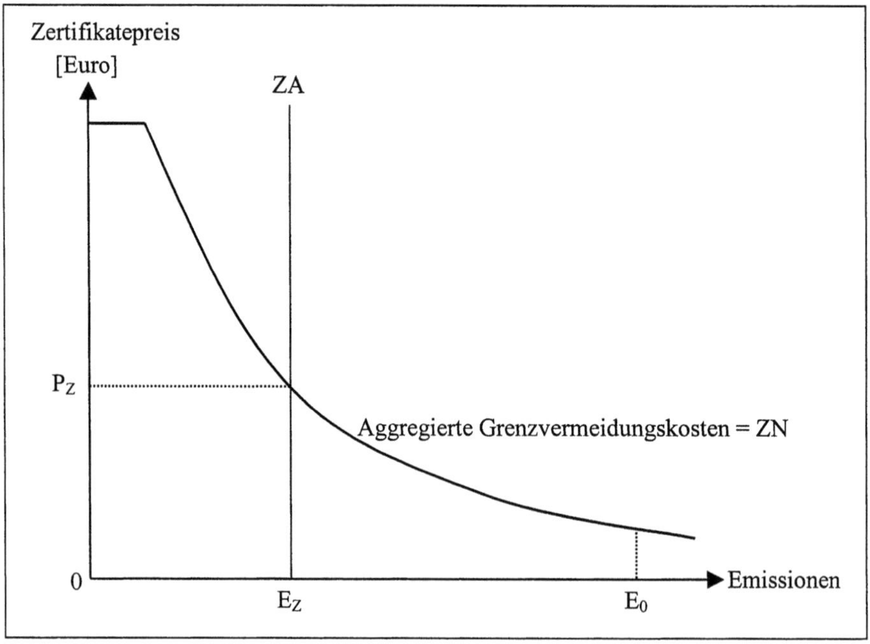

Quelle: Eigene Abbildung in Anlehnung an Bartmann, 1996:151

Die Ist-Menge der Emissionen wird durch das Emissionsvolumen E_0 dargestellt. Das Emissionsvolumen E_Z ergibt sich durch ein von der Umweltpolitik vorgegebenes zeitliches Emissionsreduktionsziel, z. B. die von der Bundesregierung angestrebte Reduzierung der CO_2-Emissionen um 25 % bis 2005 auf Basis des Jahres 1990. Das Ziel kann, wie oben beschrieben, durch eine jährliche relative Abwertung der Zertifikate erreicht werden. Die Angebotsmenge an Zertifikaten ZA ergibt sich daher aus dem angestrebten Emissionsvolumen E_Z. Der Marktpreis für die Zertifikate P_Z bildet sich durch die Differenz zwischen dem aktuellen und den zukünftigen Emissionsmengen. Entscheidend für die Höhe des Zertifikatpreises ist die aggregierte Grenzvermeidungskostenkurve, die gleich der Nachfrage nach Emissionsrechten ZN ist. Jeder einzelne Emittent entscheidet abhängig von seinen persönlichen Grenzvermeidungskosten

11 Verkehrspolitische Maßnahmen und Internalisierungsstrategien 291

(GVK), ob er die Schadstoffe vermeiden will oder weiterhin Schadstoffe emittiert und dafür die benötigte Menge an Zertifikaten kauft. Für diese Entscheidung orientiert er sich am Marktpreis P_Z der Zertifikate. Die Wirtschaftsubjekte werden Emissionen vermeiden und Zertifikate anbieten, wenn der Börsenpreis über ihren individuellen GVK liegt. Im umgekehrten Fall werden sie sich für eine Investition in Zertifikate entscheiden. Dieser Mechanismus gewährleistet, dass die Emittenten mit den geringsten GVK die Emissionen reduzieren und das angestrebte Emissionsniveau in jedem Fall erreicht wird, da die Vermeidungsmaßnahmen von den Individuen solange durchgeführt werden, bis deren GVK den Marktpreis erreicht haben.

Hinsichtlich der Zielkonformität ist festzustellen, dass die Zertifikatelösung dieses Kriterium im Vergleich zur Mineralölsteuer oder zur Straßenbenutzungsgebühr am Besten erfüllt, da bei dieser Form der Mengenregulierung durch die Festlegung einer bestimmten Zertifikatemenge jedes gewünschte Emissionsniveau punktgenau erreicht werden kann[168]. Voraussetzung dafür ist eine ständige Überwachung der Emissionen und bei Verstößen gegen das System die Anwendung von Sanktionsmechanismen.

Dem Zertifikatehandel wird im allgemeinen ein großes Maß an Ökonomieverträglichkeit bescheinigt. Dies liegt vor allem daran, dass den Wirtschaftssubjekten große Handlungsspielräume gelassen werden, und der einzige staatliche Eingriff darin besteht, die Gesamtemissionsmenge zu beschränken. Das Kriterium der Systemkonformität wird demzufolge prinzipiell als erfüllt angesehen. Dies gilt allerdings nur, wenn durch die zuständigen Behörden die jährlichen Abwertungen der Zertifikate von vornherein festgelegt und für die betroffenen Emittenten transparent gemacht werden, da diese sonst ihre Investitionsentscheidungen zur Vermeidung unter zu großer Unsicherheit treffen müssen (vgl. Rennings et al. 1997:99).

Das Kriterium der ökonomischen Effizienz ist ebenfalls gewährleistet, da die Schadstoffe dort vermieden werden, wo dies mit den geringsten Kosten verbunden ist. Bei Betrachtung der Zuteilungsverfahren zeigt sich, dass das Auktionsverfahren eine höhere ökonomische Effizienz erzielt, da die Kosteneinsparpotentiale größer und die Preissignale deutlicher ausfallen als bei einer kostenlosen Verteilung der Nutzungsrechte (Grandfathering) in der Primärallokation (vgl. Koschel et al., 1998:63). Die Anreizwirkung zur Umweltinnovation im Rahmen der dynamischen Effizienzbedingung ist durch die stetige Absenkung der Gesamtemissionsmenge gegeben.

Die institutionelle Beherrschbarkeit einer Zertifikatelösung muss im Allgemeinen als schwierig taxiert werden. Zu nennen ist je nach Ausgestaltung ein möglicherweise sehr hoher Kontroll- und Verwaltungsaufwand. Neben den hohen Transaktionskosten sind bei allen Ausgestaltungsvarianten Widerstände der Emittenten bei der Vergabe der Emissionsrechte durch eine Auktion zu nennen. Aber auch beim Grandfathering ist mit

---

[168] Ein Emissionszertifikatesystem ist zur akuten Gefahrenabwehr genauso wenig geeignet wie eine Abgaben- oder Steuerlösung. Die hohe Zielkonformität der Zertifikatelösung bezieht sich auf die hier behandelten Emissionsproblematiken.

Widerständen durch Neuemittenten zu rechnen. Ungeklärt ist darüber hinaus, inwieweit schon ergriffene Vermeidungsmaßnahmen (early action) in die Reduktionsanforderung und das Zuteilungsverfahren mit einbezogen werden sollten. Neben diesen organisatorischen Problemen stellen sich eine Vielzahl von juristischen Problemen bei der Umsetzung eines Emissionshandelssystems, auf die hier nicht näher eingegangen werden kann. Problematisch ist grundsätzlich die Einführung eines für Deutschland neuen Instrumentariums[169]. Misstrauen und Ablehnung auf Seiten der betroffenen Wirtschaftssubjekte wie auch in der Administration sind zu erwarten.

11.6.2 Umsetzungsmöglichkeiten im Personenverkehr

Hinsichtlich der Zielkonformität, der ökonomischen Effizienz und der institutionellen Beherrschbarkeit kommt der Ausgestaltungsform des Emissionshandelssystems eine große Bedeutung zu (vgl. hierzu Diaz-Bone et al., 2001:11ff). Unterschieden wird zum Einen zwischen offenen und geschlossenen Systemen. Bei einem geschlossenem System wird das Emissionsreduktionsziel nur für einen Wirtschaftssektor festgelegt, und der Zertifikatehandel darf nur innerhalb dieses Sektors erfolgen. Bei einem offenen System können die Zertifikate auch intersektoral oder wie beim Kyoto-Protokoll auch international (zwischen den Industrienationen) gehandelt werden. Im Rahmen dieser Untersuchung werden Varianten mit internationalem, EU-weitem und nationalem Handel diskutiert sowie die Variante eines sektoralen Handelssystems nur für den deutschen Personenverkehrssektor betrachtet.

Bei einem Emissionshandelssystem für CO_2-Emissionen im Personenverkehr ergibt sich ein zusätzlicher Freiheitsgrad im Hinblick auf die Wahl des Zertifikatepflichtigen in der Wertschöpfungskette, da in den Verbrennungsprozessen fossiler Energieträger eine feste Beziehung zwischen dem im Brennstoff enthaltenen Kohlenstoff und den frei werdenden CO_2-Emissionen besteht. Es können alternativ zu den Emittenten (der sog. "downstream"-Ansatz) auch andere Akteure auf höheren Ebenen in der Handelskette fossiler Brennstoffe ("upstream"-Ansatz) zertifikatepflichtig gemacht werden. Im Personenverkehr können also nicht nur die Pkw-Nutzer bzw. Bahn- und ÖPNV-Kunden als Akteure bei einem Emissionshandelssystem ausgewählt werden, sondern auch die Hersteller und Zwischenhändler von Kraftstoffen (z. B. Raffinerie-Betreiber,

---

[169] Während die Einführung eines Emissionszertifikatehandels ein Novum in der deutschen Umweltpolitik darstellen würde, wurden in den USA schon Erfahrungen mit diesem Instrumentarium im Rahmen des Regional Clean Air Incentives Market (RECLAIM) und des Acid Rain Program (ARP) gesammelt (vgl. Koschel et al., 1998:108ff). Ersteres bezieht im Raum Los Angeles alle stationären Emissionsquellen, die jährlich mehr als vier Tonnen Stickstoffoxid (NO_x) oder Schwefeloxid (SO_x) emittierten, in ein Zertifikatesystem ein, dessen Ziel die Verbesserung der regionalen Luftqualität ist. Am ARP, ein Zertifikatehandel von SO_2-Emissionen zur Reduktion der Vorläufersubstanz des Sauren Regens, sind Energieversorgungsunternehmen im gesamten Bundesgebiet der USA beteiligt. Die Zuteilung der Zertifikate erfolgte in beiden Fällen via Grandfathering. Aus den Erfahrungen mit beiden Systemen lassen sich die folgenden Schlussfolgerungen ziehen: Erstens wurden jeweils die umweltpolitischen Zielvorgaben (Reduktionen der Schadstoffe auf ein bestimmtes Niveau) erfüllt. Zweitens kommt es zur Bildung eines stabilen Preissignals, wenn das Handelsvolumen der Zertifikate ausreichend hoch ist. Und drittens deutet der in beiden Fällen unerwartet niedrige Marktpreis der Zertifikate auf die dynamische Effizienz des Instruments hin. Diese im Ganzen relativ positiven Resultate sind nicht ohne Abstriche auf den Verkehrsbereich zu übertragen.

Tankstellen) und Fahrzeugen (z. B. Automobilhersteller, Kfz-Händler) sowie die Verkehrsdienstleister (z. B. Deutsche Bahn AG, Reisebüros). In der Regel sind auf höheren Handlungsebenen weniger Akteure involviert, so dass mit geringeren Transaktionskosten eines Emissionshandelssystems zu rechnen ist.

Für den Personenverkehrssektor werden drei Regelungspunkte betrachtet, die im oberen, mittleren oder unteren Bereich der volkswirtschaftlichen Wertschöpfungskette anzusiedeln sind (vgl. Diaz-Bone et al., 2001:13f):

1. Upstream: Kraftstoffhersteller, Beispiel: Raffinerie.
Jede Raffinerie muss für die von ihr verkaufte Menge an Rohölprodukten die entsprechende Zahl von Zertifikaten vorweisen können. Die Zahl der vorzuhaltenden Emissionsrechte orientiert sich am Kohlenstoffgehalt der verkauften Kraftstoffmenge. Die Kosten für den Erwerb dieser Rechte legt die Raffinerie auf den Preis ihrer Produkte um. Um alle CO_2-Emissionen der Verkehrsmittelbenutzung im Personenverkehr zu erfassen, muss auch der Kohlenstoffgehalt der Brennstoffe für die Erzeugung der Elektrizität im schienengebundenen Verkehr mit Zertifikaten belegt werden.

2. Midstream: a) Kraftfahrzeughersteller, Beispiel: Kfz-Verkaufsraum.
Jeder Fahrzeughersteller muss für die von ihm verkauften Kraftfahrzeuge die voraussichtlich während ihrer Nutzungsphase auftretenden Emissionen über die entsprechende Zahl von Zertifikaten abdecken können. Diese Zahl orientiert sich an dem zertifizierten Kraftstoffverbrauch, dem durchschnittlichen CO_2-Emissionskoeffizienten und einer voraussichtlichen Gesamtfahrleistung eines jeden Fahrzeugtyps. Die Kosten für den Erwerb dieser Rechte legt der Kfz-Hersteller auf den Kaufpreis seiner Produkte um. Im Verkaufsraum werden die für das jeweilige Kfz vorgehaltenen Emissionsrechte ausgewiesen.
Midstream: b) Verkehrsdienstleister, Beispiel: Deutsche Bahn AG.
Jeder Personenverkehrsdienstleister muss für die von ihm betriebenen Verkehrssysteme die innerhalb eines Betriebsjahres entstehenden Emissionen über die entsprechende Zahl von Zertifikaten abdecken können. Diese Zahl orientiert sich an dem Gesamtenergieverbrauch seiner Fahrzeuge. Die Kosten für den Erwerb dieser Rechte wird auf den Fahrpreis umgelegt. Auf der Fahrkarte werden die für die jeweilige Verkehrsdienstleistung vorgehaltenen Emissionsrechte ausgewiesen. Die beiden midstream-Ansätze Kraftfahrzeughersteller und Verkehrsdienstleister können in Kombination den gesamten Personenverkehrssektor abdecken.

3. Downstream: Verkehrsteilnehmer, Beispiel: Kunde an einer Tankstelle.
Jeder Verkehrsteilnehmer muss für die von ihm gekaufte Kraftstoffmenge die entsprechenden Emissionsrechte vorweisen können. Die Zahl der vorzuhaltenden Zertifikate orientiert sich an der Menge und an dem Kohlenstoffgehalt der von ihm gekauften Kraft- und Schmierstoffe. Auf einer aufladbaren elektronischen Buchungskarte werden ihm bei jedem Kauf solcher Produkte die entsprechende Menge an Emissionsrechten abgebucht. Dazu wird unter allen Inländern die CO_2-Emissionszielmenge für den Personenverkehr aufgeteilt. Nach dem Pro-Kopf-

Prinzip wird allen Personen aus diesem Kreis eine gleiche Menge an CO_2-Emissionsrechten für den Verkehrssektor zugeteilt und in Form von CO_2-Punkte-Abbuchungskarten ausgehändigt.

Ebenso könnten die CO_2-Punkte auch während der Fahrt in der On Board Unit, entsprechend der für den letzten Kilometer berechneten CO_2-Emissionen, abgebucht werden, wenn ein solches System installiert wäre (siehe Kapitel 11.5). Dadurch würden dem Kfz-Nutzer die Verursachung der CO_2-Emission und die damit verbundenen Kosten (durch die Verringerung der Emissionsrechte) transparenter. Um den gesamten Personenverkehrssektor zu erfassen, müsste auch eine Abbuchung von CO_2-Punkten bei einer Fahrt mit öffentlichen Verkehrsmitteln erfolgen.

Grundsätzlich ist es sinnvoll, ein Zertifikatesystem so zu konzipieren, dass die Emittenten selber die finanzielle Belastung der Zertifikatepflicht tragen (vgl. Brockmann et al., 1999:96). Mit einem downstream-Ansatz wird direkt an der Quelle der unerwünschten Externalität ein Anreiz zu ihrer Vermeidung gesetzt. Die Individuen haben für die Vermeidung der CO_2-Emissionen, wie bereits gezeigt, eine Vielzahl von Möglichkeiten. So wird die Kosteneffizienz des downstream-Ansatzes im Vergleich zur midstream oder upstream-Lösung am Besten beurteilt. Beim upstream-Ansatz haben die Unternehmen (Raffinerien oder Mineralölkonzerne) nur sehr begrenzte Anpassungsoptionen, um selbst Vermeidungsmaßnahmen durchzuführen. Genannt werden kann hier praktisch nur das Angebot von CO_2-freiem Bio-Treibstoff. Die Hersteller von Fahrzeugen (midstream) haben dagegen eine ganze Reihe von technologischen Möglichkeiten zur Verbesserung der Effizienz des Brennstoffeinsatzes ihrer Produkte.

Die ökonomische Effizienz wird bei allen drei Ansätzen durch die Öffnung des Emissionshandelssystems erhöht. Wird ein intersektoraler Handel implementiert, können beispielsweise im Bereich der Wärmedämmung an Gebäuden zu niedrigen Kosten die CO_2-Emissionen vermieden werden, während die Akteure im Straßenpersonenverkehr möglicherweise eher als Nachfrager für CO_2-Zertifikate auftreten. Bei einem EU-weitem oder internationalem Handelssystem können darüber hinaus die günstigsten Vermeidungsoptionen in den jeweiligen Ländern ausgeschöpft werden, wodurch der Marktpreis für die Zertifikate im Vergleich zu einen nationalen System oder zu einem geschlossenem, nur auf den Verkehrssektor bezogenen, Handelssystem sinken dürfte. Allerdings schaffen Ansätze, die einen höheren Vermeidungsdruck auf die Akteure erzeugen, größere Innovationsanreize. Ein rein auf den Personenverkehr bezogenes Emissionshandelssystem erzeugt demzufolge innerhalb des Verkehrssektors einen höheren Innovationsdruck als intersektorale.

Bezüglich der Systemkonformität bietet der upstream-Ansatz einen leichten Vorteil, da ein brennstofforientierter Emissionshandel aufgrund der zu erwartenden Umlegung der Zertifikatekosten auf die Treibstoffpreise im Endeffekt wie eine Steuer wirkt. Diese Vergleichbarkeit zu der bekannten Erhebung der Mineralölsteuer bewirkt, dass sich dieser Emissionshandelsansatz besser in das existierende System einfügt.

11 Verkehrspolitische Maßnahmen und Internalisierungsstrategien

Die ökologische Treffsicherheit ist bei allen Zertifikatesystemen hoch, allerdings ergeben sich beim midstream-Ansatz mit den Fahrzeugherstellern als Zertifikatepflichtigen deutliche Einschränkungen, wenn die prognostizierte von der tatsächlichen Fahrleistung abweicht, was in der Regel bezogen auf die einzelne Fahrzeugnutzung der Fall sein wird. Die Hersteller werden einwenden, dass die Lebensfahrleistung außerhalb ihres Einflussbereiches liegt. Aber auch die Anwendung durchschnittlicher CO_2-Emissionskoeffizienten stellt nur eine Annäherung an die wirklichen Emissionen dar.

Bei der institutionellen Beherrschbarkeit fallen die Einschätzungen zu den drei Ansätzen am Weitesten auseinander. Während beim upstream- und bei den beiden midstream-Ansätzen der Kontrollaufwand und die Transaktionskosten aufgrund der überschaubaren Anzahl von Akteuren[170] vergleichsweise gering sind, ergeben sich für den downstream-Ansatz unüberwindbare Hürden für die Implementierung im Verkehrssektor. Werden die Zertifikate bezogen auf die CO_2-Emissionen vergeben, steigen die Informations- und Kontrollkosten zur Erfassung der Emissionen einer jeden einzelnen Quelle (in Deutschland allein über 40 Millionen Pkw) ins Unermessliche. Wäre eine elektronische Straßenbenutzungsgebühr bereits installiert, könnten die berechneten (nicht gemessenen) CO_2-Emissionen als Punkte von einer Chipkarte abgebucht werden. Aber auch die Implementierungskosten eines solchen Systems sind sehr hoch. Und auch bei der Tankstellen-Lösung ergeben sich bei immerhin mehr als 16.000 Tankstellen in Deutschland sehr hohe Überwachungskosten, z. B. bezüglich der Funktionstüchtigkeit der elektronischen Abbuchungsstellen an den Zapfsäulen. Neben diesen Implementierungs- und Überwachungskosten würden weitere hohe Kosten durch die Einrichtung von Behörden mit geschultem Personal für die Überwachung des Handelsplatzes, für den Abgleich der gehaltenen Zertifikate mit den abgebuchten CO_2-Punkten, für Mahnverfahren etc. anfallen.

Völlig ungeklärt ist bei allen Variationen des downstream-Ansatzes, wie der Handel mit den Emissionsrechten bei der Vielzahl der Marktteilnehmer bewerkstelligt werden könnte. Im Prinzip ist nur ein Handel an einer elektronischen Börse denkbar, aber nicht alle Individuen haben Zugriff zu diesen Medien. Um den gesamten Personenverkehrssektor zu erfassen, müsste praktisch jeder Inländer mit Zertifikaten ausgestattet werden, denn auf irgendeine Weise nutzt jeder Mensch Verkehrsmittel. Gerade im öffentlichen Verkehr aber auch beim Auto wären die zurechenbaren CO_2-Emissionen abhängig vom Auslastungsgrad der Verkehrsmittel. Damit ist eine gerechte bzw. effiziente Erfassung der Emissionen pro Kopf definitiv nicht möglich[171].

---

[170] Auf dem deutschen Markt agieren 16 Mineralölgesellschaften, und 20 Raffinerien befinden sich in Deutschland (vgl. Krey und Weinreich, 2000:66). Schätzungsweise sind nicht mehr als 30 Kfz-Hersteller auf dem deutschen Markt aktiv, und auch die Zahl der Personenverkehrsdienstleister im öffentlichen Verkehr wird nicht höher als 1000 liegen.

[171] Die beschriebenen Erfordernisse für einen downstream-Ansatz im Personenverkehr würden die Implementierung eines umfassenderen Systems, den sogenannten "Tradable Consumption Quotas" (TCQ) rechtfertigen. Die Entwicklung dieses Systems wurde besonders von den Ökonomen Robert U. Ayres und David Fleming vorangetrieben. TCQ sollten an jeden erwachsenen Bürger eines Landes in der gleichen Höhe vergeben werden. Während bei Fleming die TCQ nur beim Kauf von Energieträgern zur

Weitere Probleme bei einem Ansatz mit den Konsumenten als Zertifikatepflichtigen ergeben sich aus der juristischen Umsetzung. Würde ein absolutes Reduktionsziel pro Kopf umgesetzt, stellt sich die Frage, wie Grundbedürfnisse gewährleistet werden können, wie diese definiert sind und wer diese festlegt. Ferner dürfte ein solcher Ansatz auf wenig Verständnis und eine niedrige Akzeptanz in der Bevölkerung stoßen. Aus den genannten Gründen scheidet die Einführung eines downstream-Ansatzes im Personenverkehr in der Praxis aus. Insbesondere ist zu erwarten, dass die extrem hohen Transaktionskosten den prinzipiellen ökonomischen Effizienzgewinn, eine Vermeidung von Emissionen zu minimalen Kosten zu erreichen, vollkommen kompensieren würden.

Bisher wurde ausschließlich die Anwendung einer Zertifikatelösung für Treibhausgase insbesondere CO_2 diskutiert. Im Rahmen dieser Arbeit ergibt sich aber auch die Frage, inwieweit starke nachhaltige Reduktionsanforderungen in Bezug auf die klassischen Luftschadstoffe durch einen Emissionshandel erfüllt werden können. Im Gegensatz zu den CO_2-Emissionen besteht bei den NO_x, VOC und Partikeln kein festes Verhältnis zwischen Treibstoffverbrauch und Emissionen. Die Emissionsmenge lässt sich auch nicht auf die gesamte Lebenszeit eines Pkw berechnen bzw. nur sehr unsicher abschätzen. Zu viele individuelle Faktoren beeinflussen die Emissionsmenge beim Fahren. Daher wäre für diese drei Schadstoffe nur jeweils ein Zertifikatesystem als downstream-Ansatz denkbar. Die Vor- und vor Allem die Nachteile würden hier aber genauso wie beim CO_2 zum Tragen kommen. Deshalb scheidet eine Zertifikatelösung für die Luftverschmutzungsproblematik im Personenverkehr, basierend auf dem heutigen Wissen und möglichen Ausgestaltungsformen, im Ganzen aus.

Zusammenfassend ist festzuhalten, dass das Instrument der mengenregulierenden Emissionszertifikate zur Internalisierung externer Kosten wenig tauglich ist, dafür aber zur kostenminimalen Erfüllung von Reduktionszielen erdacht wurde und geeignet ist. Der Emissionshandel ist ein marktkonformes, innovationsförderndes und kosteneffizientes klimapolitisches Instrumentarium, das anderen Ansätzen aufgrund seiner Zielgenauigkeit überlegen ist. Für den Personenverkehrssektor kommt eine Lösung direkt bei den verursachenden Emittenten sowohl für CO_2 als auch für die klassischen Luftschadstoffe nicht in Frage, da die Vielzahl mobiler Quellen den Kontrollaufwand sowie die Implementierungs- und Durchführungskosten entschieden zu hoch werden lassen. Für die Luftverschmutzungsproblematik schließt sich damit eine Zertifikatelösung im Personenverkehr im Ganzen aus, da ein Ansatz beim Inputfaktor Treibstoff

---

Anwendung kommen (vgl. Fleming, 1997:139ff), sollen die TCQ bei Ayres beim Kauf von jedem Konsumprodukt von dem TCQ-Konto des Bürgers abgebucht werden (vgl. Ayres, 1997:302ff). Die Höhe des abzubuchenden Betrages bestimmt sich dabei aus dem "pollution potential" jeder einzelnen Produktionseinheit oder jedes Produkts. Dies setzt voraus, dass jedes Produkt ein "Label" erhält, auf dem gekennzeichnet ist, welcher Betrag eines Schadstoffes, z. B. CO_2, sich während seiner Verarbeitung in den einzelnen Stufen der Wertschöpfungskette angesammelt hat. Für die Pkw-Fahrer würde diese Maßnahme bedeuten, dass ihnen bereits für den Kauf eines neuen Pkw sogenannte "carbon units" abgebucht werden (vgl. Fleming, 1997:140). Dadurch wird ein Anreiz gesetzt, über längere Zeit einen aus Energieeffizienzgesichtspunkten veralteten Pkw zu fahren, da sie die Ersatzinvestition in einen neuen Pkw aufgrund der zusätzlichen finanziellen Belastung scheuen.

oder beim Fahrzeughersteller nicht zielkonform sein kann. Für die Klimaschutzproblematik erscheinen aufgrund der bisherigen Diskussion up- und midstream-Ansätze sowie deren Mischformen für die Erreichung der stark nachhaltigen CO_2-Reduktionsziele als geeignet. Die Diskussion dieser Ansätze wird anhand von Szenarien in Kapitel 13 weiter konkretisiert.

11.6.3 Fazit aller drei betrachteten ökonomischen Instrumente

Die theoretische Diskussion der drei ökonomischen Instrumente Mineralölsteuererhöhung, Einführung einer emissionsabhängigen elektronischen Straßenbenutzungsgebühr und Implementierung eines CO_2-Emissionsrechtehandels für den deutschen Personenverkehr hat die folgenden Resultate ergeben:

- Die Mineralölsteuererhöhung ist für die Internalisierung der externen Klimaschadenskosten das geeignete Instrument, da sie einer first-best Internalisierung durch die Proportionalität zwischen Brennstoffeinsatz und CO_2-Emissionen am Nächsten kommt und gleichzeitig sehr niedrige Transaktionskosten verursacht.

- Zur Internalisierung der externen Luftverschmutzungskosten eignet sich theoretisch am Besten eine emissionsabhängige elektronische Straßenbenutzungsgebühr, da mit diesem Instrument das Kriterium der ökologischen Treffsicherheit bei den klassischen Luftschadstoffen erfüllt werden kann. Die ökonomische Effizienz ist ähnlich wie bei einer Mineralölsteuer auf hohem Niveau gewährleistet. Nachteilig sind allerdings die hohen Transaktionskosten.

- Zur Erfüllung eines stark nachhaltigen CO_2-Emissionsreduktionsziels ist ein offenes Emissionshandelssystem in Form eines upstream- oder midstream-Ansatzes am Geeignetesten, da die Zielkonformität durch die Mengenregulierung weitestgehend erfüllt ist und aufgrund der beschränkten Anzahl von Zertifikatepflichtigen die Implementierungs- und Kontrollkosten auf verhältnismäßig niedrigem Niveau gehalten werden können. Eine Mineralölsteuererhöhung erscheint prinzipiell ebenso geeignet, allerdings sind deutliche Nachteile in Bezug auf die ökonomische Effizienz zu erwarten. Die Frage, welches der beiden Instrumente kostenminimal das Ziel erreicht und wie gravierend die Unterschiede sind, wird das Kapitel 13 klären.

- Eine Zertifikatelösung ist für die Erfüllung starker Luftverschmutzungs-Nachhaltigkeitsziele im Personenverkehr ungeeignet, da aufgrund der ökologischen Treffsicherheit nur ein downstream- Ansatz in Frage käme, dieser aber, wie beim CO_2, wegen des extrem hohen Kontrollaufwandes, der hohen Transaktionskosten und der juristischen Probleme praktisch nicht implementierbar ist. Sollte eine über die Internalisierung der externen Luftverschmutzungskosten hinausgehende Verringerung der klassischen Emissionen im Personenverkehr nötig sein (vgl. Kapitel 12), müssten die Abgabe (Road Pricing) gemäß dem Standard-Preis-Ansatzes erhöht oder die technologischen EURO-Normen weiter verstärkt werden.

12 Die Internalisierung der externen Schadenskosten

Das Ziel dieses Kapitels liegt in der quantitativen Überprüfung der Frage, inwieweit durch die Internalisierung der berechneten externen Kosten des Personenverkehrs eine nachhaltige Entwicklung im diesem Sektor gewährleistet werden kann. Diese zentrale Fragestellung der gesamten Arbeit wird an Hand von Simulationsszenarien untersucht. Theoretisch ist eine nachhaltige Entwicklung im schwachen Sinne durch die Internalisierung aller Externalitäten des Verkehrs erreicht; dies wurde in den Kapiteln 7 und 10 bereits herausgearbeitet. Fraglich ist aber, ob auch starke Nachhaltigkeitsziele für den Personenverkehr im Bereich der Luftverschmutzung und Klimaproblematik durch eine Internalisierung erfüllt, übererfüllt oder nicht erreicht werden. Auf einen Nenner gebracht wird die Frage untersucht: Was bringt die Internalisierung der externen Kosten im Hinblick auf eine stark nachhaltige Entwicklung im Personenverkehr?

Hierzu werden zwei Thesen, jeweils zum Bereich Luftverschmutzung und Klimaveränderung, aufgestellt, die im Lauf der Szenario-Analyse verifiziert oder verworfen werden müssen:

1. Im Bereich Luftverschmutzung werden bis zum Jahre 2020 die starken Nachhaltigkeitsziele für den Personenverkehr durch die Internalisierung der externen Luftverschmutzungs- und Klimaschadenskosten weitestgehend erreicht. Bei ausschließlicher Internalisierung der Luftverschmutzungskosten reicht der erwirkte Lenkungseffekt allerdings nicht aus.

2. Das abgeleitete stark nachhaltige CO_2-Emissionsreduktionsziel für den Personenverkehr wird weder durch eine Internalisierung der externen Klimaschadenskosten noch durch eine erweiterte Internalisierung aller externen Kostenbestandteile erreicht. Selbst die Anwendung des oberen Grenzwertes der emissionsspezifischen Grenzschadenskosten der Klimaveränderung (310 Euro (1995)/t CO_2) führt nicht zur Erfüllung der CO_2-Reduktionsanforderung im Personenverkehr bis zum Jahre 2020.

Methodisch erfolgt die Analyse anhand von zwei Szenarien. Zum einen werden die externen Schadenskosten durch eine Mineralölsteuererhöhung internalisiert. Dazu werden die durchschnittlichen externen Schadenskostenbestandteile in spezifische Kosten pro Liter verbrauchter Treibstoff für die verschiedenen Verkehrsmittel im Personenverkehr umgerechnet. Das zweite Szenario betrachtet die Auswirkungen aufgrund einer Internalisierung der externen Luftverschmutzungskosten anhand eines elektronischen Road Pricing-Systems. In beiden Szenarien werden die Wirkungen auf die Fahrleistungen (Verkehrsvermeidung), die Veränderungen des Modal Split (Verkehrsverlagerung) und die Erzeugung umweltschonenderen Verhaltens, z. B. durch eine energieeffizientere Fahrweise (verträglich abwickeln), anhand von kurz- und langfristigen Preis- und Kreuzpreiselastizitäten untersucht. Basierend auf den induzierten Anpassungsreaktionen wird die Emissionsentwicklung (CO_2 und NO_x) für das jeweilige Szenario berechnet und mit dem Business as Usual-Szenario sowie den starken und schwachen Nachhaltigkeitszielen verglichen. Eine Übersicht der in der Literatur verfügbaren Elastizitäten im Personenverkehr wird im Abschnitt 12.1 gegeben.

12.1 Elastizitäten zur Bemessung der Wirkung preislicher Maßnahmen

Um die Wirkungen von ökonomischen Maßnahmen berechnen bzw. abschätzen zu können, sind Informationen zur Reaktion der Verkehrsteilnehmer auf die Erhöhung bzw. Einführung von Steuern oder Abgaben erforderlich (vgl. zu dem gesamten Abschnitt Maibach et al., 2000:A-44ff). In den 90er Jahren wurden eine ganze Reihe von verkehrsökonomischen Studien mit dem Ziel durchgeführt, die Reaktionen der Verkehrsmittelnutzer mittels ökonometrischer Verfahren zu untersuchen und die Ergebnisse in Form von kurz- und langfristigen Preis- bzw. Kreuzpreiselastizitäten anzugeben. Dabei gibt die Preiselastizität an, wie sich infolge einer Preiserhöhung um ein Prozent die Nachfrage in Prozent verändert, während die Kreuzpreiselastizität ausdrückt, wie stark sich die Nachfrage nach einem zweiten Gut in Prozent verändert, wenn der Preis des ersten Gutes um ein Prozent erhöht wird. Bezogen auf den Verkehrsbereich drücken Kreuzpreiselastizitäten die Veränderungen im Modal Split aus. Eine Übersicht der Elastizitäten ist in Tabelle 33 gegeben.

Die am meisten untersuchte Elastizität ist die direkte Treibstoffpreiselastizität, die angibt, um wieviel die Treibstoffnachfrage abnimmt, wenn der Treibstoffpreis erhöht wird. Wie bei den anderen Elastizitäten, welche die Wirkung einer Treibstoffpreiserhöhung (Mineralölsteuererhöhung) ausdrücken, wird bei der direkten Treibstoffpreiselastizität zwischen kurz- und langfristigen Wirkungen differenziert. Die Schätzungen für die kurzfristige direkte Treibstoffpreiselastizität weisen Werte zwischen -0,28 und -0,20 auf, während die langfristige Treibstoffelastizität zwischen -1 und -0,4 variiert.[172]

Allgemein zeigen die kurzfristigen Elastizitäten Anpassungsreaktionen an, welche innerhalb eines Jahres stattfinden (vgl. Kapitel 11.4). Langfristige Elastizitäten zeigen die Reaktionen der Verkehrsmittelnutzer unter Berücksichtigung aller Anpassungsreaktionen, die durch die neuen Preisverhältnisse ausgelöst worden sind. Die langfristigen Elastizitäten beinhalten demzufolge die kurzfristigen. Für die langfristigen Reaktionen (Verhaltensänderungen, Investitions- oder andere Verkehrs- bzw. Aktivitätsentscheidungen) werden in den zitierten Studien je nach Höhe und Art der Preisänderung bis zu fünf Jahre angesetzt, bis eine neue Gleichgewichtssituation aufgrund der Steuer- oder Abgabenerhebung entstanden ist. Im Rahmen dieser Untersuchung wird vereinfachend angenommen, dass die langfristigen Reaktionen im dritten Jahr nach der Preisänderung vorgenommen und abgeschlossen werden (vgl. Kapitel 12.2).

---

[172] Auch die in der Tabelle 32 (Kapitel 11.1.3) unter B7 und B8 aufgelisteten Wirkungen von Mineralölsteuererhöhungen auf die CO_2-Emissionen beinhalten implizit langfristige Treibstoffpreiselastizitäten. Die damit berechneten Treibstoffnachfragereduktionen wurden verknüpft mit den jeweiligen CO_2-Emissionskoeffizienten. Eine eigene Abschätzung der Ergebnisse aus Tabelle 32 ergibt, dass die zugrunde gelegten Elastizitäten innerhalb der hier angegebenen Spannweite liegen.

Tabelle 33: Wirkung ausgewählter preislicher Maßnahmen

Wirkung auf	Änderung (Erhöhung bzw. Einführung) von			
	Treibstoffpreis / Mineralölsteuer		Straßenbenutzungsgebühr	Jährl. Abgabe (Kfz-Steuer)
	kurzfristig	Langfristig	Kurz-/langfristig	Langfristig
Fahrzeugbestand		$-0,3^a$ $-0,41 / -0,15^b$ $-0,4 / -0,2^c$ $-0,2 (-0,1)^h$		$-0,081^e$ $-0,08 / -0,04$ $(-0,06)^h$ $-0,18^i$
Treibstoffkonsum	$-0,28 / -0,27^a$ $-0,25 / -0,20^f$	$-0,84 / -0,71^a$ $-0,702^e$ $-0,96 / -0,54^f$ $-1 / -0,4 (-0,7)^h$ $-0,7^i$		$-0,055^e$ $-0,16 / -0,02$ $(-0,11)^h$ $-0,22^i$
Fahrzeugnutzung (km)	$-0,16^a$	$-0,33^a$ $-0,262^e$ $-0,55 / -0,05$ $(-0,3)^h$ $-0,43^i$	$-0,8 / -0,1^g$	$0,062^e$ $-0,04 / 0,08 (0)^h$ $-0,15 / -0,05^g$ $-0,05^i$
Routenwahl			$0,43^g$	
Modal Split		$0,34^a (0,08 / 0,8)$	$0,05 / 0,4^g$	
Umweltschonendes Verhalten		$(-0,4 / -0,2)^d$		

Quelle: in Anlehnung an Maibach et al., 2000:A-49
[a] Goodwin (1992), Durchschnittswerte ausgewählter Studien
[b] Hensher (1987, in Goodwin 1992), keine Unterscheidung zw. lang- und kurzfristigen E.
[c] Tanner (1981-83, in Goodwin 1992), keine Unterscheidung zw. lang- und kurzfristigen E.
[d] Goodwin (1992), Werte wurden als Differenz zwischen der Wirkung auf den Treibstoffverbrauch und der Verringerung des Fahrzeugbestandes abgeschätzt
[e] Storchmann (1998), Wirkung von jährlichen Abgaben und Abschreibungen auf den Fahrzeugbestand und Treibstoffkonsum pro Person
[f] Sterner et al. (1992), dynamisches Modell
[g] APAS, Pricing and financing of urban transport (1996), Elastizität hängt vom Reisezweck, Verkehrsträger und Höhe der Straßengebühr ab
[h] Johansson et al. (1996), in Klammer = "beste Schätzung", Jährliche Abgabe = andere Steuern als die Treibstoffsteuer (Summe aus Verkaufssteuer und jährliche Steuern)
[i] Storchmann (1993)

Treibstoffpreisveränderungen wirken kurzfristig auf die Fahrzeugbenutzung, die Verkehrsmittelwahl und die Fahrweise. Langfristig kommen zu diesen Reaktionen der Verkehrsmittelnutzer noch die Veränderungen im Kapitalstock hinzu. Dabei kommt es zum Einen zu einer Verringerung des Fahrzeugbestandes, wie die negativen langfristigen Elastizitäten in der Tabelle 33 zeigen, zum Anderen findet aber auch eine Umschichtung des Kapitalstocks hin zu umweltschonenderen (energieeffizienteren) Fahrzeugen statt, die in keiner Elastizität direkt erfasst wird. Diese Reaktion findet sich in der langfristigen Treibstoffelastizität wieder, die damit eine Sonderrolle für die Wirkungen von Treibstoffpreiserhöhungen hat. Die langfristige Treibstoffnachfrage beinhaltet die langfristigen Reaktionen auf die Fahrzeugnutzung (Verkehrsvermeidung in Kilometern), die Reaktionen durch energieeffizientere Fahrweise und die verminderte Nachfrage aufgrund technologischer Reduktion des Treibstoffverbrauchs der Fahrzeuge.

In der Literatur sind weit weniger Schätzungen von Elastizitäten bei einer Einführung einer Straßenbenutzungsgebühr vorhanden. Die hier aufgelisteten Elastizitäten sind aus einer EU-Studie zur Wirkung von Road Pricing in verschiedenen europäischen Ballungsräumen entnommen. In der Studie wurde nicht differenziert zwischen kurz- und langfristigen Wirkungen, dafür wurden sowohl flächendeckende (Kordon Pricing) als auch Straßentyp abhängige Systeme untersucht. Als besondere Reaktion der Verkehrsteilnehmer ergibt sich der Ausweichverkehr (Routenwahl), der eine unter Umweltgesichtspunkten zumeist nicht erwünschte Zunahme der Verkehrsmenge auf anderen nicht gebührenpflichtigen Straßen bewirkt. In der EU-Studie wurden nur die Auswirkungen auf die Fahrzeugbenutzung, die Verkehrsmittelwahl und die Routenwahl untersucht. Ein emissionsbezogenes Road Pricing dürfte allerdings, ähnlich der Mineralölsteuererhöhung, auch langfristige Kapitalstockveränderungen nach sich ziehen.

In der letzten Spalte der Tabelle 33 sind einige Elastizitäten zu Kraftfahrzeugsteuern als jährliche Abgaben gelistet. Hier werden nur langfristige Reaktionen erwartet, die erwartungsgemäß geringer ausfallen als bei einer Treibstoffpreiserhöhung. Kfz-Steuern können praktisch keine oder wenn dann nur eine indirekte Wirkung auf die Treibstoffnachfrage oder die Fahrzeugbenutzung entfalten. Um allerdings langfristig den Kauf emissionsreduzierter Fahrzeuge zu fördern, schafft eine dahin gehende Kfz-Steuertariffierung, wie sie in Deutschland implementiert wurde, einen gewissen Anreiz (vgl. Kapitel 11.1.4).

Die meisten in der Tabelle 33 zitierten Studien geben eine Spannweite für die Elastizitäten an. Die Spannweite ist Ausdruck für unterschiedliche Befragungsdesigns oder länder- bzw. regionenspezifische Eigenschaften (z. B. räumliche Strukturen, Erreich- und Nutzbarkeit von öffentlichen Verkehrsmitteln oder bestehende Preisverhältnisse). Ebenso variiert die Höhe der Elastizität mit der Höhe der eingeführten Steuer oder Abgabe. Bei der Fahrzeugbenutzung unterscheiden sich die Ergebnisse auch nach dem Fahrzweck: "Einkaufs- und Freizeitfahrten haben die höchste, Pendlerfahrten die tiefste Elastizität" (Maibach et al., 2000:A-47).

12.2 Szenario "Mineralölsteuererhöhung"

Das erste der beiden Szenarien zur Internalisierung der externen Schadenskosten im deutschen Personenverkehr untersucht die Auswirkungen einer gestaffelten Mineralölsteuererhöhung bis zum Jahre 2020. Wie bereits im Kapitel 11.4 theoretisch aufgezeigt wurde, ist die Mineralölsteuer geeignet, die externen Klimaschadenskosten als Pigou-Abgabe verursachergerecht zu internalisieren, wenn die Bemessungsgrundlage der Steuer dem Kohlenstoffgehalt je Liter Treibstoff entspricht, d. h. dass eine dementsprechende Differenzierung zwischen den Kraftstoffen Super, Benzin, Diesel und Erdgas vorgenommen wird. In der ersten Variante des Szenarios wird diese Form der Internalisierung der externen Klimaschadenskosten vorgenommen. Dabei werden die externen Klimaschadenskosten vom Jahre 2002 bis zum Jahr 2006 in fünf gleichmäßigen Erhöhungen internalisiert.

Bei der zweiten Variante wird als Sensitivitätsrechnung der hohe Grenzschadenskostensatz von 310 Euro/t CO_2 zugrundegelegt. Bei dieser Simulation erfolgt die vollständige Internalisierung nicht innerhalb von fünf Jahren sondern wird über den gesamten Untersuchungszeitraum ausgedehnt, da sonst die einzelnen jährlichen Erhöhungen der Mineralölsteuer sehr hoch ausfallen würden. Simuliert wird also eine Erhöhung der Mineralölsteuer in gleichmäßigen Stufen vom Jahre 2002 bis 2020. Erst im letzten Jahr des Untersuchungszeitraums ist die volle Internalisierung der externen Klimaschadenskosten erreicht.

In der dritten Variante werden die externen Luftverschmutzungskosten mit Hilfe einer Mineralölsteuererhöhung internalisiert. In diesem Fall kann, wie beschrieben, nicht von einer verursachergerechten Internalisierung gesprochen werden und die Lösung genügt weder ökologischen noch ökonomischen Effizienzanforderungen. Als Approximation werden für die Berechnung die durchschnittlichen externen Luftverschmutzungskosten pro Jahr auf den durchschnittlichen spezifischen Treibstoffverbrauch der Personenverkehrsmittel umgelegt. Die vollständige Internalisierung wird hier, wie bei der Variante eins, bereits im Jahre 2006 erreicht.

Die vierte Variante ist eine Kombination aus der ersten und der dritten. Es werden also sowohl die externen Luftverschmutzungskosten als auch die externen Klimakosten (bewertet mit dem zentralen Schätzwert für die Grenzschadenskosten der Klimaveränderung in Höhe von 76 Euro (1995)/t CO_2) bis zum Jahre 2006 beginnend im Jahre 2002 in gleichmäßigen Mineralölsteuererhöhungen internalisiert.

In der fünften und letzten Simulation werden auch die anderen externen Kosten-Komponenten für die Internalisierung auf den durchschnittlichen spezifischen Treibstoffverbrauch der Personenverkehrsmittel umgelegt. In dieser Variante werden außerdem die Klimakosten mit dem oberen Grenzwert der Grenzschadenskostenschätzung zugrunde gelegt, um aufzuzeigen, inwieweit bei einer extremen (ökonomisch nicht sinnvollen) Internalisierung anhand von Mineralölsteuererhöhungen die CO_2-Emissionen reduziert werden könnten. In Kapitel 9.5 wurden die externen Unfall-, Lärm- und Staukosten für das Jahr 1995, entnommen aus der Studie von IWW/Infras (2000), aufgelistet (vgl. Tabelle 27). Da keine eigene Berechnung der Entwicklung dieser Kosten vorliegt, wird für diese fünfte Variantenrechnung angenommen, dass die Unfall-, Lärm- und Staukosten pro Fahrzeugkilometer über den gesamten Zeitraum von 1995 bis 2020 konstant bleiben[173]. Der Treibstoffverbrauch sinkt nach dem Business as Usual-Szenario (BAU) bei allen Personenverkehrsmitteln im Zeitverlauf (vgl. Kapitel 5.3).

---

[173] Begründen lässt sich diese Annahme mit folgenden absehbaren Entwicklungen: Die Lärmemissionen und Unfallopferzahlen werden pro gefahrenem Kilometer sehr wahrscheinlich weiter sinken, aber die Zahlungsbereitschaft dürfte real für beide Externalitäten eher steigen (vgl. Kap 8.2 und 9.2.2). Die Staukosten je gefahrenen Kilometer werden beim prognostizierten Verkehrswachstum eher zunehmen.

Wegen der realen Konstanz der Unfall-, Lärm- und Staukosten werden sich die Kosten pro Liter Treibstoff demzufolge bis zum Jahre 2020 erhöhen. Deshalb und aufgrund der notwendigen starken Erhöhung der Mineralölsteuer wird, wie bei der Variante zwei, bis zum Jahre 2020 internalisiert. Die spezifischen externen Schadenskosten je Verkehrsmittel bezogen auf einen Liter Treibstoff sind in der Tabelle 34 aufgelistet.

Tabelle 34: Entwicklung der spezifischen externen Luftverschmutzungs- und Klimaschadenskosten je Liter Treibstoff (in Euro (1995)/l) und des Treibstoffverbrauchs der Straßenpersonenverkehrsmittel gemäß dem BAU-Szenario (in l/100 km) bis zum Jahre 2020

[Euro (1995)/l]		2000	2005	2010	2015	2020
Klima[a]	Pkw-Otto	0,18 (0,72)	0,18 (0,72)	0,18 (0,72)	0,18 (0,72)	0,18 (0,72)
	Pkw-Diesel	0,20 (0,81)	0,20 (0,81)	0,20 (0,81)	0,20 (0,81)	0,20 (0,81)
	Motorrad	0,18 (0,72)	0,18 (0,72)	0,18 (0,72)	0,18 (0,72)	0,18 (0,72)
	Bus u.a.	0,20 (0,81)	0,20 (0,81)	0,20 (0,81)	0,20 (0,81)	0,20 (0,81)
Luftver-schmutzung	Pkw-Otto	0,09	0,05	0,03	0,03	0,03
	Pkw-Diesel	0,15	0,12	0,09	0,08	0,08
	Motorrad	0,15	0,12	0,09	0,07	0,05
	Bus u.a.	0,17	0,12	0,08	0,05	0,04
Unfall, Lärm, Stau	Pkw-Otto	1,03	1,10	1,19	1,31	1,44
	Pkw-Diesel	1,22	1,30	1,41	1,55	1,70
	Motorrad	6,63	7,08	7,38	7,70	8,04
	Bus u.a.	0,24	0,24	0,25	0,26	0,27
Treibstoff-verbrauch [l/100 km] (nach BAU)	Pkw-Otto	8,7	8,2	7,6	6,9	6,3
	Pkw-Diesel	7,4	6,9	6,4	5,8	5,3
	Motorrad	5,0	4,7	4,5	4,3	4,1
	Bus u.a.	38,1	37,8	36,3	34,9	33,5

Quelle: eigene Berechnung, basierend auf absoluten und spezifischen externen Schadenskosten (vgl. Kap. 8.2: Tabelle 22, Kap. 9.4: Tabelle 26 und Kap. 9.5: Tabelle 27) und den Fahrleistungsentwicklungen nach dem BAU-Szenario (vgl. Kap. 5.2: Abbildung 11 und Tabelle 8).
a) Werte in Klammern auf Basis des oberen Grenzschadenskostensatzes von 310 Euro/t CO_2.

Wegen der angenommen Konstanz der emissionsspezifischen Klimaschadenskosten von 76 Euro/t CO_2 (zentraler Schätzwert) und 310 Euro/t CO_2 (oberer Grenzwert) bleiben die Kosten pro Liter Treibstoff über den gesamten Untersuchungszeitraum gleich. Die Differenz zwischen den dieselbetriebenen Straßenverkehrsmitteln Bus und Pkw-Diesel und den Otto-Kraftstoff-betriebenen Verkehrsmitteln Pkw-Otto und Motorrad ergibt sich aus dem unterschiedlichen Kohlenstoffgehalt der beiden Treibstoffe (Otto-Kraftstoffe = 2324 g CO_2/l und Diesel = 2618 g CO_2/l). Auffallend ist, dass die externen Unfall-, Lärm- und Staukosten je Liter Treibstoff beim Pkw-Diesel höher sind als beim Pkw-Otto, obwohl die spezifischen Kosten je Fahrzeugkilometer für beide Pkw-Technologien gleich sind. Die Begründung liegt im niedrigeren durchschnittlichen Treibstoffverbrauch der Diesel-Pkw.

12.2.1 Szenarioannahmen

Für die modellhafte Umsetzung der fünf Szenariovarianten werden die folgenden Annahmen getroffen:

1. In allen Varianten beginnt die Internalisierung ab Zeitpunkt der Fertigstellung dieser Untersuchung, dem Jahre 2002. Die Mineralölsteuererhöhung erfolgt in gleichmäßigen Stufen bis zur vollen Internalisierung der externen Schadenskosten zum festgelegten Endzeitpunkt (Variante 1, 3 und 4: 2006, Variante 2 und 5: 2020).

2. Angenommen wird, dass noch keine Internalisierung durch bestehende verkehrs- oder umweltpolitische Maßnahmen erfolgt ist. Das gilt auch für die seit 1999 eingeführte Ökosteuer, die nicht explizit zur Internalisierung spezieller externer Schadenskosten eingeführt wurde, sondern eher umfassend die Umweltauswirkungen der energetischen Nutzung fossiler Brennstoffe zu reduzieren trachtet[174].

3. Der Treibstoff-Basispreis inklusive bestehender Mineralöl-, Öko- und Mehrwertsteuer wird ab dem Jahre 2001 als konstant angenommen (Otto-Kraftstoff: 1,13 Euro (1995)/l, Diesel: 0,87 Euro (1995)/l[175]). Eine weitere Differenzierung des Otto-Treibstoffes in Benzin, Super und Super Plus erfolgt aus Vereinfachungsgründen nicht. Erdgas wird als Treibstoff in den Szenarien nicht betrachtet.

4. Die Internalisierung der externen Schadenskosten wird nur für die motorisierten Straßenpersonenverkehrsmittel Pkw, Motorrad und Bus u.a. durch die Erhöhung der Mineralölsteuer für Otto-Kraftstoffe und Diesel-Treibstoff simuliert. Die schienengebundenen Verkehrsmittel (Aggregat Bahn-PV) werden von der Mineralölsteuererhöhung ausgenommen. Die öffentlichen Verkehrsmittel werden als Alternative zu den Individualverkehrsmitteln Pkw und Motorrad angesehen, deren verkehrspolitische Förderung im Sinne einer nachhaltigen Entwicklung aufgrund ihrer deutlich besseren Umwelteffizienz geboten ist. Außerdem liegen keine Schätzungen über die Reaktionen der Verkehrsteilnehmer auf eine Preiserhöhung im öffentlichen Personenverkehr in Form von Elastizitäten vor[176]. Für Busse werden die Auswirkungen der Erhöhung des Dieselpreises durch die Anwendung der kurzfristigen

---

[174] Im Zusammenhang mit dieser Annahme ist zu bedenken, dass die Szenario-Ergebnisse mit der Entwicklung des BAU-Szenarios und den Nachhaltigkeitszielen verglichen werden sollen, die jeweils auch auf der Grundlage bereits bestehender verkehrs- und umweltpolitischer Maßnahmen prognostiziert bzw. ermittelt wurden.

[175] Im Jahre 2001, dem Jahr der Durchführung dieser Berechnungen, lagen die durchschnittlichen Treibstoffpreise aufgrund deutlicher Preiserhöhungen der Mineralölproduzenten und dem ungünstigen $: Euro-Wechselkurs auf sehr hohem Niveau: Otto-Kraftstoffe: 2,28 DM/l (= 1,17 Euro (2001)/l) und Diesel: 1,76 DM/l (= 0,90 Euro (2001)/l). Bis Mitte des Jahres 2002 sind die Preise wieder um knapp 10 % gesunken. Diese Preisschwankungen werden hier nicht berücksichtigt.

[176] Der Ausschluss der schienengebundenen öffentlichen Verkehrsmittel von der Mineralölsteuererhöhung begründet sich auch durch modell- und rechentechnische Probleme: Die Internalisierung der externen Schadenskosten der schienengebundenen Personenverkehrsmittel sollte sich, wie bei den anderen Verkehrsmitteln nicht nach den Kosten pro Personenkilometer, sondern nach den Kosten pro Zugkilometer richten, die aber im Rahmen dieser Untersuchung nicht ermittelt wurden. Außerdem müssten Daten über den durchschnittlichen Brennstoffeinsatz je Bahn- bzw. ÖPNV-Kilometer vorhanden sein, um die entsprechende Mineralölsteuererhöhung für die Bahnstrombrennstoffe berechnen zu können. Diese Daten sind nicht vorhanden.

12 Die Internalisierung der externen Schadenskosten 305

Treibstoffpreis-Fahrleistungs-Nachfrageelastizität berechnet[177]. Die Verkehrsverlagerung hin zu Bus u.a. und Bahn-PV werden durch die Anwendung der Kreuzpreiselastizitäten simuliert. Der Luftverkehr wird in den Szenarien nicht modelliert.

5. Die folgenden Elastizitäten kommen bei den fünf Variantenberechnungen zur Anwendung (gebildet als Mittelwerte der Treibstoffpreiselastizitäten aus Tabelle 33):
   - Treibstoffkonsum: kurzfristig: -0,25,   langfristig: -0,73
   - Fahrleistung: kurzfristig: -0,16,   langfristig: -0,32
   - Modal Split: kurzfristig: +0,34[178] für Bahn-PV und Bus u.a.[179].

   Kurzfristige Elastizitäten führen zu einer Auswirkung im Erhebungsjahr, langfristige zu Reaktionen im dritten Jahr nach der Erhebung. Die Höhe der Elastizitäten wird für den gesamten Untersuchungszeitraum als fix angenommen. Die Verkehrsverlagerungseffekte zu Bahn-PV und Bus u.a. (Modal Split-Elastizitäten) werden im Modell kurzfristig, d. h. im Erhebungsjahr, simuliert.

6. Für alle Personenverkehrsmittel werden die Auswirkungen auf die Nachfrage nach Fahr- bzw. Verkehrsleistungen berechnet. Für die beiden Pkw-Technologien Pkw-Otto und Pkw-Diesel sowie für die Motorräder werden darüber hinaus die kurz- und langfristigen Treibstoffnachfragereduktionen ermittelt, die auf einer umwelteffizienteren Fahrweise (kurzfristig) und der langfristigen induzierten Bestandsumschichtung (Reduktion des Treibstoffverbrauch bzw. der spezifischen Emissionskoeffizienten) beruhen. Aus beiden Reaktionsbereichen ergibt sich die Verringerung der CO_2-Emissionen.

7. Rückkopplungseffekte, die durch die mineralölsteuerinduzierte Senkung der Fahrleistung und die Reduktion der Treibstoffnachfrage zu sinkenden externen

---

[177] Diese Annahme beruht auf der Äquivalenz zum Pkw-Verkehr. Die Verkehrsteilnehmer können nur durch die Verminderung der Nachfrage nach Busverkehren auf die Preiserhöhung reagieren, auf den spezifischen Treibstoffverbrauch und die Fahrweise haben sie keinen Einfluss. Trotzdem ist die Anwendung dieser kurzfristigen Elastizität verhältnismäßig willkürlich. Darüber hinaus stellt sich bei der Internalisierung der externen Schadenskosten bei den Bussen noch ein anderes Problem: Wie aus Tabelle 34 zu ersehen ist, errechnen sich unterschiedlich hohe externe Luftverschmutzungskosten pro Liter Diesel für den Pkw-Diesel und den Bus. Viel deutlicher sind die Unterschiede bei den Unfall-, Lärm- und Staukosten. Die Erhöhung der Mineralölsteuer erfolgt aber auf Basis der externen Kosten der Pkw-Technologie, womit der Bus eher zu hoch belastet würde. Diese Ungereimtheit wird aus Vereinfachungsgründen in Kauf genommen. Beim Vergleich zwischen Motorrad und Pkw-Otto sind solche Unterschiede erst recht gegeben, werden aber wegen der geringeren Belastung für die unwichtigere Kategorie Motorrad ebenso hingenommen. Eine völlige Ausnahme der Busse von der Mineralölsteuererhöhung würde in der praktischen Umsetzung erfordern, dass entweder die Betankung der Busse in unternehmenseigenen Tankstellen erfolgen müsste, die steuererhöhungsfrei den Dieseltreibstoff beziehen könnten, oder eine nachträgliche Erstattung des Steueraufschlags gegen Vorlage der Tankquittung erfolgen müsste. Eine solche Vorgehensweise würde verhältnismäßig hohe Transaktionskosten hervorrufen.

[178] Auch die Kreuzpreiselastizitäten scheinen je nach Fahrtzweck unterschiedlich aus zu fallen, was die große Spannweite der Werte in Tabelle 33 erklärt. Hillebrand et al. (2001:142) geben an, dass Preiserhöhungen im Pkw-Verkehr in erster Linie modal shifts im Bereich des Berufs- und Ausbildungsverkehrs induzieren, während Pkw-Freizeitverkehre tendenziell eingeschränkt werden (Vermeidung). Im Durchschnitt aller Fahrtzwecke beträgt nach Angaben der Studie von Hillebrand et al. die Kreuzpreiselastizität nur +0,07. Dieser Wert liegt deutlich unter dem hier angenommenen Wert von +0,34.

[179] Für das Aggregat Bus u.a. ergibt sich im Ganzen eine kurzfristige Elastizität von +0,18 für den Anstieg der Fahrleistung, die sich aus der gleichzeitigen Anwendung der Kreuzpreiselastizität (+0,34) und der Treibstoff-Fahrleistungs-Nachfrageelastizität (-0,16) errechnet.

Schadenskosten im Folgejahr führen, werden nicht simuliert. Denn eigentlich müsste zumindest jährlich eine neue Abgabe berechnet werden, die auf den reduzierten externen Schadenskosten durch die bereits verminderte Fahr- bzw. Verkehrsleistung und den reduzierten Treibstoffkonsum beruht. Insofern stellen die hier simulierten Internalisierungsvarianten keine "first-best" Abgaben im Pigou'schen Sinne dar, sondern nur eine "second-best" Lösung (vgl. Kapitel 11.2).

12.2.2 Auswirkungen auf die CO_2-Emissionen im Personenverkehr

Für die Untersuchung der Auswirkung von Mineralölsteuererhöhungen auf die CO_2-Emissionen im deutschen Personenverkehr kommen die Varianten 1, 2, 4 und 5 zur Anwendung. Die erste Variante spiegelt die Reaktionen der Verkehrsteilnehmer auf die vollständige Internalisierung der externen Klimaschadenskosten nach heutigem Wissensstand zur Bewertung von Klimaänderungsfolgeschäden wider. Sie ist somit der Referenzfall. In dieser Variante wird die Mineralölsteuer fünfmal um 3,5 Cent (1995) je Liter Otto-Kraftstoff und 4 Cent (1995) je Liter Diesel erhöht. Im Jahre 2006 sind die externen Klimaschadenskosten damit für die beiden Pkw-Technologien in voller Höhe internalisiert (Pkw-Otto 17,8 Cent/l und Pkw-Diesel 20 Cent/l, vgl. Tabelle 34). Es wird angenommen, dass die Preise ab dem Jahr 2006 bis zum Jahre 2020 real auf dem neuen Niveau von 1,30 Euro (1995)/l Otto-Kraftstoff und 1,07 Euro (1995)/l Diesel verharren. Die existierende, politisch gewollte Bevorzugung des Dieselkraftstoffs (insbesondere auch im Straßengüterverkehr) wird durch die am Kohlenstoffgehalt orientierte Internalisierung der externen Klimaschadenskosten nur wenig vermindert, da, wie beschrieben, die Ausgangspreise als fix angenommen werden.

Aufgrund der angenommen Reaktionszeiten bei langfristigen Wirkungen ist im Jahre 2008 eine neue Gleichgewichtssituation im Personenverkehrssektor erreicht. Die Fahr- bzw. Verkehrsleistung der Pkw-Otto sinkt bis zum Jahre 2008 um 4,6 % im Vergleich zur BAU-Prognose, während beim Pkw-Diesel sogar ein Rückgang von 6,1 % zu verzeichnen ist. Busse nehmen um 2,7 % und schienengebundene Verkehrsmittel um 5,1 % zu. Absolut reduziert sich die Verkehrsleistung der Pkw bis zum Jahre 2008 damit um knapp 41 Mrd. Personenkilometer (pkm) im Vergleich zur Prognose, während sich für die öffentlichen Verkehrsmittel eine Steigerung um 6,3 Mrd. pkm ergibt. Die absoluten Rückgänge der Verkehrsleistung beim Pkw übersteigen die Zugewinne bei Bussen und Bahnen um das Mehrfache. Trotzdem sinkt die gesamte Verkehrsleistung im Personenverkehr bis zum Jahre 2008 nur um rund 3,3 % im Vergleich zur Prognose. Bis zum Jahre 2020 bleiben im Modell die absoluten Differenzen aller Verkehrsleistungen dann konstant.

Darüber hinaus verringert sich die Treibstoffnachfrage bei den Pkw-Nutzern bis zum Jahre 2008 aufgrund der Mineralölsteuererhöhung gemäß der Szenariovariante 1 um 6,0 %[180]. Diese kurz- und langfristige Treibstoffnachfragereduktion ergibt sich nicht aus

---

[180] Die Verkehrsleistungsveränderungen sowie die Reduktionen der Treibstoffnachfrage entsprechen dem Prinzip nach den Erfahrungen aus anderen Studien. Die Höhe der Auswirkungen differiert allerdings je

der Verkehrsvermeidung (Fahrleistungsreduktion) sondern beruht auf den Reaktionen in Form einer umwelteffizienteren Fahrweise (kurzfristig) und der langfristigen Bestandsumschichtung hin zu energieeffizienteren Fahrzeugen. Die gesamte Treibstoffnachfragereduktion aus Verkehrsleistungsverminderung und Fahrweise bzw. Bestandsumschichtung beträgt 10,9 % bis zum Jahre 2008.

Aus den Fahr- bzw. Verkehrsleistungsveränderungen bei allen Personenverkehrsmitteln sowie den zusätzlichen Verringerungen der Treibstoffnachfrage bei den motorisierten Individualverkehrsmitteln aufgrund von energieeffizienterer Fahrweise und der induzierten Bestandsumschichtung ergeben sich die Auswirkungen auf die Entwicklung der CO_2-Emissionen. Dieser Entwicklungspfad ist in der Abbildung 51 aufgezeigt. Zum Vergleich sind die prognostizierten Emissionsentwicklungen nach dem BAU-Szenario (Kapitel 5) und die abgeleiteten starken Nachhaltigkeitsziele für CO_2, (Kapitel 6) mit abgebildet.

Abbildung 51: **Entwicklung der CO_2-Emissionen aufgrund der Internalisierung der externen Klimaschadenskosten durch eine Mineralölsteuererhöhung nach Variante 1 und 2**[181]

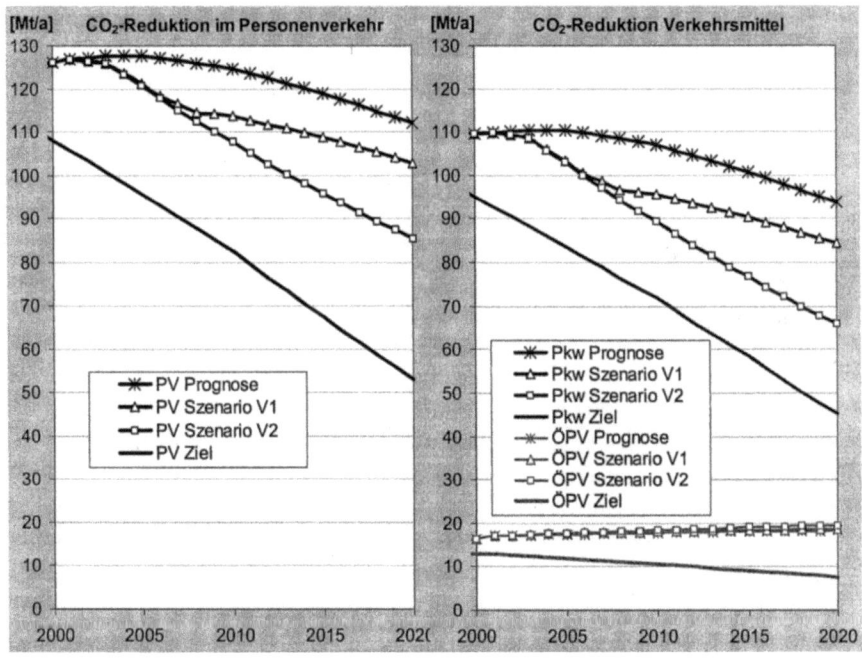

---

nach den zugrundegelegten Elastizitäten und dem absoluten Ausmaß der Treibstoffpreiserhöhung (vgl. z. B. Kuhfeld et al., 2000:30ff, Gehrung et al., 1998:402ff, UBA/WI, 1997:394ff oder Hillebrand et al., 2000:139ff).

[181] Die Abbildung 51 und die folgenden beiden Ergebnisgrafiken zeigen die Entwicklung ab dem Jahre 2000 auf, da die Internalisierung erst ab dem Jahre 2002 erfolgt und sich so die Übersichtlichkeit der Abbildungen erhöht. Für den Verlauf der Prognose und Ziel Entwicklung von 1990 bis 2000 siehe die Abbildungen in Kapitel 5 und 6.

Die durchgezogene Linie mit dem weißen Dreieck kennzeichnet die Entwicklung der CO_2-Emissionen durch die Internalisierung nach Variante 1 für den gesamten Personenverkehr (PV, linke Abbildungsseite), den Pkw-Verkehr (rechte Abbildungsseite, dunkelgraue Linien) und den öffentlichen Personenverkehr (ÖPV, hellgraue Linien). Der ÖPV beinhaltet in dieser Abgrenzung neben den schienengebundenen Personenverkehrsmitteln Bahn-PV und den öffentlichen Straßenverkehrsmitteln Bus u.a. auch die Motorräder und den innerdeutschen Luftverkehr, um die gesamten Emissionen des Personenverkehrs zu erfassen. Dies gilt natürlich auch für die Vergleichspfade ÖPV Prognose (BAU-Szenario) und ÖPV Ziel (starke Nachhaltigkeitsziele nach Kapitel 6.2.7). Die CO_2-Emissionen des ÖPV kommen, je nach Szenariovariante, zu 74 bis 82 % von den Verkehrsmitteln Bus u.a. und Bahn-PV[182].

Der Verlauf der CO_2-Entwicklung für den gesamten Personenverkehr (PV) zeigt ab dem Jahre 2002 ein Abknicken bis zum Jahre 2008. Ab dann verläuft die Entwicklung wieder fast parallel zur BAU-Prognose. Durch die Internalisierung der externen Klimaschadenskosten werden die CO_2-Emissionen im Vergleich zur Prognose um 11,5 Mt oder um 9,1 % bis zum Jahr 2008 und um 9,2 Mt oder um 8,2 % bis zum Jahr 2020 reduziert. Bei den Emissionen der Pkw ist die Reduktion etwas stärker (2008: -11,8 Mt (-10,9 %), 2020: -9,4 Mt (-10,1 %)), während beim ÖPV die CO_2-Emissionen nur geringfügig im Vergleich zur Prognose steigen (2008: +0,4 Mt (+2,1 %), 2020: +0,3 Mt (+1,6 %)).

Was bringt nun die Internalisierung in Bezug auf die Nachhaltigkeitsziele? Als ökonomisch optimales Klimaschutzziel wurde in Kapitel 10 auf der Basis des zentralen Schätzwertes der Klimaschadenskosten (76 Euro/t CO_2) und der technologischen Vermeidungskosten für das Jahr 2020 68 Mt CO_2 für die Pkw-Verkehre ermittelt. Dies entspricht einer Reduktion gegenüber 1990 von rund 37 %. In der Szenariovariante 1 sinken die CO_2-Emissionen der Pkw bis zum Jahre 2020 gegenüber 1990 nur um knapp 22 % auf 84,3 Mt. Theoretisch sollte die Internalisierung der externen Schadenskosten genau das ökonomisch optimale Klimaschutzziel hervorbringen. Dass dem nicht so ist, lässt verschiedene Schlussfolgerungen zu: Zunächst bestätigt sich, das die Ableitung schwacher Nachhaltigkeitsziele mit hohen Unsicherheiten belastet ist, auch wenn der Unsicherheitsfaktor 'externe Grenzschadenskosten' hier wegfällt, da bei beiden Berechnungen der zentrale Schätzwert zur Anwendung kommt. Die Vermeidungsmöglichkeiten aufgrund technologischer Weiterentwicklungen der Fahrzeuge sind anscheinend kostengünstiger als die Verhaltensänderungen der Pkw-Nutzer zur Verringerung von CO_2-Emissionen. Denn der Verlauf der Grenzvermeidungskosten für die Fahrzeughersteller erlaubt bis zu Kosten von 76 Euro/t CO_2 eine stärkere Reduktion, als

---

[182] Die CO_2-Emissionen der Motorräder machen in der BAU-Prognose im Jahre 2000 rund 10 %, die Emissionen des innerdeutschen Luftverkehrs rund 12 % aus. Bis zum Jahre 2020 sinkt der Anteil der Motorräder auf 9 %, während der Anteil des innerdeutschen Luftverkehrs auf knapp 17 % steigt. Diese Relationen ändern sich auch durch die Veränderungen aufgrund der Szenariorechnungen nicht gravierend. In der extremsten Variante 4 reduziert sich der Anteil der Motorräder an den CO_2-Emissionen des ÖPV im Jahre 2020 auf 4 %, der Anteil des innerdeutschen Luftverkehrs sinkt auf 14 %.

die elastizitätengesteuerten Wirkungen im Szenario ergeben. Wie im Kapitel 10 bereits angesprochen, erlauben die unterschiedlichen Perspektiven – zum Einen die Fahrzeughersteller und zum Anderen die Pkw-Nutzer – keinen wirklich aussagekräftigen Vergleich der beiden Berechnungen. Möglich wäre natürlich auch, dass die Grenzvermeidungskosten bei den Herstellern unterschätzt oder die Elastizitäten im Betrag zu niedrig geschätzt wurden. Die Szenarioberechnungen werden in diesem Zusammenhang allerdings quantitativ als verlässlicher eingestuft.

Im Hinblick auf die starken Nachhaltigkeitsziele zeigt ein Blick auf die Abbildung 51, dass diese bei Weitem nicht erreicht werden. Ausgedrückt in Indikatoren (1-Ist/Soll) verbessert sich der starke Nachhaltigkeitsindikator für den gesamten Personenverkehrssektor von -1,12 ($Ind_{BAU\text{-}StN}(CO_2,PV,2020)$) auf -0,95 ($Ind_{SzESK/V1\text{-}StN}(CO_2,PV,2020)$[183]).

Auch die Internalisierung der externen Klimaschadenskosten basierend auf dem oberen Grenzwert (Szenariovariante 2) erfüllt nicht die starken Nachhaltigkeitsziele im Personenverkehr, wie sich aus der Abbildung 51 ergibt. Allerdings zeigt sich eine annähernd parallele Entwicklung der CO_2-Emissionen mit der notwendigen Entwicklung für das starke Nachhaltigkeitsziel. D. h., dass bei dieser Szenariovariante die Schere zwischen Ist und Soll nicht mehr deutlich weiter auseinandergeht. Die Anwendung des oberen Grenzwertes der emissionsspezifischen Klimaschadensgrenzkosten von 310 Euro/t CO_2 erfordert die Ausweitung der Anlastung externer Klimaschadenskosten bis zum Jahre 2020, um den jährlichen Erhöhungsbetrag bei rund 4 Cent/l Treibstoff zu belassen (Otto-Kraftstoff: 3,8 Cent/l und Diesel: 4,3 Cent/l). Im Jahre 2020 würde der Liter Otto-Kraftstoff 1,85 Euro, der Liter Diesel 1,68 Euro kosten.

Auch wenn eine jährliche Mineralölsteuererhöhung in dieser Höhe politisch durchaus umsetzbar erscheint, so hat diese Rechnung doch nur den Charakter einer Sensitivitätsrechnung, weil die zugrundegelegten Grenzkosten in der Wissenschaft sehr wahrscheinlich nicht auf breite Zustimmung treffen dürften. Die CO_2-Emissionen des gesamten Personenverkehrssektors reduzieren sich nach der Variante 2 bis zum Jahre 2020 im Vergleich zum Jahre 1990 um knapp 30 % auf 85,4 Mt. Der Pkw leistet wieder einen größeren Beitrag, hier beträgt die Reduktion gegenüber dem Jahre 1990 sogar 39 %. Der Vergleich mit dem schwachen Nachhaltigkeitsziel, welches bei Zugrundelegung des oberen Grenzschadenskostensatzes eine Verringerung der Pkw-CO_2-Emissionen um 56 % fordert (vgl. Kapitel 10.4), bestätigt die Schlussfolgerungen der Variante 1. Der starke Nachhaltigkeitsindikator $Ind_{SzESK/V2\text{-}StN}(CO_2,PV,2020)$ beträgt -0,62. Dies bedeutet, dass im Jahre 2020 der deutsche PV nach dieser Internalisierungsvariante noch immer 62 % mehr CO_2 emittiert, als nach einem Pfad stark nachhaltiger Entwicklung tolerierbar wäre.

---

[183] Die Abkürzung SzESK/V1 bezeichnet die erste Variante des Szenarios zur Internalisierung der externen Schadenskosten (ESK). Der Indikator $Ind_{SzESK/V1\text{-}StN}(CO_2,PV,2020)$ errechnet sich aus:
1 − $Ist_{SzESK/V1}(CO_2,PV,2020)$ / $Soll_{StN}(CO_2,PV,2005)$ = 1 − 102,9 Mt CO_2 / 52,9 Mt CO_2 = -0,95.
Verglichen wird er mit dem Indikator zwischen der BAU-Prognose und dem starken Nachhaltigkeitsziel.

Zwei weitere Sensitivitätsrechnungen sollen das Bild der CO_2-Wirkungen aufgrund der Internalisierung externer Schadenskosten vervollständigen. In der Abbildung 52 sind die Entwicklungen der CO_2-Emissionen des PV, der Pkw und des ÖPV nach den Varianten 4 und 5 analog zu der Abbildung 51 dargestellt. Die Veränderungen der Treibstoffpreise, der Verkehrsleistungen, der zusätzlichen Treibstoffnachfragereduktion, der CO_2-Emissionen und der starken Nachhaltigkeitsindikatoren sind für diese beiden Varianten zusammen mit den Ergebnissen der Varianten 1, 2 und 3 sowie der BAU-Prognose in einer Übersichtstabelle (Tabelle 35) dargestellt.

Abbildung 52: Entwicklung der CO_2-Emissionen (Szenariovarianten 4 und 5)

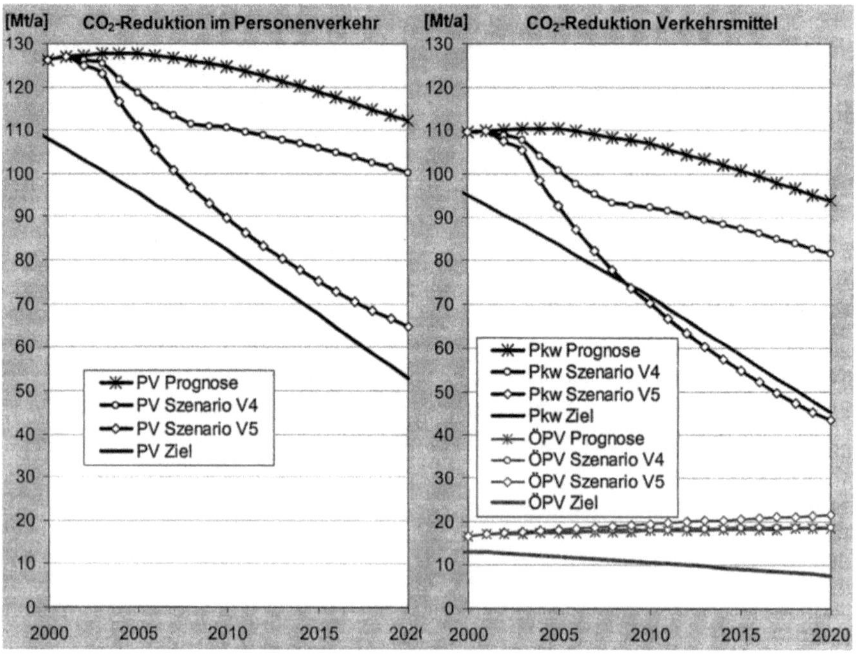

Die Variante 4 beschreibt die Auswirkungen aufgrund einer mineralölsteuererhöhenden Internalisierung der externen Luftverschmutzungs- und Klimaschadenskosten. Diese Internalisierung erfordert eine über den Zeitraum ungleichmäßige Anlastung der Kosten, da die externen Luftverschmutzungskosten pro Liter Treibstoff zwischen den Jahren 2002 und 2006 deutlich sinken (vgl. auch die Beschreibung zu dieser Variante im nächsten Abschnitt). Die erzielte Reduktion der CO_2-Emissionen ist nur geringfügig höher als bei der Variante 1. Die zusätzliche Reduktion beträgt 2,6 Mt CO_2 im Jahre 2020. Dies lässt sich begründen durch die verhältnismäßig niedrigen durchschnittlichen externen Luftverschmutzungskosten, die hier zusätzlich internalisiert werden. Aufgrund der prognostizierten Emissionsentwicklung sind die durchschnittlichen externen Luftverschmutzungskosten pro Pkw-Kilometer zwischen dem Basisjahr der Berechnung (1995) und dem Beginn der Internalisierung (2002) bereits um 52 % gefallen, im Jahre 2006 betragen sie gerade noch 32 % der Kosten von 1995.

Tabelle 35: Auswirkungen der Internalisierung der externen Schadenskosten (Szenariovarianten 1 bis 5) auf die Treibstoffpreise, die Verkehrsleistungen, die zusätzl. Treibstoffnachfragereduktion, die CO_2- bzw. NO_x-Emissionen und die starken Nachhaltigkeitsindikatoren

		BAU	V1	V2	V3	V4	V5
Jährliche Erhöhung [Cent (1995)/l]	Otto-Ts.	-	3,5	3,8	1,4[a]	4,9[b]	9,7[c]
	Diesel	-	4,0	4,3	2,8[a]	6,7[b]	11,6[c]
Endpreis 2020 (V1/3/4=2008) [Euro (1995)/l]	Otto-Ts.	1,13	1,30	1,85	1,17	1,35	3,31
	Diesel	0,87	1,07	1,68	0,98	1,18	3,46
Verkehrsleistung 2020 [Mrd. pkm]	Pkw	885	845	757	871	833	628
	ÖPV	229	236	253	231	237	288
	PV	1.115	1.081	1.010	1.102	1.071	916
Veränderung der Verkehrsleistung 2020 zu 1990[d] [%]	Pkw	+29,2	+23,3	+10,4	+27,1	+21,6	-8,4
	ÖPV	+28,3	+31,8	+41,6	+29,4	+32,9	+61,4
	PV	+29,0	+25,1	+16,9	+27,6	+23,9	+6,1
Veränderung der Verkehrsleistung zu BAU in 2020 [%]	Pkw	-	-4,5	-14,5	-1,6	-5,9	-29,1
	ÖPV	-	+2,7	+10,4	+0,9	+3,6	+25,8
	PV	-	-3,0	-9,4	-1,1	-3,9	-17,8
Zusätzl. Treibstoffnachfragereduktion zu BAU (Pkw) [%]	2008	-	6,0	6,8	2,2	7,6	14,3
	2020	-	5,5	15,2	2,0	7,0	24,8
CO_2-Emissionen in 2020 [Mt]	Pkw	93,7	84,3	65,9	k. B.	81,6	43,3
	ÖPV	18,3	18,6	19,5	k. B.	18,7	21,4
	PV	112,0	102,9	85,4	k. B.	100,3	64,7
Veränderung der CO_2-Emissionen 2020 zu 1990[e] [Mt]	Pkw	-14,2	-23,6	-42,0	k. B.	-26,3	-64,6
	ÖPV	+5,2	+5,4	+6,3	k. B.	+5,5	+8,3
	PV	-9,0	-18,2	-35,6	k. B.	-20,7	-56,3
Veränderung der CO_2-Emissionen 2020 zu 1990 [%]	Pkw	-13,1	-21,9	-38,9	k. B.	-24,4	-59,9
	ÖPV	+39,2	+44,4	+48,2	k. B.	+42,2	+62,9
	PV	-7,4	-15,0	-29,4	k. B.	-17,1	-46,5
Veränderung der CO_2-Emissionen zu BAU 2020 [%]	Pkw	-	-10,1	-29,7	k. B.	-12,9	-53,8
	ÖPV	-	+1,6	+6,5	k. B.	+2,1	+17,0
	PV	-	-8,2	-23,8	k. B.	-10,5	-42,2
Starke Nachhaltigkeitsindikatoren CO_2 2008	Pkw	-0,42	-0,26	-0,23	k. B.	-0,22	-0,02
	ÖPV	-0,59	-0,62	-0,64	k. B.	-0,63	-0,71
	PV	-0,44	-0,31	-0,28	k. B.	-0,27	-0,10
Starke Nachhaltigkeitsindikatoren CO_2 2020	Pkw	-1,07	-0,86	-0,46	k. B.	-0,80	+0,04
	ÖPV	-1,40	-1,44	-1,56	k. B.	-1,45	-1,81
	PV	-1,12	-0,95	-0,62	k. B.	-0,90	-0,22
NO_x-Emissionen in 2020 [kt]	Pkw	97,0	k. B.	k. B.	93,0	83,8	44,4
	ÖPV	18,4	k. B.	k. B.	18,5	18,9	21,8
	PV	115,4	k. B.	k. B.	111,5	102,8	66,1
Veränderung der NO_x-Emissionen 2020 zu 1990[f] [%]	Pkw	-87,7	k. B.	k. B.	-88,2	-89,3	-94,4
	ÖPV	-77,3	k. B.	k. B.	-77,2	-76,8	-73,2
	PV	-86,7	k. B.	k. B.	-87,1	-88,2	-92,4
Starke Nachhaltigkeitsindikatoren NO_x 2020	Pkw	-0,59	k. B.	k. B.	-0,53	-0,38	+0,27
	ÖPV	-1,00	k. B.	k. B.	-1,01	-1,05	-1,36
	PV	-0,65	k. B.	k. B.	-0,59	-0,47	+0,06

a) fallend bis 2008: Otto-Kraftstoff auf 0,7 Cent (1995)/l, Diesel auf 1,8 Cent (1995)/l
b) fallend bis 2008: Otto-Kraftstoff auf 4,2 Cent (1995)/l, Diesel auf 5,8 Cent (1995)/l
c) steigend bis 2020: Otto-Kraftstoff auf 14,1 Cent (1995)/l, Diesel auf 16,7 Cent (1995)/l
d) Verkehrsleistung 1990: Pkw: 685 Mrd. pkm, ÖPV: 179 Mrd. pkm, PV: 864 Mrd. pkm
e) CO_2-Emissionen 1990: Pkw: 107,9 Mt, ÖPV: 13,1 Mt, PV: 121,0 Mt
f) NO_x-Emissionen 1990: Pkw: 786,3 kt, ÖPV: 81,2 kt, PV: 875,5 kt

Die Ergebnisse der Szenariovariante 5 stechen im Vergleich zu den anderen Varianten deutlich hervor: Erstens kommt es hier zu einer Steigerung des jährlichen Mineralölsteuererhöhungsbetrages. Im Jahre 2020 müssen die Steuern immerhin um 14,1 bzw. 16,7 Cent (1995) je Liter Otto-Kraftstoff bzw. Diesel angehoben werden. Die Treibstoffendpreise werden bei über 3 Euro je Liter liegen. Zweitens wird durch eine solche Internalisierung die Pkw-Verkehrsleistung im Vergleich zur Prognose deutlich gesenkt und fällt absolut unter das Niveau vom Jahre 1990 zurück. Drittens werden aber auch die CO_2-Emissionen des gesamten PV-Sektor stark reduziert. Zwar wird auch in dieser Variante das starke Nachhaltigkeitsziel für den gesamten PV-Sektor nicht erfüllt, aber, wie aus Abbildung 52 zu ersehen ist, befinden sich die Emissionen der Pkw ab dem Jahre 2010 im nachhaltigen Bereich, die Indikatoren werden positiv[184].

Diese Variante dient im Rahmen dieses Kapitels nur der Anschauung und Sensitivitätsrechnung. Sie ist für die praktische Umsetzung einer Internalisierungspolitik im Personenverkehrsbereich abzulehnen. Der größte Teil der internalisierten Kosten sind die Unfallkosten, die nur auf den Berechnungen für das Jahr 1995 beruhen und bis 2020 real konstant gesetzt wurden. Die Anzahl der Unfälle hat mit dem Treibstoffverbrauch nichts oder nur sehr wenig zu tun. Auch besteht kein Zusammenhang zwischen dem Kraftstoffverbrauch und der Stauproblematik. Die Berechnung von externen Schadenskosten pro Liter Treibstoff und erst recht deren Internalisierung über die Mineralölsteuer machen also kaum Sinn. Vielmehr sollte die Anlastung der externen Kosten bei Unfällen über eine Pflichtversicherung für den externen Anteil der Kosten, bei Lärmemissionen über Grenzwerte oder durch die Kfz-Steuer, sowie bei Stau und Luftverschmutzung über ein Road Pricing-System vorgenommen werden (vgl. Rothengatter, 1997:104f). Die Anwendung des oberen Grenzwertes der Klimaschadenskosten bleibt weiterhin kritisch. Die Variante 5 stellt damit keine verursachergerechte und zielkonforme Internalisierung dar. Sie erfüllt die ökonomischen Effizienzanforderungen nicht, sondern vermittelt den Verkehrsmittelnutzern kurz- und langfristig falsche und verwirrende Signale.

12.2.3 Auswirkungen auf die NO_x-Emissionen

Die Auswirkungen der Internalisierung der externen Luftverschmutzungskosten werden anhand der Variante 3, 4 und 5 diskutiert. Auch wenn die Internalisierung durch eine Erhöhung der Mineralölsteuer keine zielkonforme und ökonomisch effiziente Maßnahme darstellt, so wird doch ein Eindruck vermittelt, welche Emissionsreduktion bei den klassischen Luftschadstoffen durch eine solche Maßnahme erreicht werden kann.

In der Variante 3 werden den Personenverkehrsmittelnutzern ausschließlich die externen Luftverschmutzungskosten angelastet. Eine solche Internalisierung würde in der Praxis eher nicht durch eine Mineralölsteuererhöhung vorgenommen, da die externen

---

[184] Zur Diskussion, inwieweit die Pkw den wachsenden ÖPV im Hinblick auf die Emissionen kompensieren müssen, siehe auch Kapitel 13.1.

Luftverschmutzungskosten je nach Technologie, Verkehrs- bzw. Fahrsituation und Region stark differieren, was sich durch eine Erhöhung der Treibstoffpreise nicht verursachergerecht im Preissystem widerspiegeln würde. Eine Internalisierung käme aus pragmatischen Gründen nur zusammen mit der Anlastung der Klimaschadenskosten in Frage. Die Variante 4 bildet diese Internalisierung ab.

Den Szenariovarianten 3 und 4 ist gemein, dass nicht ein konstanter Erhöhungssatz für die Mineralölsteuer im Modell erzeugt wird, da die externen Luftverschmutzungskosten pro Liter Treibstoff von 2002 bis 2006 sinken. Insofern ist auch die Annahme, die Treibstoffpreise ab der vollständigen Internalisierung im Jahre 2006 konstant zu halten nicht gerechtfertigt, da aufgrund der prognostizierten Emissionsentwicklungen nach dem BAU-Szenario die durchschnittlichen Emissionen bis zum Jahre 2020 weiter deutlich abnehmen. Die externen Kosten pro Liter Treibstoff verringern sich, und dies müsste sich eigentlich auch in einer Verringerung der Preise niederschlagen. Dieser Sachverhalt soll hier ebenso wenig betrachtet werden wie die Rückkopplungseffekte (vgl. Annahme 7, Kapitel 12.2.1). Die Auswirkungen der Varianten 3 und 4 müssen aufgrund der Vernachlässigung beider Effekte als zu hoch ausfallend eingestuft werden.

Abbildung 53: Entwicklung der NO_x-Emissionen (Szenariovarianten 3 bis 5)

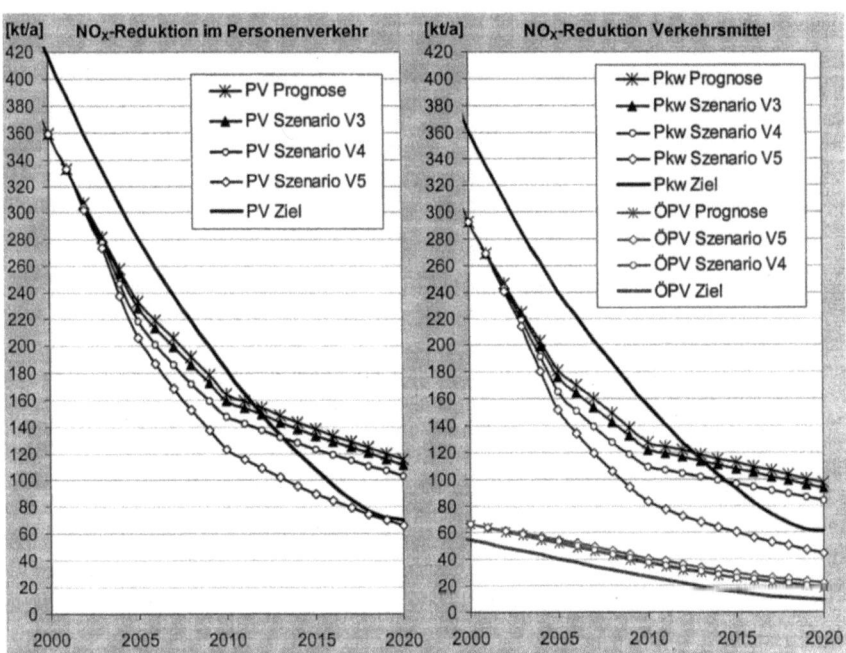

Aus der Ergebnistabelle 35 sowie aus der Abbildung 53 wird ersichtlich, dass die Variante 3 eine ausgesprochen geringe Wirkung erzeugt. Die induzierten Nachfrageveränderungen sind bei einer gesamten Erhöhung der Otto-Kraftstoffe um 4 Cent und des Dieselkraftstoffes um 11 Cent in den fünf Jahren bis zum Jahre 2006 erwartungsgemäß nicht hoch. Ein Ergebnis der Analyse ist, dass die ausschließliche Internalisierung der externen Luftverschmutzungskosten mit Hilfe einer Mineralölsteuererhöhung die starken Nachhaltigkeitsziele nicht erfüllt. Der Indikator $Ind_{SzESK/V3-StN}(NO_x,PV,2020)$ verbessert sich lediglich von -0,65 auf -0,59 (im Vergleich zu $Ind_{BAU-StN}(NO_x,PV,2020)$).

Die Variante 4 stellt eine administrativ einfach durchsetzbare Internalisierung der externen Schadenskosten dar (auf Basis der zentralen, durchschnittlichen Grenzschadenskosten pro Tonne Luftschadstoffe und CO_2), wenn politisch beschlossen wird, neben den Klimaschadenskosten auch die Luftverschmutzungskosten durch eine Erhöhung der Mineralölsteuer den Personenverkehrsmittelnutzern anzulasten. Bezüglich der Auswirkungen auf die Verkehrsleistung, die Treibstoffnachfrage und die Emissionen zeigt sie nur wenig Differenz zur Variante 1. Die NO_x-Emissionen, als Leitindikator für alle verkehrsbedingten Luftschadstoffe, werden im Vergleich zum BAU-Szenario um weitere 11 % reduziert. Der starke Nachhaltigkeitsindikator $Ind_{SzESK/V4-StN}(NO_x,PV,2020)$ beträgt -0,47, d. h. dass auch diese Variante in der so beschriebenen Form nicht das starke Nachhaltigkeitsziel im Jahre 2020 zu erfüllen mag.

Die wichtigsten Ergebnisse der Variante 5 wurden bereits im letzten Abschnitt diskutiert und sind in der Tabelle 35 aufgelistet. Die in dieser Variante induzierte Erhöhung der Mineralölsteuer führt zu einer Übererfüllung des starken Nachhaltigkeitsziels für NO_x und auch für die anderen klassischen Luftschadstoffe im Personenverkehr. Damit zeigt sich, wie hoch der Preis für Treibstoffe in etwa steigen müsste (rund 3 Euro je Liter), um mit dieser ökonomisch für diesen Zweck nicht sinnvollen Maßnahme starke Nachhaltigkeitsziele im Bereich der Luftverschmutzung zu erreichen. Die bestehenden Kritikpunkte an der Ausgestaltung einer Internalisierung gemäß Variante 5 bleiben vom "Erfolg" der Variante unbenommen.

Bei genauerer Betrachtung der Abbildung 53 fällt auf, dass sich der Personenverkehr bezüglich der NO_x-Emissionen bis zum Jahre 2012 bereits im nachhaltigen Bereich befindet (vgl. auch Tabelle 16, Kapitel 6.4). Es stellt sich somit die Frage, warum schon im Jahre 2002 mit einer Internalisierung der externen Luftverschmutzungskosten begonnen werden soll, wenn doch bis 2012 sogar das starke Nachhaltigkeitsziel erreicht wird. Dem ist zu entgegnen, dass erstens trotz der starken Emissionsreduktion gerade bei den Pkw noch immer Externalitäten generiert werden, die sich nicht im Benutzungspreis der Verkehrsmittel widerspiegeln, und dass sich zweitens die Partikelemissionen der Pkw über den gesamten Untersuchungszeitraum vom Jahre 1990 bis zum Jahre 2020 auf einem unnachhaltigen Pfad befinden (die Indikatoren in der Tabelle 16 sind für den Pkw und den PV alle negativ). Eine Internalisierung der externen Luftverschmutzungskosten ist also durchaus sofort geboten. Die Mineralölsteuererhöhung stellt dafür allerdings, wie mehrfach beschrieben, nicht die ideale Variante dar.

12.3 Szenario "Straßenbenutzungsgebühren"

Aufgrund der analysierten Spezifika bezüglich der Zusammensetzung und Variabilität der externen Luftverschmutzungskosten lässt sich eine verursachergerechte Internalisierung dieser Kosten am Besten durch ein fein differenziertes elektronisches Straßenbenutzungsgebührensystem erreichen. Die wichtigsten Anforderungen an die Ausgestaltung eines solchen Road Pricing-Systems wurden bereits in Kapitel 11.5 beschrieben. Zentral ist die Anforderung, die technologie-, orts-, fahr- und verkehrsituationsbezogenen externen Luftverschmutzungskosten flächendeckend in Form einer Erhöhung des Kilometerpreises anlasten zu können. Als Bemessungsgrundlage für die Gebührenhöhe müssen dabei die regionenabhängigen Grenzschadenskosten je Tonne Luftschadstoff gelten, die im zweiten Teil der Arbeit ermittelt wurden. Die Kilometerpreise haben eine Spannweite von knapp 0,1 Cent (1995) pro Kilometer für die Fahrt bei Flensburg auf einer Außerortsstraße mit der besten verfügbaren Technologie (im Jahre 2002: EURO 4) bei 80 Km/h und über 7 Cent (1995) je Kilometer für die Autobahnfahrt bei 130 km/h in der Region um Freiburg mit der Pkw-Technologie ohne Katalysator (vgl. Kapitel 8.1.7, 8.1.8 und 8.3).

Ausgehend von der technischen Umsetzbarkeit des oben definierten satellitengesteuerten Road Pricing-Systems für ganz Deutschland stellt sich die Frage, welche Auswirkungen die ökonomisch und ökologisch effiziente Internalisierung hervorbringt. Um die Reaktionen der Verkehrsteilnehmer und insbesondere der Pkw-Nutzer angemessen simulieren zu können, bedarf es eines detaillierten Verkehrsflussmodells, in dem die durchschnittlichen Verkehrsflüsse für alle Straßen in Deutschland als Ausgangsdaten erfasst sind. Ohne ein solches Verkehrsflussmodell können die Verkehrsvermeidungs-, die Routenwahl- oder die Verkehrsverlagerungseffekte und deren Auswirkungen auf die Verkehrssituation und die Höhe der externen Kosten nicht adäquat berechnet werden. Ein solches Modell steht im Rahmen dieser Untersuchung nicht zur Verfügung. Deshalb erfolgt hier nur eine qualitative Analyse des Szenarios auf Basis der erzielten Emissionsreduktionen im Mineralölsteuererhöhungs-Szenario und der spezifischen Elastizitäten für die Einführung einer Straßenbenutzungsgebühr (siehe Tabelle 33, Kapitel 12.1).

Die Elastizitäten zur Fahrzeugnutzung (Verkehrsvermeidung) weisen bei der Straßenbenutzungsgebühr eine größere Spannweite auf als bei der Treibstoffpreiserhöhung. Die durchschnittliche Reaktion fällt beim Road Pricing allerdings höher aus (-045 im Vergleich zur langfristigen Treibstoffpreis-Fahrzeugnutzungselastizität von -0,32). Dies ist durch die direktere Wirkung für den Verkehrsteilnehmer zu begründen. Die Preiserhöhung wirkt nicht nur bei den verhältnismäßig seltenen Tankvorgängen sondern bei jeder durchgeführten Fahrt. Der deutliche Fahrleistungsrückgang einer Straßenbenutzungsgebühr wird durch eine baden-württembergische Fallstudie aus dem Jahre 1998 bestätigt (vgl. Mock-Hecker und Würtenberg, 1998). Diese hat ergeben, dass schon bei einer niedrigeren Benutzungsgebühr bedeutende Reaktionen in Form von Reduktion des Aktivitätsniveaus, Wechsel auf andere Verkehrsträger, Car Pooling (Auslastungsgraderhöhung), Wahl einer anderen Route oder Änderung der Reisezeit hervorgerufen wurden. Für die Analyse der Auswirkungen einer Straßenbenutzungsgebühr ergibt sich, dass der Fahrleistungsreduktionseffekt im Durchschnitt um rund 40 % stärker ausfällt als bei einer prozentual vergleichbaren Treibstoffpreiserhöhung.

Der Effekt, die Fahrtroute zu verändern, kommt in erster Linie bei einer sequentiellen Einführung der Straßengebühr zum Tragen (z. B. nur für die Autobahnen wie bei der in Deutschland beschlossenen Lkw-Maut). Da für den Zweck der Internalisierung der externen Luftverschmutzungskosten ein flächendeckendes System notwendig ist, ergeben sich Routenwahleffekte nur in dem Maße, wie unterschiedliche Straßentypen verschieden bepreist werden. Für die Fahrt auf der Autobahn ergibt sich aufgrund der höheren Geschwindigkeit (und damit höherer Emissionen von NO_x, VOC und Partikeln) auch eine höhere Gebühr, ein Umsteigen auf eine vielleicht sogar kürzere Bundesstraße (Außerorts-Straße) könnte sich für einen Verkehrsteilnehmer mit einer niedrigen Zahlungsbereitschaft für eine kurze Gesamtreisezeit lohnen, weil er dann auch mit einer niedrigeren Benutzungsgebühr pro Kilometer rechnen dürfte. Innerorts-Fahrten dürften bei Vorhandensein einer Außerorts-Umgehungsstraße vermieden werden, da die lokalen Zusatzeffekte die Fahrt innerhalb geschlossener Ortschaften deutlich verteuern würde. Bei den Partikeln sind die externen Kosten je km innerorts mehr als doppelt so hoch wie außerorts (vgl. Kapitel 8.1.8). Trotzdem kann von einer Verlagerungsgrößenordnung, wie sie die Routenwahlelastizität in Tabelle 33 ausdrückt, bei einem flächendeckenden System nicht ausgegangen werden. Der aufgrund der unterschiedlichen Gebührenhöhe induzierte Routenwahleffekt bewirkt für die Emissionen des gesamten Verkehrssystems recht wenig.

Die Modal Split-Elastizitäten fallen bei der Straßenbenutzungsgebühr etwas niedriger aus als bei der Mineralölsteuererhöhung. Für dieses quantitative Ergebnis kann keine inhaltliche Begründung gefunden werden. Der durchschnittliche Wert von 0,34 bei einer Treibstoffpreiserhöhung liegt allerdings in der angegebenen Spannweite für die Modal Split-Elastizitäten der Straßenbenutzungsgebühr und kommt deshalb hier ebenso zur Anwendung.

In Tabelle 33 fehlen Elastizitäten zu Bestandsumschichtungen und zu umweltschonendem Verhalten bei einer Straßenbenutzungsgebühr. Diese Auswirkungen sind auch bei der Treibstoffpreiserhöhung nicht explizit quantifiziert, verbergen sich aber in der langfristigen Treibstoffnachfrage-Elastizität oder genauer gesagt in der Differenz zwischen langfristiger Treibstoffnachfrage- und Fahrzeugbenutzungs-Elastizität. Aus der Tatsache, dass solche Elastizitäten nicht für die Maßnahme Erhöhung des Kilometerpreises durch eine Straßenbenutzungsgebühr vorliegen, lässt sich nicht folgern, dass keine Reaktionen der Straßenverkehrsteilnehmer hin zu emissionsmindernder Fahrweise und zu schadstoffeffizienteren Fahrzeugtechnologien stattfindet. Vielmehr dürfte durch die direkte Anreizwirkung der alltäglich erfahrbaren Straßenbenutzungsgebühr ein mindestens genauso hoher Impuls bei den Verkehrsteilnehmern wirken. Voraussetzung ist allerdings, dass entsprechende Aufklärung und Informationen über die individuellen Reduktionsmöglichkeiten vorliegen bzw. vermittelt werden.

Im Ganzen dürften die durchschnittlichen Reaktionen der Verkehrsmittelnutzer bei einer Straßenbenutzungsgebühr eher höher ausfallen als bei einer Treibstoffpreiserhöhung. Zwei weitere Faktoren untermauern diese Annahme:

Erstens erlaubt gerade das hier entwickelte Road Pricing-System die größtmögliche Differenzierung der Gebühr. Dadurch wird beispielsweise dem Pkw-Fahrer eines alten Automobils ohne Katalysator eine vergleichsweise sehr hohe Gebühr pro Kilometer angelastet, die einen starken Anreiz zum Kauf eines neuen schadstoffarmen Pkws setzt. Auch die regionale Differenzierung, nach der eine Fahrt im Südwesten Deutschlands aufgrund der Luftverschmutzungsexternalität mit rund der dreifachen Gebühr belastet wird wie eine Fahrt im hohen Norden, bewirkt einen verstärkten Anreiz zur Verkehrsvermeidung, Verkehrsverlagerung oder zur umweltschonenderen Fahrweise in diesen Regionen. Die regionale Differenzierung wird für die gesamte Emissionsminderung eher einen höheren Effekt erzielen als die durchschnittliche Anlastung der externen Luftverschmutzungskosten[185]. Somit zeigt sich, dass durch die spezielle orts-, technologie- und verkehrssituationsspezifische Gebührenfestsetzung dem Straßenverkehrsmittelnutzer ein differenzierter Anreiz zur Emissionsvermeidung gegeben wird, der im Endeffekt zu einer verstärkten Minderung der Schadstoffe im Straßenpersonenverkehr führen wird.

Zweitens werden die Reaktionen um so stärker ausfallen, je transparenter die Gebühren für den Verkehrsmittelnutzer sind. Der verpflichtende Einbau einer On Board Unit mit einem Display, welches praktisch permanent die aktuelle Gebührenhöhe während der Fahrt anzeigt, erhöht zum Einen das Kostenbewusstsein im Hinblick auf die hervorgerufenen Umweltschädigungen und erzeugt zum Anderen zu jeder Zeit einen Anreiz emissionssparender zu fahren. Bei einer Mineralölsteuererhöhung ist der Bewusstseinseffekt für die Verursachung externer Schadenskosten wesentlich indirekter als bei einem solchen Kosten-Tachometer.

Wird aufgrund dieser vergleichenden Überlegungen angenommen, dass die aggregierten Reaktionen der Straßenverkehrsteilnehmer bei einer Straßenbenutzungsgebühr um mindestens 50 % höher ausfallen als bei einer Treibstoffverteuerung, so ergibt sich zwar immer noch keine Lenkungswirkung, die bei einer ausschließlichen Internalisierung der externen Luftverschmutzungskosten das starke Nachhaltigkeitsziel in Bezug auf NO_x voll erfüllt, es wird aber immerhin eine deutlich höhere Emissionsreduktion induziert. In Verbindung mit der Internalisierung der externen Klimaschadenskosten über eine Mineralölsteuererhöhung oder eine Straßenbenutzungsgebühr sowie mit einer

---

[185] Die soziale Verträglichkeit einer regionalen Differenzierung der Straßenbenutzungsgebühr soll hier nicht weiter diskutiert werden. Es sei hier nur angemerkt, dass regionale Preisunterschiede für ansonsten vergleichbare Güter in Deutschland auch in anderen Bereiche üblich sind. Man denke nur an die Differenzen der Miet- oder Immobilienpreise. Und auch die Kfz Haftpflichtversicherung kennt die Differenzierung nach Regionalklassen.

effizienten Anlastung der Infrastrukturkosten auch bei den Pkw und Motorrädern und der zeitlichen und räumlichen Differenzierung der Benutzungsgebühr für eine effiziente Nutzung der knappen nur noch begrenzt ausbaubaren Straßeninfrastruktur, rückt die vollständige Erreichung der abgeleiteten starken Nachhaltigkeitsziele für die Luftschadstoffe des Straßenpersonenverkehrs bis zum Jahre 2020 in greifbare Nähe.

12.4 Zusammenfassung und Schlussfolgerungen auf Grundlage der quantitativen Ergebnisse

Die Szenariorechnungen haben den theoretischen Befund untermauert, dass über eine Anlastung der spezifischen externen Luftverschmutzungs- und Klimaschadenskosten die Preisverzerrungen im Personenverkehrssektor abgebaut und eine Lenkungswirkung erzeugt werden können. Die generierten Wirkungen durch Verkehrsvermeidung, Verkehrsverlagerung sowie kurz- und langfristige Effizienzsteigerungen verbessern in beiden Problembereichen die Emissionssituation. Während allerdings beim Klimaschutz die starken Nachhaltigkeitsziele bei Weitem nicht erreicht werden, können die ohnehin schon stark sinkenden klassischen Luftschadstoffe durch die verursachungsgerechte Internalisierung mit Hilfe eines elektronischen Road Pricing-Systems soweit weiter reduziert werden, dass bis zum Jahre 2020 auch die starken Nachhaltigkeitsziele im Großen und Ganzen erfüllt werden. Das ökonomisch optimale Klimaschutzniveau (schwaches CO_2-Reduktionsziel für die Pkw aus Kapitel 10) wird durch die internalisierungsbedingte Lenkungs- und Emissionsreduktionswirkung nicht bestätigt. Es zeigt sich einmal mehr, dass die theoretische Ableitung von Reduktionszielen aus ökonomischen Kosten-Nutzen Analysen nicht praktikabel ist.

Die Internalisierung der externen Klimaschadenskosten durch eine Mineralölsteuererhöhung reduziert im Vergleich zur BAU-Prognose die CO_2-Emission des gesamten Personenverkehrs um über 8 % (Variante 1), ohne dabei im Vergleich zur Prognose die Verkehrsleistung drastisch zurück zu drängen (-3 %) und die Geldbörsen der Verkehrsmittelbenutzer über Gebühr zu beanspruchen. Die Internalisierung erfordert eine jährliche Erhöhung der Mineralölsteuer von 3,5 Cent (1995) je Liter Otto-Kraftstoff und 4 Cent (1995) je Liter Diesel bis zum Jahre 2006. Somit lässt sich allein mit der Internalisierung der externen Klimaschadenskosten eine Fortführung der Ökosteuer (zur Zeit jährliche Erhöhung von rund 3 Cent/l) bis zum Jahre 2006 rechtfertigen. Allerdings sollte für Diesel der höhere Satz zur Anwendung kommen, um die verursachergerechte Internalisierung zu gewährleisten und die nicht gerechtfertigte steuerliche Bevorzugung dieses Kraftstoffes abzubauen. Zeigt sich bis zum Jahre 2006, dass die Klimaschadenskosten deutlich höhere Dimensionen annehmen, müsste die Erhöhung mindestens bis zum Jahr 2020 fortgesetzt werden (Variante 2, oberer Grenzschadenskostensatz von 310 Euro (1995)/t CO_2).

In der Diskussion um die ökologische Steuerreform wurde dem Instrument der Mineralölsteuererhöhung aufgrund der erwarteten doppelten Dividende große Aufmerksamkeit geschenkt. Hillebrand et al. (2000:139f) beschreiben sogar eine "triple dividend": Erstens wird aufgrund der Lenkungswirkung der Abgabe eine Verringerung des Individualverkehrs und ein Umsteigen auf den ÖPV verbunden mit der Entlastung der Umwelt erzielt, zweitens kann als fiskalische Funktion die Senkung der Lohnnebenkosten erreicht werden, und drittens werden dem öffentlichen Verkehrsmitteln durch den Lenkungseffekt mehr Fahrgäste zugeführt, was wiederum zu mehr Einnahmen führen sollte, um das hohe Defizit insbesondere des ÖPNV zu reduzieren. Die Szenariorechnungen haben zweifellos gezeigt, dass eine Umweltentlastung durch die Erhöhung der Mineralölsteuer erreicht wird, und auch der ÖPV hat, je nach Höhe der Abgabe, im Hinblick auf die Verkehrsleistung gegenüber der Prognose deutlich profitiert. Ob dieser Zugewinn für den ÖPV auch zu einem positiven monetären Nettoeffekt führt, ist offen. Der öffentliche Verkehr richtet seine Kapazitäten zumeist an der Verkehrsspitze aus. Resultiert der Verlagerungseffekt in erster Linie im Berufs- und Ausbildungsverkehr, trifft diese erhöhte Nachfrage auf hohe Grenzkosten der Leistungserstellung in Spitzenzeiten. Geht man zudem von unterdurchschnittlichen Grenzerträgen durch ermäßigte Fahrpreise (Jobticket, Monatskarten, usw.) aus, kann sich durchaus ein negativer Nettoeffekt ergeben, der eine Reduzierung des Defizits nicht fördern würde.

Zur erhofften zweiten Dividende einer Mineralölsteuererhöhung ist anzumerken, dass in der bundesdeutschen Realität zumindest das Einfrieren der Rentenbeiträge durch die Ökosteuer erreicht wurde, von der Theorie her aber die Verteilungsfrage im Gegensatz zur Allokationsfrage nicht Gegenstand der Abgabenlösung ist. Ziel der Mineralölsteuererhöhung als Pigou-Abgabe ist ausschließlich die verursachergerechte Internalisierung der externen Klimaschadenskosten. Die Verwendung der Einnahmen einer Pigou-Abgabe ist offen. Eine Entschädigung derjenigen, die unter der Klimaveränderung leiden, ist nicht vorgesehen und volkswirtschaftlich auch nicht notwendig (vgl. Neuenschwander et al., 1992:25). Zusammenfassend wird die Internalisierung der externen Klimaschadenskosten über eine stufenweise Erhöhung der Mineralölsteuer, bemessen am Kohlenstoffgehalt der jeweiligen Treibstoffe, aufgrund der hohen ökologischen und ökonomischen Effizienz, der ausgezeichneten institutionellen Beherrschbarkeit und dem nachgewiesenen deutlichen Lenkungseffekt dieser Maßnahme unbedingt empfohlen.

Die Internalisierung der externen Luftverschmutzungskosten lässt sich im Pigou'schen Sinne verursachergerecht am Besten durch eine fein differenzierende Straßenbenutzungsgebühr bewerkstelligen. Ein elektronisches Road Pricing-System ermöglicht die differenzierte Erhöhung der Kilometerpreise je nach Technologie, Fahr- bzw. Verkehrsituation und Region. Die Gebührenhöhe kann sich direkt an den externen Kosten pro Fahrzeugkilometer orientieren und liegt zwischen 0,1 und 7 Cent je gefahrenem Kilometer. Die Auswirkungen einer so differenzierten Internalisierung können hier nicht quantifiziert werden, da ein detailliertes Verkehrsflussmodell nicht zur Verfügung steht. Die qualitative Szenarioanalyse hat ergeben, dass die Wirkungen bei einer differenzierten Straßenbenutzungsgebühr durch die direktere Anreizwirkung um schätzungsweise das Anderthalbfache höher ausfallen als bei einer Mineralölsteuererhöhung. Trotzdem reicht der Überschlagsrechnung zufolge die ausschließliche

Internalisierung der externen Luftverschmutzungskosten nicht aus, die starken Nachhaltigkeitsziele zu erfüllen. Erst in Kombination mit der Anlastung der externen Klimaschadenskosten und der effizienten Bepreisung der Infrastruktur- bzw. Staukosten werden diese Ziele bis zum Jahre 2020 wahrscheinlich weitestgehend erreicht. Dabei sollte beachtet werden, dass immerhin Reduktionen um 90 bis 93 % innerhalb von 30 Jahren angestrebt werden, bei denen eine Abweichung um ein oder zwei Prozentpunkte keine entscheidende Rolle spielen sollten.

In Anbetracht der "Business as Usual"-Prognose der klassischen Luftschadstoffe des Personenverkehrs und der bereits erreichten Reduktion[186] stellt sich die Frage, ob eine technisch aufwendige und teuere Internalisierung durch eine elektronische Straßenbenutzungsgebühr zu empfehlen ist. Die Implementierung eines solchen satellitengesteuerten Road Pricing-Systems ausschließlich zur Internalisierung der externen Luftverschmutzungskosten erscheint aufgrund der hohen Transaktionskosten nicht sinnvoll. Wenn aber die Infrastrukturkosten auch den motorisierten Individualverkehrsmitteln verursachergerecht angelastet[187] sowie Verbesserungen der Kapazitätsauslastung und Stauvermeidung mit einer elektronischen Gebühr erreicht werden sollen, dann ist eine emissionsbezogene Zusatzkomponente zur Internalisierung der externen Luftverschmutzungsschadenskosten in jedem Fall zu empfehlen. Eine technologisch einfachere Variante, bei der zum Einen eine Differenzierung nach Schadstoffklassen (wie bei der Lkw-Maut beschlossen) für Pkw und Motorräder vorgenommen und zum Anderen vom Satelliten übermittelt wird, auf welcher Straßenkategorie (Autobahn, außerorts und innerorts) und in welcher Region in Deutschland die Fahrt stattfindet, könnte die technologisch aufwendigere Variante, bei der zusätzlich über die Informationen zur Geschwindigkeit und Verkehrssituation die Gebührenhöhe exakter ermittelt werden kann, ohne größere Genauigkeitseinbußen ersetzen. Auch die so ermittelte Kilometergebühr könnte zur Erhöhung der Transparenz für die Nutzer im Display der On Board Unit als eine Art Kosten-Tachometer angezeigt werden.

Straßenbenutzungsgebühren stehen in Konkurrenz zu dynamischen Grenzwerten für Abgase (EURO 5 oder weiter) und der schadstoffklassenbezogenen Kfz-Steuer (vgl. Rothengatter, 1997:104ff). Diese Maßnahmen sind in Deutschland bereits eingeführt und müssten nur jeweils angepasst werden. Eine Internalisierung der externen Luftverschmutzungskosten wird verursachergerecht durch die Kfz-Steuer nicht erzielt.

---

[186] Die Verringerung der Luftschadstoffe wurde im Kapitel 5 prognostiziert. Verantwortlich für die deutliche Reduktion ist in erster Linie der Technologiewechsel im Rahmen der kontinuierlichen Bestandsumschichtung. Neuste Zahlen aus dem Kraftfahrtbundesamt belegen die Prognose: Waren im Jahr 1995 noch über 25 % der Pkw in Deutschland ohne jegliche Schadstoffreduzierung, so ist deren Anteil Anfang 2002 auf unter 4 % gesunken. Derzeit gehören rund ein Drittel aller Pkw bereits der Schadstoffklassen EURO 3 oder EURO 4 an. Der Anteil der Diesel-Pkw steigt weiter und liegt derzeit (Anfang 2002) bei 15,7 % (vgl. Kraftfahrtbundesamt, 2002).

[187] Diese verursachergerechte Anlastung der Infrastrukturkosten bei den Pkw und Motorrädern würde nach den Berechnungen von Link et al. (1999) eher zu einer Absenkung der Kilometerkosten führen, je nach dem ob die bestehende Mineralölbesteuerung voll, halb oder gar nicht zur Finanzierung der Straßeninfrastruktur angerechnet wird. Die Anrechenbarkeit von Steuern zur Abdeckung der Infrastrukturkosten wird in der Wissenschaft sehr kritisch gesehen (vgl. zu der Diskussion DIW, 1997).

Der entscheidende Vorteil der Straßenbenutzungsgebühr besteht aber gerade darin, einen zielkonformen Anreiz durch die differenzierte Gebührenhöhe zu übermitteln und das (externe) Kostenbewusstsein zu erhöhen. Dem verursachenden Verkehrsteilnehmer bleibt dabei die volle Entscheidungsfreiheit, ob und in welchem Umfang bzw. auf welche Art er Emissionen vermeiden will. Im Ganzen wird hier eine Empfehlung für eine Internalisierung der externen Luftverschmutzungskosten über eine Straßenbenutzungsgebühr ausgesprochen. Eine elektronische satellitengesteuerte Straßenbenutzungsgebühr wird in Deutschland für Lkw ohnehin im Jahre 2003 auf Autobahnen eingeführt. Diese müsste somit nur als flächendeckendes Instrument erweitert und auf die Straßenpersonenverkehrsmittel ausgeweitet werden.

In den Szenarioberechnungen wurden die schienengebundenen öffentlichen Verkehrsmittel von der Anlastung der ohnehin niedrigeren externen Luftverschmutzungs- und Klimaschadenskosten ausgenommen. Diese Annahme begründet sich aus der erwünschten Umsteigefunktion vom MIV auf diese öffentlichen Verkehrsmittel. Die Nicht-Internalisierung stellt damit eine (weitere) indirekte Subvention der schienengebundenen Verkehrsmittel, des ÖPNV und der Bahn, dar. Zu bedenken ist allerdings, dass die schienengebundenen Verkehrsmittel auch im Jahre 2020 noch immer nur rund halb so hohe externe Luftverschmutzungs- und Klimaschadenskosten pro Personenkilometer generieren wie die Pkw. Aufgrund der Emissionsreduktionen in den Szenarioberechnungen ergibt sich, dass diese Differenz zwischen Pkw und Bahn-PV durch die Internalisierung und die damit induzierte technologische Weiterentwicklung der Straßenverkehrsmittel nicht bis zum Jahre 2020 ausgeglichen werden wird.

Die zweite ökologische Prüfebene ist mit diesem Kapitel abgeschlossen. Die CO_2-Emissionen können durch die Internalisierung der externen Klimaschadenskosten zwar deutlich verringert aber nicht in dem Maße reduziert werden, dass von einem stark nachhaltigem Entwicklungspfad gesprochen werden kann. Hier sind weitere verkehrspolitische Maßnahmen notwendig (vgl. Kapitel 13). Bei der Luftverschmutzungsproblematik sind über die Internalisierung hinaus im Personenverkehr keine weiteren verschärfenden Maßnahmen notwendig, auch wenn dadurch die starken Nachhaltigkeitsziele zwar nicht punktgenau erfüllt aber von der Größenordnung her erreicht werden.

13 Szenarien zur Zielerreichung einer stark nachhaltigen Entwicklung

Der Abschluss dieser Untersuchung widmet sich der Frage, mit welchen Maßnahmen die CO_2-Reduktionsziele gemäß einer starken nachhaltigen Entwicklung im deutschen Personenverkehr erreicht werden können. In Kapitel 6 wurden die ökologisch orientierten, starken Nachhaltigkeitsziele für die Schadstoffe CO_2, NO_x, VOC und Partikel im Personenverkehr auf Grundlage kritischer Eintragsraten und kritischer Belastungswerte für die menschliche Gesundheit, die Aufnahmefähigkeit der Atmosphäre sowie für die Assimilationsfähigkeit der Ökosysteme abgeleitet. Für die drei klassischen Luftschadstoffgruppen ergibt sich aufgrund der ermittelten Reduktionsanforderungen, der prognostizierten Entwicklung der Emissionen (BAU-Szenario, Kapitel 5) und der im letzten Kapitel analysierten Auswirkungen einer zielkonformen verursachergerechten Internalisierung der externen Luftverschmutzungskosten kein zusätzlicher Handlungsbedarf.

Für den Klimaschutz wurden für den Leitindikator CO_2-Emissionen starke Nachhaltigkeitsziele als kritische Eintragsraten in der Höhe von 1,43 Tonnen CO_2 pro Kopf (scale) bis zum Jahre 2050 ermittelt. Unter Berücksichtigung der starken Nachhaltigkeitsanforderungen einer intra- und intergenerationellen Gerechtigkeit ergibt sich für Deutschland bis zum Jahre 2020 im Vergleich zum Basisjahr 1990 eine CO_2-Reduktionsanforderung von rund 58 % und für die EU von rund 55 %. Die Verwendung eines Mischaufteilungsverfahrens zwischen einer reinen "flat rate-reduction" und der Zielverteilung gemäß der prognostizierten Emissionsentwicklung führt zu einer Reduktionsanforderung für den deutschen Verkehrssektor von etwas über 49 %, während beispielsweise die Industrie und die Haushalte über 68 % ihrer CO_2-Emissionen bis zum Jahre 2020 reduzieren sollen. Innerhalb des Verkehrssektors ergeben sich starke CO_2-Ziele von -56 % für den Personenverkehr (-58 % für Pkw und -42 % für den ÖPV), während der stark wachsende Güterverkehr "nur" 29 % seiner CO_2-Emissionen bis zum Jahre 2020 im Vergleich zum Jahre 1990 reduzieren muss.

Im Gegensatz zum Bereich der Luftverschmutzung verringern sich die klimarelevanten CO_2-Emissionen im deutschen Personenverkehr (PV) auf Grundlage der BAU-Prognose zwischen 1990 und 2020 nur um rund 7 %. Dabei verringern sich die Emissionen bei den Pkw-Verkehren immerhin um rund 13 %, während der öffentliche Personenverkehr (ÖPV) als Zusammenstellung aus den Aggregaten Bahn-PV, Bus u.a., innerdeutscher Luftverkehr und Motorrädern eine Steigerung um rund 39 % zu verzeichnen hat. Wie im letzten Kapitel gezeigt wurde, erwirkt eine Internalisierung der externen Klimaschadenskosten zwar eine Reduzierung der CO_2-Emissionen des PV um weitere 8 %, bei gleichzeitiger Internalisierung der externen Luftverschmutzungskosten sogar um rund 11 %, trotzdem geht die Schere zwischen der so induzierten Emissionsentwicklung und dem erforderlichen stark nachhaltigen Entwicklungspfad immer weiter auseinander (vgl. Tabelle 35 sowie die Abbildungen 51 und 52). Werden die abgeleiteten starken Klimaschutzziele als Grundlage für eine Klimapolitik im deutschen Personenverkehrssektor gesetzt, so sind weitere Maßnahmenverschärfungen oder die Einführung neuer umweltpolitischer Instrumente auch für diesen sensiblen Politikbereich dringend notwendig.

Anhand von zwei Szenarien soll im Folgenden untersucht werden, wie die Lücke zwischen der CO_2-Emissionsentwicklung und den Anforderungen einer starken Nachhaltigkeit geschlossen werden kann. Das erste Szenario wendet den in Kapitel 11.2 beschriebenen Standard-Preis-Ansatz an und simuliert, wie durch eine kontinuierliche Erhöhung der Mineralölsteuer das starke CO_2-Reduktionsziel für den gesamten Personenverkehrssektor erreicht werden kann. Das zweite Szenario löst das Allokationsproblem, als letzte Stufe eines ökologisch orientierten Nachhaltigkeitsansatzes, über ein System handelbarer CO_2-Zertifikate. Auch hierbei wird als Mengenziel die ermittelte CO_2-Reduktionsanforderung im Jahre 2020 gesetzt.

13.1 Szenario "Erhöhung der Mineralölsteuer gemäß Standard-Preis-Ansatz"

Anhand des Standard-Preis-Ansatzes wird versucht, das als Standard angenommene starke CO_2-Reduktionsziel für den Personenverkehr durch eine Lenkungsabgabe bis zum Jahr 2020 zu erfüllen. Als Lenkungsabgabe dient die Mineralölsteuer in der Ausgestaltung, wie sie in Kapitel 12 zur Internalisierung der externen Klimaschadenskosten definiert und eingesetzt wurde. Die Szenarioannahmen 3 bis 6 aus Kapitel 12.2.1 gelten auch für dieses Szenario, d. h. in erster Linie, dass der schienengebundene Personenverkehr (Bahn-PV) von der Erhöhung der Mineralölsteuer ausgeschlossen ist, dass Busse und Bahnen als Verlagerungsalternative angesehen werden und dass beim Bus die direkten Auswirkungen der Treibstoffverteuerung über die kurzfristige Treibstoffnachfrageelastizität simuliert wird. Die Mineralölsteuererhöhung beginnt wieder im Jahre 2002 und die zielerfüllende Standard-Preis-Abgabe wird im Jahre 2020 erreicht. Für den Weg dorthin werden zwei Varianten betrachtet: In der Variante "lin" wird der gesamte Erhöhungsbetrag in gleichmäßige jährliche Preiserhöhungen aufgeteilt, während in der Variante "exp" die Treibstoffpreise exponentiell steigen. Die resultierenden Pfade der CO_2-Emissonsentwicklung sind für beide Varianten in der Abbildung 54 dargestellt.

Im Jahre 2020 ergibt sich für die Szenariovariante "lin" ein Preis von 5,60 Euro (1995) je Liter Otto-Kraftstoff und 5,91 Euro (1995) je Liter Diesel, bei einer jährlichen Erhöhung von 23,5 Cent (1995) je Liter Otto-Kraftstoff und 26,5 Cent (1995) je Liter Diesel. Durch diese drastischen Erhöhungen und den sehr hohen Endpreis im Jahre 2020 wird im Modell die erwünschte Lenkungswirkung erzielt, welche die CO_2-Emissionen im Personenverkehr exakt um 56,3 % im Vergleich zum Jahre 1990 sinken lässt. Der starke Nachhaltigkeitsindikator $Ind_{SzStP/lin-StN}(CO_2,PV,2020)$ nimmt definitionsgemäß den Wert von 0 an. Der Verlauf des Entwicklungspfades für den Personenverkehr (linke Abbildungsseite) zeigt aber, dass bereits im Jahre 2005, also drei Jahre nach der ersten Erhöhung, ein positiver Nachhaltigkeitsindikator erzielt wird. Die Emissionen werden demzufolge für den Zeitraum von 2005 bis 2019 durch die linearen Erhöhungsschritte zu stark reduziert, im Jahre 2011 resultieren um 16 % niedrigere CO_2-Emissionen, als nach dem Pfad einer starken nachhaltigen Entwicklung tolerierbar wären. Diese überschießende CO_2-Reduktion geht einher mit einer zu starken Verkehrsvermeidung bzw. -verlagerung in diesen Jahren, was weder ökologisch geboten noch ökonomisch sinnvoll ist.

Abbildung 54: **Pfade der CO_2-Emissionsentwicklung aufgrund einer Mineralölsteuererhöhung nach dem Standard-Preis-Ansatz**

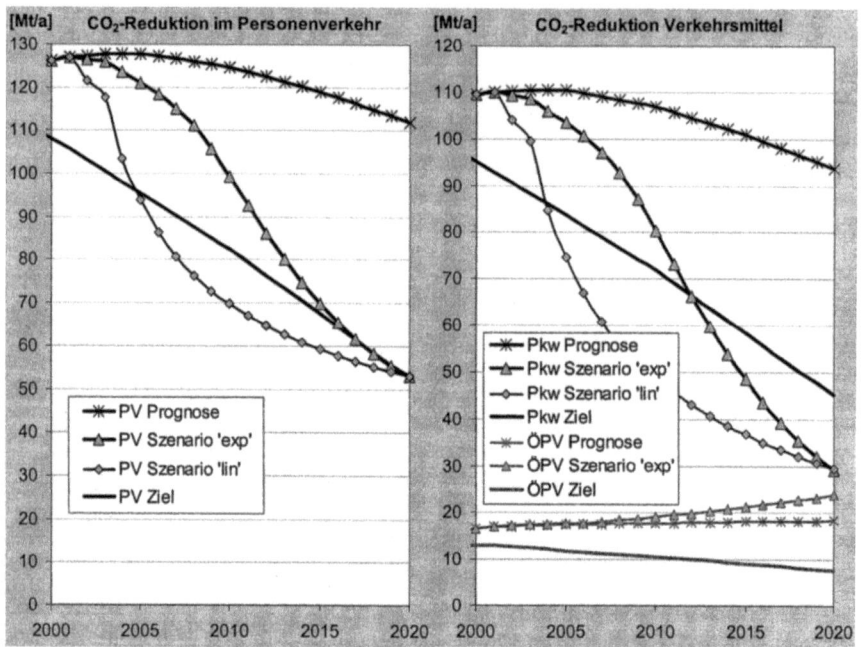

Um die beschriebene Überreaktion zu vermeiden, wird die zweite Szenariovariante "exp" entwickelt, bei der der jährliche Mineralölsteuererhöhungsbetrag vom Jahre 2002 bis zum Jahre 2006 konstant bleibt und danach bis zum Jahre 2020 kontinuierlich steigt. Diese Variante kombiniert die Internalisierung der externen Klimaschadenskosten bis zum Jahre 2006 (in der selben Höhe wie in der Szenariovariante 1, Kapitel 12) mit der Erreichung des starken Nachhaltigkeitsziels nach dem Standard-Preis-Ansatz bis zum Jahre 2020. Auch in dieser Variante ergibt sich im Jahre 2020 für den starken Nachhaltigkeitsindikator $Ind_{SzStP/exp-StN}(CO_2,PV,2020)$ der Wert 0. Die Entwicklung der Treibstoffpreise für Otto- und Diesel-Kraftstoffe sowie deren jährlicher Erhöhung durch die Mineralölsteuer sind für beide Szenariovarianten in der Abbildung 55 dargestellt.

Die Treibstoffendpreise liegen in der Variante "exp" mit 5,67 Euro (1995) je Liter Otto-Kraftstoff und 5,99 Euro (1995) je Liter Diesel im Jahre 2020 etwas höher als in der Variante "lin". Während zwischen den Jahren 2002 und 2006 jährliche Erhöhungen von 3,5 bzw. 4 Cent (1995)/l für Otto-Kraftstoff bzw. Diesel stattfinden, steigt der Erhöhungsbetrag bis auf 55 bzw. 60 Cent (1995)/l im Jahre 2020 an. Der Vorteil dieser Variante liegt in der genauen Erreichung des CO_2-Reduktionsziels im Jahre 2020, ohne dabei in den Jahren zuvor die Mobilität mehr als notwendig einzuschränken bzw. zu dirigieren. Da auch nach dem Jahre 2020 für eine Erfüllung der starken Nachhaltigkeitsanforderungen die Emissionen weiter bis zum Jahre 2050 gesenkt werden müssen, sind weitere Erhöhungen der Mineralölsteuer unverzichtbar. Diese können in der Variante "exp" fließend erfolgen, während in der Variante "lin" ein deutlicher Sprung des Erhöhungsbeitrages ab dem Jahre 2020 notwendig würde. Nachteilig an der Variante "exp" sind die etwas höheren Endpreise im Jahre 2020 und die doch erheblichen Erhöhungsschritte in den letzten Jahren. Ohnehin ist die politische Durchsetzbarkeit derartiger Mineralölsteuererhöhungen nur schwer vorstellbar[188].

Abbildung 55: **Entwicklung der Treibstoffpreise für Otto- und Diesel-Kraftstoffe sowie die jährliche Mineralölsteuererhöhung im Standard-Preis-Szenario bis zum Jahre 2020**

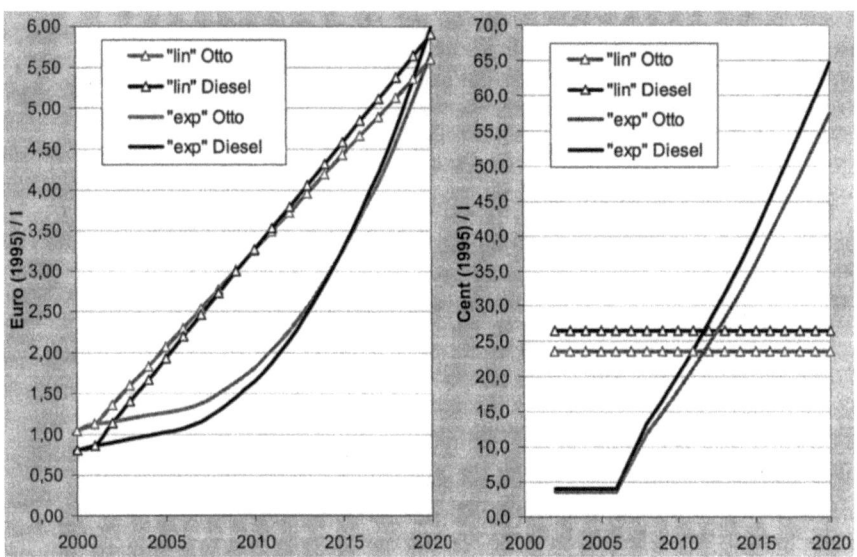

---

[188] Beim Test der Simulationsrechnungen hat sich ergeben, dass auch eine deutlich andere Variante das starke CO_2-Reduktionsziel im deutschen Personenverkehr erfüllen könnte: Würden die Treibstoffpreise im Jahre 2002 direkt auf 2,50 Euro für Otto-Kraftstoffe und 2,40 Euro für Diesel erhöht und danach auf diesem Niveau belassen, käme es zu einer extremen Vermeidung und Verlagerung in den Jahren 2002 bis 2004. Die Pkw-Fahrleistung würde sich innerhalb dieser drei Jahre fast halbieren. Die CO_2-Emissionen des gesamten Personenverkehrs würden praktisch auf einen Schlag um über 60 % reduziert. Ab dem Jahre 2004 würde nach den Modellberechnungen die Entwicklung der Fahr- bzw. Verkehrsleistungen sowie der Emissionen auf dem erzielten niedrigeren Niveau annähernd parallel zur BAU-Szenario-Entwicklung folgen. Diese Variante schösse kurzfristig völlig über das Ziel hinaus, würde aber den Treibstoffpreis auf dem schon früher öfter geforderten Preis von 5 DM/l belassen. Allerdings nur bis zum Jahre 2020, danach wäre wieder eine drastische Erhöhung notwendig. Im Jahre 2002 würden sich die Preise für Benzin und Super mehr als verdoppeln und der Dieselpreis sogar fast verdreifachen. Dies ist politisch im Hinblick auf die Durchsetzbarkeit völlig undenkbar und ökonomisch aufgrund der hohen Friktionen auch absolut nicht sinnvoll. Die gesamtwirtschaftlichen Auswirkungen einer solchen Maßnahme wären unüberschaubar. Deshalb wird diese Variante nicht weiter betrachtet.

Beide Varianten zeigen als Hauptergebnis, dass die ökologischen Anforderungen entsprechende Reduzierung der CO_2-Emissionen im Personenverkehr durch die Erhöhung der Mineralölsteuer theoretisch erreichbar ist. Dabei wird dem Verkehrsmittel Pkw eine deutlich höhere Reduktion zugemutet, als es das Pkw-spezifische CO_2-Reduktionsziel erfordert, um die absolute Erhöhung der Emissionen durch den ÖPV, die sich erwartungsgemäß ergibt, zu kompensieren. Dieser Zusammenhang zeigt sich in der rechten Seite der Abbildung 54. Die Emissionserhöhung des ÖPV ergibt sich ganz zwangsläufig aus der Annahme, den ÖPV als Verlagerungsalternative zum MIV indirekt zu begünstigen. Den Pkw-Nutzern wird kurz- und mittelfristig nach der Variante "exp" weniger Einschränkung abverlangt als nach der Variante "lin". Dies ist eine weiterer Grund diese Variante zu präferieren. Bei der folgenden Untersuchung und Diskussion der Fahr- bzw. Verkehrsleistungsveränderungen, der Treibstoffnachfrage- und der Emissionsveränderungen werden nur die Ergebnisse der Variante "exp" betrachtet, um die Ausführungen nicht weiter zu komplizieren.

In der Szenariorechnung führt die Mineralölsteuererhöhung gemäß dem spezifischen CO_2-Emissionen je Liter Treibstoff zu einer höheren Besteuerung des Dieselkraftstoffes. Diese Spreizung ist aus klimapolitischer Sicht gewollt (vgl. Kap. 12.2 Tabelle 34). Bis zum Jahre 2015 wird die derzeit bestehende niedrigere Besteuerung des Diesels ausgeglichen, und ab diesem Jahr wird der Liter Diesel mit steigender Tendenz etwas mehr kosten als der Durchschnitt der Otto-Kraftstoffe. Somit ergibt sich auch eine differenzierte Lenkungswirkung für diese beiden Pkw-Technologien. Die Veränderungen der Fahr- bzw. Verkehrsleistung, der zusätzlichen Treibstoffnachfragereduktion sowie der Emissionen sind für die einzelnen Personenverkehrsmittel und die Aggregate Pkw, ÖPV und PV der Tabelle 36 aufgelistet.

Tabelle 36: **Auswirkungen der Mineralölsteuererhöhung gemäß dem Standard-Preis-Szenario (Variante "exp") auf die Verkehrsleistungen, die zusätzlichen Treibstoffnachfragereduktionen und die CO_2-Emissionen der einzelnen Personenverkehrsmittel**

		Pkw-Otto	Pkw-Diesel	Bus u.a.	Bahn-PV	Pkw	ÖPV	PV
Verkehrsleistung 1990	Mrd. pkm	574	111	70	87	685	179	864
Verkehrsleistung BAU 2020	Mrd. pkm	651	234	84	104	885	229	1.115
Verkehrsleistung Sz 2010	Mrd. pkm	569	173	84	117	742	232	974
Verkehrsleistung Sz 2020	Mrd. pkm	392	134	109	183	527	330	857
Veränd. Verk.-l. Sz '90-'20	%	-32	+21	+56	+110	-23	+85	-1
Veränd. Verk.-l. Sz-BAU '20	%	-40	-43	+34	+76	-41	+44	-23
Zusätzl. Treibstoffnachfrage-	2010 %	12	14	-	-	12	-	-
Reduktion zu BAU	2020 %	29	28	-	-	29	-	-
CO_2-Emissionen 1990	Mt	91,8	16,1	5,8	4,1	107,9	13,1	121,0
CO_2-Emissionen BAU 2020	Mt	69,8	23,9	8,9	4,7	93,7	18,3	112,0
CO_2-Emissionen Sz 2010	Mt	62,9	17,4	9,6	5,7	80,3	19,1	99,4
CO_2-Emissionen Sz 2020	Mt	22,2	6,9	11,9	8,3	29,1	23,8	52,9
Veränderung CO_2 Sz '90-'20	%	-76	-57	+106	+102	-73	+81	-56
Veränd. CO_2 Sz-BAU '20	%	-68	-71	+34	+76	-69	+30	-53
Starke N.-Ind. CO_2 Sz 2020		-	-	-	-	+0,36	-2,13	0

Ein Ergebnis des beschriebenen Mineralölsteuererhöhungsszenarios ist, dass die gesamte Verkehrsleistung im deutschen Personenverkehr auf das Niveau von 1990 zurückgedrängt wird (rund 860 Mrd. Personenkilometer), nachdem sie im Jahre 2001, also vor der ersten Erhöhung, nach der BAU-Prognose auf über 962 Mrd. pkm oder um über 11 % im Vergleich zum Jahr 1990 gestiegen sein wird. Dabei wird sich der Modal Split deutlich verschoben haben: Die Pkw-Verkehre haben im Jahre 2020 nur noch einen Anteil von 61 % (1990: 79 %) und der ÖPV (inklusive Motorräder und innerdeutscher Luftverkehr) erbringt 39 % (1990: 21 %) der Personenkilometer. Wie aus Tabelle 36 zu ersehen ist, werden die schienengebundenen Verkehrsmittel ihre Verkehrsleistung mehr als verdoppeln, sie sind die Hauptgewinner eines solchen Szenarios. Im Jahre 2020 wird die Verkehrsleistung um 23 % niedriger liegen als nach der BAU-Prognose im selben Jahr. Dabei werden die Pkw-Verkehre um rund 40 % weniger Verkehrsleistung erbringen, während der ÖPV um über 40 % zugenommen haben wird. Das in der Modal Split-Elastizität bemessene Verkehrsverlagerungspotenzial kommt bei den hier errechneten Mineralölsteuererhöhungen über einen Zeitraum von immerhin 19 Jahren voll zum Tragen.

Die CO_2-Emissionen des gesamten Personenverkehrs werden bis zum Jahre 2020 im Vergleich zum Basisjahr 1990 zielbedingt um 68,2 Megatonnen (Mt) vermindert, dies entspricht der starken ökologischen Reduktionsanforderung von 56,3 %. Die Pkw reduzieren dabei ihre CO_2-Emissionen um 78,8 Mt (-73 % bei nur geforderten -58 %), während der ÖPV im Jahre 2020 10,7 Mt mehr CO_2 emittiert als 1990 (+81 % bei geforderten -42 %). Innerhalb der Pkw stammt der größte Beitrag von den Otto-motorisierten Pkw (-76 %), während bei den Diesel-Pkw der nach dem BAU-Szenario prognostizierte Zuwachs durch die höhere Besteuerung je Liter Diesel nicht kompensiert wird, die Verkehrsleistung sogar leicht zunimmt und "nur" 57 % der CO_2-Emissionen vermieden werden.

Das Simulationsresultat, nach dem die Pkw mehr CO_2-Emissionen reduzieren, als gemäß ihrem starken Nachhaltigkeitsziel notwendig wäre, um die absoluten Steigerungen beim ÖPV zu kompensieren, ist bei der verkehrspolitischen Steuerung über die Mineralölsteuer diskussionswürdig. Auf der einen Seite werden die öffentlichen Busverkehre durch die Steuer auch belastet, obwohl sie neben der Bahn-PV die wichtigste Verlagerungsalternative darstellen. Auf der anderen Seite ergibt sich aus der Szenariorechnung, dass im Jahre 2020 die spezifischen CO_2-Emissionen pro Personenkilometer bei den Pkw aufgrund der deutlichen induzierten Effizienzsteigerung (zusätzliche Treibstoffnachfragereduktion aufgrund der umweltbewussteren Fahrweise und der Bestandsumschichtung) auf rund 55 Gramm CO_2/pkm sinken (2000: 143 g/pkm). Das entspricht einer Effizienzsteigerung bei der Technologie und der Nutzung des Automobils von 29 % (Tabelle 36), die zusätzlich zu den bereits in der BAU-Prognose angenommenen Effizienzverbesserungen induziert wird.

Beim ÖPV ergibt sich währenddessen im Szenario wie auch in der BAU-Prognose nur eine leichte Reduktion auf rund 72 g/pkm (2000: 89 g/pkm)[189]. Insofern resultiert aus der Berechnung, dass ab dem Jahr 2015 der Pkw das energieeffizientere Verkehrsmittel im Vergleich zum ÖPV ist, welcher wiederum auch Motorrad- und innerdeutsche Luftverkehre mit beinhaltet. Die schienengebundenen Verkehrsmittel Bahn-PV bleiben aber mit 45 g CO_2/pkm im Jahre 2020 die effizientesten Verkehrsmittel. Im Hinblick auf die Energieeffizienz des ÖPV ist darüber hinaus zu bedenken, dass die starke Verlagerung auf die öffentlichen Verkehrsmittel eher eine Auslastungsverbesserung und damit Effizienzsteigerungen hervorrufen wird, die in der Modellrechnung nicht abgebildet sind. Der ÖPV und insbesondere der ÖPNV dürfte durch die drastische Steuererhöhung eher an CO_2-Effizienz gewinnen.

Politisch einfacher umzusetzbar, erscheint die reine Zielerreichung bei den Pkw-Verkehren. Bei dieser Variante müssten die Preise bis zum Jahr 2020 "nur" auf 3,18 Euro je Liter Otto-Kraftstoffe und 3,19 Euro je Liter Diesel steigen, damit der starke Nachhaltigkeitsindikator $Ind_{SzStP/Pkw-StN}(CO_2,Pkw,2020)$ den Wert 0 annimmt und das Pkw-spezifische Reduktionsziel von -58% gegenüber 1990 erfüllt würde. Für den gesamten Personenverkehr würde im Jahre 2020 aber weiterhin eine Zielerfüllungslücke von rund 26 % klaffen (der starke Nachhaltigkeitsindikator $Ind_{SzStP/Pkw-StN}(CO_2,PV,2020)$ läge bei -0,26), da auch bei dieser Variante der ÖPV als Verlagerungsgewinner hervorgehen würde und die CO_2-Emissionen der öffentlichen Verkehrsmittel demzufolge steigen würden[190].

Die erforderliche absolute CO_2-Emissionsreduktion beim ÖPV ist nicht gleichzeitig mit der erwünschten und erzeugten Verlagerung vom MIV auf den ÖPV erreichbar. Um auch den ÖPV auf einen stark nachhaltigen Entwicklungspfad zu bringen, wären überproportional starke Effizienzverbesserungen notwendig, die nicht in 20 Jahren zu erreichen sind. Die Alternative wäre wohl nur, auch den ÖPV so stark zu verteuern, dass es zur Verkehrsvermeidung kommt. Dadurch würde aber die Verkehrsleistung im gesamten Personenverkehr drastisch sinken, weil natürlich auch die Verlagerungswirkung vom MIV auf den ÖPV zurück gedrängt würde. Die Mobilität der deutschen Bevölkerung wäre insgesamt stark gefährdet. Dies kann nicht Sinn einer nachhaltigen Personenverkehrspolitik sein. Daher lässt sich zusammenfassend feststellen, dass zur Erreichung einer gesamten stark nachhaltigen Personenverkehrsentwicklung der Pkw einen größeren CO_2-Minderungsbeitrag leisten muss. Dies gilt zumindest solange, bis der Pkw nicht CO_2-effizienter (pro pkm) fährt bzw. genutzt wird als die öffentlichen Verkehrsmittel Bus oder Bahn.

---

[189] Vergleiche hierzu auch das BAU-Szenario bezüglich der Prognose der Schadstoffemissionskoeffizienten in Kapitel 5.3.
[190] Bei der Variante "Pkw-Zielerreichung" würden die CO_2-Emissionen des gesamten Personenverkehrs um immerhin 45 % gegenüber 1990 reduziert. Absolut würde die gesamte Personenverkehrsleistung im Jahre 2020 auf das Niveau von 1998 zurückgedrängt. Die Verkehrsleistungen der Pkw müssten "nur" um 28 % statt um knapp 41 % (Variante "exp", vgl. Tabelle 36) gegenüber der BAU-Prognose sinken. Und auch der ÖPV würde nur um rund 25 % statt um 44 % gegenüber der BAU-Prognose zulegen.

Ein Manko der hier simulierten, Mineralölsteuer-basierten Erreichung des starken CO_2-Reduktionsziels für den gesamten deutschen Personenverkehr liegt in der Ausnahme der schienengebundenen Verkehrsmittel von der Besteuerung. Dadurch wird für diese Verkehrsmittel kein ökonomischer Anreiz für eine Effizienzerhöhung induziert. Würde die Mineralölsteuererhöhung über den Brennstoffeinsatz auf die Stromerzeugungskosten wirken, bestünde die Gefahr, die erhöhten Kosten auf den ÖPV-Benutzungspreis um zu legen, wodurch der erwünschte Verlagerungseffekt gemindert würde. Trotzdem sollte in der praktischen Umsetzung keine solche Ausnahmeregelung erfolgen, da alle CO_2-relevanten Brennstoffeinsätze im Personenverkehrssektor gemäß ihrer CO_2-Intensität bepreist werden sollten, um eine erneute Preisverzerrung zu vermeiden. Derzeit schneiden die öffentlichen Verkehrsmittel im Hinblick auf die CO_2-Effizienz im Vergleich zu den Pkw allerdings ohnehin noch deutlich besser ab. Will man aber darüber hinaus die öffentlichen Verkehrsmittel als Verlagerungsalternative noch weiter fördern, sollten nicht die ökonomischen Instrumente "verbogen" werden, sondern vielmehr andere attraktivitätssteigernde Maßnahmen zur Anwendung kommen (vgl. Tabelle 32, Kapitel 11.1.3 und 11.1.4).

Die Diskussion der letzten sechs Seiten diente dem Zweck auf zu zeigen, wie hoch die Treibstoffpreise der Größenordnung nach steigen müssten und welche Auswirkungen auf die Verkehrsleistung sowie die Energieeffizienz der einzelnen Verkehrsmittel zu erwarten wären, wenn das abgeleitete starke Nachhaltigkeitsziel im Bereich Klimaschutz für den Personenverkehr durch eine Mineralölsteuererhöhung erreicht werden soll. In der verkehrspolitischen Realität ist eine solche Erhöhung der Mineralölsteuer nicht durchsetzbar. Der Widerstand von Verbänden, der Industrie und der Bevölkerung wäre in Deutschland zu hoch. Die Mobilität würde sich im Ganzen deutlich verteuern. Als ein Beleg dienen die Mineralölsteuereinnahmen aus dem Personenverkehr, die von derzeit rund 28 Mrd. Euro (2001) auf knapp 120 Mrd. Euro im Jahre 2020 steigen würden. Das Ziel der CO_2-Reduktion wird allerdings nicht kostenneutral erreichbar sein.

Für den Personenverkehrssektor ergeben sich aus dieser Analyse Kosten in Höhe von 1.173 Euro (1995) je Tonne CO_2. Diese ermitteln sich in der Variante "exp" aus den mineralölsteuererhöhungsbedingten Zusatzkosten für alle Verkehrsteilnehmer von 677 Mrd. Euro für den Zeitraum von 2002 bis 2020 und den in diesem Zeitraum insgesamt im Vergleich zur BAU-Entwicklung vermiedenen 576,8 Mt CO_2. Bei der Variante "lin" liegt der Wert mit 1.138 Euro (1995)/t CO_2 etwas niedriger, bei allerdings einer wesentlich höheren Gesamtvermeidung (907,7 Mt) und dementsprechend höheren Gesamtkosten (1.033 Mrd. Euro). Bei der hier vorgestellten Simulationsrechnung wurde die Annahme getroffen, dass die Elastizitäten unabhängig von der Höhe der Steuererhöhung immer gleich gelten. Käme es allerdings angesichts der drastischen Mineralölsteuererhöhung zu einer stärkeren Reaktion, ausgedrückt beispielsweise durch ein Ansteigen der umfassenden langfristigen Treibstoffnachfrageelastizität, würden sich die Kosten pro Tonne CO_2 verringern, da zur Zielerreichung nur eine geminderte

Steuererhöhung notwendig wäre. Eine solche stärkere Reaktion erscheint nicht unwahrscheinlich.

Die Mineralölsteuerlösung gewährleistet der Theorie nach, dass die Verkehrsteilnehmer mit den geringsten Grenzvermeidungskosten die Vermeidung vornehmen. Der Wert von über 1.100 Euro (1995)/t CO_2 stellt also einen Richtwert für den Vergleich mit der kosteneffizienten Zertifikatelösung dar. Denn als weiteres Ergebnis dieser Analyse zeigt sich, dass im geschlossenen System des Personenverkehrssektors Grenzvermeidungskosten in Höhe von über 1.100 Euro (1995)/t CO_2 resultieren, wenn die Reduktion von 56,3 % der CO_2-Emissionen im Jahre 2020 im Vergleich zum Basisjahr 1990 durch eine Mineralölsteuererhöhung erreicht werden soll. In wieweit das gleiche Ziel mit der Emissionshandelslösung günstiger erreicht werden kann, wird der nächste Abschnitt zu klären versuchen.

13.2 Szenario "Zielerreichung durch handelbare CO_2-Emissionszertifikate"

Ein politisch festgelegtes Emissionsreduktionsziel kann am zielgenauesten durch die Vergabe von Emissionszertifikaten erreicht werden. Während beim Standard-Preis-Ansatz, wie oben beschrieben, das erwünschte CO_2-Reduktionsziel über eine Preisregulierung erreicht wird, erfüllt ein System handelbarer Emissionszertifikate das erwünschte Mengenziel durch eine Mengenregulierung. Der (theoretische) Vorteil von handelbaren Emissionszertifikaten liegt so auch in der punktgenauen Einhaltung einer Mengenvorgabe (ökologische Treffsicherheit) zu minimalen Kosten (Kosteneffizienz). Die Verifizierung dieser theoretischen Aussage am Beispiel des stark nachhaltigen CO_2-Reduktionsziels für den deutschen Personenverkehrssektor ist Inhalt dieses Kapitels 13.2. Zu klären ist demnach, ob und in welcher Ausgestaltung ein CO_2-Zertifikatesystem das in Kapitel 6 abgeleitete Reduktionsziel günstiger erfüllt als die beschriebene Mineralölsteuerlösung.

Der Marktpreis für die Emissionszertifikate ergibt sich aus den Grenzvermeidungskosten für die erwünschte Reduktionsmenge. Die Vermeidungskosten sind wiederum direkt abhängig von der gewählten Bezugsgruppe. In Kapitel 11.6 wurde die Aussage getroffen, dass die Vermeidung um so günstiger erfolgen kann, je offener ein Emissionshandelssystem ausgestaltet ist, d. h. je mehr Akteure in den Vermeidungsprozess eingebunden werden. Ein geschlossenes System, bei dem beispielsweise die Verkehrsmittelnutzer ein angestrebtes Vermeidungsziel erreichen müssen und die Emissionszertifikate nur zwischen diesen Akteuren gehandelt werden dürfen, begrenzt die Vermeidungsmöglichkeiten im Vergleich zu einem offenen intersektoralen System, bei dem für eine gesamte Volkswirtschaft ein Reduktionsziel festgelegt und in Zertifikaten für alle Akteure verbrieft wird, wodurch die gesamtwirtschaftlich kostengünstigsten Vermeidungsoptionen zur Anwendung kommen. Wird das Handelssystem auch international geöffnet, indem auch die anderen Kyoto-Mechanismen Joint Implementation (JI) und Clean Development Mechanism (CDM) zugelassen werden, erhöht sich normalerweise deutlich die Anzahl kostengünstiger Vermeidungsoptionen.

Im folgenden Abschnitt werden die Grenzvermeidungskostenkurven für verschiedene Öffnungsgrade eines CO_2-Emissionshandelssystems abgeleitet und im Vergleich zu den Vermeidungskosten im deutschen Personenverkehrssektor diskutiert. In den darauffolgenden Abschnitten wird ein Vorschlag für ein CO_2-Zertifikate-Handelssystem im deutschen Personenverkehrssektor auf Grundlage der Ergebnisse des theoretischen Einführungskapitels 11.6 erarbeitet. Der Titel diese Kapitels "Szenario 'Zielerreichung durch handelbare CO_2-Emissionszertifikate'" wird nicht als Berechnungsszenario verstanden, sondern es soll vielmehr ein Szenario entwickelt werden, wie eine CO_2-Zertifikatelösung für den deutschen Personenverkehrssektor ausgestaltet werden könnte und wie diese Lösung sinnvoll in ein nationales oder internationales Emissionshandelssystem eingebunden werden kann.

13.2.1 Grenzvermeidungskostenschätzungen für den Vergleich der CO_2-Zertifikate- mit der Mineralölsteuerlösung

Grenzvermeidungskosten sind abhängig von der Menge der zu vermeidenden Emissionen. Die Grenzvermeidungskostenkurven steigen gewöhnlich mit der Höhe der zu reduzierenden Emissionen an. Jeder Grenzvermeidungskostenpunkt stellt im Prinzip einen Schattenpreis für eine weitere Einheit der zu reduzierenden Emission dar (z. B. eine Tonne CO_2). Zur Bestimmung solcher Schattenpreise werden die verschiedenen Vermeidungsoptionen nach ihrer Kostengünstigkeit und ihrer Einsatzmöglichkeit abgearbeitet, um die günstigste Gesamtlösung zu erzielen (vgl. Schade et al., 2000:96f). Voraussetzung ist, dass im Optimierungsmodell über eine Kosten-Effektivitäts-Analyse die kostengünstigsten Optionen ermittelt werden können. Im Beispiel des Personenverkehrs reicht die Palette der Vermeidungsoptionen von technologischen Effizienzsteigerungen über Verhaltensänderungen und Verkehrsmittelwahlentscheidungen bis hin zu Verkehrsverminderungen durch Aktivitätsreduktionen.

In einem EU-Projekt über die volks- und energiewirtschaftlichen Auswirkungen der Umsetzung des EU-Burden Sharing Agreements im Rahmen der Kyoto-Vereinbarung wurde die CO_2-Zertifikatelösung mit EU-weitem Emissionshandel und ohne diesen untersucht. Dafür wurden Grenzvermeidungskosten für die einzelnen EU-Länder und die gesamte EU mit dem PRIMES Energiemodell, einem partialanalytischen Gleichgewichtsmodell der Energienachfrage und des -angebots, aus Simulationsrechnungen abgeleitet. Das PRIMES Modell basiert auf der "least cost"-Methode, d. h. es rechnet mit den kostengünstigsten Vermeidungsoptionen für jeden Wirtschaftssektor und jedes Land (vgl. Capros and Mantzos, 1999:6ff).

Eyckmans und Cornillie (2000:10) haben basierend auf PRIMES Simulationen Grenzvermeidungskostenkurven als Exponentialfunktionen für Deutschland und die anderen EU-Länder in Abhängigkeit von der Menge der zu vermeidenden CO_2-Emissionen geschätzt. Die Grenzvermeidungskosten gelten für ein geschlossenes System, also ohne Erlaubnis eines EU-weiten CO_2-Zertifikatehandels. Für Deutschland ist die Kurve mit Gültigkeit bis zum Jahre 2010 in der Abbildung 56 eingezeichnet[191]. Dabei sind auf der Abszisse nicht die zu vermeidenden Megatonnen CO_2 abgetragen sondern die prozentuale Vermeidung im Vergleich zum Basisjahr 1990. Die beiden Grafen für die EU (2010 und 2020) zeigen die Grenzvermeidungskosten bei Erlaubnis eines intersektoralen und EU-weiten Emissionshandels. Sie stammen direkt aus Capros and Mantzos (1999:38)[192].

Abbildung 56: Grenzvermeidungskostenkurven für ein offenes EU-weites, ein intersektorales deutschlandweites und ein geschlossenes sektorales Emissionshandelssystem (nur Pkw im deutschen PV)

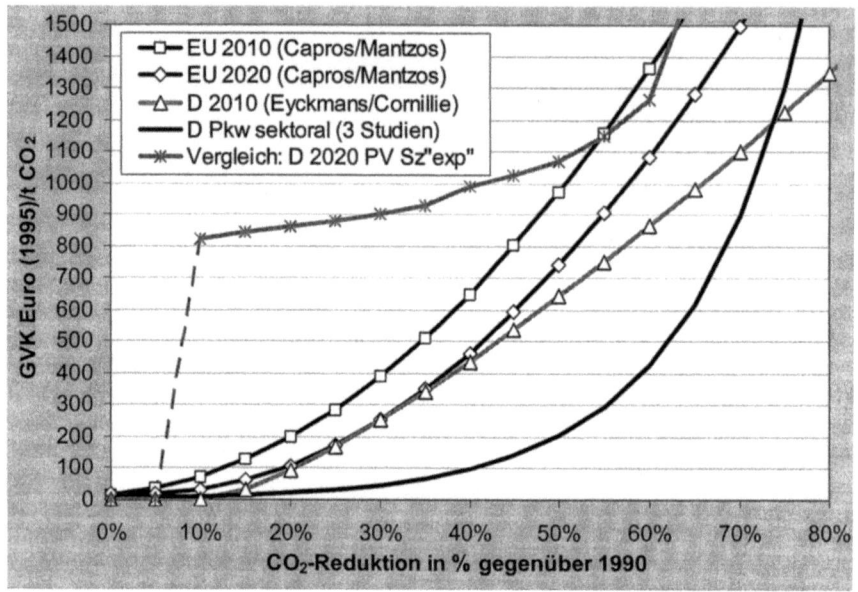

Des Weiteren zeigt die Abbildung 56 die in Kapitel 10 für die technologische Entwicklung der Pkw in Deutschland abgeleitete Grenzvermeidungskostenkurve (vgl. Abbildung 44), die allerdings nur bedingt mit den anderen Kurven vergleichbar ist, da sie mögliche Veränderungen der Grenzkosten durch einen starken Fahrleistungsanstieg

---

[191] Für Deutschland hat die Funktion die folgende Form: GVK (R) = $0,29*R^{1,29}$ mit R als Differenz zwischen dem BAU-Szenario von Eyckmans und Cornillie und der erwünschten absoluten CO_2-Menge im Jahre 2010. Die sich ergebenden Grenzvermeidungskosten werden umgerechnet auf die in der eigenen Untersuchung gewünschte Basis der prozentualen Vermeidung im Vergleich zum Basisjahr 1990.

[192] In dem Paper von Capros und Mantzos (1999:38) sind die beiden Grenzvermeidungskostenkurven in Abhängigkeit der vermiedenen Emissionen (in Mt CO_2) im Vergleich zu einem Referenzfall (vergleichbar einer BAU-Prognose) abgebildet. Die eigene Untersuchung stützt sich bei den CO_2-Emissionsdaten auf die UNFCCC, bei der BAU-Prognose für die EU-Länder und für die deutschen Wirtschaftssektoren mit Ausnahme des Verkehrssektors auf den "European Union Energy Outlook to 2020" (European Commission, 1999). Insofern muss ein Abgleich der unterschiedlichen Daten erfolgen, um die Grafen in Abbildung 56 in Abhängigkeit von der prozentualen Vermeidung im Vergleich zum Basisjahr 1990 (UNFCCC) darzustellen. Es bestehen aber keine gravierenden Unterschiede zwischen den Capros-Mantzos-Daten und Referenzprognosen und den UNFCCC-Daten und Energy Outlook-Prognosen.

bei den Pkw-Verkehren nicht mitberücksichtigt und nicht explizit für irgendeinen zukünftigen Zeitpunkt (2010 oder 2020) ermittelt wurde. Der erste Einwand dürfte aber bei der prognostizierten Fahrleistungsentwicklung gemäß dem BAU-Szenario nicht von ausschlaggebender Bedeutung sein. Zum Vergleich ist außerdem die Grenzvermeidungskostenkurve für den gesamten deutschen Personenverkehrsektor abgebildet, die sich aus der Standard-Preis-Szenarioberechnung aufgrund der Mineralölsteuerlösung (1173 Euro (1995)/t CO_2 bei einer Vermeidung von 56,3 %) und weiteren Simulationen mit der Variante "exp" ergibt.

Wie ist nun diese Abbildung zu lesen? Die Grenzvermeidungskostenkurven sind jeweils in Abhängigkeit der prozentualen Reduktion zur spezifischen Gesamtemissionsmenge im Jahre 1990 angegeben. Betrachtet man beispielsweise ein deutschlandweites CO_2-Reduktionsziel von 40 %, das als flat rate auch für alle Wirtschaftssektoren gilt, so zeigt sich, dass im deutschen Pkw-Sektor die Anforderung durch technologische Maßnahmen relativ günstiger erfüllt werden kann, als wenn dieselbe prozentuale Reduktion für die gesamten deutschen CO_2-Emissionen gilt, auch wenn die einzelnen Sektoren die Zertifikate untereinander handeln können. Dieses Ergebnis überrascht ein wenig, gilt doch der Verkehrssektor als besonders teuer in Bezug auf Emissionsvermeidung[193]. Die Analyse im Kapitel 10 hat aber gerade ergeben, dass bei den Pkw technologisch eine ganze Reihe günstiger Vermeidungsoptionen vorhanden sind. Inwieweit diese, bei Realisierung, auch von den Kunden angenommen werden, hängt stark vom Verkaufspreis für energieeffizientere Fahrzeuge ab. Die Vermeidung erfolgt nämlich nicht bei den Fahrzeugherstellern, sondern bei den Nutzern. Aus dieser Perspektive können sich andere Grenzvermeidungskosten für den Pkw-Verkehr ergeben.

Weniger überraschend ist die Erkenntnis, dass die relativen Grenzvermeidungskosten in Deutschland günstiger sind als auf der gesamten EU-Ebene. Dieses Ergebnis wird auch in den beiden zitierten Publikationen betont. Capros und Mantzos (1999:16) geben für ein Zertifikateregime ohne EU-weiten Emissionshandel an, dass die Kyoto-Zielvereinbarung für die EU (-8 % der CO_2-Emissionen von 1990) mit durchschnittlichen Grenzvermeidungskosten von 62,5 Euro je vermiedene Tonne CO_2 erreicht werden kann. Dieser Wert könnte um rund 40 % gesenkt werden, wenn ein Handel der CO_2-Zertifikate innerhalb der EU erlaubt würde. Deutschland könnte sein Ziel (-21 %) ohne internationalen Zertifikatehandel mit Grenzvermeidungskosten von 27,8 Euro/vermiedene t CO_2 am günstigsten erfüllen, während für die Niederlande der vergleichbare Wert bei 166,8 Euro/vermiedene t CO_2 liegen würde. Eyckmans und Cornillie (2000:13) präsentieren auf Grundlage derselben Ausgangsdaten und dem gleichen Handelsregime wesentlich höhere Grenzvermeidungskosten: EU: 160, Deutschland: 90 und die Niederlande: 464 Euro/vermiedene t CO_2. Begründet werden die Unterschiede mit dem Bezug der Reduktionsanforderungen auf die prognostizierten CO_2-Emissionen im Jahre 2010 gemäß der BAU-Referenzentwicklung für die einzelnen Länder der EU. Dadurch sind die Reduktionserfordernisse zur Erfüllung der jeweiligen Ziele im

---

[193] Allerdings muss beachtet werden, dass für den stark wachsenden Güterverkehrsbereich möglicherweise deutlich andere Grenzvermeidungskosten resultieren, die hier nicht untersucht wurden.

Vergleich zur Studie von Capros und Mantzos rund doppelt so hoch. Hier zeigt sich deutlich, wie stark die Grenzvermeidungskosten von den zugrunde gelegten Annahmen abhängen. Die abgeleiteten Grenzvermeidungskostenkurven für die EU und für Deutschland sollten deshalb nur als Orientierungsgrößen angesehen werden. Gerade für die in dieser Untersuchung relevanten Bereiche der CO_2-Reduktion von -40 bis -60 % werden sie als nicht sehr gesichert eingeschätzt.

In der Tabelle 37 sind die Größenordnungen der Grenzvermeidungskosten für die verschiedenen Zielerreichungs-Regime, bezogen auf die starken Nachhaltigkeitsziele, die in Kapitel 6 abgeleitetet wurden, zusammengefasst. Die Grenzvermeidungskosten für die Reduktion der CO_2-Emissionen in Gesamtdeutschland (D) beziehen sich auf das Jahr 2010, für das Jahr 2020 dürften sie, bei Übertragung des Ergebnisses der beiden Schätzungen für die EU, niedriger liegen. In der Tabelle ist zusätzlich die Spalte "Pkw im Rahmen des deutschen Personenverkehr (Pkw-PV)" aufgenommen, welche die spezielle Reduktionsanforderung angibt, die sich aus der Kompensationsleistung der Pkw für die steigenden Emissionen des ÖPV im Standard-Preis-Szenario aufgrund der Mineralölsteuererhöhung ergibt. Die Grenzvermeidungskosten basieren wie in der letzten Spalte "Pkw" auf den technologischen Vermeidungsoptionen bei den Pkw.

Tabelle 37: **Grenzvermeidungskosten für die Erfüllung der stark nachhaltigen CO_2-Reduktionsziele für die EU, Deutschland, den deutschen Personenverkehrssektor (PV) und die Pkw**

	EU	**D**	**PV**	*Pkw-PV*	**Pkw**
CO_2-Emissionen 1990 [Mt]	3.324	1.015	121,0	*107,9*	107,9
Ziel CO_2 2020 [Mt]	**1.482**	**425**	**52,9**	*29,1*	**45,3**
BAU-Prognose CO_2 2020 [Mt]	3.567	896	112,0	*93,7*	93,7
Reduktionsanf. Ziel 1990-2020 [%]	**-55,4**	**-58,1**	**-56,3**	*-73,0*	**-58,0**
Reduktionsanf. Ziel-BAU 2020 [%]	-58,5	-52,5	-52,8	*-69,0*	-51,7
Grenzvermeidungskosten [Euro (1995)/vermiedene t CO_2]	**1.189**	**566**	**1.173**	*425*	**140**

Der konsistente Zielkatalog für die EU, Deutschland, den deutschen Personenverkehrssektor und die Pkw erzeugt vergleichbare, stark nachhaltige Reduktionsziele zwischen -55 und -58,1 %. Die jeweils dazugehörenden spezifischen Grenzvermeidungskosten lassen einen Vergleich zwischen den verschiedenen Öffnungsgraden der Zertifikatelösung sowie der Mineralölsteuerlösung zu. Aus dieser Analyse ergibt sich, dass bei einem geschlossenen System nur für den deutschen Personenverkehrssektor der Zertifikatepreis bei rund 430 Euro/t CO_2[194] liegen dürfte, da die Vermeidung in erster Linie bei den Pkw-Verkehren erfolgen würde und die ÖPV-Nutzer bzw. ÖPV-Dienstleister, je nach Ausgestaltung des Systems, als Nachfrager nach CO_2-Zertifikaten

---

[194] Die Größenordnung der Kosten wird auch durch eine Studie vom IWW in Karlsruhe bestätigt. In dem Paper "Goal Driven Design of a Sustainable Transport System" wird ein Schattenpreis für das Nachhaltigkeitskriterium von -30 % CO_2-Emissionen im deutschen Verkehrssektor (Ziel für 2010 auf der Basis von 1992) von rund 200 Euro/vermiedene t CO_2 geschätzt (Schade et al., 2000:111). Auch die Arbeit von Schade et al. folgt dem "least cost"-Ansatz für die Emissionsvermeidung.

am Markt auftreten würden. Bei einem deutschlandweiten Zertifikatesystem mit intersektoralem Handel würde der gesamte PV-Sektor eher Zertifikate anbieten, da in den anderen deutschen Wirtschaftssektoren gemäß der Grenzvermeidungskostenkurve höhere Grenzkosten bei einer derartig starken Reduktionsanforderung von -58 % resultieren. Die Akteure im PV-Sektor würden also Zertifikateverkaufserlöse durch eine über ihr spezifisches Ziel hinausgehende Vermeidung erzielen können. Bei EU-weitem Handel würden alle deutschen Akteure deutliche Verkaufserlöse erzielen und Deutschland würde weit über sein spezifisches Ziel hinaus CO_2-Emissionen vermeiden.

Mit hoher Wahrscheinlichkeit kann das stark nachhaltige CO_2-Reduktionsziel mit einem Zertifikatesystem zu Kosten von maximal 550 Euro/t CO_2 im deutschen Personenverkehr erreicht werden. Eine Begründung für diese Aussage gibt die Einschätzung, dass die Kostengünstigkeit der Vermeidungsoptionen bei den Pkw eher etwas überschätzt wurde, aber die Grenzvermeidungskosten deutschlandweit bis zum Jahre 2020 eher niedriger ausfallen dürften, als in der Schätzung von Eyckmans und Cornillie angegeben wurde. Die maximalen Grenzvermeidungskosten von 550 Euro/t CO_2 ermöglichen bei einem Zertifikatesystem im Vergleich zur Mineralölsteuerlösung, bei der die Kosten je vermiedene Tonne CO_2 bei über 1.100 Euro liegen, die gesamtwirtschaftlich deutlich günstigere Lösung.

Im Ganzen sind die hier diskutierten Kostengrößen sehr hoch. In der augenblicklichen politischen Diskussion, die sich allerdings an den Kyoto-Reduktionsanforderungen orientiert, werden Grenzvermeidungskosten von bis zu 100 Euro/t CO_2 genannt. Zwei Hinweise belegen, dass möglicherweise auch sehr starke Reduktionsziele bei internationaler Ausgestaltung einer Zertifikatelösung zu Kosten in dieser Größenordnung erreicht werden können. Zum Einen ergeben die Modellberechnungen mit POLES und PRIMES nach Capros und Mantzos (1999:21) bei einem Zertifikatesystem mit vollständig freiem Emissionshandel zwischen allen Annex B-Ländern[195] nur Grenzvermeidungskosten von 17,4 Euro/t CO_2 zur Erreichung der Kyotoziele bis zum Jahre 2010. Insbesondere in Russland und der Ukraine seien die sehr günstigen Vermeidungsoptionen beheimatet. Werden darüber hinaus die weiteren Kyoto-Instrumente JI und CDM zugelassen, ergeben sich erwartungsgemäß noch günstigere Vermeidungsoptionen. Für die Übertragung auf die hier abgeleiteten starken Nachhaltigkeitsziele ist zu bedenken, dass gerade in den Entwicklungsländern teilweise sogar noch pro Kopf-Steigerungen der CO_2-Emissionen berechnet wurden (vgl. Kapitel 6), wodurch sich eine Vielzahl weiterer kostengünstigerer Vermeidungsoptionen ergeben müsste. Weltweit dürften demzufolge die Grenzvermeidungskosten für CO_2-Emissionen nicht Größenordnungen von 500 Euro/t CO_2 erreichen.

---

[195] Neben den 15 Ländern der Europäischen Union sind dies Australien, Bulgarien, Estland, Island, Japan, Kanada, Kroatien, Lettland, Litauen, Lichtenstein, Monaco, Neuseeland, Norwegen, Polen, Rumänien, Russische Förderation, Slowakei, Slowenien, Schweiz, Tschechische Republik, Ukraine, Ungarn und die USA.

Zum Zweiten gibt Kageson (2001:30) in einer neuen Veröffentlichung zu den Auswirkungen eines CO_2-Emissionshandels auf den europäischen Verkehrs- und Transportsektor an, dass eine obere Grenze von 65 Euro/t CO_2 für die Grenzvermeidungskosten durch die Möglichkeit der Speicherung von CO_2 in leeren Öl- oder Gasfeldern gegeben sei. Zitiert wird als Quelle die Internationale Energie Agentur (2000) "Technology Status Report: CO_2 Capture and Storage", IEA Greenhouse R&D programme. Die Technologie zur Extraktion von CO_2 bei Großkraftwerken sei erforscht und getestet und die Speicherkapazitäten reichten für mehrere hundert Jahre von CO_2-Emissionen. Unter der Bedingung eines freien Handels der Emissionsrechte könnte diese Kostengrenze auch für die mobilen Quellen im Personenverkehrssektor gelten. Die Stichhaltigkeit einer solchen "end of the pipe"-Maßnahme im Hinblick auf die Kosten kann hier nicht beurteilt werden.

Zusammenfassend kann festgehalten werden, dass mit einem CO_2-Zertifikatesystem im deutschen Personenverkehrssektor bzw. durch die Integration des PV-Sektors in ein zumindest deutschlandweites CO_2-Emissionshandelssystem das starke Nachhaltigkeitsziel deutlich kostengünstiger erreicht werden kann als mit einer Mineralölsteuererhöhung. Je offener ein Zertifikatesystem dabei ausgestaltet wird, desto höher sind die Vorteile für die deutschen Akteure. Der Personenverkehrssektor wird wahrscheinlich nicht, wie allgemein angenommen, als reiner Nachfrager nach Zertifikaten auftreten. Bei internationalem Handel und der Erlaubnis von JI und CDM sind die Ziele wahrscheinlich am Kostengünstigsten zu erreichen. Für die Frage der konkreten Ausgestaltung einer Zertifikatelösung im PV-Sektor wird in den folgenden Abschnitten ein Vorschlag erarbeitet und diskutiert.

13.2.2 Midstream-Ansätze

In Kapitel 11.6 wurden drei mögliche Regelungspunkte für die Zertifizierung der CO_2-Emissionen, die aus der Benutzung der Verkehrsmittel im deutschen Personenverkehr entstehen, definiert: Am Beginn der Wertschöpfungskette (upstream) beim Brennstoffhersteller bzw. -händler, in der Mitte der Kette (midstream) bei den Verkehrsdienstleistern und Fahrzeugherstellern bzw. -händlern oder direkt an der Emissionsquelle bei den gefahrenen Kilometern oder den Endkonsumenten (downstream). Für die Ausarbeitung eines Realisierungsvorschlages im Personenverkehr sollte insbesondere die Anreizwirkung betrachtet werden, die bei den Zertifikatepflichtigen ankommt bzw. an die betroffenen Wirtschaftssubjekte weitergegeben wird. Unter diesem Gesichtspunkt erscheint die Lösung am Geeignetesten, bei der die Emittenten selber den Anreiz der Zertifikatepflicht erhalten, entweder durch den Einsatz der individuell günstigsten Vermeidungsmöglichkeit CO_2-Emissionen einzusparen und möglicherweise Handelserlöse zu erzielen, oder nicht zu vermeiden, aber dafür auch direkt die finanzielle Belastung durch einen Zertifikatezukauf tragen zu müssen. Dieser downstream-Ansatz wurde in Kapitel 11.6 wegen der hohen Anzahl der Akteure, der zu erwartenden extrem hohen Transaktionskosten (Kontroll- und Implementierungskosten), der ungeklärten Zurechnungsprobleme der CO_2-Emissionen auf die Endkonsumenten beim öffentlichen

Verkehr sowie der ebenso ungeklärten Zertifikate-Handelsmöglichkeiten bei der Vielzahl der Akteure und erheblicher juristischer Umsetzungsprobleme ausgeschlossen.

Im Rahmen der midstream-Lösung werden zwei Regelungspunkte für CO_2-Zertifikate im Personenverkehrssektor diskutiert: die Verkehrsdienstleister und die Fahrzeughersteller. Während bei Ersteren die relevanten Unternehmen wie die Deutsche Bahn AG und deren Konkurrenten im überregionalen Schienenverkehr, die kommunalen Verkehrsgesellschaften im ÖPNV, die Fluggesellschaften (Lufthansa) und die privaten Busunternehmen Mineralölprodukte beziehen und diese als Inputfaktoren für die Erstellung der Dienstleistung einsetzen, sind die Fahrzeughersteller im Hinblick auf den Einsatz von Brennstoffen für die Verkehrsmittelnutzung nicht direkt an der Wertschöpfungskette beteiligt. Insofern ist die Einstufung des Fahrzeughersteller-Ansatzes als midstream-Ansatz etwas irreführend. Winkelman et al. (2000:12ff) bezeichnen den Fahrzeughersteller-Ansatz denn auch als downstream, obwohl die Verkehrsmittel eine Vorleistung für die eigentlich relevante Verkehrsleistung und die damit verbundenen CO_2-Emissonen im Personenverkehr sind. Deshalb wird dieser Regelungspunkt hier als midstream-Ansatz eingeordnet und an dieser Stelle diskutiert.

13.2.2.1 Der Verkehrsdienstleister-bezogene Ansatz

Beim Verkehrsdienstleister-Ansatz muss jedes Unternehmen, dass in Deutschland Personenverkehrsdienstleistungen anbietet, die innerhalb einer festgelegten Periode (z. B. innerhalb eines Betriebsjahres) auftretenden Emissionen über die entsprechende Zahl von Zertifikaten abdecken können (vgl. zu diesem Ansatz Diaz-Bone et al., 2001:19f). Die Unternehmen bekommen entweder über einen Grandfathering-Ansatz in Abhängigkeit ihrer CO_2-Emissionen und Marktanteile eine Menge von Emissionszertifikaten kostenfrei zugeteilt, oder sie müssen diese auf einer Auktion ersteigern. Das Reduktionsziel bzw. die erlaubte Menge an CO_2 für jedes Unternehmen (Cap) kann dabei als absolutes Cap oder auch als spezifisches Cap in CO_2 pro Personenkilometer (CO_2/pkm) gesetzt werden. Letzteres erfordert eine dementsprechende Umrechnung. Notwendig ist die Bereitstellung von Gegenwartsdaten über die gesamte Emissionsmenge bzw. den gesamten Energieverbrauch, der beim Einsatz der Verkehrsmittel entstanden ist, und der gesamten Verkehrsleistung des Unternehmens. Diese Daten werden ohnehin in den Unternehmen erhoben.

Überschreiten die absoluten Emissionen oder die spezifischen Emissionen (CO_2/pkm) die Zielvorgabe, muss der Dienstleister eine entsprechende Zahl von Zertifikaten zukaufen, im anderen Fall kann er seine überschüssigen Zertifikate verkaufen. Die Kosten/Erlöse des Emissionshandels werden auf die Dienstleistungspreise umgelegt. An den Kunden werden so nur Preissignale weitergegeben. Ziel dieses Systems ist es, die CO_2-Emissionen des öffentlichen Personenverkehrs in ein umfassenderes Emissionshandelssystem zu integrieren und dabei die spezifischen Handlungs- und Vermeidungsmöglichkeiten bei den Akteuren direkt anzustoßen. Beim Endkunden bestehen im öffentlichen Verkehr nämlich nur sehr limitierte Handlungs- und Vermeidungsoptionen, die sich im Wesentlichen auf die Einschränkung der Verkehrsaktivität beschränken. Die Dienstleistungsunternehmen können dagegen CO_2-Emissionen durch eine Anzahl von Maßnahmen vermeiden:

- Fuhrparkoptimierung hin zu energieeffizienteren Verkehrsmitteln,
- technologische Verbesserungen und Wartung an den Fahrzeugen,
- Optimierung des Fahrverhaltens (z. B. durch Verstetigung oder Reduktion der Geschwindigkeit),
- Optimierung der Wege,
- Erhöhung der Auslastung (z. B. durch eine entsprechende Preispolitik) und
- Erhöhung der CO_2-Effizienz bei der Bahnstromerzeugung (z. B. durch den verstärkten Einsatz erneuerbarer Energien).

Bei einer Ausgestaltung des Ansatzes mit absolutem Cap ergibt sich die zusätzliche Handlungsoption, die Aktivität im Ganzen einzuschränken, was allerdings normalerweise nicht ein Unternehmensziel sein dürfte. Auf der anderen Seite erfordert ein hohes Wachstum des Unternehmens den Zukauf von Zertifikaten oder verstärkte Vermeidungsaktivitäten. Für ein wachstumsorientiertes Unternehmen ist von daher ein spezifisches Cap von Vorteil. Ein spezifisches Cap birgt allerdings die Gefahr der ökologischen Zielverfehlung, da durch eine Erhöhung der produzierten Verkehrsleistung die Emissionen trotz spezifischer Reduktion steigen können. Das CO_2-Reduktionsziel wird beim absoluten Cap genau erreicht. Bei einem absoluten Cap besteht auch volle Kompatibilität hinsichtlich einer Anbindung an ein nationales oder internationales Trading Regime, da die gehandelten Rechte auf Tonnen CO_2 lauten.

Die oben genannten Punkte stellen Optionen dar, um CO_2-Emissionen kosteneffizient zu vermeiden. Dabei bekommen diejenigen Anbieter mit den niedrigsten Grenzvermeidungskosten den Anreiz die größten Vermeidungsanstrengungen vorzunehmen und Zertifikate zum Handel bereitzustellen. Auch das Kriterium der Innovationsfreundlichkeit erscheint als erfüllt, da der Kapitalumschlag bei den betrachteten Verkehrsdienstleistungsunternehmen hoch genug ist, um in moderne Niedrig-Emissions-Technologien zu investieren. Bezüglich der Transaktionskosten ist die Bewertung weit besser als beim downstream-Ansatz. Die Zahl der Akteure ist überschaubar allerdings mit schätzungsweise mehreren hundert Akteuren recht hoch. Dadurch ergibt sich ein relativ hoher Kontroll- und Umsetzungsaufwand.

Durch den Verkehrsdienstleister-Ansatz setzt der Handlungsanreiz direkt bei den Zertifikatepflichtigen also dem Unternehmen an. An den Endverbraucher wird nur ein Preissignal weitergegeben, wobei auf der Fahrkarte die für die jeweilige Verkehrsdienstleistung vorgehaltenen Emissionsrechte ausgewiesen werden sollten, um die Transparenz für den Endkonsumenten zu erhöhen. Am Regelungspunkt bleibt durch die überschaubare Anzahl von Akteuren die Transparenz gewahrt.

Der Ansatzpunkt über die Verkehrsdienstleister kann bei der Forderung nach vollständiger Zertifizierung der CO_2-Emissionen im Personenverkehrssektor nicht separat betrachtet werden, da nur die Emissionen des öffentlichen Personenverkehrs erfasst werden. Diese machen im Jahre 2000 nur knapp 12 % aller CO_2-Emissionen des Personenverkehrs aus. Hier liegt ein entscheidender Nachteil, weil zusätzlich ein weitere Ansatz verfolgt werden muss, um auch den weitaus größeren Anteil der Emissionen aufgrund der Individualverkehrsmittelnutzung zu steuern. Hier bieten sich die Kraftfahrzeughersteller an.

13.2.2.2 Der Fahrzeughersteller-bezogene Ansatz

Das wesentliche Ziel eines Zertifikate-Ansatzes bei den Fahrzeugherstellern liegt in dem direkten Anreiz zur Reduktion der spezifischen CO_2-Emissionen über technische Maßnahmen an Neufahrzeugen. Die Fahrzeughersteller sind kritische Akteure im Verkehrssektor, da sie determinieren, welche Art von Fahrzeugen gebaut werden und wie CO_2-effizient diese sind. Auch wenn die Produktion durch die Endkundennachfrage deutlich beeinflusst wird, werden die Forschungs- und Entwicklungsentscheidungen sowie die Ausstattung der auf den Markt gebrachten Fahrzeuge in den Unternehmen beschlossen und entsprechend vermarktet (vgl. Winkelman et al., 2000:12ff).

Theoretisch können mit diesem Ansatz alle Emissionen des Personenverkehrssektors erfasst und zertifiziert werden, wenn auch die Schienenfahrzeughersteller (bzw. auch die Flugzeug- und Personenschiffsbauer) miteinbezogen werden. Der herstellerbezogene Ansatz wird im Folgenden nur am Beispiel der Pkw- und Motorradhersteller diskutiert, da diese als Komplementär zu dem Verkehrsdienstleister-Ansatz in ein umfassenderes Emissionshandelssystem einbezogen werden können. Erfasst werden die Emissionen pro Fahrzeug, die während der Nutzungsphase durchschnittlich emittiert werden. Dazu muss jeder Hersteller Daten über die Anzahl abgesetzter Fahrzeuge, die spezifischen CO_2-Emissionen (bzw. den Normkraftstoffverbrauch), die mittlere Lebenszeit sowie die mittlere Jahresfahrleistung für jeden Fahrzeugtyp und jede Motorisierung bereitstellen.

Die Hersteller bekommen entweder über einen Grandfathering-Ansatz in Abhängigkeit ihrer CO_2-Emissionen und Marktanteile im Basisjahr eine Menge von Emissionszertifikaten zugeteilt oder müssen diese auf einer Auktion ersteigern. Das Reduktionsziel bzw. die erlaubte Menge an CO_2 für jedes Unternehmen (Cap) kann dabei vergleichbar dem Verkehrsdienstleister-Ansatz als absolutes Cap oder auch als spezifisches Cap in CO_2 pro Fahrzeugkilometer (CO_2/km), differenziert je nach Fahrzeugtyp, gesetzt werden. Letzteres erfordert entsprechend aufwendige Umrechnung.

Unterschieden wird in eine Variante, bei der nur die Emissionen der Neufahrzeuge zertifiziert werden, und in eine Variante, bei der die Fahrzeughersteller für den gesamten Bestand der Pkw ihrer Marke Emissionszertifikate vorhalten müssen (vgl. Winkelman et al., 2000:14f). Am Ende eines Jahres werden für jeden Fahrzeughersteller die verkauften Mengen an Neufahrzeugen bzw. der Bestand an Fahrzeugen der eigenen

Marke mit den vorhandenen Emissionsrechten verglichen. Wurden mehr Produkte verkauft bzw. ist der Bestand höher als Rechte vorhanden sind, so muss der Hersteller die entsprechende Menge an Emissionsrechten einkaufen. Im umgekehrten Falle kann er überschüssige Rechte verkaufen. Die Kosten/Erlöse des Emissionshandels werden in beiden Varianten auf die Neufahrzeugpreise umgelegt. An den Endverbraucher werden so nur Preissignale weitergegeben.

Kurzfristig kann nur durch ein bestandsorientiertes System die Zielkonformität ansatzweise erfüllt werden. Werden nur Neufahrzeuge in das Zertifikatesystem eingebunden, wird beim MIV das angestrebte Reduktionsziel erst nach Jahren der Durchsetzung am Markt erreicht. Der bestandsorientierte Ansatz ist trotzdem abzulehnen, da der Preisaufschlag bei den Neufahrzeugen sehr hoch ausfallen würde, ohne dass die Hersteller auf die Effizienz der bestehenden Fahrzeuge noch einen Einfluss hätten. Hier ergibt sich ein gewisser Gegensatz zu anderen Akteuren bei einer Zertifikatelösung: So kann z. B. ein Energieversorger, der zwar auch über lange Zeiträume mit seinen bestehenden Kraftwerken leben muss, durch Effizienzverbesserungen oder Brennstoffvariationen aktiv Vermeidungsmaßnahmen vornehmen. Darüber hinaus stellt die Berechen- und Zurechenbarkeit der CO_2-Emissionen beim bestandsorientierten Ansatz eine Hürde dar.

Ein kleines Rechenbeispiel soll den möglichen Preisaufschlag für ein Neufahrzeug verdeutlichen, wenn keine technologischen Vermeidungsmaßnahmen durchgeführt werden.

Tabelle 38: Preissignal des Fahrzeughersteller-bezogenen Ansatzes

Annahmen:	
Spezifische CO_2-Emissionen des Pkw (Durchschnitt in 2002):	192 g/km
Spezifisches Emissionsreduktionsziel für Pkw (Ø in 2010):	117 g/km
Lebensfahrleistung des Fahrzeugs: (Lebenszeit: 8 Jahre)	200.000 km
Zertifikatepreis:	20 – 100 Euro/t CO_2
Berechnung:	
Das spezifische Emissionsreduktionsziel für die Nutzungsphase dieses Fahrzeugs wird aus der Differenz seiner spezifischen CO_2-Emissionen und dem spezifischen Cap für die Pkw ermittelt: 192 g/km – 117 g/km = 75 g/km. Es wird über die Multiplikation mit der Lebensfahrleistung in ein absolutes Emissionsreduktionsziel umgerechnet: 75 g CO_2/km * 200.000 km = 15 Tonnen CO_2. Die Kosten der zugehörigen Emissionsrechte werden über eine Multiplikation mit dem Zertifikatepreis ermittelt: 15 Tonnen CO_2 * 20 bis 100 Euro pro Tonne CO_2 = **300 bis 1.500 Euro**	
Ergebnis:	
Der Fahrzeughersteller schlägt zur Erfüllung seiner Reduktionsverpflichtungen 300 bis 1.500 Euro (je nach Zertifikatepreis) auf den Verkaufspreis des Pkws auf und kauft für diesen Betrag auf dem Zertifikatemarkt die zugehörige Menge an Emissionsrechten ein.	

Quelle: eigene Berechnung in Anlehnung an Diaz-Bone et al., 2001:18

Die angegebene Spannweite für die Erhöhung des Pkw-Verkaufspreises bezieht sich auf das stark nachhaltige Reduktionsziel für das Jahr, in dem die voraussichtliche Lebenszeit des Pkw endet (2010). Nach dem Nachhaltigkeitspfad sollen bis zum Jahre 2010 knapp 40 % der Pkw-bedingten CO_2-Emissionen im Vergleich zum Jahre 1990 vermieden werden. Für diesen Zeitpunkt ergibt sich aus Abbildung 56 (Kapitel 13.2.1), dass der Zertifikatepreis höchstens 100 Euro/vermiedene t CO_2 betragen kann, da sonst die eigene Vermeidung bei den Fahrzeugherstellern kostengünstiger wäre. Allerdings wäre eine Preiserhöhung um 1.500 Euro bei Verkaufspreisen von 15.000 bis 30.000 Euro schon recht erheblich und dürfte bei der Kaufentscheidung der Konsumenten eine gewisse Rolle hinsichtlich der Wahl verbrauchsärmerer Fahrzeuge spielen.

Der große Vorteil eines Fahrzeughersteller-bezogenen Ansatzes liegt in der Aktivierung der verhältnismäßig kostengünstigen technologischen Vermeidungsoptionen bei den Herstellern (vgl. Tabelle 37, Kapitel 13.2.1 oder Kapitel 10.2). Diese bekämen als Zertifikatepflichtige den direkten Anreiz, die treibstoffsparenden Technologien zu entwickeln und umzusetzen, um so durch das Angebot und den Verkauf CO_2-effizienter Fahrzeuge einen Beitrag zur ökologischen Zielerreichung zu leisten und möglicherweise auch noch Handelserlöse am Zertifikatemarkt zu erzielen. Die Kosteneffizienz des Fahrzeughersteller-bezogenen Ansatzes wird sowohl statisch als auch dynamisch als hoch eingestuft. Diese Einschätzung erfährt auch keine Minderung durch die zu erwartenden Transaktionskosten. Die Anzahl der Akteure ist mit unter 50 Herstellern am deutschen Markt gering, und damit halten sich auch die Kontroll- und Implementierungskosten in Grenzen.

Der entscheidende Nachteil einer solchen Lösung liegt in der Zielverfehlung (ökologische Treffsicherheit). Erstens wird, wie beschrieben, durch die ausschließliche Zertifizierung der Emissionen von Neufahrzeugen zu Beginn des Programms nur ein kleiner Teil der Reduktionsverpflichtung erfüllt. Zweitens kommt es zu einer Zielverfehlung, wenn die prognostizierte von der tatsächlichen Fahrleistung abweicht, was in der Regel der Fall sein wird. Drittens wird dem Endkonsumenten ein falsches oder zumindest unzureichendes Preissignal vermittelt: Gemäß dem Motto, "wenn ich schon für den Klimaschutz einen solchen hohen Aufpreis zahlen muss, dann kann ich jetzt auch um so mehr oder um so schneller fahren, das kostet ja nichts mehr extra", werden nichtbeabsichtigte Verhaltensweisen induziert. Die Fahrzeugnutzer bekommen keinen Anreiz zu einer energieeffizienten Fahrweise oder zur Fahrleistungsreduktion vermittelt. Das Preissignal, das beim Endkunden ankommt, wirkt wie eine Verkaufssteuer, die sich nur geringfügig auf ein energiebewussteres Verhalten bei den Pkw-Fahrern auswirkt (vgl. Maibach et al., 2000:A-49). Die technologischen CO_2-Einsparungen durch die Hersteller werden also möglicherweise durch das Verhalten der Verkehrsmittelnutzer ein Stück weit zurückgenommen. Der eigentliche Vorteil einer Zertifikatelösung, ein angestrebtes Mengenziel auch wirklich zu erreichen, ist gefährdet.

Die Systemkonformität und die institutionelle Beherrschbarkeit der beschriebenen midstream-Ansätze hängen stark von der Ausgestaltung der Ansätze ab (vgl. Diaz-Bone et al., 2001:22ff). Bei absoluten Emissionszielvorgaben ist mit starken Widerständen der betroffenen Verkehrsdienstleistungsunternehmen und Fahrzeughersteller zu rechnen, da das Wachstumsbestreben der Unternehmen wahrscheinlich mit einem Zertifikatezukauf verbunden ist. Spezifische Zielvorgaben werden sicher eher akzeptiert, kommen sie doch der freiwilligen Selbstverpflichtung (z. B. der europäischen Automobilindustrie ACEA) näher. Durch ein spezifisches Cap wird allerdings die Zielkonformität noch weiter geschmälert.

Als Fazit kann festgehalten werden, dass die beiden midstream-Ansätze nur in Kombination eingeführt werden sollten, um die gesamten CO_2-Emissionen des Personenverkehrs zu erfassen. Die Einbeziehung der Schienenfahrzeughersteller sowie der Hersteller von Bussen, Flugzeugen und Personenschiffen als Alternative zum Verkehrsdienstleister-Ansatz würde die guten Vermeidungsmöglichkeiten der Dienstleistungsunternehmen nicht aktivieren. Als Gesamtsystem ist im Vergleich zur upstream-Lösung mit verhältnismäßig hohen Transaktionskosten zu rechnen. Die ökologische Treffsicherheit ist nach Einschätzung des Autors sehr stark gefährdet. Aus diesen Gründen wird die Einführung eines CO_2-Emissionshandelssystems mit den Verkehrsdienstleistungsunternehmen und den Fahrzeugherstellern als Zertifikatepflichtigen nicht empfohlen. Um die verhältnismäßig kostengünstigen Vermeidungsoptionen bei den Pkw-Herstellern zu aktivieren, muss ein anderer Weg gesucht werden.

13.2.3 Vorschlag für ein upstream CO_2-Zertifikatesystem

Ziel eines Zertifikatesystems auf Basis eines upstream-Konzeptes ist es, mit der Erfassung der CO_2-Emissionen des Personenverkehrssektors im Oberlauf der Energieflusskette den Verkehrssektor mit einem Minimum an Transaktionskosten an ein allgemeines Emissionshandelssystem in Deutschland anzukoppeln. Für die Umsetzung bieten sich zwei Wege an (vgl. Krey und Weinreich, 2000:67ff):

1. Die Nutzungsrechte für CO_2-Emissionen werden an die Produzenten und Importeure (Mineralölgesellschaften) von Rohöl über einen Grandfathering-Ansatz vergeben oder im Auktionsverfahren versteigert. Die Bemessungsgröße ist hierbei der Kohlenstoffgehalt des Rohöls, durch den bei späterer Verbrennung die CO_2-Emissionen entstehen. In Deutschland sind nach Angaben des Mineralölwirtschaftsverbandes 16 Mineralölgesellschaften aktiv.

2. Die Zertifikatepflicht liegt bei den Raffineriebetreibern. Für die aus den Raffinerien stammenden sowie die importierten Kraftstoffe werden CO_2-Zertifikate vergeben oder versteigert. Diese Variante hat den Vorteil, dass in der Raffinerie keine Kontrolle über die Verwendung des Rohöls stattfinden muss. Dieser Aspekt wiegt den Nachteil der geringfügig höheren Transaktionskosten durch die größere Anzahl der zu kontrollierenden Wirtschaftssubjekte (20 Raffinerien) auf.

Für den eigenen Vorschlag wird die Variante der Raffineriebetreiber gewählt. Die Menge der Nutzungsrechte für die CO_2-Emissionen, die an die Raffineriebetreiber vergeben oder versteigert werden kann, muss sich für jede Handelsperiode (z. B. jährlich) an dem staatlich festgelegten CO_2-Reduktionsziel für den Personenverkehrssektor orientieren, um das starke Nachhaltigkeitsziel zu realisieren. Damit werden die CO_2-Emissionen mengenmäßig reglementiert. Über die Wertschöpfungskette "Raffinerien – Tankstellen – Endverbraucher" bei den Straßenverkehrsmitteln bzw. vergleichbare Wertschöpfungsketten bei den anderen Personenverkehrsmitteln wird sichergestellt, dass nur so viele Mineralölprodukte beim Endkunden verbrannt werden, wie bei den Raffineriebetreibern entsprechende Emissionsrechte vorhanden sind.

Voraussetzung für das System ist, dass alle Mineralölprodukte, die in den betreffenden Raffinerien für den Straßen-, Schienen-, Wasser- und Luftverkehr verkauft werden, in einem Registrierungsverfahren erfasst werden. Jede Raffinerie muss für die Menge der von ihr verkauften Mineralölprodukte für den Personenverkehrssektor die entsprechenden Emissionsrechte vorweisen können. Um auch die Elektrotraktion im schienengebundenen öffentlichen Verkehr zu erfassen, müssen die Kraftwerksbetreiber für den Brennstoffeinsatz zur Bahnstromerzeugung ebenso entsprechende Emissionsrechte vorweisen. Damit bedarf auch dieser upstream-Ansatz im Personenverkehrssektor einer Kombination mit einem weiteren Zertifikatesystem, um das Kriterium der Vollständigkeit zu erfüllen. Aufgrund der Komplexität der Umsetzung einer Zertifikatelösung für den Verkehrssektor ist aber ohnehin nicht zu erwarten, dass der Verkehrsbereich als Pilotsystem dienen wird. Vielmehr zeigt sich in der augenblicklichen politischen Diskussion, dass ein Zertifikatesystem zuerst bei der fossilen Energienutzung im Kraftwerksbereich implementiert werden wird.

Vorgeschlagen wird von daher ein upstream-Ansatz mit den Raffiniereibetreibern als Zertifikatepflichtigen, der in ein deutschlandweites Emissionshandelssystem eingebunden ist, um alle CO_2-Emissionen des Personenverkehrssektors zu erfassen und einen intersektoralen Handel der CO_2-Zertifikate zu ermöglichen. Würde ein geschlossenes, nur den Personenverkehrsektor umfassendes, System implementiert, so könnten nur die 16 Mineralölgesellschaften bzw. die 20 Raffineriebetreiber untereinander Zertifikate handeln, und die geforderte Emissionsvermeidung müsste im Sektor selbst erfolgen.

Die Notwendigkeit zum Handel von Emissionsrechten ergibt sich für jede Raffinerie aus dem Vergleich der verkauften Menge an personenverkehrsbezogenen Mineralölprodukten mit den vorhandenen Emissionsrechten. Wurden mehr Produkte verkauft als Rechte vorhanden sind, so muss die Raffinerie die entsprechende Menge an Emissionsrechten einkaufen. Im umgekehrten Falle kann sie überschüssige Rechte verkaufen. Die Kosten bzw. Erlöse des Emissionshandels werden auf die Produktpreise umgelegt. An den Endverbraucher werden so nur Preissignale weitergegeben.

Jeder Kraftstoff, der in den Motoren der Personenverkehrsmittel verbrannt werden kann, muss nach der Höhe seines Kohlenstoffgehalts zertifiziert werden. Nicht-fossile

Energieträger unterliegen keiner Zertifikatepflicht (z. B. Bioalkohol, Rapsöl oder Klärgas), da ihr Kohlenstoffgehalt durch Photosynthese aus dem Kohlendioxid der Luft entnommen ist. Damit ergeben sich für die Raffineriebetreiber beschränkte eigene CO_2-Vermeidungsmöglichkeiten, indem eher kohlenstoffarme oder -freie Kraftstoffe angeboten und forciert werden. So kann z. B. durch die Vermarktung von Biokraftstoffen die Menge der verkauften Kraftstoffe erhöht werden, ohne dass zusätzliche Emissionsrechte einzukaufen wären, da bei der Verbrennung von Biokraftstoffen keine klimaschädigenden CO_2-Emissionen ausgehen (vgl. Diaz-Bone et al., 2001:14f). Ebenso können die Raffineriebetreiber für den Einsatz von Erdgas als Kraftstoff werben, um durch die Substitution der kohlenstoffreicheren Kraftstoffe Benzin und Diesel durch diesen kohlenstoffärmeren Brennstoff CO_2-Emissionen zu vermeiden.

Die Beurteilung des upstream-Ansatzes anhand der vier Kriterien aus Kapitel 11.3 ergibt das folgende Bild:

- Die ökologische Treffsicherheit ist in hohem Maße gegeben, da alle CO_2-Emissionen des Personenverkehrssektors bei Integration in ein nationales oder internationales Zertifikatesystem erfasst und zertifiziert werden können. Die Vorgabe eines absoluten Cap ermöglicht die zielgenaue Mengensteuerung. Die Zielkonformität wird durch die Problematik des Benzintourismus bei einem nationalen System[196] marginal eingeschränkt.

- Durch die Festlegung einer absoluten Emissionsmenge und die Möglichkeit zum Handel der Emissionszertifikate bilden sich Knappheitspreise für die Mineralölprodukte auf dem Zertifikatemarkt, die über die Produktions- bzw. Distributionskette an die Endkunden in Form von steigenden Treibstoffpreisen oder auch steigenden Fahrscheinpreisen weitergegeben werden. Die Verkehrsmittelnutzer tragen die finanziellen Belastungen des Zertifikatesystems. Für die Straßenverkehrsmittelnutzer wirkt der upstream-Ansatz im Endeffekt wie eine Steuer. Die Knappheit des Gutes "Klima" kommt bei den Endkonsumenten an. Deshalb liegt ein hohes Maß an Systemkonformität vor. Außerdem fügt sich dieser Zertifikate-Ansatz wegen der hohen Vergleichbarkeit mit der bekannten Erhebung der Mineralölsteuer gut in das existierende System ein.

- Die Kosteneffizienz wird bei diesem Ansatz als gut eingeschätzt. Auch wenn die Zertifikatepflichtigen praktisch kaum eigene Vermeidungsoptionen haben, aktiviert die Umlegung der Kosten auf die Endkonsumentenpreise die gesamte Palette der Vermeidungsoptionen bei den Verkehrsmittelnutzern. Der Vorteil eines Zertifikatehandels, den Akteuren Wahlmöglichkeiten bei der Vermeidung einzuräumen, kommt allerdings unter Umständen nur eingeschränkt zur Wirkung (vgl. Stronzik und Weinreich, 2001:29f). Dies hängt davon ab, ob auf den unteren Stufen der Wertschöpfungskette ein adäquater Vermeidungsanreiz in Form des vollen Preisaufschlags ankommt. Bedroht ist dieser Vermeidungsanreiz, wenn ein Brennstoffhändler auf die Weitergabe der Zertifikatekosten verzichtet, zum Beispiel um seine

---

[196] Die hinter der Grenze getankten Benzinmengen wären durch ein nationales Regime nicht erfasst, würden jedoch zu Emissionen in Deutschland führen.

Wettbewerbsposition zu verbessern. Auch kann es zu einer Quersubventionierung kommen, indem die Akteure aus ähnlichen Gründen lieber andere Produkte aus ihrem Sortiment mit den Mehrkosten belasten. Dieses strategische Verhalten ist insbesondere auf unvollkommenen Märkten (wenige Marktteilnehmer) existent. Damit verbunden ist die Abschwächung der Informations- und Anreizwirkung der Zertifikatekosten, wodurch die kostenminimale Vermeidungslösung verfehlt werden könnte. Der immense Vorteil dieses Ansatzes liegt in der überschaubaren Anzahl der Teilnehmer am Emissionshandel und den damit verbundenen sehr geringen Transaktionskosten. Problematisch könnte allerdings die Marktmacht dieser Großunternehmen sein.

- Die institutionelle Beherrschbarkeit wird im Vergleich zu allen anderen Zertifikate-Ansätzen im Personenverkehrssektor am Besten beurteilt. Wie bereits angedeutet sind die Kontroll- und Implementierungskosten sehr niedrig. Widerstände von Seiten der politischen Interessenverbände werden wie bei den anderen Ansätzen bei der Höhe der stark nachhaltigen Reduktionsanforderung auftreten. In der politischen Realität zeigt sich allerdings immer mehr die Bereitschaft der Mineralölwirtschaft, über ein CO_2-Zertifikatesystem als effizientes Instrument den Klimaschutz zu unterstützen, wie das Beispiel BP zeigt.

Bei der notwendigen starken Reduktion der CO_2-Emissionen um rund 56 % bis zum Jahre 2020 (gegenüber 1990) wird den Raffineriebetreibern keine andere Wahl bleiben, als die Kosten, die aus dem Zukauf der Emissionszertifikate entstehen, vollständig auf die Treibstoffpreise umzulegen. Die angesprochenen Einwände in Hinblick auf die Abschwächung der Informations- und Anreizwirkung und damit auf die gesamte ökonomische Effizienz werden bei Zertifikatekosten von bis zu 500 Euro je Tonne nicht mehr zum Tragen kommen. Vielmehr wird der brennstofforientierte Emissionshandel im Endeffekt die gleichen Vermeidungsaktivitäten bei den Verkehrsmittelnutzern entfalten wie bei einer Erhöhung der Mineralölsteuer. Allerdings wird der Treibstoffendpreis im Jahre 2020 nicht bei rund 5,50 Euro (1995) je Liter Otto-Kraftstoff und rund 6 Euro (1995) je Liter Diesel sondern höchstens halb so hoch liegen, da die Grenzvermeidungskosten bei einem intersektoralen deutschlandweiten Emissionshandelssystem mit rund 500 Euro/t CO_2 um über die Hälfte niedriger sind als bei der Mineralölsteuerlösung (weit über 1100 Euro/t CO_2). Bei einem internationalen Emissionshandelssystem (über die EU Grenzen hinaus) dürften die Treibstoffpreiserhöhungen noch Faktoren niedriger ausfallen.

Aufgrund der starken Preisaufschläge für Treibstoffe wird die Nachfrage nach energieeffizienten Fahrzeugen deutlich zunehmen. Die Fahrzeughersteller können so möglicherweise sogar zusätzliche Gewinne realisieren, da die Grenzvermeidungskosten der technologischen CO_2-Effizienzsteigerung niedriger sind, als die Grenzvermeidungskosten, die sich im Preisaufschlag bei den Pkw-Nutzern durch die Umwälzung der Zertifikatekosten widerspiegeln. Dadurch sind die Endkonsumenten (bei vollständiger Information und Rationalität) bereit, mehr für ein neues energieeffizienteres Fahrzeug zu bezahlen, als die zusätzlichen Entwicklungs- und Produktionskosten bei den

Herstellern ausmachen. Aus den Überlegungen kann gefolgert werden, dass die verhältnismäßig günstigen Vermeidungsoptionen bei den Herstellern auch durch einen upstream-Ansatz zu einem gewissen Teil aktiviert werden.

Geht man von einer Einführung des Zertifikatesystems im Jahre 2003 aus, müssten die CO_2-Emissionen des deutschen Personenverkehrs jährlich um knapp 5 % gesenkt werden, um auf einen stark nachhaltigen Entwicklungspfad zu kommen und im Jahre 2020 das Ziel zu erreichen. Eine so starke Reduktionsanforderung erlaubt, die Erstzuteilung der Emissionsrechte mittels eines Grandfathering-Ansatzes vorzunehmen. Der Einwand, dass eine Versteigerung der Nutzungsrechte bei einer kleinen Anzahl von Zertifikatepflichtigen zu bevorzugen ist, weil eine kostenlose Vergabe zu nicht eindeutigen Preissignalen auf dem Zertifikatemarkt führen kann, ist bei dieser Reduktionsanforderung nicht stichhaltig. Auf der anderen Seite weist ein Grandfathering den Vorteil auf, dass die politische Akzeptanz des Instruments erhöht wird.

Der Charme des hier vorgeschlagenen upstream-Ansatzes mit den Mineralölgesellschaften bzw. Raffineriebetreibern als Zertifikatepflichtigen liegt in der sehr guten institutionellen Umsetzbarkeit des flexiblen Instruments der Klimapolitik im deutschen Personenverkehr. Im Vergleich zur Mineralölsteuerlösung erfüllt dieser Zertifikate-Ansatz die ökologische Zielsetzung gesamtwirtschaftlich wesentlich kostengünstiger. Ein weiteres Fazit ist, dass die Transaktionskosten sehr niedrig ausfallen, wodurch die ökonomische Effizienz nicht gefährdet wird. Die große Palette der Vermeidungsoptionen bei den Verkehrsmittelnutzern wird in hinreichender Weise aktiviert, und auch die Fahrzeughersteller bekommen über eine erhöhte Nachfrage nach CO_2-effizienten Fahrzeugen einen Anreiz zur technologischen CO_2-Vermeidung. Die ökologische Treffsicherheit ist durch die absolute Mengenvorgabe gewährleistet. Das System ist vollkommen kompatibel hinsichtlich einer Anbindung an ein bereits existierendes nationales oder internationales Trading Regime, da die gehandelten Rechte auf Tonnen CO_2 lauten. Die Gefahr eines Missbrauchs der Marktmacht ist allerdings gegeben, da im nationalen oder internationalen System nicht nur große Unternehmen Emissionshandel betreiben werden. Trotzdem erscheint als Fazit die Einführung eines CO_2-Zertifikatesystems über den upstream-Ansatz als vergleichsweise einfache Lösung empfehlenswert.

Die Diskussion der hier vorgestellten Ansätze und Vorschläge für ein CO_2-Zertifikatesystem erhebt nicht den Anspruch, alle Facetten, die für die Einführung solcher Systeme relevant sind, abgedeckt zu haben. Ebenso sind eine Vielzahl weitere Ausgestaltungs- und Kombinationsmöglichkeiten im Personenverkehrssektor denkbar, die möglicherweise Vorteile im Hinblick auf die Anreizwirkung oder die Gesamteffizienz haben aber hier nicht alle diskutiert werden können. So wird z. B. in Winkelman et al. (2000:17ff) ein Hybridsystem, bestehend aus den Kraftstoffherstellern und den Fahrzeugherstellern als Zertifikatepflichtige, diskutiert. Ein solcher Ansatz erfordert zusätzlich die Aufteilung der Reduktionsanforderung bzw. der zertifizierten Emissionsmengen auf die beiden Akteursgruppen, da beide Regelungspunkte denselben Anteil der CO_2-

Emissionen im Personverkehrssektor abdecken. Der größte Vorteil besteht darin, den verschiedenen Akteursgruppen direkte Anreize zur Emissionsminderung zu geben und somit auch die verhältnismäßig kostengünstigen Vermeidungsoptionen bei den Herstellern zu aktivieren. Die Transaktionskosten fallen im Vergleich zur reinen upstream-Lösung erheblich höher aus. Als zusätzliche Nachteile zu den midstream- und upstream-spezifischen Nachteilen kommen diffuse Preissignale beim Endkunden, aufwendige Zielzuteilungsverfahren und strategische Handlungsmöglichkeiten zwischen den Kraftstoff- und Fahrzeugherstellern hinzu. Trotzdem könnten so die Fahrzeughersteller mit ihrer besonderen Bedeutung für die CO_2-Effizienz der Pkw aktiv mit ins Boot geholt werden. Vielleicht reicht aber auch die politische Androhung aus, die Hersteller als Zertifikatepflichtige in das System zu integrieren.

Aus der Diskussion in diesem Kapitel und in Kapitel 11.6 wird die hohe Komplexität der Emissionshandelsthematik für den Personenverkehrssektor deutlich. Die vielfältigen Wirkungsgefüge sowie die spezifischen Vor- und Nachteile einzelner Umsetzungsvarianten sind bisher nur unzureichend erforscht. Das gilt insbesondere auch für die juristische Implementierung der Zertifikatelösungen. Daraus ergibt sich die Schlussfolgerung, dass für die Aufgabenstellung einer Einbeziehung des Verkehrssektors in ein deutsches oder internationales CO_2-Zertifikatesystem noch ein erheblicher Forschungsbedarf besteht.

14 Handlungsempfehlungen für eine nachhaltige Verkehrspolitik

Aus den zentralen Ergebnissen dieser Untersuchung und den Szenarioanalysen der Kapitel 12 und 13 werden im Folgenden verkehrs- bzw. umweltpolitische Handlungsempfehlungen für eine dauerhaft-umweltgerechte Entwicklung im deutschen Personenverkehr abgeleitet. Im Mittelpunkt der Empfehlung steht der Einsatz von ökonomischen Instrumenten zur Steuerung bzw. Verminderung der personenverkehrsbedingten Luftverschmutzung und Klimaveränderung.

Für eine nachhaltige Entwicklung im Personenverkehr ist sowohl nach dem Konzept der schwachen als auch der starken Nachhaltigkeit eine Internalisierung der externen Schadenskosten unerlässlich. Im zweiten Teil der Arbeit wurde herausgearbeitet, dass die Benutzung der Personenverkehrsmittel insgesamt signifikante externe Kosten hervorbringt, von denen der überwiegende Teil zu Lasten des MIV geht. Die externen Luftverschmutzungs- und Klimaschadenskosten führen zusammen mit den weiteren wichtigen Externalitäten durch Unfälle und Lärm zu einer ineffizienten Allokation der Ressourcen. Die Verkehrsleistungen werden insgesamt in zu hohem Maße nachgefragt. Dies führt zu einer zu starken Inanspruchnahme der Umwelt. Hohe Schäden an Menschen, Tieren, Pflanzen und Gebäuden resultieren. Aufgrund der Nichtanlastung der externen Kosten kommt es zu einer Preisverzerrung innerhalb des Personenverkehrssektors, die eine ineffiziente Verkehrsmittelwahlentscheidung zu Gunsten der Pkw-Nutzung nach sich zieht. Als Internalisierungsmaßnahmen bieten sich für die beiden in dieser Arbeit behandelten Bereiche Lufthygiene und Klimaschutz Abgabenlösungen an. Die externen Klimaschadenskosten können durch eine Mineralölsteuererhöhung, deren Höhe sich an den spezifischen Grenzschadenskosten je Liter Treibstoff orientiert, zielkonform, ökonomisch effizient und ohne größere institutionelle Hürden internalisiert werden. Dagegen erfordert die Internalisierung der externen Luftverschmutzungskosten die flächendeckende Einführung eines elektronischen Road Pricing-Systems.

Als kurzfristige politische Handlungsempfehlung werden die folgenden Punkte vorgeschlagen:

- Die jährliche Erhöhung der Mineralölsteuer sollte im Rahmen der ökologischen Steuerreform bis zum Jahre 2006 fortgesetzt werden. Empfohlen wird, die Steuererhöhungsbeträge gemäß dem Kohlenstoffgehalt der jeweiligen Treibstoffe zu modifizieren. Für Otto-Kraftstoffe wird im Mittel eine jährliche Erhöhung um 3,5 Cent je Liter Treibstoff und für Diesel um 4 Cent je Liter vorgeschlagen. Durch diese jährlichen Mineralölsteuererhöhungen wird die verursachergerechte Anlastung der externen Klimaschadenskosten im Jahre 2006 erreicht. In den letzten Jahren hat sich gezeigt, dass die Verkehrsteilnehmer durch Verkehrsvermeidung, Effizienzsteigerung und Verkehrsverlagerung auf Treibstoffpreiserhöhungen reagieren[197].

---

[197] In den Jahren 2000 und 2001 sind die Treibstoffpreise in Deutschland stark gestiegen. Der Anstieg ist in erster Linie auf die gestiegenen Rohölpreise zurückzuführen, aber auch die Mineralölsteuererhöhung im Rahmen der Ökosteuer (rund 3 Cent/l) hat dazu beigetragen. Es hat sich gezeigt, dass die

Diese Lenkungswirkung wird durch eine kontinuierliche Erhöhung der Mineralölsteuer aufrecht erhalten.

- Die externen Luftverschmutzungsschadenskosten sollten ebenso bis zum Jahre 2006 internalisiert werden. Empfohlen wird, das elektronische, satellitengesteuerte Road Pricing-System, welches ab dem Jahre 2003 für Lkw in Deutschland eingeführt wird (Lkw-Maut), spätestens ab dem Jahre 2004 auf die Straßenpersonenverkehrsmittel auszuweiten und das System flächendeckend, d. h. unter Einbeziehung aller Straßenarten, zu gestalten. Damit können neben der ökonomisch gebotenen, effizienten Anlastung der Infrastrukturkosten für die Pkw auch die externen Luftverschmutzungsschadenskosten als Preisaufschlag je gefahrenen Kilometer mit diesem flexiblen Instrument internalisiert werden. Die emissionsbezogene Gebührenhöhe sollte sich möglichst direkt an den externen Grenzschadenskosten pro Fahrzeugkilometer orientieren. Je nach Technologie, Fahr- bzw. Verkehrssituation und Region ergeben sich Preisaufschläge zwischen 0,1 und 7 Cent je gefahrenen Kilometer (Durchschnitt im Jahre 2002: 0,8 Cent/km). Als technische Umsetzung wird für den ersten Schritt eine einfache Variante empfohlen, bei der eine Differenzierung nach Schadstoffklassen, nach der Straßenkategorie (Autobahn, außerorts und innerorts) und nach der Region, in der die Fahrt stattfindet, erfolgt. Die beiden letzten Angaben werden dabei vom Satellit übermittelt.

- Die veranlagte Kilometergebühr sollte zur Erhöhung der Transparenz für die Nutzer im Display der On Board Unit als eine Art Kosten-Tachometer angezeigt werden. Dabei sollte auch der rechnerische Kilometerpreis, der sich aus der Mineralölsteuererhöhung ergibt, mit angegeben werden.

- Die verbrauchs- und abgaswertorientierte Kfz-Steuer sollte zum Zeitpunkt der vollen Internalisierung der externen Luftverschmutzungs- und Klimaschadenskosten, also ab dem Jahre 2006, im Gegenzug zur Internalisierung abgeschafft werden, da ihre Lenkungs- bzw. Emissionsminderungswirkung nur sehr gering ist.

- Die bereits beschlossenen Grenzwerte für Pkw-Schadstoffe der Klasse EURO 5, die ab dem Jahre 2005 für Neufahrzeuge verpflichtend gelten, sollen weiter Bestand haben. Damit wird gewährleistet, dass sich die Durchsetzung der deutschen Pkw-Flotte mit schadstoffreduzierten Fahrzeugen fortsetzt und die deutliche Reduktion der personenverkehrsbedingten Luftschadstoffe, die sich bereits gemäß der BAU-Prognose ergibt, bestätigt wird.

Verkehrsteilnehmer auf die Preiserhöhung reagieren, denn das Wachstum der deutschen Personenverkehrsleistung hat sich deutlich verlangsamt. Nach Angaben des Verbandes der deutschen Automobilindustrie (VDA) ist von 1999 auf 2000 die Fahr- bzw. Verkehrsleistung des MIV um 3,3 % und von 2000 auf 2001 um fast 2 % zurückgegangen, während der ÖPV um rund 2 % (2000) und 1,4 % (2001) zulegen konnte. Für das Jahr 2002 rechnet die Prognos AG mit einem Nullwachstum bei den Straßenpersonenverkehrsmitteln (vgl. VDA, 2002:99). Dadurch konnten im Straßenpersonenverkehr nach Angaben des Umweltbundesamtes die CO_2-Emissionen im Jahre 2000 um knapp 4 % gesenkt werden (vgl. UBA, 2002:16). Es ist allerdings zu früh, hier von einer Trendwende zu sprechen. Neben den preisbedingten Gründen könnte die Stagnation bzw. der Rückgang der landgebundenen Personenverkehrsleistung auch strukturelle Gründe haben. Motorisierungsgrad und Mobilitätsbedürfnisse könnten in Deutschland erste Sättigungserscheinungen zeigen. Der internationale Luftverkehr ist in diese Überlegungen nicht einbezogen, bildet aber sicher eine Ausnahme.

- Die schienengebundenen öffentlichen Verkehrsmittel sollten von der empfohlenen Erhöhung der Mineralölsteuer und der Einführung einer elektronischen Straßenbenutzungsgebühr ausgenommen werden. Diese Ausnahmeregelung steht im Widerspruch zu der Forderung, bei allen Verkehrsmitteln die externen Schadenskosten möglichst verursachergerecht anzulasten, um Preisverzerrungen zu vermeiden und eine effiziente Allokation der Ressourcen (auch der Umweltressourcen) zu garantieren. Sie ist aber aus den folgenden Gründen bewusst gewählt:
  - Die Externe Kosten-Analyse dieser Arbeit hat gezeigt, dass sowohl die externen Luftverschmutzungs- als auch Klimaschadenskosten bei diesen Verkehrsmitteln sehr niedrig sind. Insbesondere die CO_2-Effizienz ist pro transportierte Person deutlich besser als bei den Pkw.
  - Gerade die schienengebundenen Personenverkehrsmittel (aber auch die zum Großteil dieselbetriebenen Busse) stellen die wichtigste Verlagerungsalternative für den motorisierten Individualverkehr dar. Aufgrund der Umweltvorteile ist die Verkehrsverlagerung politisch gewollt.

  Damit ist der elektro-angetriebene Schienenverkehr nicht von seiner, zum Teil auch als Selbstverpflichtung ausgesprochenen, Verpflichtung entbunden, die CO_2-Effizienz der Verkehrsmittel deutlich zu erhöhen.

- Beim Personenluftverkehr sollte eine vollständige Internalisierung aller externen Schadenskosten erfolgen. Dazu ist zumindest die seit langem geforderte Kerosinbesteuerung in angemessener Höhe notwendig.

Die Analyse dieser Arbeit hat ergeben, dass die CO_2-Emissionen im Personenverkehrssektor bis zum Jahre 2020 mindestens um 50 % im Vergleich zum Ausgangswert im Jahre 1990 reduziert werden müssen, um auf einen Pfad einer ökologisch orientierten, starken Nachhaltigkeit zu kommen. Die drohende Klimaveränderung stellt die größte umweltpolitische Herausforderung der kommenden Jahrzehnte dar. Gerade der Verkehrssektor mit seinen der Tendenz nach weiter zunehmenden CO_2-Emissionen darf bei einer Klimaschutzpolitik nicht außen vor bleiben. Die Internalisierung der externen Klimaschadenskosten stellt erst einen Einstieg in eine nachhaltige Personenverkehrsentwicklung dar. Das stark nachhaltige Klimaschutzziel kann durch die Internalisierung alleine nicht erreicht werden. Weitere verkehrspolitische Maßnahmen sind erforderlich. Dabei steht die Einführung des flexiblen ökonomischen Instruments der handelbaren CO_2-Emissionszertifikate im Zentrum der Diskussion.

Als mittel- bzw. langfristige politische Handlungsempfehlung wird vorgeschlagen,

- ein CO_2-Zertifikatesystem in Deutschland so schnell wie möglich einzuführen und auch den Personenverkehrssektor von Anfang an darin zu integrieren. Für die Ausgestaltung der Zertifikatelösung im Personenverkehrssektor sollte als einfachste und Transaktionskosten-minimale Lösung ein upstream-Ansatz umgesetzt werden. Empfohlen wird die Zertifizierung der aus den Raffinerien stammenden Treibstoffe. Um über den intersektoralen Emissionshandel hinaus auch einen internationalen Handel zu ermöglichen, ist eine EU-weite oder besser noch globale Lösung erstrebenswert (z. B. wie im Kyoto-Protokoll durch Erlaubnis eines Zertifikatehandels innerhalb der Annex B-Staaten). Je offener ein Zertifikatesystem ausgestaltet wird, desto höher sind die Vorteile für die deutschen Akteure.

- Wird ein CO_2-Zertifikatesystem in Deutschland unter Einschluss des Personenverkehrssektors eingeführt und die zertifizierte CO_2-Menge bis zum Jahre 2020 auf das stark nachhaltige Reduktionsniveau abgesenkt, sollte im Gegenzug die Erhöhung der Mineralölsteuer zur Internalisierung der externen Klimaschadenskosten schrittweise zurückgenommen werden.

Die Analyse dieser Arbeit in Bezug auf CO_2-Emissionszertifikate hat ergeben, dass der Personenverkehrssektor sehr wahrscheinlich nicht, wie allgemein angenommen, als reiner Nachfrager nach Zertifikaten auftritt, weil die Grenzvermeidungskosten zumindest im Hinblick auf technologische Effizienzverbesserungen verhältnismäßig günstig sind. Den Automobilherstellern kommt durch ihre Verantwortung für die CO_2-Effizienzentwicklung der Pkw eine besondere Bedeutung im Personenverkehr zu. Bei dem empfohlenen Zertifikate-Ansatz sind die Hersteller nicht aktiv betroffen. Dadurch werden die verhältnismäßig kostengünstigen technologischen CO_2-Vermeidungsoptionen nicht direkt aktiviert, sondern nur indirekt durch die induzierte erhöhte Nachfrage nach energieeffizienten Fahrzeugen angeregt. Möglicherweise ist deshalb eine Modifikation der empfohlenen Zertifikatelösung hin zu einer Einbeziehung der Hersteller als Zertifikatepflichtige notwendig. Vielleicht reicht aber auch die politische Androhung aus, die Hersteller als Zertifikatepflichtige in das System zu integrieren.

Innerhalb eines intersektoralen Emissionshandelssystems werden auch die schienengebundenen öffentlichen Verkehrsmittel durch die Zertifizierung der CO_2-Emissionen im Kraftwerksbereich erfasst. Durch das übermittelte Preissignal erhalten die Verkehrsdienstleistungsunternehmen im Personenverkehr den gewünschten Anreiz, ihre Fahrzeuge CO_2-effizienter zu betreiben. Im Gegensatz zu den kurzfristigen politischen Handlungsempfehlungen wird der Einsatz des flexiblen ökonomischen Instruments bei den schienengebundenen öffentlichen Verkehrsmitteln als Anreiz zur CO_2-Vermeidung in der mittleren und langen Frist befürwortet. Aufgrund der ohnehin gegebenen, niedrigeren CO_2-Emissionen pro Personenkilometer wird sich das Preisgefüge durch die Einführung eines Emissionshandelssystems zu Gunsten der öffentlichen Verkehrsmittel verschieben.

Eine deutliche Unterlassungsempfehlung wird ausgesprochen, das stark nachhaltige CO_2-Reduktionsziel im Personenverkehrssektor über eine Erhöhung der Mineralölsteuer erreichen zu wollen. Dazu müsste der Treibstoffpreis bis zum Jahre 2020 auf rund 5,50 Euro je Liter Otto-Kraftstoff und rund 6 Euro je Liter Diesel steigen. Dies ist politisch absolut nicht zumutbar und auch nicht ökonomisch effizient. Darüber hinaus würde dabei die gesamte Personenverkehrsleistung in Deutschland um gut ein Viertel zurückgedrängt werden und der motorisierte Individualverkehr würde sogar um über 40 % abnehmen. Auch bei der Zertifikatelösung ist ein Anstieg der Kraftstoffpreise unvermeidlich, da die Raffineriebetreiber gezwungen sein werden, die Zertifikatekosten auf die Konsumentenpreise für die Mineralölprodukte umzulegen. Die Treibstoffpreise werden allerdings maximal auf ein halb so hohes Niveau steigen, da die Grenzvermeidungskosten bei einem intersektoralem deutschlandweiten Emissionshandelssystem mit rund 500 Euro /t CO_2 um über die Hälfte niedriger sind, als bei der Mineralölsteuerlösung (weit über 1100 Euro/t CO_2). Bei einem internationalen Emissionshandelssystem dürften die Treibstoffpreiserhöhungen noch erheblich niedriger ausfallen. Die Einführung eines Emissionshandelssystems ermöglicht, die Mobilität der deutschen Bevölkerung auf einem hohen Niveau zu erhalten und trotzdem die Klimaschutzanforderungen zu erfüllen.

Zwei weitere langfristige Handlungsempfehlungen scheinen für eine dauerhaft-umweltgerechte Entwicklung im deutschen Personenverkehr im Hinblick auf die Luftverschmutzungs- und Klimaproblematik geboten:

- Bis zum Jahre 2020 sollten die Pkw-Grenzwerte zumindest in einer weiteren Schadstoffnorm (EURO 6) auf europäischer Ebene verschärft werden.
- Um die weiterhin gewollte Verlagerung vom motorisierten Individualverkehr zum öffentlichen landgebundenen Verkehr zu fördern, sind über die ökonomischen Instrumente hinaus zusätzliche verkehrspolitische Maßnahmen zur Steigerung der Attraktivität des ÖPNV und der Bahn geboten. Ohne hier ein detailliertes Konzept vorlegen zu wollen, gehört sicherlich der Ausbau des öffentlichen Nahverkehrs zu den wichtigsten Maßnahmen. Die zeitliche und räumliche Verfügbarkeit des ÖPNV sollte ebenso verbessert werden wie der Komfort und die Verlässlichkeit. Für Bus, Straßen-, S- oder U-Bahn genauso wie für die öffentlichen Fernverkehrsverbindungen gilt, dass Nutzer durch verkürzte Zugangs- und Wartezeiten Kosten einsparen, wenn die Taktfrequenz dieser Dienste erhöht wird. Dieser externe Nutzen, in der Literatur als Mohring-Effekt bezeichnet, sollte durch eine konsequente Angebotsausweitung im öffentlichen Personennah- und -fernverkehr induziert werden.

15 Fazit

Diese Arbeit gibt Antworten auf die Frage, inwieweit die Internalisierung der externen Kosten einen Beitrag für eine nachhaltige Entwicklung im deutschen Personenverkehr leisten kann. Wie zu erwarten ist es nicht nur eine Antwort, sondern die Ergebnisse der vorgenommenen Analysen zeigen ein differenziertes Bild für die beiden Bereiche Klimaschutz und Luftverschmutzung im deutschen Personenverkehrssektor auf.

Aus der ökonomischen Perspektive wird durch die Internalisierung aller verkehrsbedingten Externalitäten ein nachhaltiger Zustand per Definition erreicht, da die vollständige Anlastung der externen Grenzschadenskosten der Theorie nach eine effiziente Allokation aller Ressourcen bewirkt und die schwachen Nachhaltigkeitsziele erst aus dem Vergleich mit den Grenzvermeidungskosten resultieren. Die Analyse dieser Arbeit hat allerdings ergeben, dass die Ableitung ökonomisch optimaler Verschmutzungsniveaus sowohl für den Bereich Klimaschutz als auch bei der Luftverschmutzung kaum belastbare Ergebnisse erzielt. Praktisch jeder Wert kann erzeugt werden, wenn die normativen Annahmen für die Schadenskostenschätzung variiert werden. Aus Kosten-Nutzen-Analysen abgeleitete CO_2- oder NO_x-Emissionsniveaus können deshalb nur sehr bedingt für die Konzeption konkreter Handlungsanweisungen im Rahmen einer Nachhaltigkeitsstrategie im Personenverkehr dienen.

Wesentlich größeres Gewicht wurde auf die Ableitung ökologisch orientierter starker Nachhaltigkeitsziele gelegt. Auf der Grundlage eines natur- und wirtschaftswissenschaftlich tolerierbaren Fensters einer globalen Durchschnittstemperaturerhöhung sowie ökonomisch zumutbarer Klimaveränderungsfolgen wurde eine jährliche weltweite CO_2-Emissionsmenge pro Kopf von knapp 1,5 Tonnen CO_2-Äquivalente für das Jahr 2050 ermittelt. Dieses relativ moderate globale Umweltqualitätsziel, das den kritischen Belastungswert der Tragekapazität der Erde bei rund 450 ppmv CO_2-Konzentration annimmt und auf diesem Niveau eine Stabilisierung herbeiführt, resultiert global in einer Reduzierung der Treibhausgasemissionen auf etwas unter 60 % des Niveaus von 1990, führt aber in Verbindung mit dem starken Nachhaltigkeitskriterium einer inter- und intragenerativen Verteilungsgerechtigkeit zu der beachtlichen Reduktionsanforderung von knapp 90 % für Deutschland bis zum Jahre 2050. Die Aufteilung der Zielsetzung auf die einzelnen Wirtschaftssektoren, den Personen- und Güterverkehr, sowie innerhalb des Personenverkehrs auf die einzelnen Verkehrsträger und -mittel erfolgt über ein Mischaufteilungsverfahren, bestehend aus der gleichmäßigen prozentualen Verteilung (flat rate) und der Berücksichtigung der prognostizierten Emissionsentwicklung gemäß einem "Business as Usual"-Szenario (BAU). Es resultieren CO_2-Reduktionsanforderungen bis zum Jahre 2020 gegenüber dem Basisjahr 1990 von rund 49 % für den gesamten Verkehr, 56 % für den Personenverkehr, 58 % für den Pkw-Bereich und 42 % für den öffentlichen Personenverkehr (ÖPV).

Für den Bereich der Luftverschmutzung werden starke Nachhaltigkeitsziele von jeweils rund -90 % für die Leitindikatoren Stickoxide (NO_x), flüchtige organische Verbindungen (VOC) und Dieselrußpartikel (PM) abgeleitet. Beim Vergleich zwischen den Zielsetzungen und den prognostizierten Entwicklungen im BAU-Szenario zeigt sich, dass im Bereich Luftverschmutzung die starken Nachhaltigkeitsziele im deutschen Personenverkehr ohne jede weitere verkehrspolitische Maßnahme bis zum Jahre 2020 nicht ganz erreicht werden. Von der Tendenz her liegen die Entwicklungslinien für die Soll- und Ist-Entwicklung aber nahe beieinander, d. h. eine sehr starke Reduktion der klassischen Luftschadstoffe ist bereits durch die fortwährende Bestandsumschichtung hin zu schadstoffeffizienteren Fahrzeugen im Gange. Im Problemfeld Klimaveränderung wird sich dagegen die Schere zwischen dem Zielentwicklungspfad und der Ist-Entwicklung, die eine leicht Steigerung der CO_2-Emissionen des Personenverkehrs von 121 Megatonnen im Jahre 1990 auf rund 128 Mt bis zum Jahre 2005 und dann ein Abfallen auf 112 Mt bis zum Jahre 2020 prognostiziert, immer weiter öffnen. Die Ableitung detaillierter Emissionsreduktionsziele und dementsprechender Entwicklungspfade für den gesamten Personenverkehrssektor und die einzelnen Verkehrsmittel sowie der Vergleich mit der BAU-Prognose schließen eine Forschungslücke in der verkehrsbezogenen Nachhaltigkeitsforschung.

Um die Auswirkungen einer Internalisierung der externen Schadenskosten in den Bereichen Luftverschmutzung und Klimaveränderung zu untersuchen, mussten selbige für die Personenverkehrsmittel berechnet werden. Zur Anwendung kam der Wirkungspfadansatz. Die Ergebnisse unterscheiden sich der Größenordnung nach nicht von vorherigen Studien. Bei den externen Luftverschmutzungskosten dominieren eindeutig die Pkw, absolut wie auch spezifisch. Eine Besonderheit der Analyse ist das Ergebnis, dass die externen Luftverschmutzungskosten im motorisierten Individualverkehr (MIV) nicht nur je nach Pkw-Technologie und Verkehrs- bzw. Fahrsituation stark unterschiedlich sind, sondern auch je nach befahrener Region in Deutschland um bis zu einen Faktor 3 divergieren. So generiert im Jahre 1995 eine Autobahnfahrt von 100 Kilometern bei Tempo 130 km/h mit der durchschnittlichen Pkw-Technologie in der Region um Flensburg Kosten von knapp einem Euro, während die gleiche Fahrt in der Region um Freiburg rund 3 Euro externe Luftverschmutzungskosten hervorruft. Im Durchschnitt resultieren für den Diesel-getriebenen Pkw etwas höhere Kosten als für die Pkw mit Otto-Motoren. Die spezifischen externen Luftverschmutzungskosten der schienengebundenen öffentlichen Personenverkehrsmittel sind mit rund 37 Cent je 100 Personenkilometer um rund zwei Drittel niedriger als der vergleichbare Wert für die Pkw im Durchschnitt aller Regionen und Technologien.

Für die Berechnung der externen Klimaschadenskosten im Personenverkehr wurde auf Basis der neusten Klimaveränderungsanalysen des dritten IPPC-Berichts ein Grenzschadenskostensatz von 76 Euro je Tonne CO_2 ermittelt. Diese Schätzung basiert inhaltlich auf der Erkenntnis, dass Klimaschäden hauptsächlich in der Zukunft auftreten und deshalb eine Diskontierung aus der Perspektive zukünftiger Generationen erfolgt (mit der angenommenen Wachstumsrate des Konsums: für die EU: 1,2 %). Die Bewertung der Schäden wird aus der Perspektive der verursachenden Industrieländer mit dem für deren Bevölkerung akzeptablen Wertansatz (willingness to accept) vorgenommen. Es hat sich gezeigt, dass die Behandlung der intra- und intergenerativen Verteilungsgerechtigkeit im Rahmen der Klimaproblematik die Setzung ethischer Werturteile erfordert, da ohne solche normativen Annahmen keine externen Klimaschadenskosten berechenbar sind.

Pro 100 Personenkilometer resultieren im Jahre 1995 externe Klimaschadenskosten von rund 1,13 Euro für den Pkw, wobei der Diesel hier etwas besser abschneidet. Zwischen den Hauptkonkurrenten Pkw und Bahn liegt, vergleichbar den externen Luftverschmutzungskosten, annähernd ein Faktor 3. Absolut generiert die Benutzung der Verkehrsmittel im deutschen Personenverkehr externe Luftverschmutzungs- und Klimaschadenskosten in Höhe von 18 Mrd. Euro im Jahre 1995 (rund 1 % des deutschen Bruttoinlandsprodukt), von den knapp 53 % Klimaschadenskosten sind. Bis zum Jahre 2020 wächst dieser Anteil auf 83 % bei Gesamtkosten von 10,3 Mrd. Euro.

Eine verursachergerechte Internalisierung kann am Besten durch den Einsatz ökonomischer Instrumente erreicht werden. Als Handlungsempfehlung wird die Internalisierung der externen Klimaschadenskosten über eine Erhöhung der Mineralölsteuer und die der externen Luftverschmutzungskosten über eine elektronische Straßenbenutzungsgebühr empfohlen. Die Szenariosimulation der am Kohlenstoffgehalt orientierten Mineralölsteuererhöhung um 3,5 Cent je Liter Otto-Kraftstoff und 4 Cent je Liter Diesel ab dem Jahre 2002 bis zum Jahre 2006 erzeugt durch die induzierte Verkehrsvermeidung, Effizienzerhöhung und Verkehrsverlagerung eine Reduktion der CO_2-Emissionen von rund 8 % gegenüber der BAU-Prognose. Die Pkw-bedingten CO_2-Emissionen werden dabei um über 10 % reduziert, während bei den öffentlichen Verkehrsmitteln (ÖPV) die Emissionen sogar absolut zunehmen. Die dafür verantwortliche Verkehrsverlagerung vom MIV auf den ÖPV ist gewollt, um die Reduktion der gesamten Verkehrsleistung mit -3 % im Vergleich zur BAU-Prognose in Grenzen zu halten.

Die Internalisierung der externen Luftverschmutzungskosten erzeugt eine weitere Reduktion der klassischen Emissionen, wobei die starken Nachhaltigkeitsziele nicht ganz erreicht werden. Als qualitatives Ergebnis hat sich gezeigt, dass die durchschnittlichen Reaktionen der Verkehrsmittelnutzer bei einer Straßenbenutzungsgebühr deutlich höher ausfallen als bei einer vergleichbaren Treibstoffpreiserhöhung. Die Möglichkeit zur feineren Differenzierung der Gebührenhöhe in Abhängigkeit der spezifischen Grenzschadenskosten erzeugt einen zielgenauen Lenkungseffekt, der durch einen Kostentachometer im Pkw noch erhöht werden kann. Diese die Transparenz erhöhende Maßnahme wird sowohl bei der Einführung einer Straßenbenutzungsgebühr als auch bei der Erhöhung der Mineralölsteuer empfohlen.

Das zentrale Ergebnis der Untersuchung ist, dass weder mit der Internalisierung der externen Klimaschadenskosten noch durch die Kombination mit der Internalisierung der externen Luftverschmutzungskosten das starke CO_2-Reduktionsziel für den deutschen Personenverkehrssektor erreicht werden kann. Im Jahre 2020 emittiert der Personenverkehr noch immer 90 % mehr CO_2-Emissionen als gemäß der ökologischen Anforderung tolerierbar wäre. Beim Klimaschutz ist also über die Internalisierung hinaus weiterer verkehrspolitischer Handlungsbedarf gegeben. Für die klassischen Luftschadstoffe ergibt sich dagegen aufgrund der ermittelten Reduktionsanforderungen, der prognostizierten Entwicklung der Emissionen im BAU-Szenario und der analysierten Auswirkungen der zielkonformen verursachergerechten Internalisierung der externen Luftverschmutzungs- und Klimaschadenskosten kein weiterer Handlungsbedarf. Die Zielverfehlung liegt hier im Bereich der Berechnungsunsicherheit.

Die Abwendung der Folgen einer drohenden Klimaveränderung stellt die größte umweltpolitische Herausforderung der kommenden Jahrzehnte dar. Der Verkehrsbereich mit seinen der Tendenz nach weiterhin zunehmenden Emissionen von Treibhausgasen darf bei einer umfassenden Nachhaltigkeitsstrategie im Klimaschutz nicht ausgenommen werden. Für die Erfüllung der abgeleiteten CO_2-Reduktionsziele bis zum Jahre 2020 wird als politische Handlungsempfehlung vorgeschlagen, den Personenverkehrssektor von Anfang an in ein CO_2-Zertifikatesystem in Deutschland zu integrieren und dieses so schnell wie möglich umzusetzen. Für die Ausgestaltung der Zertifikatelösung im Personenverkehrssektor wird der upstream-Ansatz als einfachste und Transaktionskosten-minimale Lösung empfohlen. Dabei müssen für die aus den Raffinerien stammenden verkehrsrelevanten Mineralölprodukte Zertifikate gemäß dem Kohlenstoffgehalt der Treibstoffe vorgehalten werden. Das intersektorale deutsche Emissionshandelssystem sollte in eine globale Lösung, wie sie im Rahmen des Kyoto-Protokolls durch Erlaubnis eines Zertifikatehandels innerhalb der Annex B-Staaten diskutiert wird, eingebunden werden. Ein offenes Zertifikatesystem erhöht die Vorteile für die deutschen Akteure. Die gesamtwirtschaftlichen Kosten sind so am niedrigsten. Der Personenverkehrssektor wird wahrscheinlich nicht, wie allgemein angenommen, als reiner Nachfrager nach Zertifikaten auftreten, weil die Grenzvermeidungskosten, zumindest im Hinblick auf die technologischen Effizienzverbesserungen bei den Pkw, verhältnismäßig günstig sind.

Im Rahmen der durchgeführten Analyse konnte gezeigt werden, dass sich die flexiblen Instrumente der Klimapolitik auch auf den Personenverkehrsbereich anwenden lassen. Die Diskussion verschiedener Ausgestaltungsansätze sowie der Grenzvermeidungskostenschätzungen leistet einen Beitrag zur Schließung der Lücke in der wirtschaftswissenschaftlichen Literatur über marktwirtschaftliche Instrumente der Umweltpolitik, die den Verkehrssektor aufgrund seiner im Vergleich zu anderen Wirtschaftssektoren hohen Komplexität bislang ausgeklammert hat. Für eine detaillierte Konzeption sowie für die Ausgestaltung insbesondere in juristischer Hinsicht sind allerdings noch erhebliche Forschungsanstrengungen notwendig.

Die Alternativlösung zur Erfüllung des stark nachhaltigen CO_2-Reduktionsziels durch eine massive Erhöhung der Mineralölsteuer ist abzulehnen. Der Treibstoffpreis müsste bis zum Jahre 2020 auf rund 5,50 Euro je Liter Otto-Kraftstoff und rund 6 Euro je Liter Diesel steigen, um die notwendige Verkehrsvermeidungs- und -verlagerungswirkung bzw. Effizienzerhöhung zu erreichen. Dies ist politisch nicht zumutbar und auch nicht ökonomisch effizient. Bei einer solchen Maßnahme würden die gesamte Personenverkehrsleistung in Deutschland um gut ein Viertel zurückgedrängt und der motorisierte Individualverkehr sogar um über 40 % abnehmen.

Um den hohen Klimaschutzanforderungen gerecht zu werden, bedarf es eines starken politischen Willens. Den heutigen Personenverkehr auf die ökologischen Anforderungen einer nachhaltigen Entwicklung zu transformieren, erfordert, auch den sensiblen Bereich der automobilen Mobilität anzugehen. Gegen den zu erwartenden Widerstand aus der Bevölkerung und den Interessenverbänden sollte von der Bundesregierung das marktwirtschaftliche Instrument der Emissionszertifikate notfalls auch im nationalen Alleingang eingeführt und die Verminderung der CO_2-Emissionen bis zum gewünschten Ziel umgesetzt werden. Der Vorteil ist, dass die kostengünstigsten Vermeidungsoptionen in allen Wirtschaftssektoren und so auch im Verkehrssektor aktiviert werden. Ein Anstieg der Kraftstoffpreise ist auch bei der Zertifikatelösung unvermeidlich, da die Raffineriebetreiber gezwungen sein werden, die Zertifikatekosten auf die Konsumentenpreise für die Mineralölprodukte umzulegen. Er wird aber wesentlich moderater ausfallen als bei der Mineralölsteuerlösung.

Aufgrund der preislichen Maßnahmen werden die technologischen Vermeidungsoptionen bei den Fahrzeugherstellern indirekt aktiviert. Die Folge wird sein, dass CO_2-effiziente Motorentechnologien beschleunigt entwickelt und auf den Markt gebracht werden. Am Ende der technologischen Kette wird nach heutigem Wissensstand der Brennstoffzellenantrieb auf Wasserstoffbasis stehen. Für die Umweltauswirkungen und den Klimaschutz wird dabei von entscheidender Bedeutung sein, dass der Wasserstoff durch den Einsatz erneuerbarer Energien gewonnen wird. Wasserstoff als CO_2-freier Energieträger kann langfristig nicht nur den motorisierten Individualverkehr sondern auch den öffentlichen Verkehr revolutionieren. Durch den breiten Einsatz wasserstoffbasierter Antriebstechnologien in der Verkehrswirtschaft können möglicherweise so auch die starken CO_2-Reduktionsziele bis zum Jahre 2050 erreicht werden.

Diese Arbeit hat gezeigt, dass die verursachergerechte Internalisierung der externen Luftverschmutzungs- und Klimaschadenskosten im Personenverkehr ein wichtiger Schritt zur Erfüllung der ökonomischen und ökologischen Anforderungen einer nachhaltigen Entwicklung darstellt. Für den Klimaschutz reicht diese Maßnahme aber nicht aus, und so ist der Einsatz des flexiblen und kostengünstigen Instruments der handelbaren CO_2-Emissionszertifikate auch im Verkehrsbereich für die langfristige Erhaltung der Lebensgrundlagen auf der Erde dringend geboten.

Verzeichnis der Abbildungen

Abbildung 1: Schematische Darstellung der angewendeten Methodik 9
Abbildung 2: Konfliktfelder bei der Konkretisierung des Nachhaltigkeitskonzepts ... 15
Abbildung 3: Leitbildorientierte Entwicklung von Umweltindikatoren 30
Abbildung 4: Entwicklung des weltweiten Fahrzeugbestandes (1990 bis 2030) 54
Abbildung 5: Entwicklung des weltweiten Treibstoffverbrauchs (1990 bis 2030) 55
Abbildung 6: Entwicklung der globalen atmosphärischen Konzentration von CO_2 in den letzten 1000 Jahren 58
Abbildung 7: Zunahme der Erdoberflächentemperatur in den letzten 140 Jahren (Basis: Durchschnittstemperatur 1961 bis 1990) 59
Abbildung 8: Das globale Klima im 21. Jahrhundert 61
Abbildung 9: Übersicht ökologischer, sozialer und ökonomischer Problembereiche im Verkehr (mit den wichtigsten Kriterien und Elementen) ... 78
Abbildung 10: Fahr- und Verkehrsleistungsentwicklung in Basisszenarien 93
Abbildung 11: Entwicklung der Fahr- und Verkehrsleistung im BAU-Szenario (normiert auf 1 im Jahre 1995) 94
Abbildung 12: Durchschnittsverbrauchsentwicklung der Neuzulassungen und des Bestandes an Pkw in Deutschland (1990 bis 2020) 97
Abbildung 13: Entwicklung der CO_2-Emissionskoeffizienten für ausgewählte Personen- und Güterverkehrsmittel (normiert auf 1 im Jahre 1990) ... 101
Abbildung 14: Zugelassene Pkw nach Schadstoffklassen in Deutschland für die Jahre 1985, 1990, 1995 und 2001 102
Abbildung 15: Entwicklung der spezifischen Emissionskoeffizienten für die Straßenverkehrsmittel für NO_x und Partikel (PM) (normiert auf 1 im Jahre 1995) 103
Abbildung 16: Entwicklung der CO_2-Emissionen des Verkehrs in Deutschland bis zum Jahre 2020 (Basis: UNFCCC-Werte 1990 bis 1997) 104
Abbildung 17: Entwicklung der CO_2-Emissionen separiert nach Personen- und Güterverkehr (nur innerhalb Deutschlands) 105
Abbildung 18: Prognose der verkehrsbedingten CO_2-Emissionen in Europa bis zum Jahre 2010 (Basis: UNFCCC-Daten 1990 bis 1997, nur nationale Verkehre) 107
Abbildung 19: Entwicklung der verkehrsbedingten Methan- und Lachgas-Emissionen in Deutschland bis zum Jahre 2020 109
Abbildung 20: Entwicklung der Luftschadstoffemissionen des Straßenverkehrs in Deutschland bis zum Jahre 2020 110
Abbildung 21: Schemata zur Entwicklung von Umweltindikatoren für den Personenverkehr nach dem Konzept einer starken Nachhaltigkeit 114

Verzeichnis der Abbildungen   359

Abbildung 22: Das "Invers-Szenario" für die Ableitung globaler und
nationaler Klimaziele 125
Abbildung 23: Weltweite Aufteilung der CO_2-Reduktionsziele auf Staaten
und Staatengruppen gemäß dem Pro-Kopf-Ansatz
(Basis: zukünftige Bevölkerung) 133
Abbildung 24: Aufteilung der CO_2-Reduktionsziele auf die Staaten der EU 134
Abbildung 25: Aufteilung der CO_2-Reduktionsanforderung auf die
deutschen Wirtschaftsektoren 137
Abbildung 26: CO_2-Reduktionsziele für den Personen- und Güterverkehr
und die wichtigsten Verkehrsmittel im PV 139
Abbildung 27: NO_x-Reduktionsziele für den Personen- und Güterverkehr
und die wichtigsten Verkehrsmittel im PV 146
Abbildung 28: VOC-Reduktionsziele für den Personen- und Güterverkehr
und die wichtigsten Verkehrsmittel im PV 147
Abbildung 29: Partikel-Reduktionsziele für den Personen- und Güterverkehr
und die wichtigsten Verkehrsmittel im PV 148
Abbildung 30: Ineffizienz des Verkehrssystems durch das Vorhandensein
externer Kosten 162
Abbildung 31: Überblick der Monetarisierungsansätze für externe Effekte 165
Abbildung 32: Der Wirkungspfadansatz zur Berechnung der externen
Luftverschmutzungsgrenzschadenskosten 180
Abbildung 33: Typischer Fahrzeug-Mix auf Autobahnen (AB),
Außerorts- (AO) und Innerorts-Straßen (IO) in den
Alten und Neuen Bundesländern in 1995 182
Abbildung 34: Schadstoffkonzentrationsänderung für Partikel (PM2.5), hervor-
gerufen durch Pkw-Fahrten auf einem Autobahn-km auf der A3
bei Hilden (Region 19), (DTV: 60 000, vh-mix, AB>120, 1995) 187
Abbildung 35: Schadstoffkonzentrationsänderung für Nitrat-Feinstäube, hervor-
gerufen durch Pkw-Fahrten auf einem Autobahn-km auf der A5
bei Freiburg (Region 39), (DTV: 60 000, vh-mix, AB>120, 1995) 187
Abbildung 36: Technologiespezifische externe Luftverschmutzungskosten
in vier ausgewählten Regionen und dem deutschen Durchschnitt
(Verkehrssituation: AB>120 – ohne Tempolimit, 1995) 197
Abbildung 37: Verkehrssituationsspezifische externe Luftverschmutzungskosten
in vier ausgewählten Regionen und dem deutschen Durchschnitt
(Technologie: vh-mix – Fahrzeug-Mix D-West, 1995) 199
Abbildung 38: Gesamte externe Grenzschadenskosten der Luftverschmutzung
für ausgewählte Technologien und Verkehrssituationen des
MIV in Deutschland im Jahre 1995 201
Abbildung 39: Entwicklung der absoluten Luftverschmutzungsschadenskosten
des Personenverkehrs in Deutschland für die Jahre 1995 bis 2020 208

Abbildung 40: Die Entwicklung der absoluten externen Luftverschmutzungs- und Klimaschadenskosten im Personen- und Güterverkehr in Deutschland für die Jahre 1995 bis 2020 228

Abbildung 41: Grenzschadenskosten der Luftverschmutzung und der Klimaveränderung für die Personenverkehrsmittel 1995 und 2020 229

Abbildung 42: Das pareto-optimale Luftreinhaltungsniveau im Personenverkehr......234

Abbildung 43: CO_2-Emissions-Kosten-Schere für zukünftige Pkw-Antriebe..........238

Abbildung 44: Grenzvermeidungskosten für den Pkw in Deutschland (geschätzt auf der Basis von 3 Studien zu den Kosten möglicher, zukünftiger CO_2-Effizienzerhöhung beim Pkw)..........239

Abbildung 45: Vergleich von Grenzschadenskosten (GSK) und Grenzvermeidungskosten (GVK) für CO_2-Emissionen beim Pkw..........240

Abbildung 46: Vergleich von Grenzschadenskosten (GSK) und Grenzvermeidungskosten (GVK) für NO_x-Emissionen beim Pkw 243

Abbildung 47: Internalisierung mit Hilfe der Pigou-Abgabe..........267

Abbildung 48: Mengenregulierung mit Hilfe der Standard-Preis-Abgabe..........269

Abbildung 49: Statische Effizienzeigenschaften von Auflagen und Abgaben..........277

Abbildung 50: Preisbildung auf dem Zertifikatemarkt..........290

Abbildung 51: Entwicklung der CO_2-Emissionen aufgrund der Internalisierung der externen Klimaschadenskosten durch eine Mineralölsteuererhöhung nach Variante 1 und 2 307

Abbildung 52: Entwicklung der CO_2-Emissionen (Szenariovarianten 4 und 5)..........310

Abbildung 53: Entwicklung der NO_x-Emissionen (Szenariovarianten 3 bis 5)..........313

Abbildung 54: Pfade der CO_2-Emissionsentwicklung aufgrund einer Mineralölsteuererhöhung nach dem Standard-Preis-Ansatz..........324

Abbildung 55: Entwicklung der Treibstoffpreise für Otto- und Diesel-Kraftstoffe sowie die jährliche Mineralölsteuererhöhung im Standard-Preis-Szenario bis zum Jahre 2020..........325

Abbildung 56: Grenzvermeidungskostenkurven für ein offenes EU-weites, ein intersektorales deutschlandweites und ein geschlossenes sektorales Emissionshandelssystem (nur Pkw im deutschen PV) 332

Verzeichnis der Tabellen

Tabelle 1:	CSD-Nachhaltigkeitsindikatoren für Deutschland	37
Tabelle 2:	Ausgewählte Ziele des umweltpolitischen Schwerpunktprogramms aus dem Jahre 1998 in fünf nationalen Themenschwerpunkten	39
Tabelle 3:	Anteile der Emission nach Emittentengruppen in Deutschland im Jahre 1995	66
Tabelle 4:	Auswirkungen der verkehrlichen Luftschadstoffe auf Rezeptoren	68
Tabelle 5:	Gesundheitsschäden durch Emissionen aus dem Verkehr in Deutschland im Jahre 1995	69
Tabelle 6:	Übersicht der Anforderungen und Ziele für eine dauerhaft-umweltgerechte Verkehrsentwicklung aus der Literatur	82-83
Tabelle 7:	Zusammenstellung der verwendeten Prognosen der Fahr- und Verkehrsleistung aus der Literatur	91
Tabelle 8:	Verkehrsleistung im Personen- und Güterverkehr für die Jahre 1995, 2005 und 2020; prozentuale Anteile am Modal Split	96
Tabelle 9:	Prognostizierte CO_2-Emissionsfaktoren für Pkw (in g CO_2/km)	98
Tabelle 10:	Prozentuale Entwicklung der verkehrsbedingten NO_x-, PM-, CO- und VOC-Emissionen im Jahre 2020 im Vergleich zum Basisjahr 1990 (in Klammern Werte im Vergleich zum Jahr 1995)	111
Tabelle 11:	Nachhaltigkeitskriterien für Kohlenstoff-Emissionen in der OECD gemäß dem Umweltraumkonzept	124
Tabelle 12:	Notwendige Entwicklung der globalen CO2-Emissionen nach Modellrechnungen der Enquete-Kommission	129
Tabelle 13:	Prognostizierte Bevölkerungsentwicklung in Deutschland, Europa und weltweit bis zum Jahre 2050 (in Millionen)	132
Tabelle 14:	Prognose der CO_2-Emissionen nach Sektoren (in Mt/Jahr)	136
Tabelle 15:	UBA-Vorschlag für verkehrsbezogene Umwelthandlungsziele	144
Tabelle 16:	Starke Nachhaltigkeitsindikatoren im Verkehr	149
Tabelle 17:	Die sozialen Kosten des Verkehrs	175
Tabelle 18:	Emissionsfaktoren für verschiedene Pkw-Technologien und Fahrsituationen im Jahre 1995	184
Tabelle 19:	Wertansätze für Gesundheitsschäden aufgrund von Luftschadstoffen	191
Tabelle 20:	Regionalkoeffizienten RK_i^{Reg} = Emissionsspezifische externe Luftverschmutzungskosten für alle untersuchten Regionen in Deutschland 1995 (weiträumige Schäden, ohne lokale Zusatzschäden, ohne Ozonschäden)	195
Tabelle 21:	Vergleich verschiedener Studien zu den externen Grenzschadenskosten der Luftverschmutzung in Deutschland im Jahre 1995 (in Euro (1995)/100 km)	203

Tabelle 22:	Externe absolute Schadenskosten und Grenzschadenskosten der verkehrsbedingten Luftverschmutzung im Jahre 1995	205
Tabelle 23:	Entwicklung der Grenzschadenskosten der Luftverschmutzung im deutschen Personenverkehr für die Jahre 1995 bis 2020	209
Tabelle 24:	Literaturübersicht der Ergebnisse externer Grenzschadenskostenschätzungen der Klimaveränderung	214
Tabelle 25:	The marginal costs of carbon dioxide emissions (in \$/tC)	219
Tabelle 26:	Entwicklung der absoluten Klimaschadenskosten und der Klimaschadensgrenzkosten im deutschen Personenverkehr für die Jahre 1995 bis 2020 (Wertansatz: 76 Euro (1995)/t CO_2)	226
Tabelle 27:	Externe Unfall-, Lärm- und Staukosten im deutschen Personenverkehr im Jahre 1995 (absolut und durchschnittlich)	231
Tabelle 28:	Relative Vermeidungskosten der verkehrsbedingten CO_2-Emissionen für verschiedene Reduktionsszenarien	237
Tabelle 29:	Kosten-Wirksamkeit für die Stickoxidreduktion der Pkw beim Übergang der EURO-Normen 2, 3 und 4 in der Schweiz	242
Tabelle 30:	Vergleich der schwachen und starken Nachhaltigkeitsziele und -indikatoren für die Bereiche Klimaveränderung (CO_2) und Luftverschmutzung (NO_x) in Bezug auf die Pkw-Nutzung	244
Tabelle 31:	Instrumente der Umweltpolitik	249
Tabelle 32:	Verkehrspolitische Einzelmaßnahmen für eine dauerhaft umweltgerechte Entwicklung im landgebundenen Personenverkehr (inkl. CO_2-Reduktionswirkung bis 2005 gegenüber 1990)	254-255
Tabelle 33:	Wirkung ausgewählter preislicher Maßnahmen	300
Tabelle 34:	Entwicklung der spezifischen externen Luftverschmutzungs- und Klimaschadenskosten je Liter Treibstoff (in Euro (1995)/l) und des Treibstoffverbrauchs der Straßenpersonenverkehrsmittel gemäß dem BAU-Szenario (in l/100 km) bis zum Jahre 2020	303
Tabelle 35:	Auswirkungen der Internalisierung der externen Schadenskosten (Varianten 1 bis 5) auf die Treibstoffpreise, die Verkehrsleistungen, die zusätzliche Treibstoffnachfragereduktion, die CO_2- bzw. NO_x-Emissionen und die starken Nachhaltigkeitsindikatoren	311
Tabelle 36:	Auswirkungen der Mineralölsteuererhöhung gemäß dem Standard-Preis-Szenario (Variante "exp") auf die Verkehrsleistungen, die zusätzlichen Treibstoffnachfragereduktionen und die CO_2-Emissionen der einzelnen Personenverkehrsmittel	326
Tabelle 37:	Grenzvermeidungskosten für die Erfüllung der stark nachhaltigen CO_2-Reduktionsziele für die EU, Deutschland, den deutschen Personenverkehrssektor (PV) und die Pkw	334
Tabelle 38:	Preissignal des Fahrzeughersteller-bezogenen Ansatzes	340

Literaturverzeichnis

Aberle, G. (1997), *Transportwirtschaft. Einzelwirtschaftliche und gesamtwirtschaftliche Grundlagen*, 2. Auflage, München, Wien.

ADAC (2001), *Zahlen und Fakten zum Thema Umwelt*, http://www.verkehr.adac.de/ Fachinformationen am 09.06.2001.

ADAC (2002), *ADAC testet Rußpartikel für Diesel-Autos*, http://www.auto-news.de/ adac/ad00_41peugeot%20607_hdi.htm am 02.02.2002.

Ahlheim, M. (1996), *Contingent Valuation and the Budget Constraint*, Diskussionsschrift 3/96, Brandenburgische Technische Universität Cottbus.

Ahlheim, M. und M. Rose (1992), *Messung individueller Wohlfahrt*, 2. Auflage, Berlin-Heidelberg-New York.

Aral AG (1998), *Kraftstoffe für Straßenfahrzeuge*, Fachreihe Forschung und Technik, Grundlagen, Bochum.

Ayres, R. U. (1997), Environmental Market Failures: Are there any local market-based Corrective Mechanisms for Global Problems? In: *Mitigation and Adaption Strategies for Global Change*, Vol. 1., 289-309.

Azar, C. and T. Sterner (1996), Discounting and Distributional Considerations in the Context of Global Warming, in: *Ecological Economics 19 (1996)*, 169-184.

BAG [Bundesamt für Güterverkehr] (2002), *ABBG – Autobahnbenutzungsgebührengesetz, – Gebührensätze für das Jahr 2002*, http://www.bag.bund.de am 30.03.2002.

Bartmann, H. (1996), *Umweltökonomie – ökologische Ökonomie*, Stuttgart-Berlin-Köln.

Baumol, W. J. and W. E. Oates (1979), *Economics, Environmental Policy and the Quality of Life*, Prentice-Hall, Englewood Cliffs.

Becker, U. (1998), *Principles of sustainable mobility and guidelines for nowadays decision*, Paper presented at the Eighth World Conference on Transport Research, July 12-17, Antwerp.

Becker, U. (1998b), Auf dem Weg zu weniger Unnachhaltigkeit – Einordnung, Stand und Ausblick, in: NFP 41 (Hrsg.), *Nachhaltigkeit im Verkehr – Von Indikatoren zu Maßnahmen*, Tagungsband der internationalen Tagung des NFP 41 am 8 September 1998 in Basel, http://www.snf.ch/nfp41 am 03.12.2001.

Becker, U., R. Gerike und A. Völlings (1999), *Gesellschaftliche Ziele von und für Verkehr*, Kurzfassung, Studie im Auftrag der Dr. Joachim und Hanna Schmidt Stiftung für Umwelt und Verkehr, http://www.divu.de am 27.07.2001.

Bickel, P. und R. Friedrich (1995), *Was kostet uns die Mobilität? Externe Kosten des Verkehrs*, Berlin, Heidelberg, New York.

Bleijenberg, A. (1994), The Art of Internalising, in: OECD (Eds.), *Internalising the Social Costs of Transport*, Paris, 95-112.

BMBF [Bundesministeriums für Bildung und Forschung] (2001), *Forschung zum Globalen Wandel*, Bonn, http://www.bmbf.de am 07.07.2001.

BMF [Bundesministerium der Finanzen] (1999), *Gesetz zum Einstieg in die ökologische Steuerreform*, http://www.bundes-finanzministerium.de/abteilunglll/oekologische_steuerreform.htm am 16.12.1999.

BMF [Bundesministerium der Finanzen] (1999b) (Hrsg.), *Kfz-Steuer für PKW: Weniger Schadstoffe - weniger Steuern, Fakten 2/99*, http://www.bundes-finanzministerium.de/f_triples.htm am 14.12.1999.

BMU [Bundesministerium für Umwelt, Naturschutz und Reaktorsicherheit] (1997) (Hrsg.), *Klimaschutz in Deutschland. Zweiter Bericht der Bundesrepublik Deutschland nach dem Rahmenübereinkommen der Vereinten Nationen über Klimaänderungen*, Bonn, http://www.bmu.de/klima/index.htm am 25.11.1999.

BMU [Bundesministerium für Umwelt, Naturschutz und Reaktorsicherheit] (2000), *Erprobung der CSD-Nachhaltigkeitsindikatoren in Deutschland – Bericht der Bundesregierung*, http://www.bmu.de/klima/index.htm am 11.01.2001.

BMU [Bundesministerium für Umwelt, Naturschutz und Reaktorsicherheit] (2000b), *Nationales Klimaschutzprogramm, Beschluss der Bundesregierung vom 18.Oktober 2000, Fünfter Bericht der Interministeriellen Arbeitsgruppe "CO2-Reduktion"*, Berlin.

BMWi [Bundesministerium für Wirtschaft und Technologie] (2000) (Hrsg.), *Energie Daten 2000. Nationale und internationale Entwicklung*, Berlin, http://www.bmwi.de/Homepage/Politikfelder/Energiepolitik/Service/Publikationen/Publikation.jsp am 02.11.2000.

BMVBW [Bundesministerium für Verkehr, Bau- und Wohnungswesen] (2000), *Verkehrsbericht 2000, Integrierte Verkehrspolitik: Unser Konzept für eine mobile Zukunft*, http://www.bmvbw.de am 25.11.2000.

BMVBW [Bundesministerium für Verkehr, Bau- und Wohnungswesen] (2001), Bundeskabinett beschließt Gesetzentwurf für die Lkw-Maut, in: *Verkehrs Nachrichten*, 7-10/2001, Berlin

Böhringer, C. und H. Welsch (1999), *C&C – Contraction and Convergence of Carbon Emissions: The Economic Implications of International Emissions Trading*, ZEW-Discussion Paper No. 99-13, Mannheim.

Borken, J. und U. Höpfner (1998), Sustainable mobility – nachhaltig verkehrt? In: Schmidt, M. und U. Höpfner (Hrsg.), *20 Jahre ifeu-Institut*, Braunschweig, Wiesbaden, 145-152.

Borken, J., W. Knörr und U. Höpfner (1999), *Entwicklung der Fahrleistung und Emissionen des Straßengüterverkehrs 1990 bis 2015*, Institut für Energie- und

Umweltforschung ifeu im Auftrag des Verband der Automobilindustrie (VDA) (Hrsg.), Materialien zur Automobilindustrie 21, Frankfurt am Main.

Bräuer, W. (2002), Ordnungspolitischer Vergleich von Instrumenten zur Förderung erneuerbarer Energien im deutschen Stromsektor, in: *Zeitschrift für Umweltpolitik und Umweltrecht*, Heft 1, 25. Jg., 61-103.

Brockmann, K. L., M. Stronzik und H. Bergmann (1999), *Emissionsrechtehandel – eine neue Perspektive für die deutsche Klimapolitik nach Kioto*, Heidelberg.

Brockmann, K. L. (ZEW), M. Stronzik (ZEW), B. Dette (Öko-Institut) und A. Herold (Öko-Institut) (2001), *Der Handel mit Treibhausgasemissionen in der Europäischen Union, Diskussionsbeitrag zum Grünbuch*, Diskussionsbeitrag im Auftrag des Ministeriums für Umwelt und Verkehr Baden-Württemberg, Mannheim.

Brüderle, J. und P. Preisendörfer (1995), Der Weg zum Arbeitsplatz: Eine empirische Untersuchung zur Verkehrsmittelwahl, in: Diekmann, A. und A. Franzen (Hrsg.), *Kooperatives Umwelthandeln – Modelle, Erfahrungen, Maßnahmen*, Chur, Zürich, 69-88.

Bundesregierung (2001), *Bundeskabinett beschließt Strategie für Nachhaltige* Entwicklung, http://www.bundesregierung.de/dokumente/...Nachhaltige_Entwicklung/ix2841_14797.htm am 11.01.2001.

Button, K. (1994), Overview of Internalising the Social Costs of Transport, in: OECD (Eds.), *Internalising the Social Costs of Transport*, Paris, 7-30.

Cansier, D. (1993), *Umweltökonomie*, Stuttgart, Jena.

Calthrop E. and S. Proost (1998), *General Economic Principles of Pricing Transport Services*, Deliverable 2 of the CAPRI project: Concerted Action on Transport Pricing Research Integration, Leeds.

Capros, P. and L. Mantzos (1999), *European Environmental Priorities; An Environmental and Economic Assessment, Climate Change*, paper prepared for the European Commission, Directorate General Environment, using the PRIMES model, Athens.

CDIAC [Carbon Dioxide Information Analysis Center] (2001), *Kyoto-Related Fossil-Fuel CO_2 Emission Totals*, http://cdiac.esd.ornl.gov/trends/emis/annex.htm am 09.06.2001.

Clement, L., and M. Monsigny (1999), *Road Transport Pricing Issues with particular reference to Inter-Urban Road Pricing*, Deliverable 5 of the Concerted Action on Transport Pricing Research Integration (CAPRI), Leeds.

Constanza, R. H. E. Daly and J. A. Bartholomew (1991), Goals, Agenda and Policy Recommendations for Ecological Economics, in: Constanza R. (Eds.), Ecological *Economics: The Science and Management of Sustainability*, Ney York, 1-20.

Daly, H. E. (1992), Allocation, Distribution and Scale: Towards an Economic that is Efficient, Just and Sustainable, in: *Ecological Economics*, Vol. 6, 185-193.

Daly, H. E. (1996), *Beyond Growth – The Economics of Sustainable Development*, Beacon Press, Boston.

Davis, S.C. (1995), *Transportation Energy Data Book Edition 15*, Oak Ridge National Laboratory, Oak Ridge, Tennessee.

Deligiannidu, P. (1998), Luftschadstoffe Benzol und Ruß im Heidelberger Stadtverkehr, in: Schmidt, M. und U. Höpfner (Hrsg.), *20 Jahre ifeu-Institut*, Braunschweig, Wiesbaden, 233-242.

Delisle, M. (1998), Nachhaltige Entwicklung der Mobilität – Strategie für das BUWAL, in: NFP 41 (Hrsg.), *Nachhaltigkeit im Verkehr – Von Indikatoren zu Maßnahmen*, Tagungsband der internationalen Tagung des NFP 41 am 8.September 1998 in Basel, http://www.snf.ch/nfp41 am 03.12.2001.

Deutsche Bahn AG (2001), *Daten und Fakten 2000*, http://www.bahn.de/extra-html/pdf/daten_und_fakten_2000.pdf am 12.06.2001.

Deutsche Bahn AG (2001b): *Bahn-Agenda 21 – Der Beitrag der Deutschen Bahn AG für eine umweltgerechte Entwicklung des Verkehrs*, http://www.bahn.de am 10.01.2001.

Deutsche Lufthansa AG (1997), *Umweltbericht 1996/97. "Balance"*, Frankfurt.

Deutsche Lufthansa AG (2001), *Balance, Daten und Fakten*, Das wichtigste zu Umweltschutz und Nachhaltigkeit bei der Lufthansa, Frankfurt.

Diaz-Bone, H., U. Hartmann, U. Höpfner, M. Stronzik und S. Weinreich (2001), *Flexible Instrumente der Klimapolitik im Verkehrsbereich*, unveröffentlichter Ergebnisbericht der gleichnamigen Vorstudie im Auftrag des Ministeriums für Umwelt und Verkehr des Landes Baden-Württemberg, Ifeu, ZEW, Heidelberg, Mannheim.

DIW [Deutsches Institut für Wirtschaftsforschung] (1997), *Ermittlung der Wegekosten und Wegekostendeckungsgrade des Eisenbahn-, Straßen-, Binnenschiff-, und Luftverkehrs in der Bundesrepublik Deutschland für das Jahr 1994*, unveröffentlichter Schlussbericht, Berlin.

DIW [Deutsches Institut für Wirtschaftsforschung] (1998), *Verkehr in Zahlen 1998*, Herausgegeben vom Bundesverkehrsministerium, Deutscher Verkehrs-Verlag, Hamburg.

DIW [Deutsches Institut für Wirtschaftsforschung] (2000), *Verkehr in Zahlen 2000*, Herausgegeben vom Bundesverkehrsministerium, Deutscher Verkehrs-Verlag, Hamburg.

DIW et al. [Deutsches Institut für Wirtschaftsforschung: H.-J. Ziesing, J. Diekmann und R. Hopf; Forschungszentrum Jülich, Programmgruppe Systemforschung und Technologische Entwicklung: M. Kleemann, G. Kolb, P. Markewitz und D. Martinsen; Fraunhofer-Institut für Systemtechnik und Innovationsforschung: E. Jochem, K. Ostertag und B. Schlomann; Öko-Institut: M. Cames und F. C. Matthes] (1997), *Politikszenarien für den Klimaschutz, Band 1: Szenarien und*

Maßnahmen zur Minderung von CO_2-Emissionen in Deutschland bis zum Jahre 2005, Untersuchungen im Auftrag des Umweltbundesamtes, Hrsg. Stein, G. und B. Strobel, Forschungszentrum Jülich.

DIW [Deutsches Institut für Wirtschaftsforschung] / WI [Wuppertal Institut für Klima, Umwelt, Energie] / WZB [Wissenschaftszentrum Berlin für Sozialforschung] (2000), *Arbeit und Ökologie*, Abschlussbericht des Verbundprojekts im Auftrag der Hans-Böckler-Stiftung, Berlin, Wuppertal.

DRI and McGraw-Hill (1995), *Reducing CO_2 Emission from Passenger Cars in the European Union by Improved Fuel Efficiency: An Assessment of Possible Fiscal Instruments*, Brussels.

Ecoplan (1996), *Monetarisierung der verkehrsbedingten externen Gesundheitskosten*, Studie im Auftrag des Dienstes für Gesamtverkehrsfragen des Eid. Verkehrs- und Energiewirtschaftsdepartment, GVF-Auftrag Nr.272, Bern.

Ellwanger, G. (2000), External Environmental Costs of Transport – Comparison of Recent Studies, in: Rennings, K., O. Hohmeyer and R. L. Ottinger (Eds.), *Social Costs and Sustainable Mobility, Strategies and Experiences in Europe and the United States*, ZEW Economic Studies 7, Physica, Heidelberg, New York, 15-20.

Endres, A. und V. Radke (1998), *Indikatoren einer nachhaltigen Entwicklung – Elemente einer wirtschaftstheoretischen Fundierung*, Berlin.

Enquete-Kommission "Schutz des Menschen und der Umwelt" des Deutschen Bundestages (1994) (Hrsg.), *Die Industriegesellschaft gestalten. Perspektiven für einen nachhaltigen Umgang mit Stoff- und Materialströmen*, Bonn.

Environment Canada (1996), *Proceedings of the OECD International Conference "Towards Sustainable Transport" in Vancouver Canada*, Hull, Canada.

Europäische Kommission (1995), *Faire und effiziente Preise im Verkehr, Politische Konzepte zur Internalisierung der externen Kosten des Verkehrs in der Europäischen Union*, DG VII, Grünbuch, Brüssel.

Europäische Kommission (1998), *Europaweite Interoperabilität der Systeme zur elektronischen Gebührenerhebung. Mitteilung der Kommission an den Rat, das Europäische Parlament, den Wirtschafts- und Sozialausschuss und den Ausschuss der Regionen*, Brüssel.

Europäische Kommission (2001), *Die Europäische Verkehrspolitik bis 2010: Weichenstellung für die Zukunft*, DG Energy and Transport, Weißbuch, Brüssel.

European Commission (1994), *Externalities of Fuel Cycles - ExternE Project*, Summary Report, DG XII, Brussels.

European Commission (1998), *Fair Payment for Infrastructure Use: A phased approach to a common transport infrastructure charging framework in the EU*, DG VII, Whitebook, Brussels.

European Commission (1998b), *QUITS - Quality Indicators for Transport Systems*, Transport Research, Fourth Framework Programme, Strategic Transport, Brussels.

European Commission (1999), *European Union Energy Outlook to 2020*, Energy in Europe, The Shared Analysis Project, Luxembourg.

European Commission (1999b), *The Auto-Oil II Cost-Effectiveness Study, Part III:The Transport Base Case, Annex B.3: Germany*, Draft Final Report, Standard & Poors DRI and KULeuven.

European Commission (2000), *Environmental Aspect of Sustainable Mobility*, Thematic Synthesis of Transport Research Results, Transport RTD Programme, Fourth Framework Programme, EXTRA Project, working paper, Luxembourg.

European Commission (2000b), *Green Paper on Greenhouse Gas Emissions Trading within the European Union*, Green Paper presented by the Commission, Brussels.

European Commission (2001), *Sustainable Mobility. Result from the transport research programme*, EXTRA Project, DG Energy and Transport, Luxembourg.

Eurostat (2000), *Transport and environment: Statistics for the Transport and Environment*, Reporting Mechanism (TERM) for the European Union, Data 1980-98, Luxembourg.

Ewers, H.-J. (1996), Dauerhaft-umweltgerechte Mobilität, in: Barz, W., B. Brinkmann und H.-J. Ewers (Hrsg.), *Umwelt und Verkehr*, Landsberg, 217-223.

Eyckmans, J. and J. Cornillie (2000), *Efficiency and Equity of the EU Burden Sharing Agreement*, Working Paper No. 2000-2, Katholieke Universiteit Leuven, Center for Economic Studies, Energy, Transport & Environment, Leuven.

Fankhauser, S. (1995), *Valuing Climate change - The Economics of the Greenhouse*, Earthscan, London.

Fankhauser, S., R. S. J. Tol and D. W. Pearce (1996), *The Aggregation of Climate Change Damages: A Welfare Theoretic Approach*, Unpublished Paper, Institute for Environmental Studies, Free University, Amsterdam.

Feess, E. (1998), *Umweltökonomie und Umweltpolitik*, München.

Feldhaus, S. (1996), Ethik und Verkehr: Ethische Orientierungsgrößen für eine verantwortliche Mobilität, in: Barz, W., B. Brinkmann und H.-J. Ewers (Hrsg.), *Umwelt und Verkehr*, Landsberg, 113-133.

Fige (1998), *Citair - Computergestütztes Instrument zur Prognose der Auswirkungen verkehrlicher Maßnahmen zur Immissionsreduzierung*, CD-Rom und Kurzbeschreibung, enthält das Emissionsmodell Mobilev, Herzogenrath.

Fleming, D. (1997), Tradable Quotas: Using Information Technology to cap National Carbon Emissions, in: *European Environment Vol. 7.*, 139-148.

Forschungsgesellschaft für Straßen- und Verkehrswesen (1996), *Merkblatt über Luftverunreinigungen an Straßen*, MLuS-92 (überarbeitete Version), Köln.

Fraunhofer-Gesellschaft (Hrsg.) (1995), *Kommunikation ohne Verkehr? Neue Informationstechniken machen mobil*, Fraunhofer-Forum Tagungsband 1995, München.

Friedrich, R. und W. Krewitt (1998), Externe Kosten der Stromerzeugung, in: *Energiewirtschaftliche Tagesfragen*, 48. Jg. (1998) Heft 12, 789-794.

Friedrich, R. and A. Ricci (1999), *Calculating Transport Environmental Costs*, Final Report of the Expert Advisors to the High Level Group on Infrastructure charging (Working Group 2), Brussels.

Fritsch, M., T. Wein und H. J. Ewers (1996), *Marktversagen und Wirtschaftspolitik: Mikroökonomische Grundlagen staatlichen Handelns*, 2. Aufl., München.

Gehrung, P., K. Gresser und W. Rothengatter, W. (1998), Verlagerungspotentiale in verkehrlich hoch belasteten Fernverkehrskorridoren, in: Bundesamt für Bauwesen und Raumordnung (Hrsg.), *Strategien für einen raum- und umweltverträglichen Verkehr*, Informationen zur Raumentwicklung, Heft 6, 1998, Bonn.

Geßner, C. und S. Weinreich (1998), *Externe Kosten des Straßen- und Schienenverkehrslärms am Beispiel der Strecke Frankfurt - Basel*, ZEW Dokumentation Nr. 98-08, Mannheim.

Glaser, C. (1992), *Externe Kosten des Straßenverkehrs, Darstellung und Kritik von Meßverfahren und empirischen Studien*, Dissertation, Universität München.

Gorissen, N. (1996), Konzept für eine nachhaltige Mobilität in Deutschland, in: Deutsche Verkehrswissenschaftliche Gesellschaft e.V. (Hrsg.), *Viertes Karlsruher Seminar zu Verkehr und Umwelt. Wege zu einer ökologisch* verträglichen *Entwicklung des Verkehrs*, Schriftenreihe B 196, Karlsruhe, 107-131.

Greene, D. L. and D. W. Jones (1997), The Full Costs and Benefits of Transportation: Conceptual and Theoretical Issues, in: Greene, D. L., D. W. Jones and M. A. Delucchi (Eds.), *The Full Costs and Benefits of Transportation*, Berlin-Heidelberg-New York, 1-26.

Groscurth, H. M. und I. Kühn (1997), *Comments on the EcoSense Model (Version 2.0)*, internes Diskussionspapier im Rahmen des EU-Projektes "Bio Costs", ZEW, Mannheim.

Grossekettler, H. (1991), Zur theoretischen Integration der Finanz- und Wettbewerbspolitik in die Konzeption des ökonomischen Liberalismus, in: *Jahrbuch für Neue Politische Ökonomie*, Band 10, Tübingen, 103-144.

Halbritter, G. und T. Fleischer (2000), Strategien zur Erreichung einer "nachhaltigen Mobilität", in: *TAB-Brief Nr.18, August 2000*, 17-23.

Hansmeyer, K.-H. und H. K. Schneider (1990), *Umweltpolitik. Ihre Fortentwicklung unter marktsteuernden Aspekten*, Göttingen.

Hauff, V. (Hrsg.) (1987), *Unsere gemeinsame Zukunft. Der Brundtland –Bericht der Weltkommission für Umwelt und Entwicklung*, Greven.

Hediger, W. (1997), Elemente einer ökologischen Ökonomik nachhaltiger Entwicklung, in: Rennings, K. und O. Hohmeyer (Hrsg.), *Nachhaltigkeit*, ZEW Wirtschaftsanalysen Band 8, Baden-Baden, 15-37.

Heimann, M. (1995), Die Bedeutung von Verkehrsemissionen für das Klima, in: Barz, W., B. Brinkmann und H.-J. Ewers (Hrsg.), *Umwelt und Verkehr*, Landsberg, 15-30.

Hemmelskamp, J. und U. Neuser (1993), Innovationswirkung von Haftungsrecht – Ökonomische Theorie und juristische Bewältigung, in: *UmweltWirtschaftsForum*, Jg. 1, Heft 2, 48-55.

Henschel, D. (1995), Gesundheitsgefährdung durch Automobilabgase, in: Barz, W., B. Brinkmann und H.-J. Ewers (Hrsg.), *Umwelt und Verkehr*, Landsberg, 31-42.

Hillebrand, B., K. Löbbe, H. Clausen, J. Dehio, M. Halstrick-Schwenk, H. D. von Loeffelholz, W. Moos und K.-H. Storchmann (2000), *Nachhaltige Entwicklung in Deutschland – Ausgewählte Problemfelder und Lösungsansätze*, Untersuchungen des Rheinisch-Westfälischen Instituts für Wirtschaftsforschung (RWI), Heft 36, Essen.

Höpfner, U. (1995), Die Entwicklung der Luftbelastung durch den Verkehr, in: Barz, W., B. Brinkmann und H.-J. Ewers (Hrsg.), *Umwelt und Verkehr*, Landsberg, 1-14.

Höpfner, U. (1998), Ökologische Chancen und Probleme von Elektrofahrzeugen, in: Schmidt, M. und U. Höpfner (Hrgs.), *20 Jahre ifeu-Institut*, Braunschweig, Wiesbaden, 129-145.

Hohmeyer, O. (1996), Social Costs and Climate Change. Strong Sustainability and Social Costs, in: Hohmeyer, O., R. L. Ottinger and K. Rennings (Eds.), *Social Costs and Sustainability. Valuation and Implementation in the Energy and Transport Sector*, Berlin-Heidelberg-New York. 61-83.

Hohmeyer, O. and M. Gärtner (1992), *The Costs of Climate Change – A Rough Estimate of Orders of Magnitude*, Report of the Commission of the European Communities, Karlsruhe.

Hohmeyer, O., R. L. Ottinger and K. Rennings (1996), Social Costs and Sustainability – an Overview, in: Hohmeyer, O., R. L. Ottinger and K. Rennings (Eds.), *Social Costs and Sustainability. Valuation and Implementation in the Energy and Transport Sector*, Berlin-Heidelberg-New York. 1-9.

Huckestein, B. (2000), *Einführung einer fahrleistungsbezogenen Schwerverkehrsabgabe in Deutschland: Höhe und Ausgestaltung der Abgabe unter verschiedenen umwelt- und verkehrspolitischen Zielen*, unveröffentlichtes Diskussionspapier, Berlin.

Hunhammer, S. (1999), *Energy and Climate Criteria for Sustainable Transportation*, Transport Modelling/Assessment, unpublished paper, presented at the 8th World Conference on Transport Research, Antwerp.

IER [Institut für Energiewirtschaft und Rationelle Energieanwendung, Universität Stuttgart] (1997), *EcoSense Version2.0 – User Manual*, unpublished paper, Stuttgart.

IER [Institut für Energiewirtschaft und Rationelle Energieanwendung, Universität Stuttgart] (1999), *EcoSense – an Integrated Environmental Impacts Assessment Model*, Modellbeschreibung, http://www.ier.uni-stuttgart.de/public/abt/tfu/product.htm am 23.03.1999.

IER [Institut für Energiewirtschaft und Rationelle Energieanwendung, Universität Stuttgart] (2000), *External Costs of Transport in ExternE*, Beschreibung des abgeschlossenen Projekts in deutsch, http://www.ier.uni-stuttgart.de/top/tfu am 23.05.2000.

IER et al. [IER, Germany; ETSU, United Kingdom; IES, Netherlands; ARMINES, France; LIFE, Greece; INERIS, France; IEFE, Italy; ENCO, Norway; IOM, United Kingdom; IFP, France; EEE, United Kingdom; DLR, Germany; EKONO, Finland] (1997), *External Costs of Transport in ExternE*, Final report, Stuttgart.

IER et al. [IER, Germany; ETSU, United Kingdom; IVM, Netherlands; LIFE, Greece; ARMINES, France; EKONO, Finland; VITO, Belgium; DLR, Germany; University of Bath, United Kingdom; ITE, United Kingdom; CIEMAT, Spain; ENCO, Norway; IOM, United Kingdom; EEE, United Kingdom; DNMI, Norway; SCI, Sweden; IPTS, Spain; ECU, United Kingdom] (2000), *External Costs of Energy Conversion – Improvement of the ExternE Methodology and Assessment of Energy-related Transport Externalities*, Final report, Stuttgart.

Ifeu [Institut für Energie und Umweltforschung Heidelberg GmbH] (1999), *Wissenschaftlicher Grundlagenbericht zur "Mobilitäts-Bilanz" und zum Softwaretool "Reisen und Umwelt in Deutschland 1999"*, Im Auftrag der Deutschen Bahn AG und der Umweltstiftung WWF-Deutschland, Heidelberg.

Ifeu [Institut für Energie und Umweltforschung Heidelberg GmbH] (2000), *Daten und Informationen aus der aktuellen Berechnung mit TREDMOD 09/2000*, persönliche Zusammenstellung.

Infras (1995), *Handbuch für Emissionsfaktoren des Straßenverkehrs,* Erläuterungen zur CD-Rom Version 1.1 Okt. 1995, Studie im Auftrag des Umweltbundesamtes und des schweizerischen Bundesamtes für Umwelt, Wald und Landschaft, Berlin.

Infras/Econcept/Prognos (1996), *Die vergessenen Milliarden. Externe Kosten im Energie- und Verkehrsbereich*, Bern-Stuttgart-Wien.

IPCC [Intergovernmental Panel on Climate Change] (1996) (Eds.), *Summary for Policymakers of the Contribution of Working Group I to the IPCC Second Assessment Report*, Geneva.

IPCC [Intergovernmental Panel on Climate Change] (2001) (Eds.), *Summary for Policymakers: A report of Working Group I of the Intergovernmental Panel on Climate Change, Third Assessment Report*, http://www.ipcc.ch/pub/reports.htm am 19.07.2001.

IPCC [Intergovernmental Panel on Climate Change] (2001b) (Eds.), *Summary for Policymakers, Climate Change2001: Impacts, Adaption, and Vunerability, A report of Working Group II of the Intergovernmental Panel on Climate Change, Third Assessment Report*, http://www.ipcc.ch/pub/reports.htm am 19.07.2001.

IPCC [Intergovernmental Panel on Climate Change] (2001c) (Eds.), *Summary for Policymakers, Climate Change2001: Mitigation, A report of Working Group III of the Intergovernmental Panel on Climate Change, Third Assessment Report*, http://www.ipcc.ch/pub/reports.htm am 19.07.2001.

IWW/Infras (1995), *Externe Effekte des Verkehrs*, Studie im Auftrag des Internationalen Eisenbahnverbandes (UIC), Paris.

IWW/Infras (2000), *External Costs of Transport, Accidents, Environmental and Congestion Costs in Western Europe*, Zürich-Karlsruhe.

Kageson, P. (1994), *The Concept of Sustainable Transport*, European Federation for Transport and Environment, Brussels.

Kageson, P. (2001), *The Impact of CO_2 Emissions Trading on the European Transport Sector*, VINNOVA Report VR 2001:17, Stockholm.

Kastrup, M. J. (1995), *Monetary Measurement of Sustainability – A Critical Analysis*, Institut für Forstökonomie, Universität Freiburg, Arbeitsbericht 21-95.

Katalyse (1993), *Umweltlexikon, Treibhauseffekt*, Stichwortstand 1993, http://www.umweltlexikon-online.de/fp/archiv/RUBluft/Treibhauseffekt.html am 13.09.2001.

Kemp, R., B. Truffer and S. Harms (2000), Strategic Niche Management for Sustainable Mobility, in: Rennings, K., O. Hohmeyer and R.L. Ottinger (Eds.), *Social Cost and Sustainable Mobility, Strategies and Experiences in Europe and the United States*, ZEW Economic Studies 7, Physica, Heidelberg, New York, 167-188.

Keuchel, S. (1994), *Wirkungsanalyse von Maßnahmen zur Beeinflussung des Verkehrsmittelwahlverhaltens, Eine empirische Untersuchung am Beispiel des Berufsverkehrs der Stadt Münster/Westfalen*, Göttingen.

Klemmer, P. (1999), Nachhaltigkeitspolitik – eine ordnungspolitische Würdigung, in: Junkernheinrich, M. (Hrsg.), *Ökonomisierung der Umweltpolitik. Beiträge zur volkswirtschaftlichen Umweltpolitik*, Berlin, 99-106.

Klemmer, P. (2001), Internationale Aspekte des Klimaschutzes, in: KfW [Kreditanstalt für Wiederaufbau] (Hrsg.), *Marktwirtschaftliche Strategien für den Klimaschutz*, KfW-Beiträge zur Mittelstand- und Strukturpolitik, Bd. 25, Frankfurt, 21-28.

Knörr, W. und U. Höpfner(1998), TREMOD- Schadstoffe aus dem motorisierten Verkehr in Deutschland, in: Schmidt, M. und U. Höpfner (Hrgs.), *20 Jahre ifeu-Institut*, Braunschweig, Wiesbaden, 115-129.

Kommission Verkehrsinfrastrukturfinanzierung (2000), *Schlußbericht, 5. September 2000*, http://www.bmvbw.de am 11.01.2001.

Koschel, H. und S. Weinreich (1995), Ökologische Steuerreform auf dem Prüfstand – Ist die Zeit reif zum Handeln? in: Hohmeyer, O. (Hrsg.), *Ökologische Steuerreform*, ZEW-Wirtschaftsanalysen Band 1, Baden-Baden, 9-38.

Koschel, H., K. L. Brockmann, T. F. N. Schmidt, M. Stronzik und H. Bergmann (1998), *Handelbare SO_2-Zertifikate für Europa – Konzeption und Wirkungsanalyse eines Modellvorschlags*, Heidelberg.

Kraftfahrbundesamt (2002), *Der Fahrzeugbestand im Überblick am 1. Januar 2002*, Zentrales Fahrzeugregister, http://www.kba.de am 07.05.2002.

Krey, M. und S. Weinreich (2000), *Internalisierung externer Klimakosten im Pkw-Verkehr in Deutschland*, ZEW-Dokumentation Nr. 00-11, Mannheim.

Krings, B.-J. (2000), Soziale Nachhaltigkeit und Zukunft der Arbeit, in: Institut für Technikfolgenabschätzung und Systemanalyse (Hrsg.), *TA-Datenbank-Nachrichten, Schwerpunktthema "Nachhaltige Mobilität"*, Tagungsbericht, Nr. 4, 9. Jg., Dezember 2000, Karlsruhe, 136-140.

Kuckartz, U. (2000), *Umweltbewusstsein in Deutschland 2000*, Bundesministerium für Umwelt, Naturschutz und Reaktorsicherheit (Hrsg.), http://www.umweltbundesamt.de am 09.01.2001.

Kuhfeld, H., H. Schlör und U. Voigt (2000), Zu Wirksamkeit und Folgen von preispolitischen Maßnahmen im Verkehrsbereich, in: Forschungszentrum Karlsruhe Technik und Umwelt, Institut für Technikfolgenabschätzung und Systemanalyse (Hrsg.), *TA-Datenbank-Nachrichten, Schwerpunktthema Nachhaltige Mobilität*, Nr. 4, 9. Jg. – Dezember 2000, Karlsruhe, 30-42.

Lahmann, E. (1996), Umweltmedium Luft, in: Brauer, H. (Hrsg.), *Emissionen und ihre Wirkungen*, Springer, Berlin-Heidelberg-New York, 56-189.

Lambrecht, U. (1998), Bewertungskriterien für die Auto-Umweltliste des VCD, in: Schmidt, M. und U. Höpfner (Hrgs.), *20 Jahre ifeu-Institut*, Braunschweig, Wiesbaden, 165-179.

Lesser, J. A.; D. E. Dodds and R. O. Zerbe (1997), *Environmental Economics and Policy*, New York.

Link, H., J. S. Dodgson, M. Maibach and M. Herry (1999), *The Costs of Road Infrastructure and Congestion in Europe*, Heidelberg.

Litman, T. (1999), *Reinventing Transportation, Exploring the Paradigm Shifts Needed to Reconcile Transportation and Sustainability Objectives*, Victoria Transport Policy Institute, http://www.vtpi.org/0_sust.htm am 15.01.2001.

Litman, T. (1999b), *Issues In Sustainable Transportation*, Victoria Transport Policy Institute, http://www.vtpi.org/0_sust.htm am 15.01.2001.

Lutter, H. und T. Pütz (1998), Strategie für einen raum- und umweltverträglichen Personenverkehr, in: Bundesamt für Bauwesen und Raumordnung (Hrsg.), *Strategien für einen raum- und umweltverträglichen Verkehr*, Informationen zur Raumentwicklung, Heft 6. 1998, Bonn.

Maddison, D. (1994), *The Shadow Price of Greenhouse Gases and Aerosols*, mimeo.

Maibach, M., R. Iten und S. Mauch (1992), *Internalisieren der externen Kosten des Verkehrs, Fallbeispiel Agglomeration Zürich*, Bericht 33 des NFP 'Stadt und Verkehr', Zürich.

Maibach, M., C. Schreyer, S. Banfi, R. Iten und P. de Haan (2000), *Faire und effiziente Preise im Verkehr – Ansätze für eine verursachergerechte Verkehrspolitik in der Schweiz*, Wissenschaftlicher Schlussbericht, Infras, Zürich.

Maibach, M., S. Banfi und C. Schreyer (2000b), *Kosten-Wirksamkeit von Umweltschutzmaßnahmen im Verkehrsbereich*, Entwurf Schlussbericht, Infras, Zürich.

Mannheimer Morgen (2002) (Hrsg.), *Deutsch-französisches Konsortium baut Mautsystem*, Nr. 147 vom 28.06.2002, Mannheim.

Masuhr, K. P., H. Wolff und J. Keppler (1992), *Identifizierung und Internalisierung externer Kosten der Energieversorgung*, Prognos AG, Basel.

Meadows, D. et al. (1972), *Die Grenzen des Wachstums. Bericht des Club of Rome zur Lage der Menschheit*, Stuttgart

Meyer, A. (1999), The Kyoto Protocol and the Emergence of "Contraction and Convergence" as a Framework for an International Political Solution to Greenhouse Gas Emissions Abatement, in: Hohmeyer, O. and K. Rennings (Eds.), *Man-made Climate Change – Economic Aspects and Policy Option*, Heidelberg, 291-345.

Meyer-Renschhausen, M. und v. d. Hagen, O. (1998), Verminderung der Kfz-Emissionen durch ökologische Steuern, in: *Zeitschrift für angewandte Umweltforschung*, Jg. 11, Heft 2, 213-266.

Michaelis, P. (1996), *Ökonomische Instrumente in der Umweltpolitik. Eine anwendungs-orientierte Einführung*, Heidelberg.

Mock-Hecker, R. und J. Würtenberg (1998), Erfolgreich gegen den Stau – Erkenntnisse aus dem MobilPass-Feldversuch in Stuttgart, in: *Internationales Verkehrswesen*, Januar/Februar 1998, 30-35.

Neuenschwander, R., S.Suter, F. Walter und H.Sommer (1992), *Internalisierung externer Kosten im Agglomerationsverkehr, Fallbeispiel Region Bern*, Bericht 15A des Nationalen Forschungsprogramms 'Stadt und Verkehr' (NFP 25), Ecoplan, Zürich.

Nordhaus, W. D. (1991), To Slow or not to Slow? The Economics of the Greenhouse Effect, in: *The Economic Journal, Vol. 101*, 920-937.

OECD [Organisation for Economic Co-Operation and Development, Environment Directorate] (1996), *Pollution Prevention and Control. Environmental Criteria for Sustainable Transport*, Report on Phase 1 of the Project on Environmentally Sustainable Transport (EST), http://www.oecd.org/env/trans am 11.01.2000.

OECD [Organisation for Economic Co-Operation and Development, Environment Directorate] (1999), *Environmentally Sustainable Transport*, Final report of the phase II of the OECD EST project, http://www.oecd.org/env/trans am 15.02.2000.

OECD [Organisation for Economic Co-Operation and Development, Environment Directorate] (2000), *Synthesis Report on Environmentally Sustainable Transport. Futures, Strategies and Best Practices*, http://www.oecd.org/env/trans am 10.08.2001.

Opschoor J. B. and L. Reijnder (1991), Towards sustainable development indicators, in: Kuik, Onno, Harmen and Verbruggen (Eds.), *In search of indicators of sustainable development*, Dordrecht, Boston, London, 7-27.

Pearce, D.W. and R.K. Turner (1990), *Economics of Natural Resources and the Environment*, New York.

Petersen, R. und K. O. Schallaböck (1995), *Mobilität für morgen, - Chancen einer zukunftsfähigen Verkehrspolitik*, Birkhäuser, Berlin.

Phylipsen, G. J. M., J. W. Bode, K. Blok, H. Merkus and B. Metz (1998), A Triptych sectoral approach to burden differentiation; GHG emissions in the European bubble, in: *Energy Policy*, Vol. 26, No. 12, 929-943.

Pigou, A.C. (1920), *The Economics of Welfare*, London.

Pischinger, S. (1999), Die Zukunft des Verbrennungsmotors, in RWTH Aachen (Hrsg.), *Automobil-Technik*, RWTH Themen 2/99, Aachen, 10-15.

Pommerehne, W. W. und A. U. Römer (1992), Ansätze zur Erfassung der Präferenzen für öffentliche Güter - Ein Überblick, in: *Jahrbuch für Sozialwissenschaft 43*, 171-210.

Prognos AG (2000), *Trendletter 2' 00: Erstickt Europa im Straßenverkehr?* Kurzbeschreibung European Transport Report, http://www.prognos.com/ am 18.11.2000.

Proops, J., P. Steele, E. Ozdemiroglu and D. Pearce (1994), *The Internalization of Environmental Costs and Resource values: A Conceptual Study*, United Nations Conference On Trade and Development (UNCTAD), http://iisd1.iisd.ca/ trade/unctad/intern_a.txt am 16.04.1998.

Rabl, A. (1996), Discounting and intergenerational costs: why 0 may be the appropriate effective rate, in: *Ecological Economics 17 (1996)*, 137-145.

Rabl, A. and N. Eyre (1997), An Estimate of Regional and Global O_3 Damage from Precursor NO_x and VOC Emissions, submitted to *Atmospheric Environment*.

Radke, V. (1995), Nachhaltige Entwicklung – ökonomische Implikationen, in: *Jahrbücher für Nationalökonomik und Statistik 214*, 295-301.

Rapp, M. und J. Häberli (1999), *Road Pricing: Konzepte und Akzeptanz in der Schweiz, Arbeitspaket 2: Technische Lösungen*, Projekt D 11 im Nationalen Forschungsprogramm 'Verkehr und Umwelt' (NFP 41), unveröffentlichter Entwurf, Rapp AG Ingenieure + Planer AG, Basel.

Rat für Nachhaltige Entwicklung (2002), *Ziele zur Nachhaltigen Entwicklung in Deutschland – Schwerpunktthemen*, Dialogpapier des Nachhaltigkeitsrates, http://www.nachhaltigkeitsrat.de am 11.01.2002.

Renn, O. (1996), Externe Kosten und nachhaltige Entwicklung, in: Verein Deutscher Ingeneure (Hrsg.), *Externe Kosten von Energieversorgung und Verkehr*, VDI Berichte Nr. 1250, Düsseldorf, 23-37.

Renn, O. und H.G. Kastenholz (1996), Ein regionales Konzept nachhaltiger Entwicklung, in: *Gaia 5(1996)*, 86-102.

Rennings, K. (1994), *Indikatoren für eine dauerhaft-umweltgerechte Entwicklung*, Metzler-Poeschel, Stuttgart.

Rennings, K., K.L. Brockmann, H. Koschel, H. Bergmann und I. Kühn (1996), *Nachhaltigkeit, Ordnungspolitik und freiwillige Selbstverpflichtung. Ordnungspolitische Grundregeln für eine Politik der Nachhaltigkeit und das Instrument der freiwilligen Selbstverpflichtung im Umweltschutz*, Heidelberg.

Rennings, K. und O. Hohmeyer (1997), Zur Verbindung von Indikatoren starker und schwacher Nachhaltigkeit: Das Beispiel Klimaänderung, in: Rennings, K. und O. Hohmeyer (Hrsg.), *Nachhaltigkeit*, ZEW Wirtschaftsanalysen Band 8, Baden-Baden, 39-70.

Rennings, K. and O. Hohmeyer (1999), Linking weak and strong sustainability indicators: the case of global warming, in: Hohmeyer, O. and K. Rennings (Eds.), *Man-made Climate Change – Economic Aspects and Policy Option*, Heidelberg, 83-110.

Rennings, K., A. Ricci, C. Sessa and S. Weinreich (1999), *Valuation of Transport Externalities*, Deliverable 3 of the Concerted Action on Transport Pricing Research Integration (CAPRI), Leeds.

Rennings, K. and S. Weinreich (2002), Criteria for Evaluation Towards Sustainability, in: Giorgi, L. and A. Pearman (Eds.), *Policy and Project Evaluation in Transport*, Ashgate, Aldershot, 242-292.

Ricci, A. and S. Weinreich (1999), QUITS – Quality Indicators of Transport Systems, in: Rennings, K., O. Hohmeyer and R.L. Ottinger (Eds.), *Social Cost and Sustainable Mobility, Strategies and Experiences in Europe and the United States*, ZEW Economic Studies 7, Heidelberg, New York, 23-54.

Ringius, L. (1998), *Differentiation, Leaders, and Fairness: Negotiating Climate Commitments in the European Union*, CICERO [Centre for International Climate and Environmental Research], Oslo.

Rommerskirchen, S. (1992), Chancen staatlicher Maßnahmen zur Minderung verkehrlicher CO_2-Emissionen, in: VDI [Verein Deutscher Ingineure] (Hrsg.), *CO_2-Minderung durch staatliche Maßnahmen?* VDI Berichte 997, Düsseldorf, 57-80.

Roßnagel, A. und U. Pordesch (1995), Elektronische Mautsysteme und die Tücken des Rechts, in: Kubicek, H. et al. (Hrsg.), *Multimedia – Technik sucht Anwendung*, Bd. 3, Jahrbuch Telekommunikation und Gesellschaft, Heidelberg, 112-123.

Rothengatter, W. (1994), Obstacles to the Use of Economics Instruments in Transport Policy, in: OECD [Organisation for Economic Co-Operation and Development] (Eds.), *Internalising the Social Costs of Transport*, Paris, 113-152.

Rothengatter, W.(1997), Straßenbenutzungsgebühren zur Reduzierung externer Effekte, in: Seidenfuß, H. S. (Hrsg.), *Verkehr im Spannungsfeld von Ökologie, Wettbewerb und technischen Innovationen*, 6. Gemeinschaftskongreß der Deutschen Verkehrswissenschaftlichen Gesellschaft – DVWG, Bergisch Gladbach, 96-107.

Schade, W., W. Rothengatter, W., A. Gühnemann, and K. Kuchenbecker (2000), Goal Driven Design of a Sustainable Transport System, in: Rennings, K., O. Hohmeyer and R.L. Ottinger (Eds.), *Social Cost and Sustainable Mobility, Strategies and Experiences in Europe and the United States*, ZEW Economic Studies 7, Physica, Heidelberg, New York, 91-114.

Schauffler, H. (1994), Bewußtseinsbildung und intelligente Mobilität, in: Verkehrsministerium Baden-Württemberg (Hrsg.), *Bewußtseinsbildung und intelligente Mobilität*, Stuttgart, 9-12.

Schlieper, U. (1988), Externe Effekte, in: Albers, W. (Hrsg.), *Handwörterbuch der Wirtschaftswissenschaften Band 2*, Fischer, Stuttgart, 524-530.

Schmidt, M. und U. Höpfner (1998) (Hrgs.), *20 Jahre ifeu-Institut*, Braunschweig, Wiesbaden.

Schnabel, A. (1999), Eine gesamtwirtschaftliche Analyse des Stadtverkehrs, Untersuchung am Beispiel Münchens, in: *Der Nahverkehr 1-2/99*, 28-33.

Scholles, F. (2001), *Planungsmethoden: Szenariotechnik*, Institut für Landesplanung und Raumforschung, http://www.laum.uni-hannover.de/ilr/lehre/Ptm/Ptm_Szenario am 23.10.2001.

Shell (1999), *Mehr Autos – weniger Emissionen, Szenario des Pkw-Bestands und der Neuzulassungen in Deutschland bis zum Jahr 2020*, Hamburg, http://www.deutsche-shell.de am 05.02.2001.

Soguel, N. (1994), *Measuring Benefits from Traffic Noise Reduction Using a Contingent Market*, The Centre for Social and Economic Research on the Global Environment (CSERGE), Working Paper GEC 94-03, London.

SRU [Der Rat von Sachverständigen für Umweltfragen] (1994), *Umweltgutachten 1994. Für eine dauerhaft-umweltgerechte Entwicklung*, Stuttgart.

SRU [Der Rat von Sachverständigen für Umweltfragen] (1996), *Umweltgutachten 1996. Zur Umsetzung einer dauerhaft umweltgerechten Entwicklung*, Stuttgart.

SRU [Der Rat von Sachverständigen für Umweltfragen] (2000), *Umweltgutachten 2000. Schritte ins nächste Jahrtausend*, Stuttgart.

Steen, P., J. Akerman, K.-H. Dreborg, G. Henriksson, M. Höjer, S. Hunhammar and J. Rigner (1999), A Sustainable Transport System for Sweden in 2040, in: Meersman, H., E. Van de Voorde and W. Winkelmans (Eds.), *Transport Modelling/Assessment*, Volume 3 of Selected proceedings of the 8th World Conference on Transport Research, Amsterdam, 667-678.

Steinmüller, B. (2001), Klimaschutz im Wohnbereich – wo bestehen die größten Energiesparpotenziale im Wohnungsbestand? In: KfW [Kreditanstalt für Wiederaufbau] (Hrsg.), *Marktwirtschaftliche Strategien für den Klimaschutz*, KfW-Beiträge zur Mittelstand- und Strukturpolitik, Ausgabe 25, Frankfurt, 36-40.

Stern, R. (1997), Das Modellinstrumentarium IMMIS-NET/CPB zur immissionsseitigen Bewertung von Kfz-Emissionen im Rahmen der 23. BimSchV, im Rahmen des 465–FGU-Seminars, *Verkehrsbedingte Belastungen durch Benzol, Dieselruß und Stickoxide in städtischen Straßenräumen*, Berlin.

Stiens, G. (1998), Prognosen und Szenarien in der räumlichen Planung, in: Akademie für Raumforschung und Landesplanung (Hrsg.), *Methoden und Instrumente räumlicher Planung*, Hannover, 113-145.

Stobbe, A. (1991), *Mikroökonomik,* Berlin-Heidelberg-New York.

Strozik, M. und S. Weinreich (2001), Mit Emissionshandel zu mehr Klimaschutz, in: *EU Magazin*, Heft 11/2001, 27-30.

Tegner, H. (1996), *Zur (Ir)Relevanz pekuniärer externer Effekte*, Volkswirtschaftliche Diskussionsbeiträge der Westfälischen Wilhelms Universität Münster, Nr. 237, Göttingen.

Teufel, D., P. Bauer, G. Beker, E. Gauch, K.Schmitt und T. Wagner (1994), *Umweltwirkungen von Finanzinstrumenten im Verkehrsbereich*, Umwelt- und Prognose-Institut, UPI-Bericht Nr. 21, Heidelberg.

Teufel, D., P. Bauer, S. Braunfeld, G. Kilian und T. Wagner (1995), *Folgen der globalen Motorisierung*, Umwelt- und Prognose-Institut, UPI-Bericht Nr. 35, Heidelberg.

Teufel, D., S. Arnold, P. Bauer, L. Humm und T. Wagner (1999), *Externe Gesundheitskosten des Verkehrs in der Bundesrepublik Deutschland*, Umwelt- und Prognose-Institut, UPI-Bericht Nr. 43, Heidelberg.

Teufel et al. (1999b), *Neue medizinische Erkenntnisse über die gesundheitlichen Auswirkungen von Sommersmog, Berechnung der durch Ozon verursachten Todesfälle in der Bundesrepublik Deutschland*, Umwelt- und Prognose-Institut, UPI-Bericht Nr. 47, Heidelberg.

Teufel et al. (1999c), *Krebsrisiko durch Benzol und Dieselrußpartikel an Straßen*, Umwelt- und Prognose-Institut, UPI-Bericht Nr. 44, Heidelberg.

Tol, R. S. J. (1996), The Damage Costs of Climate Change: Towards a Dynamic Representation, in:. *Ecological Economics 19 (1996)*, 67-90.

Tol, R. S. J. (1999), *New Estimates of the Damage Costs of Climate Change*, D99/01-02, Institute for Environmental Studies, Free University, Amsterdam.

UBA [Umweltbundesamt] (1997), *Nachhaltiges Deutschland – Wege zu einer dauerhaft umweltgerechten Entwicklung*, Berlin.

UBA [Umweltbundesamt] (1998), *Umweltdaten Deutschland 1998*, Berlin.

UBA [Umweltbundesamt] (2002), *Umweltdaten Deutschland 2002*, Berlin.

UBA [Umweltbundesamt] / WI [Wuppertal Institut für Klima, Umwelt, Energie] (1997), German Case-Study, in: OECD [Organisation for Economic Co-Operation and Development, Environment Directorate] (Eds.), *OECD Project on Environmentally Sustainable Transport (EST), Phase 2 Country Case Studies*, http://www.oecd.org/env/trans am 11.01.2000, 349-404.

Umweltministerium Bayern (2001), *Fachinformation "Umwelt und Gesundheit", Streusalz/Auftaumittel*, http://www.umweltministerium.bayern.de/service/umwberat/ubbstr.htm am 27.09.2001.

UN [United Nations] (1948), *Universal Declaration of Human Rights*, G.A. res.217 A (III), U. N. Doc A/810 at 71, New York.

UN [United Nations] (1992), *Agenda 21, Documents of the United Nations Conference for Environment and Development*, Rio de Janeiro, June 1992.

UN-Pop [United Nations Population Division] (2001), *UN Long Range World Population Projections based on 1998, medium-variant*, http://www.un.org/popin/wdtrends/wdtrends.htm am 13.02.2001.

UNFCCC [United Nations Framework Convention on Climate Change] (2000), *CO_2-Emissionen 1990-1997*, http://www.unfccc.int/resource/ghg/tempemis2.html am 19.12.2000.

VDA [Verband der Automobilindustrie e.V.] (1999), *Auto 1999, Jahresbericht*, Frankfurt.

VDA [Verband der Automobilindustrie e.V.] (2000), *Auto 2000, Jahresbericht*, Frankfurt.

VDA [Verband der Automobilindustrie e.V.] (2002), *Auto 2002, Jahresbericht*, Frankfurt.

Verhoef, E. (1994), External Effects and Social Costs of Road Transport, in: *Transportation Research A*, 28 A (4), 273-287.

Verhoef, E. (1997), *The Economics of Regulating Road Transport*, Cheltenham.

Viegas, J. and C. Fernandes (1997), *Review of the current situation*, Deliverable D1 of the Pricing European Transport Systems Project (PETS), Leeds.

Von Bredow, R. (2001), Autokult – "Der Rowdy steckt in uns allen", in: *Spiegel, Nr.37, 10.09.01*, Itzehoe, 148-150.

Walter, F. und W. Spillmann (1999), Zwischenhalt auf dem Weg zum nachhaltigen Verkehr, in: *Gaia 8(1999) Nr. 2*, 93-100.

WBGU [Wissenschaftlicher Beirat der Bundesregierung Globale Umweltveränderungen] (1995), *Scenario for the derivation of global CO_2 reduction targets and implementation strategies*, Sekretariat der WBGU, Bremerhaven.

WBGU [Wissenschaftlicher Beirat der Bundesregierung Globale Umweltveränderungen] (1995b), *Jahresgutachten 1995 - Welt im Wandel: Wege zur Lösung globaler Umweltprobleme*, Springer, Berlin, Heidelberg, New York.

Wegner, G. (1994), *Marktkonforme Umweltpolitik zwischen Dezisionismus und Selbststeuerung*, Vorträge und Aufsätze des Walter Eugen Instituts, Nr. 143, Tübingen.

Weinreich, S. (2000), *Die externen Luftverschmutzungskosten des motorisierten Individualverkehrs in Deutschland – ein regionaler Vergleich*, ZEW-Discussion Paper No. 00-57, Mannheim.

Weinreich, S., K. Rennings, B. Schlomann, C. Geßner and T. Engel (1998), *External Costs of Road, Rail and Air Transport - a Bottom-Up Approach*, ZEW-Discussion Paper No. 98-06, Mannheim.

Weinreich, S. (ZEW), G. Bühler (ZEW), R. Friedrich (IER), S. Schmid (IER), A. Ricci (ISIS), R Enei (ISIS), O. Baccelli (GruppoCLAS), C. Vaghi (GruppoCLAS), R. Zucchetti (GruppoCLAS) and Michael Henriques (Tetraplan) (2000), *Deliverable 1: Accounting framework*, D1 of RECORDIT – Real Cost Reduction of Door to Door Intermodal Transport, Mannheim.

Weizsäcker, E. U., A. B. Lovins und L. H. Lovins (1995), *Faktor Vier: Doppelter Wohlstand – halbierter Naturverbrauch; der Neue Bericht an den Club of Rome*, München.

Weterings, R. and J. B. Opschoor (1994), *Towards Environmental Performance Indicators based on the otion of Environmental Space*. Report to the Advisory Council for Research on Nature and Environment, the Netherlands, Rijswijk.

Widder, W. (1995), *Das Auto als öffentliches Verkehrsmittel – Schlüsselfaktor: Insassenzahl*, Mobil Verlag Wiesloch, Wiesloch.

Winkelman, S., T. Hargrave and C. Vanderlan (2000), *Transportation and Domestic Greenhouse Gas Emissions Trading*, Center for Clean Air Policy, Discussion-Paper, Washington, DC.

WHO [World Health Organization] (1999), *Charta Verkehr, Umwelt und Gesundheit: die Fakten*, Presseinformation 02/99, Kopenhagen, http://www.who.dk/London99/WelcomeG.htm am 31.01.2001.

WHO [World Health Organization] (1999b), *Health Costs Due to Road Traffic-Related Air Pollution, an impact assessment project of Austria, France and Switzerland*, economic evaluation, technical report, London.

Wickert, B. (2001), *Berechnung anthropogener Emissionen in Deutschland für Ozonsimulationen*, unveröffentlichte Dissertation am IER, Stuttgart.

Willeke, R. (1987), Mobilität II. Verkehrsmobilität, in: *Staatslexikon (StL)*, Bd.3, 7. Auflage, Freiburg Basel Wien, 1195-1198.

Willeke, R. (1996), *Mobilität, Verkehrsmarktordnung, externe Kosten und Nutzen des Verkehrs*, Schriftenreihe des Verbandes der Automobilindustrie e.V. (VDA), Nr. 81, Frankfurt am Main.

A. Avadikyan, P. Cohendet, J.-A. Héraud, BETA-CNRS, Strasbourg, France (Eds.)

The Economic Dynamics of Fuel Cell Technologies

The Economic Dynamics of Fuel Cell Technologies describes the economic dynamics of fuel cells by analyzing their diffusion perspectives as well as the strategic and organisational arrangements designed to promote their development. The costs, risks and economic stakes of fuel cell technologies require both a sustained involvement from public entities and the setting up of innovation networks with a large variety of heterogeneous actors.

2003. X, 237 p. 59 illus. Hardcover
€ **69.95**; sFr 116.50; £ 49
ISBN 3-540-00748-2

Please order from
Springer · Customer Service
Haberstr. 7
69126 Heidelberg, Germany
Tel.: +49 (0) 6221 - 345 - 0
Fax: +49 (0) 6221 - 345 - 4229
e-mail: orders@springer.de
or through your bookseller

F. Parasiliti, University of L`Aquila, Italy; **P. Bertoldi,** European Commission, Varese, Italy (Eds.)

Energy Efficiency in Motor Driven Systems

Energy Efficiency in Motor Driven Systems reports the state of the art of energy-efficient electrical motor driven system technologies, which can be used now and in the near future to achieve significant and cost-effective energy savings. It includes the recent developments in advanced electrical motor end-use devices (pumps, fans and compressors) by some of the largest manufacturers. This extensive coverage includes contributions from relevant institutions in the Europe, North America, Latin America, Africa, Asia, Australia and New Zealand.

2003. XVI, 565 p. 388 illus. Softcover
€ **99.95**; sFr 166; £ 70
ISBN 3-540-00666-4

K. Ostertag, Fraunhofer Institute for Systems and Innovation Research ISI, Karlsruhe, Germany

No-regret Potentials in Energy Conservation

An Analysis of Their Relevance, Size and Determinants

The climate change debate has stimulated a controversy on the existence and size of potentials to reduce energy consumption at an economic benefit, so-called no-regret potentials. **No-regret Potentials in Energy Conservation** develops a theoretical evaluation framework with particular focus on transaction costs and real option theory. The resulting typology of no-regret potentials serves to re-evaluate the no-regret potential inherent in highly efficient electric motors and in energy service contracting.

2003. XVI, 407 p. 93 illus. (Technology, Innovation and Policy (ISI)) Softcover
€ **60.95**; sFr 101.50; £ 42.50
ISBN 3-7908-1539-X

K. Springer, Kiel Institute for World Economics, Kiel, Germany

Climate Policy in a Globalizing World

A CGE Model with Capital Mobility and Trade

Climate Policy in a Globalizing World examines the allocational and distributional impacts of international climate policy on different regions of the world by taking into account the ongoing process of globalization. It concentrates on the impacts of trade in goods and international capital mobility on climate policy outcomes. The costs of an international climate policy are assessed by incorporating the Kyoto Protocol into a multi-regional, multi-sectoral, recursive dynamic trade model based on empirical data.

2003. VI, 325 p. (Kiel Studies) Hardcover
€ **74.95**; sFr 124.50; £ 52.50
ISBN 3-540-44375-4

 Springer

All Euro and GBP prices are net-prices subject to local VAT, e.g. in Germany 7% VAT for books and 16% VAT for electronic products. Prices and other details are subject to change without notice. d&p · 009524x

MIX
Papier aus verantwortungsvollen Quellen
Paper from responsible sources
FSC® C105338

If you have any concerns about our products,
you can contact us on
ProductSafety@springernature.com

In case Publisher is established outside the EU,
the EU authorized representative is:
**Springer Nature Customer Service Center GmbH
Europaplatz 3, 69115 Heidelberg, Germany**

Printed by Libri Plureos GmbH
in Hamburg, Germany